Pareys Buch der Insekten

Ein Feldführer der europäischen Insekten

Von Michael Chinery

Übersetzt und bearbeitet von

Dr. Irmgard Jung und Dr. Dieter Jung

Institut für Allgemeine Zoologie
der Freien Universität Berlin

Mit 2.390 farbigen Abbildungen
und 135 einfarbigen Zeichnungen

Verlag Paul Parey · Hamburg und Berlin

Inhalt

Einleitung

Bisher wurden etwa eine Million Insektenarten beschrieben und benannt, und viele harren noch ihrer Entdeckung. Diese Zahl übertrifft alle übrigen Tierarten weitaus. Insekten bewohnen alle Regionen, die Polargebiete und die offenen Meere ausgenommen. Sie treten in ungeheuren Zahlen auf — mehrere Millionen leben in einer einzigen Termitenkolonie, und ein Quadratmeter Rasen enthält ca. 60 000 Springschwänze. Diese Zahl wird von den Fadenwürmern (Nematoden) noch übertroffen. Von ihnen leben 20 Millionen und mehr der verschiedensten Arten in einem gleichen Bereich, und über 90 000 wurden aus einem einzigen faulenden Apfel ausgelesen. Fadenwürmer können sich jedoch nicht mit der phantastischen Mannigfaltigkeit der Insekten messen.

Die Insektenwelt Europas zählt etwa 100 000 Arten von sehr unterschiedlicher Gestalt und Größe. Zu den größten zählt das Große Nachtpfauenauge (S. 138), *Saga pedo* (S. 54), die Sattelschrecke *Ephippiger provincialis* (S. 56) und einige Blatthornkäfer (S. 265/66). Dieses Buch will eine Einführung in diese Insektenwelt sein und allgemeine Anleitung für die Bestimmung bieten. Mit seiner Hilfe sollte der Benutzer gefundene Insekten mindestens einer Familie zuordnen können.

Das Buch behandelt im wesentlichen die Arten Westeuropas westlich einer Linie von Finnland zur Nordküste der Adria. Viele Arten des Mittelmeerraumes sind enthalten, jedoch keine, die ausschließlich in Italien oder auf der Iberischen Halbinsel vorkommen.

Alle Ordnungen und alle größeren Familien sind behandelt. Aus rd. 100 000 europäischen Arten war die Auswahl der abzubildenden nicht immer leicht. Wir haben versucht, diejenigen zu finden, die auffällig sind — sei es durch Größe, Farbe, Gestalt, Lebensgewohnheiten, Häufigkeit, oder ihre Beziehungen zum Menschen. Viele kleine und unscheinbare Arten wurden fortgelassen, obwohl sie häufig sind, denn nur der Spezialist wird ihnen einen zweiten Blick gönnen und sie mit einiger Sicherheit identifizieren. Einige seltene und nur lokal verbreitete Arten wurden jedoch aufgenommen, denn sie sind so auffällig, daß man sie nicht übersehen kann, z.B. das Spanische Nachtpfauenauge (S. 139) oder den Alpenbock (S. 281). Nahe verwandte Arten können oft nur durch eine Untersuchung ihrer Genitalien unter dem Mikroskop oder andere verborgene Merkmale unterschieden werden, deren Beschreibung nicht Aufgabe dieses Feldführers sein kann. In solchen Fällen ist gewöhnlich die häufigste Art abgebildet, und der Text verweist auf die Existenz ähnlicher Arten, ohne sie näher zu unterscheiden.

Die **Abbildungen** zeigen die meisten Insekten in ihrer Ruhestellung, so wie man sie im Freien antrifft. Viele können so mit Sicherheit identifiziert werden. Bei anderen ist jedoch z.B. die Betrachtung der Hinterflügel oder der Flügeladerung dazu notwendig, und diese sind in entsprechend gespanntem Zustand abgebildet. Unterscheiden sich die **Geschlechter** wesentlich, sind sie als Männchen = ♂ bzw. Weibchen = ♀ gekennzeichnet. Vergrößerungen werden hinter dem Namen angegeben: X 2½ bedeutet, daß die Abbildung zweieinhalb mal so groß ist wie das Tier. Die **Größe** der Insekten kann stark variieren. Daher ist dies nur ein grober Anhalt. Fehlt eine Vergrößerungsangabe, so hat die Abbildung natürliche Größe.

Der **Text** ergänzt die Abbildung. Er weist auf besondere Unterscheidungsmerkmale, verborgenere (etwa auf Unterseiten) und Geschlechtsunterschiede hin. Lebensweise, Fundort und Nahrung werden erwähnt, wenn sie zur Identifizierung eine Hilfe darstellen. Jede Ordnung und größere Familien haben eine kurze Einleitung. Sie nennen die allgemeinen Merkmale der jeweiligen Gruppe und sollten stets für die Artbestimmung herangezogen werden. Viele Familien sind hier nur mit einer Art vertreten. In diesen Fällen steht der Familienname hinter dem Artnamen. Fehlt eine solche Angabe, so gehört das Tier zur selben Familie wie die vorangehende Art. **Deutsche Namen** wurden genannt, sofern sie existieren, doch fehlen sie für viele kleinere und seltenere Arten.

Die **Zeit des Vorkommens** wird für die voll entwickelten Tiere genannt: 5—8 = Mai—August. In nördlichen und Gebirgsgebieten kann dieser Zeitraum kürzer sein. Oft tritt hier auch nur eine Generation einer Art auf, die in wärmeren Gebieten zwei oder sogar drei Generationen entwickelt. Fehlen Zahlen, so trifft man die Tiere während des ganzen Jahres, in kälteren Regionen natürlich zeitweilig überwinternd.

Verbreitung: Die Verbreitung in Europa wird durch Buchstaben und Symbole angezeigt:

N = Skandinavien inkl. Finnland
Z = Zentraleuropa nördlich der Linien Bordeaux-Venedig (inkl. Dänemark, Britische Inseln)
S = Südeuropa südlich der Linie Bordeaux—Venedig
SW = Südwesteuropa westlich Nizza
SO = Südosteuropa östlich Nizza
B = Britische Inseln

Entwicklungsstadien: Auffällige Schmetterlingsraupen sind im Hauptteil neben den Schmetterlingen abgebildet. Die Nymphen und Larven in anderen Gruppen sind oft schwer im Freien zu unterscheiden und eine Sache für den Spezialisten. Auf den Seiten 294—295 und 296—297 sind charakteristische land- bzw. wasserbewohnende Larven abgebildet, auf die im Haupttext verwiesen wird.

Anderes »Geziefer«: Insekten gehören zum Stamm der Gliedertiere (Arthropoda), der außerdem die Hundertfüßler, Tausendfüßler, Asseln, Milben, Spinnen und andere Tiergruppen umfaßt. Anfänger können sie leicht mit Insekten verwechseln. Deshalb ist auf den Seiten 298—307 eine kleine Auswahl häufiger oder auffälliger Arten aus diesen Gruppen abgebildet, um die Unterscheidung klar zu machen.

Körperbau der Insekten

Fachausdrücke werden in diesem Buch möglichst vermieden. Auf einige kann jedoch bei der Beschreibung der Teile des Insektenkörpers nicht verzichtet werden, und Grundkenntnisse der Insektenanatomie sind zum Bestimmen notwendig.

Der Insektenkörper besteht aus 3 Abschnitten: Kopf, Brust (Thorax) und Hinterleib (Abdomen).

Der Kopf Als **Scheitel (Vertex)** wird der Bereich oberhalb und zwischen den Augen bezeichnet. Die **Wangen (Genae)** liegen unter und hinter den Augen. Der Kopf trägt ein Paar **Fühler (Antennen)**, die im Dienste des Tast- und Geruchssinnes stehen. Ihre Gestalt ist sehr unterschiedlich, im einfachsten Fall fadenförmig, aus etwa gleichartigen Gliedern zusammengesetzt. Die Anzahl der Glieder — mitunter über hundert — kann ein Bestimmungsmerkmal sein. Das Grundglied = **Schaft (Scapus)** des Fühlers ist oft länger als die folgenden Glieder. Darauf folgt der gewöhnlich sehr kurze **Pedicellus**. Der Rest des Fühlers wird als **Fühlergeißel (Flagellum)** bezeichnet. Bei einigen Insekten, z.B. den Ameisen, ist der Schaft besonders lang, die Fühlergeißel abgeknickt daran angesetzt. Diese Fühler bezeichnet man als **gekniet**.

Der Kopf trägt ein Paar **Komplexaugen**; die wabenartigen Linsen, die ihre Oberfläche bilden, werden als Facetten bezeichnet. Libellen und andere gut fliegende Insekten besitzen mehrere tausend Linsen in jedem Auge und können winzige Bewegungen gut erkennen. Einige Ameisen und andere Bodenbewohner besitzen dagegen nur wenige Facetten oder gar keine Komplexaugen. Viele Insekten besitzen außerdem einfache **Punktaugen (Ocelli)**, gewöhnlich drei in Dreiecksanordnung auf Scheitel oder Stirn, die wie winzige Glasknöpfe aussehen. Wahrscheinlich dienen sie nur zur Wahrnehmung von Helligkeitsunterschieden, nicht zum Bildsehen.

Die **Mundöffnung** wird von stark umgewandelten Gliedmaßen umgeben, die als **Mundwerkzeuge** bezeichnet werden. Ihre Gestalt ist sehr weitreichend von der Nahrung abhängig. Ursprünglich sind ein Paar **Kiefer (Mandibel)**, ein Paar **Unterkiefer (Maxillen)** und eine **Unterlippe (Labium)**, verschmolzen aus zwei maxillenartigen Mundwerkzeugen, vorhanden. Unterkiefer und Unterlippe fassen und halten die Nahrung, die von den Kiefern zerschnitten wird und dann in die Mundöffnung gelangt. Zur Untersuchung und Prüfung der Nahrung dienen die Sinnesorgane auf den **Tastern (Palpen)**. Zu den genannten Mundwerkzeugen können weitere hinzutreten, vor allem die **Oberlippe (Labrum)**. Sie ist eine Ausstülpung der Vorderfront des Kopfes und bildet eine Abdeckung der Kieferregion, in der die Nahrung vor der Aufnahme zerkleinert wird.

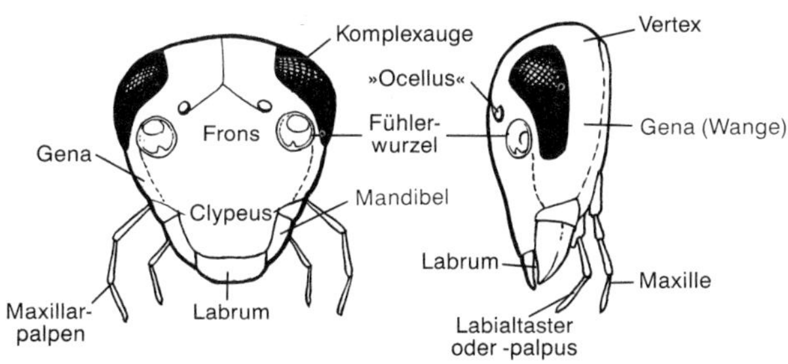

Die hier dargestellte Anordnung dient zur Aufnahme fester Nahrung und findet sich in weiter Verbreitung, z.B. bei Heuschrecken, Gottesanbeterinnen, Libellen, Käfern und Wespen. Flüssige Nahrung erfordert vielfältige Abwandlungen. Kiefer fehlen den Schmetterlingen, und ihre Unterkiefer sind zu einem langen, dünnen **Rüssel (Proboscis)** umgewandelt. Kiefer fehlen auch der Stubenfliege, sind jedoch bei Mücken und Bremsen lang und nadelförmig ausgebildet und bilden einen Teil des Stechrüssels zur Aufnahme von Blut. Auch die Blattwanzen besitzen einen Saugrüssel zur Aufnahme von Pflanzensäften.

Die Brust (Thorax) Die Brust besteht aus 3 Abschnitten: **Vorder-, Mittel- und Hinterbrust (Pro-, Meso-, Metathorax)**. Jeder trägt ein Beinpaar. Sind Flügel vorhanden, so stehen sie auf den beiden letztgenannten Abschnitten bzw., wenn nur ein Flügelpaar vorhanden ist, auf der Mittelbrust. Die Vorderbrust ist stets flügellos und oft zu einem schmalen »Kragen« reduziert. Bei Käfern und Wanzen ist sie stark ausgebildet und ihr Rückenteil, das **Pronotum**, ein auffälliges Merkmal. Mittel- und Hinterbrust sind gewöhnlich miteinander verschmolzen und oft schwer zu erkennen: die Mittelbrust ist größer und ihr Rückenteil, das **Mesonotum**, läuft gewöhnlich hinten in das dreieckige **Schildchen (Scutellum)** aus.

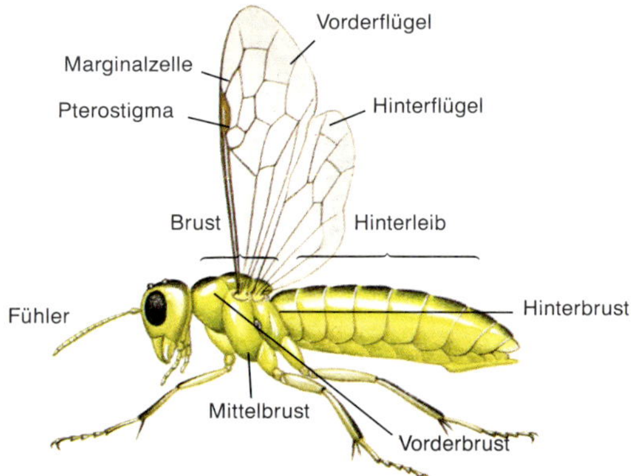

Blattwespe (Typischer Insektenbauplan)

Beine Mit Ausnahme einiger weniger Arten — besonders Schildlaus-Weibchen — haben alle Insekten 3 Beinpaare. Sie bestehen aus 4 Hauptabschnitten. Die **Hüfte (Coxa)** ist das Grundglied, das mit dem Körper verbunden ist. Es folgt der **Schenkel (Femur)**, gewöhnlich der kräftigste Abschnitt, darauf die **Schiene (Tibia)**. Sie kann länger als der Schenkel sein, ist jedoch gewöhnlich dünner. Der letzte Abschnitt, der **Fuß (Tarsus)**, besteht aus einem bis fünf Gliedern und trägt gewöhnlich ein oder zwei Klauen. Der **Schenkelring (Trochanter)** ist ein sehr schmaler Abschnitt zwischen Schenkel und Hüfte, der fest mit dem Schenkel verbunden und meist schwer zu erkennen ist. Gestalt und relative Länge der einzelnen Beinabschnitte sind in Abhängigkeit von der Lebensweise sehr unterschiedlich ausgebildet. Bei einigen räuberischen Arten, z.B. den Gottesanbeterinnen, sind die Vorderbeine zu **Fangbeinen** umgebildet, bei denen die Schiene taschenmesserartig gegen den Schenkel eingeklappt und so Beute ergriffen werden kann.

Typisches Insektenbein

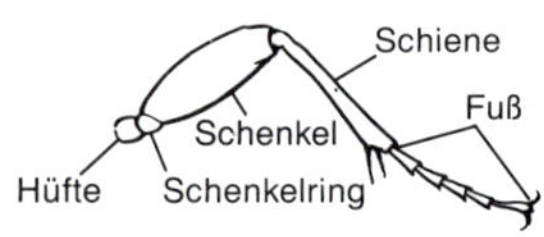

Flügel sind bei den meisten Insekten vorhanden, fehlen aber den ursprünglichsten Gruppen, den Springschwänzen und Borstenschwänzen (S. 16). Sie fehlen auch einer Anzahl hochspezialisierter Parasiten wie Läusen und Flöhen (S. 98—101). Auch viele Hochgebirgsformen sind ganz oder nahezu flügellos. Das »typische« Insekt hat jedoch zwei Flügelpaare. Sie sind häutig, wie bei Libellen und Schmetterlingen, oder das Vorderpaar ist zu derben Schutzdecken für die dünnen Hinterflügel umgebildet. Sind solche Vorderflügel noch flügelgestaltig, wie bei Heuschrecken und Schaben, werden sie als **Tegmina** bezeichnet. Die harten Schutzdecken der Käfer heißen dagegen **Elytren**. Sie bedecken die Hinterflügel in Ruhelage meist völlig und erwecken den Anschein flügelloser Tiere. Hinterflügel fehlen auch den Echten Fliegen (S. 190—217), sind hier jedoch in trommelschlägelartige **Schwingkölbchen (Halteren)** umgebildet. Sie wirken wie ein Gyroskop und stabilisieren den Flug der Insekten. Hinterflügel fehlen ferner einigen Eintagsfliegen, Käfern und Heuschrecken.

Häutige Flügel können mit Schuppen (Schmetterlinge) oder Haaren (Köcherfliegen) bedeckt sein. Sonst sind die **Adern** ihr auffälligstes Merkmal. Die Aderung ist ganz unterschiedlich ausgebildet und charakteristisch für einzelne systematische Gruppen, läßt sich aber auf ein Grundschema der Längsadern zurückführen. Dieses Grundschema, das aus vielen anatomischen und Fossil-Untersuchungen erarbeitet wurde, zeigt die nachfolgende Abbildung. Kein heutiges Insekt weist mehr diesen kompletten Satz auf. Viele Verzweigungen sind oft stark rückgebildet. Doch kann man die Hauptlängsadern bei den meisten Flügeln noch feststellen. Das Schema zeigt nur zwei **Queradern**. Sie sind bei den meisten Insekten vorhanden, daneben jedoch oft noch viele kleinere Queradern, wie z.B. bei Libellen und Netzflüglern. Die Flügelflächen zwischen den Adern werden als **Zellen** bezeichnet und die größeren nach den jeweils vorliegenden Adern bezeichnet: so liegt die Costalzelle hinter der Costa, die Radialzelle hinter dem Radius, die 1. Analzelle hinter der 1. Analader usw. Eine **Discoidalzelle** taucht in den meisten Insektenflügeln auf und wird bei der Einteilung verwendet, ist jedoch keine anatomisch definierte Zelle, sondern jeweils eine Zelle nahe der Flügelmitte. Sie wird also in den verschiedenen Insektengruppen nicht von jeweils den gleichen Adern umschlossen. **Geschlossene Zellen** sind allseitig von Adern umgeben, **offene Zellen** grenzen an einer Seite an den Flügelrand.

Zur Benennung der Längsadern wurden verschiedene Systeme verwendet. Benutzt man ältere Literatur, kann das dort verwendete Benennungssystem vom heutigen abweichen. Bei der Bearbeitung von Fliegen und Schmetterlingen mit reduzierter Aderung wird auch eine Durchnumerierung der Adern angewendet (S. 190).

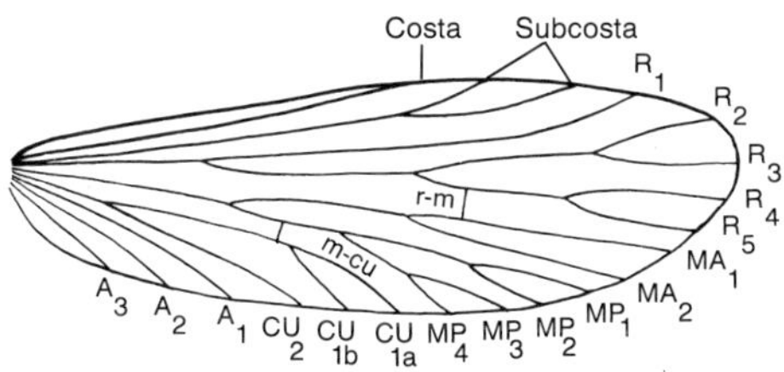

Die hypothetische Aderung eines ursprünglichen Insektenflügels. Bei allen heute lebenden Insekten sind diese Hauptadern in irgendeiner Form reduziert. R_1-R_5 sind die Verzweigungen des Radialsektors; MA und MP sind der vordere und der hintere Ast der Media mit ihren Gabelungen. Auch der Cubitus CU gabelt sich. Dahinter liegen die 3 Analadern A_1-A_3. Die Querader r-m verbindet Radius und Media, die Querader m-cu Media und Cubitus.

Hinterleib (Abdomen) Der Hinterleib des adulten Insektes hat 11 Segmente, die jedoch nicht alle sichtbar sind. Seine Rückenplatte wird als **Tergit**, die Bauchplatte als **Sternit** bezeichnet. Der Hinterleib trägt keine Gliedmaßen, am Hinterende gewöhnlich jedoch zwei Anhänge, die **Cerci**. Auffällig lang und dünn sind sie bei den Eintagsfliegen (S. 18), zangenartig bei den Ohrwürmern (S. 68). Männliche Libellen und Laubheuschrecken (S. 48) ergreifen mit den hervorragenden Cerci die Weibchen zur Paarung. Die **Geschlechtsorgane (Genitalia)** liegen am 8. und 9. Hinterleibssegment. Sie sind gewöhnlich im Körper verborgen, doch tragen einige Weibchen mitunter einen auffälligen **Legesäbel (Ovipositor)**. Er kann messer- oder bohrerartig ausgebildet sein und dient zum Ablegen der Eier in den Boden, in Pflanzen oder Tiere. Gut ist er bei Laubheuschrecken und einigen Schlupfwespen (S. 230) zu sehen. Die Details der Cerci und der Genitalien sind oft entscheidend zur Artentrennung, jedoch sind dazu besondere mikroskopische Techniken erforderlich.

Insekten-Entwicklung

Die Entwicklung fast aller Insekten beginnt mit einem Ei. Geschützt durch eine derbe, wasserdichte, oft schön gemusterte Schale, kann dieses von Dürre bis zu scharfem Frost viele Unbilden überstehen. Viele Arten überwintern als Ei, oft auf den kahlen Zweigen der zukünftigen Futterpflanze. Sieht man von einigen ursprünglich flügellosen Insekten (S. 16) ab, so entspricht das ausschlüpfende Geschöpf kaum den Eltern. Es hat niemals Flügel und ernährt sich oft auch völlig anders. Die bemerkenswerte Verwandlung, die ein Insekt im Verlaufe des Heranwachsens durchläuft, wird als **Metamorphose** bezeichnet.

Wie andere Arthropoden (s.S. 298) auch, besitzen Insekten ein festes Außenskelett, das nicht mitwächst, sondern periodisch durch ein größeres ersetzt werden muß. Dieser Vorgang wird als **Häutung (Ecdysis)** bezeichnet. Kommt der Zeitpunkt hierzu heran, stellt das Insekt die Nahrungsaufnahme ein, wird für Stunden oder Tage bewegungslos, und eine Auflösung der inneren Schichten des Außenskeletts setzt ein. Unter dem nun dünnen und spröden Panzer wird eine neue Außenhaut gebildet. Durch Luft- oder Wasseraufnahme und Muskelkontraktionen wird der alte Panzer dann gesprengt, und das Insekt zieht sich langsam heraus. Bis zur Erhärtung der neuen Körperhülle ist das Tier sehr verwundbar. Viele Arten verbergen sich daher vor der Häutung.

Ist die neue Hülle erhärtet, gibt das Tier die aufgenommene Luft bzw. das Wasser ab — nun ist Raum für weiteres Wachstum. Die Körperhülle besitzt einige Elastizität, besonders bei Raupen, doch kommt der Zeitpunkt, da eine weitere Häutung stattfinden muß. Bei einigen Arten kann dies 50mal geschehen, bei anderen weniger als 10mal — bei den meisten Schmetterlingen nur 4—5mal. Zwischen den Häutungen liegen die einzelnen **Entwicklungsstadien**: das 2. Stadium zwischen der 1. und 2. Häutung usw. Das erwachsene Insekt wird als **Imago** bezeichnet. Springschwänze und Borstenschwänze häuten sich während des gesamten Lebens — alle übrigen beenden dies bei Erreichen der Geschlechtsreife. Kein Insekt wächst mehr, sobald es vollentwickelte Flügel besitzt, wenn auch die Eintagsfliegen sich noch einmal in geflügeltem Zustand häuten.

Die geflügelten Insekten werden nach der Form ihrer Metamorphose in zwei Sektionen eingeteilt. Bei Libellen, Heuschrecken, Wanzen und einigen anderen Gruppen entwickeln sich die Flügel schrittweise außerhalb des Körpers. Sie werden daher als **Exopterygota** bezeichnet. Die Jugendstadien ähneln den erwachsenen Tieren, leben oft am gleichen Ort und haben gleiche Ernährungsweisen. Mit der Vergrößerung der Flügelanlagen bei jeder Häutung wird die Ähnlichkeit immer größer. Ein schrittweise Veränderung führt zum adulten Insekt. Sie wird als **unvollkommene Verwandlung** bezeichnet, die Entwicklungsstadien werden **Nymphen** genannt.

Bei Schmetterlingen, Käfern, Fliegen, Hautflüglern und einigen anderen Gruppen ähneln die Entwicklungsstadien den adulten Tieren jedoch überhaupt nicht. Sie haben keine Flügel und oft völlig andere Lebens- und Ernährungsweisen. Sie werden als **Larven** bezeichnet. Bei jeder Häutung entstehen lediglich größere Larven. Nach Erreichen der vollen Größe kommt bei der letzten Häutung die Puppe **(Pupa, Chrysalis)** zum Vorschein, nach äußerem Anschein ein Ruhestadium ohne Nahrungsaufnahme. Im Inneren der Puppe kommt es jedoch zur Auflösung des alten und zum Aufbau eines neuen Körpers. Äußerlich sind an der Puppe schon Abzeichen der Flügel und der späteren Körperform erkennbar, doch entwickeln sich diese Merkmale im Inneren der Puppe. Man bezeichnet diese Sektion daher als **Endopterygota**. Die Umwandlung dauert wenige Tage oder Monate. Danach schlüpft die Imago aus der Puppe. Dies ist die **vollkommene Verwandlung**.

Einige Insekten können sofort fliegen, wenn sie die Nymphenhaut oder Puppe verlassen. Die meisten müssen jedoch die Flügel aushärten lassen, bevor sie abfliegen können. Die meisten Endopterygota schlüpfen mit kleinen, verknüllten Flügeln. Sie müssen zunächst einen Halt finden, wo sie die Flügel ohne Schaden voll entfalten können. Blut wird in die Flügeladern gepumpt, die Flügel werden gewöhnlich in wenigen Minuten zur vollen Größe entfaltet. Das Aushärten braucht länger, meist wenigstens eine Stunde.

Das Sammeln und das Studium von Insekten

Viele größere und bunt gefärbte Insekten, besonders Schmetterlinge und ein Teil der Käfer, können im Freien identifiziert werden, ohne daß man sie fangen muß. Bei den meisten kleineren Arten ist jedoch dazu das Studium von Einzelheiten, dazu aber wiederum der Fang notwendig.

Netze Das traditionelle Schmetterlingsnetz (Luftnetz) ist das beste Fanggerät für fliegende Insekten. Gute Netze sind in entomologischen Handlungen erhältlich, doch kann man sich auch hinreichende selbst basteln. Der Rahmen muß leicht, jedoch so stabil sein, daß er sich bei Benutzung nicht verbiegt. Er kann kreis- oder trapezförmig sein, muß aber etwa 30 cm Durchmesser haben, damit man darin mit beiden Händen arbeiten kann. Der Netzbeutel muß mindestens doppelt so lang wie der Durchmesser sein, damit man ihn nach erfolgtem Fang einmal über den Bügel schlagen kann, um ihn zu verschließen. Dunkle Netzgaze ist zum Fang von Libellen und Schmetterlingen am besten geeignet. Kleinere Insekten heben sich jedoch besser von heller Gaze ab. Ein kurzer Griff — bis 30 cm — reicht in den meisten Fällen. Netze mit längerem Stock sind schwerer zu handhaben, aber nützlich zum Fang von Libellen oder Schmetterlingen an Straßenlaternen. Ideal ist ein auswechselbarer Griff oder Stock.

Der Fang Fast alle Nachtschmetterlinge werden durch Licht angelockt. Es genügt, im Garten ein weißes Tuch aufzuspannen, es mit einer Lampe anzustrahlen und sich mit dem Netz daneben aufzustellen. Eine Lichtfalle leistet dieselbe Arbeit mit weniger Aufwand während der ganzen Nacht. Einige sind wirklich transportabel und können im Freien aus der Autobatterie gespeist werden. Das Kernstück einer solchen Anlage ist eine Quecksilberdampflampe. Angelockt vom UV-Licht, fliegen die Schmetterlinge gegen Ablenkbleche an der Lampe und fallen in eine Kiste unter ihr. Darin bieten Eierkartons Versteckmöglichkeiten und bringen die Tiere bis zur Leerung am nächsten Morgen zur Ruhe. Die Fallen sollten nie für die Morgensonne erreichbar sein: in der Wärme werden die Schmetterlinge aktiv und beschädigen sich, bevor die Falle inspiziert wird. Man sollte auch darauf achten, daß sie nicht von Vögeln geleert wird. Dies geschicht, wenn eine Falle stets am gleichen Ort im Garten aufgestellt wird; Vögel lernen schnell! Nicht benötigte Schmetterlinge sollten in dichter Vegetation ausgesetzt und Vögel solange ferngehalten werden, bis sich die Schmetterlinge verborgen haben. Man kann die Falle aber auch an einem kalten Ort aufbewahren und Sichtung bzw. Aussetzen erst abends gefahrlos vornehmen.

Laufende Insekten können einzeln von den Pflanzen abgesammelt werden. Produktiver und unerläßlich für die Untersuchung dichter Pflanzenbestände ist das Streifen. Hierzu benötigt man ein festes, am Rande verstärktes Streifnetz (Leinenbeutel), mit dem man kurze, kräftige Schläge durch die Vegetation hin und her ausführt. So fängt man große Insektenzahlen. Das Netz muß häufig geleert werden, damit der Inhalt nicht beschädigt wird. Weiße Beutel empfehlen sich, denn die gefangenen Tiere sind meist grün oder braun und so gut zu erkennen.

Baum- und **Buschbewohner** fängt man am besten mit dem Klopfschirm. Dies ist ein fester Stoff auf einem zusammenlegbaren Holzrahmen oder -kreuz von ca. 1m². Mit einem längeren Griff an einer Seite hält man den Schirm unter einen Zweig und klopft dann scharf mit einem Stock auf diesen Zweig. Raupen und andere Insekten fallen vom Laub auf den Schirm und können ausgelesen werden.

Kleine Insekten auf dem Boden, an Blättern oder Zweigen sind oft schwer zu ergreifen — leichter geschieht dies mit einem Exhaustor, einer Einsaugvorrichtung, die im entomologischen Fachhandel erhältlich ist.

Nach dem Fang kann man die meisten Insekten leicht in Plastikröhrchen oder -kästchen unterbringen. Röhrchen von 7,5 x 2,5 cm sind ideal, und runde Dosen von 5 x 2 cm genügen für die meisten Insekten. Setzt man die Behälter nicht der Sonne aus, kann man die Tiere darin einige Stunde transportieren. Ein kleines Blattstück bietet Halt und sorgt gleichzeitig für etwas Feuchtigkeit im Behälter.

Eine gute Handlupe mit 10facher Vergrößerung reicht zum Bestimmen der meisten Insekten aus, die in diesem Buch vorgestellt werden. Eine gute Binokularlupe von 30facher Vergrößerung ist natürlich sehr nützlich und erschließt eine Menge faszinierender Details, besonders bei der Beobachtung lebender Insekten.

Die meisten Insekten kann man nach der Bestimmung unbeschädigt wieder freilassen. Eine Anzahl kleinerer Arten wird aber besonders der Anfänger nur dann sicher identifizieren können, wenn er sie abtötet und dann genau untersuchen kann. Essigäther (Acetylessigester) ist ein gut geeignetes Mittel, darf allerdings nicht mit Kunststoffbehältern in Berührung kommen, da er sie meist auflöst. Man sollte jedoch nie zu schnell mit dem Abtöten zur Hand sein — die Beobachtung der lebenden Insekten schult das Auge für das spätere Wiedererkennen im Freien. Bewegungsweisen und Ruhehaltung sind oft arttypisch. Außerdem sollte man es sich zur Regel machen, stets nur so viele Tiere abzutöten, wie zur Untersuchung wirklich unerläßlich sind.

Naturschutz

Ein kleine Vergleichssammlung ist für den ernsthaften Entomologen unerläßlich. Ihre Anlage wird die Bestände der meisten Arten nicht schädigen, doch muß man den Schutz der Arten stets im Auge haben. Es ist unwahrscheinlich, daß das Sammeln allein zur Ausrottung von Insektenarten geführt hat. Nimmt man es jedoch zum rapiden Schwund vieler Biotope in den letzten Jahren hinzu, so ist nicht auszuschließen, daß es das Ende seltener Arten beschleunigt. Britische Naturschützer haben in dem Bestreben, die Bedrohung der Insektenwelt möglichst klein zu halten, einen **Codex for Insect Collecting** aufgestellt, dessen Leitsätze so zusammengefaßt werden können:

> Fange und töte nur so viele Tiere, wie unerläßlich. Ein Pärchen einer Art sollte im Normalfall ausreichen. Entnimmt nicht am selben Ort Jahr für Jahr Exemplare. Lokalformen und seltene Arten sollten nur mit äußerster Zurückhaltung, am besten gar nicht, gesammelt werden. Man verlasse ein Sammelgebiet so, wie man es vorgefunden hat. Baumstämme und Steine werden wieder in die ursprüngliche Lage gebracht, Borke wird wieder auf tote Stämme aufgelegt.
>
> Die Zucht mit Hilfe eines befruchteten Weibchens ist dem Sammeln im Gelände vorzuziehen. Überzählige, nicht benötigte Tiere aus einer Zucht werden am ursprünglichen Fundort des Weibchens freigelassen.
>
> Nie sollen mehr Larven oder adulte Tiere für eine Zucht gesammelt werden, als durch vorbereitete Futterpflanzen hinlänglich versorgt werden können.

Diese englischen Leitsätze sollten auch in Deutschland allgemein angewendet werden.

Alle Arten, deren Fang in Deutschland durch das Bundesnaturschutzgesetz, die Naturschutzverordnungen der Bundesländer und die Bundesartenschutzverordnung v. 25.8.80 verboten ist, sind durch das Zeichen **§** markiert.

In der Schweiz ist durch Bundesgesetz nur die Rote Waldameise völlig geschützt, dazu in einigen Kantonen durch Kantonsverordnungen weitere Arten.

In Österreich ist Artenschutz ausschließlich Angelegenheit der Bundesländer. Voll geschützt sind die Apollofalter, weitgehend die Roten Waldameisen. Dazu tritt Schutz etwa entsprechend der deutschen Auswahl in einigen Bundesländern.

Das System der Insekten

Die Insekten werden, vor allem nach dem Bau der Flügel und der Mundwerkzeuge, in eine Anzahl von **Ordnungen** unterteilt. Die Namen dieser Ordnungen enden meist mit den Silben -ptera, Flügel: Lepidoptera = Schuppenflügler, Diptera = Zweiflügler. Die in diesem Buch behandelten 26 bzw. 27 Ordnungen sind nachstehend mit Seitenverweis aufgeführt. Ihr Umfang ist sehr unterschiedlich: einige umfassen nur eine Handvoll Art, während zu den Käfern (Coleoptera) mehr als 300 000 Arten zählen.

Apterygota: primitive flügellose Insekten, die im Verlauf ihrer gesamten Entwicklung niemals Flügel besessen haben.

Archaeognatha	Felsenspringer	Hier zusammengefaßt als **Thysanura** Borstenschwänze S. 16
Zygentoma	Silberfischchen	
Diplura	Doppelschwänze, S. 16	
Protura	Beintastler, S. 16	
Collembola	Springschwänze, S. 16	

Pterygota: Geflügelte Insekten, jedoch haben einige Ordnungen im Verlauf der Entwicklung die Flügel wieder verloren. Auch in den meisten übrigen Ordnungen gibt es einzelne flügellose Arten oder Rassen.

Hemimetabola, Exopterygota: Insekten mit unvollkommener Verwandlung, ohne Puppenstadium. Die Entwicklungsstadien sind Nymphen.

Ephemeroptera	Eintagsfliegen, S. 18
Odonata	Libellen, S. 22
Plecoptera	Steinfliegen, S. 36
Saltatoria	Springschrecken, S. 38
Phasmida	Gespenstschrecken, S. 64
Dermaptera	Ohrwürmer, S. 68
Embioptera	Tarsenspinner, S. 66
Blattodea	Schaben, S. 60
Mantodea	Fangheuschrecken, S. 62
Isoptera	Termiten, S. 66
Psocoptera	Staubläuse und Flechtlinge, S. 98
Phthiraptera	Tierläuse (flügellos), S. 100
Hemiptera	Schnabelkerfe, S. 70
Thysanoptera	Fransenflügler, S. 99

Holometabola, Endopterygota: Insekten mit vollkommener Verwandlung, mit Puppenstadium. Die Entwicklungsstadien sind Larven.

Neuroptera	Netzflügler, S. 102
Mecoptera	Schnabelhafte, S. 108
Lepidoptera	Schmetterlinge, S. 110
Trichoptera	Köcherfliege, S. 183
Diptera	Zweiflügler (Mücken und Fliegen), S. 190
Siphonaptera	Flöhe (flügellos), S. 100
Hymenoptera	Hautflügler, S. 218
Coleoptera	Käfer, S. 254

DER SCHLÜSSEL

Dieser Bestimmungsschlüssel ist so aufgebaut, daß bis auf wenige ungewöhnliche Arten alle Insekten damit der richtigen Gruppe zugeordnet werden können. Er benutzt vor allem die Flügel, daneben Füße, Fühler und einige andere Merkmale, die leicht mit einer Lupe erkannt werden können. Geflügelte Tiere sind stets ausgewachsen, ungeflügelte können sowohl Entwicklungsstadien wie erwachsene Tiere sein. Nymphen hemimetaboler Insekten, wie Heuschrecken oder Wanzen, können auch mit diesem Schlüssel bestimmt werden, weil sie den erwachsenen Tieren ähneln. Für die Larven der Holometabolen gilt dies nicht. Hält man einen Fang für eine Larve, so betrachte man die Abbildungen auf S. 204—297 (Ausnahme: Raupen, S. 110—182). Einige Ordnungen erscheinen im Schlüssel mehrfach, weil sie geflügelte und ungeflügelte Arten umfassen oder zwei scharf getrennte Gruppen, wie etwa die Dorn- und die übrigen Heuschrecken.

1.— INSEKTEN GEFLÜGELT

(hierzu gehören Käfer u.a. Insekten mit harten Deckflügeln [=Vorderflügel], die auf den ersten Blick für flügellos gehalten werden können.)

2.— Alle Flügel häutig

a. Ein Flügelpaar

Heuschreckenartig, mit langen Hinterbeinen; das Pronotum bedeckt den Hinterleib **Dornschrecken** S. 46

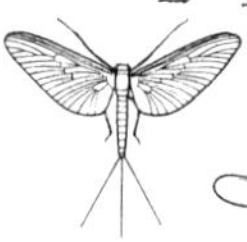

Hinterleib mit 2 oder 3 »Schwanzanhängen«; Flügel in Ruhe hochgeklappt; Fühler sehr kurz **Eintagsfliegen** (z.T.) S. 18

Winzige Tiere (kleiner als 5 mm); nur eine gegabelte Ader im Flügel; ein oder mehrere kurze »Schwanzanhänge«; Fühler viel länger als Kopf; selten **Schildläuse** (♂) S. 96

Große fächerartige Hinterflügel; Vorderflügel zu Schwingkölbchen umgebildet **Fächerflügler** (♂) S. 255

Vorderflügel normal, HInterflügel zu Schwingkölbchen umgebildet, bei kräftigeren Arten oft unter Lappen verborgen; Fühler oft kurz, borstenartig **Zweiflügler** S. 190—217

a'. Zwei Paare häutiger Flügel

Winzige Insekten, Flügel mit langen Fransen besetzt, gewöhnlich dicht an den Körper angelegt. **Fransenflügler** S. 98

b. Flügelfläche mit winzigen Schuppen oder Haaren bedeckt

Flügel beschuppt, oft bunt; fast immer mit aufgerolltem Saugrüssel **Schmetterlinge** S. 110—182

Flügel behaart, meist gelb, braun oder schwarz, in Ruhe dachförmig über den Körper gelegt; Hinterflügel breiter als vordere; kein Saugrüssel **Köcherfliegen** S. 183—189

Alle Flügel gleichartig, behaart; Vorderfüße angeschwollen (flügellose Form häufiger) **Tarsenspinner** S. 66

Winzig, weiß bepudert, Flügel in flacher Ruhelage **Mottenschildläuse** S. 97

Flügel in dachförmiger Ruhelage **Netzflügler** (Fam. Coniopterygidae) S. 107

b'. Nur Flügeladern nennenswert behaart, Flügelfläche meist durchsichtig, farblos (selten gefärbt).

Alle Flügel gleichartig, nahezu aderlos, spröde; gewöhnlich in Schwärmen; Südeuropa **Termiten** S. 66

Kopf in einen Schnabel ausgezogen; Flügel gefleckt; mit aufwärtsgekrümmtem, skorpionsähnlichem Hinterleibsende **Skorpionsfliegen** S. 109

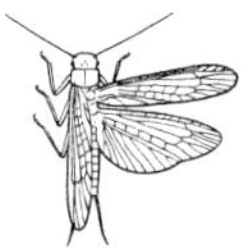

Hinterflügel so groß wie oder größer als die Vorderflügel, in Ruhe flach um den Körper gelegt; oft zwei kräftige Körperanhänge höchstens von Körperlänge. **Steinfliegen** S. 36

c. Flügel mit vielen Queradern, genetzt

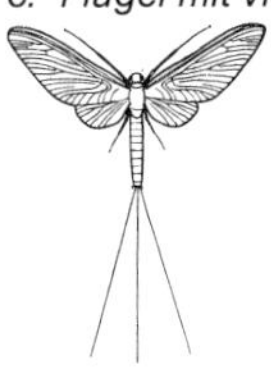

2—3 Körperanhänge mindestens von Körperlänge; Fühler winzig; hintere Flügel viel kleiner als vordere, in Ruhe hochgeklappt. **Eintagsfliegen** (einige Familien) S. 18

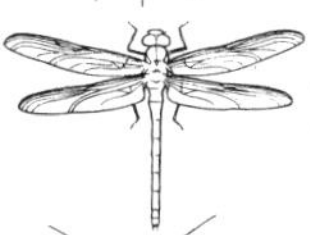

Fühler klein, borstenartig; Hinterleib mindestens 25 mm lang, oft sehr dünn; Flügel in Ruhelage nie dachartig zusammengelegt **Libellen** S. 28—37

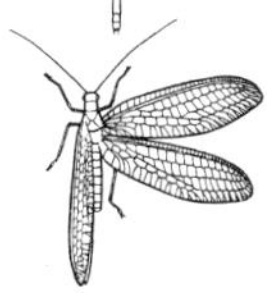

Fühler ziemlich lang, mitunter geknöpft; Adern am Flügelrand meist gegabelt; Flügel in Ruhelage dachförmig zusammengelegt; Flugvermögen meist schlecht. **Netzflügler** S. 102—109

c'. Flügel mit wenigen Queradern

Sehr klein; Flügel manchmal beschuppt, Adern oft behaart, Adermuster charakteristisch; Flügel in Ruhe dachförmig zusammengelegt; Fühler ziemlich lang, mindestens 12gliederig **Flechtlinge** S. 98

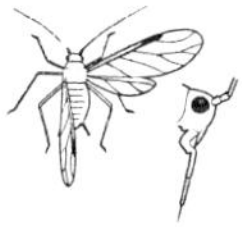

Sehr klein, oft birnenförmig; mit schlankem Rüssel; Flügel in Ruhe meist dachförmig zusammengelegt; Fühler höchstens 10-gliederig; oft in Massen auf Pflanzen. **Blattläuse** S. 94

Gedrungene Tiere; Flügel durchsichtig, glänzend, in Ruhe dachförmig zusammengelegt; Pflanzensaftsauger mit kräftigem Rüssel; Fühler kurz, borstenförmig. **Zikaden** S. 88

Winzige bis große Tiere; Hinterflügel viel kleiner als Vorderflügel, mit diesen durch winzige Häkchen verbunden; Flügel mit wenigen, typischen Zellen; Aderung bei kleinen Formen reduziert; Flügel nie dachförmig zusammengelegt.

Mit deutlicher Taille **Bienen, Wespen, Ameisen Schlupfwespen** etx. S. 226—253

Ohne Taille **Pflanzenwespen** S. 222—225

2'.— Vorderflügel mindestens z.T. derb; Hinterflügel häutig (fehlen manchmal).

d. Vorderflügel aderlos, stoßen in Körpermitte aneinander

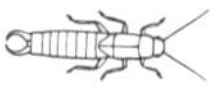

Vorderflügel kurz, rechteckig; lassen Hinterkörper unbedeckt; Körperende mit Zangenpaar **Ohrwürmer** S. 68

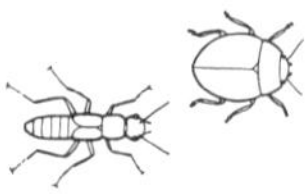

Vorderflügel oft hart, bedecken gewöhnlich den Hinterleib ganz oder zum größten Teil **Käfer** S. 254—291

d'. Vorderflügel geadert; überlappen sich oder sind dachförmig zusammengelegt

Vorderflügel mit häutiger Spitze, liegen dem Körper flach an; Saugrüssel zur Aufnahme von Pflanzensäften oder Blut **Wanzen** S. 72—87

Vorderflügel einheitlich, meist undurchsichtig, jedoch selten kräftiger als Hinterflügel; in Ruhe dachförmig zusammengelegt; Pflanzensaftsauger; oft mit Sprungvermögen **Zikaden, Blattflöhe** S. 92, 96

Körper langgestreckt, Flügel in Ruhe dichtangelegt; Hinterbeine als Sprungbeine ausgebildet **Heuschrecken, Grillen** S. 38—59

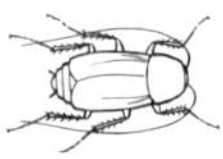

Schnelle Läufer; Beine lang, dornig; Flügel in Ruhe dicht angelegt; Halsschild groß, verdeckt den Kopf **Schaben** S. 60

Kopf sehr beweglich, auf langem »Hals«; Vorderbeine zu Fangbeinen umgebildet **Fangheuschrecken** S. 62

1'.— INSEKTEN VÖLLIG ODER FAST UNGEFLÜGELT

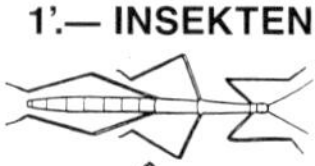

Körper lang, stabförmig **Stabheuschrecken** S. 64

Körper langgestreckt, mit großen Sprungbeinen; oft mit kleinen Flügelresten (Schuppen) **Springschrecken** S. 38—59

e. Mit langen, fadenförmigen Anhängen am Körperende

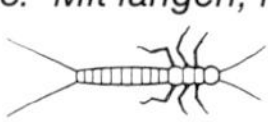

2 Anhänge, kleine Bodenbewohner **Diplura (Fam. Campodeidae)** S. 16

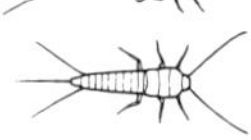

3 Anhänge, Körper meist schillernd beschuppt (einige Arten in Häusern) **Felsenspringer, Silberfischchen** S. 16

e'. Körperende mit Zangenpaar

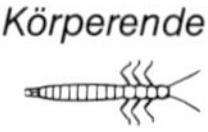

Bleiche, schlanke Erdbewohner mit nur einem Fußglied **Diplura (Fam. Japygidae)** S. 16

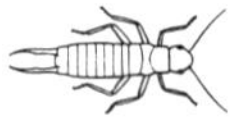

Kräftige, oft dunkelbraune Tiere mit 3 Flußgliedern, oft unter Steinen u.a. **Ohrwürmer** S. 68

e''. Körperende mit kurzen Anhängen oder ohne solche.

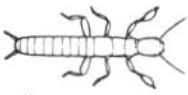
Schlanke, weichhäutige Bodenbewohner mit 2 kurzen Körperanhängen, Vorderfüße geschwollen **Tarsenspinner** S. 66

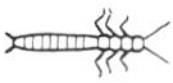
Schlanke, bleiche Bodenbewohner mit 2 kurzen Körperanhängen, Vorderfüße nicht geschwollen
Diplura (Fam. Projapygidae) S. 16

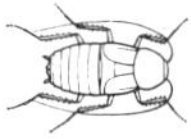
Körper flach; Beine bedornt; Halsschild breit, verdeckt den Kopf; gewöhnlich 2 stummelförmige Körperanhänge sichtbar
Schaben S. 60

Körper langgestreckt, Vorderbeine als Fangbeine ausgebildet; langer »Hals«; gewöhnlich 2 Körperanhänge sichtbar
Fangheuschrecken S. 62—65

Kleine Tiere mit Sprungvermögen und stummelartigen Flügelresten; Kopf schnabelförmig verlängert **Schneeflöhe** S. 108

Kleine Tiere mit Sprungvermögen ohne jede Flügelreste, Sprunggabel unter das Körperende geklappt; in Streu und Boden **Springschwänze** S. 16

Flügelstummel vorhanden; Körper mit Schuppen bedeckt oder behaart: Weibchen einiger **Schmetterlinge** S. 124—182

Körper mit deutlicher Taille, Fühler meist gekniet
Ameisen S. 234 u.a. **Hautflügler** S. 220

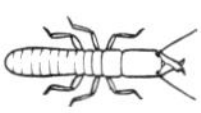
Gestreckte, bleiche, weichhäutige Tiere, gewöhnlich mit 4 Fußgliedern; in Kolonien in totem Holz, Südeuropa
Termiten S. 66

Kleine, birnenförmige Tiere mit Saugrüssel, 2 röhrchenartige Anhänge am Körperende; auf Pflanzen **Blattläuse** S. 94

Abgeplattete Tiere mit relativ breitem Kopf; Fühler dünn, lang; Hinterschenkel oft groß; gewöhnlich in getrocknetem Material
Bücherläuse S. 98

1''.— Insekten ungeflügelt, Parasiten auf Vögeln und Säugern

f. Insekten seitlich abgeplattet

Sprungfähig, mit großen Hinterbeinen; gewöhnlich braun
Flöhe S. 101

f'. Insekten dorso-ventral abgeplattet, flach

g. Kopf z.T. in den Brustbereich versenkt

Fühler meist in Gruben verborgen; Beine recht kräftig, meist mit 2 starken Klauen; stechend-saugende Mundwerkzeuge (nicht immer sichtbar)
einige Familien der **Fliegen** S. 214

Fühler deutlich sichtbar; Beine schlank, Klauen weniger deutlich; dünner Rüssel
einige Familien der **Wanzen** S. 80

g'. Kopf nicht im Brustbereich versenkt

Sehr klein, oval oder gestreckt; Kopf etwa so breit wie der Körper; Prothorax deutlich; Füße mit 1 oder 2 Klauen; kauende Mundwerkzeuge **Haarlinge, Federlinge** S. 100

Sehr klein, birnenförmig, Kopf viel schmaler als Körper; alle Brustabschnitte verschmolzen; Füße mit 1 großen Klaue; saugende Mundwerkzeuge **Läuse** S. 100

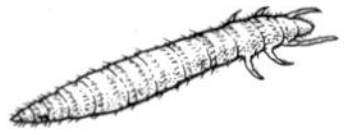

Ein Beintastler

Alle Insekten dieser Seite sind primitive, flügellose Arten aus der Gruppe der Apterygota (= Flügellosen) ohne eigentliche Metamorphose. Die blinden, fühlerlosen Beintastler (Ord. Protura) sind mikroskopisch klein und leben im Boden.

BORSTENSCHWÄNZE Ordnung Thysanura

Körper rübenförmig, glänzend beschuppt, mit 3 langen, beborsteten Schwanzanhängen (2 Cerci + 1 Epiproct). Mundwerkzeuge stets kauend.

Petrobius maritimus Machilidae. Fühler so lang oder länger als der Körper. Augen groß, Außenrand winklig. Ocellen groß, spaltförmig. Abfallfresser zwischen Küstenfelsen der Spritzwasserzone. **P. brevistylis** ist nahezu identisch.

Dilta hibernica. Fühler kürzer als Körper. Augen rechteckig. Die häufigste unter mehreren Arten auf Böden mit dichtem Pflanzenwuchs.

Silberfischchen *Lepisma saccharina* Lepismatidae. Körper abgeplattet. Augen klein, weit getrennt. In Häusern, lichtscheu, benötigt eine gewisse Feuchte. Kohlehydratfresser, z.B. an gestärkten Stoffen, geleimten Bucheinbänden o.ä.

Ctenolepisma lineata. Stumpfer als *Lepisma*, Fühler körperlang. Die Schwanzanhänge sind ebenfalls sehr lang. In Häusern und im Freien. Z,S

Ofenfischchen *Thermobia domestica.* Bräunlicher, stärker beborstet als *Lepisma*, mit längeren Körperanhängen. Körperbehaarung in deutlichen Flecken. Bevorzugt wärmere Plätze, nie im Freien. Häufig in Bäckereien, Heizungskanälen.

DOPPELSCHWÄNZE Ordnung Diplura

Zwei Cerci unterschiedlicher Form, jedoch kein Epiproct. Brustabschnitte deutlich getrennt (Unterschied zur vorigen Ordnung!). Augen fehlen. Meist sehr kleine bodenbewohnende Abfallfresser und Räuber.

Campodea fragilis Campodeidae. Eine von mehreren häufigen Arten in Kompost und zerfallendem Pflanzenmaterial.

Japyx solifugus Japygidae. Gräbt Gänge unter Steinen und abgefallenen Blättern, ergreift Beute mit den zangenartigen Cerci. Z,S, jedoch sehr selten gefunden.

Anajapyx vesiculosus Anajapygidae. Die relativ kräftigen, kurzen Cerci sondern Sekrete aus Hinterleibsdrüsen ab. Abfallfresser. Bisher nur in Italien gefunden.

SPRINGSCHWÄNZE Ordnung Collembola

Größte Gruppe der Apterygota, über 1500 Arten. Ihr Körper hat weniger Segmente als der der übrigen Insekten. Benannt nach dem Sprungorgan (Furcula) am Hinterende der meisten Arten. Das stimmgabelartige Gebilde ist in Ruhe unter den Körper geklappt, wird bei Störung freigegeben und schnellt das Tier hoch durch die Luft. Alle Arten sind sehr klein, oft behaart oder beschuppt. Komplexaugen fehlen. Meist Humusbewohner, die von Pilzen und zerfallenen Pflanzen leben. Der Ventraltubus auf der Unterseite des Hinterleibes ist ein Charakteristikum der Ordnung.

Podura aquatica Poduridae. Häufig an und auf Stillgewässern, besonders mit reichem Wasserlinsenbestand. Sprunggabel erreicht eingeklappt den Ventraltubus.

Neanura muscorum Hypogastruridae. Grau oder purpurschwarz, Beine sehr kurz. Sprunggabel erreicht Ventraltubus nicht, springt kaum. In Waldungen häufig.

Isotoma viridis Isotomidae. Sprunggabel weiß. In feuchtem Laub und Moos häufig.

Entomobrya nivalis Entomobryidae. Zeichnung charakteristisch. In Moos häufig.

Orchesella cinta Fahl orange, dunkelbraun oder schwarz, 3. Hinterleibssegment jedoch stets schwarz. Stark behaart, nie beschuppt. Häufig unter Moos in Wäldern.

Tomocerus vulgaris Tomoceridae. Körper mit deutlichem Silberglanz, Hinterende bewimpert. Einer der größten Springschwänze Europas, Sprungvermögen gut. Unter Steinen, zerfallenem Holz. **T. longicornis** ist an sehr langen Fühlern zu erkennen. Der fahlgelbe Körper schimmert durch, wenn Schuppen fehlen. Beine stark behaart.

Luzernefloh *Sminthurus viridis* Sminthuridae. Bevorzugt lebende Pflanzen: oft auf Leguminosen, z.B. Erbsen, Luzernen, und auf Klee häufig. Im Winter auf Moos.

Dicyrtoma fusca. Ziegelrot bis braun, stark behaart. Einer der kleinsten Springschwänze (1 mm). Häufig im Laub in Wäldern und unter loser Rinde.

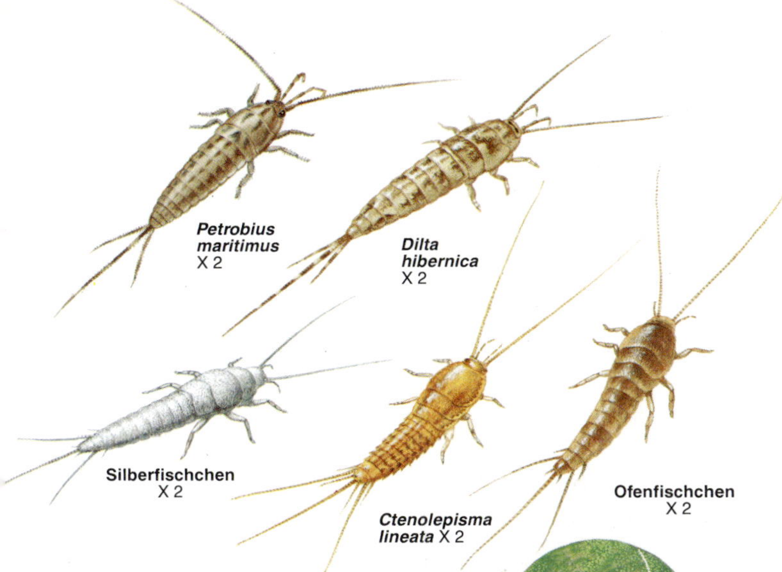

Petrobius maritimus X 2

Dilta hibernica X 2

Silberfischchen X 2

Ctenolepisma lineata X 2

Ofenfischchen X 2

Campodea fragilis X 3

Japyx solifugus X 2

Anajapyx vesiculosus X 3

Podura aquatica X 6

Neanura muscorum X 6

Isotoma viridis X 6

Entomobrya nivalis X 6

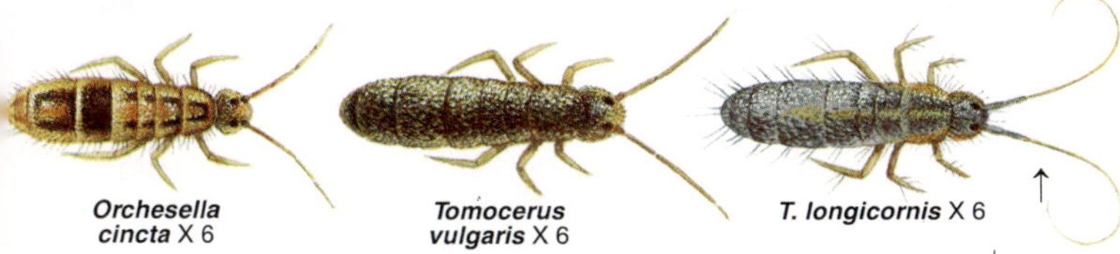

Orchesella cincta X 6

Tomocerus vulgaris X 6

T. longicornis X 6 ↑

↓

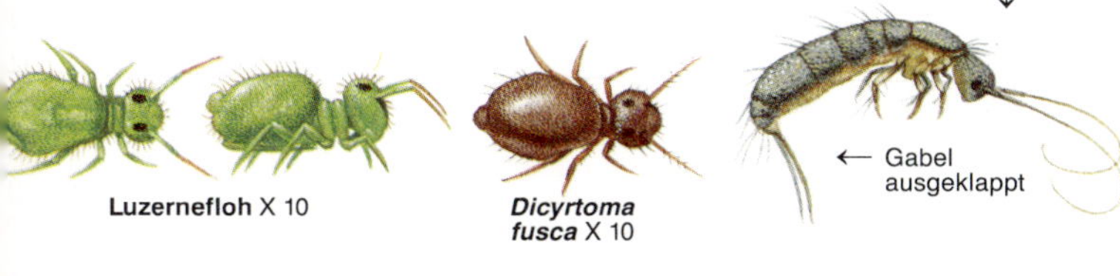

Luzernefloh X 10

Dicyrtoma fusca X 10

← Gabel ausgeklappt

EINTAGSFLIEGEN Ordnung Ephemeroptera

Hinfällige, schlecht fliegende Insekten mit 2 oder 3 langen Schwanzanhängen. Vorderbeine sehr lang, besonders bei den Männchen (erkennbar an 2 Greifzangen am Körperende). Gewöhnlich mit 2 Flügelpaaren mit umfangreicher Aderung; Hinterflügel immer kleiner als Vorderflügel, bei einigen Arten fehlend. Flügel in Ruhe ganz oder schräg nach oben geklappt, können nicht nach hinten auf den Körper gedreht werden, Fühler winzig. Augen beim Männchen größer als beim Weibchen, bei einigen Arten stark vergrößert und emporgewölbt (Turbanaugen). Erwachsene Eintagsfliegen nehmen keine Nahrung auf. Tiere der Dämmerung und der Nacht, selten in größerer Entfernung von den Gewässern, in denen die Entwicklung stattgefunden hat.

Unter den Nymphen gibt es grabende, kriechende und schwimmende Arten. Sie leben vor allem von organischem Abfall; einige sind auch Räuber. Eintagsfliegen sind insofern einzigartig, als sie sich noch einmal in geflügeltem Zustand häuten. Die aus den Nymphen schlüpfenden geflügelten Tiere sind unscheinbar und behaart und werden als Subimago bezeichnet. Nach Stunden, manchmal Minuten häuten sie sich erneut und sind dann glänzend, die Flügel durchsichtig. An Weibchen sieht man manchmal das Hervortreten von Eimassen, die in das Wasser fallen oder hineingespült werden.

Bisher sind etwa 2500 Arten bekannt, davon etwa 200 in Europa. Die Farben verblassen nach dem Tode. Die Bestimmung erfolgt nach der Aderung; eine gute Lupe ist unerläßlich.

Palingenia longicauda Palingenidae. 2 Schwanzfäden. Flügel völlig braun getrübt, kaum durchsichtig. Größte europäische Eintagsfliege. Die Weibchen schlüpfen nicht aus der Haut der Subimago. Entwicklung in großen Flüssen. Z (besonders im Osten).

»Rheinmücke« *Oligoneuriella rhenana* Oligoneuriidae. 3 Schwanzfäden. Aderung stark reduziert. Besonders in großen, sauberen Flüssen. 7—8 in großen Schwärmen über dem Wasser, besonders nachmittags und abends. Z,S (besonders im Osten).

Metrotopus norvegicus Ametropodidae. 2 Schwanzfäden. Hinterflügel auffällig oval. Vorderflügel mit 2 kurzen (Intercalar-)Adern zwischen den beiden letzten großen Adern. Nymphen freischwimmend in sauberen Flüssen mit guter Vegetation. N

Uferaas *Ephoron virgo* Polymitarcidae. 2 Schwanzfäden. An milchweißen Flügeln erkennbar. Weibchen verlassen die Subimago-Haut nicht. 8—9. In riesigen Schwärmen über schwachfließenden Flüssen und Seen. Wird stark vom Licht angelockt. S, Z.

Ephemera danica Ephemeridae. 3 Schwanzfäden. Flügel stets gefleckt. Die Adern im Basalbereich des Vorderflügels laufen scharf zurück. Hinterleib gelblich oder grünlich, hinten oben mit dunklen Abzeichen. 4—9. Nymphen (S. 296) in Seen und Flüssen mit Sand- oder Schlammboden. Einige ähnliche Arten mit dunklerem Hinterleib.

Siphlonurus lacustris Siphlonuridae. 2 Schwanzfäden. Einige gewellte Äderchen laufen von der letzten großen Längsader zum Flügelhinterrand. Hinterfüße länger als Schienen, Schenkel nicht gebändert. 5—9, vor allem in höheren Regionen. Entwicklung an den Ufern von Gebirgsflüssen. Einige ähnliche Arten.

Potamanthus luteus Potamanthidae. 3 Schwanzfäden. Aderung wie bei *Ephemera*, Flügel jedoch gelblich, nie gefleckt. 6—7. Ausgesprochen nächtlich. Entwicklung in großen, raschfließenden Flüssen. Z, S.

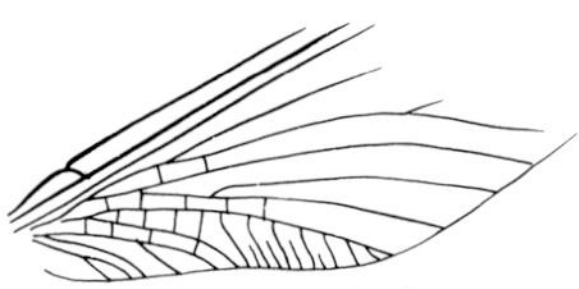

Siphlonurus-Flügel

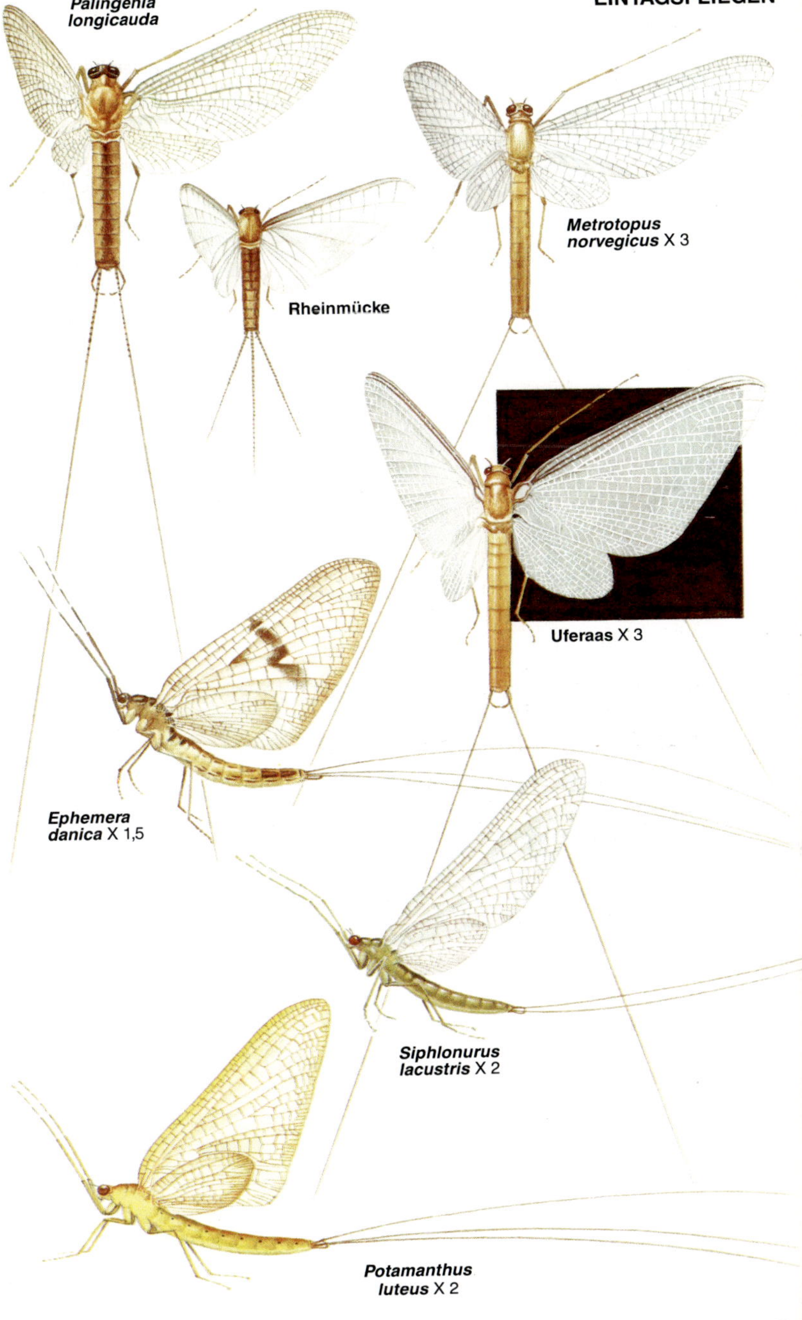

Palingenia longicauda

Rheinmücke

Metrotopus norvegicus X 3

Uferaas X 3

Ephemera danica X 1,5

Siphlonurus lacustris X 2

Potamanthus luteus X 2

Ecdyonurus dispar Heptageniidae. 2 Schwanzfäden. Geäder dunkelbraun. Vorderflügel mit 2 kurzen (Intercalar-)Adern zwischen den beiden letzten Längsadern. 6—10. Nymphen (S. 296) in steinigen Flüssen und Seen. Einige ähnliche Arten.

Rhithrogena semicolorata. 2 Schwanzfäden. Wurzelbereich der Vorderflügel gewöhnlich bronze- oder goldbraun: erscheinen im Flug meist gelb. Schenkel in der Mitte mit braunem Streifen. 4—6. Entwicklung in schnellfließenden, steinigen Flüssen.

Caenis horaria Caenidae. Sehr kleine Eintagsfliege mit 3 Schwanzfäden, ohne Hinterflügel. Vorderflügel milchweiß, schwach bewimpert (Lupe!). Die ersten 5—6 Hinterleibssegmente oben grün. Brust der Weibchen heller. 6—9. Entwicklung in großen Seen und Flüssen mit starker Vegetation. Einige ähnliche Arten.

Ephemerella ignita Ephemerellidae. 3 Schwanzfäden. Adern Cu_1 und Cu_2 an der Wurzel dicht beieinander (Lupe!). 4—9. Entwicklung in schnellfließenden Flüssen. ***E. notata*** ähnlich, etwas fahler, Hinterleibs-Unterseite mit schmalen schwarzen Abzeichen.

Isonychia ignota Isonychidae. 2 Schwanzfäden. Letzte Längsader der Vorderflügel (Cu_2) dem Hinterrand fast parallel. Entwicklung in Flüssen. Z (vor allem in Süden), S. Wird auch zu den Siphlonuridae gestellt.

Baetis rhodani Baetidae. 2 Schwanzfäden. Hinterflügel sehr klein. Intercalar-Adern der Vorderflügel stets paarig. Männchen mit Turbanaugen (Familienmerkmal!). Imagines während des ganzen Jahres, vor allem jedoch im Frühjahr und Herbst. Entwicklung in kleinen, schnellfließenden Bächen. Mehrere sehr ähnliche Arten.

Cloeon dipterum. 2 Schwanzfäden. Hinterflügel fehlen. 3—5 Queradern im Pterostigma nahe der Flügelspitze. Vorderkante der Flügel des Weibchens gelbbraun. Männchen mit Turbanaugen. 5—10. Entwicklung in kleinsten Gewässern, selbst Regentonnen. ***C. similie*** ähnlich, jedoch mit 9—11 Queradern im Pterostigma.

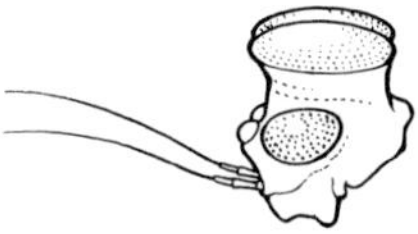

Kopf eines Centroptilum ♂ mit Turbanaugen

Centroptilum luteolum. 2 Schwanzfäden. Hinterflügel sehr klein, bandförmig, zugespitzt. Intercalar-Adern der Vorderflügel nie paarig wie bei *Baetis*. Männchen mit Turbanaugen. 4—11. Entwicklung in steinigen Flüssen, an See-Ufern.

Leptophlebia vespertina Leptophlebiidae. 3 Schwanzfäden. *Ephemerella* sehr ähnlich, jedoch Basis der Ader Cu_2 genau mittig zwischen Cu_1 und A_1. Vorderkante des Hinterflügels ohne Vorsprung. 4—8. Entwicklung vor allem in sauren Seen und Fließgewässern. *L. marginata* ähnlich, jedoch Vorderflügelspitze rauchig braun.

Paraleptophlebia cincta. 3 Schwanzanhänge. Wurzeln der Adern Cu_2 und A_1 stark einander genähert. Vorderkante des Hinterflügels mit Vorsprung. Hinterleibswurzel des Männchens weißlich durchscheinend. 5—8. Entwicklung in alkalischen Flüssen.

Habrophlebia fusca. 3 Schwanzfäden. Vorderkante des Hinterflügels in der Mitte mit großem Vorsprung. Vorderflügel-Aderung wie bei *Paraleptophlebia*, jedoch ohne Intercalar-Adern. 5—9. In schwach fließenden Gewässern und Gräben.

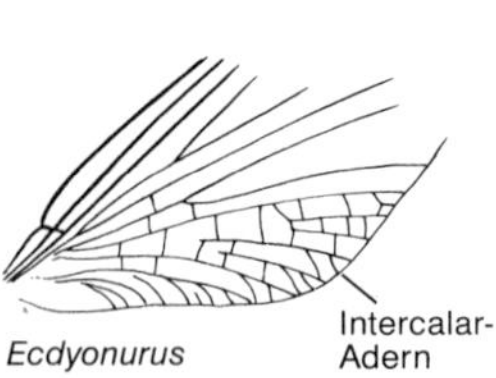

Ecdyonurus

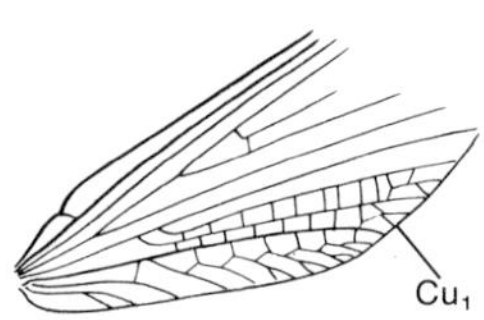

Isonychia

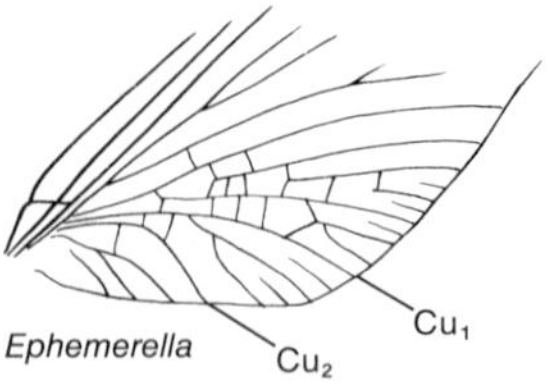

Ephemerella

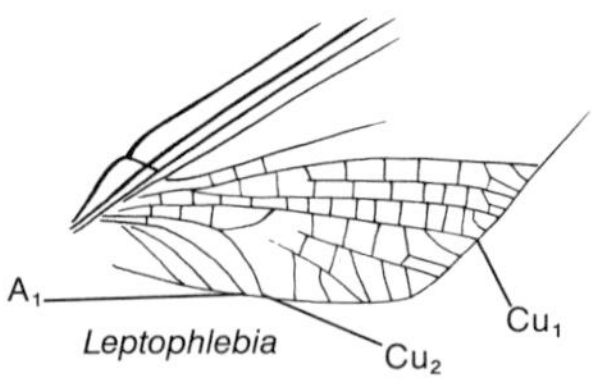

Leptophlebia

Rhithrogena semicolorata X 2

Ecdyonurus dispar X 2

Caenis horaria X 4

Ephemerella ignita X 3

Isonychia ignota X 2

Baetis rhodani X 3

Cloeon dipterum X 4

Leptophlebia vespertina X 2

Centroptilum luteolum X 4

Paraleptophlebia cincta X 4

Habrophlebia fusca X 4

LIBELLEN Ordnung Odonata

Räuberische Insekten mit recht langem Körper, großen Augen und winzigen, borstenförmigen Fühlern. Flügel steif (Flug oft raschelnd!) mit dichtem Adernetz und dunklem Fleck, dem Pterostigma, nahe der Spitze an der Vorderkante des Flügels. Flügel nicht verbunden; jedes Paar schlägt unabhängig. Der Flug ist oft reißend, viele Arten sind außerordentlich wendig. Sie können auch im Flug verharren und rückwärts fliegen, was zusammen mit dem sehr guten Sehvermögen den Fang schwierig macht. Libellen fangen andere Insekten, besonders Fliegen, die sie mit ihren dornigen, korbartig zusammengelegten Beinen im Flug gleichsam aus der Luft schöpfen. Vor allem die kleineren Libellenarten sammeln ihre Beute auch von Pflanzen ab. Bisher sind über 5000 Arten bekannt, viele davon in tropischen Regionen. Die etwa 100 europäischen Arten gehören zwei Unterordnungen an. Die *Zygoptera* oder Kleinlibellen, Jungfern sind zarte Tiere mit dünnem Körper und geringem Flugvermögen. Ihre Vorder- und Hinterflügel sind nahezu gleich ausgebildet und werden in der Ruhe nach oben schräg zusammengelegt. Ihre Augen stehen weit getrennt seitlich. Zur Unterordnung Anisoptera gehören die kräftigen Großlibellen. Ihre Hinterflügel sind meist breiter als die Vorderflügel (Anisoptera bedeutet »Ungleichflügler«). In Ruhe werden die Flügel flach ausgebreitet. Die Augen sind sehr groß und berühren sich meist in der Kopfmitte. Bei Großlibellen gibt es zwei Typen der Jagd. Die »Falken« bleiben lange in der Luft und fliegen bestimmte Strecken, etwa entlang eines Gewässers oder einer Hecke, immer wieder ab. Die »Lauerer« sitzen dagegen lange unbeweglich auf einem freien Beobachtungsplatz und starten blitzschnell, wenn sich Beute nähert. Danach kehren sie gemeinhin auf denselben Platz zurück. Ein Tier kann einen solchen Platz während des ganzen Tages innehaben. Die europäischen Libellen sind sehr sonnenliebende Tiere, wenn auch manche Arten in der Dämmerung fliegen können, besonders bei reichem Nahrungsangebot.

Entwicklung Libellen haben eine einzigartige Paarungsweise, bei der zusätzliche Kopulationsorgane vorn am Hinterleib des Männchens eine Rolle spielen. Es sind kleine Anschwellungen unten am 2. Segment, ein Merkmal, an dem man die Geschlechter unterscheiden kann. Am Körperende trägt das Männchen zwei umgebildete Cerci, die wie Greifzangen funktionieren. Sie sind gewöhnlich gekrümmt, oft sehr lang und besonders bei den Großlibellen auffällig, bei den Kleinlibellen dagegen eher unscheinbar. Die männlichen Großlibellen haben

Paarungsrad

Tandemposition

außerdem noch einen dritten Hinterleibs-Anhang, den man, von oben gesehen, genau in der Mitte zwischen den Greifzangen erblickt. Bei den Kleinlibellen ist dieser Anhang paarig, gewöhnlich viel kleiner und liegt genau unter den oberen Anhängen. Weibliche Großlibellen besitzen gut ausgebildete Cerci — gewöhnlich schlanker und weniger gebogen als die der Männchen —, die anderen Anhänge fehlen ihnen. Einige Weibchen besitzen an der Hinterleibsspitze einen erkennbaren Legesäbel.

Vor der Paarung füllt das Männchen Sperma aus der eigentlichen Geschlechtsöffnung am Körperhinterende in die zusätzlichen Kopulationsorgane vorn. Findet es ein paarungsbereites Weibchen, wird dieses hinter dem Kopf mit den Zangen ergriffen, die bei jeder Art eine spezielle, entsprechend angepaßte Form haben. In dieser Tandemposition können die Tiere fliegen. Sie setzen sich bald, und das Weibchen krümmt den Hinterleib nach vorn, um das Sperma des Männchens aufzunehmen. Diese Position wird als Paarungsrad bezeichnet. Nach der Sperma-Übergabe können sich die Tiere trennen. Viele Arten — vor allem Kleinlibellen, aber auch kleinere Großlibellen — bleiben jedoch in der Tandemposition, bis die Weibchen die Eier abgelegt haben. Sie können einfach über Wasser abgeworfen oder abgewaschen werden, wenn das Weibchen im Fluge den Hinterleib eintaucht. Einige Arten legen die Eier in den Schlamm, andere schneiden Schlitze in Pflanzenstengel. Die Weibchen einiger Arten klettern dabei an den Stengeln unter die Wasseroberfläche.

Die Nymphen wachsen im Wasser heran. Sie fressen viele Wasserbewohner, die sie mit einer Greifzange am Vorderende des zu einer Fangmaske umgebildeten, weit vorschleuderbaren Unterkiefers ergreifen. Viele Kleinlibellen vollziehen ihre Entwicklung innerhalb eines Jahres, Großlibellen benötigen jedoch bis zu fünf Jahre, besonders in kälteren Gebieten. Wenige Arten in Südeuropa haben zwei Generationen im Jahr. Sind sie ausgewachsen, verlassen die Nymphen das Wasser. Sie klettern an Pflanzen empor, und bald danach schlüpft die Imago. Leere Häute findet man häufig an Pflanzen und Gewässerrändern.

Frisch geschlüpfte Libellen sind sehr fahl. Die endgültige Färbung entwickelt sich erst nach Tagen, manchmal erst nach Wochen. Bei vielen Arten zeigen besonders die Männchen eine blaue Bereifung, die an Pflaumen erinnert, sobald sie geschlechtsreif werden. Viele Arten verlieren ihre Färbung sehr bald nach dem Tode. Daher kann die Färbung nicht zur Bestimmung toter Tiere herangezogen werden.

Die Bestimmung der Libellen erfolgt vor allem nach der Flügeladerung. Die Hauptmerkmale sind auf den nachfolgenden Skizzen dargestellt.

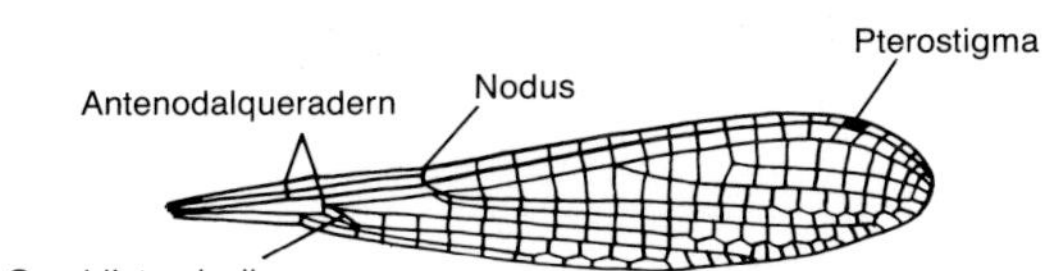

Vorderflügel einer Kleinlibelle

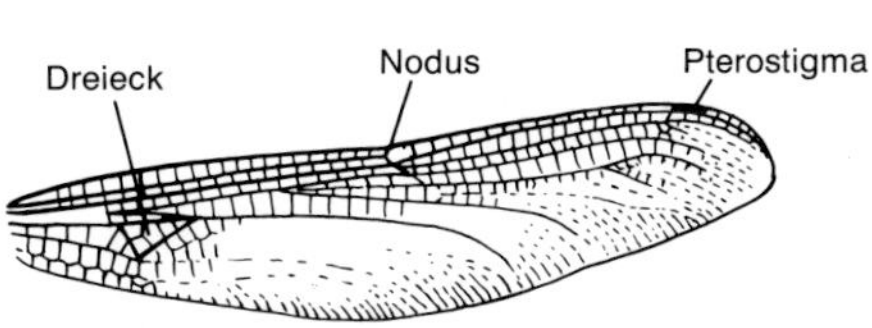

Vorderflügel einer Großlibelle

KLEINLIBELLEN Unterordnung Zygoptera §

Insekten mit schlankem Körper und etwa gleichgestalteten Flügeln. Augen weit voneinander getrennt an den Kopfseiten, Kopf hammerähnlich. Flugvermögen meist schlecht, Flügel in Ruhe schräg nach hinten oben zusammengelegt oder etwas gespreizt.

Familie *Platycnemididae* Ziemlich kleine Familie, kenntlich an nahezu rechteckiger Quadrilateralzelle (S. 26.) Vorder- und Mittelschienen der Männchen und einiger Weibchen federartig verbreitert, jedoch ist die Verbreiterung innerhalb einer Art von Individuum zu Individuum verschieden.

Federlibelle *Platycnemis pennipes*. §. In beiden Geschlechtern Vorder- und Mittelschienen verbreitert, weiß mit schwarzer Mittellinie. Hinterleib der Weibchen fahlgrün mit schwarzer Zeichnung, mitunter fast weiß. Häufig an langsam fließenden Gewässern und offenen Seen. 5—8. Fehlt im hohen Norden und auf der Iberischen Halbinsel.

Weiße Federlibelle *P. latipes*. §. Ähnlich, jedoch Schienen ohne schwarze Mittellinie. Hinterleib vorn oft sehr fahl. Langsam fließende Gewässer. 6—8. Frankr. Iber. Halbinsel

P. acutipennis § Körper orange und schwarz, Schienen nur beim Männchen schwach verbreitert. Geschlechtsreif Augen klar blau. 5—7. Z, S.

Familie *Coenagriidae* Große Familie. Quadrilateralzelle (S. 26) zugespitzt. Pterostigma rautenförmig.

Frühe Adonislibelle *Pyrrhosoma nymphula*. §. Durch schwarze Beine und rote Bruststreifen von der nächsten Art unterschieden. Bruststreifen der Weibchen oft gelb, ihr Hinterleib stärker schwarz gezeichnet. An schwach fließenden und Stillgewässern, auch Torflöchern. 4—8. Fehlt im äußersten Norden und Süden.

Späte Adonislibelle *Ceriagrion tenellum*. §. Beine rot, ohne Farbstreifen an der Brust. Hinterleib der Weibchen ausgedehnt schwarz. Auf alkalische Sumpfgewässer beschränkt. 5—8. Z, S.

Große Pechlibelle *Ischnura elegans*. §. Hinterleib gewöhnlich schwarz, 8. Segment leuchtend blau (kann bei Weibchen fehlen), Pterostigma zweifarbig. An Stillgewässern aller Art (auch verschmutzten), oft zahlreich. 3—10, im Süden in 2 Generationen. Die schnelle Entwicklung erlaubt im Süden auch die Besiedlung von Reisfeldern. Fehlt in Spanien — dort ersetzt durch *I. graellsi*.

Großes Granatauge *Erythromma najas*. §. Robuster als die anderen Vertreter der Familie, Augen auffällig rot. Ohne Farbflecke am Kopf. Weibchen ohne blaue Hinterleibsspitze. Geäder der Spitze des Hinterflügels dichter als im Vorderflügel. An Tümpeln, Gräben, schwach fließenden Gewässern. Fliegt relativ schnell, dicht am Wasser, setzt sich oft auf schwimmende Blätter. 4—9. N, Z.

Becher-Azurjungfer *Enallagma cyathigerum*. §. Den *Coenagrion*-Arten ähnlich, jedoch Spitze der Hinterflügel dichter geadert als die der Vorderflügel. Männchen kenntlich an Pik-As-Zeichnung auf 2. Hinterleibssegment (Zeichnung bei *Coenagrion hastulatum* ähnlich, jedoch von 2 Linien flankiert - s.u.). Weibchen grün und schwarz, mit deutlichem Dorn unter dem 8. Hinterleibssegment. Häufig in der Schwimmblattzone von Stillgewässern; sitzt oft auf Lilienblättern. 4—8.

Hufeisen-Azurjungfer *Coenagrion puella*. §. Eine von 11 ähnlichen europäischen Arten. Männchen mit U-Zeichnung auf 2. Hinterleibssegment. Weibchen weitgehend schwarz mit blauer Hinterleibsspitze und grüner Brustzeichnung. Kein Dorn am Hinterleib. 4—9. Eine der häufigsten Kleinlibellen, an Stillgewässern, jedoch selten im N.

Coenagrion-Männchen können meist an den Abzeichen des 2. Hinterleibssegmentes unterschieden werden, die jedoch variieren können. Weibchen sind schwer zu indentifizieren, ihre Zeichnung weicht von der der Männchen ab und ist oft undeutlich.

puella *pulchellum* *mercuriale* *hastulatum*

2. Hinterleibssegment der Männchen von 4 *Coenagrion*-Arten

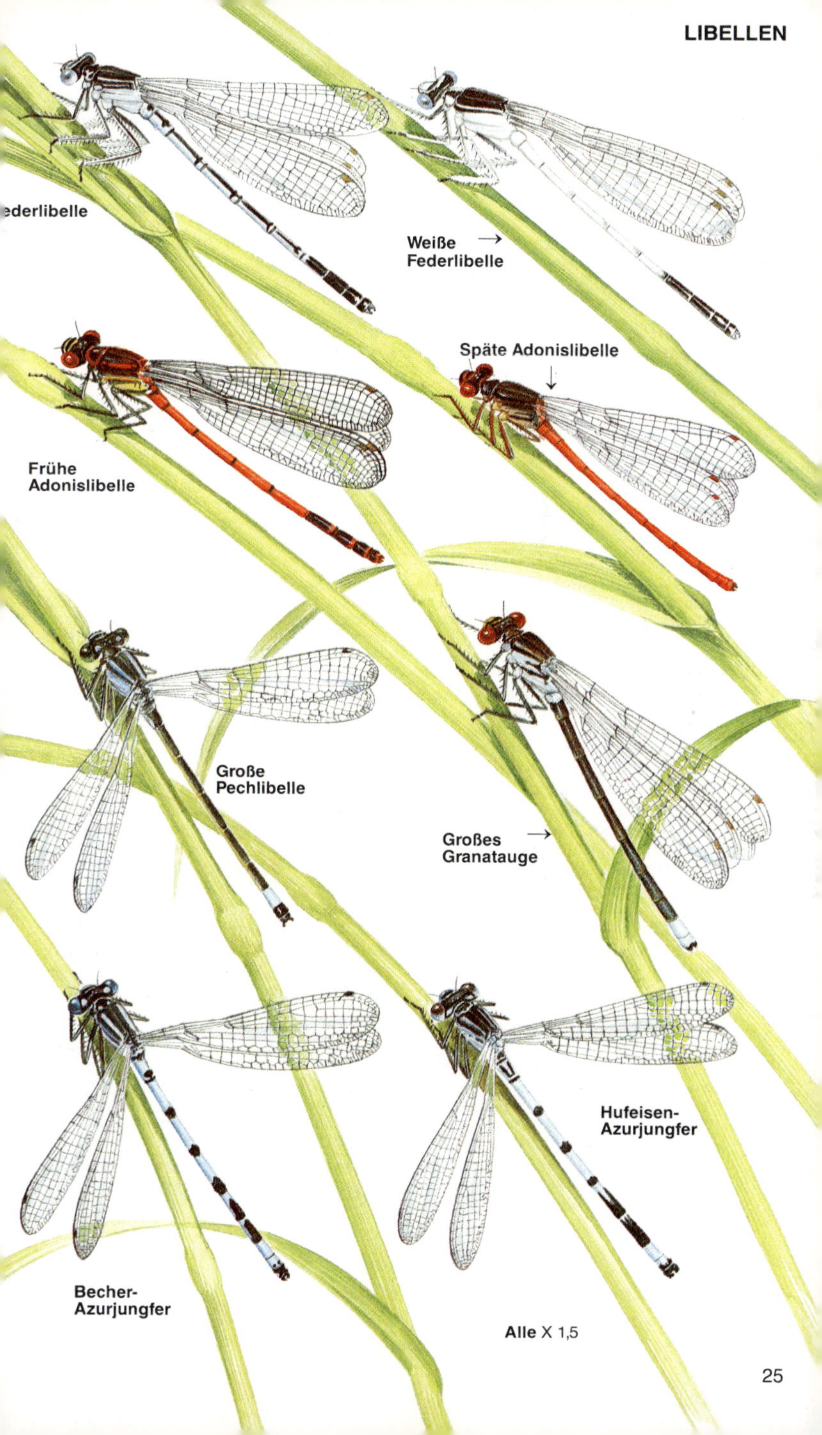
ederlibelle
Weiße Federlibelle
Späte Adonislibelle
Frühe Adonislibelle
Große Pechlibelle
Großes Granatauge
Hufeisen-Azurjungfer
Becher-Azurjungfer
Alle X 1,5

Zwerglibelle *Nehalennia speciosa*. §. Kleinste europäische Libelle, durch Kleinheit unverwechselbar. Hinterleib schwarz mit grüner oder blauer Fleckung. Nur 1—2 Queradern jenseits des Stigmas. An gut bewachsenen Stillgewässern. 5—7. Nur lokal verbreitet, selten in N, Z.

Familie *Lestidae* Eine relativ kleine Familie. Pterostigma deutlich verlängert. Quadrilateralzelle im äußeren Ende zugespitzt. Körper meist grün-metallisch. Greifzangen der Männchen lang, stark gekrümmt.

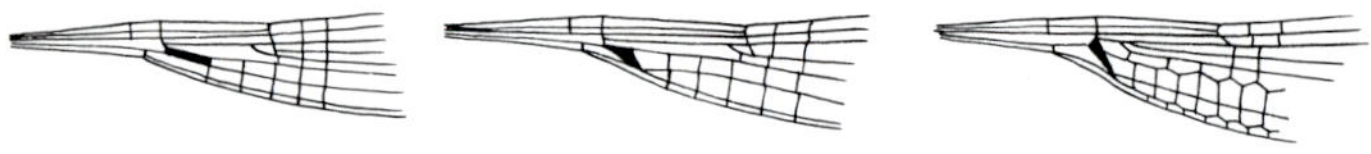

Platycnemis (S. 24) *Coenagrion* (S. 24) *Lestes*

Quadrilateralzellen der Vorderflügel geschwärzt, um ihre unterschiedliche Gestalt deutlich zu machen

Gemeine Binsenjungfer *Lestes sponsa*. §. Blau bereifte Flecke nur bei erwachsenen Männchen. Weibchen rein bronzegrün, Augen rötlichgrün. Stillgewässer jeder Größe, besonders saure Moorgewässer mit dichtem Pflanzensaum, an dessen Kante sich die Libellen oft aufhalten. Ruhen mit halbgeöffneten Flügeln. 6—10. Häufig in N, Z; selten im S. Einige ähnliche Arten. Die **Südliche B.**, *L. barbarus*, im S ist etwas größer, ihr Stigma im äußeren Drittel weiß, der Körper nie blau bereift.

Gemeine Winterlibelle *Sympecma fusca*. §. Körper düster braun. Stigma im Vorderflügel der Spitze deutlich näher als im Hinterflügel. Auch an verschmutzten Stillgewässern. Ganzjährig Z, S. Diese und die verwandte **Sibirische W.**, *S. paedisca*, überwintern als einzige europäische Arten als Libellen verborgen zwischen toten Blättern in dichtem Gebüsch, sonnen sich aber an warmen Wintertagen gern.

Familie *Calopterygidae* Große, vor allem tropische Familie, in Europa drei auffällige Arten. Diese größten Zygopteren werden auch als Prachtlibellen bezeichnet. Körper mit starkem Metallglanz. Flügel mit zahlreichen Antenodal-Queradern. Ein Pterostigma fehlt; an seiner Stelle bei den Weibchen ein weißer Fleck (falsches Stigma). Die Flügel der Männchen sind mindestens zum Teil intensiv gefärbt — zunächst rauchbraun. Mit zunehmendem Alter wird die Farbe intensiver und nimmt einen blauen oder purpurfarbenen Schimmer an. Die Männchen sind aktiver als die übrigen Kleinlibellen und führen vor der Paarung auffällige Werbe- oder Balzflüge vor Weibchen auf, die in ihre Reviere einfliegen.

Gebänderte Prachtlibelle *Calopteryx splendens*. §. Körper des Männchens glänzend grün oder blau. Der Farbfleck der Flügel beginnt nicht vor dem Nodus, variiert sonst aber und kann bei südlichen Formen die Flügelspitze erreichen. Weibchen stets grün, Flügel zunächst farblos, später grünlich-gelb. Auf offenen Gebieten an Kanälen und ruhigen Flußabschnitten mit Schlammboden. 4—9. Fehlt im hohen Norden.

Blauflügel-Prachtlibelle *Calopteryx virgo*. §. Männchen wie *splendens* gefärbt, jedoch beginnt der Farbfleck vor dem Nodus. Flügel der Weibchen später bräunlich, nie grünlich. Falsches Pterostigma von der Flügelspitze entfernt. Bevorzugt schneller fließende Gewässer mit Sand- oder Kiesboden; fliegt oft zwischen Bäumen. 5—9.

Calopteryx haemorrhoidalis. §. Körper glänzend, Ende des Hinterleibs der Männchen auffällig rosa. Flügel der Männchen sehr dunkel, nur Flügelwurzel ungefärbt. Flügel der Weibchen wie *virgo*, jedoch Flügelspitze braun getrübt. 5—8. Klare Flüsse. S.

C. haemorrhoidalis
Hinterflügel des Weibchens

Alle
X 1,5
Zwerglibelle
Gemeine →
Binsenjungfer
♂
Gebänderte
Prachtlibelle
♀
Gemeine
Winterlibelle
♂
Blauflügel-
Pracht-
libelle
♀
♂
Calopteryx
haemorrhoidalis

GROSSLIBELLEN Unterordnung Anisoptera

Kräftiger als die Kleinlibellen, Hinterflügel breiter als Vorderflügel. Augen berühren einander meist in Kopfmitte. Flügel in Ruhelage meist ausgebreitet, nie nach oben zusammengeklappt (Ausnahme: während des Schlüpfens aus der Larvenhaut). Sehr fluggewandt: Jäger, die bestimmte Reviere abfliegen, oder lauernde Räuber.

Familie *Gomphidae* Jäger mit weit getrennten Augen; Ocellen mehr oder weniger in einer Reihe. Hinterleib besonders bei den Männchen hinten angeschwollen. Dreieck im Vorder- und Hinterflügel gleich gestaltet. Basis des Hinterflügels beim Männchen eckig, beim Weibchen gerundet.

Gemeine Keiljungfer *Gomphus vulgatissimus*. §. Einzige europäische *Gomphus*art, bei der Schwarz in der Zeichnung überwiegt. Beine schwarz. Fliegt relativ langsam in kurzen Schlägen über Fließgewässern, oft aber auch weit entfernt vom Wasser. Ruht auf Steinen, offenem Boden wie auch auf Pflanzen. An schnellfließenden Gewässern, aber auch Seen. Die Eier werden an der Wasseroberfläche gelegt, die Larven graben im Sand oder Schlamm. 4—8. Fehlt auf der Iberischen Halbinsel, sonst verbreitet.

Westliche Keiljungfer *Gomphus pulchellus*. §. Beine überwiegend gelb, Hinterleibsende weniger geschwollen als bei den anderen Arten. Insgesamt heller als *vulgatissimus*, das Gelb weniger leuchtend, dunkle Abzeichen oft grau. Setzt sich auf Wegen und kahlem Boden, aber auch auf Bäumen (selten bei *Gomphus*arten!). Ausgesprochene Seenlibelle; Nymphen graben im Schlamm. 5—7. Spanien, Südwestfrankreich.

Große Zangenlibelle *Onychogomphus uncatus*. §. Leuchtend gelb, bei älteren Tieren Brust grünlich. Augen graublau. Greifzangen der Männchen am Ende nicht gegabelt, sondern scharf nach innen abgeknickt, so daß das Hinterleibsende abgestumpft erscheint. Rastet auf dem Boden. An sehr sauberen, schnellfließenden Gewässern. Die Imagines schlüpfen auf Steinen am Ufer. 6—9. SW-Europa, am Rhein bis Schaffhausen.

Kleine Z. §. *O. forcipatus* ähnlich, jedoch kleiner, fahler gelb. Greifzangen des Männchens an der Spitze gegabelt. In Europa weit verbreitet.

Familie *Cordulegasteridae* Große Jäger, bei beiden Geschlechtern berühren sich die Augen in einem Punkt. Dreiecke in Vorder- und Hinterflügeln gleich. Basis der Hinterflügel beim Männchen eckig, beim Weibchen gerundet. Weibchen mit Legebohrer, der das Körperende überragt, dient zur Eiablage im Untergrund von Gewässern.

Zweigestreifte Quelljungfer *Cordulegaster boltonii*. §. Dreieck hinter den Augen gelb. Greifzangen der Männchen divergieren, von oben gesehen, stark. Dreieck in den Hinterflügeln der Männchen mit 5 Zellen. Fliegt reißend dicht über Wasseroberflächen, oft aber auch fern vom Wasser. Sitzt auf Boden und Pflanzen. An klaren Bächen mit Sand- oder Kiesgrund, in dem die Nymphen graben. 5—8. Besonders in höheren Lagen weit verbreitet.

Gestreifte Quelljungfer *Cordulegaster bidentatus*. §. Dreieck hinter den Augen schwarz. Greifzangen der Männchen, von oben gesehen, nahezu parallel. Dreieck in den Hinterflügeln der Männchen mit 3 Zellen. In ähnlichen Lebensräumen wie die vorige Art, jedoch viel seltener; an kaltes Wasser gebunden. 5—8. Höhere Lagen Z, S.

Zweigestreifte Quelljungfer bei der Eiablage in den Boden eines flachen Hochlandgewässers.

Westliche Keiljungfer
Gemeine Keiljungfer
Große Zangen-libelle
Zweigestreifte Quelljungfer
Gestreifte Quelljungfer

Familie *Aeshnidae* Große Jäger, deren Augen sich in der Kopfmitte über eine längere Strecke berühren. Dreiecke in Vorder- und Hinterflügel von gleicher Gestalt. Körperanhänge in beiden Geschlechtern ausgebildet, beim Männchen meist gerader, schmaler. Männchen können leicht an dem unpaaren Anhang unterhalb und zwischen den Greifzangen erkannt werden. Die meisten europäischen Arten gehören zur Gattung *Aeshna*. Bei dieser ist die Basis der Hinterflügel der Männchen auffällig eckig mit deutlichem Analdreieck. Die Zahl der Zellen in diesem Analdreieck dient zur Bestimmung der Arten (s. unten).

Kleine Mosaikjungfer *Brachytron pratense*. §. Stark behaart, mit sehr langem, schmalem Pterostigma. Weibchen ohne die auffälligen grünen Streifen auf dem Thorax, Hinterleibsfleckung grün oder gelb; Flügelbasis gelb. An Stillgewässern, liebt Sonnenbäder. 3—6. Eine der frühesten Libellenarten. Z, in S nur lokal.

Große Königslibelle *Anax imperator*. §. Männchen unverwechselbar durch tiefblauen Hinterleib mit schwarzer Mittellinie; eine der größten europäischen Libellen. Basis der Hinterflügel gerundet, nicht eckig wie bei *Aeshna*, ohne Analdreieck. Mittlerer Hinterleibsanhang fehlt. Hinterleib des Weibchens blaugrün. Streifen auf der Thoraxoberseite fehlen stets. Schnellfliegende Art über Stillgewässern, die ihre Eier oft in kleinsten Tümpeln in schwimmenden Pflanzenresten ablegt. 5—10. Z, S.

Braune Mosaikjungfer *Aeshna grandis*. §. Durch braun getönte Flügel unverwechselbar. Weibchen ohne blaue Flecke an der Hinterleibswurzel. Über Stillgewässern aller Art, oft nahe dem Ufer; aber auch weit entfernt von Gewässern. 4—9. In ganz Europa, vor allem aber im Gebirge im S.

Blaugrüne Mosaikjungfer *Aeshna cyanea*. §. Eine der häufigsten Arten. Beide Geschlechter mit breiten grünen Streifen auf dem Thorax. Analdreieck des Männchens mit 3 Zellen (mitunter mehr). Alle Flecke des Weibchens grün oder gelb. Die letzten beiden Hinterleibssegmente beider Geschlechter mit Farbbändern, nicht gefleckt. Vor allem über Stillgewässern aller Art. Fliegt oft weit entfernt vom Wasser und jagt über Hecken und Lichtungen. 6—10. Vor allem Z,S; dringt in den N vor.

Torf-Mosaikjungfer *Aeshna juncea*. §. Männchen durch schmale Thoraxstreifen, nur blau gefleckten Hinterleib und 2 Zellen im Analdreieck von *cyanea* unterschieden. Weibchen sehr ähnlich *cyanea*, doch fehlen Thoraxstreifen auf der Oberseite (nur an den Seiten breite gelbe Streifen). Auf den letzten beiden Hinterleibssegmenten deutlich getrennte Farbflecke. Über gut bewachsenen Seen u.a. Torfgewässern. 6—10. Ganz Europa, vor allem aber in den Gebirgen im S.

Herbst-Mosaikjungfer *Aeshna mixta*. §. Der Torfjungfer ähnlich, doch kleiner, Thorax oben ohne Streifen. Analdreieck der Männchen 3-zellig. Zeichnung der Hinterleibswurzel völlig anders: Weibchen mit gelbem Dreieck oder T-Zeichnung ebenda. Vor allem über Stillgewässern. Kann in Schwärmen wandern. 6—10. S, Z und südlichstes Skandinavien. Hat sich in den letzten Jahren weiter nach Norden ausgebreitet.

Basis der Flügel mit dem Analdreieck

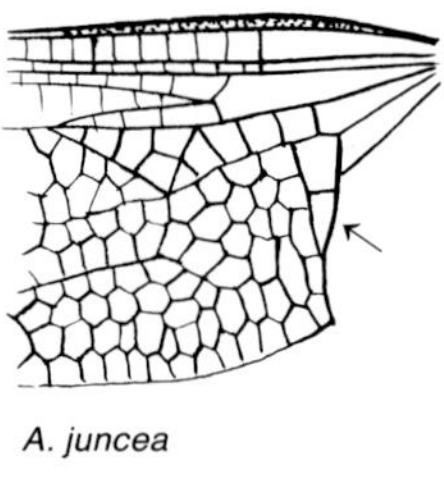

A. juncea

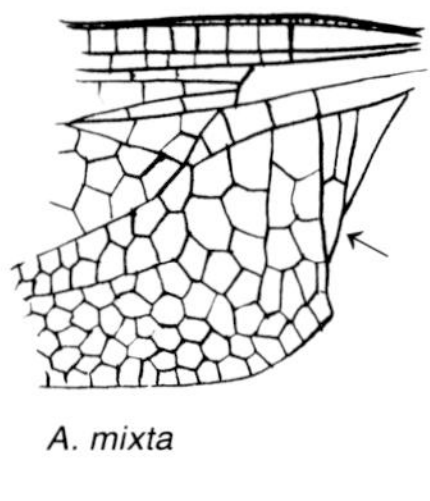

A. mixta

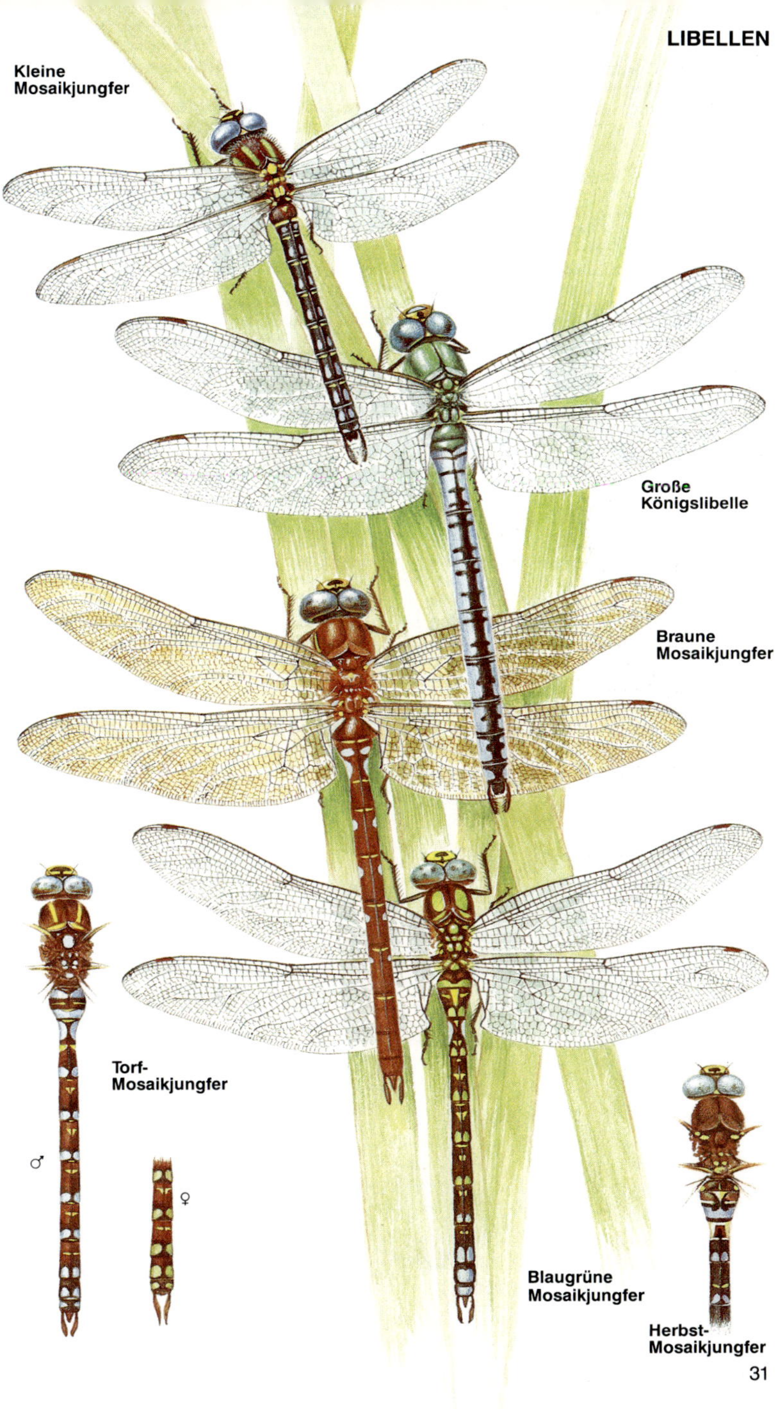
Kleine Mosaikjungfer
Große Königslibelle
Braune Mosaikjungfer
Torf-Mosaikjungfer
♂
♀
Blaugrüne Mosaikjungfer
Herbst-Mosaikjungfer

Familie *Corduliidae* Jäger mittlerer Größe mit metallisch glänzenden Körpern — meist bronzefarben oder grün. Dreiecke in Vorder- und Hinterflügeln von unterschiedlicher Gestalt, im Vorderflügel etwa gleichseitig. Körperanhänge in beiden Geschlechtern gut entwickelt. Hinterleib der Männchen in der vorderen Hälfte verengt.

Gemeine Smaragdlibelle *Cordulia linaenea*. §. Thorax glänzend grün, dicht golden behaart; Hinterleib dunkel bronzefarben, Seiten des 2. Segmentes beim Männchen hellgelb. Unterer Hinterleibsanhang des Männchens tief gegabelt, greifzangenartig. Dreieck im Hinterflügel nicht unterteilt. Weibchen kräftiger als Männchen. Fliegen rasch über Teichen und Seen, setzen sich kaum. 4—8. Nahezu ganz Europa, im S selten.

Glänzende Smaragdlibelle *Somatochlora metallica*. §. Thorax weniger behaart als bei *Cordulia*, Hinterleib leuchtend grün (auch im Flug feststellbar). Greifzangen viel länger, besonders beim Weibchen. Unterer Anhang beim Männchen ungegabelt. Dreieck im Hinterflügel zweizellig. Weibchen kräftiger als Männchen, an vorragendem Dorn unten kurz vor Hinterleibsende erkennbar. Über Still- und langsam fließenden Gewässern, schnellfliegend. 6—9. Fast ganz Europa, fehlt auf der Iber. Halbinsel. In England zwei völlig getrennte Populationen: Südostengland, Nordwestschottland.

Arktische Smaragdlibelle *S. arctica*. §. Der vorigen Art ähnlich, jedoch Weibchen ohne Dorn, Greifzangen des Männchens stärker gekrümmt. Nördliche Art.

Familie *Libellulidae* Große Familie. Lauernde Räuber. Dreiecke in Vorder- und Hinterflügeln unterschiedlich: im Vorderflügel Stirnseite viel schmaler als die übrigen. Körper der europäischen Arten nicht metallisch. Geschlechtsreife Männchen oft blau bereift. Körperanhänge der Weibchen mitunter auffällig. Lauern oft auf einem herausragenden Zweig o.ä. und sitzen dabei flach (s.Abb.). Bei heißem Wetter werden dabei die Flügel abgesenkt, um den Thorax zu beschatten. Viele europäische Arten gehören zur Gattung *Sympetrum*, bei der die letzte Antenodal-Querader (s.S. 22) meist unvollständig ist.

Großer Blaupfeil *Orthetrum cancellatum*. §. Flügelbasis ungefärbt, Pterostigma schwarz. Nur alte Männchen blau bereift; junge Männchen wie Weibchen gefärbt. Moore, Teiche und Seen. 5—9. Fehlt im hohen Norden.

Kleiner Blaupfeil *Orthetrum coerulescens*. §. Flügelbasis fast ungefärbt. Kürzer und schlanker als *cancellatum*. Pterostigma gelbbraun. Nur alte Männchen blau bereift; junge Männchen wie Weibchen gefärbt. Vor allem in Mooren und Sümpfen. Männchen sitzen gewöhnlich auf dem Boden. 6—9. Fehlt im hohen Norden. Im S ähnliche Arten.

Vierfleck *Libellula quadrimaculata*. §. Benannt nach dem schwarzen Fleck an jedem Nodus (*quadrimaculata* = viergefleckt). Mitunter ein brauner Fleck nahe der Flügelspitze. Stets ein schwarzbrauner Fleck an der Hinterflügelbasis; Flügelwurzeln gelb. Hinterleibsanhänge beider Geschlechter etwa gleichlang. Männchen nie blau bereift. Moore und Sümpfe, von der Küste bis ins Gebirge. 4—9. Allgemein in Europa verbreitet; wandert oft in Schwärmen.

Plattbauch *Libellula depressa*. §. Alle Flügel an der Wurzel schwarzbraun. Hinterleib sehr breit. Nur alte Männchen blau bereift; junge Männchen wie Weibchen gefärbt. Gewandter Jäger; lauert auch in Buschspitzen. In Teichen und schwach fließenden Gewässern; auch in Gartenteichen u.ä. kleinen Gewässern. 4—8. Ähnlich der seltenere **Spitzenfleck** *L. fulva* § ohne gelbe Flecke, besonders Vorderflügelbasis weniger dunkel gefleckt. Hinterleib zur Spitze hin schwarz gezeichnet.

Libellula depressa in typische Hochsommerhaltung: die abgesenkten Flügel beschatten den Thorax. Bei kühlerem Wetter, wenn die Tiere häufiger auf dem Boden sitzen, werden sie waagerecht gehalten.

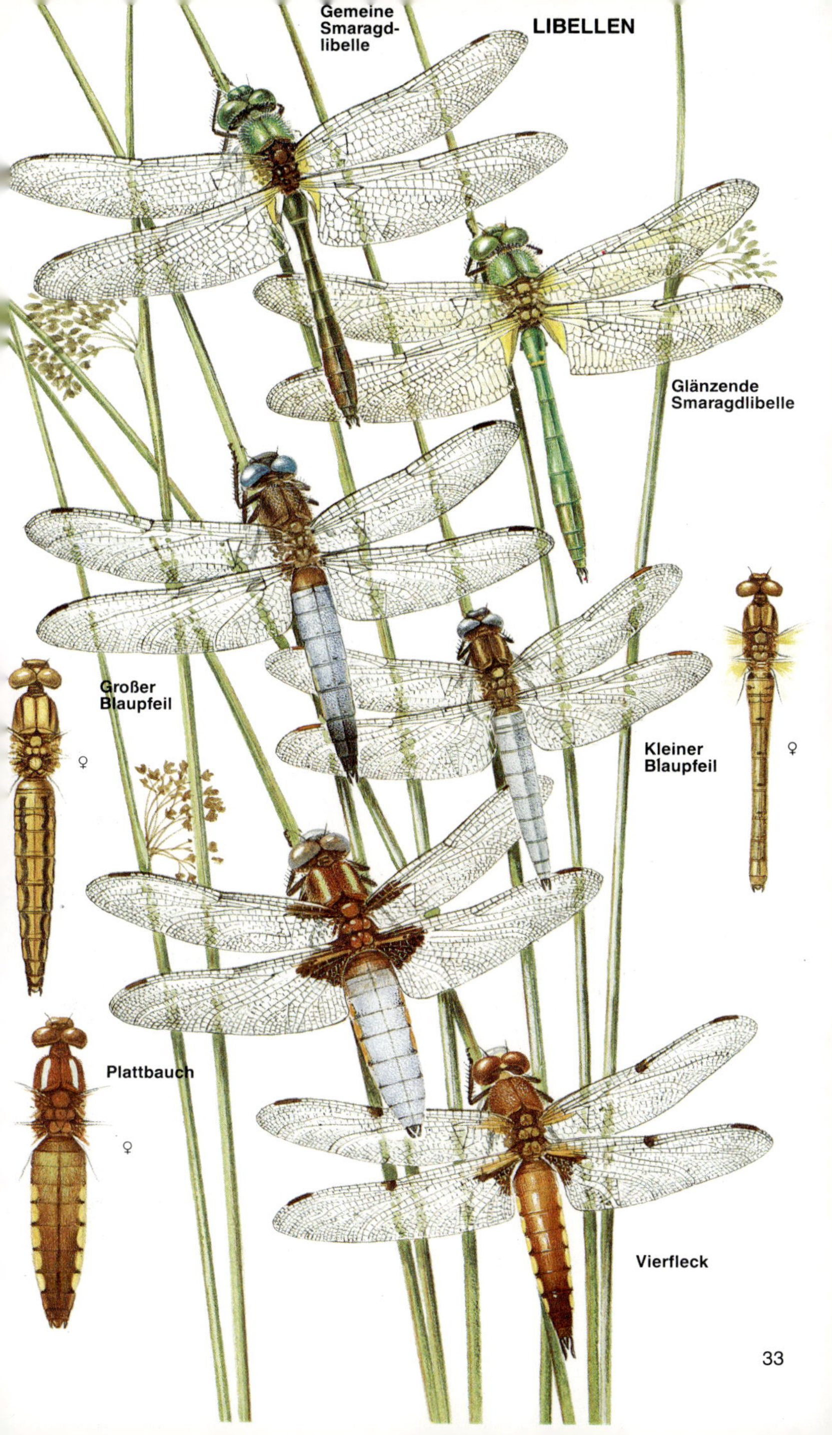
Gemeine Smaragdlibelle
Glänzende Smaragdlibelle
Großer Blaupfeil
♀
Kleiner Blaupfeil
♀
Plattbauch
♀
Vierfleck

Feuerlibelle *Crocothemis erythraea*. §. Ähnlich *Sympetrum*, jedoch breiter. Letzte Antenodalquerader vollständig oder unvollständig. Körper zunächst gelb oder braun, später rot, besonders leuchtend beim Männchen. Auf der Oberseite keine schwarze Zeichnung (tote Tiere jedoch oft mit schwarzer Linie längs des Hinterleibes). Costa und Radius rot, die anderen Adern schwarz. Fleck im Hinterflügel der Männchen orange oder rot, der der Weibchen gelb. Lauert auf kahlen Zweigen oder Schilf. Stillgewässer incl. Reisfelder. 5—10. Vor allem S (u.U. 2 Generationen), mitunter Z.

Große Heidelibelle *Sympetrum striolatum*. §. Häufigste Art der Gattung. Dunkle Beine mit gelbem Längsstreif. Schwarze Querlinie auf der Stirn vor den Augen läuft nicht am Vorderrand der Augen herab. Brustseiten mit schwarzen Nähten. Weibchen orangebraun, Hinterleibsende schwarz gezeichnet. Stillgewässer. 6—10. Wanderform. Europa. Ähnlich: **Südliche H.** *S. meridionale*. §. Brustseiten ohne schwarze Nähte, Beine nahezu völlig gelb. **Gemeine H.** *S. vulgatum*. §. Schwarze Stirnquerlinie läuft am Augenvorderrand herab. **Blutrote H.** *S. sanguineum*. §. Beine völlig schwarz. Hinterleib des Männchens blutrot. ***S. nigrescens*** § Brustseiten mit breiten dunklen Streifen.

Frühe Heidelibelle *Sympetrum fonscolombei*. §. Von *striolatum* durch gelbes, schwarz gerandetes Pterostigma unterscheidbar. Viele Adern besonders an der Basis gelb oder rot. Körper der Weibchen sandfarben. Stillgewässer incl. Reisfelder. 5—11. In S in 2 Generationen pro Jahr; Frühjahrsgeneration wandert regelmäßig nach Z.

Gebänderte Heidelibelle *Sympetrum pedemontanum*. §. Einzige europäische Heidelibelle mit gefleckten Flügelspitzen. Sumpfbewohner. 7—10. Z, S.

Sympetrum scoticum § Weibchen und unreife Männchen mit schwarzem Dreieck auf dem Vorderbrustrücken; reife Männchen tiefschwarz. Torfgewässer. 7—9. N, Z.

Gefleckte Heidelibelle *Sympetrum flaveolum*. §. Flügelbasis ausgedehnt gelb gefärbt, unverwechselbar. Pterostigma rot. Sümpfe und Moore. 7—9. Europa. Wanderart.

Kleine Moosjungfer *Leucorrhinia dubia*. §. Gesicht weiß. Pterostigma kurz und breit: bei Männchen rotbraun, bei Weibchen schwarz. Abzeichen der Weibchen gelb, nicht rot, Flügelbasis dunkel, gelb umwölkt. Unreife Männchen ebenfalls mit gelben Abzeichen. Selten weit entfernt von Torfgewässern und nassen Heiden. 5—8. Im größten Teil Europas; im S vor allem im Bergland.

Zierliche Moosjungfer *Leucorrhinia caudalis*. §. Pterostigma kurz und breit: beim Männchen fahl, beim Weibchen braun. Hinterleibssegmente 6—9 vergrößert. Nur reife Männchen in der Körpermitte blau bereift. Sümpfe und Moore, 5—7. Z.

Feuerlibelle
Große Heidelibelle
Gebänderte Heidelibelle
Frühe Heidelibelle
Sympetrum scoticum
Gefleckte Heidelibelle

STEINFLIEGEN Ordnung Plecoptera

Schlecht fliegende oder flugunfähige Insekten mit ziemlich weichem, flachem Körper, häufig mit 2 langen Cerci. Nie auffällig gefärbt. Flügel in Ruhe flach angelegt oder um den Körper gerollt. Vorderflügel häufig mit 2 auffälligen, leiterähnlichen Queraderreihen. Hinterflügel meist breiter als Vorderflügel. Geäder auch innerhalb einer Art variabel. Männchen gewöhnlich kleiner als Weibchen, oft mit verkürzten Flügeln. Nymphen (S. 296) wasserbewohnend, meist in kalten Fließgewässern. Zum Schlüpfen klettern sie auf Steine am Ufer. Die Imagines entfernen sich selten weit vom Wasser und sitzen meist auf Zweigen und Steinen am Ufer. Einige fressen Algen oder Pollen, die meisten jedoch überhaupt nichts. Es gibt etwa 3000 Arten, von denen weniger als 150 in Europa vorkommen.

Leuctra fusca Leuctridae. Eine von mehreren ähnlichen Arten, die die Flügel in Ruhe hinten nadelartig spitz zusammenrollen. Cerci sehr kurz. Steinige, auch kalkhaltige Fließgewässer und Seeufer in Niederungen und Gebirgen. 4—11, am häufigsten jedoch 7—9; im S fast während des ganzen Jahres.

Vertreter der Nemouridae sind ähnlich, haben jedoch eine schräge Querader in der Apikalzelle; Flügel weniger fest um den Körper gewickelt. Auch die Taeniopterygidae sehen ähnlich aus. Bei ihnen sind jedoch die Fußglieder etwa gleichgroß, während die Leuctridae und Nemouridae ein sehr kurzes 2. Fußglied besitzen.

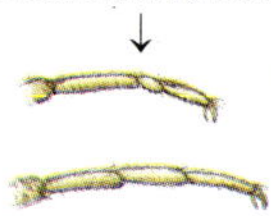

LEUCTRIDAE

TAENIOPTERYGIDAE

Hinterfüße

Isoperla grammatica Perlodidae. Analregion der Hinterflügel stark vergrößert, mit zwei auffälligen gegabelten Adern. Eine von mehreren ähnlichen Arten (in B die einzige gelbe Art). Steinige und kiesige Flußgewässer, häufig in der Kalkregion. 4—9.

Perlodes microcephala. Von fast allen ähnlich großen Arten durch irreguläres Geäder in der Flügelspitze zu unterscheiden. Flügel der Männchen meist sehr kurz. In steinigen Fließgewässern; einzige große Art der Kalkgewässer. 3—7. Einige ähnliche Arten in den Alpen und Pyrenäen.

Capnia bifrons Capniidae. Vorderflügel ohne doppelte Querader-»Leitern«. Im Apicalraum nur eine Querader. Hinterflügel deutlich kürzer als Vorderflügel, stark abgerundet. Flügel der Männchen höchstens 2,5 mm lang, oft nur winzige Stummel. Das Grundglied der Füße ist etwa 3x so lang wie das 3. Glied — dies unterscheidet die Capniidae von anderen Familien mit langen Cerci, bei denen das Grundglied stets kürzer ist. Häufig in steinigen Flüssen, an Seeufern. 2—5. Vor allem S und Z. Wenige ähnliche Arten kommen hauptsächlich im N und in Gebirgen vor.

Chloroperla torrentium Chloroperlidae. Analregion der Hinterflügel klein, ohne gegabelte Adern. Seeufer, kiesige Fließgewässer, vor allem im Bergland. 4—8. Eine von mehreren ähnlichen Arten.

Dinocras cephalotes Perlidae. Eine der größten Steinfliegen. Kein Adernetz nahe der Flügelspitze. 3 lange auffällige Zellen in der Mitte der Hinterflügel, die hinterste mit 1—3 Queradern (manchmal schwach oder fehlend). Vorderbrust schwarz. Männchen nur halb so groß wie Weibchen. Häufig in steinigen Flüssen mit festliegenden, moosbedeckten Steinen der Gebirgsregion, bis 2000 m Höhe. 5—8.

Perla bipunctata. Der vorigen Art ähnlich, aber fahler. Vorderbrust gelblich, mit dunklen Seiten- und Mittelstreifen. Im Hinterflügel fehlen die Queradern in der hintersten langen Zelle. Cerci ragen in Ruhe unter den Flügeln hervor. Männchen ½—¾ der Größe der Weibchen. Sehr häufige Art, bevorzugt Flußbetten mit losen Steinen. Vor allem im Gebirge, jedoch in tieferen Lagen als vorige Art. 5—7.

Querader

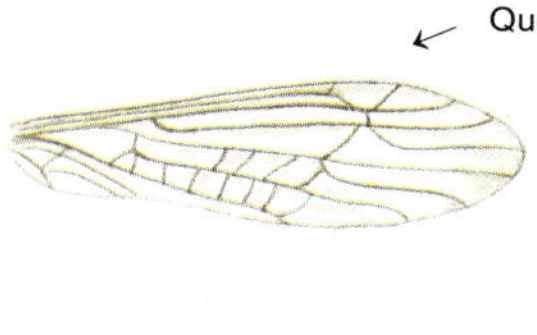

Vorderflügel der Nemouridae mit Querader in der Apicalzelle.

Leuctra fusca X 2

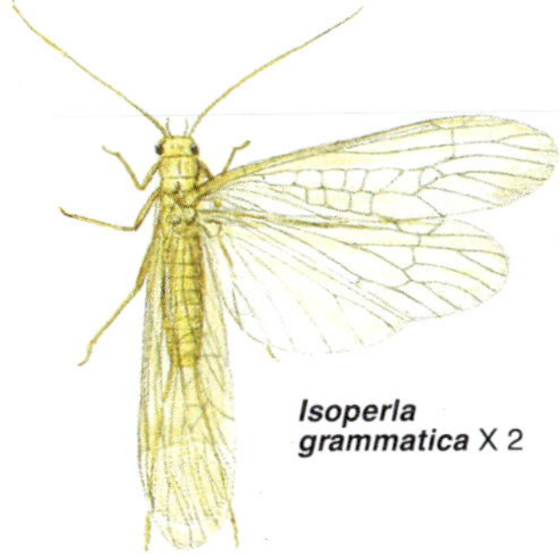

Isoperla grammatica X 2

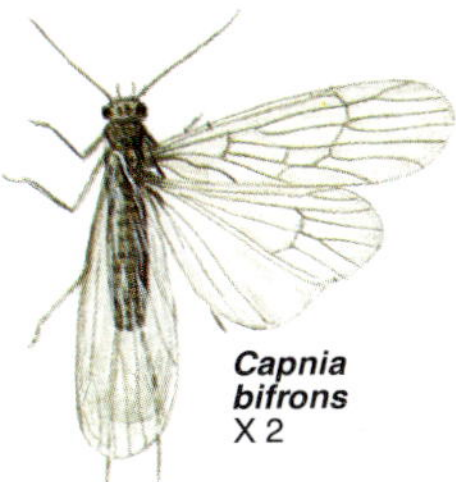

Capnia bifrons X 2

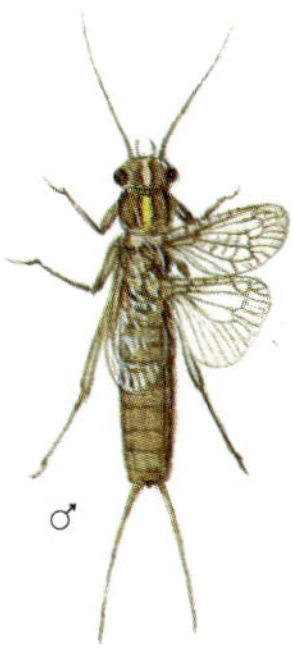

♂

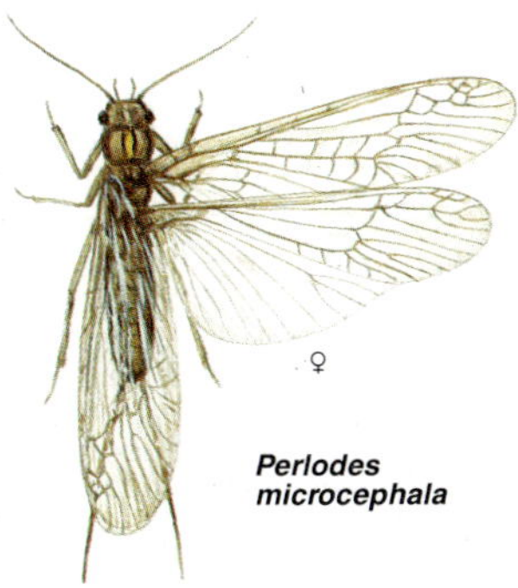

♀

Perlodes microcephala

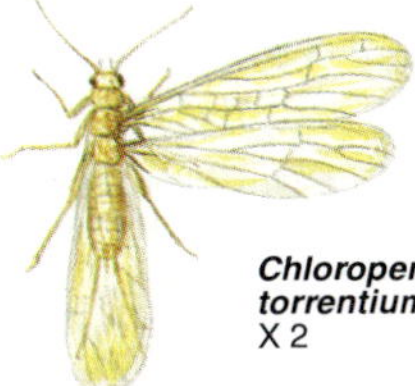

Chloroperla torrentium X 2

Perla bipunctata

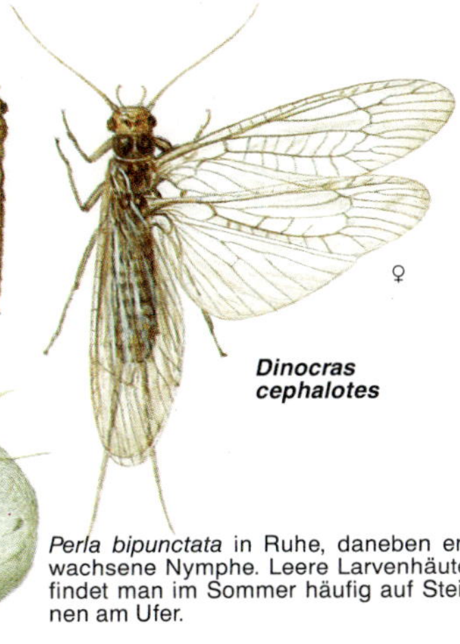

♀

Dinocras cephalotes

Perla bipunctata in Ruhe, daneben erwachsene Nymphe. Leere Larvenhäute findet man im Sommer häufig auf Steinen am Ufer.

SPRINGSCHRECKEN Ordnung Saltatoria

In dieser Ordnung sind etwa 17 000 Arten bekannt, von denen mehr als die Hälfte Heuschrecken sind. Etwa 600 Arten kommen in Europa vor, die meisten davon sind jedoch auf den Süden, besonders Griechenland und die Iberische Halbinsel, beschränkt. Nur etwa 250 Arten dringen bis Mitteleuropa vor, und nur 30 Arten auf die Britischen Inseln. Die Hauptgruppen der europäischen Springschrecken können mit der gegenüberstehenden Tabelle unterschieden werden.

Diese Insekten sind meist kräftig, ihre Hinterbeine als Sprungbeine vergrößert. Das Pronotum ist groß, sattelartig ausgebildet und meist in der Mitte gekielt. Die Seiten des Sattels können ebenfalls durch einen Kiel vom oberen Teil getrennt sein. Eine Mittelfurche (Sulcus) läuft quer über das Pronotum, und weitere Furchen können davor liegen. Die Vorderflügel (Tegmina) sind gewöhnlich fester als die Hinterflügel und sehr schmal. Sie können den Hinterleib in der Ruhe völlig bedecken, sind aber bei vielen Arten verkürzt, oder Flügel fehlen überhaupt. Die Hinterflügel sind ähnlich variabel. Sind sie ausgebildet, so sind sie breit und häutig. Das Flugvermögen ist meist schlecht — nur einige Arten fliegen sehr gut. Springschrecken besitzen immer kauende Mundwerkzeuge.

Die Männchen der meisten Arten erzeugen Töne, indem sie einen Körperteil gegen einen anderen reiben. Dies wird als Stridulation bezeichnet und dient der Zusammenführung der Partner. Die Gesänge sind in Tonhöhe und -umfang unterschiedlich und haben mitunter Ähnlichkeit mit Maschinengeräuschen. Zur Paarungszeit erzeugen viele Arten besondere Paarungsgesänge.

Der Lebenszyklus der Springschrecken beginnt mit dem Ei, und viele europäische Arten überdauern den Winter als Ei. Es gibt kein Puppenstadium — die Jungen durchlaufen mehrere Nymphenstadien, bevor sie geschlechtsreif werden. Ältere Nymphen kann man daran von kurzflügligen Imagines unterscheiden, daß ihre Flügelanlagen gedreht sind, die Vorderkante also nach oben zeigt. Bei erwachsenen Tieren weist sie am Körper seitlich nach unten.

Feldheuschrecken (Familie Acrididae) sind fast ausschließlich Pflanzenfresser und meist nur bei Sonnenschein aktiv. Die Männchen stridulieren, indem sie die Hinterbeine gegen die Vorderflügel reiben. Eine der Flächen trägt eine Leiste, die andere eine Zähnchenreihe. Fährt man mit einem Fingernagel über die Zähne eines Kammes, erzeugt man in ähnlicher Weise Töne. Die Tonhöhe hängt von der Zahl der Zähne und der Bewegungsgeschwindigkeit ab. Jede Art hat ihren eigenen, charakteristischen Gesang. Bei den meisten Feldheuschrecken stehen die Zähnchen auf der Innenseite der Hinterschenkel, die Leiste in der Mitte der Vorderflügel.

Bei den übrigen befinden sich die Zähnchen auf den Vorderflügeln, die Leiste dagegen auf den Schenkeln. Der Gesang ist in dieser Gruppe ziemlich schwach. Die Köpfe dieser Tiere sind meist kantiger, doch gibt es Ausnahmen. Auch die Weibchen einiger Arten können stridulieren, doch sind ihre Zähnchen kleiner und ihre Gesänge gewöhnlich sehr sanft. Die Gehörorgane sitzen an den Körperseiten. Einige Arten können nicht stridulieren — sie sind stumm.

Die Färbung ist recht variabel und kann zur Bestimmung nicht immer verwendet werden. Die Gestalt des Pronotums und seiner Kiele sind zuverlässiger.

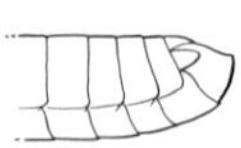

Männchen

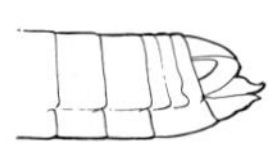

Weibchen

Die Geschlechter sind leicht zu unterscheiden, denn das Hinterende des Männchens hat die Form des Buges eines Bootes.

Wanderheuschrecken sind meist groß und können manchmal in großen, an Zahl reichen Beständen auftreten. Die Tiere der Wanderphase unterscheiden sich in einer Zahl von anatomischen Merkmalen von den nichtwandernden Tieren derselben Art.

Laubheuschrecken (Familie Tettigoniidae) sind Allesfresser, die sowohl von Insekten wie auch Pflanzen leben. Wenige sind ausschließlich Fleischfresser. Durch die langen Fühler sind sie leicht von Feldheuschrecken zu unterscheiden. Die Weibchen besitzen außerdem auffällige Legesäbel. Arten mit sehr kurzem, gekrümmten Säbel legen die Eier meist in Pflanzen, die sie mit den sägeartigen Zähnen an der Spitze des Säbels aufschlitzen. Die übrigen Arten legen die Eier in den Boden. Während der Paarung erzeugt das Männchen eine große, geleeartige Spermatophore, die es an das Hinterende des Weibchens heftet. Die Spermien gelangen in ihren Körper, und sie frißt den Rest. Laubheuschrecken sind vor allem in der Dämmerung und nachts aktiv. Sie singen, indem sie die Vorderflügel gegeneinander reiben. Ihre Töne sind meist höher und länger als die der Feldheuschrecken. Bei einigen Arten singen beide Partner. Die Hörorgane sitzen an beiden Seiten der Vorderschienen.

Grillen (Familie Gryllidae) ähneln den Laubheuschrecken in vielen Punkten, doch sind ihre Vorderflügel an der Wurzel meist breiter, und die Legeorgane der Weibchen sind nadelartig. Sie singen in ähnlicher Weise — nur überdeckt bei ihnen der rechte den linken Vorderflügel, während es bei den Laubheuschrecken umgekehrt ist. Grillen sind Pflanzen- oder Allesfresser.

Schlüssel

Vorderbeine stark vergrößert, Grabbeine

Maulwurfsgrillen, S. 58

Vorderbeine normal ausgebildet
  Fühler kürzer als der Körper
    Pronotum überdeckt den Hinterleib

Dornschrecken, S. 46

    Pronotum bedeckt den Hinterleib nicht

Feldheuschrecken, S. 38—47

  Fühler länger als der Körper
    Taster sehr lang; stets flügellos

Höhlen- und Gewächsheuschrecken, S. 56

    Taster nicht besonders lang; meist wenigstens Flügelrest vorhanden
      Füße 4-gliedrig

Laubheuschrecken, S. 48—57

      Füße 3-gliedrig

Grillen, S. 58

FELDHEUSCHRECKEN Acrididae Tagaktive, sonnenliebende Tiere mit kurzen Fühlern. Gestalt und Kiele des Pronotums sind zur Bestimmung der Arten wichtig. Weibchen ist meist größer als Männchen. Es werden die Gesänge einzelner Männchen (S. 38) beschrieben. Sofern nicht anders vermerkt, stehen die Stridulationszähnchen auf den Hinterschenkeln.

Arcyptera fusca. §. Weibchen schwer, fliegt nicht. Gesang: 8 kurze, quakende Töne, gefolgt von einem harten Rascheln, das für 2—3 Sec. sehr laut wird und dann mit 2—3 kurzen Tönen verebbt. 7—9. Bergwiesen, besonders in den Alpen und Pyrenäen.

Pyrgomorpha conica. Kopf konisch mit ziemlich kräftigen Fühlern. Männchen grau oder braun, oft grün gezeichnet; Weibchen grün. Hinterflügel an der Wurzel rosa. Ohne Stridulation. Trockenwiesen. 3—9. S.

Sumpfschrecke *Mecostethus grossus*. Stridulationszähnchen auf den Vorderflügeln. Das Männchen erzeugt jedoch gewöhnlich ein leises Ticken, indem es mit den Hinterschienen gegen die Spitzen der Vorderflügel schlägt. Nasse Sumpfwiesen, besonders mit reichem Sphagnum-Bestand. 7—10. N, Z; nur lokal auftretend.

Keulenschrecke *Myrmeleotettix maculatus*. Braun, grün oder schwarz, stets gescheckt. Fühlerspitze beim Weibchen weniger stark gekeult. Gesang: 10—30 kurze Zirplaute, die über 10—15 Sec. an Stärke zunehmen und an das Aufziehen einer Uhr erinnern. Wiederholung in unregelmäßigen Abständen. 6—10. Heiden und Trockengebiete.

Gomphocerippus rufus. Gewöhnlich braun, Weibchen mitunter purpurn. Fühler des Weibchens weniger stark gekeult. Vorderkante des Vorderflügels mit kleiner Ausbuchtung. Gesang: Sanftes Zirpen, nähmaschinenartig an- und abschwellend für ca. 5 Sec. 7—11. Vor allem auf Kalkboden.

Chorthippus brunneus. Eine von vielen ähnlichen Arten. Grau, grün, braun, purpurn oder schwarz. Vorderflügel-Vorderrand mit kleiner Ausbuchtung. Unter dem Thorax stark behaart. Gesang: 6—10 kurze, zeitzeichenartige Töne, jedoch tiefer; Wiederholung in unregelmäßigen Abständen. Weibchen singt vor der Paarung. Trockenland. 6—10.

C. biguttulus sehr ähnlich, jedoch Vorderkante des Vorderflügels besonders beim Männchen stark gekrümmt. Gesang laut, metallisch, wie ein altertümlicher Zahnarztbohrer, Zirpen in Dreiergruppen, 1—1.5 Sec. Fast in ganz Europa, fehlt in B.

C. parallelus Grün, braun oder purpurn. Vorderkante des Vorderflügels mit kleiner Ausbuchtung. Hinterflügel fehlen (einziger flugunfähiger Grashüpfer in B). Gesang: nähmaschinenartig, in Abständen von 5—15 sec. über 3 sec. anschwellend. Auf allen Wiesen, jedoch wird Feuchtigkeit bevorzugt. 6—10.

C. albomarginatus. Grün und/oder braun. Vorderkante des Vorderflügels mit kleiner Ausbuchtung. Seitenkiele des Pronotums gerade. Gesang: wie *brunneus*, doch weicher, langsamer. 2—6 Zirpgeräusche von weniger als 1 Sec. Dauer in Abständen von 2 Sec.; Wiederholung in unregelmäßigen Abständen. Niederliegende Wiesen aller Art. 7—10.

Omocestus viridulus. Durch kurzen Kiel oben auf dem Kopf von ähnlichen Arten unterschieden. Grau, grün oder braun in jeder Kombination, Weibchen jedoch stets oben grün. Vorderflügel oft mit dunkler Spitze. Hinterleib unten gelblichgrün. Gesang: über 10—20 Sec. fluktuierendes Zischen, das anschwillt und dann abrupt endet. Die größte Tonfülle wird etwa in der Mitte des Gesanges erreicht. Besonders auf üppigen Wiesen. Fehlt im tiefen Süden.

O. rufipes. Gewöhnlich braun: Weibchen können oben grün sein. Taster an der Spitze auffällig weiß. Hinterleibsende rot. Gesang: ähnlich *viridulus*, jedoch nur 5—10 Sec. Dauer, bricht ab, sobald er den größten Tonumfang erreicht hat. Heiden, Lichtungen. 6—10.

brunneus — Vorderflügel

biguttulus — Vorderflügel

FELDHEUSCHRECKEN

Pyrgomorpha conica X 1,5

Arcyptera fusca ♂ ♀

Keulenschrecke X 1,5

Sumpfschrecke

Chorthippus brunneus X 1,5

Gomphocerippus rufus X 1,5

Chorthippus parallelus X 1,5 ♂ ♀

Omocestus viridulus X 1,5 →

Chorthippus albomarginatus X 1,5

Omocestus rufipes X 1,5

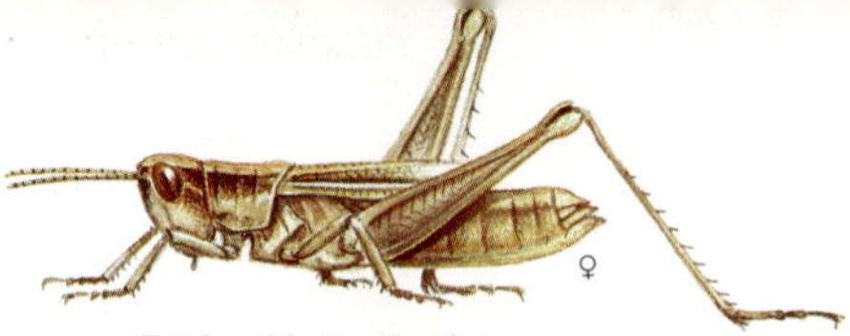

Euchorthippus declivus
x 1,5

Euchorthippus declivus. Vorderflügel stets kurz, meist mit deutlicher weißer Linie, flugunfähig. Seitenkiele des Pronotums fast gerade. Gesang: anhaltende Folge pulsierender Quakgeräusche. Häufig auf trockenen und feuchten Wiesen, Lichtungen und Almen. 6—10. Z, S.

Gomphocerus sibiricus. Männchen an aufgetriebenen Vorderschienen erkennbar. Weibchen mit normalen Beinen, Fühler weniger stark gekeult. Pronotum in der Vorderhälfte bucklig, oft oben mit deutlicher X-Zeichnung. Gesang: Beginnt mit deutlich getrennten Zirpgeräuschen, die dann wie bei Zikaden miteinander verschmelzen. Nach etwa einer Minute Ausklang mit Einzeltönen. 7—9. Almen, besonders in den Alpen und Pyrenäen.

Chorthippus scalaris. Meist dunkelbraun, mitunter grün. Vorderkante des Vorderflügels beim Männchen stark verbreitert. Medianregion des Vorderflügels bei beiden Geschlechtern vergrößert, beim Männchen mit auffällig parallelen Queradern, die des Weibchens unregelmäßig. Hinterflügel dunkel. Gesang: langsam mit kurzen Knackgeräuschen beginnend, die sich steigern und dem Fahrrad-Freilauf ähnlich werden. Endet nach ca. 10 Sec. mit mehreren höheren Tönen. Laut raschelnder Flug. 7—9. Bergwiesen, vom südlichen Schweden an südwärts.

Dociostaurus maroccanus. Hell- bis dunkelbraun. Die Seitenkiele des Pronotums bilden mit den hellen Außenrändern ein Kreuz. Der Mittelkiel wird durch Querfurche unterbrochen. Weibchen bis 37 mm lang. Gesang: sanftes Stakkato, wie das Ticken einer Uhr. 4—10 in unterschiedlichen Lebensräumen. Entwickelt Wanderform, in manchen Jahren in Korsika, Italien und anderen südlichen Ländern schädlich. Flügel der Wanderform weniger stark gezeichnet, Kreuz auf dem Thorax undeutlicher. S, Z.

Euthystira brachyptera. Flugunfähig, Flügel sehr kurz, bei den Weibchen nur noch seitliche Läppchen. Körper mit schönem Seidenglanz. Gesang: eine Folge summender Töne wie bei einer Strickmaschine. 7—9. Kurzer Rasen und Geröllflächen im Gebirge. Z, S.

Goldschrecke, *Chrysochraon dispar.* Kopf spitzwinklig. Vorderflügel der Männchen oval; Hinterflügel reduziert, flugunfähig. Gesang: etwa einminütiges, in kurzen Abständen wiederholtes hartes Ratschen. Heiden, Lichtungen, Raine, feuchte Wiesen. 6—9.

Stenobothrus lineatus. Meist grün, Vorderflügel und Beine mitunter braun. Mittelregion der Vorderflügel vergrößert, mit auffällig parallelen Queradern. Weibchen meist mit weißem Strich längs der Vorderkante der Vorderflügel. Körperende geschlechtsreifer Tiere orangerot. Gesang: ziemlich hoch, über 10—20 Sec. langgedehnt an- und abschwellend, Tonhöhe regelmäßig schwankend. Das Männchen bewegt die Hinterbeine dabei recht langsam, trägt aber bis 450 Zähnchen auf jedem Hinterschenkel, so daß der Ton doch hoch ist. Warme trockene Wiesen, besonders auf Kalkboden. 6—10. Z, S.

Paracinema tricolor. Stridulationszähnchen auf den Vorderflügeln! Pronotum mit schwarzem Strich zu jeder »Schulter«. Vorderflügel zur Spitze hin durchsichtig. Hinterschienen rot, darauf weiße Dornen mit schwarzer Spitze. Weibchen 30—40 mm, Männchen nur 25 mm. Fliegt geräuschvoll. Feuchte Wiesen. Meist selten, in Reisfeldern der Camargue jedoch mitunter schädlich. 7—10. S.

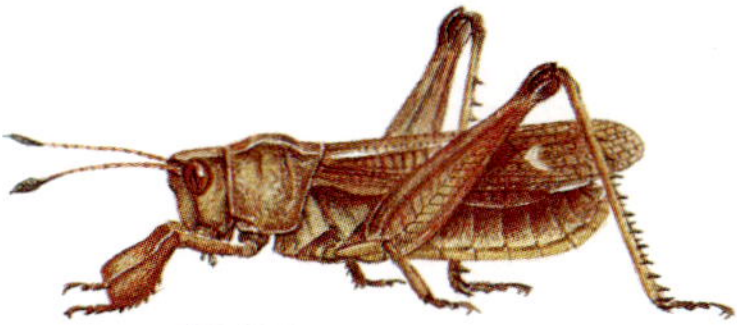

Gomphocerus sibiricus
X 1,5

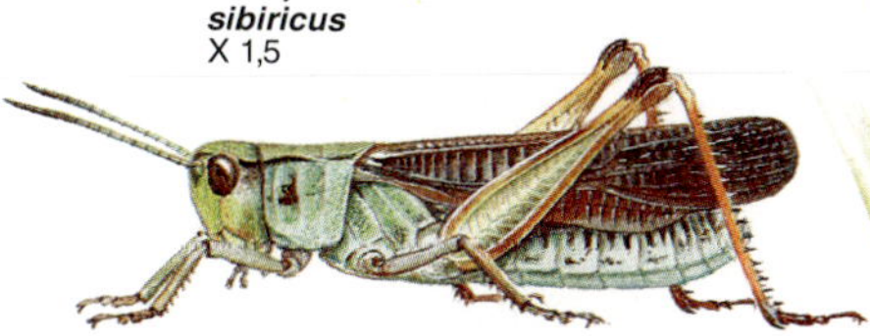

Chorthippus scalaris
X 1,5

Dociostaurus maroccanus
X 1,5

Paracinema tricolor

Euthystira brachyptera
X 1,5

Goldschrecke
X 1,5

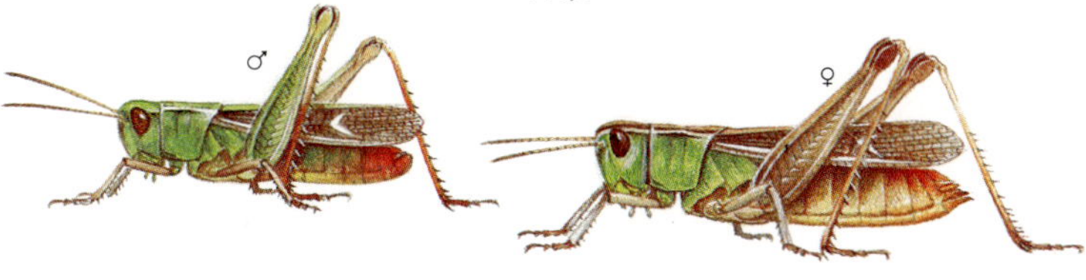

Stenobothrus lineatus X 1,5

SCHRECKFARBEN Einige Feldheuschrekken besitzen bunte Hinterflügel. Werden sie aufgestört, fliegen sie ungezielt auf und zeigen dabei diese Farben. Einem beutesuchenden Vogel wird so ein auffälliges Ziel geboten. Die Heuschrecke läßt sich jedoch schnell wieder zu Boden fallen, faltet die Hinterflügel wieder ein, und das Ziel ist verschwunden — der Vogel sucht vergebens. Beobachter werden von diesen Farben ebenfalls oft getäuscht und halten die Tiere für Schmetterlinge. Die meisten farbenprächtigen Arten, und so alle hier abgebildeten, haben Stridulationszähnchen auf den Vorderflügeln. Ihr Gesang ist bestenfalls schwach.

Schnarrheuschrecke *Psophus stridulus*. §. Mittelkiel des Pronotums kräftig, nicht unterbrochen. Hinterschenkel oben nur sanft gerundet. Graubraun bis schwarz. Die Flügel des Weibchens erreichen eben die Hinterleibsspitze. Beide Geschlechter erzeugen einen knarrenden Ton. Der Flug, besonders der Männchen, ist lautschnarrend. Unebene Wiesen, besonders im Gebirge. 7—10. Von Südskandinavien an südwärts.

Acrotylus insubricus. Behaart. Der große Kopf überragt besonders beim Männchen das Pronotum. Dieses im vorderen Teil beulig, Hinterkante ± gerundet, nicht zugespitzt. Braun bis schwarz. Besonders auf Sand, häufig in Dünen. In sehr warmen Gebieten ganzjährig, sonst nur 3—11, überwintert. S.

Rotflügelige Ödlandschrecke *Oedipoda germanica*. §. Der Schnarrschrecke entfernt ähnlich. Pronotumkiel jedoch unterbrochen. Oberkante des Hinterschenkels in der Mitte mit deutlicher Stufe. Hell- bis dunkelbraun. Sonniges, unkultiviertes Gelände, auch Straßenränder. 7—11. In Z und S örtlich häufig.

Blauflügelige Ö. *Oe. caerulescens* § ähnlich, Hinterflügel jedoch blau. Vorderflügel und Körper grau oder braun. Häufiger, weiter verbreitet als *germanica* in warmem, trockenem Gelände; oft in Dünen. 7—11. Z, S.

Oedalus decorus. Kopf groß, rund. Kräftiger Mittelkiel auf dem Pronotum, kaum unterbrochen. Pronotumrücken meist mit deutlichem weißen Kreuz. Körper und Vorderflügel grün oder braun. Heiße, trockene Gebiete. 6—10. Z, S.

Blauflügelschrecke *Sphingonotus caerulans*. §. Mittelkiel des Pronotums schwach, nur hinten deutlich. Vorderflügel zur Spitze hin hell, durchsichtig. Hinterflügel ohne jedes dunkle Band. Hinterschenkel innen nur mit einem fahlen Band. Auf warmen Sandböden. 6—10. Z, S.

Strandschrecke *Aiolopus thalassinus*. §. Pronotum mit schwachem Mittelkiel, ohne Seitenkiele. Der grüne und braune Anteil der Körperfärbung kann sehr stark variieren. Besonders feuchte Wiesen und Waldlichtungen; auch auf Kulturland. 3—10, weit im Süden jedoch auch ganzjährig. S, Z.

Bryodema tuberculata

Bryodema tuberculata. §. Seitenkiele fehlen. Mittelkiele nur vorn deutlich, Scheibe des Halsschildes sehr flach, hinten recht- oder stumpfwinklig. Oberfläche rauh. Flug geräuschvoll. Besonders auf Sandflächen. 7—10. N, Z.

Schnarrheu-schrecke
X 2

Acrotylus insubricus
X 1,5

Hinterflügel
der **Blauflügligen Ödlandstrecke**

Rotflüglige Ödlandschrecke X 2

Oedaleus decorus X 2

Blauflügel-schrecke X 2

Strandschrecke X 2

Wanderheuschrecke *Locusta migratoria*. Solitäres Stadium mit größerem Pronotum mit gewölbtem Mittelkiel. Männchen im Mittel nur 35 mm lang, häufig braun. Weibchen oft grün. Fliegt gut. Stridulationszähnchen auf den Vorderflügeln. Männchen zirpen in Anwesenheit von Weibchen laut. In dichter Vegetation, auch auf Kulturland, jedoch in Europa nicht schädlich. 7—11, weit im Süden mitunter auch im Winter. S, Z, selten in B. Wanderphase in Europa viel seltener; graubraun oder gelblich, beide Geschlechter sehr ähnlich.

Nymphe der Ägyptischen Heuschrecke

mit den umgedrehten Flügelanlagen

Ägyptische Heuschrecke *Anacridium aegypticum*. Der Wanderphase von *Locusta* ähnlich, jedoch Pronotumkiel mehrfach gekerbt, Augen gestreift, kurzer Dorn auf der Thoraxunterseite zwischen den Vorderbeinen. Männchen ca. 35 mm, Weibchen 50—65 mm lang. Fliegen gut. In warmen Gebieten in Büschen und Bäumen. Richtet kaum Schaden an. Stumm. Ganzjährig. S; mit Gemüse nach Norden verschleppt. Nymphen grün oder orangebraun.

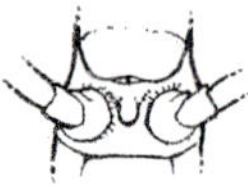

Podisma-Unterseite: Zapfen zwischen den Vorderhüften

Podisma pedestris. Zapfen zwischen den Vorderhüften. Hinterkante des Pronotums gerade oder schwach geschwungen. Vorderflügel stets stummelförmig. Männchen sehr lebhaft, Weibchen schwerfällig. Felsige, wenig bewachsene Bergregionen, meist über 1000 m, im Norden auch tiefer; oft bis zur Schneegrenze. 7—10.

Pezotettix giornai. Höcker zwischen den Vorderhüften zungenförmig, rückwärts gerichtet. Mittelkiel des Pronotums vollständig, Seitenkiele nur vorn vorhanden. Vorderflügel stets nur kurz. Grau, rotbraun oder fast schwarz. In trockenem Gestrüpp oder Kulturen. Stumm. Im S ganzjährig, im südlichen Z 6—10.

Schönschrecke *Calliptamus italicus*. §. Zapfen zwischen den Vorderhüften. Stirn abgerundet. Mittel- und Seitenkiele gut ausgebildet, letztere hell. Vorderflügel können fehlen. Hinterschenkel innen rötlich, mit 3 dunklen Flecken, die letzten beiden gleichgroß. Männchen 14—25 mm, Weibchen 22-40 mm lang. Cerci der Männchen sehr lang, gekrümmt. Ohne Stridulation; das Männchen »singt« durch Reiben der Kiefer gegeneinander. Auf Wiesen und Kulturland oft häufig, mitunter schädlich. 7—11. S, Z.

C. barbarus ähnlich, jedoch mittlerer Fleck auf den Hinterschenkeln am größten.

Nasenschrecke *Acrida ungarica*. Gestalt unverwechselbar. Grün oder braun. Weibchen 50—70 mm lang, oft gefleckt. Feuchte, sumpfige Wiesen. Stumm. 7—10. S.

DORNSCHRECKEN Tetrigidae. Den Feldheuschrecken ähnlich, doch reicht das Pronotum bis zur Spitze des Hinterleibes. Vorderflügel zu kleinen Schuppen reduziert, doch Hinterflügel gut entwickelt. Ganzjährig bei Sonnenschein aktiv, bevorzugen kahlen oder schwach bewachsenen Boden. Frißt Moos und an niedrigen Pflanzen. Stumm. In Europa mehrere Arten, in B nur 3.

Tetrix undulata. Fahlbraun bis schwarz. Hinterflügel erreichen die Spitze des Pronotums nicht. Heiden, lichte Wälder und andere trockene Gebiete.

Tetrix subulata. Pronotum relativ länger; Hinterflügel reichen bis zu seiner Spitze. Fahl braun bis schwarz. Kann gut fliegen und schwimmen. In Feuchtgebieten.

Tetrix depressa. Mittelkiel nur auf der vorderen Pronotumhälfte, zwei dunkle Eindrücke nahe der Mitte. Feuchtgebiete, auch Küsten. S, Z.

Schönschrecke

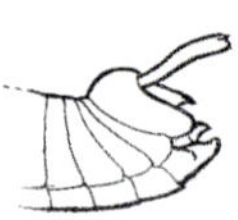

Körperhinterende eines Männchens mit den langen Cerci.

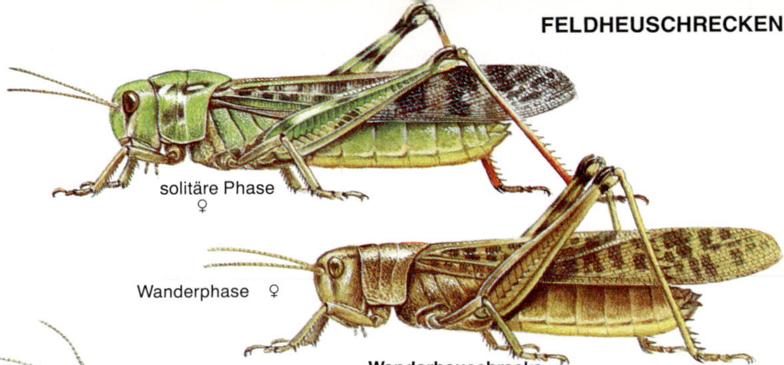

Wanderheuschrecke

Podisma pedestris

Ägyptische Heuschrecke

Nasenschrecke

Pezotettix giornai X 1,5 ♀

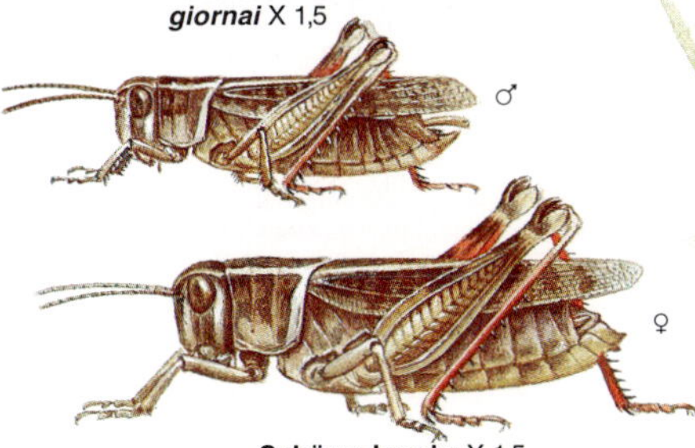

Schönschrecke X 1,5

Tetrix subulata X 1,5

Tetrix undulata X 1,5

Tetrix depressa X 1,5

LAUBHEUSCHRECKEN Tettigoniidae Springschrecken mit langen, dünnen Fühlern und 4gliedrigen Füßen. Weibchen mit kurzem, sichelförmig gekrümmten oder langem, schwertartigen Legeapparat. Begattete Weibchen tragen nicht selten an der Basis dieses Apparates eine geleeartige Spermatophore (S. 38). Flügel oft kurz, manchmal fehlend. Die Männchen besitzen jedoch stets einen Rest zum Erzeugen ihres Gesanges. Je eine Höröffnung auf jeder Schienenseite. Meist dämmerungsliebend oder nächtlich.

Gehörorgan

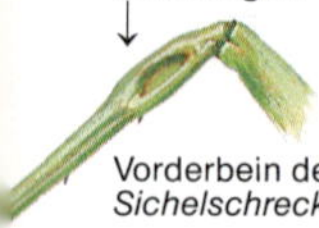

Vorderbein der *Sichelschrecke*

Gehörorgan

Vorderbein von *Tylopsis*

Legesäbel von *I. pyrenea*

Gemeine Sichelschrecke *Phaneroptera falcata*. Ovales Gehörorgan an der Vorderschiene. Hinterflügel überragen in Ruhe den Hinterkörper weit. Seitenlappen des Pronotums abgerundet. Grün, fein rotbraun punktiert. Legesäbel kurz, stark gekrümmt. Gesang: nächtliches hohes Zicken im Staccato. An vielen Büschen. 8—10. Z, S.

***Tylopsis liliifolia*.** Ähnlich *Phaneroptera*, jedoch Gehörorgan schlitzförmig. Grün oder braun. Fühler von 5facher Körperlänge. Seitenlappen des Pronotums rechteckig. Legesäbel kurz, gekrümmt. Gesang: 2—4 Töne wie das Anreißen eines Zündholzes, unregelmäßig wiederholt. Braune Tiere im Gebüsch, grüne auf Wiesen. 7—10. S, Z.

Isophya pyrenea. Kräftig, Rücken fein rot punktiert. Vorderflügel stets sehr klein, beim Weibchen halb vom Pronotum bedeckt. Gesang: ein sehr schwaches Quietschen, wie das Drehen eines Korkens im Flaschenhals. Gebirgswiesen, lebt vor allem am Boden. 5—8. S, Z. Viele ähnliche Arten in SO.

Barbitistes fischeri. Glänzend grün in der Jugend, später immer stärker schwarz gefleckt. Vorderflügel stets sehr klein, die des Männchens aufgetrieben, hoch auf dem Rücken wie bei *Leptophyes*. Gesang: 20—40 schwache knirschende Töne über 10—20 Sec., in unregelmäßigen Abständen nachts wiederholt, obwohl die Tiere besonders bei Sonnenschein auch tagsüber aktiv sind. Auf Bäumen und Büschen: kann bei Massenauftreten Schäden am Wein anrichten. 5—8. SW.

Wanstschrecke *Polysarcus denticauda*. Massig. Vorderflügel stets sehr kurz, bei den Weibchen fast völlig verborgen. Legesäbel 15—25 mm lang, an der Spitze nach oben gekrümmt und gesägt. Cerci des Männchens sehr lang. Gesang: bei Sonnenschein eine lang anhaltende Serie weicher, metallischer Zirplaute. Gebirgswiesen. 6—9. S, Z.

Leptophyes punctatissima. Dicht punktiert, Vorderflügel stets sehr kurz. Weibchen mit feiner brauner Linie auf dem Rücken. Gesang: ein sehr kurzes, schwaches kratzendes Geräusch, das nach einigen Sekunden wiederholt wird. Die Abstände werden in der Wärme kürzer. Singt tags und nachts. In Nesseln, Himbeeren und ähnlich dichten Beständen gut getarnt, auch in Gärten. 7—11. S, Z.

Eichenschrecke *Meconema thalassium*. Stets geflügelt, fliegt mittelmäßig, kommt aber häufig zum Licht. Männchen mit langen, gekrümmten Cerci. Legesäbel etwa 9 mm lang, schwach gekrümmt. Keine Stridulation, doch trommeln die Männchen mit den Hinterfüßen leise auf Blättern. Dabei werden die Vorderflügel gehoben. Die Töne können über mehrere Meter gehört werden. Bewohnt viele Laubbaumarten, auch Apfelbäume. Tagsüber selten sichtbar. 7—11.

Cyrtaspis scutata. Eindeutig erkennbar am vergrößerten Pronotum, das die Vorderflügel bei beiden Geschlechtern verdeckt; Hinterkante beim Männchen emporgekrümmt. Fahlgrün bis graurosa. Gesang sehr schwach, wie das Ticken einer Uhr. Auf Bäumen und Büschen. 8—12. Überlebt in milden Wintern bis zum Frühjahr. Vor allem im westlichen S.

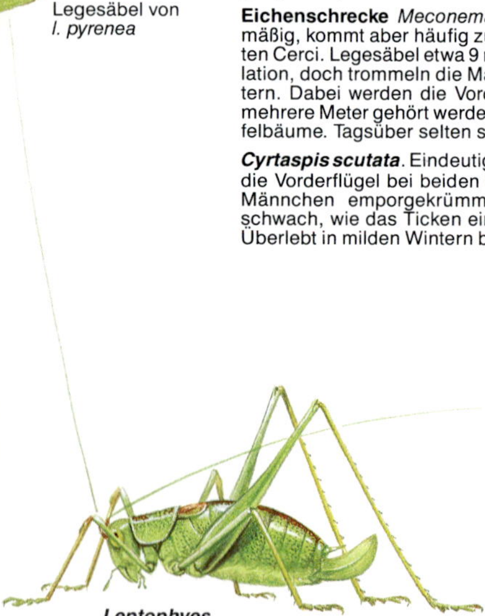

Leptophyes punctatissima ♀ X 1,5

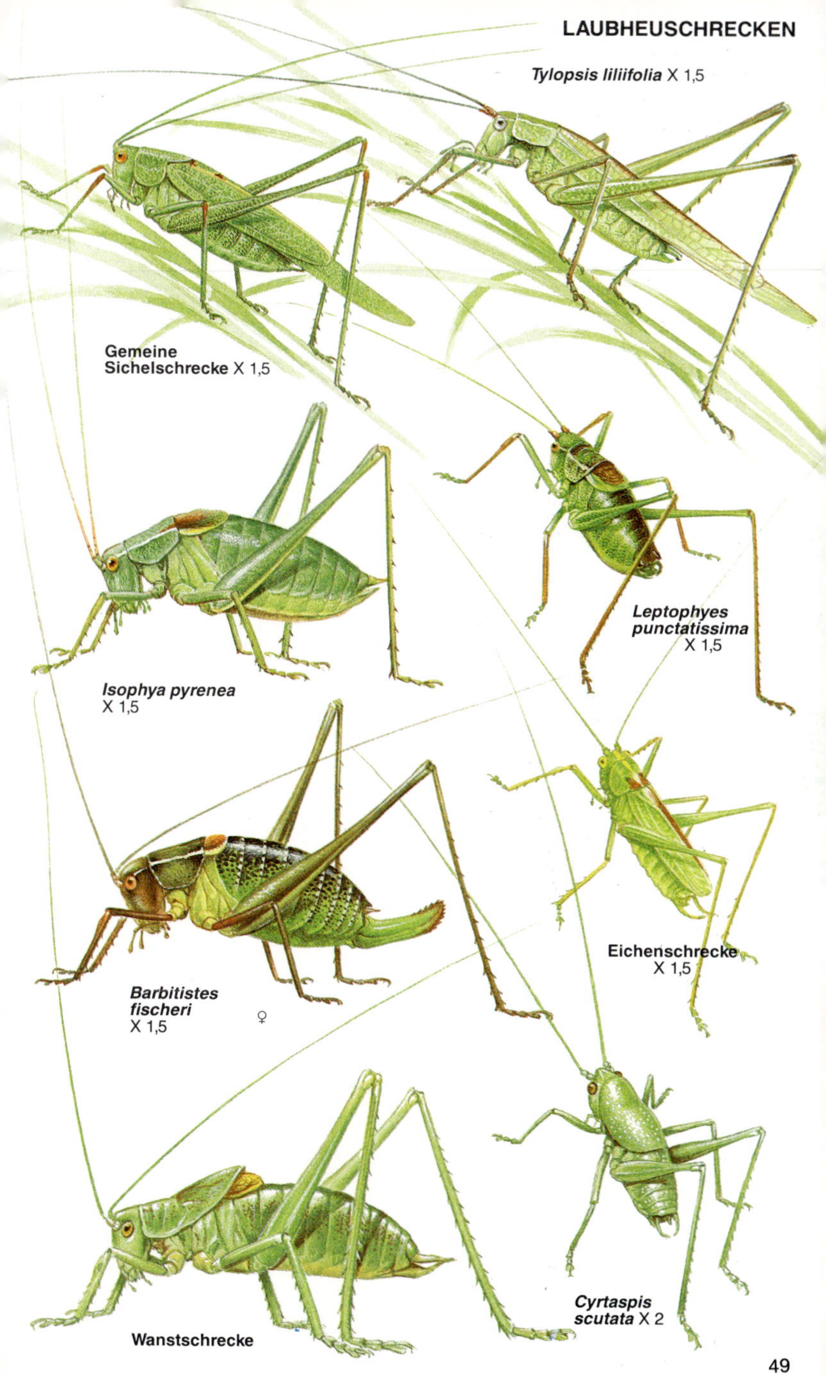
Tylopsis liliifolia X 1,5
Gemeine Sichelschrecke X 1,5
Leptophyes punctatissima X 1,5
Isophya pyrenea X 1,5
Eichenschrecke X 1,5
Barbitistes fischeri X 1,5
♀
Cyrtaspis scutata X 2
Wanstschrecke

Kurzflüglige Schwertschrecke

Kurzflüglige Schwertschrecke *Conocephalus dorsalis*. Bei beiden Geschlechtern Vorderflügel kurz, Hinterflügel stummelförmig. Legesäbel 8—11 mm lang. Gesang: hoch, zart, langanhaltend, als würde ein Messer beim Schleifen abwechselnd stärker und schwächer gegen den Stein gedrückt. Sumpfwiesen, Flußufer u.ä. feuchte Wiesen. Am Tage aktiver als nachts, jedoch schwerer zu entdecken, wenn sie sich längs auf Schilfblätter und -stengel setzt. 7—10. Vor allem in Uferbereichen.

Langflüglige Schwertschrecke

Langflüglige Schwertschrecke *Conocephalus discolor*. Der vorigen Art ähnlich, jedoch Flügel vollentwickelt, Legesäbel länger, gerade. Mitunter ganz braun. Gesang: Langanhaltend hohe, gleichbleibende Töne wie ein entfernter Scherenschleifer. In hohem Gras vor allem tags aktiv. Trockene und feuchte Gebiete. 7—10. S, Z. In B nur an der Südküste.

Ruspolia nitidula. §. Grün oder braun. Flügel voll entwickelt. Kopf zugespitzt. Legesäbel länger als der Hinterleib, gerade. Gesang: anhaltend, sehr laut, wie ein Scherenschleifer oder eine Alarmglocke mit Unterspannung. Flußufer und andere Feuchtgebiete mit hohem Gras. Sitzt mehr oder weniger senkrecht an Stengeln und auf Blättern. Rein nächtlich. 7—10. S, Z.

Großes Heupferd *Tettigonia viridissima*. Flügel voll entwickelt, doch kein guter Flieger. Der Stridulationsbereich auf den Vorderflügeln der Männchen ist stets braun und nimmt ⅙ der Länge ein. Legesäbel ca. 20 mm lang, erreicht die Flügelspitze, etwas gekrümmt. Gesang: zirpt laut und scharf in langen Strophen mit kurzer Unterbrechung nach einigen Sekunden. Wird nachmittags aktiv und bleibt es fast bis zum Morgen; Höhepunkt der Aktivität abends. Auf Bäumen, in Büschen und anderen dichten Pflanzenbeständen. Beißt, wie auch die anderen großen Arten, empfindlich. 7—10. **T. cantans**. Ähnlich, jedoch Vorderflügel viel kürzer, abgerundet, Stridulationsorgane nur ¼ der Länge. Legesäbel gerade, überragt die Flügelspitze. Gesang: Schriller und lauter als bei *viridissima*, beginnt langsam und nimmt an Tempo und Lautstärke zu; langanhaltend. 7—10, besonders im Bergland.

Warzenbeißer *Decticus verrucivorus*. Grün oder braun, stets gefleckt. Pronotum flach, mit vollständigem Mittelkiel. Flügel voll entwickelt. Legesäbel ca. 20 mm lang, schwach nach oben gekrümmt. Sein Biß soll Warzen zum Vertrocknen bringen. Gesang: ähnlich wie bei der vorigen Art, aber lauter und schärfer; hält einige Minuten lang an. Vor allem tags aktiv, singt nur bei Sonnenschein. Auf offenen Grasflächen, auch Sumpfwiesen und Almen. 7—10. Fast in ganz Europa; in B nur an der Südküste.

Decticus albifrons. Der vorigen Art ähnlich, aber größer, nie grün. Gesicht sehr hell. Gesang: sehr hoch, beginnt mit einzelnen, vogelähnlichen Tönen, wird dann lauter und endet mit einem knarrenden Ton. Tags aktiv. In trockenen, büschereichen Gebieten, mitunter an Obst und Gemüse schädlich. 7—11. S.

Nymphe des Großen Heupferdes mit charakteristischer, leuchtendgrüner Farbe und braunem Rückenstreif. Zeigt die typische Flügelanlagendrehung aller Entwicklungsstadien der Springschrecken.

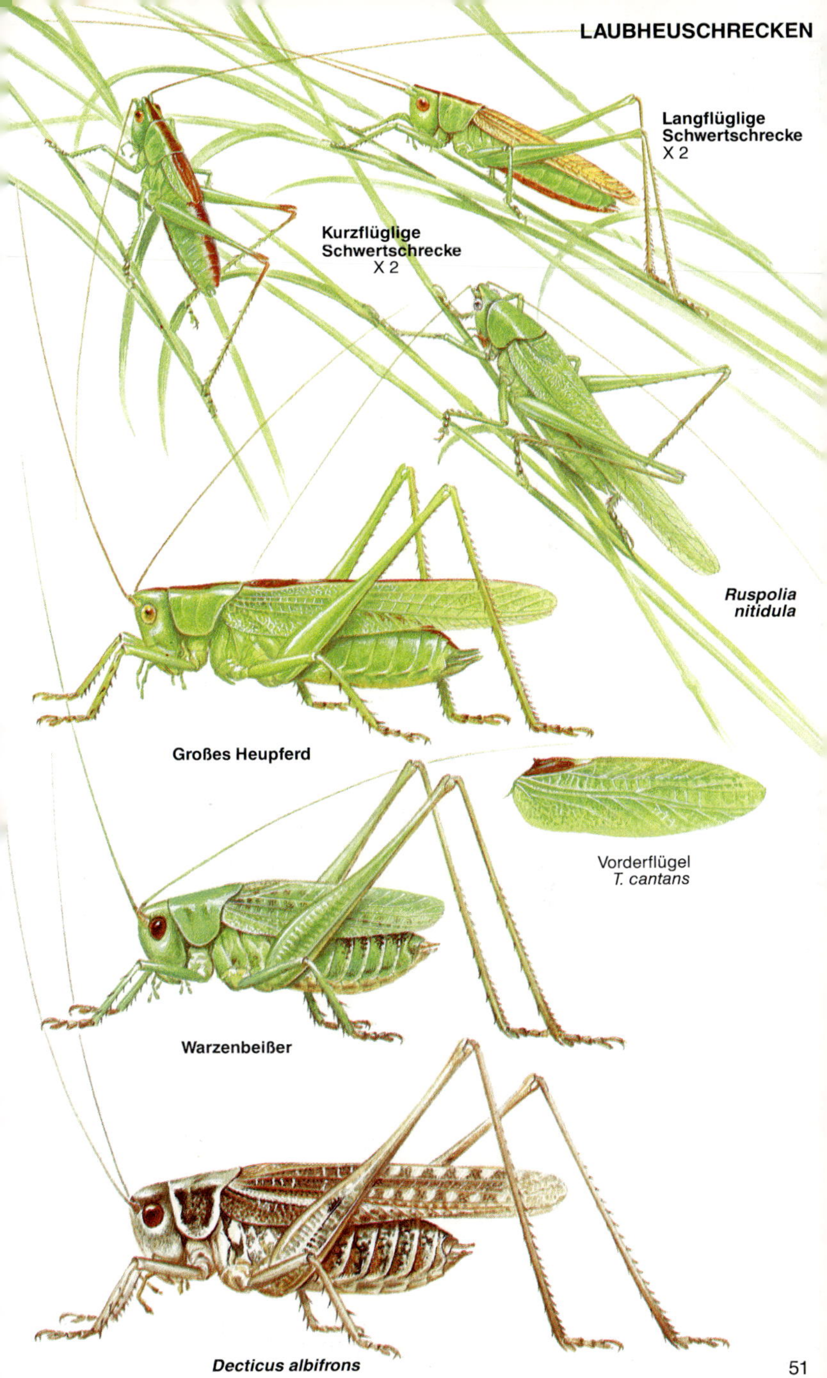
Langflüglige Schwertschrecke X 2
Kurzflüglige Schwertschrecke X 2
Ruspolia nitidula
Großes Heupferd
Vorderflügel *T. cantans*
Warzenbeißer
Decticus albifrons

Platycleis albopunctata

P. tessellata

P. affinis

Platycleis albopunctata. Flügel voll entwickelt, fliegt gern. Mitunter oben grün. Pronotum vorn mit Mittelkiel. Seitenkiele laufen nach vorn aufeinander zu. Legesäbel (s. links) 8—11 mm lang. Gesang lange Folge kurzer (½ Sec) schnurrender Töne wie beim Uhrenaufziehen. Besonders nachmittags und abends aktiv. Trockene Gebüsche. 7—10. Z, S, in B vor allem an der Küste. Eine von mehreren schwer zu unterscheidenden Arten.

P. tesselata. §. Kleiner Vorderflügel in der Mitte auffällig gezeichnet; Weibchen mit typischem, 4—6 mm langem Legesäbel (links). Gesang: Beginnt mit einigen getrennten Tönen, denen eine rasche Serie folgt, endet wieder mit einzelnen Tönen. 7—10. Trockene Gebiete S und fast ganz Frankreich.

P. affinis. Wie eine große *albopunctata* (20—25 mm), jedoch ist eine Ader längs einer scharfen Falte des Vorderflügels unmittelbar hinter dem Pronotum auffallend gelb. Legesäbel (links) 13—16 mm. 6—1 o. Kultiviertes und Brachland. S.

P. sepium. Kurzflüglig, ohne Seitenkiele am Pronotum. Braunrosa, manchmal rötlich, mit sehr langen Hinterfüßen. Legesäbel 11—15 mm. Gesang: nachts ein anhaltendes grelles Zirpen, tags in kürzeren Strophen, besonders in feuchtem Dickicht. 7—9. S.

Metrioptera brachyptera. Vorderflügel normalerweise bei beiden Geschlechtern kurz. Hinterflügel stummelförmig. Vorderhälfte des Pronotums mit kurzem Mittelkiel. Hinterkante der Seitenlappen mit hellem Band. Auf der Oberseite fehlt grün nicht selten, ist jedoch stets auf der Unterseite vorhanden. Legesäbel 8—10 mm, leicht gekrümmt. Gesang: Eine anhaltende Serie von 2—6 kurzen, schrillen Zirptönen pro Sekunde. Vorzugsweise tagaktiv. Sumpfwiesen, feuchte Heiden. 7—11. N, Z. Eine von mehreren ähnlichen Arten.

M. roeselii. Halsschild-Seitenlappen mit hellem gelben oder grünem Rand. Kopf und Körper grün oder braun, Vorderflügel stets braun. Legesäbel 5—6 mm, stark gekrümmt. Gesang: Lange Stöße sehr hoher Töne. Tag- und nachtaktiv. Üppige Vegetation in Feuchtgebieten. 6—11. In B besonders Ufersümpfe.

M. abbreviata. Unterscheidet sich von den vorigen Arten durch etwas längere Vorderflügel (10 mm) und viel kürzere Cerci der Männchen, die an der Wurzel sehr kräftig sind und vom letzten Hinterleibsegment weitgehend überdeckt werden. Legesäbel 6—7 mm. Feuchte Berghänge mit üppiger Vegetation. 6—9. SW, vor allem in den Pyrenäen.

Pholidoptera griseoaptera. Pronotum ohne Mittelkiel. Hell- bis kastanienbraun, auch schwarz; Oberseite des Kopfes und Pronotum jedoch stets braun, Körperunterseite stets grünlichgelb. Weibchen meist fahler als Männchen, mit stummelartigen Vorderflügeln. Gesang: sehr kurzes, hohes, unregelmäßig wiederholtes Zirpen. Singt auch tags, besonders nachmittags, und beim Sonnenbaden, ist aber abends und bis in die Nacht hinein besonders aktiv. 7—11. Dichte Pflanzen, an Hecken, auf Waldlichtungen, an Wegrändern, auch in verwilderten Gärten. Fehlt in Heiden und anderen offenen Geländen. Einige ähnliche Arten in Südeuropa, besonders SO.

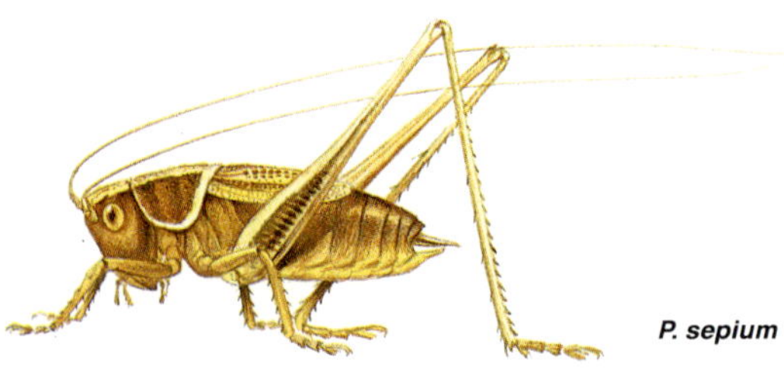

P. sepium

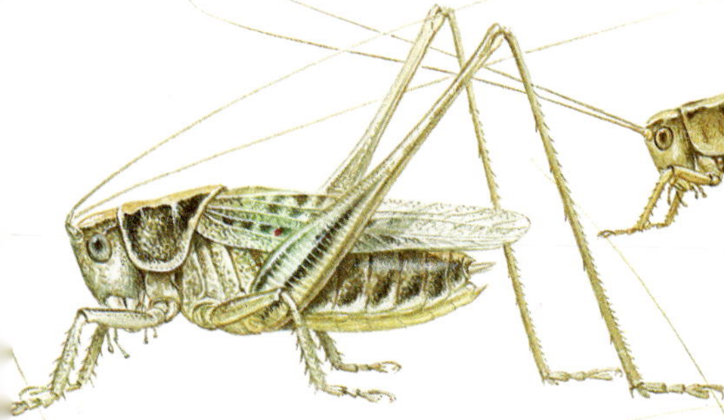

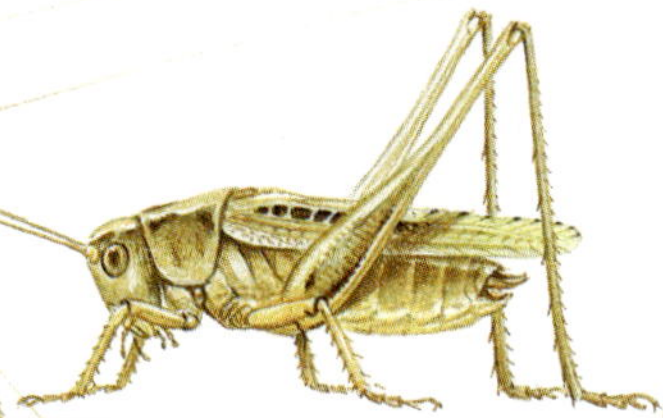

P. tessellata
X 1,5

Platycleis albopunctata
X 1,5

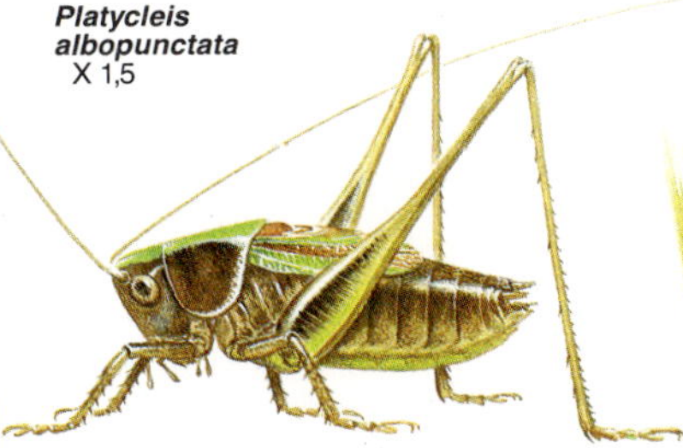

Metrioptera brachyptera X 1,5

M. roeselii
X 1,5

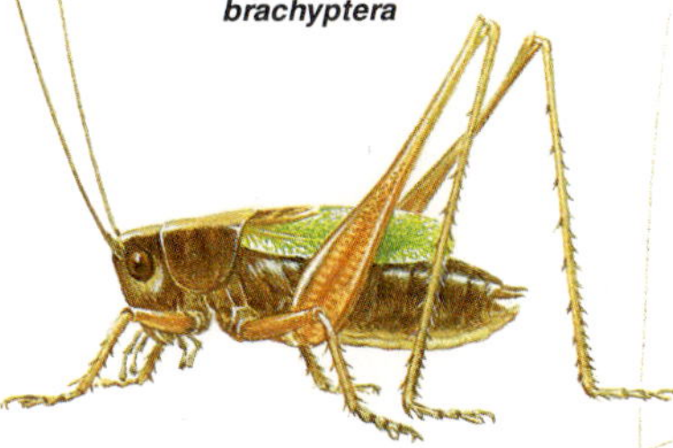

M. abbreviata
X 1,5

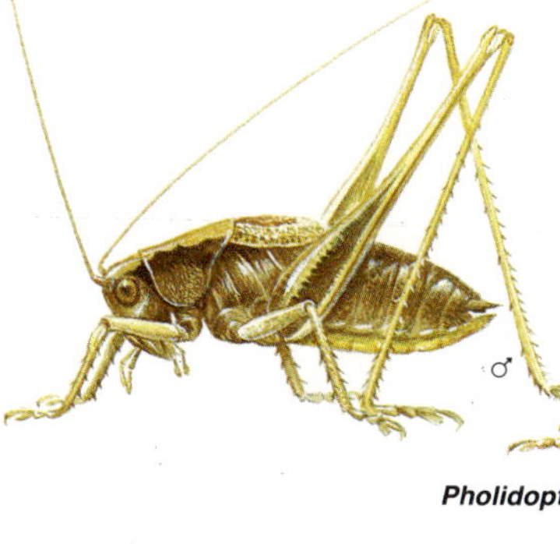

♂

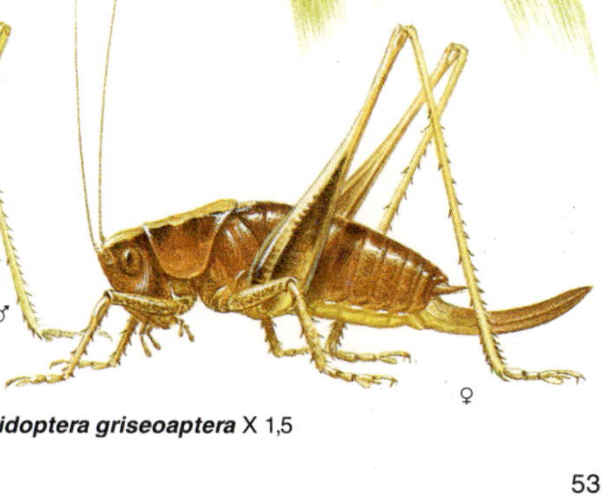

♀

Pholidoptera griseoaptera X 1,5

Eupholidoptera chabrieri. Eine der schönsten Laubheuschrecken, am leuchtend grünen, hinten abgerundeten Pronotum leicht erkennbar. Der übrige Körper ist oben meist grün oder gelbgrün, unten oft orange, der Hinterleib mitunter größtenteils braun. Gesicht lindgrün, schwarz gefleckt. Vorderflügel des Weibchens fast völlig unter Pronotum verborgen. Legesäbel 18—24 mm, kaum gekrümmt. Gesang: vor allem nach Dämmerungsbeginn schrille hohe Zirptöne, etwa 2 pro Sekunde. Auf Büschen und niedrigen Pflanzen, vor allem im Bergland. 7—10. S und südliches Z.

Anonconotus alpinus. Oben meist dunkelbraun oder schwarz, oft stark olivgrün gefleckt; manchmal kastanienbraun. Unterseite cremefarben oder hellgrau. Vorderflügel des Weibchens nur 1 mm lang, seitlich gehalten. Vorderschienen außen mit 3 Dornen. Legesäbel 11—16 mm, leicht gekrümmt. Gesang: lange zwitschernde Folgen, nur im Sonnenschein. Die Tiere nehmen häufig Sonnenbäder. Oft mit Samtmilben besetzt. Geröllflächen und niedriger Bewuchs in Gebirgen oberhalb 600 m. 7—10. S, Z.

A. apenninigenus. Eine seltene Art der Gebirge in S-Frankreich und Italien, ähnlich der vorigen, jedoch nur 2 Dorne an der Außenseite der Vorderschienen.

Rhacocleis germanica. Grundfärbung braun, mit dunkleren Abzeichen; mitunter grau und gelb marmoriert. Pronotum lang, hinten gerundet, mit heller Mittellinie, die auf den Hinterleib übergehen kann. Vorderflügel des Weibchens nur kleine Läppchen. Legesäbel 14—19 mm, leicht gekrümmt. Hinterfüße mit großen Läppchen. Trockene Biotope, besonders an Waldrändern und Olivenhainen. Dämmerungstier. 7—10. S und südliches Z. Einige ähnliche Arten in SO.

Antaxius pedestris. Oben grau oder hellbraun, in der Regel mit dunklem Muster; manchmal rein grau, mit heller Pronotumkante und dunklem Fleck auf dem Pronotum. Häufig Unterseite rosa getönt. Vorderflügel des Männchens an der Basis schwarz, zur Spitze hin hell; die des Weibchens unter dem Pronotum oft kaum sichtbar. Legesäbel 13—19 mm, fast gerade. Gesang: ein tiefes, an- und abschwellendes Ratschen in Abständen, Dauer 1—2 Sec. Vor allem tagaktiv. Dichtes Gebüsch im Bergland, läßt sich bei Störung zu Boden fallen. 8—9. S und südliches Z. Einige ähnliche Arten.

Heideschrecke *Gampsocleis glabra*. §. In der Regel hellgrün, mitunter braun; Pronotum oben immer braun. Flügel stets voll entwickelt. Vorderflügel stark braun gefleckt. Legesäbel 15—23 mm, schwach nach unten gekrümmt. Gesang: sehr leises, minutenlanges Zwitschern tagsüber. Üppiger Pflanzenwuchs in Feuchtgelände, 7—9. S, Z.

Yersinella raymondi. Wie eine kleine *Rhacocleis*, jedoch Hinterfüße ohne Läppchen. Glänzend, mit schön gerundetem Pronotum. Kastanienbraun, häufiger hellbraun mit dunkler Tüpfelung. Ein dunkler Strich an jeder Körperseite. Vorderflügel sehr klein. Legesäbel 10 mm, ziemlich stark gekrümmt. Brach- und Buschland, besonders in Wassernähe. Wird von Licht angelockt. 7—9. S und südliches Z.

Saga pedo. Unverwechselbar; eines der größten europäischen Insekten. Gelegentlich grau mit heller Seitenlinie, die aber grünen wie grauen Tieren fehlen kann. Flügel fehlen völlig. Männchen fehlen; die Weibchen legen parthenogenetische Eier. Gras- und Buschland, meist auf Kalkboden. Bodenbewohner, der fast ausschließlich andere Springschrecken frißt, die er mit den bedornten Vorderbeinen fängt. 7—9, sehr selten. Burgenland, Mittelmeerküsten.

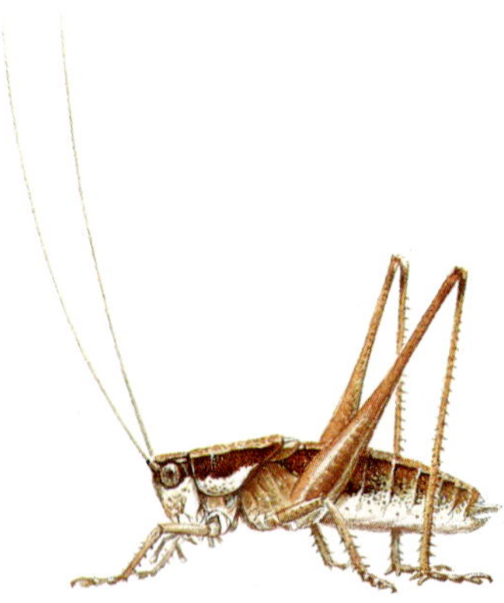

Yersinella raymondi
X 1,5

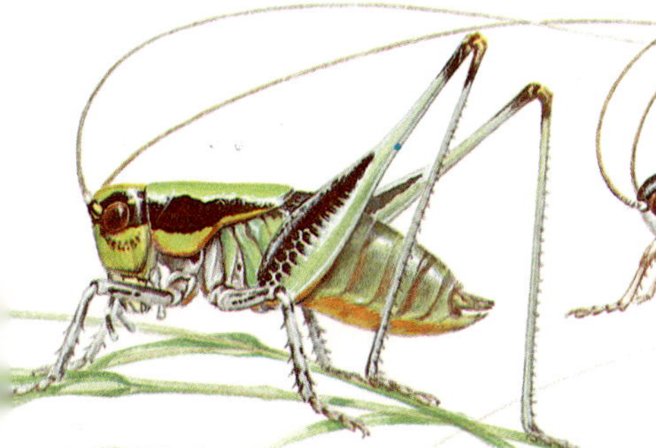

Eupholidoptera chabrieri X 1,5

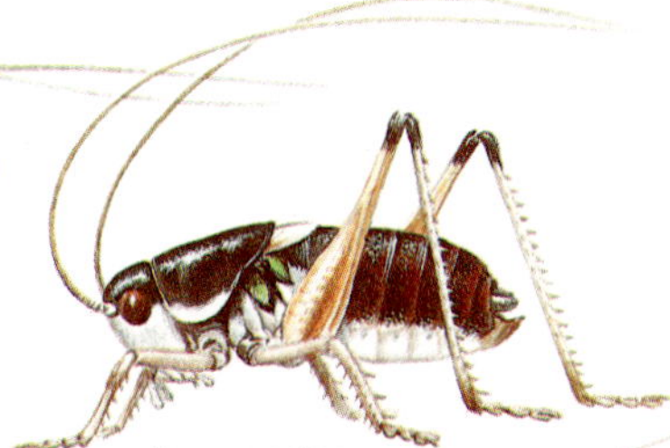

Anonconotus alpinus X 1,5

Rhacocleis germanica X 1,5

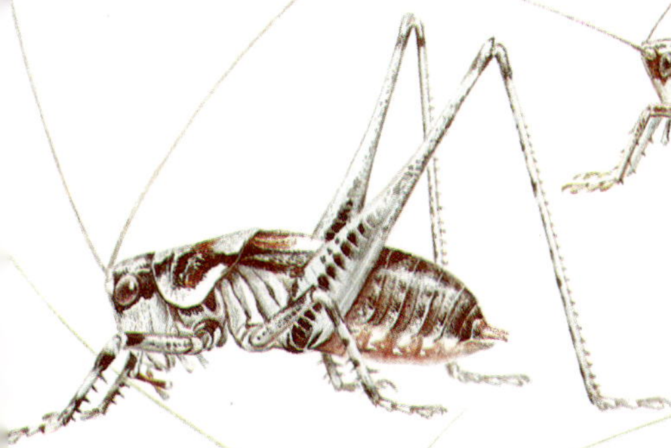

Antaxius pedestris X 1,5

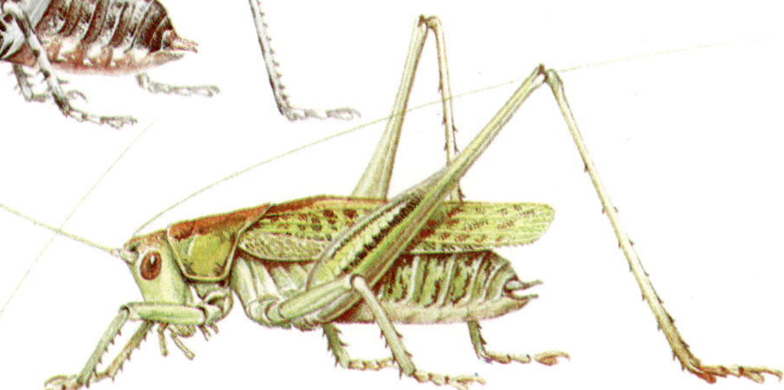

Heideschrecke X 1,5

Saga pedo ♀

Ephippiger provincialis. Pronotum hinten stark emporgewölbt, sattelartig, geht gerundet in die Seitenlappen über. Vorderflügel sehr kurz, bei beiden Geschlechtern mit Stridulationsapparat. Fühler entspringen unterhalb der Augen. Diese Merkmale gelten für alle *Ephippiger*-Arten. *Provincialis* ist leicht durch die Größe zu erkennen. Legesäbel etwa 30 mm, schwach gekrümmt. 6—9. Auf Gebüsch und Weinstöcken. Die Größe der Bestände variiert von Jahr zu Jahr und kann mitunter so groß werden, daß in den Weinbergen Schaden entsteht. Auf das südliche Frankreich begrenzt.

Rebensattelschrecke *Ephippiger ephippiger.* §. Eine von mehreren ähnlichen Arten. Grün oder braun, Hinterleib oft hell gebändert. Legesäbel bis 25 mm lang, schwach gekrümmt. Nach dem Gesang in Frankreich als »le tizi« bezeichnet — dieser kurze, hohe Doppelton wird in unregelmäßigen Abständen, manchmal in schneller Folge, wiederholt. Wie bei allen *Ephippiger*-Arten zirpt auch das Weibchen, aber weniger häufig. Auf Gebüsch und Reben, kann bei Massenauftreten Schäden verursachen. 7—11. S, Z.

E. cruciger. Der vorigen Art ähnlich, etwas größer, auf dem Pronotum mit dunkler Kreuzzeichnung, das sonst glänzender, weniger runzlig ist. Auf Südfrankreich beschränkt.

Uromenus rugosicollis. Ähnlich *Ephippiger,* jedoch Pronotum mit Seitenkielen in der hinteren Hälfte: hierdurch entsteht ein scharfer Knick. Legesäbel 10—12 mm, zur Spitze stark gekrümmt. Gelegentlich grünlichgrau. Gesang: »Ti-zi«-artig, doch verlangsamt; jeder Ton dauert etwa ⅔ Sec. und wird etwa 20 mal in der Minute wiederholt. Der Gesang des Weibchens ist kürzer und ähnelt dem »ti-zi« Ruf mehr. In Gebüsch. 7—10. SW. Einige ähnliche Arten, besonders auf der Iberischen Halbinsel.

Pycnogaster inermis. Grünlich oder rötlichbraun. Pronotum oben völlig flach, hinten mit seichtem V-förmigen Ausschnitt; vollständige, zweimal durch Furchen unterbrochene Seitenkiele. Vorderflügel, besonders beim Weibchen, fast völlig vom Pronotum verborgen. Fühler entspringen nahe der Augenbasis (bei den meisten Laubheuschrecken: zwischen den Augen). Legesäbel 30—35 mm. Gebüsch. 5—8. Spanien.

HÖHLENSCHRECKEN Rhaphidophoridae. Vollständig flügellose Tiere mit sehr langen Fühlern; Beine, Taster und Cerci sind ebenfalls ungewöhnlich lang und dünn. Füße 4-gliedrig. Legesäbel wie bei Laubheuschrecken. Viele Arten bewohnen Höhlen und sind Aasfresser. In Europa etwa 30 Arten, die meisten im SO.

Dolichopoda azami. Eine von mehreren ähnlichen Arten. Farbe einheitlich, oder gefleckt. Legesäbel etwa 14 mm, fast gerade, an der Spitze schwach gezähnt. Höhlenbewohner, im Sommer aber oft auch davor im Freien. Rein nächtlich. Erwachsene Tiere findet man während des ganzen Jahres, vorzugsweise aber im späten Herbst, der auch die Paarungszeit ist. Auf SO-Frankreich und N-Italien beschränkt, oft auch in erheblicher Höhe in den Bergen.

Gewächshausheuschrecke *Tachycines asynamorus.* Der vorigen Art sehr ähnlich, Hinterschienen jedoch stärker bedornt (50—80 dichtstehende Dornen gegenüber weniger als 30 bei *Dolichopoda*) Meist gefleckt. Legesäbel 11—12 mm, sehr schwach gekrümmt. In Ostasien beheimatet; heute in Gewächshäusern über ganz Europa verbreitet. Rein nächtlich. Kann Keimlinge o.ä. anfressen, dezimiert aber auch Schädlingsbefall. Frißt normalerweise tote tierische Abfälle.

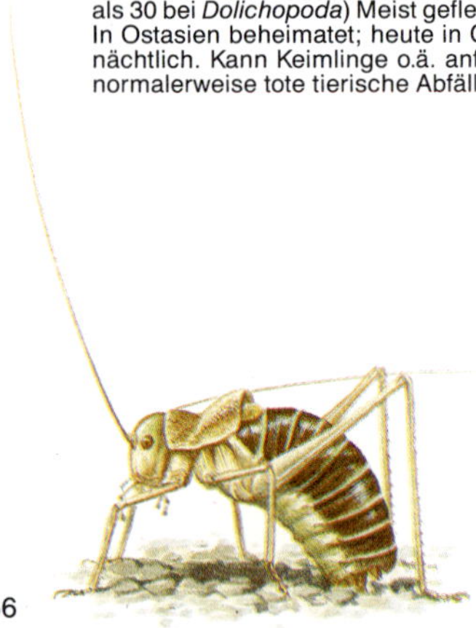

Eine Sattelträgerschrecke legt Eier in den Boden. Sie erhebt sich dabei auf die langen Beine und sticht dann den Legesäbel völlig in den Boden ein.

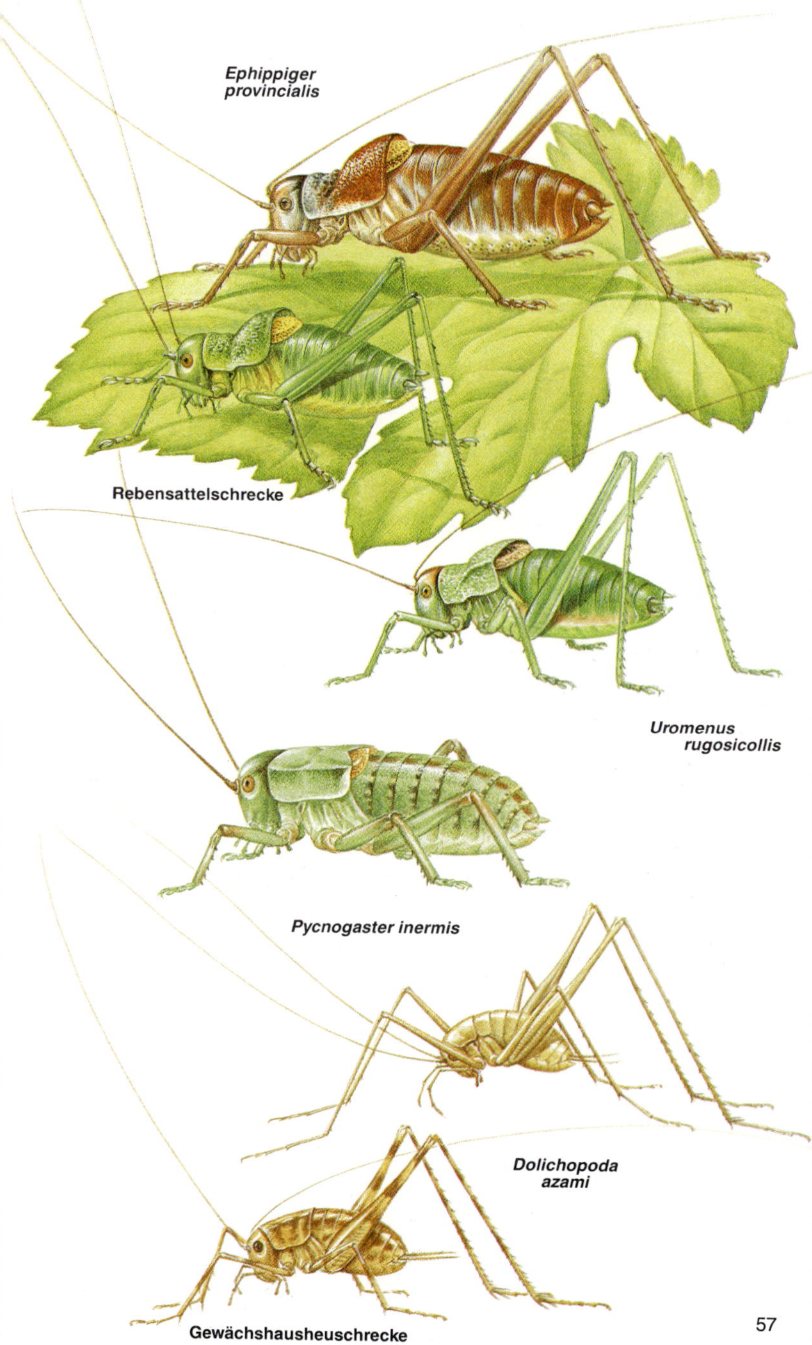

Ephippiger provincialis

Rebensattelschrecke

Uromenus rugosicollis

Pycnogaster inermis

Dolichopoda azami

Gewächshausheuschrecke

GRILLEN Gryllidae. Springschrecken mit langen dünnen Fühlern, kugligem Kopf, 3-gliedrigen Füßen und langen Cerci. Abgeflachter als Laubheuschrecken. Sind Vorderflügel vorhanden, so liegen sie flach deckelartig auf dem Körper. Die Hinterflügel sind, sofern überhaupt vorhanden, darunter zusammengelegt und ragen hinten schwanzartig darunter hervor. Legeapparat dünn, nadelartig. Vorderschienen gewöhnlich mit je einem Gehörorgan innen und außen, das innere jedoch oft sehr klein.

Heimchen *Acheta domestica*. Flügel voll entwickelt. Gesang: vogelähnliches Zirpen langanhaltend 2—3 Töne pro Sekunde. Vorzugsweise nächtlich. In SW-Asien und N-Afrika beheimatet, heute in Wohnungen, Bäckereien o.ä. ganz Europas verbreitet. Im Sommer auch auf Müllhalden, mitunter auch in Gärten.

Feldgrille Gryllus campestris. Die gelbe Flügelwurzel oft, besonders bei Weibchen, verdunkelt. Ihre Vorderflügel sind weniger durchsichtig, dichter geadert. Hinterflügel in beiden Geschlechtern stummelförmig. Hinterschenkel unten orange. Gesang: wie Heimchen, jedoch 3—4 Töne pro Sekunde. Tags und nachts aktiv. Auf Wiesen in Löchern, vor denen das Männchen singt. 4—9. Fehlt im hohen Norden.

Eugryllodes pipiens. Vorderschienen nur mit Gehörorgan an der Außenseite. Vorderflügel der Weibchen kaum länger als Pronotum, schräg abgestutzt. Gesang: kükenartiges Piepen mit einzelnen Trillern. Vor allem nächtlich. In trockenem, steinigem Gelände, auch Mauern und Gebäude. 7—10. SW.

Gryllomorpha dalmatina. Flügellos. Pronotum mit heller Kreuzzeichnung. Ohne Gehörorgane. Feuchte steinige Gelände, auch Gebäude. Nächtlich. Vor allem 9—12. S.

Melanogryllus desertus. Vorderflügel können das Hinterleibsende erreichen. Hinterflügel verkürzt oder voll entwickelt. Alle Beine völlig schwarz. Gesang: 30—40 schrille Zirptöne pro Minute. Zwischen Steinen, im Rasen, auch auf kultiviertem Land. 5—8. S, Z.

Modicogryllus frontalis. Flügel variabel: verkürzt oder voll entwickelt. Gehörorgan nur auf der Außenseite der Vorderschienen. Zwischen den Augen ein helles Band. Hinterschienen kurz bedornt. Sonnige Waldränder, Weinberge. 5—8. S, Z.

Waldgrille *Nemobius sylvestris*. Gehörorgan nur auf der Außenseite der Vorderschienen. Vorderflügel des Weibchens kürzer, kaum bis zur Körpermitte reichend. Hinterflügel fehlen. Hinterschienen lang bedornt. Gesang: sanftes Zwitschern, Pausen nach 1—2 Sekunden. Am Boden in Wäldern und Gebüsch. Tag- und nachtaktiv. 6—11. S, Z.

Sumpfgrille *Pteronemobius heydeni*. Kleiner als Waldgrille. Die Vorderflügel bedecken mindestens den halben Hinterleib. Hinterflügel verkürzt oder voll entwickelt. Gesang: 3 Sekunden dauerndes Zirpen, das nach 2—3 Sekunden wiederholt wird. Feuchte Wiesen. 5—8. S, Z.

Arachnocephalus vestitus. Flügellos, fein beschuppt. Ohne Gehörorgane. Die Männchen trommeln mit dem Hinterkörper auf Blätter. Trockenes Gebüsch. 7—10. S.

Weinhähnchen *Oecanthus pellucens*. §. Sehr zart. Vorderflügel des Weibchens viel schmaler. Gesang: sanftes grii-grii-grii in langen Strophen nachts. Auf Bäumen, Büschen und hohen Kräutern. 7—10. S, Z.

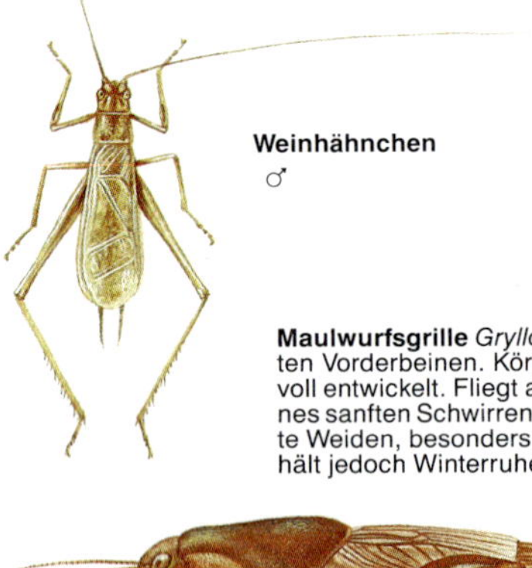

Weinhähnchen
♂

Maulwurfsgrille *Gryllotalpa gryllotalpa*. Grabinsekt mit stark vergrößerten Vorderbeinen. Körper dicht behaart. Vorderflügel kurz, Hinterflügel voll entwickelt. Fliegt an warmen Abenden. Gesang: lange Strophen eines sanften Schwirrens, gewöhnlich vor dem Eingang zur Höhle. Feuchte Weiden, besonders nahe Gewässern. Erwachsene Tiere ganzjährig, hält jedoch Winterruhe.

Maulwurfsgrille

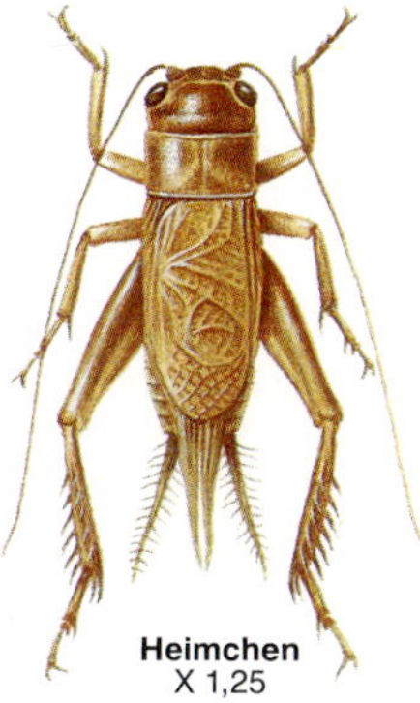

Heimchen
X 1,25

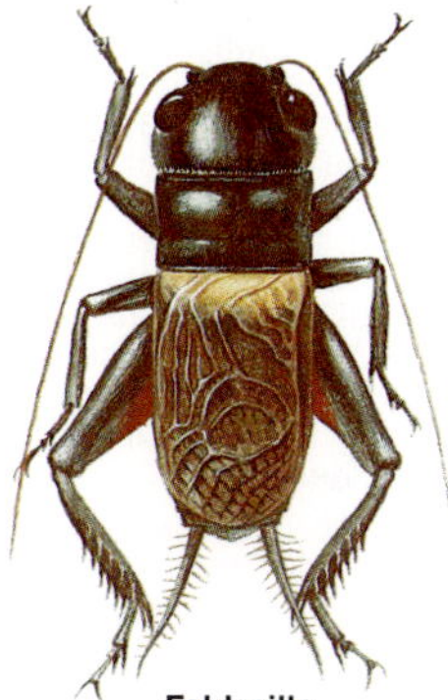

Feldgrille
X 1,25

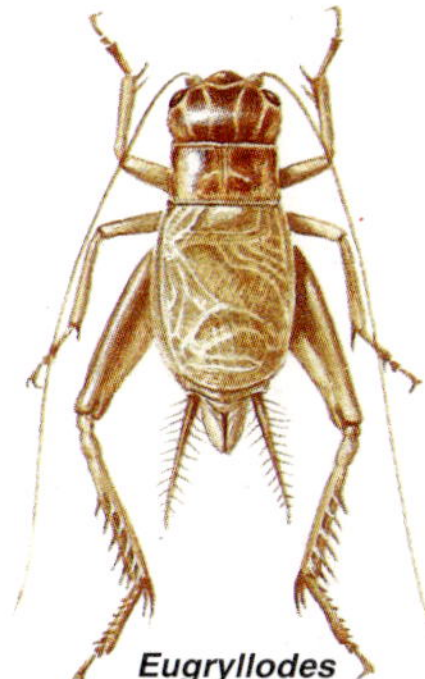

Eugryllodes pipiens *X 1,25*

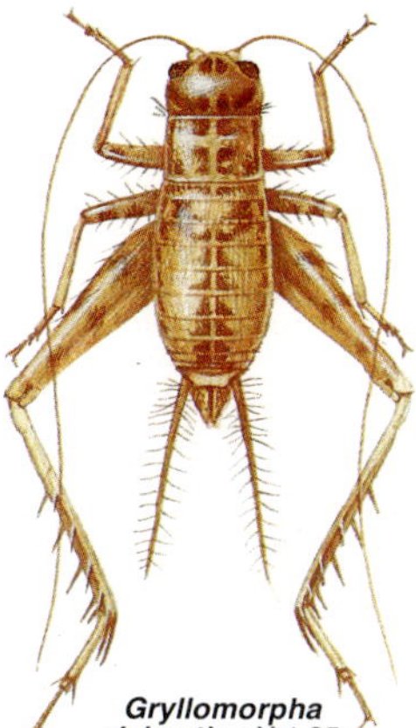

Gryllomorpha dalmatina X 1,25

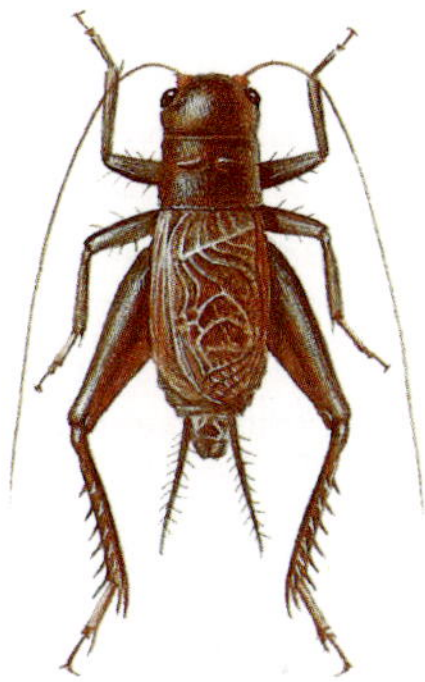

Melanogryllus desertus X 1,25

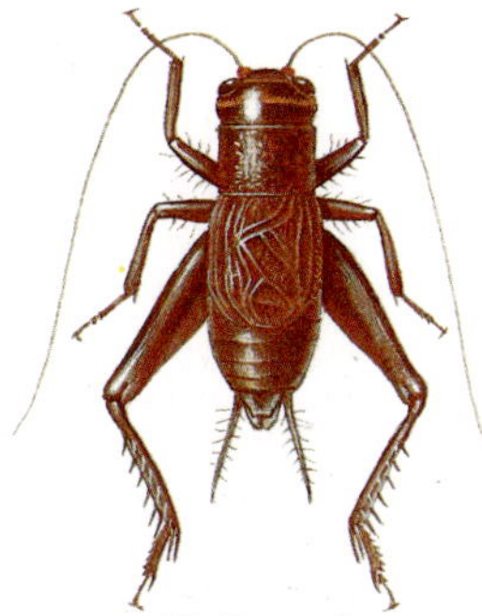

Modicogryllus frontalis X 1,25

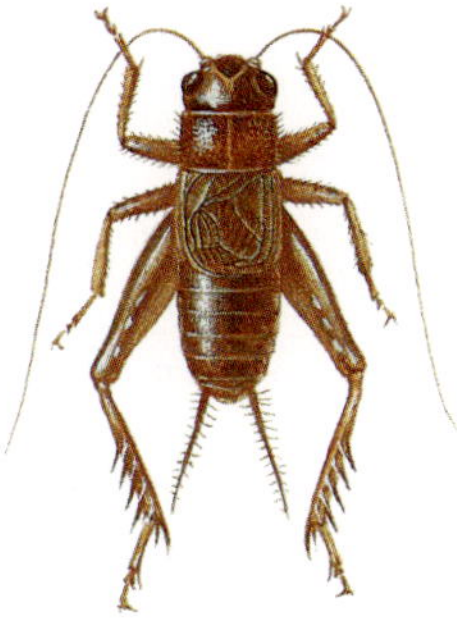

Waldgrille X 2

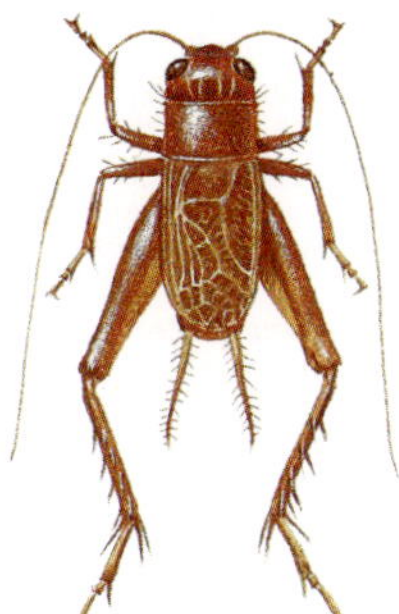

Sumpfgrille X 3

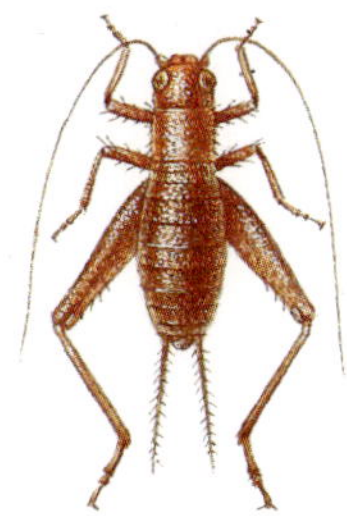

Arachnocephalus vestitus X 3

SCHABEN Ordnung Blattoidea

Abgeplattete Tiere mit langen Fühlern und langen, bedornten Beinen. Bodenbewohnende, flinke Abfallfresser. Das breite Halsschild bedeckt den Kopf fast völlig. Die Mitte des Halsschildes wird als Scheibe bezeichnet. Vorderflügel ledrig; beim Weibchen oft kürzer als beim Männchen; Geschlechter sonst gleich. Hinterflügel häutig, fehlen aber oft. Die Eier werden in gekammerten Kapseln (Oothek) abgelegt, die zeitweilig aus dem Hinterkörper der Weibchen hervorragen können. Etwa 3500 Arten, vor allem in den wärmeren Bereichen der Erde. Einige tropische Arten sind auf der ganzen Erde zu Schädlingen in Häusern, Lagern u.ä. geworden. Die ursprünglich in Europa lebenden Arten sind alle ziemlich klein.

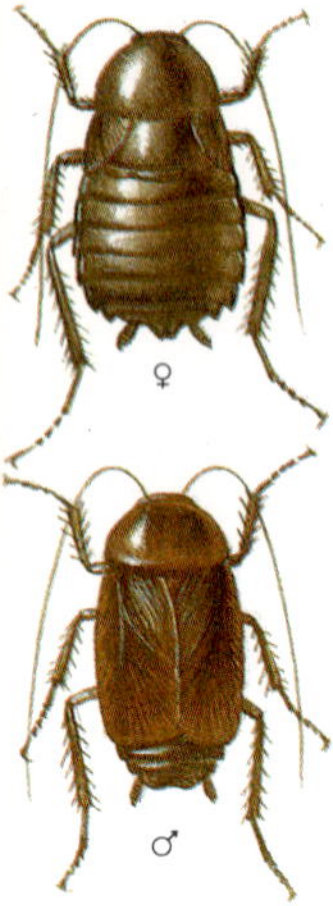

Küchenschabe

Küchenschabe *Blatta orientalis* Blattidae. Flügel des Weibchens stummelförmig; beide Geschlechter flugunfähig. Eingeschleppt aus Afrika oder Asien. In Europa gewöhnlich nur in Häusern, Bäckereien. Im Sommer mitunter auch auf Müllhalden; kann dort in den wärmeren Regionen auch den Winter überstehen.

Amerikanische Schabe *Periplaneta americana.* Trotz des Namens aus Afrika eingeschleppt. In Europa kaum im Freien; in Bäckereien, Speichern, Treibhäusern, Abwasserkanälen etc., besonders in Hafenstädten. Selten in Wohnhäusern. Auf Schiffen häufig. Fliegt in der Wärme gut.

Australische Schabe *P. australasiae.* Stammt vermutlich ebenfalls aus Afrika. Etwas kleiner als die vorige Art, Halsschild gelb gezeichnet. Lebensraum und Verbreitung ähnlich wie *americana*.

Deutsche Schabe *Blatella germanica* Blatellidae. Aus Nordafrika eingeschleppt. In Europa vor allem in Backstuben u.a. Gebäuden, im Sommer auch auf Müllhalden. Halsschildstreifen variieren. In beiden Geschlechtern flugfähig, fliegt aber selten.

Supella longipalpa. Afrikanische Art, die in jüngster Zeit auch in europäische Häuser verschleppt wurde. Grundfarbe gelb bis tiefbraun. Weibchen dunkel, mit kürzeren Flügeln, die den Hinterleib nur z.T. bedecken. Männchen flugfähig.

***Loboptera decipiens*.** Flügel stummelförmig, an den Körperseiten. Der helle Halsschildrand kann auch den Hinterkörper umgreifen. Unter Steinen, an Küsten. 4—8. S.

Ectobius pallidus Ectobiidae. Beide Geschlechter voll geflügelt, fliegt bei warmem Wetter. Waldbewohner wie die übrigen *Ectobius*-Arten, auch Heiden, Wiesen. Meist in Laub und Gras, mitunter auch in Bäumen. 4—10. S, Z.

Waldschabe *Ectobius sylvestris.* Scheibe des Halsschildes völlig schwarz, hinten zugespitzt. Vorderflügel des Weibchens bedecken den schwarzen Hinterleib nur zur Hälfte. Männchen flugfähig. 5—9. ***E. vittiventris*** Körper und Vorderflügel ungefleckt. Scheibenzeichnung hinten abgerundet. Flügel voll entwickelt. 7—10. SO, Z.

***E. lapponicus*.** Wie Waldschabe, Scheibenzeichnung abgerundet. Männchen oft sehr hell. Weibchen kürzer, breiter, dunkler; Flügel erreichen Hinterleibsende meist nicht. Männchen flugfähig. 4—10.

***E. panzeri*.** Stets unter 9 mm. Hell- bis dunkelbraun, mitunter grau, stark getüpfelte Vorderflügel des Männchens schmal, zugespitzt; die des Weibchens kurz, abgestutzt. Vor allem auf Sandboden in Küstennähe. 6—10. S, Z.

***Phyllodromica subaptera*.** Vorderflügel winzig, nicht länger als der helle Halsschildrand breit. Cerci des Weibchens bräunlich. Unter Blättern und Steinen; selten. 5—9. S.

***P. maculata*.** Vorderflügel des Weibchens abgerundet, stoßen in der Mitte zusammen. In Abfall. 5—9. Die Vorderflügel der *Phyllodromica*-Arten sind härter als die der *Ectobius*-Arten und weniger deutlich geadert.

***P. marginata*.** Zeichnung unverwechselbar. In Laub. 4—7. SO.

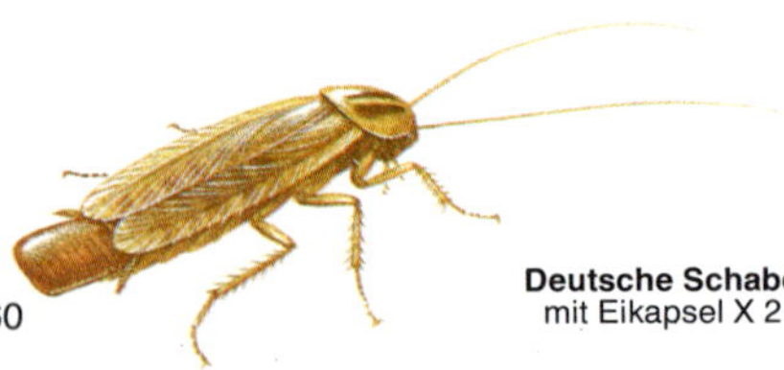

Deutsche Schabe
mit Eikapsel X 2

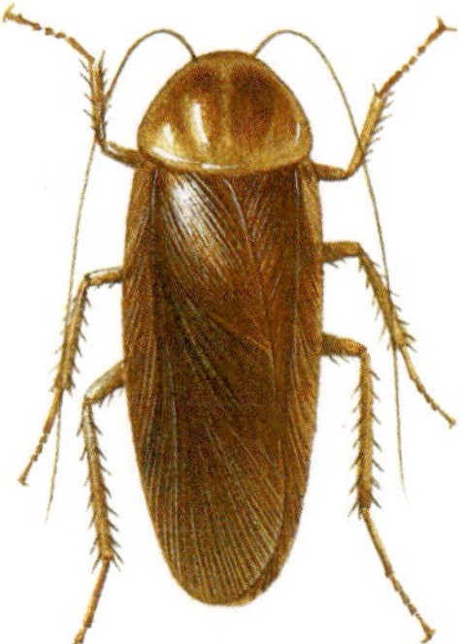

Amerikanische Schabe

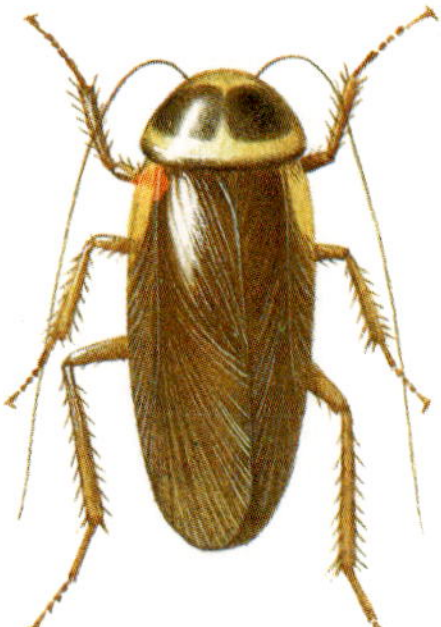

Australische Schabe

Deutsche Schabe X 2

Supella longipalpa X 2

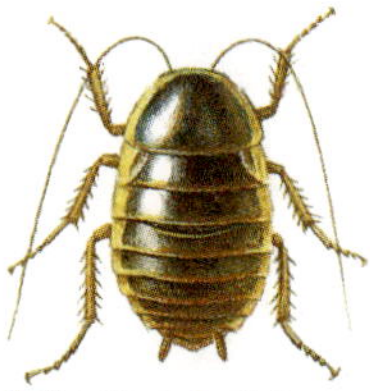

Loboptera decipiens X 2

Ecobius pallidus X 2

E. lapponicus X 2

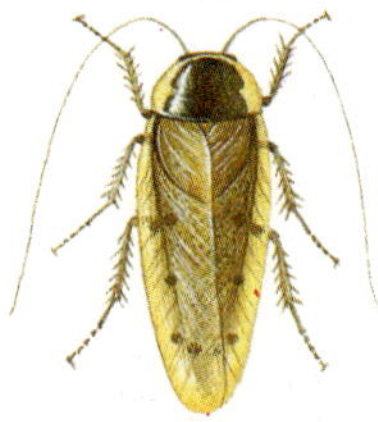

Ectobius sylvestris X 2

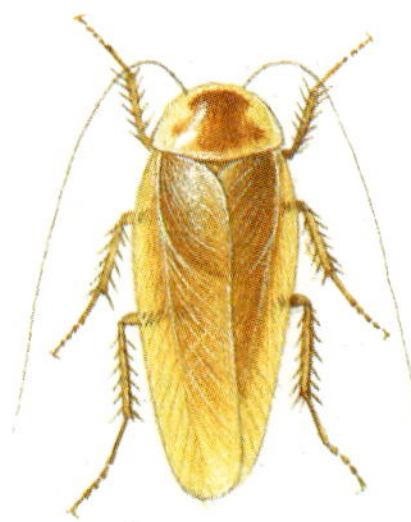

E. vittiventris X 2

♂ ***E. panzeri*** X 2 ♀

Phyllodromica subaptera X 2

P. maculata X 2

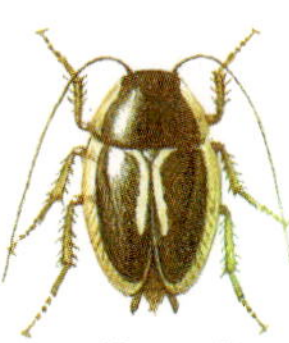

P. marginata X 2

Weibliche *Mantis* beim Eierlegen

FANGHEUSCHRECKEN Ordnung Mantodea

Räuberische Insekten, den Schaben verwandt, mit lederigen Vorderflügeln (Tegmina) und langem »Hals«. Sie lauern meist mit erhobenen Vorderbeinen auf Beute. Der sehr bewegliche Kopf erspäht jede Bewegung. Nähert sich Beute, schlagen die Vorderbeine greifzangenartig zu. Die frühere Annahme, daß die Weibchen die Männchen während der Paarung auffressen und diese sichere »Beute« die Eientwicklung fördert, ist nach neuesten Untersuchungen möglicherweise auf ungünstige Versuchsanordnungen zurückzuführen (enge Behälter!). Die Eier werden in Schaumballen abgelegt, die aushärten und mehrere 100 Eier enthalten können. Sie überdauern bei den meisten Arten den Winter. Etwa 2000 Arten, die meisten in den Tropen, 18 in Süd- und Zentraleuropa. Sie leben von anderen Insekten, auch Heuschrecken.

Hinterflügel von *R. baetica*

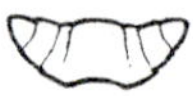

Kopf von *A. spallanziana*

Kopf von *A. decolor*

Gottesanbeterin *Mantis religiosa* Mantidae. §. Häufigste europäische Art, grün, mitunter braun. Männchen kleiner als Weibchen. Beide Geschlechter fliegen bei warmem Wetter gut. Gestört, zeigt sie in Schreckstellung dunkle Augenflecken auf der Innenseite der Vorderschenkel und erzeugt ein zischendes Geräusch durch Reiben des Hinterleibes an den teilweise gespreizten Flügeln. In Büschen und hohen Wiesen. 7—11. S, Z.

Rivetina baetica. Weibchen mit verkürzten, abgestutzten Vorderflügeln. Die des Männchens erreichen die Hinterleibsspitze. Seiten des Halsschildes besonders beim Weibchen stark gezähnt; meist mit dunkler Mittellinie. Hinterflügelende mit großem Augenfleck. An heißen, trockenen Orten. 6—9. Südliche Art.

Ameles spallanziana. Kleine Art, die in niedrigem Bewuchs an warmen, trockenen Stellen lauert. Das Männchen fliegt bei Störung auf, Weibchen flügellos. Augen besonders beim Männchen zugespitzt. 6—9. S.

A. decolor. An den gleichen Orten wie die vorige Art, häufiger. Etwas größer, Hinterleib des Weibchens jedoch nicht so breit. Augen gerundet. 7—10. Einige ähnliche Arten weit im Süden.

Geomantis larvoides. Kann wegen der geringen Größe und der fehlenden Flügel für eine junge *Ameles* gehalten werden. Halsschild bei *Geomantis* jedoch weit vorn am breitesten, hinten gezähnt; das der *Ameles*-Arten in der Mitte am breitesten, glattrandig. Läuft schnell an trockenen, warmen Stellen auf dem Boden. 7—9. S.

Iris oratoria. Grün oder braun, mitunter rosig überhaucht. Vorderflügel des Männchens überdecken den Hinterleib. Durch geringere Größe und farbige Hinterflügel von *M. religiosa* unterschieden. Männchen werden häufig von Licht angelockt. In Büschen an warmen Orten. 6—10. S.

Männchen mit abgefressenem Kopf begattet das Weibchen weiter — ein Bild, wie es lange als regulärer Ablauf in Lehrbüchern gezeigt wurde.

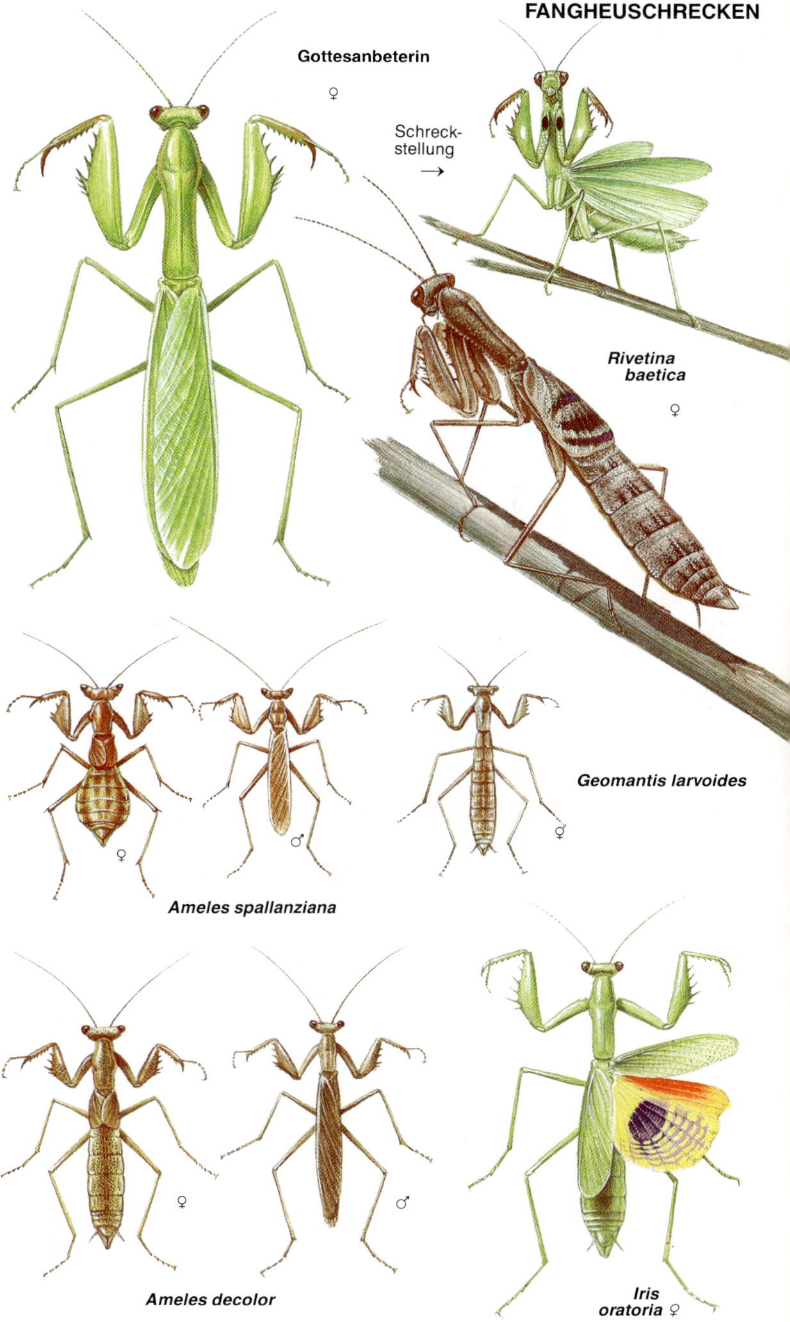
Gottesanbeterin
♀
Schreck-
stellung
→
Rivetina baetica
♀
♀
♂
Geomantis larvoides
♀
Ameles spallanziana
♀
♂
Ameles decolor
Iris oratoria ♀

Empusa pennata Empusidae. Grün oder braun, durch den hohen Helm auf dem Kopf charakterisiert. Fühler des Männchens federartig. Besonders die Männchen fliegen bei warmem Wetter gut und werden durch Licht angelockt. Fangen meist kleine Beute, besonders kleine Fliegen. In hohem Gras. 5—9. Anders als bei den meisten Fangschrecken schlüpfen die Nymphen im Sommer, fressen im Herbst und unregelmäßig auch im Winter und vollenden ihre Entwicklung im Frühling. SW. Ähnlich ***E. fasciata***, SO.

Perlamantis alliberti Amorphoscelididae. Flügel bei beiden Geschlechtern gut entwickelt, Vorderflügel fast durchsichtig, deutlich geadert. Halsschild sehr kurz, in der Mitte nicht verbreitert (Unterschied zu *Ameles*!). Vorderschienen bis auf 1 Enddorn unbedornt. Männchen werden durch Licht angelockt. In hoher Vegetation. 6—9. SW.

GESPENSTSCHRECKEN Ordnung Phasmida

Pflanzenfresser, europäische Arten stets zweigartig (Stabheuschrecken). In Pflanzenwuchs gut getarnt, können nur durch sorgfältiges Suchen entdeckt werden, vor allem nachts, wenn sie fressen. Männchen von *Bacillus* und *Clonopsis* sind sehr selten. Die Weibchen legen unbefruchtete, aber entwicklungsfähige Eier (Jungfernzeugung, Parthenogenese). Sie lassen die Eier einfach zu Boden fallen. Diese liegen dort, samenähnlich, während des ganzen Winters und schlüpfen im Frühjahr. Die würstchenförmigen Eier von *Leptynia* sind unverwechselbar. Die Eier von *Bacillus* und *Clonopsis* unterscheidet man am besten unter der Lupe an der Micropyle, der späteren Schlupföffnung. Junge Stabheuschrecken unterscheiden sich von fortpflanzungsfähigen nur durch die geringere Größe. Etwa ein halbes Dutzend Arten leben in Südeuropa. Alle sind völlig flügellos. Tropische Arten können dagegen Flügel und Flugfähigkeit besitzen. Es gibt ca. 2500 Arten, darunter die flachen wandelnden Blätter. Die Hauptmasse der Arten lebt in SO-Asien.

Bacillus rossius Phylliidae. Grün oder braun. Die Oberfläche der grünen Tiere ist glatt, die der braunen körnig. Weibchen 65—100 mm lang, Fühler 20—25gliedrig. Eier oval, sehr dunkel, seitlich Micropyle über ganze Eilänge. Auf vielen Büschen an warmen trockenen Orten. 6—12. S.

Clonopsis gallica. Der vorigen Art ähnlich, Weibchen jedoch kaum über 75 mm, Fühler 12—13-gliedrig. Grün oder braun, grüne Tiere glatter. Eier braungefleckt, etwas größer als *rossius*-Eier, Micropyle viel kürzer. Auf Sträuchern an warmen Orten häufiger als *rossius*. 5—10. S, kommt jedoch noch bis Mittelfrankreich vor.

Leptynia hispanica. Phasmatidae. Grün oder gelbbraun. Männchen bis 46 mm, Weibchen bis 58 mm. Cerci des Männchens länger als Hinterleibsspitze. Fühler der Männchen meist 16gliedrig, die der Weibchen meist 11gliedrig. Wenn die Männchen auch seltener als die Weibchen sind, so übertreffen sie die der vorgenannten Arten an Zahl weit. Nur lokal auf Grasplätzen. 5—9. SW.

Carausius morosus. Als Versuchstier ist diese ursprünglich indische Art weit bekannt und wird viel gehalten. Sie entkommt mitunter und siedelt sich manchmal in Gärten an. Völlig flügellos; Weibchen grün oder braun, bis 80 mm lang. Basis der Vorderbeine rosa. Männchen sehr selten, viel kleiner.

Bacillus rossius

Clonopsis gallica

Köpfe von Stabheuschrecken mit unterschiedlich langen Fühlern

← *Empusa pennata* →
♀
Nymphe
Perlamantis alliberti X 2
Bacillus rossius ♀
Leptynia hispanica ♀
Carausius morosus ♀
B. rossius Ei
C. gallica Ei
L. hispanica Ei

TERMITEN Ordnung Isoptera

Weichhäutige Insekten, die in Kolonien (Staaten) mit fortpflanzungsfähigen Weibchen (»Königin«) und Männchen (»König«) leben. Die Arbeiter sind in der Regel Entwicklungsstadien. Tiere mit großen Kiefern, als Soldaten bezeichnet, verteidigen die Kolonie. Nur die Geschlechtstiere haben zunächst Flügel. Sie sind gleichartig (Isoptera = Gleichflügler) und wenig dauerhaft. Von über 2000 bekannten Arten sind nur 2 in Südeuropa heimisch. Beide leben in Baumstümpfen und anderem toten Holz, nagen darin Wohngänge und verdauen das Holz mit Hilfe von Einzellern in ihrem Verdauungskanal. Periodisch bilden sich Schwärme fortpflanzungsfähiger Tiere. Nach einem kurzen Flug verlieren diese ihre Flügel und werden nach der Paarung zu neuen Koloniegründern.

Kalotermes flavicollis Kalotermitidae. Kleine Kolonien mit wenigen hundert Tieren in trockenem Holz. Alle Arbeiter sind Entwicklungsstadien, die später zu Soldaten oder Geschlechtstieren heranwachsen können. Halsschild in allen Kasten rechteckig. Soldaten mit gezähnten Kiefern. Geflügelte Tiere im zeitigen Frühjahr. Im S weitverbreitet, vor allem in Küstennähe, in Hafenstädten.

Gelbfußtermite *Reticulitermes lucifugus* Rhinotermitidae. Kolonien mit mehreren 1000 Tieren, in feuchterem Holz, auch Bauholz und unterirdisch. Alle Arbeiter sind Nymphen, die nicht heranwachsen. Halsschild gerundet, oft herzförmig. Kiefer der Soldaten ungezähnt. Schwarmzeit 4—6, meist morgens. Im ganzen S: etwas härter als *Kalotermes*, geht weiter ins Binnenland

TARSENSPINNER Ordnung Embioptera

Schmale Insekten, bei denen das erste Glied der Vorderfüße stark verdickt ist. Die Männchen einiger Arten sind geflügelt. Weibchen sind stets flügellos und etwas größer als Männchen. Die Cerci der Weibchen sind schlank und symmetrisch, die der Männchen asymmetrisch. Die Tiere leben in Laub und Gras, meist unter Steinen oder Wurzeln und legen dort Tunnel aus Seidengespinst mit Hilfe der vergrößerten Vorderfußglieder an. Sie können in den Gängen gleichschnell vor- und rückwärts laufen. Als Nahrung dienen vor allem tote Blätter; die Männchen sind auch Räuber. Weibchen kann man während des ganzen Jahres finden. Im Sommer ziehen sie sich jedoch zum Schutz vor Austrocknung tiefer in den Boden zurück. Männchen treten im Frühjahr auf, sind aber selten. Viele Weibchen pflanzen sich durch Jungfernzeugung fort. Nymphen gleichen den Weibchen und leben für einige Zeit im Tunnel der Mutter. Häufig bauen sie dann ihre Gänge unter demselben Stein, arbeiten aber nicht wie Termiten zusammen. Die meisten der 300 Arten leben in den Tropen, nur wenige in S. Europa. Die Weibchen können an der Gestalt ihrer Cerci unterschieden werden. Weibchen sind schwerer zu bestimmen.

Haploembia solieri Oligotomidae. Ähnlich *Embia ramburi*, doch oft heller. Zwei Warzen auf der Unterseite des 1. Hinterfußgliedes (*Embia* nur eine), jedoch nur bei starker Vergrößerung sichtbar. Im S ziemlich häufig, oft zusammen mit *E. ramburi*.

Embia amadorae Embiidae. Einige der wenigen europäischen Arten mit geflügelten Männchen. Weibchen heller. Nur Iber. Halbinsel. ***E. ramburi*** immer flügellos; Männchen tiefschwarz, Weibchen bräunlich, mitunter mit Purpuranflug, Intersegmentalhäute hell. Kopf runder als bei *amadorae*. SW, eine der häufigsten europäischen Arten.

Teil einer *Reticulitermes*-Kolonie

Ein Tarsenspinner in seinem Gespinstgang

Kalotermes flavicollis
»Königin« X 8

K. flavicollis
»König« X 8

»König«

K. flavicollis
Arbeiter X 8

K. flavicollis
Soldat X 8

Arbeiter

Soldat

Reticulitermes lucifugus
Köpfe und Halsschilde
X 8

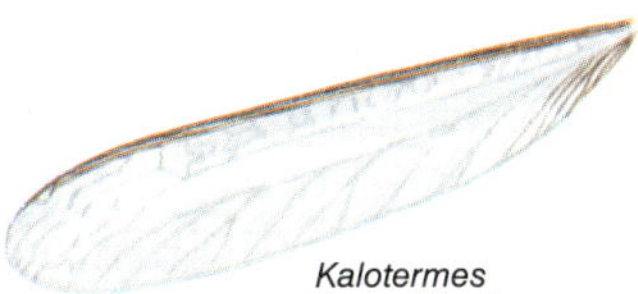

Kalotermes
Vorderflügel

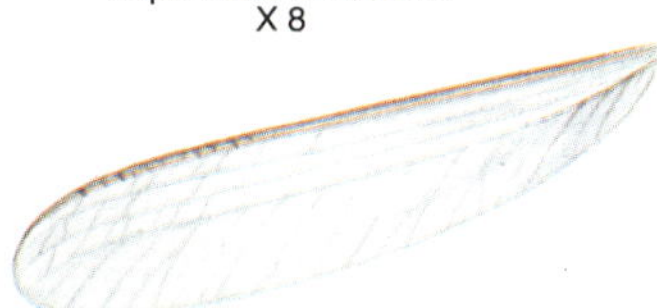

Reticulitermes
Vorderflügel

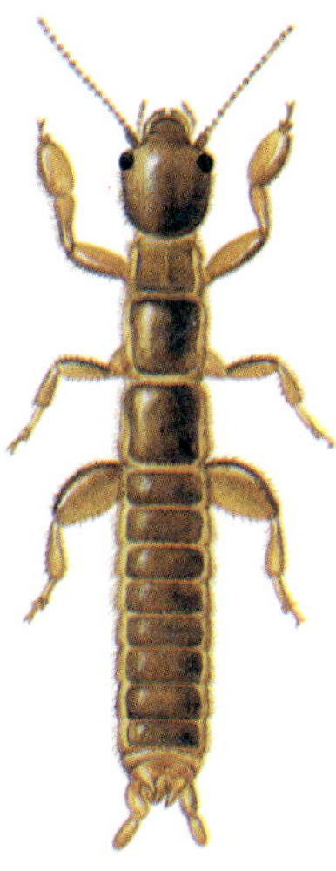

Haploembia solieri X 5

Embia amadorae
X 5

OHRWÜRMER Ordnung Dermaptera

Gestreckte Tiere mit zangenartigen Cerci, gebogen bei den Männchen, bei den Weibchen gestreckter. Meist treffen sich die Spitzen oder überkreuzen sich. Sofern Vorderflügel vorhanden, kurz und derb. Soweit Hinterflügel vorhanden, werden sie kunstvoll unter die Vorderflügel gefaltet und ragen manchmal hinten hervor. Vielen Arten fehlen die Hinter-, manchen auch die Vorderflügel. Auch geflügelte Arten fliegen selten. Nächtliche Bodenbewohner, die pflanzliche und tierische Reste fressen. Tagsüber in Spalten und unter Steinen verborgen. Von vielen Arten können erwachsene Tiere während des ganzen Jahres gefunden werden, die auch überwintern. Die Weibchen vieler Arten bewachen ihre Eier, einige dehnen die Pflege aus, bis die Jungen herangewachsen sind. Frischgeschlüpfte Tiere sind weiß oder cremefarben. 34 der 1300 bekannten Arten leben in Europa, davon nur 4 in B.

Anisolabis maritima Carcinophoridae. Flügel fehlen völlig. Körper unten rötlichbraun. Cerci der Männchen asymmetrisch. Zwischen Spülicht an Küsten und Flußufern, auch in feuchten Wäldern. 3—9. S; auch durch Schiffe mit der Ladung verschleppt.

Euborellia moesta. Vorderflügel zu kleinen Läppchen an den Körperseiten reduziert. Cerci der Männchen asymmetrisch; Cerci der Weibchen kräftig, zusammengelegt. Fühler meist 18gliedrig. In Laub. S. **E. annulipes** Heller als *moesta*, ohne Flügelreste. Fühler gewöhnlich 16gliedrig. Unter Steinen an feuchten Orten. 6—10. S. Mitunter nordwärts verschleppt.

Kleiner Ohrwurm *Labia minor* Labiidae. Kleinster europäischer Ohrwurm. Fliegt gut. Häufig in Siedlungen, besonders an Misthaufen und Kompost.

Marava arachides. Hinterflügel sehr klein oder fehlend. Tropische Art, zeitweilig jedoch in Bäckereien u.ä. in Europa eingeschleppt, vor allem im S.

Sandohrwurm *Labidura riparia* Labiduridae. Größter europäischer Ohrwurm. An sandigen Küsten und Ufern, baut Gänge im feuchten Sand oder versteckt sich unter Abfall. Auch auf Müllplätzen. Lebt z.T. räuberisch. Vor allem S; lokal in Z.

Nala lividipes. Mit feinsten Härchen bedeckt, abgeflacht. Vorderflügel mit auffällig parallelen Seiten, ebenso der Hinterleib. Halsschild hinten gerundet. In Abfällen unterschiedlichster Art. 6—9. SW.

Familie Forficulidae Größte Familie. 2. Fußglied herzförmig verbreitert (s. unten). Flügel meist voll entwickelt, Hinterflügel jedoch unter den Vorderflügeln verborgen. Die *Forficula*-Arten sind in erster Linie Vegetarier und finden sich im Sommer oft hoch auf Bäumen und Sträuchern.

Chelidura aptera. Vorderflügel kragenartig, Hinterflügel fehlen. Cerci der Männchen sehr lang, ungezähnt. Weibchen meist heller. Unter Steinen an Nordhängen der Alpen. 7—10. ***C. pyrenaica.*** ähnlich, Cerci kürzer, stark gekrümmt; Weibchen meist dunkel. 6—10. Pyrenäen.

Waldohrwurm *Chelidurella acanthopygia.* Vorderflügel kragenartig, Hinterflügel fehlen. Cerci stets sehr dünn. In Wäldern im Gebüsch und unter Laub.

Zweipunkt-Ohrwurm *Anechura bipunctata.* Vorderflügel deutlich länger als Halsschild. Cerci der Männchen zur Spitze abwärts gekrümmt, die der Weibchen überkreuzen sich. Unter Steinen im Bergland. 6—10. S, T.

Pseudochelidura sinuata. Deckflügel kürzer als Halsschild; Hinterkante schräg. Unter Steinen und Gras in Gebirgen des SW.

Gebüsch-Ohrwurm *Apterygida media.* Hinterflügel stummelförmig. Klettert auf Pflanzen, sitzt wie *Forficula* in Blüten und frißt Blütenblätter.

Gemeiner Ohrwurm *Forficula auricularia.* Häufigster europäischer Ohrwurm. Cerci des Männchens an der Basis breit und flach, mit einem Zahn am Ende des flachen Abschnitts. Hinterflügel ragen unter den Deckflügeln hervor.

F. decipiens. Ähnlich, jedoch Hinterflügel völlig bedeckt. Der flache Teil der Cerci des Männchens macht etwa 1/3 der Länge aus. S, Z.

F. pubescens. Sehr fein behaart; flacher Cerciteil etwa 1/2 der Länge. Feuchtgebiete. S.

F. lesnei. Etwas größer; flacher Cerciteil etwa 1/2 der Länge. S, Z.

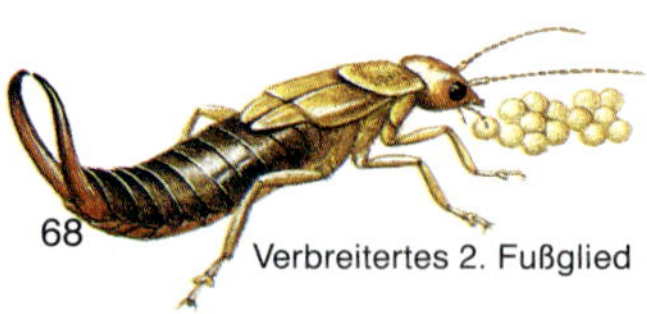

Forficula-Weibchen beim Bewachen der Eier. Durch fortgesetztes Lecken werden Pilzsporen entfernt.

Alle Abb. zeigen ♂; daneben Zangen der ♀

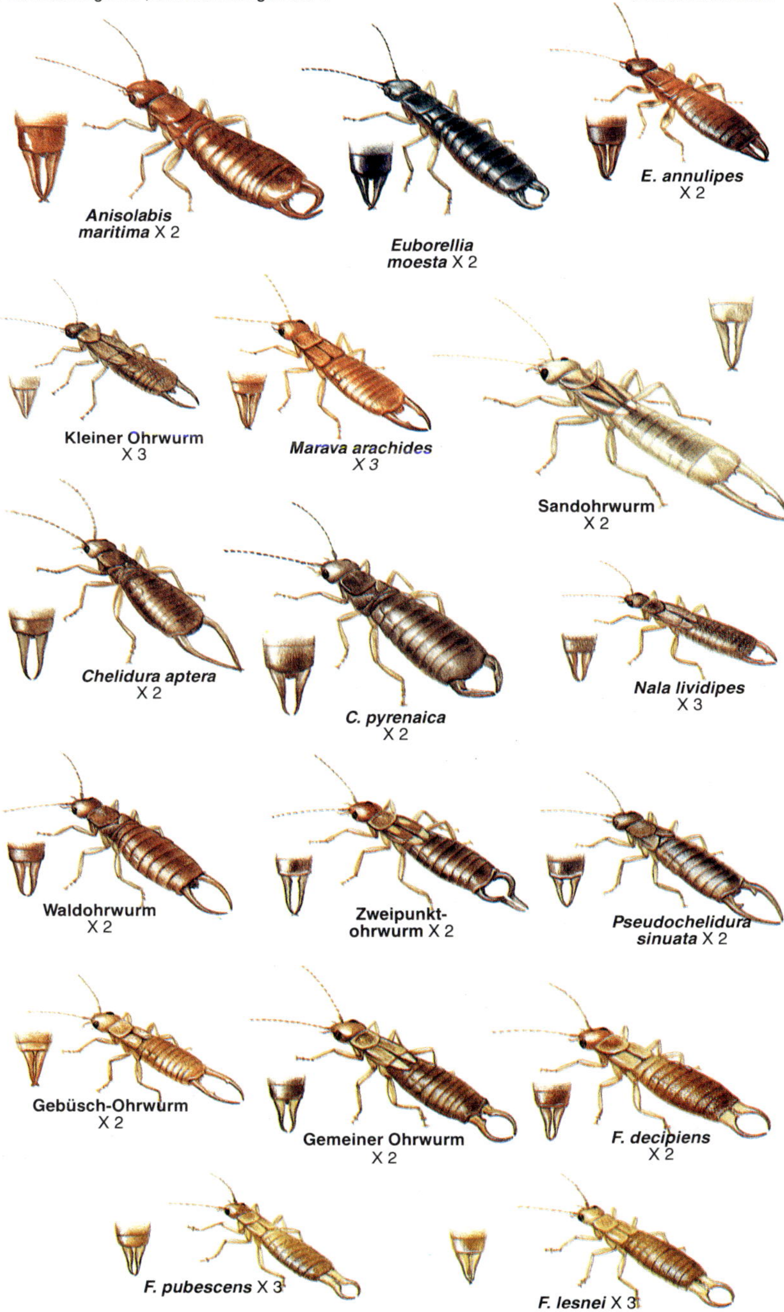

Anisolabis maritima X 2

Euborellia moesta X 2

E. annulipes X 2

Kleiner Ohrwurm X 3

Marava arachides X 3

Sandohrwurm X 2

Chelidura aptera X 2

C. pyrenaica X 2

Nala lividipes X 3

Waldohrwurm X 2

Zweipunkt-ohrwurm X 2

Pseudochelidura sinuata X 2

Gebüsch-Ohrwurm X 2

Gemeiner Ohrwurm X 2

F. decipiens X 2

F. pubescens X 3

F. lesnei X 3

SCHNABELKERFE Ordnung Hemiptera

Eine Ordnung von ca. 75 000 Arten mit unvollkommener Verwandlung, von denen 8000 in Europa und nur 1700 in B vorkommen. Der Formenreichtum in dieser Ordnung ist groß. Alle besitzen jedoch stechend-saugende Mundwerkzeuge im Schnabel oder Rostrum, mit denen sie Pflanzensäfte oder Blut saugen. Viele sind Pflanzenschädlinge, z.B. die Blattläuse, die die Erträge beeinträchtigen und Viruskrankheiten übertragen können. Meist sind 2 Flügelpaare vorhanden, von denen das vordere häufig z.T. verdickt ist. Flügel können aber auch fehlen. Bei vielen Arten gibt es geflügelte (macroptere), kurzflüglige (brachyptere) und flügellose (aptere) Individuen. Männchen und Weibchen können sich in der Flügellänge und anderen Merkmalen unterscheiden.

Es gibt zwei große Unterordnungen — die Wanzen (Heteroptera) (S. 72) und die Homoptera (S. 88), die nur die gleiche Ausbildung der Mundwerkzeuge gemein haben. Sie werden oft auch als eigenständige Ordnungen betrachtet.

Eine Wanze, die den membranösen Teil der Vorderflügel deutlich zeigt.

Bei den **Heteroptera** sind die Vorderflügel, sofern vorhanden, in zwei Abschnitte geteilt, einen ledrigen vorderen und einen häutigen hinteren. Die Hinterflügel sind immer häutig. Alle Flügel werden in der Ruhestellung flach auf den Körper gelegt. Der Kopf liegt mehr oder weniger horizontal und ist von oben gut zu sehen. Die Fühler sind höchstens 5gliedrig, und das Rostrum entspringt vorn am Kopf. Das Halsschild ist sehr groß, und auch das Schildchen ist auffällig. Mitunter kann es den Körper ganz bedecken und den Eindruck eines flügellosen Tieres hervorrufen.

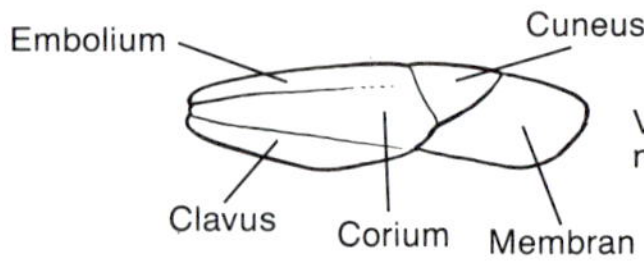

Vorderflügel einer Wanze mit den Hauptabschnitten

Die Einteilung der Heteroptera in Familien benutzt unterschiedliche Merkmale, z.B. die Anzahl der Fühlerglieder, Füße und Rostrum, sowie die Gliederung der Vorderflügel (s. Abb.). Alle geflügelten Arten besitzen eine Naht, die den ledrigen Teil in den Clavus — bei zurückgelegten Flügeln dem Schildchen am nächsten — und das Corium teilt. Von diesem kann durch weitere Nähte das Embolium längs der Vorderkante und der Cuneus an der Spitze abgetrennt sein. Der häutige Flügelabschnitt zeigt gewöhnlich deutliche Adern, die bei der Bestimmung nützlich sind.

Zu den Wanzen gehören Pflanzensaft- und Blutsauger. Alle wasserbewohnenden Schnabelkerfe rechnen zu dieser Unterordnung. Die Arten, die unter Wasser leben, atmen in der Regel wie die Wasserkäfer (s.S. 255). Der Wasserskorpion und verwandte Arten haben jedoch ein langes Atemrohr entwickelt, mit dem sie Luft oberhalb der Wasseroberfläche aufnehmen können.

Bei den **Homoptera** sind die Vorderflügel, sofern vorhanden, von einheitlicher Struktur, und zwar entweder ledrig oder häutig. Gewöhnlich werden sie in Ruhe dachförmig über den Kopf gelegt. Der Kopf ist in der Regel scharf nach unten hinten gerichtet — das Rostrum scheint hinten, bei einigen Arten erst zwischen den Vorderbeinen, zu entspringen.

Eine Zikade, die die dachförmige Ruhehaltung der Flügel aller Homopteren zeigt.

Die Homopteren sind ausschließlich Pflanzensaftsauger und viel weniger aktiv als die Wanzen. Viele Arten verbringen ihr ganzes Leben auf einer Pflanze, an der sie saugen. Dieser Saft ist zuckerreich, aber eiweißarm. Um genügend Eiweiß zu erlangen, müssen die Tiere große Saftmengen aufnehmen, geben aber einen großen Teil des Zuckers unverdaut als sog. Honigtau wieder ab. Blattläuse und Blattflöhe erzeugen ihn in reichem Maße — Bäume und andere Pflanzen sind im Sommer damit bedeckt. Bienen, Ameisen und andere Insekten nehmen davon viel auf. Der Rest bietet den Nährboden für Rußpilze.

Zu den Homoptera gehören zwei scharf getrennte Gruppen: Die **Auchenorrhyncha** haben in der Regel kurze Fühler mit einer Endborste sowie 3gliedrige Füße. Die Vorderflügel sind ziemlich derb, undurchsichtig oder schön gefärbt. Die Tiere springen gut und sind als Zikaden bekannt. Hierzu gehören etliche,

Der borstenförmige Fühler einer Zikade

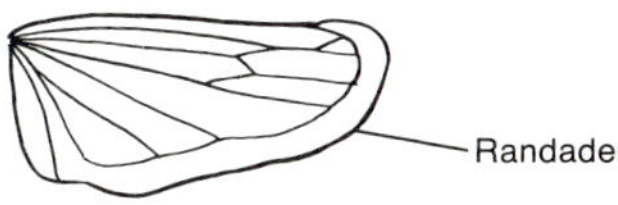

Hinterflügel einer Schaumzikade mit der zurückgesetzten Randader.

nicht leicht zu unterscheidende Familien. Das Vorhandensein einer von der Kante zurückgesetzten Randader im Hinterflügel — oder wenigstens in seinem hinteren Teil — trennt die Schaumzikaden (S. 92) und die Zwergzikaden (S. 90) von anderen ähnlichen Zikadengruppen.

Die andere Gruppe der Homopteren ist die der **Sternorrhyncha.** Bei ihnen sind die Fühler ziemlich lang, fadenförmig, die Füße 1- oder 2gliedrig. Es ist eine heterogene Gruppe, zu der die Blattläuse, Blattflöhe, Mottenschildläuse und Schildläuse zählen (S. 96).

Entwicklung. Wie bei allen hemimetabolen Insekten fehlt ein Puppenstadium. Die Nymphen können, müssen den fertigen Tieren aber nicht ähnlich sehen. Das Rostrum weist sie aber immer als Schnabelkerfe aus. Gewöhnlich sind 5 Entwicklungsstadien vorhanden, die den adulten Tieren schrittweise ähnlicher werden, wenn die Flügelanlagen auch erst im 4. Stadium deutlich werden. Mitunter ist schwer zu entscheiden, ob ein Tier eine Nymphe oder ein Geschlechtstier mit verkürzten Flügeln ist. Berühren die Flügel das Schildchen deutlich, so ist das Tier sehr wahrscheinlich ausgewachsen. Im Laufe der Entwicklung gibt es oft bemerkenswerte Farbwechsel. Besonders gilt dies bei der Häutung vom letzten Nymphenstadium zur Imago. *Nezara viridula* z.B. ist als Larve vielfarbig (S. 74), als Imago nahezu einfarbig grün.

Typische Baumwanze, Rüssel gut sichtbar (S. 70)

WANZEN Heteroptera Unterordnung

Schnabelkerfe, deren Vorderflügel aus einem ledrigen Grundabschnitt und einem häutigen Spitzenteil bestehen.

Kiefernrindenwanze *Aradus cinnamomeus* Aradidae. Sehr flach, Kopf hinter den Augen stark verengt. Fühler 4gliedrig. Vorderflügel sehr schmal, ohne häutigen Teil; beim Weibchen noch schmaler. Saugt an Kiefernsamen. Die meisten Vertreter der Familie sind voll geflügelt und saugen an Pilzen unter loser Rinde.

Aneurus laevis Aneuridae. Unter Rinde, sehr flach. Vorderflügel fast ganz häutig. Fühler 4gliedrig. Saugt an Pilzen unter der Rinde.

Die folgenden Wanzen sind durch große Schildchen charakterisiert. Alle haben 5gliedrige Fühler. Sie werden auch als Stinkwanzen bezeichnet, denn viele sondern bei Beunruhigung ein Sekret mit durchdringendem Geruch ab. Viele Arten überwintern als Imago und sind vor allem im Herbst und Frühjahr zu finden. Zu ihnen gehören Pflanzensaftsauger und Räuber. Ihre Farben verblassen häufig nach dem Tode.

Stachelwanze *Acanthosoma haemorrhoidale* Acanthosomatidae. Füße in dieser Familie immer 2gliedrig. Saugt an Blättern und Früchten beerentragender Sträucher.

Elasmucha grisea. Das Weibchen bewacht Eier und junge Larven, möglicherweise gegen Parasiten, indem es sich über sie stellt. Meist grau oder gelb, mit rötlichem Anflug. Vor allem auf Birke.

Sehirus bicolor. Cydnidae. Füße 3gliedrig, Schienen stark bedornt (so die ganze Familie). Auf Taubnesseln und anderen Lippenblütlern. **S. dubius** ist metallisch grün oder violett, manchmal schwarz. Lebt auch auf verschiedenen Lippenblütlern.

Aethus flavicornis. Rötlich braun bis schwarz. Beine extrem dornig. Meeresküsten und Dünen, tags im Sand vergraben. Saugt an verschiedenen Pflanzen.

Corimelaena scarabaeoides. Das große abgerundete Schildchen überdeckt den Hinterkörper fast ganz. In Laub und trockenem Gras, auf Sand- und Kalkboden.

Odontoscelis dorsalis Scutelleridae. Bei allen Arten dieser Familie Füße 3gliedrig, Hinterleib von Schildchen verdeckt. Vorderflügel (unter dem Schildchen) weitgehend häutig. Behaart. Helle Streifen können fehlen. Vor allem in Küstendünen, an Storchschnabel. S, Z.

Eurygaster testudinaria. Auf feuchten Wiesen, vor allem an Binsen und Seggen.

Eurygaster maura. Gelblich bis schwarz, mit oder ohne braune Streifen. Schildchen parallelseitig. Polyphag; häufig an Getreide.

Familie Baumwanzen Pentatomidae Größte Familie, mit ca. 3000 Arten. Das Schildchen ist meist dreieckig und erreicht mindestens die Mitte des Hinterleibes. Füße 3gliedrig. Nymphen oft gerundet, oft auffällig gefärbt. Auf dem Kontinent häufig, in B durch die nassen, kühlen Sommer nur wenige Arten.

Eysarcoris fabricii. Grünlich-golden oder bronzefarben, bräunlich-violett, stets stark punktiert. Auf Wundkraut und anderen Lippenblütlern.

Eurydema dominulus. Orange bis rot. Auf Kreuzblütlern und Nadelholz.

Kohlwanze *E. oleracea*. Metallisch grün, blau bis violett; mit roten, gelben oder hellen Flecken. Vor allem auf Kreuzblütlern; an Kulturpflanzen auch schädlich.

Zicrona caerulea. Dunkel grün, blau oder violett. Räuberische Art, die an Eiern und Larven bestimmter Käfer und Schmetterlinge saugt, z.B. von Kartoffelkäfer und Kohlweißling.

Podops inuncta. Den Scutelleridae durch das vergrößerte Schildchen, das den Hinterleib fast völlig bedeckt, ähnlich; jedoch durch 2 kleine, amboßartige Vorsprünge vorn am Halsschild erkennbar. Auf Wiesen.

Spitzling *Aelia acuminata*. Wiesen und Getreidefelder, saugen an reifenden Körnern. ***A. glebana*** ähnlich, doch größer. S, südliches Z.

Graphosoma italicum. Häufig auf Doldenblüten. 6—10. Die auffällige Färbung warnt vor Ekelgeschmack. Beine häufig dunkler als abgebildet. S, Z. ***G. semipunctatum*** mit gepunktetem, nicht gestreiftem Halsschild, Schienen nahezu ganz rot. S.

Ancyrosoma albolineatum. Grundfarbe gelblich bis violettbraun. Gestalt unverwechselbar. Auf verschiedenen Pflanzen auf trockenem Gelände. S.

Kiefern-
rindenwanze
X 3

Aneurus laevis
X 2

Sehirus bicolor
X 3

Sehirus dubius X 3

← Stachel-
wanze
X 2

← *Elasmucha grisea* X 2

Aethus flavicornis
X 4

Corimelaena scarabaeoides
X 3

Odontoscelis dorsalis
X 3 →

Eurygaster testudinaria X 2

Eurygaster maura
X 2

Eysarcoris fabricii X 2

Eurydema dominulus X 2

Kohlwanze
X 2

Zicrona caerulea X 2

Podops inuncta X 3

Spitzling
X 2

Graphosoma italicum X 2

Ancyrosoma albolineatum
X 2

Rotbeinige Baumwanze *Pentatoma rufipes*. An den kräftig vorragenden »Schultern« und dem nahezu rechteckigen Halsschild gut zu erkennen. 6—10, auf vielen Bäumen und Büschen, saugt Saft, greift aber auch andere Insekten an. In Obstgärten oft auf Kirschbäumen. Nymphen gelb, mit dunklen Punkten.

Picromerus bidens. Halsschild seitlich mit 2 scharfen Dornen. Häufig auf Sträuchern und Stauden, besonders in Feuchtgebieten. 7—10. Räuber, jagt Schmetterlingsraupen und Käferlarven.

Palomena prasina. Seiten des Halsschildes etwas konkav. Häufig auf Bäumen und Büschen, im Herbst auch auf hohen Stauden. Im Spätherbst vor der Überwinterung bronzebraun. Wird im Frühjahr (4—5) wieder grün. Einige ähnliche Arten. ***P. viridissima*** Seiten des Halsschildes etwas konvex.

Nezara viridula
Nymphe X 1,5

Nezara viridula. Etwas schmaler als *Palomena*, Membran der Flügelspitze heller, 3—5 helle Flecke an der Vorderkante des Schildchens. Kopf und Vorderkante des Halsschildes können braun sein. Die Nymphe (links) ist schön gefärbt. Auf vielen Kräutern, kann Schäden an Kartoffeln und Bohnen anrichten. S, Z.

Piezodorus lituratus. Die rote Färbung ist nur bei jungen Imagines vorhanden. 7—10. Nach Überwinterung gelbgrün, oft mit Bronzeschimmer. Stets stark punktiert. Vor allem an Stechginster, mitunter an Besenginster und anderen Hülsenfrüchten, oft zahlreich. S, Z.

Carpocoris fuscispinus. Grundfärbung gelb bis rotbraun. Halsschild seitlich etwas aufgebogen, in 2 vorn schwarze Spitzen auslaufend. Im Süden 2 Generationen, von denen nur die Sommergeneration diese Spitzen aufweist: in der Herbstgeneration sind sie kleiner und stumpfer. Polyphag, besonders auf Dolden- und Korbblütlern.

Beerenwanze *Dolycoris baccarum*. Stark behaart (Lupe!), oft mit rötlichem oder Purpurschimmer. Auf vielen Pflanzen, besonders aber auf Blüten und Früchten von Rosengewächsen. In Dünen häufig.

Saumwanze *Coreus marginatus*. Coreidae. Zwischen den Fühlerwurzeln 2 Höcker. Fühler in dieser und allen folgenden Familien von Landwanzen 4-gliedrig. Auf Ampfer und verwandten Pflanzen, saugt an den Samen; im Herbst auch an Brombeeren. Häufig dunkelbraun. Überwintert wie die übrigen Vertreter der Familie ausgewachsen und ist häufig im Herbst und Frühjahr zu finden. Viele ziemlich ähnliche Arten, meist stumpfbraun. Werden im angelsächsischen Bereich auch als Kürbiswanzen (squash bugs) bezeichnet, da eine Art in Nordamerika Schäden an Kürbis verursacht. Alle Arten saugen an Früchten.

Philomorpha laciniata. In sonnigem trockenen Gelände auf *Paronychia*. Die Eier werden auf andere Tiere derselben Art gelegt und so zu frischen Futterpflanzen getragen. S, Z.

Rautenwanze. *Verlusia rhombea*. Hinterleib rautenförmig, ragt seitlich weit unter den Flügeln hervor. In Trockengebieten, Heiden, lichten Wäldern.

Coriomeris denticulatus. Ziemlich stachlige Wanze, auf Klee und anderen Leguminosen. Allgemein nur auf leichten, wasserdurchlässigen Böden.

Chorosoma schillingi. Rhopalidae. Strohgelb bis grün. Vorderflügel mitunter noch kürzer. In langem Gras in Küstendünen; in Binnendünen und Heiden selten. 7—9.

Rhopalus subrufus. Ähnelt einigen Coreidae, doch ist der Kopf breiter (so breit wie Halsschild); Halsschild seitlich nicht verbreitert. Auf Waldlichtungen, in üppig blühenden Wiesen; auf Johanniskraut u.a. Pflanzen. Fliegt gut.

Myrmus miriformis. Männchen grün oder braun; Weibchen immer grün. Gewöhnlich kurzflüglig. Vorderflügel stets mit einigen hervortretenden roten Adern. 6—10, von trockenen Heiden bis zu Sumpfwiesen. Saugt vor allem an reifenden Grassamen.

Corizus hyoscyami. Ähnelt oberflächlich den Bodenwanzen (S. 76), jedoch durch Behaarung und viele Adern in der Membran der Vorderflügel unterschieden (bei Bodenwanzen höchstens 5). Auf trockenen Böden, an vielen Pflanzenarten. In B vor allem in Küstendünen.

Kugelwanze *Coptosoma scutellata*. Plataspidae. 2 Fußglieder. Das Schildchen bedeckt den Hinterleib praktisch völlig. Hinterkante des Schildchens beim Männchen stark, beim Weibchen schwach gezähnt. Im Sommer unter Kornwicke (*Coronilla*). S, südliches Z.

Kugelwanze
X 3

tbeinige Baum- nze X 2

Picromerus bidens X 2

Palomena prasina X 2 und Nymphe

Piezodorus lituratus X 2

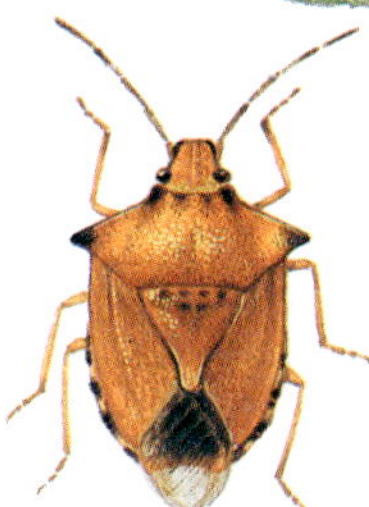

Carpocoris fuscispinus X 2

Beerenwanze X 2

Saumwanze X 2

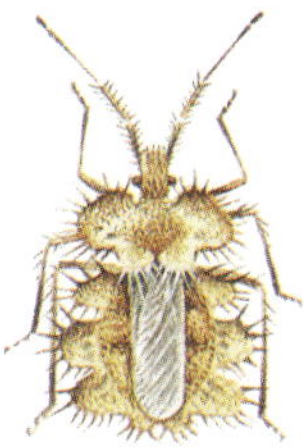

Philomorpha laciniata X 2

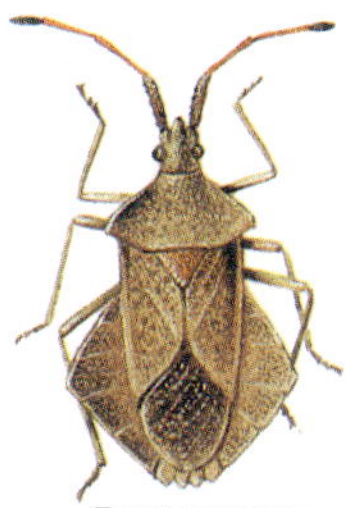

Rautenwanze X 2

Coriomeris denticulatus X 2

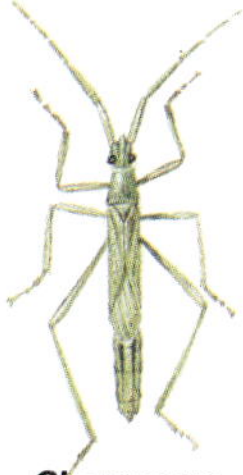

Chorosoma schillingi X 2

Rhopalus subrufus X 2

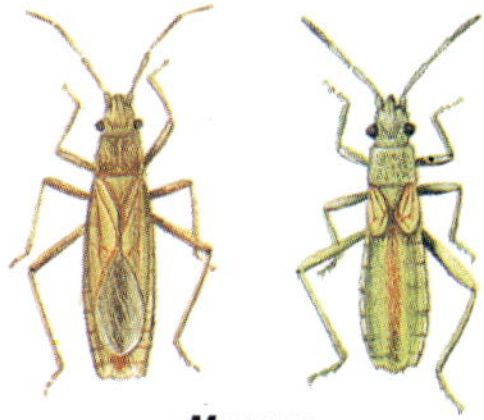

Myrmus miriformis X 2

Corizus hyoscyami X 2

Feuerwanze X 2

Alydus calcaratus. Alydidae. 4. Fühlerglied viel länger als 3., deutlich gekrümmt. Fliegt im Sonnenschein gut und zeigt dabei die rote Hinterleibs-Oberseite. Auf Heiden, an Besenginster, Wolfsmilch u.a.; auch räuberisch. Larven ameisenähnlich, oft in Ameisenbauten.

Camptopus lateralis. Der vorigen Art ähnlich, Halsschild quadratischer. 4. Fühlerglied nur schwach gekrümmt. Größer, Unterseite gelblichbraun, braun gezeichnet (bronzeschwarz bei *Alydus*). Trockengelände, S, Z.

Feuerwanze *Pyrrhocoris apterus* Pyrrhocoridae. Selten langflüglig. Auf vielen Pflanzenarten. Oft in größerer Zahl auf dem Boden, saugt an abgefallenen Samen, besonders im zeitigen Frühjahr nach der Überwinterung. Greift auch andere Insekten an. S, Z.

BODENWANZEN Lygaeidae Eine große Familie im wesentlichen düster gefärbter Wanzen; einige jedoch mit leuchtenden Warnfarben. Vorderflügelmembran höchstens mit 5 Adern (s. S. 70). Fühler im Prinzip 4gliedrig, bei einzelnen Tieren allerdings nur 3gliedrig. Viele Arten ähneln den Weichwanzen (S. 80), doch sind ihre Vorderflügel viel kürzer und zeigen nicht den deutlichen Cuneus der Miridae. Bodenwanzen haben Ocellen, die den Weichwanzen fehlen. Saugen an Samen; z.T. auch räuberisch, meist bodenbewohnend, vor allem auf Sandböden. Die meisten Arten überwintern ausgewachsen.

Aphanus rolandri. Abzeichen gelb bis rot. Auf Trockenböden mit vielen Steinen und Laub; gelegentlich unter loser Rinde. Meist nächtlich, saugt an abgefallenen Samen. In B. vor allem in Küstenbereichen.

Megalonotus chiragra. Fühler oft ganz schwarz. Flügelmembran kann den Hinterleib überragen. Auf Trockenböden in Laub und Moos, an vielen Pflanzenarten. In B. vor allem in Küstenbereichen.

Scoloposthetus decoratus. Eine mehrerer ziemlich ähnlicher Arten. Oft in großer Menge auf Heidekraut. Auch im Winter aktiv, saugt an Samen und Stengeln, z.T. räuberisch.

Ischnodemus sabuleti. Lang- und kurzflüglige Formen gleichermaßen verbreitet. Auf Schilfrohr und anderen großen Gräsern, auch Getreide, in feuchten und trockenen Gebieten. Larven und erwachsene Tiere überwintern in Blätterscheiden.

Lygaeus saxatilis. Unterseite des Hinterleibes rot, mit schwarzem Band an der Basis jedes Segmentes. Auf sonnigem Gelände, auf vielen Pflanzenarten. S, Z. **Ritterwanze** *L. equestris* ähnlich, jedoch Vorderflügel weiß gezeichnet. Unterseite des Hinterleibes mit 2 schwarzen Flecken auf jeder Seite jeden Segmentes.

Fichtenzapfenwanze *Gastrodes abietum.* Meist oben auf Fichten, verbirgt sich tags in alten Zapfen, saugt nachts an Nadeln und jungen Samen. Überwintert in Zapfen und Borkenritzen. **Kiefernzapfenwanze** *G. grossipes.* Leicht an schöner, kastanienbrauner Färbung zu erkennen. Hauptsächlich auf Kiefern, aber weniger stark als *abietum* an Zapfen gebunden; meist in tieferen Baumregionen.

Trapezonotus ullrichi. Größte von mehreren Arten mit zweifarbigem Halsschild und schwarzem Schildchen. Zwischen Gras in Trockengelände, vor allem an der Küste. S, südliches Z. ***T. arenarius.*** 2. und 3. Fühlerglied schwarz, nicht braun. In trockenem grasigen Gelände häufig.

Rhyparochromus pini. Behende Laufwanze in trockenen Heiden. Besonders am Grunde von Heidekraut und anderen Pflanzen, bei warmem Wetter auch in höheren Regionen. Saugt vor allem an Samen.

Phymata monstrosa X 3

Nysius thymi. Halsschild ungekielt. Auf sandigem und steinigem, spärlich bewachsenen Ödland. 6—11 (mitunter auch im Winter). Auf vielen Pflanzen, besonders an Compositen, z.B. Flohkraut; aber auch räuberisch.

Grillenwanze *Geocoris grylloides.* Durch kurze Vorderflügel von verwandten Arten zu unterscheiden. Auf Sanddünen der Küste. N, Z.

Phymata monstrosa. Phymatidae. Räuberische Art, Vorderbeine als Fangbeine ausgebildet. Hinterleib rhombisch, gezähnt. Gelbbraun bis schwarz. ***P. crassipes.*** Ähnlich, etwas größer, Hinterleibsseiten ungezähnt. Gewöhnlich rotbraun. S, südliches Z.

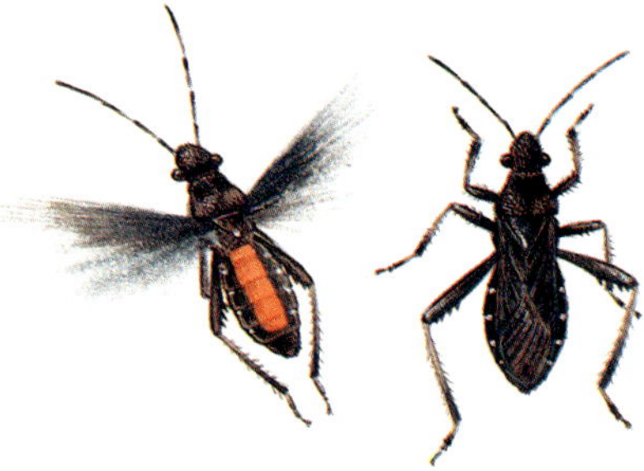

Alydus calcaratus X 2

Camptopus lateralis X 2

Aphanus rolandri X 2

Megalonotus chiragra X 4

Scoloposthetus decoratus X 4

langflüglig kurzflüglig
Ischnodemus sabuleti X 4

Lygaeus saxatilis X 2

L. equestris X 2

Fichtenzapfen-wanze X 3

Kiefernzapfen-wanze X 3

Trapezonotus ullrichi X 3

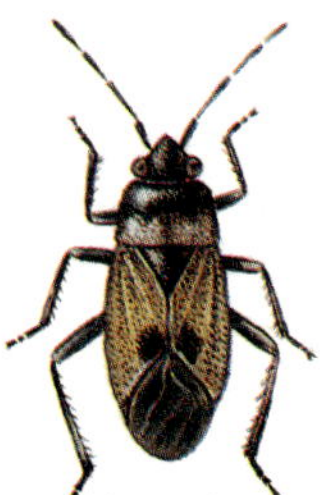

Rhiparochromus pini X 3

Nysius thymi X 4

Grillenwanze X 3

Gampsocoris punctipes X 3

Gampsocoris punctipes Berytidae. Eine der Stelzenwanzen, die nach den langen Beinen und Fühlern der meisten Arten so benannt wurden. Halsschild mit einem Dorn. Auf Hauhechel, meist auf Sandböden; oft in Menge in Dünen der Küste. Alle Larven in dieser Familie sind leuchtend grün. S, Z.

Große Stelzenwanze *Neides tipularius.* Ähnelt oberflächlich *Empicoris* und anderen Raubwanzen, jedoch keine verlängerten Vorderbeine, kein deutlicher »Hals«. Rostrum gerade. Die schmaleren Vorderflügel kurzflügliger Tiere erreichen gerade das Hinterleibsende. Auf Trockenböden, Heiden, Dünen. Saugt an vielen Pflanzen, zittert bei Störungen.

Berytinus minor. Meist kurzflüglig. Auf trockenen Wiesen, saugt an Gräsern und verschiedenen Leguminosen. Fehlt weiter südwärts.

Cymus melanocephalus. Ähnelt den Bodenwanzen (S. 76), jedoch Schildchen viel kürzer als Flügelnaht; Kanten der Flügeldecken verdickt. Auf feuchten Wiesen, saugt an verschiedenen Binsenarten. Einige ähnliche Arten mit hellem Kiel auf dem Halsschild. S, Z.

RAUBWANZEN Reduviidae Räuberische Wanzen mit deutlicher Halsbildung und starkem, gekrümmten, 3teiligen Rostrum (links). Fühler oft gekniet, mit langem ersten Glied. Vorderbeine einiger Arten als vergrößerte Raubbeine ausgebildet. Jagen Insekten, einige ihrer Beute sehr ähnlich (Räuberische Mimikry).

R. iracundus
Rostrum

Große Raubwanze *Reduvius personatus.* Schokoladenbraun bis schwarz. Zwischen Felsen, in Baumlöchern, vor allem in und an Häusern. Nächtlich, wird von Licht angelockt. Jagt viele Insekten, auch Bettwanzen. Striduliert mit Rostrumspitze in einer gerieften Längsfurche auf der Unterseite der Vorderbrust. 5—9.

Coranus subapterus. Gelegentlich, besonders im Norden, voll geflügelt. 6—10 auf Heiden, Sanddünen, auf unbewachsenem Boden. Striduliert wie die vorige Art laut, wenn sie ergriffen wird.

Rhinocoris iracundus. Variabel rot und schwarz gezeichnet; Halsschild mitunter völlig schwarz. 1. Rostrumglied rot (bei *R. erythropus* schwarz). Auf Blüten, 5—9. S, Z.

Pirates hybridus. Vordere Hälfte des Halsschildes viel länger als hintere. Schwenkt die Fühler, wenn sie über den Boden läuft. 4—10. S, Z.

Mückenwanze *Empicoris vagabundus.* Von den Stelzenwanzen durch stark gekrümmtes Rostrum und Raubbeine unterschieden. Lebt auf Bäumen, sieht in Ruhestellung mückenähnlich aus. Frißt Blattläuse und ähnlich kleine Insekten. Die hellen Hinterleibsseiten unterscheiden sie von ähnlichen Arten.

Ploiaria domestica. Stets flügellos. Nächtlich, an und in Häusern. Frißt Stechmücken und kleine Fliegen. S.

SICHELWANZEN Nabidae Räuber, den Raubwanzen ähnlich, jedoch Rostrum 4gliedrig. Fühler nicht deutlich gekniet, 2. Glied länger als das 1. Können wie die Raubwanzen empfindlich stechen, wenn sie ergriffen werden.

Prostemma guttula. Gewöhnlich kurzflüglig. An trockenen Stellen, am Grunde der Pflanzen. S, Z. Auf den Kanalinseln häufig.

Kalmanius flavomarginatus. Hinterleib oben und seitlich golden behaart. Vorderflügel können mitunter bis zur Hinterleibsspitze reichen. 6—10. Auf feuchten Wiesen.

Nabis rugosus. Hell- bis dunkelbraun; eine von mehreren ähnlichen Arten. Lang- oder kurzflüglig. Überall auf Gras.

Dolichonabis limbatus. Nur selten mit längeren Flügeln. 7—11 auf feuchten Wiesen, frißt die unterschiedlichsten anderen Insekten.

Himacerus apterus. Vorderflügel erreichen mitunter die Spitze des Hinterleibes. 6—10. Eine der wenigen baumbewohnenden Arten. S, Z. Sehr ähnlich ***Aptus mirmicoides***, die jedoch auf dem Boden lebt und viel kürzere Fühler hat. Ihre Nymphen sind ausgesprochen ameisenähnlich.

Loricula elegantula. Microphysidae. Sehr kleine Wanze, Männchen voll geflügelt, Weibchen nahezu flügellos. 6—10 auf Flechten an Bäumen und alten Mauern. Männchen selten ab Juli. Frißt Milben, Springschwänze u.ä.

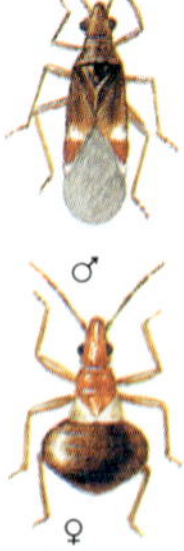

Loricula elegantula
X 6

Gampsocoris punctipes X 3

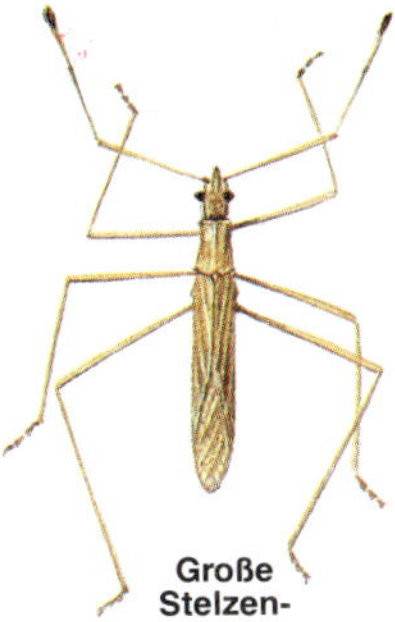

Große Stelzenwanze X 2

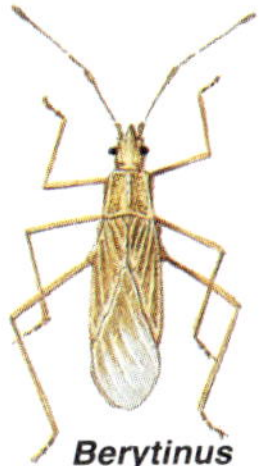

Berytinus minor X 2

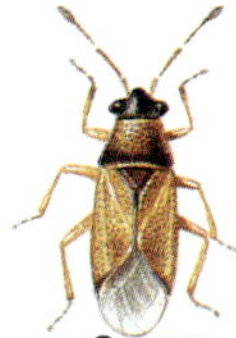

Cymus melanocephalus X 4

Große Raubwanze X 2

Coranus subapterus X 2

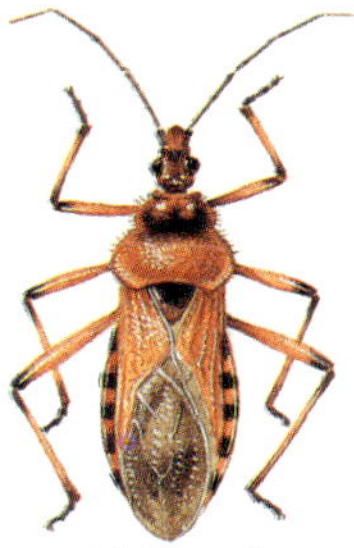

Rhinocoris iracundus X 2

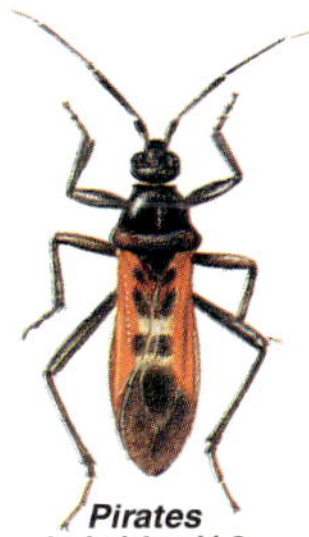

Pirates hybridus X 2

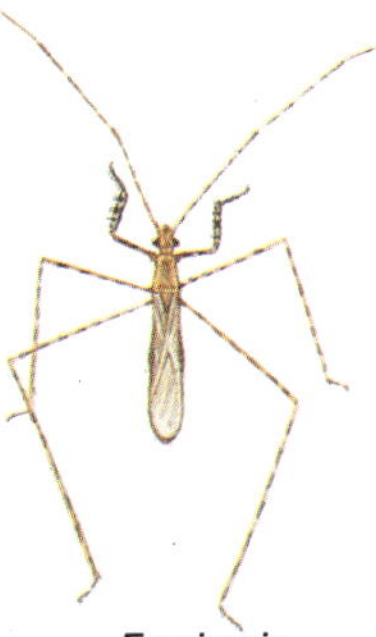

Empicoris vagabundus X 2

Ploiaria domestica X 2

Prostemma guttula X 2

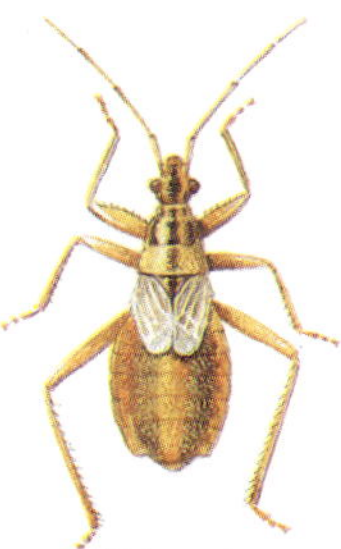

Kalmanius flavomarginatus X 2

Nabis rugosus X 2

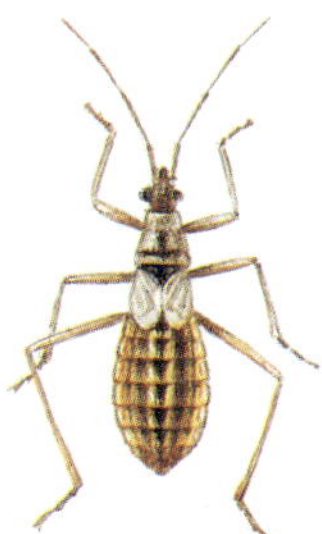

Dolichonatis limbatus X 2

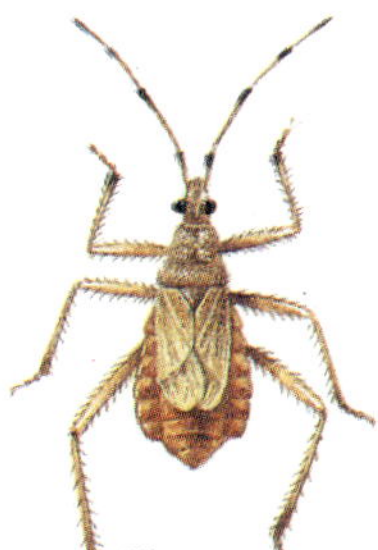

Himacerus apterus X 2

Anthocoris nemorum saugt Blattlaus aus

Meldenwanze *Piesma maculatum* Piesmatidae. Ähnelt oberflächlich den Netzwanzen, jedoch nur Halsschild und Vorderflügel, nicht das Schildchen stark punktiert. Auf Gänsefußgewächsen an Salzküsten, mitunter auch auf Rüben. **Rübenwanze** *P. qudratum.* Halsschild mit 3 Kielen, kann grün oder braun sein. Männchen stridulieren, indem sie die Flügel am Hinterleib reiben. An den europäischen Küsten, z.T. auch im Binnenland, überträgt Viruskrankheiten der Zuckerrübe.

Diestelnetzwanze *Tingis cardui.* Eine der Netzwanzen, so genannt nach dicht punktierten, netzartig gemusterten Vorderflügeln und Halsschild. Halsschild überdeckt das Schildchen. Wachsartig bepudert. Auf Disteln, die Nymphen in dichten Gruppen auf der Unterseite der Blütenköpfe. Viele ähnliche Arten.

BETTWANZEN, BLUMENWANZEN Cimicidae/Anthocoridae Bettwanzen sind flügellose Schmarotzer an Vögeln und Säugetieren. Blumenwanzen und Verwandte haben in der Regel voll entwickelte Flügel und jagen kleine Insekten auf Blüten und in der Streu. Viele ähneln Weichwanzen, doch ist bei ihnen im Vorderflügel ein Embolium abgeteilt.

Bettwanze *Cimex lectularius.* Orange bis dunkelbraun. In und an Häusern, verbirgt sich tagsüber, saugt nachts Blut an Menschen und Haustieren. In Zoologischen Gärten nicht selten.

Schwalbenwanze *Oeciacus hirundinis.* Kleiner, stärker als Bettwanze behaart. Saugt an Mauerseglern und Sperlingen, gelegentlich auch anderen Vögeln; überwintert in deren Nestern. Kann im Herbst nach Abwandern der Vögel in Häuser eindringen.

Anthocoris nemorum. Vorderflügel ganz glänzend, daran von ähnlichen Arten zu unterscheiden. Allgemein häufig auf Bäumen, Büschen und Kräutern, auf Blättern wie auf Blüten. Nützlicher Jäger der Blattläuse und Roten Spinnmilben. Kann die menschliche Haut durchstechen und Blut saugen, wenn sie ergriffen wird.

Orius niger. Eine von mehreren ähnlichen, sehr kleinen Arten. Die Färbung variiert, kenntlich an den schwarzen Hinterschienen. Fühler der Männchen verdickt. Auf vielen Pflanzen, besonders Stechginster, Heidekraut, Beifuß.

Xylocoris galactinus Fühler deutlich behaart (Lupe!). Besonders an Komposthaufen u.ä. Örtlichkeiten. Auch in Ställen, Vogelnestern, frißt andere Insekten und saugt Vogelblut.

WEICHWANZEN Miridae Größte Familie der Wanzen, mit über 6000 Arten. Körper und Vorderflügel sind relativ weich. Sind Vorderflügel vorhanden, zeigen sie einen abgegrenzten Cuneus (S. 70), wodurch die Familie von den meisten anderen Wanzen zu unterscheiden ist. Das Embolium ist nicht deutlich. Die Membran zeigt meist ein oder zwei deutliche Zellen an der Basis. Die meisten Arten saugen an heranreifenden Früchten und Samen. Überdauern den Winter meist als Ei.

Deraeocoris olivaceus. 6—8 auf Weißdorn, saugt an jungen Früchten und jagt andere Insekten. S, Z.

D. ruber Kleiner, glänzender. Meist hübsch gefärbt von gelb bis schwarz. Cuneus stets rot. Schienen ohne Ringe. Auf vielen Pflanzen. 6—9. S, Z.

Systellonotus triguttatus. 5—9, besonders auf Heiden, saugt an Stengeln und Samen vieler Pflanzen, jagt Blattläuse. Oft zusammen mit Ameisen, denen Nymphen und Weibchen sehr ähnlich sehen, wenn sie sich auch deutlich anders bewegen.

Phylus melanocephalus. Gelb bis ziegelrot, durch schwarzen Kopf von verwandten Arten zu unterscheiden. Auf Eiche, Hasel, saugt an den Früchten und jagt Blattläuse u.a. kleine Insekten. 5—8.

Psallus varians. Rötlich, gelb oder graubraun. 5—9 auf Laubbäumen, besonders Eichen, lebt z.T. räuberisch. Viele ähnliche, nahe verwandte Arten.

Amblytylus nasutus. Eine von vielen ähnlichen Weichwanzen. Zunächst grün, im Alter braun. 5—8 auf trockenen Wiesen. S, Z.

Dicyphus errans. 5—10 in dichten Stauden, besonders Nesseln; z.T. räuberisch. Die meisten Arten dieser Gattung sind reine Pflanzensauger und an nur eine Futterpflanze gebunden.

Macrotylus paykulli. Schienen mit winzigen schwarzen Dornen bedeckt. 6—9 auf Hauhechel auf Trockenwiesen und an Wegrändern. Lebt gesellig.

Bryocoris pteridis. Membran der Vorderflügel fehlt meist. Die verkürzten Flügel lassen die Hinterleibsspitze frei. Bei diesen Tieren verbreitern sich die Vorderflügel und erzeugen eine birnförmige Gestalt. 6—9 in feuchten Wäldern auf Farnen. N, Z.

Bryocoris pteridis,
kurzflüglig
X 5

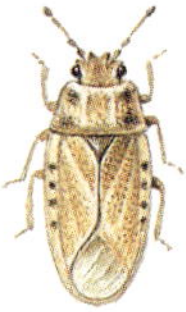
Meldenwanze
X 4

Bettwanze X 3

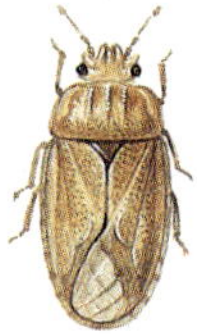
Rübenwanze
X 4

Schwalbenwanze
X 3

Distelnetz-
wanze X 5

Anthocoris
nemorum X 3

Orius
niger X 6

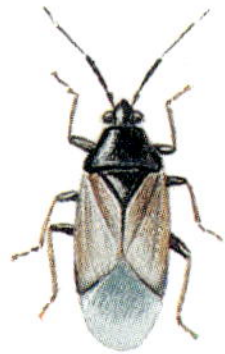
Xylocoris
galactinus X 6

Deraeocoris olivaceus
X 2

D. ruber
X 2

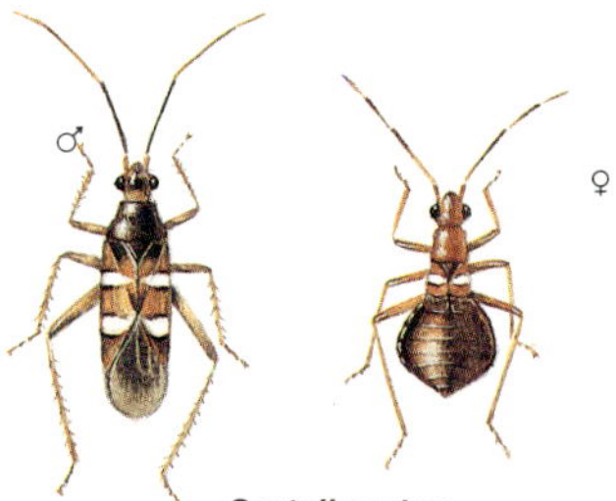

Systellonotus
triguttatus X 3

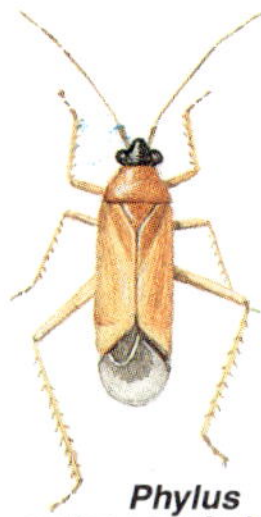
Phylus
melanocephalus X 3

Psallus
varians
X 3

Amblytylus
nasutus X 3

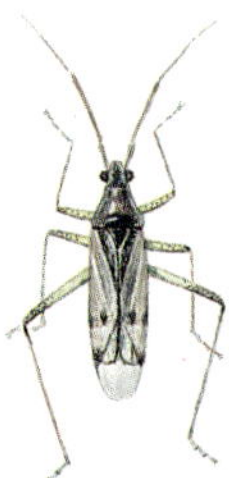
Dicyphus
errans X 3

Macrotylus
paykulli X 4

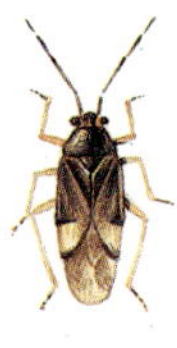
Bryocoris
pteridis
X 5

Orthocephalus saltator. Ziemlich behaart. Kopf kaum breiter als Vorderkante des Halsschildes. Fühler schwarz. Schienen ziegelrot (schwarz bei ***O. coriaceus***). Hinterschenkel als Sprungbeine vergrößert, besonders bei Weibchen. Männchen immer voll geflügelt, Weibchen meist kurzflüglig wie abgebildet. 6—9, Compositen auf Wiesen.

Orthotylus virescens. 6—9 auf Besenginster. Auch räuberisch. Eine von vielen Arten ähnlich der grünen Arten dieser Gattung, allerdings dunkler. Die Artunterscheidung ist schwierig, doch können die Futterpflanzen eine Hilfe sein. Die Gattung kann mit einigen *Lygus*- und *Lygocoris*-Arten verwechselt werden. Diese Gattungen sind jedoch kräftiger und zeigen vorn am Halsschild eine deutliche Kragenbildung.

Blepharidopterus angulatus. Schienenspitzen schwarz gefleckt, besonders deutlich bei den Nymphen. Fühler mancher Männchen verkürzt. 6—10 auf vielen Bäumen, besonders Linde und Apfel. Frißt in Gärten viele Rote Spinnmilben.

Pilophorus perplexus. Feine Linien aus Silberhaaren. 6—10 an Eichen und anderen Laubbäumen, saugt vor allem Blattläuse aus, selten an Früchten und Blättern. Recht lebhaft, wird manchmal mit Ameisen verwechselt. ***P. cinnamopterus*** ähnlich, jedoch auf Kiefern.

Campyloneura virgula. Cuneus hellgelb mit roter Spitze, dadurch von ähnlichen Arten zu unterscheiden. 6—10 auf vielen Bäumen, frißt Blattläuse, andere kleine Insekten und Rote Spinnmilben. Nymphen hellgelb und orange.

Mecomma ambulans. Geschlechter deutlich unterschieden, im Norden und in Gebirgen mitunter aber auch vollgeflügelte Weibchen. 6—9 auf Binsen, besonders in feuchten Wäldern. Lebt z.T. räuberisch.

Halticus apterus. Kopf deutlich breiter als Vorderkante des Halsschildes. Flügel mitunter voll entwickelt, bedecken dann den Hinterleib. Schenkel schwarz, Schienen und Fühler gelbbraun. Springt mit Hilfe der vergrößerten Hinterschenkel. 6—9 auf Leguminosen und Labkraut auf Wiesen; kann am Klee schädlich werden. Verwandte Arten haben einen hellen Kopf und manchmal auch helle Halsschilder.

Ameisenwanze *Myrmecoris gracilis*. Nahezu immer fast flügellos, ameisenartig, läuft flink auf dem Boden umher. 6—9, Heiden u.a. sehr sonnige Gelände. Vorzugsweise räuberisch: Mitunter in Ameisennestern, frißt Ameisenlarven, keine Ameisen. N, Z.

Pithanus maerkeli. Meist fast flügellos, ameisenähnlich. Die hellen Flügelreste täuschen eine enge Taille vor. Weibchen gelegentlich langflüglig. 5—9 besonders auf feuchten Wiesen. Z. T. räuberisch.

Gemeine Wiesenwanze *Lygus pratensis*. In Nordeuropa und Gebirgen hellrotbraun, Halsschild ungezeichnet. In den übrigen Gebieten die Männchen dunkler rot mit gelbem Halsschild, die Weibchen grünlichbraun, Halsschild dunkel gezeichnet. Beide Formen kommen in B vor. Auf den verschiedensten Pflanzen; an Obstbäumen u.U. schädlich. Imago überwintert unter Rinde oder am Boden.

L. rugulipennis. Von gelb über ziegelrot bis braun. Dicht kurz und fein behaart (Unterschied zu *pratensis*). Auf den verschiedensten Pflanzen sehr häufig, auf Feldern und in Gärten schädlich. Hinterläßt weiße Flecke auf den Blättern. Saugt oft an Blüten. Auf Brennessel sehr häufig. Überwintert als Imago.

Liocoris tripustulatus. Junge Tiere im Spätsommer hellbraun, gelb gefleckt. Nach der Überwinterung dunkel rotbraun, Schildchen und Cuneus orange. Vor allem auf Nesseln. ***Capsides gothicus*** oberflächlich ähnlich, jedoch parallelseitig, Kopf dunkel.

Grüne Futterwanze *Lygocoris pabulinus*. Von 5—10 sehr häufig auf vielen krautigen und Holzgewächsen. Auf letzteren überwintern die Eier. Sie werden im Frühjahr befallen. An Beerenobst, Kartoffeln u.a. schädlich. Hellbraune Dornen an den Schienen unterscheiden die Art von verwandten, ein schmaler Kragen des Halsschildes von *Orthotylus* spp.

Polymerus unifasciatus. Winzige goldene Härchen auf den Vorderflügeln (starke Lupe!). Schienen mit kräftigen schwarzen Dornen. 5—9 an Labkräutern auf Wiesen.

Phytocoris tiliae. Weiß oder fahlgrün, schwarz gezeichnet. 6—10 auf vielen Laubbäumen. Jagt vor allem kleine Raupen, Blattläuse, Rote Spinnmilben. Einige ähnliche Arten ohne hellen Fleck zwischen Corium und Cuneus.

Orthocephalus saltator X 3

Orthotylus virescens
X 3

Blepharidopterus angulatus X 3

Pilophorus perplexus
X 3

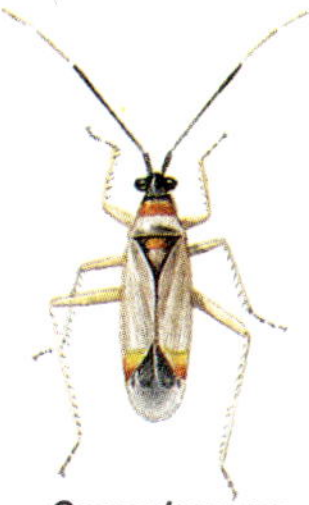

Campyloneura virgula X 3

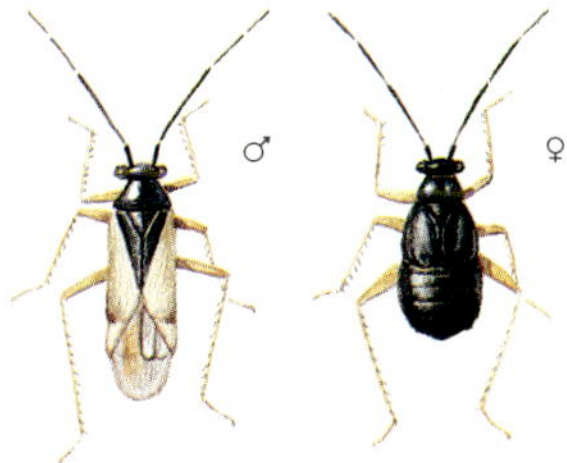

Mecomma ambulans X 3

Halticus apterus X 5

Ameisenwanze
X 3

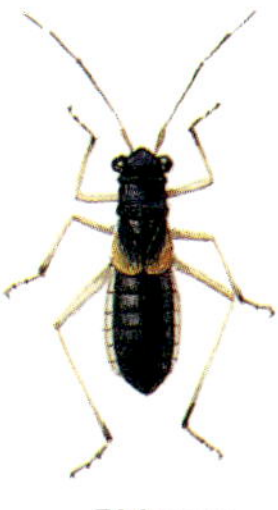

Pithanus maerkeli
X 3

Gemeine Wiesenwanze
X 3

L. rugulipennis
X 3

Liocoris tripustulatus
X 3

Grüne Futterwanze
X 3

Polymerus unifasciatus X 3

Phytocoris tiliae X 3

Miris striatus. Sehr auffällige Art, vor allem auf Eiche und Weißdorn in B, auf dem Kontinent aber auch an Erle, Birke, Salweide. 5—8. Vor allem räuberisch.

Calocoris quadripunctatus. In den Farben ähnlich, jedoch kleiner, im Umriß ovaler.

Calocoris stysi. Helle Bereiche gelb oder fahlgrün, Cuneus stets orange. 5—8, vor allem in Gehölzen. Saugt an Blüten und jungen Früchten der Brennessel, jagt auch Blattläuse. Imagines auf Doldenblüten.

Adelphocoris lineolatus. Schienendornen mindestens so lang wie die Schienen breit; dadurch von *Calocoris* mit sehr kurzen Dornen unterschieden. 6—10 auf feuchten Wiesen, fast immer an Leguminosen, erwachsen auch an Compositen. In Teilen von Z und Nordamerika, an Luzerne schädlich.

Stenotus binotatus. Zunächst gelb, schwarz gezeichnet; im Alter Männchen orange, schwarz gezeichnet, Weibchen grau und schwarz. Stets 2 schwarze Punkte auf dem Halsschild. 5—10 auf Wiesen, saugen an den Blütenköpfchen der Gräser.

Capsus ater. Kopf und Halsschild oft auch schwarz. 2. Fühlerglied stark verdickt (Gattungsmerkmal). 6—9 in niedrigem Gras, auch auf Lichtungen und in Gärten. Saugt vor allem in den unteren Stengelbereichen.

Heterotoma merioptera. In dichten Pflanzenbeständen, vor allem Nesseln u.ä., und auf Büschen und Bäumen. 6—10. Teilweise räuberisch.

Pantilius tunicatus. Zunächst trüb gelbgrün, später rötlich. Geschlechtsreife Tiere haben einen roten Fleck auf dem Körperende. Mit kurzen schwarzen Haaren bedeckt. Letzte beide Fühlerglieder sehr kurz. 9—10 auf Hasel, Erle, Birke.

Miridius quadrivirgatus. Cuneus nicht immer rot. Ödland und Wiesen, an Mauergerste und anderen Gräsern, liebt Feuchtigkeit. S, Z.; in B an den Küsten.

Stenodema laevigatum. 1. Fühlerglied kräftig, behaart. Halsschild stark punktiert. Junge Tiere (7—8) hellgelb mit rötlichbraunen Streifen, die aber bald verschwinden. Die Tiere werden dann brauner. Überwintert, färbt sich im Frühjahr grün (Männchen dunkler als Weibchen). In langen Gräsern aller Art häufig.

Notostira elongata. Schienen und 1. Fühlerglied stark behaart. Halsschild glatt. 2 Generationen im Jahr. Männchen immer schwarz, grau oder gelbgrün gerändert. Sommerweibchen überwiegend grün, Herbstweibchen braunrosa, nach Überwinterung mit grünem Hinterleib. Die Männchen überleben den Winter nicht. Auf Wiesen häufig.

Teratocoris antennatus. Von hellgrün (vor allem Weibchen) bis tieforange, unterschiedlich schwarz gezeichnet: der Schwarzanteil der Männchen ist größer. Flügellänge variabel, lassen meist einen Teil des Hinterkörpers unbedeckt. 1. Fühlerglied stets rötlichbraun. 6—10 auf Sumpfwiesen. N, Z.

Graswanze *Leptoterna dolobrata*. Beine und Fühler stark behaart. Schwarz und gelb oder schwarz und orange. Männchen meist langflüglig, Weibchen meist kurzflüglig. Geruch stechend. 5—9 häufig auf nicht zu trockenen Wiesen. Saugt an Knäuelgras und anderen hohen Grasarten. Im Norden mitunter Getreideschädling. Die sehr ähnliche ***L. ferrugata*** bewohnt trockenere Wiesen.

Gemeine Uferwanze *Saldula saltatoria*. Ziemlich flach, mit sehr auffälligen Komplex- und Punktaugen. Rostrum 3gliedrig. Räuberisch; lebt wie die meisten Vertreter der Gattung im Schlamm an feuchten Ufern. Bei Sonnenschein sehr aktiv. Ziemlich variabel, nicht leicht von vielen verwandten Arten zu unterscheiden.

Aepophilus bonnairei. Ohne Punktaugen, immer kurzflüglig. Lebt in Felsenspalten und zwischen Tang an der Küste, meist gesellig. Räuberisch. Atlantik, Irische See und Kanalküsten.

Leptopus marmoratus Leptopodidae. Den Uferwanzen ähnlich, jedoch mit Punktaugen auf einer Erhöhung. Unter Steinen an See- und Flußufern. S, Z.

Isometopus mirificus Isometopidae. Auf alten, flechtenbedeckten Bäumen, Blattlausjäger, frißt auch Rindenläuse. Auch zu den Blindwanzen gerechnet. S, südliches Z.

Ochterus marginatus Ochteridae. Bewohner von Flußufern, der sich von den echten Wasserwanzen (S. 86) durch deutlich sichtbare Fühler und Punktaugen unterscheidet. Fliegt gut. Saugt vor allem Fliegenlarven aus. S, südliches Z.

Ochterus marginatus X 3

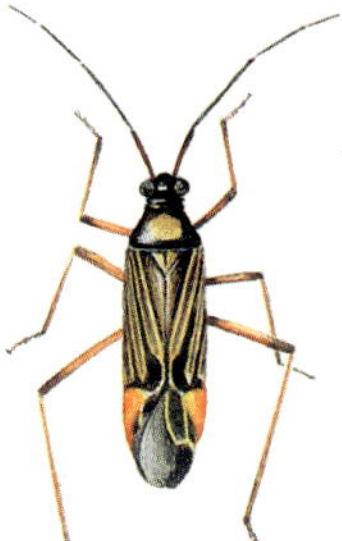
Miris striatus X 2

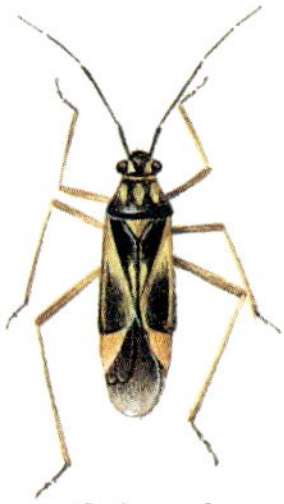
Calocoris stysi X 2

Adelphocoris lineolatus X 2

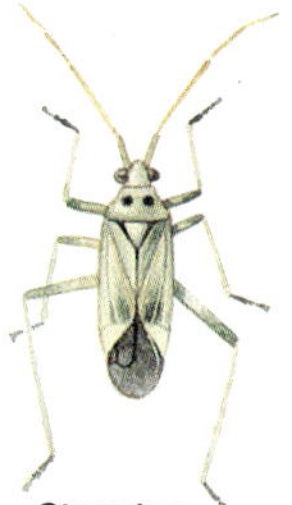
Stenotus binotatus X 2

Capsus ater X 3

Heterotoma merioptera X 3

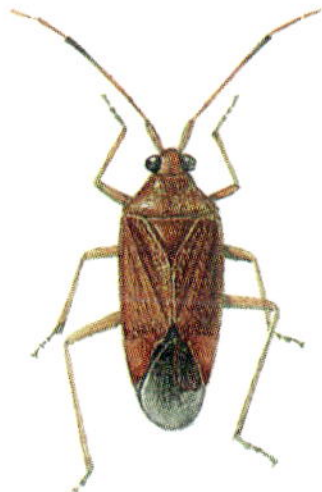
Pantilius tunicatus X 2

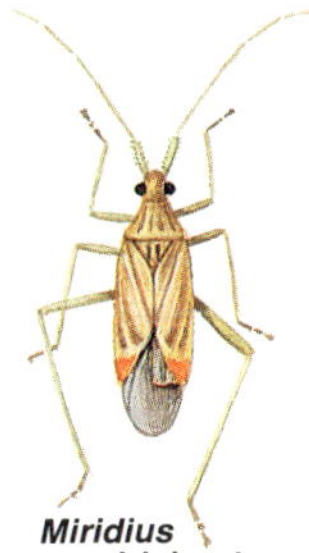
Miridius quadrivirgatus X 2

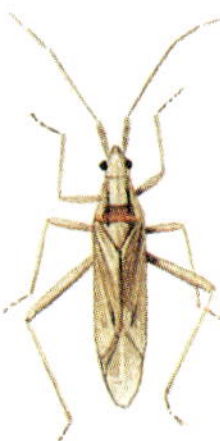
Stenodema laevigatum X 2

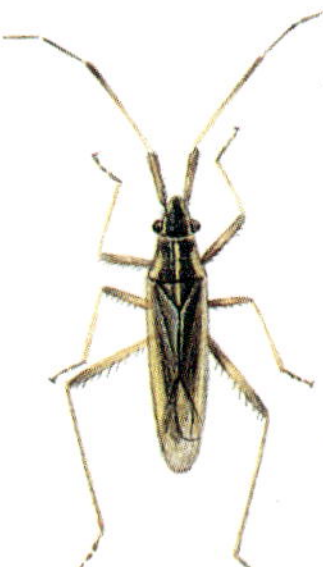
Notostira elongata X 2

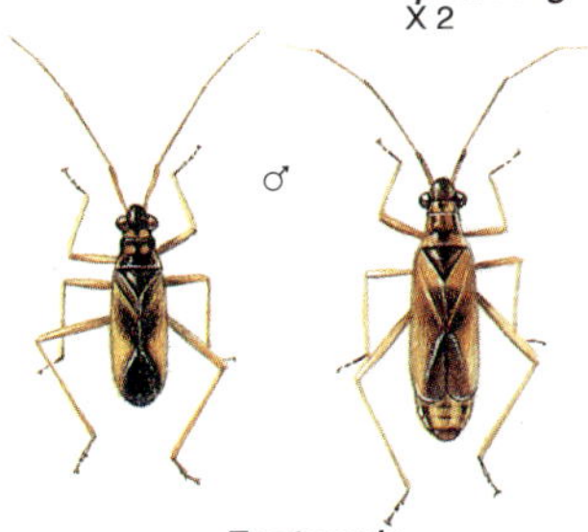

Teratocoris antennatus X 3

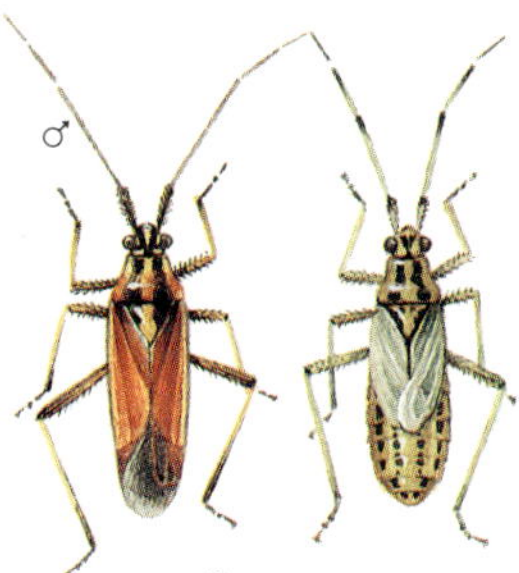

Graswanze X 2

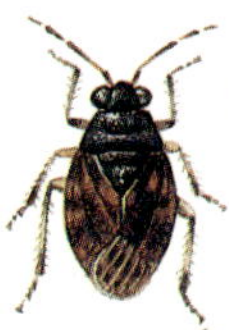
Gemeine Uferwanze X 4

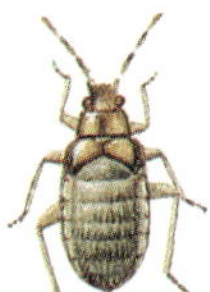
Aepophilus bonnairei X 4

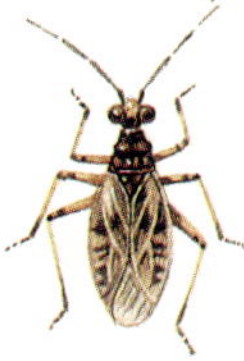
Leptopus marmoratus X 3

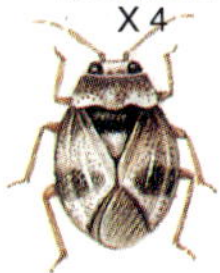
Isometopus mirificus X 5

WASSERLIEBENDE LANDWANZEN Fühler immer deutlich sichtbar. Räuberisch. Mindestens die Unterseite ist mit einem Überzug wasserabstoßender Härchen bedeckt. Die meisten Arten überwintern als erwachsene Tiere.

Gemeiner Teichläufer *Hydrometra stagnorum*. Kopf sehr lang und dünn. In der Regel flügellos, doch kommen kurz- oder langflüglige Tiere vor. Läuft bedächtig auf der Wasseroberfläche zwischen Pflanzen, nahe der Ufer von Flüssen und Seen. Der **Zierliche Teichläufer**, *H. gracilenta*, ist etwas kleiner und viel seltener.

Gemeiner Wasserläufer *Gerris lacustris*. Gerridae. Flügel fehlen, oder voll entwickelt. Gleitet rasch über die Oberfläche von Still- und Fließgewässern. Fängt mit den Vorderbeinen Insekten, die auf die Wasseroberfläche gefallen sind. Geflügelte Tiere überwintern oft weit vom Wasser entfernt. Einige ähnliche Arten.

Aquarius najas. Wie ein großer *Gerris*, bevorzugt jedoch Fließgewässer. Meist flügellos. Die Seiten des 7. Hinterleibssegmentes laufen in lange Spitzen aus, die jedoch das Hinterleibsende nicht erreichen. ***A. paludum*** ähnlich, jedoch geflügelt.

Großer Bachläufer *Velia caprai* Veliidae. Geflügelt oder flügellos. Unterseite orange. Auf schwach fließenden und Stillgewässern mit wenig Vegetation, besonders in Wäldern und im Bergland. Ernährt sich wie *Gerris*.

Mesovelia furcata Mesoveliidae (unten). Gewöhnlich flügellos. Läuft schnell auf schwimmenden Blättern von Laichkraut und anderen Wasserpflanzen, von denen sie sich kaum abhebt. 7—9. Jagt kleine Insekten auf und im Wasser. S, Z.

WASSERWANZEN Fühler in Gruben oder Furchen am Kopf verborgen. Vorzugsweise räuberisch. Die meisten überwintern als Imago bzw. vergraben sich in dieser Zeit im Schlamm.

Wasserskorpion *Nepa cinerea* Nepidae. Sehr flach. Bewegt sich langsam auf dem Schlamm und auf Wasserpflanzen im flachen Wasser, nimmt mit seinem Atemrohr Luft von der Wasseroberfläche auf. Macht mit den Raubbeinen Beute (bis zu kleinen Fischen). Flügel voll entwickelt, fliegen aber selten. Während des ganzen Jahres aktiv.

Stabwanze *Ranatra linearis*. §. In tiefen Seen mit reichem Pflanzenwuchs, auf der das Tier auf kleine Beute lauert. Atmung wie beim Wasserskorpion. Fliegt bei warmem Wetter tagsüber. S, Z.

Schwimmwanze *Ilyocoris cimicoides* Naucoridae. Flügel voll entwickelt, jedoch flugunfähig. In zugewachsenen, schlammigen Teichen. Trägt eine Luftblase unter den Flügeln und auf der Körperunterseite. Großer Räuber, kann auch menschliche Haut durchstechen, wenn er ergriffen wird.

Grundwanze *Aphelocheirus aestivalis* Aphelocheiridae. Lang- oder kurzflüglig, in B stets kurzflüglig. In schnellfließenden, steinigen Gewässern mit geringem Pflanzenwuchs. Frißt junge Insekten, sticht, wenn sie ergriffen wird. Plastronatmung (s.S. 255), kommt niemals zur Oberfläche.

Rückenschwimmer *Notonecta glauca* Notonectidae. Schwimmt auf dem Rücken und trägt auf der Bauchseite eine große Luftblase. Oberseite dachförmig gekielt. Stillgewässer. Fliegt bei warmem Wetter, ganzjährig aktiv. Großer Räuber, jagt Kaulquappen und kleine Fische. Sticht, wenn er ergriffen wird. ***N. maculata*** Vorderflügel ziegelrot gefleckt.

Zwergrückenschwimmer *Plea atomaria* Pleidae (unten). Kleiner Rückenschwimmer in zugewachsenen ruhigen Gewässern; oft in großer Zahl. Räuber.

Corixa punctata Corixidae. Eine von mehreren ähnlichen Arten, als Ruderwanzen bezeichnet. Schwimmt in normaler Position, Oberseite nicht kielartig. Mittel- und Hinterbeine etwa gleichlang. Saugt vor allem an einzelligen Algen und Pflanzenabfällen in pflanzenreichen Teichen und langsam fließenden Gewässern. Fliegt gut, während des ganzen Jahres aktiv. Die Männchen der meisten Arten stridulieren laut.

Sigara striata. In Stillgewässern. Die Männchen stridulieren sehr laut. Man kann sie noch in einigen Metern Abstand hören, wenn man sie z.B. in eine flache Schale setzt. Viele ähnliche Arten, einige sehr häufig. »Wasserzikaden«.

Cymatia coleoptrata (unten). Durch ungebändertes Halsschild und lange Vorderfüße von den vorigen Arten unterschieden. Gewöhnlich kurzflüglig. In zugewachsenen Gräben und Tümpeln, schießt zum Beutemachen sehr schnell hervor.

Mesovelia furcata X 5

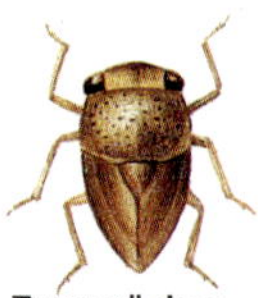

Zwergrückenschwimmer X 5

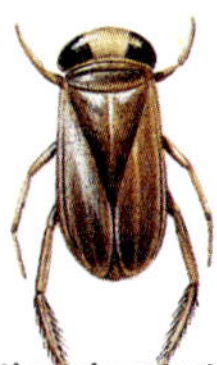

Cymatia coleoptrata X 5

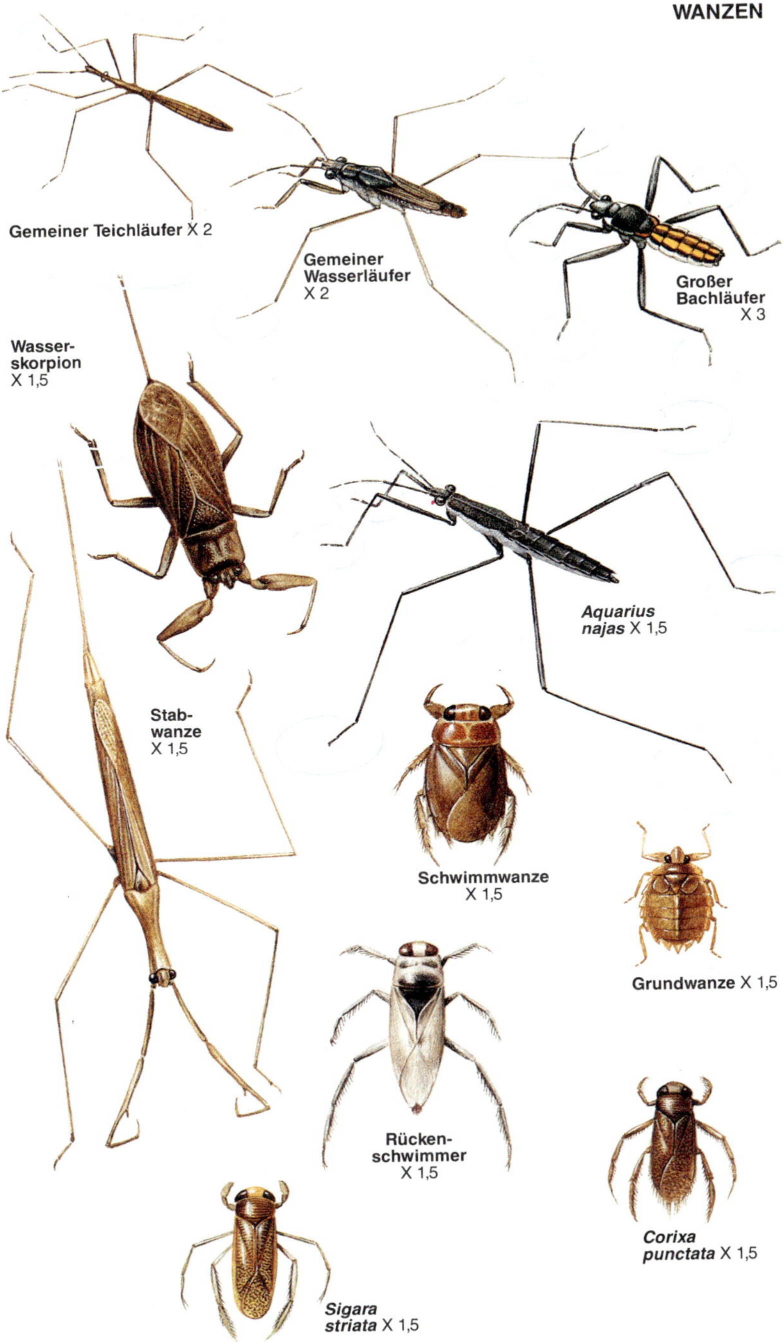
Gemeiner Teichläufer X 2
Gemeiner Wasserläufer X 2
Großer Bachläufer X 3
Wasser-skorpion X 1,5
Aquarius najas X 1,5
Stab-wanze X 1,5
Schwimmwanze X 1,5
Grundwanze X 1,5
Rücken-schwimmer X 1,5
Corixa punctata X 1,5
Sigara striata X 1,5

Frisch geschlüpfte *Cicada orni* neben der Larvenhaut.

SCHNABELKERFE
Unterordnung Homoptera

Schnabelkerfe, bei denen die Vorderflügel, sofern überhaupt ausgebildet, einheitlich ledrig oder häutig sind. Sie liegen in Ruhe dachartig über dem Körper. Fühler bei den Zikaden kurz, borstenförmig, bei Blattläusen und Blattflöhen viel länger (S. 94—96).

SINGZIKADEN Cicadidae Große Schnabelkerfe mit durchsichtigen, meist glänzenden Flügeln. Vor allem auf Bäumen und Büschen. Die Männchen erzeugen schrille Töne mit Hilfe von Schallmembranen (Tympanalorgane) an beiden Körperseiten. Deckel (Opercula) schützen die Membranen auf der Unterseite und wirken evtl. auch als Resonanzböden. Weibchen mit Legebohrer, mit dem sie die Eier in Rinde legen. Die Nymphen fallen nach dem Schlüpfen zu Boden, graben sich ein und leben für mehrere Jahre an Wurzeln. Ihre Vorderbeine sind große Grabbeine. Vorzugsweise in den Tropen, einige Arten in Südeuropa, eine auch in B.

Tibicien plebejus. Größte europäische Zikade, Gesang sehr laut. Tympanalorgane völlig von den sehr großen Opercula überdeckt. 6—9, vor allem auf Kiefern.

Cicada orni. Vorderflügel mit 11 schwarzen Punkten. Körper oft mit dichtem grauen Flaum bedeckt. Rostrum länger als bei den übrigen Arten, reicht bis zur Basis des Hinterleibes. Tympanalorgane besonders an den Seiten z.T. frei. Auf Bäumen, besondes Kiefern, oft häufig. 6—9. Ist manchmal zu hunderten frisch geschlüpft an Zaunpfählen und Telegrafenmasten beim Flügeltrocknen zu beobachten. S.

Lauer, Weinzwirner *Tibicina haematodes*. §. Tympanalorgane von oben gesehen frei. Opercula sehr klein, weit getrennt. Vorderschenkel mit 2 Dornen. Halsschild stark rot gezeichnet. Costa und Wurzeln der übrigen Längsadern rot. 6—9 auf Bäumen. S, südliches Z.

Bergzikade *Cicadetta montana*. §. Tympanalorgane von oben gesehen frei. Opercula sehr klein. Farbe und Muster des Halsschildes variieren, meist sehr dunkel. Vorderschenkel mit 3 Dornen, der letzte schräg nach vorn gerichtet. 5—8 in Gebüsch, auf Lichtungen, auf vielen Pflanzen. Gesang sanft, zwitschern, kann leicht überhört werden.

C. argentata sehr ähnlich, Halsschild stärker rot gezeichnet. In Gebüsch. 6—9. S.

C. pygmea ist die kleinste Art, auf vielen Bäumen und Sträuchern, besonders Eichen, Kiefern, Wacholder. 6—9. SW. ***C. tibialis*** ist der vorigen Art ähnlich, Hinterleib jedoch mit leuchtend rotem Band. SO.

Cicadatra atra. Tympanalorgane oben und an den Seiten frei, wie bei *C. orni*. 2 schwarze Punkte nahe der Spitze der Vorderflügel. Halsschild ausgedehnt gelb gefleckt. Vorderschenkel mit 3 oder 4 Dornen, der basale am längsten. 6—9 auf vielen Bäumen und Sträuchern. S.

BUCKELZIRPEN Membracidae Große Familie von Zikaden, deren Halsschild nach hinten über den Körper verlängert ist. Vor allem in den Tropen, nur 4 Arten in Westeuropa. Der Halsschild ist bei tropischen Arten oft mit Dornen, Stacheln und anderen Auswüchsen geschmückt. Nymphen ziemlich dornig, hinten zugespitzt.

Ginsterzikade *Gargara genistae*. Verlängerung des Halsschildes gerade, reicht etwa bis zur Körpermitte. 6—10 auf Besenginster und Ginster.

Centrotus cornutus. Halsschild mit 2 seitlichen Dornen, im Norden des Verbreitungsgebietes kürzer als im Süden. Halsschildverlängerung unten wellig, reicht bis zur Hinterleibsspitze. 4—8 in Gehölzen, auf Brombeere, hochstengligen Kräutern.

Acanthophyes chloroticus. Der vorigen Art ähnlich, aber viel kürzer, Halsschild gewöhnlich braun oder gelblich. 5—8 auf vielen Kräutern und Sträuchern. S.

Büffelzirpe *Stictocephalus bisonia*. Grün, nach dem Tode schmutziggelb. Halsschildverlängerung breiter als bei den anderen Arten, verdeckt das Schildchen völlig. 7—9 auf vielen Kräutern und Sträuchern. Kann durch die Eiablage in Zweige Schäden an Obstbäumen anrichten. Verschwindet bei Störungen zunächst auf die abgewandte Seite eines Zweiges, bevor sie fortspringt oder auffliegt. Eine amerikanische Art, die inzwischen in S und im westlichen Z verbreitet ist.

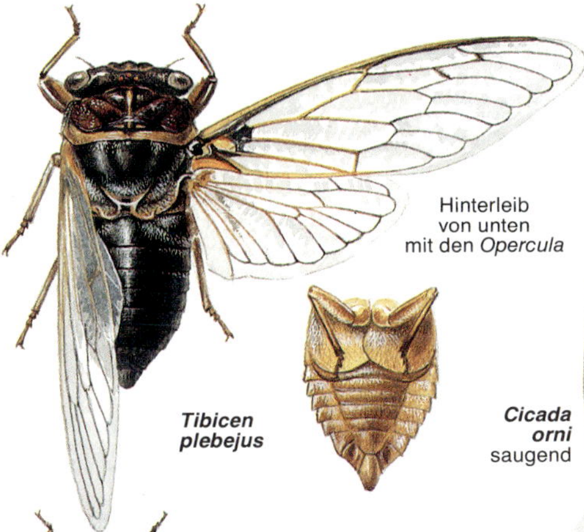

Hinterleib
von unten
mit den *Opercula*

Tibicen plebejus

Cicada orni
saugend

Lauer, Weinzwirner

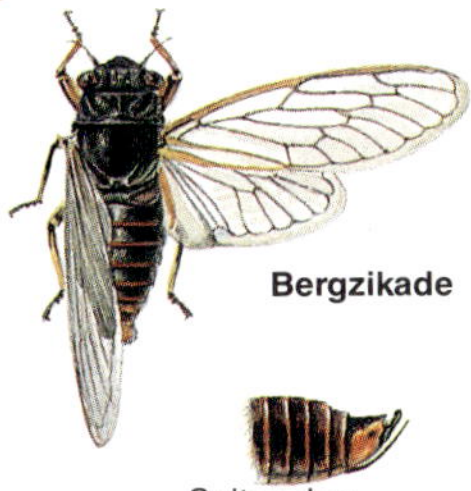

Bergzikade

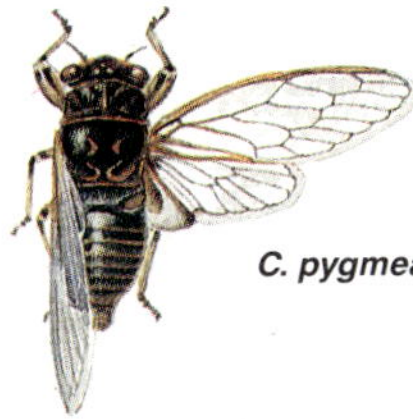

C. pygmea

Spitze des
Hinterleibs eines ♀
mit Legeapparat

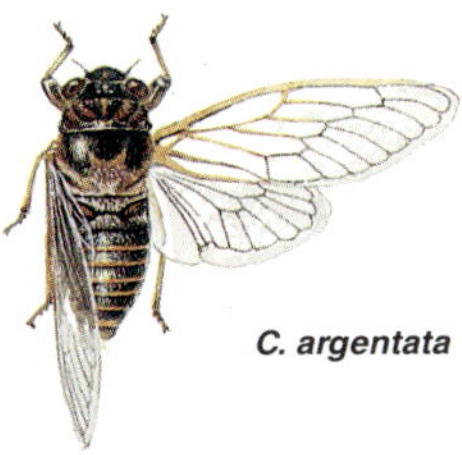

C. argentata

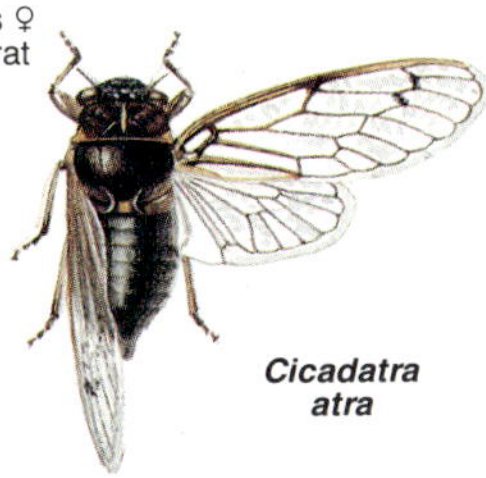

Cicadatra atra

Ginster-zikade
X 3

Centrotus cornutus
X 2

Büffel-zirpe
X 2

SCHAUMZIKADEN Cercopidae Meist braune Zikaden mit runden, wenig bedornten Hinterschienen, dadurch von den Zwergzikaden unterschieden (stark bedornt). Die Fühler entspringen zwischen den Augen. Vorderflügel derb, käferartig. Hinterflügel mit Randader, wenigstens im hinteren Bereich. Die Nymphen der meisten Arten leben in farblosen, selbsterzeugten Schaumballen (Name!)

Neophilaenus lineatus. Vorderflügel hell- oder dunkelbraun, meist mit hellem Strich längs der Costa. Die basale Hälfte der Costa mehr oder weniger gerade. 6—9 auf Gras; in Feuchtgebieten dunkler. Einige sehr ähnliche Arten.

Lepyronia coleoptrata. Gelb bis dunkelbraun. Außenrand der Vorderflügel stark bauchig. 5—9 auf Weiden und flachmoorigen Wiesen. N, Z.

Erlenschaumzikade *Aphrophora alni*. Halsschild mit Mittelkiel. Die hellen Flecke am Vorderrand der Vorderflügel können fehlen, die Farbe dunkler sein. 5—10 auf vielen Bäumen und Büschen. Einige ähnliche Arten.

Wiesenschaumzikade *Philaenus spumarius*. Lederfarben, mit sehr variablem dunklem Muster. Mitunter ganz dunkel. 6—9 sehr häufig auf niedrigen Kräutern und Gräsern, kann an Klee und Luzerne schädlich werden (Virusüberträger).

Blutzikade *Cercopis vulnerata*. Vorderkante des Halsschildes gerade, nicht vorgewölbt wie bei den vorangehenden Arten. Nymphen gewöhnlich an Wurzeln, von verfestigtem Schaum umgeben. 4—8 auf verschiedenen Pflanzen, besonders in Waldungen. S, Z. Auf dem Kontinent einige ähnliche Arten.

Cixius nervosus Cixiidae. Vorderflügel häutig, mit deutlichen Adern. Hinterflügel ohne Randader. Halsschild gelblichbraun mit vorragenden Seitenkielen. Schildchen dunkelbraun oder schwarz mit 3 Kielen. 5—10 auf verschiedenen Baumarten. Einige ähnliche Arten.

Issus coleoptratus Issidae. Vorderflügel ziemlich derb, mit vielen Queradern. Hinterflügel rauchbraun, ohne Randader. Halsschild zwischen den Augen vorgezogen, Hinterkante nahezu gerade. 5—10 auf Eiche, Buche, Eberesche in Steppenheidewäldern. Vor allem im S einige ähnliche Arten.

Tettigometra impressopunctata Tettigometridae. Vorderflügel derb, deutlich genarbt, Adern undeutlich. Hinterflügel ohne Randader. Hinterschienen an der Spitze mit Dornenkranz. Auf trockenen Wiesen, überwintert als Imago. S, Z; in B besonders auf Sanddünen und Kalkböden. Auf dem Kontinent besonders im S viele ähnliche Arten.

Europäischer Laternenträger *Fulgora europaea*. Dictyopharidae. Vergilbt nach dem Tode, am konisch ausgezogenen Kopf und dem Adernetz in der Vorderflügelspitze leicht erkennbar. 6—10 auf krautreichen Wiesen, besonders an Doldenblütlern. S, Z.

Bursinia genei. 6—9 auf vielen Kräutern und Büschen. S.

SPORNZIKADEN Delphacidae Kleine Zikaden, von ähnlichen Gruppen druch einen großen beweglichen Sporn an der Spitze der Hinterschiene unterschieden. Vorderflügel ziemlich fest, Hinterflügel ohne Randader. Fühler entspringen in einem Einschnitt des unteren Augenrandes. Geschlechter oft sehr verschieden. Bei vielen Arten kurz- und langflüglige Tiere.

Delphax pulchellus. Flügel der Weibchen meist kurz, bis zur Körpermitte reichend, wenig gefleckt. 6—9 auf Schilfrohr, Sumpfwiesen und Flußufer.

Megamelus notula. Vorderflügel können völlig braun sein; mitunter langflüglig. 4—10 auf Sumpfwiesen. Fehlt im größten Teil des S.

Delphacodes pellucida. Beim Männchen erreichen die Flügel mindestens die Hinterleibsspitze; beim Weibchen sind sie kurz oder lang. Halsschild und Schildchen beim Männchen schwarz, beim Weibchen braun bis schwarz. 5—9 auf Wiesen. Ähnl. Arten.

Asiraca clavicornis. Vorder- und Mittelbeine breit, flach. 1. Fühlerglied lang und breit. Schildchen mit 4 Kielen. 4—10 auf Feuchtwiesen. S, Z.

Stenocranus minutus. Stets langflüglig. Vorderflügel durchsichtig, schillernd, mit deutlichen Nerven. Dunkler Fleck oft undeutlich, kann aber die innere Flügelhälfte einnehmen. Auf Gras, in vielen Gebieten.

Delphacinus mesomelas. Seitenkiele des Halsschildes um die Augen gewölbt. Langflüglige Form ziemlich häufig. 6—8 in Gehölzen und Gebüsch, vor allem auf Ginster.

Tropidocephala elegans. Erste beiden Fühlerglieder sehr kurz. Kopf, Halsschild und Schildchen grün oder gelb. Schildchen mit 3 Kielen. 5—10 in dichtem Bewuchs. S.

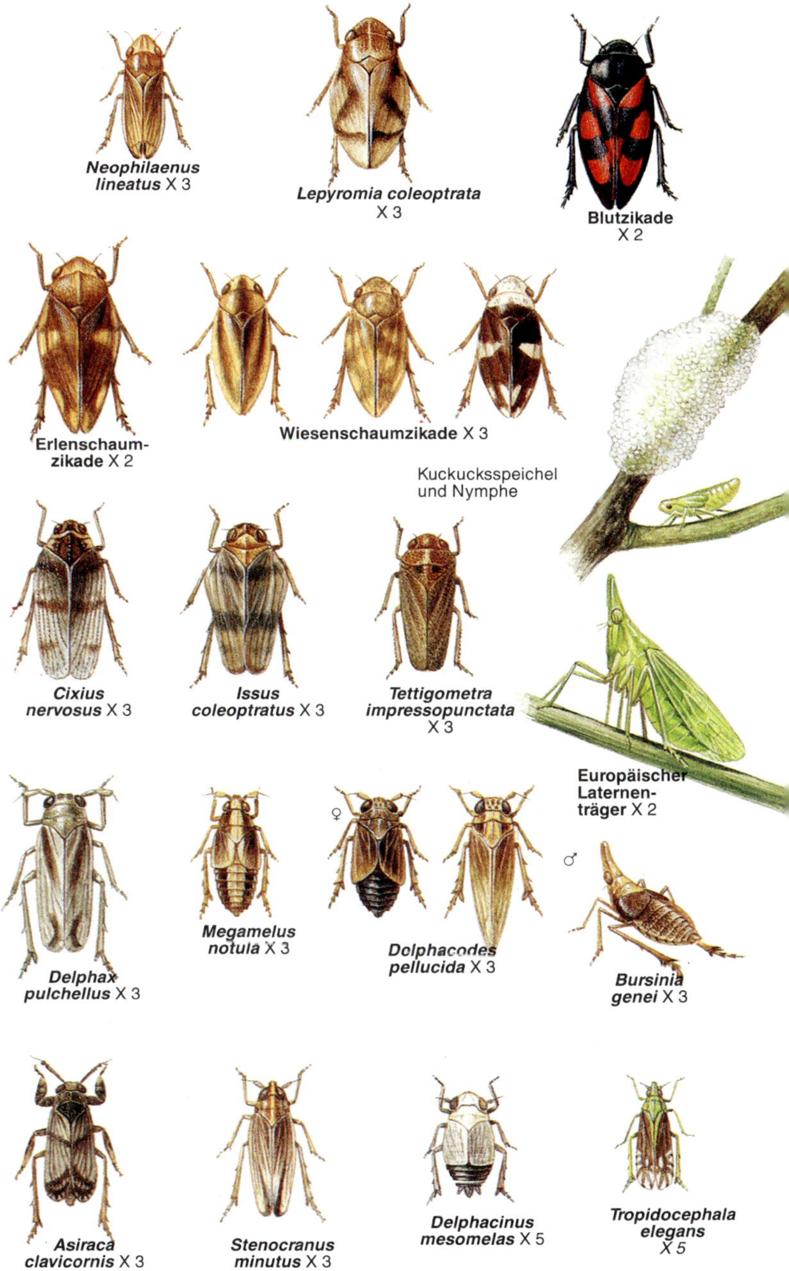

Neophilaenus lineatus X 3

Lepyromia coleoptrata X 3

Blutzikade X 2

Erlenschaumzikade X 2

Wiesenschaumzikade X 3

Kuckucksspeichel und Nymphe

Cixius nervosus X 3

Issus coleoptratus X 3

Tettigometra impressopunctata X 3

Europäischer Laternenträger X 2

Delphax pulchellus X 3

Megamelus notula X 3

♀ *Delphacodes pellucida* X 3 ♂

Bursinia genei X 3

Asiraca clavicornis X 3

Stenocranus minutus X 3

Delphacinus mesomelas X 5

Tropidocephala elegans X 5

Ohren-zikade
X 2

ZWERGZIKADEN Cicadellidae Große Familie von Zikaden mit relativ zarten Vorderflügeln. Hinterflügel mit Randader. Von den Schaumzikaden durch stark bedornte Hinterschienen unterscheidbar. Zur Bestimmung vieler Arten sind komplizierte Gesichtsvermessungen notwendig. Überdauern den Winter als Ei.

Ohrenzikade *Ledra aurita*. Unverwechselbare Zikade, einzige europäische Vertreterin ihrer Gruppe. 5—10 in Wäldern, besonders auf Eiche. Gut getarnt auf flechtenbedeckten Zweigen. S, Z.

Aphrodes bifasciatus. Sehr variabel: weiße Fügelbänder oft unterbrochen oder fehlend. 6—9 auf Feucht- und Trockenwiesen, vor allem in Niederungen. Helle und dunkle Flügelbänder sind ein Merkmal der Männchen vieler Arten der Gattung.

Eupteryx aurata. Helle Bereiche oft orange überflogen. 5—11 auf vielen Pflanzen, besonders Nesseln und Lippenblütlern, häufig. Oft an Kartoffeln schädlich. Speichel giftig, chlorophyllauflösend; die Saugstellen sind daher hell, können bei starkem Befall zusammenlaufen und das Blatt zum Welken bringen.

Iassus lanio. Kopf und Halsschild gelblich oder grün, stets stark braun punktiert. Vorderflügel grün oder rotbraun. 7—10 in Wäldern, besonders auf Eichen.

Penthimia nigra. Schwarz oder braun, Halsschild mit 2 roten Punkten (können fehlen). Vorderflügel überlappen sich an der Spitze. 5—8 auf Bäumen, bes. Eiche. S, Z.

Elymana sulphurella. Grünlich, an den Fühlerwurzeln und den Halsschildseiten schwarze Flecke, mitunter ein Fleck auch oben auf dem Kopf. 7—10 auf Gras, häufig auch in recht trockenen Bereichen.

Idiocerus vitreus. Kopf vorn breit abgerundet. Vorderflügel überlappen sich an der Spitze; nach der Überwinterung rötlicher. 3—10 auf Pappeln. N, Z. Einige ähnliche, nicht leicht zu unterscheidende Arten.

Thamnotettix confinis. Vorderflügel mit auffälligen grünlichen Adern. Halsschild kann dunkel gezeichnet sein. 5—9 auf vielen Kräutern, Büschen, Bäumen. N, Z.

Eupelix cuspidata. Die dunklen Punkte variieren in ihrer Dichte. Kopf oben scharf gekielt, Halsschild mit 3 Kielen. Adern deutlich. 3—9 auf Trockenwiesen.

Macropsis scutellata. Kopf oben von Halsschild überdeckt. Adern dunkelbraun, einige helle Zellen in der Vorderflügelmitte. 6—10 auf Nesseln.

Macrosteles variatus. Kopf und Halsschild gelb oder grünlich. Dunkle Flügelbereiche beim Männchen weniger deutlich. 5—9 auf Nesseln u.a. Einige ähnliche Arten.

Psammotettix sabulicola. Halsschild und Schildchen gelbbraun, oft dunkel gezeichnet. 6—10 in Küstendünen auf Gras und Sand. N, Z.

Cicadella viridis. Scheitel vorn schön gerundet, deutlich zweifarbig. Halsschild vorn gelb, hinten dunkelgrün. Vorderflügel der Weibchen meist grün, der Männchen purpurbraun oder schwarz. 7—10 auf Sumpfwiesen, allgemein auf Gräsern.

Anaceratagallia laevis. Halsschild mit 5 schrägen Leisten. Die schwarzen Abzeichen auf dem Schildchen erreichen den Seitenrand. 7—9 auf Sanddünen. S, Z.

Arboridia ribauti. Scheitel mit 2 schwarzen Punkten. Schildchen hell, vorn mit 2 schwarzen Dreiecken. Ganzjährig auf Bäumen. S, Z.

Eupterycyba jucunda. Scheitel mit 2 schwarzen Punkten. Halsschild mit 3 Flecken, Schildchen vorn mit 2 schwarzen Dreiecken. Flügelspitzen grau. 7—10 auf Erle. S, Z.

Evacanthus interruptus. Halsschild schwarz, manchmal mit heller Mittellinie. Flügel des Weibchens kürzer als der Hinterleib. 6—10 auf vielen Kräutern, besonders in Feuchtgebieten.

Edwardsiana geometrica. Flügelspitze grau. Das dunkle Schildchen und eine dunkle Linie auf den Flügeln unterscheiden sie von vielen ähnlichen Arten. 7—10, auf Erle.

Balclutha punctata. Kopf und Halsschild grün oder schmutziggelb, oft braun gezeichnet. Vorderflügel fahlgrün oder gelb bis rotbraun, oft gefleckt. Ganzjährig, auf Gräsern, im Winter auf Nadelbäumen.

Ulopa reticulata. Scheitel vorn sehr flach. Vorderflügel derb, deutlich gefleckt, stark konvex. Hinterflügel fehlen. Ganzjährig auf Heiden.

Graphocephala fennahi. Rote Streifen auf den Vorderflügeln machen diese nordamerikanische Zikade unverkennbar, die im südlichen B auf Rhododendron vorkommt. 6—10.

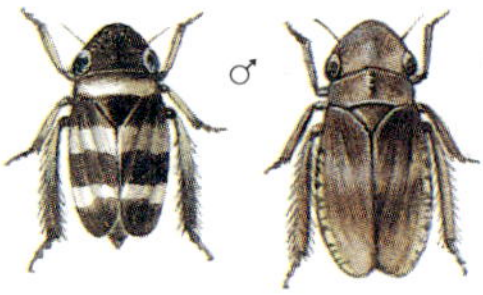

Aphrodes bifasciatus X 4

Eupteryx aurata X 4

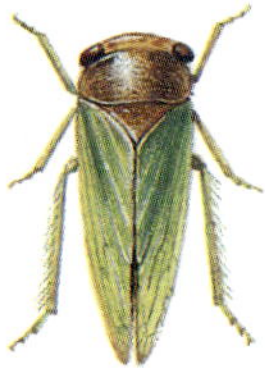

Iassus lanio X 3

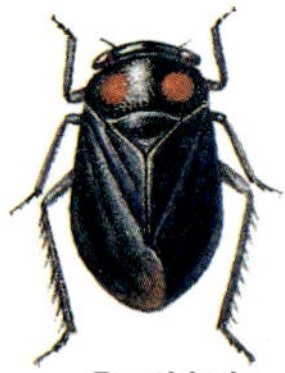

Penthimia nigra X 3

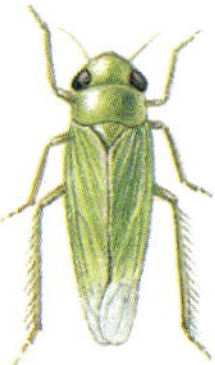

Elymana sulphurella X 4

Idiocerus vitreus X 4

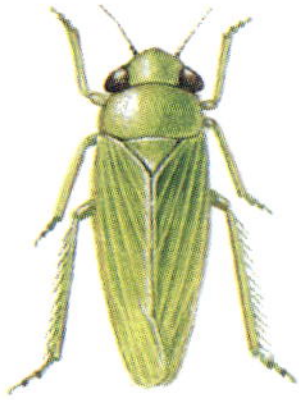

Thamnotettix confinis X 3

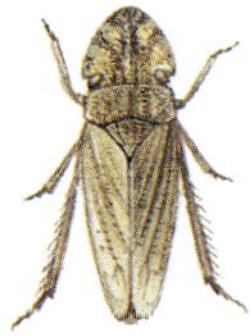

Eupelix cuspidata X 3

Macropsis scutellata X 4

♀

Macrosteles variatus X 4

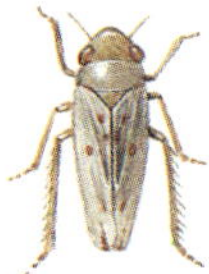

Psammotettix sabulicola X 4

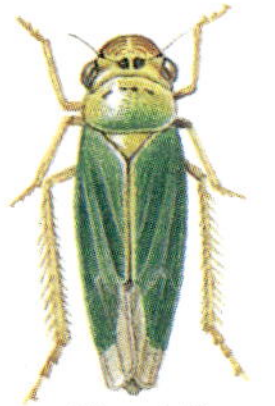

Cicadella viridis X 3

Anaceratagallia laevis X 4

♀

Arboridia ribauti X 4

Eupterycyba jucunda X 4

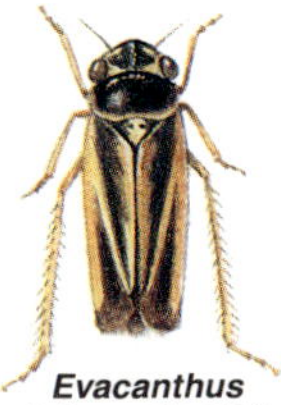

Evacanthus interruptus X 3

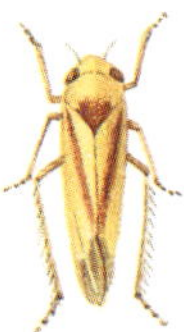

♀

Edwardsiana geometrica X 4

Balclutha punctata X 4

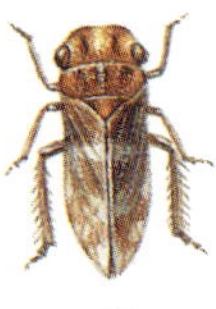

Ulopa reticulata X 4

Graphocephala fennahi X 3

BLATTLÄUSE Sehr kleine, tropfenförmige, Pflanzensäfte saugende Schnabelkerfe. Sind Flügel vorhanden, so sind sie häutig und werden meist in der Ruhe dachartig zusammengelegt. Körperende meist mit 2 Rückenröhren (Siphonen) für wachsähnliche Ausscheidungen. Große Honigtauerzeuger (s.S. 70). Die Lebenszyklen sind kompliziert; ungeflügelte und geflügelte Formen treten bei den meisten Arten auf. Meist dient das Ei zur Überwinterung, obwohl viele Arten in milden Wintern am Leben bleiben. Die Frühjahrsgeneration besteht in der Regel aus flügellosen Weibchen, die durch Jungfernzeugung eine große Nachkommenschaft haben. Viele sind lebendgebärend, oft mehrmals am Tage. Im späten Frühjahr und Sommer nehmen geflügelte Tiere langsam zu und verbreiten die Art auf andere Pflanzen. Die meisten Arten haben im Jahresverlauf mehrere Futterpflanzenarten. Die Aphididae sind die größte Blattlausfamilie. Die Flügel dieser Familie haben mindestens 4 schräge Queradern. Die Pemphigidae zeigen dies auch, sind aber völlig oder fast ohne Siphonen.

Reblaus *Viteus vitifolii* Phylloxeridae. Sind Flügel vorhanden, werden sie in Ruhe flach gehalten. Siphonen fehlen. Amerikanischer Rebenschädling, in Europa jetzt weit verbreitet. An Blättern und Wurzeln. Geflügelte Tiere selten im Spätsommer.

Phylloxera quercus. Ohne Siphonen. Im Frühling flügellose Weibchen häufig unter Eichenblättern, eierlegend (so die ganze Familie). Saugstellen sind durch gelbe Flecke markiert. Geflügelte Tiere im Sommer.

Fichtengallenlaus *Adelges abietis* Adelgidae. Nur 3 schräge Queradern. Siphonen fehlen. Erzeugt zapfenartige Gallen an Fichtentrieben, anfangs grün, öffnen sich 6—7 und entlassen die Läuse. Dann verholzen sie braun. Die folgenden Generationen fliegen zu Lärchen und anderen Nadelbäumen, erzeugen keine Gallen.

Blutlaus *Eriosoma lanigerum* Pemphigidae. Körper purpurbraun, dicht mit watteartigem Wachs bedeckt. In dichten Kolonien auf Apfelbäumen, besonders an Wunden. Überwintern in gewisser Zahl an den Wurzeln.

Ulmenblasenlaus *Tetraneura ulmi*. Erzeugt im Frühjahr blasenartige Gallen auf Ulmenblättern. Die Sommergeneration ist orange oder braun und saugt an Graswurzeln. Große, unregelmäßige Blasengallen werden von **Schizoneura lanuginosa** erzeugt.

Salatwurzellaus *Pemphigus bursarius*. Erzeugt im Frühjahr Stengelgallen an Pappelblättern. Die cremeweißen, wachsbedeckten Sommertiere leben an Wurzeln von Salat und anderen Compositen und verursachen oft Welke. **P. spirothecae** ähnlich, erzeugt Spiralrollgallen an Pappelblattstielen, ohne krautige Sommerwirte.

Mehlige Kohlblattlaus *Brevicoryne brassicae* Aphididae. Siphonen kurz. Flügellose grüne Tiere mit mehligweißem Belag. Im Frühjahr und Sommer auf Kohl häufig, verursachen schwere Schäden. Bleiben in milden Wintern aktiv.

Schwarze Bohnenlaus *Aphis fabae*. Häufige Blattlaus der Gärten, schwarz oder olivgrün. Überwintert als Ei auf Pfaffenhütchen und einigen anderen Sträuchern, im Sommer auf Bohnen, Zuckerrüben, Futterrüben u.a. Einige sehr ähnliche Arten.

Grüne Pfirsichblattlaus *Myzus persicae*. Gelb oder hellgrün, mitunter besonders Nymphen rosa. Hinterleib geflügelter Tiere mit schwarzem Fleck. Siphonen in der Mitte verdickt (Lupe!). Rollt Pfirsichblätter im Frühjahr, im Sommer auf vielen krautigen Pflanzen, auch Kartoffeln. Nicht in großen Kolonien.

Bleiche Getreidelaus *Metopolophium dirhodum*. Glänzend grün, mit dunklerer Mittellinie. Überwintert als Ei auf Rosen. Die Läuse wechseln in 5—6 auf Gräser und Getreide. Im Sommer Massenschwärme in Getreidefeldern.

Große Rosenblattlaus *Macrosiphum rosae*. Ziemlich groß, grün oder rosa. Lange schwarze Siphonen unterscheiden sie von anderen Rosenläusen. Auf Rosen nur im Frühjahr, im Sommer auf Karde, Scabiose.

Haferlaus *Rhopalosiphum padi*. Flügellose Tiere dunkler, mit großem rostfarbenen Fleck auf dem Rücken. Rollt Traubenkirschenblätter im Frühjahr, Läuse dann mit weißem Wachs bedeckt. Im Sommer auf Getreide und Gräsern, überwintert darauf in milden Wintern.

Baizongia pistaciae. Erzeugt große rote, kerzenartige Gallen auf den Blättern von Pistazie und Verwandten. In den Gallen im Sommer graue Läuse, werden im Herbst frei und überwintern an Wurzeln von Gräsern. S.

Galle von ***Baizongia pistaciae***

Halbe nat. Größe

BLATTLÄUSE

♂
♀
♀
Reblaus X 20
Phylloxera quercus
Imagines und Nymphen
X 5
Galle
Fichten-
gallenlaus
X 8
Mehlige Kohl-
blattlaus X 8
Blutlaus
X 8
Galle
Schwarze
Bohnenlaus X 8
Grüne Pfirsich-
blattlaus X 8
Ulmenblasen-
laus X 8
Galle
Galle von
P. spirothecae
Galle von
Schizoneura lanuginosa
Salatwurzel-
laus X 8
Haferlaus
X 8
Bleiche Getreide-
laus X 8
Große
Rosenblattlaus
X 8

BLATTFLÖHE Psyllidae Diese kleinen Schnabelkerfe werden jetzt auch in mehrere Familien aufgeteilt. Sie ähneln kleinen Zikaden und springen mit Hilfe der vergrößerten Hinterbeine gut. Die Fühler sind sehr viel länger als bei den oberflächlich ähnlichen Zwergzikaden (S. 92). Vorderflügel relativ fest, deutlich geädert, Hinterflügel sehr zart. Die Nymphen sind sehr flach, gewöhnlich gesellig, und scheiden große Mengen von Honigtau und Wachs aus.

Livia juncorum. Auf Binsen (*Juncus* ssp.) auf Sumpfwiesen. Nymphen in den Blütenköpfchen, erzeugen im Sommer rote quastenartige Gallen.

Homatoma ficus. Sehr abgeflacht, die borstigen Fühler zur Spitze hin deutlich dunkler, Adern behaart. 6—8 auf Feigen in S und Z, nach B eingeschleppt.

Apfelblattfloh *Psylla mali*. 4—10 häufig auf Apfelbäumen. Zunächst grün, später rot, im Herbst braun. Nymphen schädigen Blüten und Schosse, da sie in Gruppen saugen.

P. buxi Vorderflügel auffallend gelblich, Körper leuchtendgrün oder gelblich. 4—9. Nymphen an jungen Trieben des Buchsbaumes, dicht gedrängt in Gruppen. Das Vorkommen wird durch starke Wachserzeugung verraten.

Trioza urticae. Flügel hellgelb, Körper grün bis cremeweiß, mit dunklen Abzeichen. Im Sommer auf Brennesseln, im Winter auf immergrünen Bäumen. Einige ähnliche Arten.

Psyllopsis fraxini. Eine von mehreren ähnlichen Arten der Esche. Die Nymphen verursachen ein Einrollen der Blätter, die zu roten Gallen werden. 5—10.

MOTTENSCHILDLÄUSE Aleyrodidae Winzige Schnabelkerfe, deren wachsweiße Flügel nur 3 mm Spannweite haben. Sie ähneln kleinen Schmetterlingen. Viele, nicht leicht zu trennende Arten, die jedoch wirtsspezifisch sind. Sie saugen gewöhnlich an der Unterseite der Blätter.

Am bekanntesten ist ***Aleyrodes proletella***, im Frühling und Sommer auf Kohl. ***Trialeurodes vaporariorum*** befällt Gewächshauspflanzen und richtet besonders an Gurken und Tomaten Schäden an.

SCHILDLÄUSE Eine große Gruppe von Schnabelkerfen, die in mehrere Familien aufgeteilt wird. Sie sind nach dem wachsartigen oder festen Schild benannt, unter dem sich die Weibchen der meisten Arten verbergen. Diese sind meist flügel- und beinlos — nur der Saugrüssel verrät ihre Verwandtschaft zu den übrigen Schnabelkerfen. Tatsächlich sehen Schildlaus-Weibchen überhaupt kaum wie Insekten aus. Nur wenige Arten behalten Beine und eine gewisse Beweglichkeit. Die Männchen besitzen ein Flügelpaar und ähneln kleinen Mücken, werden aber kaum einmal gefunden. Die meisten Arten pflanzen sich durch Jungfernzeugung fort. Hebt man den Schild eines Weibchens ab, so kann man mehrere hundert Eier finden. Das erste Larvenstadium ist frei beweglich; doch dann verlieren die Larven ihre Beine und werden seßhaft. Da sie in großen Mengen auftreten, können Schildläuse erhebliche Ertragsminderungen verursachen, in Europa allerdings in geringerem Maße als in den Tropen.

Icerya purchasi und *Planococcus citri* sind beides Zitrusschädlinge. Die Kommaschildlaus, *Lepidosaphes ulmi*, tritt häufig an Obstbäumen auf. *Aulacaspis rosae* findet man an älteren Trieben der Rosen. *Parthenolecanium corni* befällt Gartenbäume und -sträucher, auch Reben und Johannisbeersträucher, während man *Pseudococcus longispinus* vor allem auf vielen Gewächshauspflanzen findet.

Icerya purchasi ♀ X 2

Pianococcus citri ♀ X 2

Kommaschildlaus ♂ X 20

Livia juncorum
X 10

Homatoma ficus X 10

Apfelblattfloh X 10

Nymphe

Wachs auf
Buchs-
baumzweig

Psylla buxi
X 10

Trioza urticae
X 10

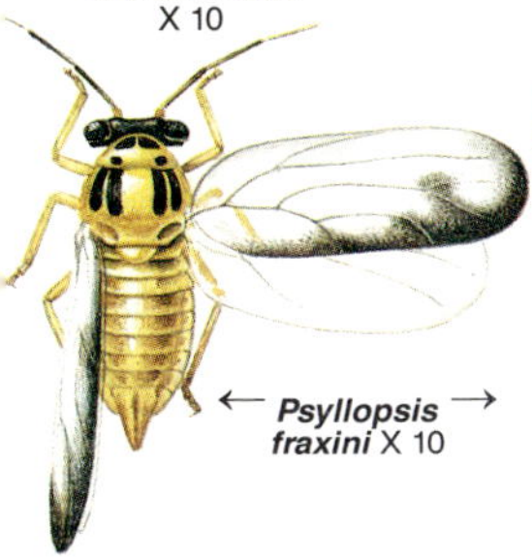

← ***Psyllopsis fraxini*** X 10 →

Blätter mit
Randgallen

»Weiße Fliegen«
Aleyrodes proletella X 4

Nat. Größe

**Komma-
schildlaus** ♀
X 4

***Aulacas-
pis rosae*** ♀
X 3

***Parthenolecanium
corni*** ♀

X 2

***Pseudococcus
longispinus*** ♀

STAUBLÄUSE und RINDENLÄUSE Ordnung Psocoptera

Sehr kleine, geflügelte oder ungeflügelte Insekten, die je nach Lebensweise als Bücherläuse, Staubläuse oder Rindenläuse bezeichnet werden. Ungefähr 2000 Arten sind bekannt, sehr viele harren aber noch ihrer Beschreibung. Kauende Mundwerkzeuge, Kopf sehr breit. Die Flügel haben eine charakteristische, stark reduzierte Aderung. Zur Bestimmung sind zwei Zellen von besonderer Wichtig-

Psococerastis gibbosa Spannweite 11—16 mm, Fühler 13gliedrig. Flügel glasklar. Ähnlich Metylophorus nebulosus, Flügel grau. Größte europ. Arten.

↑
Psococerastis gibbosa
X 3
→

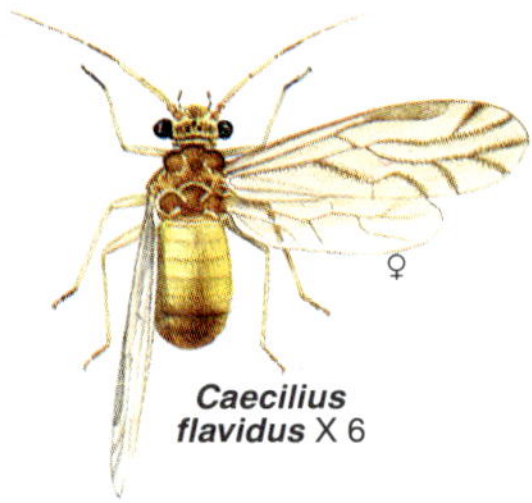

♀

Caecilius flavidus X 6

Liposcelis terricolis
X 10

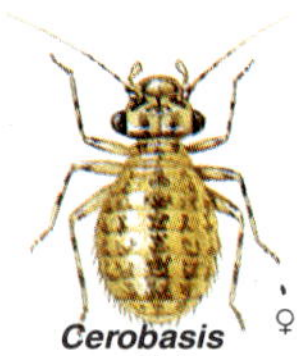

♀

Cerobasis guestfalica
X 10

Lepinotus reticulatus
X 10

keit: das halbrunde oder linsenförmige Pterostigma an der Vorderkante des Vorderflügels, und eine ähnliche Zelle an seiner Hinterkante, die Areola postica. Letztere fehlt in einigen Familien. Die Flügel werden in Ruhe dachartig zusammengelegt. Die Tiere ähneln dann Blattflöhen, doch ist das Geäder völlig anders. Außerdem haben Blattflöhe saugende Mundwerkzeuge. Rindenläuse findet man auf Bäumen und Sträuchern, wo sie Pollen, Pilzsporen und Flechten fressen. Staubläuse leben in Häusern und fressen an stärkehaltigen Stoffen, wodurch sie manchmal Schäden anrichten. Jungfernzeugung ist verbreitet. Bei einigen Arten sind die Männchen selten oder fehlen ganz. Die Entwicklungsstadien sind den erwachsenen Tieren sehr ähnlich. Wegen ihrer Kleinheit sind die Tiere nicht leicht zu bestimmen. Die hier abgebildeten sind ziemlich eindeutig zu erkennen.

Caecilius flavidus Caeciliidae. Eine der häufigsten Freilandarten, am gelben Körper und den beborsteten Flügeln leicht zu erkennen. Fühler 13gliedrig. Am Pterostigma keine rücklaufende Querader. Männchen unbekannt. Besonders auf dem Laub großblättriger Bäume.

Liposcelis terricollis Liposcelidae. Die häufigste Bücherlaus, die an Büchern und Papier, Vorräten und Insektensammlungen Schäden anrichten kann. Gelegentlich auch im Freien. Fühler 15gliedrig. Eine von mehreren ähnlichen Arten, mit verdickten Hinterschenkeln mit einer »Beule« an der Vorderkante. Weltweit verbreitet. Männchen sind unbekannt.

Cerobasis guestfalica Trogiidae. Flügellose Art, am dichtgefleckten Körper erkennbar. Fühler mit mehr als 20 Gliedern. Häufig an Stämmen und Zaunpfählen, auch in Häusern. Männchen treten kaum auf.

Lepinotus reticulatus. Eine von mehreren ähnlichen Arten. Vorderflügel zu kleinen Schuppen reduziert, Hinterflügel fehlen. Fühler mit mehr als 20 Gliedern. In Häusern, an Abfall aller Art. Zerstört Insektensammlungen.

FRANSENFLÜGLER Ordnung Thysanoptera

Kleine, gewöhnlich dunkle Insekten mit schlankem Körper und gewöhnlich 2 Paaren schmaler, lang befranster Flügel. Einige Arten flügellos. Auf Blüten häufig, saugen Zellsaft. An warmen, schwülen Sommertagen schwärmen sie zu tausenden und werden als »Gewitterfliegen« bezeichnet. Die meisten Weibchen besitzen gekrümmte Legebohrer und legen die Eier in Pflanzen. Der Hinterleib der Männchen ist meist abgerundet. Fransenflügler haben eine unvollständige, jedoch komplizierte Verwandlung mit mehreren Ruhestadien. Über 3000 Arten sind bisher bekannt.

Spitze des Hinterleibs der Phlaeotripidae

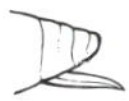
Nach unten gekrümmter Legebohrer der Thripidae

Phlaeothrips annulipes Phlaeothripidae. Etwas kräftiger als die meisten Blasenfüße. In beiden Geschlechtern Hinterleibsspitze röhrenförmig (Familienmerkmal), Flügel überlappen in Ruhe einander stark. Auf toten Birkenästen und -zweigen, frißt Pilzsporen und -hyphen. 5—9.

Phlaeothrips annulipes
X 10

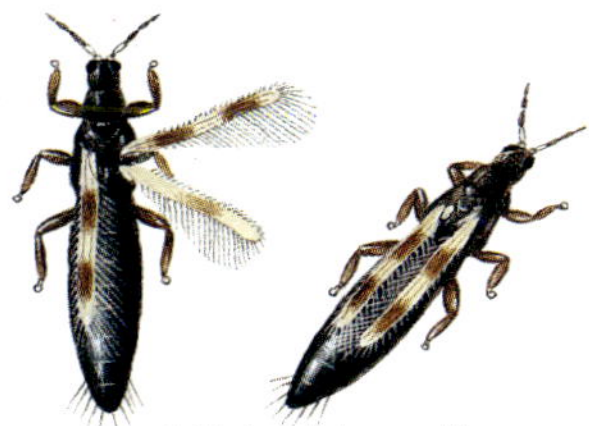
Aeolothrips intermedius
X 10

Aeolotrips intermedius Aeolothripidae. Eine von vielen Arten mit gebänderten Flügeln. 5—9, vor allem auf gelben Kreuzblütlern und Korbblütlern. ***A. albicinctus*** praktisch flügellos, ameisenähnlich. Häufig am Grund von Gräsern 5—9. In dieser wahrscheinlich räuberischen Familie werden die Flügel in Ruhe parallel gelegt; Körper nicht abgeflacht, Legebohrer nach oben gekrümmt; Vorderflügelspitze gerundet.

Erbsenblasenfuß *Kakothrips pisivorus* Thripidae. Ziemlich groß, Füße gelb. In Erbsenblüten, erzeugt Saugschäden an jungen Schoten.

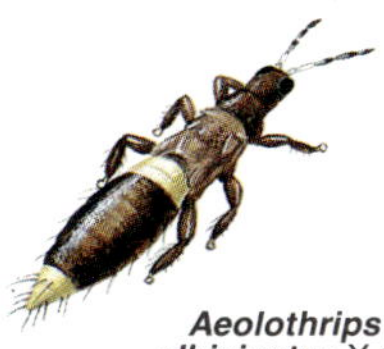
Aeolothrips albicinctus X 10

Erbsen-blasenfuß
X 10

Schäden an Erbsenschote

Getreide-blasenfuß X 10

Getreideblasenfuß *Limothrips cerealium.* In Getreideähren, schwärmt, sobald das Getreide reift. Männchen 6—9, Weibchen ganzjährig, überwintern oft in Häusern. Flügel in dieser Familie zugespitzt, Körper flach; Legebohrer nach unten gekrümmt.

Schäden an Weizenähre

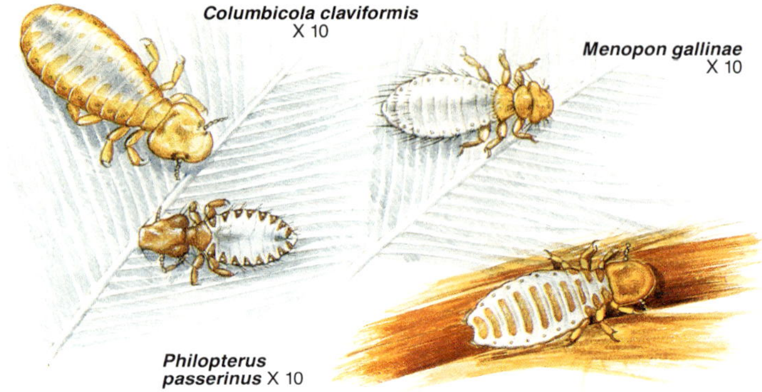

Columbicola claviformis X 10

Menopon gallinae X 10

Philopterus passerinus X 10

Damalinia bovis X 10

Menschenlaus X 10 ***Linognathus vituli*** X 10 **Schweinelaus** X 6

TIERLÄUSE Flügellose Parasiten von Vögeln und Säugetieren, stark abgeplattet, mit großen Klauen zum Umfassen von Haaren und Federstrahlen. Die Mundwerkzeuge der beiden Unterordnungen sind sehr verschieden, so daß sie auch als eigene Ordnungen betrachtet werden. Die Entwicklungsstadien sehen den erwachsenen Tieren so ähnlich, daß man kaum von einer Metamorphose sprechen kann.

HAARLINGE und FEDERLINGE Unterordnung Mallophaga Kopf ziemlich groß, mit beißenden Kiefern; Augen und Fühler sehr klein. Prothorax deutlich. Vor allem auf Vögeln; fressen Hautschuppen, Federteile und Blutreste aus Wunden. Langgestrecktere Arten vor allem im langen Gefieder, gedrungenere an Kopf und Hals. Man inspiziere frischtote Vögel, um Federlinge zu finden. Es gibt viele Arten. Die meisten sind an bestimmte Wirte gebunden.

Columbicola claviformis Philopteridae. Ein häufiger Taubenparasit.

Philopterus passerinus. Eine von mehreren ähnlichen Arten auf Sperlingen und anderen Singvögeln.

Menopon gallinae Menoponidae. Weniger abgeplattet als *Philopterus*, Fühler weniger deutlich, mehr oder weniger in Gruben verborgen. Weltweit auf Geflügel und Ziergeflügel verbreitet, sehr häufig.

Damalinia bovis Trichodectidae. Fühler deutlich, 3gliedrig. Füße mit nur einer Klaue. Auf Vieh weit verbreitet; nahe verwandte Arten auf anderen Huftieren.

LÄUSE Ordnung Anoplura Blutsaugende Parasiten, auf Säugetieren. Kopf sehr schmal, Körperumriß tropfenförmig.

Menschenlaus *Pediculus humanus* Pediculidae. Augen auffällig pigmentiert. Kommt in 2 Formen, der Kopf- und der Kleiderlaus, vor. Letztere ist größer (ca. 4 mm). Überträgt das Fleckfieber, jedoch unter normalen hygienischen Bedingungen ungefährlich.

Linognathus vituli Linognathidae. Augen fehlen. Vorderbeine kleiner als die übrigen. Rinderparasit. Verwandte Arten auf anderen Huftieren und Hunden.

Schweinelaus *Haematopinus suis* Haematopinidae. Alle Beinpaare gleichgroß. Augen praktisch fehlend. Auf Schweinen.

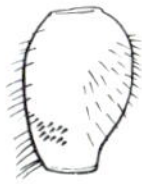

Hinterhüfte eines Menschenflohs

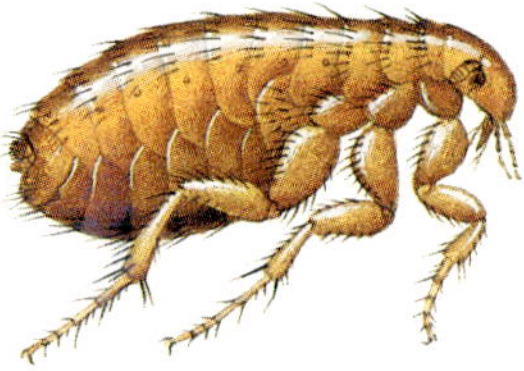

Menschenfloh X 10

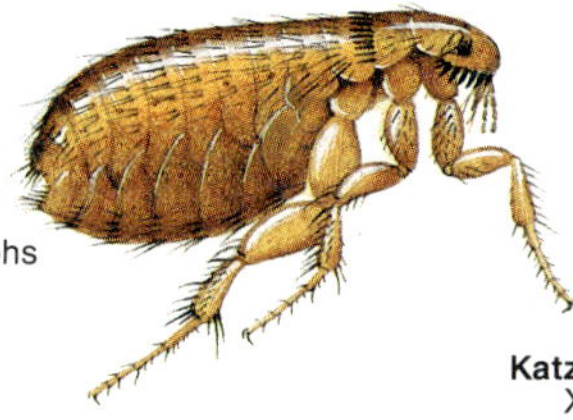

Katzenfloh X 10

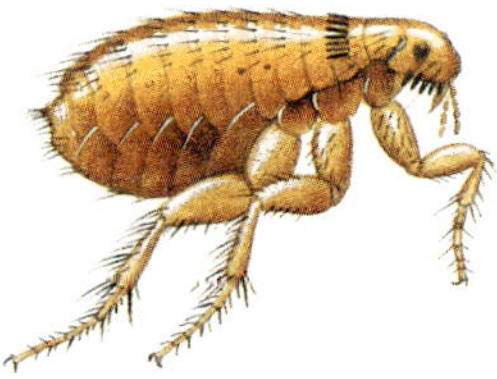

Kaninchenfloh X 10

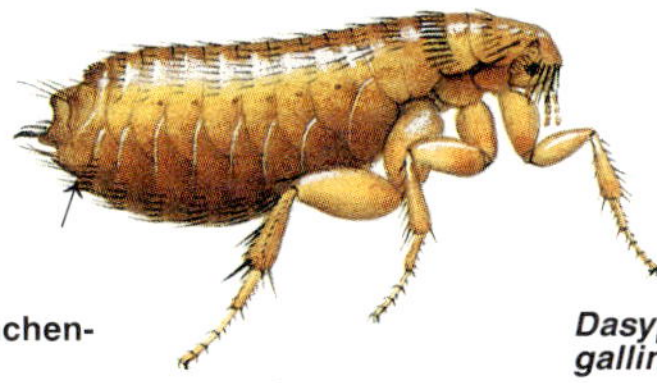

Dasypsyllus gallinulae X 10

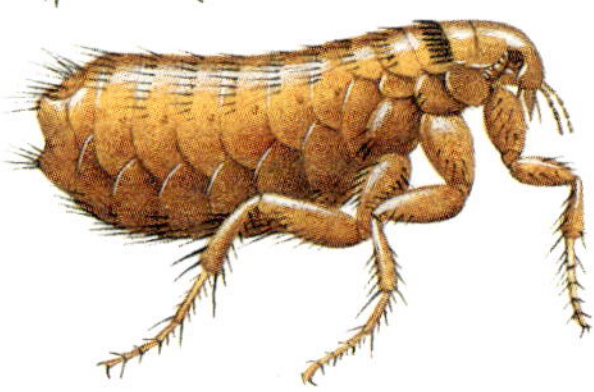

Hühnerfloh X 10

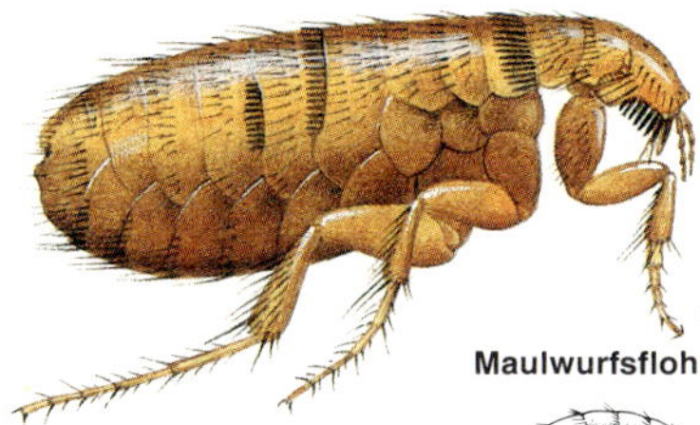

Maulwurfsfloh X 10

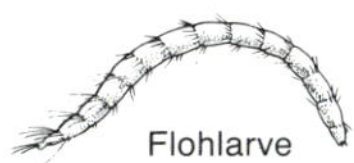

Flohlarve

FLÖHE Ordnung Siphonaptera

Flügellose Insekten, seitlich stark abgeplattet, Hinterbeine als Sprungbeine stark vergrößert. Meist dunkelbraun bis schwarz. Imagines als Blutsauger auf Vögeln und Säugern. Perlweiße Eier werden in Nestern und Schlafquartieren der Wirte abgelegt. Die wurmartigen Larven fressen Abfälle und unverdautes Blut der erwachsenen Flöhe. Zur Bestimmung der Flöhe ist ein Mikroskop erforderlich. Die Tiere müssen zunächst 1—2 Tage in 10—20 % Ätzkali (KOH) aufgehellt werden, um Details besser sichtbar zu machen. Die starken Borstenkämme an den Wangen und am Hals sind wichtig. Abgebildet sind aufgehellte Tiere, um diese Kämme deutlich zu zeigen.

Menschenfloh *Pulex irritans* Pulicidae. Kleine Dornen an der Innenseite der Hinterhüfte charakterisieren diese Familie. Stirn glatt gerundet. Weltweit in Häusern, auch auf Fuchs und Dachs (wohl die ursprünglichen Wirte).

Katzenfloh *Ctenocephalides felis.* Kopf gestreckter als beim Menschenfloh, mit deutlichen Wangen- und Pronotumkämmen. Häufigster Floh in Wohnungen, geht auch auf den Menschen. **Hundefloh** *C. canis* Kopf runder, 1. Dorn des Wangenkamms viel kürzer als 2.

Kaninchenfloh *Spilopsyllus cuniculi.* Fühlerkeule symmetrisch. Wangenkamm mit 4—6 gedrungenen Zähnen. Auf Kaninchen, Überträger der Myxomatose. S, Z.

Dasypsyllus gallinulae Ceratophyllidae. Von *Ceratophyllus*-Arten durch 3 Borstenreihen vor den Fühlern unterschieden. Männchen erkennbar an deutlichen Dornen am Hinterende. Häufig auf kleinen Vögeln.

Hühnerfloh *Ceratophyllus gallinae.* Mindestens 24 Zähne im Pronotumkamm; Wangenkämme fehlen. Auf vielen Vogelarten, besonders solchen mit trockenen Nestern. Häufigster Vogelfloh; in Meisenkästen und Geflügelhaltungen in Massen.

Maulwurfsfloh *Hystrichopsylla talpae* Hystrichopsyllidae. Eine der größten Arten, bis 6 mm. Auf Maulwürfen, Spitzmäusen und etlichen Mäusearten.

NETZFLÜGLER Ordnung Neuroptera

Holometabole Insekten mit weichem Körper, Flügelspannweite zwischen 3 mm und mehr als 10 cm. Flügel häutig, mit vielen Queradern = reichem, namengebenden Adernetz. Am Flügelrand sind die Adern in der Regel deutlich gegabelt (Ausnahme: Schlammfliegen, S. 108).

Die meisten Arten fliegen schlecht. In der Ruhe werden die Flügel dachartig über dem Körper zusammengelegt. Fühler meist fadenförmig, manchmal rosenkranzartig oder gekeult. Komplexaugen groß, daneben z.T. bis 3 Punktaugen. Füße 5gliedrig. Meist räuberisch, jagen meist andere kleine Insekten. Einige fressen Pollen, einige auch gar nichts. Die Larven sind Räuber oder Parasiten; etliche leben im Wasser. Es sind mehr als 6000 Arten bekannt, von denen etwa 300 in Europa vorkommen. Die Kamelhalsfliegen und die Schlammfliegen werden auch als eigene Ordnungen, die Raphidides und Megaloptera, aufgefaßt.

AMEISENJUNGFERN Myrmeleonidae Libellenähnliche Insekten mit langem schmalen Körper und schmalen Flügeln, die bei europäischen Arten bis 10 cm spannen können. Fühler kurz, kräftig, bei europäischen Arten stets gekeult. Flug langsam, flatternd; nächtlich oder Dämmerungstiere, werden von Licht angelockt. Fliegen ab, wenn sie tagsüber gestört werden. Mit dicht angelegten Flügeln im Pflanzenwuchs schwer zu entdecken. Meist Räuber, ergreifen kleine Insekten auf Pflanzen, einige auch Pollenfresser. Alle bevorzugen warme, trockene Gebiete. Die Männchen haben auffällige hintere Körperanhänge.

Die Larven fressen Spinnen und kleine Insekten, die sie mit ihren großen Kieferzangen ergreifen. Einige Larven leben im Boden und in der Streu; andere bauen Fallen in Sandboden. Dies sind Trichter, an deren Grund sich die Larve eingräbt, so daß nur die Kiefer herausragen. Insekten rutschen an den Trichterseiten nach unten, wobei der Ameisenlöwe durch Sandwerfen nachhilft, und geraten zwischen die Kiefer. Ameisen sind eine sehr häufige Beute und gaben den Larven ihren Namen. In Europa kommen 41 Arten vor, vorzugsweise im Mittelmeerraum. Fehlen in B.

Dendroleon pantherinus. §. An der Hinterkante der Vorderflügel charakteristische Augenfleckenzeichnung. In trockenen lichten Eichenwäldern mit vielen alten Bäumen. 7—8. Larven im Fallaub, bauen keine Trichter. S, Z.

Myrmeleon formicarius. §. Kopf oben schwarz oder braun. Flügel ungefleckt. Trockenes, offenes Gelände, 5—8. Larve baut Trichter im Sand. Eine der häufigsten europäischen Arten, von Südskandinavien südwärts. ***M. inconspicuus*** § Kopf oben gelb, braun gefleckt. Flügel ungefleckt, Spannweite 50—70 mm. Adern dunkel mit wenigen hellen Flecken (ähnliche Arten mit hellen Adern mit dunklen Flecken). Hinterleib kariert. Offenes Gelände nahe der See. 5—8. Larve baut Sandtrichter in Dünen und Sandbänken der Flüsse. S, Z.

Palpares libelluloides. §. Fliegt tags, unverwechselbar. Grasflächen, Dünen, felsiger, nicht zu dichter Macchie; vermeidet zu trockene Orte. 5—9. Larve im Boden und in der Streu zwischen Pflanzen, gräbt keinen Trichter. Lauert verborgen und schießt plötzlich hervor, um vorbeikommende Beutetiere zu ergreifen (S. 294). Im Mittelmeerraum.

Euroleon nostras. §. Beide Flügelpaare gefleckt, die Hinterflügel jedoch nur mit wenigen kleinen Punkten in der vorderen Hälfte. Einige Queradern zwischen den Wurzeln von Radius und Media (s. unten). In offenen Wäldern, meidet sehr trockene Stellen. Mitunter zusammen mit *M. formicarius.* 6—9. Von den Baltischen Inseln südwärts, jedoch nur lokal. Larve baut kleine Trichter in offenem Gelände.

Die Flügeladerung hilft bei der Bestimmung kleiner Ameisenjungfern: Zwischen den Wurzeln von Radius und Media haben *Myrmeleon* und *Euroleon* einige, *Creoleon, Distoleon* und *Macronemurus* nur eine Querader.

Larve und Fangtrichter von *M. formicarius*

Creoleon lugdunensis. § Brust gelblich mit dunkelbrauner Mittellinie. Hinterleib der Weibchen ragt nicht unter den Flügeln hervor. Zwei Zweige der Cubitalader im Vorderflügel laufen etwa parallel zur Hinterkante. Hinterflügel mit nur einer Querader zwischen Radius- und Mediawurzel (s. S. 102). Häufig in felsigem, grasbewachsenen Gebiet 5—8. Larve in Boden und Laub, gräbt keine Trichter. SW, bis zur Loire.

C. plumbeus § im SO ist sehr ähnlich.

Distoleon tetragrammicus. § Deutlich gefleckt, ähnlich *Euroleon nostras,* jedoch nur eine Querader zwischen Radius- und Mediawurzel im Hinterflügel (s. S. 102). 6—8 in trockenen Eichen- und Kiefernwäldern, lokal mitunter häufig. Larve lauert in trockenem Fallaub, gräbt keine Trichter. S, Z.

Acanthaclisis baetica. § Eine unserer größten Ameisenjungfern. Flügel ungefleckt, mit 2 Zellreihen entlang der Vorderkante der Vorderflügel. 6—9, meist in Küstendünen. Larve verborgen im Sand, gräbt jedoch keine Trichter. SW bis zur Normandie.

Macronemurus appendiculatus. § Brust gelb mit 3 braunen Längslinien. Hinterleib gelb und braun, ragt beim Männchen, das sehr lange Hinterleibsanhänge hat, unter den Flügeln hervor. Fliegt oft über Wegrändern, Ödland, auch Getreidefeldern. 5—9 Larve im Boden, baut jedoch keine Trichter. S.

SCHMETTERLINGSHAFTE Ascalaphidae Gut fliegende Verwandte der Ameisenjungfern, kürzer und kräftiger, jedoch mit langen, geknöpften Fühlern. Männchen mit auffälligen Hinterleibsanhängen. Meist Tagtiere, die etwa 2—3 m über dem Boden fliegen. Fangen Fliegen u.a. Insekten in der Luft. Sonnen sich oft mit ausgebreiteten Flügeln wie abgebildet. In Ruhe werden diese jedoch dachartig über den Körper gelegt. Die Larven ähneln den Ameisenlöwen, graben jedoch keine Trichter. Sie leben in der Streu oder unter Steinen und tarnen ihren Körper oft mit Abfall. Schmetterlingshafte bevorzugen warmes, sonniges Gelände. Die 15 europäischen Arten kommen nur im Süden vor. Fehlen in B.

Libelloides longicornis. § Schwarzer Fleck im Hinterflügel erreicht das Analfeld nicht. Schwarzer Fleck im Vorderflügel gelb geadert. Adern allgemein hellgelb bis golden. 6—8 auf sonnigen Wiesen. SW (incl. südl. Schweiz). **L. macaronius** § in Osteuropa ähnlich, jedoch Vorderflügel ohne schwarzen Fleck. **L. coccajus** § mit dunklen Adern, schwarzer Fleck des Hinterflügels erreicht Analfeld; helle Flecke weiß oder gelb. Trockene, offene Wälder und Wiesen (selten weit von Bäumen entfernt). 4—7. S, Z.

Puer maculatus. § Vorderflügel meist ungefleckt, Spitze der Hinterflügel gefleckt, manchmal fast schwarz. Weideplätze und Wiesen im Sommer, auf Südfrankreich beschränkt; selten.

Deleproctophylla dusmeti. § Vorderflügel ungefleckt; Hinterflügel mit braunem Fleck hinter dem Pterostigma. 6—8 auf trockenen Wiesen. SW. (Tiere mit braunem Fleck auf allen 4 Flügeln, die ostwärts von Korsika vorkommen, werden jetzt als eigene Art, ***D. australis,*** § betrachtet).

Bubopsis agrioides. § Flügel sehr schmal, die ersten beiden Längsadern sehr dunkel, markieren die Vorderkante der Flügel sehr deutlich. Dämmerungsaktiv, wird oft von Kunstlicht angelockt. 5—8, vor allem an und in offenen Kiefernwäldern. SW.

Acanthaclisis baetica
Macronemurus appendiculatus
♂
Libelloides longicornis
L. coccajus
Puer maculatus
Deleproctophylla dusmeti
Bubopsis agrioides

Fanghaft X 2

Fanghaft *Mantispa styriaca* Mantispidae. §. Ähnelt den Gottesanbeterinnen, Flügel jedoch zart, Tier schreckhaft, frißt nur kleine Fliegen. Am Tage und in warmen Nächten aktiv, in warmen, trockenen Gegenden, besonders lichten Eichenwäldern mit guter Bodenbedeckung. 5—8. Die Larve dringt in Spinnenkokons, besonders von Wolfsspinnen, ein und frißt die Eier. S, Z. 4 andere ähnliche Arten im S.

Nemoptera bipennis Nemopteridae. Leicht an den bandförmigen Hinterflügeln zu erkennen. Flattert in der Dämmerung auf und nieder. An trockenen, grasigen Hängen und Kiefernwäldern der Küste. 4—8. Larve mit langem Hals, Bodenbewohner. Nur Iberische Halbinsel. 2 ähnliche Arten im SO.

Conwetzia psociformis Coniopterygidae. Eine von etlichen ähnlichen kleinen, weiß bepuderten Arten. Ähnelt den »Weißen Fliegen« (S. 96), hält jedoch die Flügel in Ruhe steil dachartig. Wird nachts oft vom Licht angelockt. In vielen Gebieten, 4—11. Die Larven jagen Blattläuse auf Bäumen.

Bachhaft *Osmylus fulvicephalus* Osmylidae. An den großen, gefleckten Flügeln zu erkennen. In Wäldern an Bachufern. 4—8. Die Larve lebt im feuchten Ufermoos und Spülicht. Im größten Teil Europas, fehlt im Norden.

GOLDAUGEN, FLORFLIEGEN Chrysopidae Die Längsadern reduziert, die Pseudomedia gerade und sehr auffällig im Mittelteil des Flügels. Im äußeren Teil 2 Zick-Zack-Adern, die stufenartig aufsteigen. Meist grün, manchmal braun. Vorzugsweise nächtlich. Eier auf dünnen Stielen. Larven (S. 294) meist Blattlausjäger, tarnen sich mitunter mit leeren, ausgesaugten Häuten ihrer Beute.

Chrysopa perla blaugrün, Kopf mit schwarzer Ringzeichnung. Laubwälder, 5—8.

C. 7-punctata groß, leuchtend-grün, Kopf mit 7 kleinen schwarzen Punkten. Wälder, Hecken, Gärten, 5—8.

Chrysoperla carnea hellgrün, wird im Herbst rötlich, sucht zur Überwinterung Schutz in Häusern. In allen gut bewachsenen Biotopen.

Chrysopa perla X 2

Chrysoperla carnea X 2

Nothochrysa fulviceps groß, braun, mit gelbem Mittelband auf dem Thorax. Die Pseudomedia erreicht die innere Zick-Zack-Ader. Eichenwälder, 6—9. S, Z.

Italochrysa italica ähnlich *Nothochrysa,* doch mündet, wie bei den meisten anderen Arten, die Pseudomedia in die äußere Zick-Zack-Ader. Thorax gelbbraun mit rotbraunen Seitenstreifen. Gut bewachsene Trockengebiete. 6—9. Die Larve frißt in Bauten der Ameise *Crematogaster scutellaris* Larven. S.

Sisyra fuscata Sisyridae. Nur wenige Queradern und ungegabelte Adern am Rande des Vorderflügels unterscheiden die Schwammfliegen von der Gattung *Hemerobius*. Fühler völlig dunkel (bei anderen Arten z.T. hell). An Bächen, 4—10. Die Larven saugen an Schwämmen und Moostierchen, wohl auch an Algen.

Dilar meridionalis Dilaridae. An den gefiederten Fühlern der Männchen und dem langen Legebohrer der Weibchen zu erkennen. Fliegen in der Dämmerung. In üppigem Pflanzenwuchs auf Lichtungen. 6—9. Larven unter Rinde. SW.

Nemoptera bipennis
X 1,5

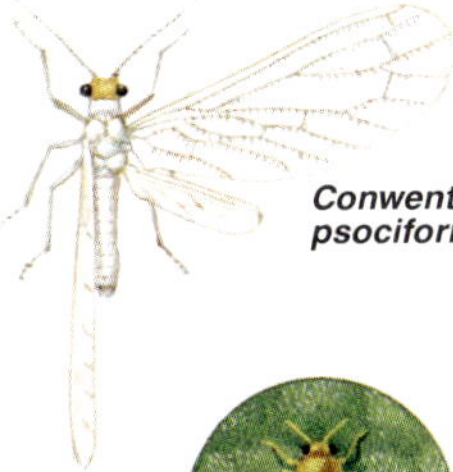

Conwentzia psociformis X 6

»Weiße Fliege«

mit *Conwentzia*-Arten leicht zu verwechseln (s.S. 96)

Bachhaft X 2

Chrysopa 7-punctata
X 2

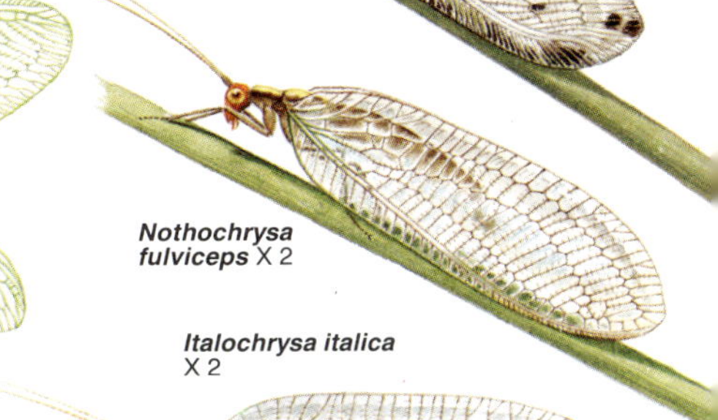

Nothochrysa fulviceps X 2

Italochrysa italica
X 2

Sisyra fuscata
X 2,5

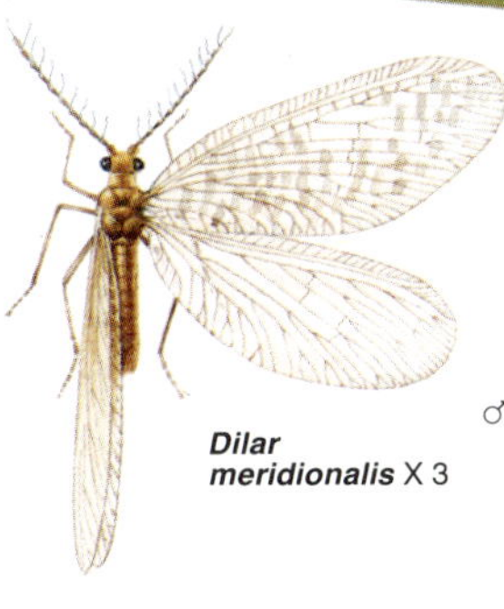

Dilar meridionalis X 3

BLATTLAUSLÖWEN Hemerobiidae Große Familie meist kleiner grauer oder brauner Tiere. Von den Florfliegen durch zahlreiche Längsadern, von den Sisyridae durch zahlreiche gegabelte Adern an der Vorderkante der Flügel unterschieden. Larven weniger borstig als die der Florfliegen, Blattlausjäger.

Wesmaelius quadrifasciatus in trockenen, warmen Gebieten, vor allem zwischen Nadelbäumen. 5—9. ***Micromus variegatus*** bevorzugt niedrigen Pflanzenwuchs, häufig in Gärten und Hecken. 4—9. ***Drepanepteryx phalaenoides*** an der typischen ausgeschnittenen Flügelspitze eindeutig zu erkennen. In Gehölzen mit gut bewachsenen Lichtungen. 4—10. N, Z. ***Hemerobius humulinus*** eine von mehreren ähnlichen Arten mit unterschiedlicher Vorderflügel-Aderung. Häufig in Hecken und Laubwäldern. 3—11.

Schlammfliege *Sialis lutaria* Sialidae. Eine von 6 ähnlichen Arten in N und Z. Adern am Rande nicht gegabelt. Fliegt an Gewässern, sitzt aber meist in der Ufervegetation. 4—8. Larve (S. 296) wasserbewohnend. Die Eier werden in Klumpen am Rohr gelegt.

KAMELHALSFLIEGEN Raphidiidae Benannt nach dem langen »Hals«, mit dem der Kopf hoch über den Körper erhoben werden kann. Meist im Bergland, jagen vor allem Blattläuse. Weibchen mit langem Legebohrer. Die Larven (S. 294) jagen Insekten unter Rinde und in totem Holz. Einige ähnliche Arten in Europa, die sich durch die Flügeladerung und auch die Gestalt des Kopfes unterscheiden.

Raphidia notata meist in Eichenbeständen, Pterostigma mit 2 Queradern. 4—8. Larve in Baumstümpfen, vor allem von Eichen. N, Z. ***R. confinis*** kleiner (ca. 20 mm Spannweite), Pterostigma mit nur 1 Querader. In Kieferbeständen. 5—7. S, Z. ***R. maculicollis*** eine der häufigsten Arten, nur auf Nadelhölzern. Größe wie *confinis*, Kopf schmaler. Pterostigma mit 1 Querader. 5—7. S, Z, besonders im W.

Inocellia crassicornis ähnlich *Raphidia*, jedoch ohne Punktaugen und ohne Queradern im Pterostigma (bei *Raphidia* stets mindestens 1). Auf Nadelhölzern. 5—7. N, Z.

Raphidia

Inocellia

SCHNABELHAFTE Ordnung Mecoptera

Benannt nach dem schnabelartig nach unten ausgezogenen Kopf. Als Skorpionsfliegen werden die *Panorpa*-Arten nach dem Hinterleibsende der Männchen (Gestalt und Haltung!) bezeichnet. Etwa 400 Arten, davon 30 in Europa, vor allem *Panorpa*-Arten. Diese fliegen schlecht; vorzugsweise Aas- und Fruchtfresser an schattigen Orten. 5—8, im S jedoch 2 Generationen, am Mittelmeer ganzjährig. Larven (S. 294) raupenähnlich. Die Arten, und besonders die Weibchen, sind oft schwer zu unterscheiden.

Panorpa communis. Typische Art, Flügel ziemlich stark gefleckt. ***P. germanica*** ähnlich, Fleckung jedoch heller, im N völlig fehlend. Anhänge am verdickten Körperende des Männchens parallel, bei *communis* greifzirkelartig.

P. cognata. Etwas kleiner, gewöhnlich heller; 6. Hinterleibsglied quadratisch, die Anhänge laufen auseinander. **P. alpina** in S, Z; Flügel nahezu fleckenlos, Subcosta immer kurz. **P. rufostigma** im SO, Pterostigma rot. ***P. meridionalis*** stark gefleckte Art der Iberischen Halbinsel und in Südfrankreich.

Mückenhaft *Bittacus italicus* Bittacidae. Hängt sich mit den Vorderbeinen an Pflanzen und fängt kleine Insekten mit den Hinterbeinen. Hinterleib des Männchens nicht nach oben gekrümmt. Alle Flügel lang und schmal. An schattigen Plätzen im Frühling und Sommer. S.

Schneefloh *Boreus hyemalis* Boreidae. Flugunfähig, Flügel stark reduziert. Hinterende der Männchen normal. In Moos. 10—4. An sonnigen Wintertagen auch auf der Schneeoberfläche.

P. alpina

P. rufostigma

P. meridionalis

Schneefloh

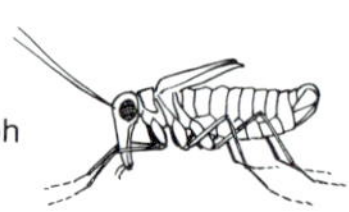

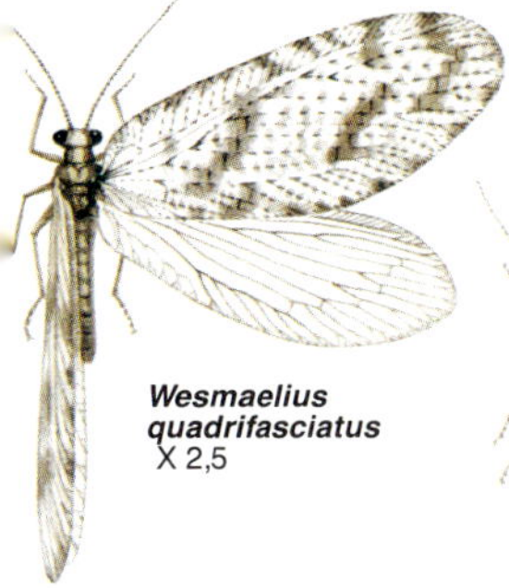

Wesmaelius quadrifasciatus
X 2,5

Micromus variegatus
X 2,5

Drepanepteryx phalaenoides
X 2,5

Schlammfliege X 2

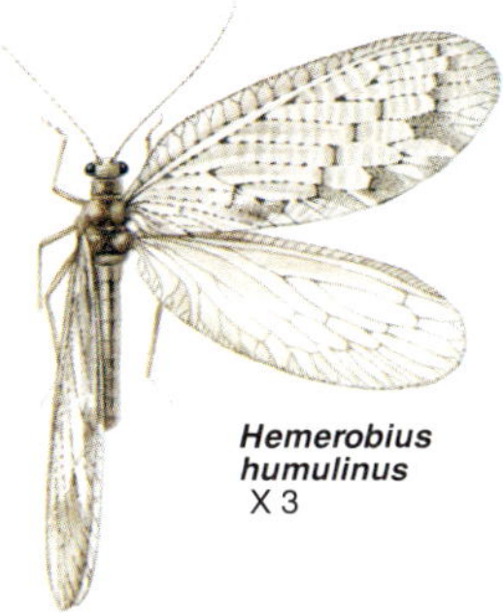

Hemerobius humulinus
X 3

R. notata

R. maculicllis

R. confinis

Raphidia notata
X 2

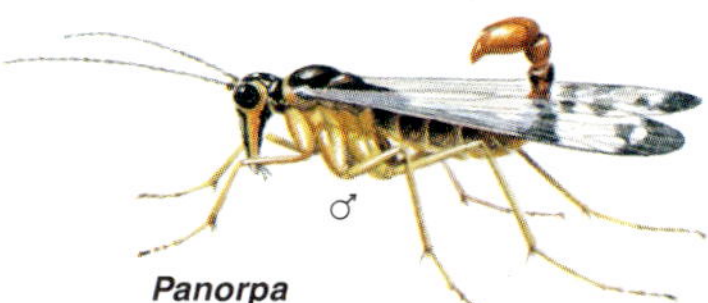

Panorpa communis X 2

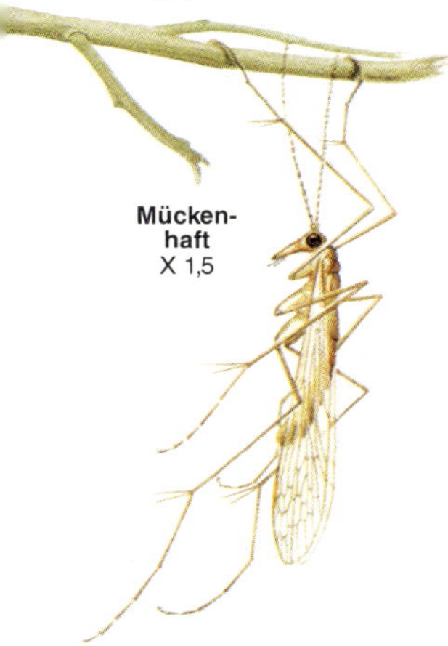

Mückenhaft
X 1,5

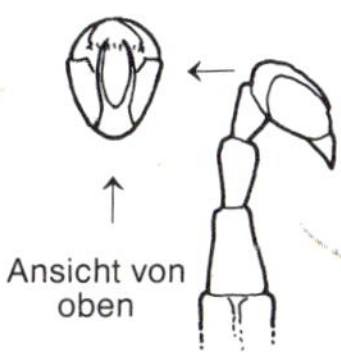

P. communis

P. germanica

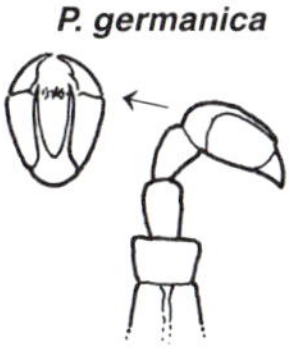

P. cognata

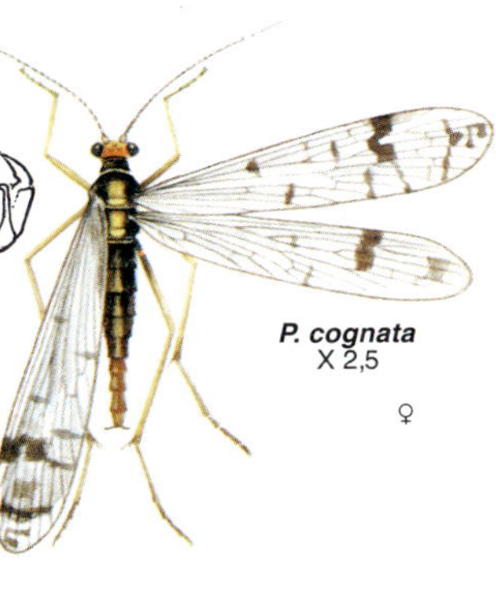

P. cognata
X 2,5

SCHMETTERLINGE Ordnung Lepidoptera

Eine sehr große Ordnung mit etwa 150000 bekannten Arten. Etwa 5000 Arten kommen in Europa vor, die Hälfte davon auch auf den Britischen Inseln. Einige Arten haben flügellose Weibchen. In der Regel sind jedoch 2 Paar häutige, mit Schuppen bedeckte Flügel entwickelt. Diese Schuppen erzeugen Färbung und Muster, können aber leicht abgerieben werden. Ergreift man Schmetterlinge an den Flügeln, bleiben Schuppen an den Fingerkuppen zurück. Nach einigen Wochen Flugzeit sind die Tiere auch im Freien unansehnlich. Schmetterlinge zeigen in der Gestalt wenig Abwandlung und sind leicht zu erkennen. Ihre Flügelmuster sind jedoch überaus reich. Die Flügelspannweite europäischer Arten liegt zwischen 3 und 150 mm, kann bei einigen tropischen Arten jedoch 300 mm erreichen.

Die Mundteile der Schmetterlinge sind fast immer als langer Saugrüssel ausgebildet, mit dem sie Blütennektar, mitunter auch andere Flüssigkeiten aufsaugen. In Ruhe wird der Rüssel unter dem Kopf eingerollt. Eine Reihe von Nachtschmetterlingen hat keinen funktionsfähigen Rüssel — sie nehmen keine Nahrung auf. Einige sehr ursprüngliche Arten, z.B. *Micropteryx* (S. 124) haben noch kauende Mundwerkzeuge und fressen Pollen.

Die Aufgliederung in Tag- und Nachtschmetterlinge hat keine systematische Bedeutung, sondern sagt nur etwas über die hauptsächliche Flugzeit aus. Es gibt ca. 25000 Tag- und über 120000 Nachtschmetterlinge. Es gibt kein Merkmal, das alle Tagschmetterlinge abtrennt, und die Familien der Nachtschmetterlinge sind untereinander mindestens ebenso stark unterschieden wie von den Tagschmetterlingen. Die Begriffe Tag- und Nachtschmetterlinge sind jedoch allgemein gebräuchlich und sinnvoll. Tagschmetterlinge sind meist bunt gefärbt, legen in der Ruhe ihre Flügel senkrecht nach oben über dem Kopf zusammen und haben gekeulte Fühler. Nachtschmetterlinge sind meist unscheinbar gefärbt, legen ihre Flügel in Ruhe dachförmig oder flach über den Körper und haben selten gekeulte Fühler. Es gibt jedoch Ausnahmen: in Europa fliegen die Widderchen (S. 134) am Tage, bunte Schmetterlinge mit gekeulten Fühlern. Die Fühler der Nachtschmetterlinge sind in der Regel fadenförmig oder gefiedert, wobei die Männchen die stärkere Fiederung aufweisen. Die so stark vergrößerte Fühleroberfläche ist hilfreich bei der Aufnahme der Duftstoffe, die von den Weibchen zur Paarungszeit abgegeben werden und zur Männchenanlockung dienen.

Viele Nachtschmetterlinge, so auch die Widderchen, haben ein Frenulum auf der Unterseite der Hinterflügel. Es ist dies eine Borste auf der »Schulter« des Hinterflügels, die nach vorn unter einen Haken auf der Unterseite des Vorderflügels greift und so beide Flügel zum Flug miteinander verbindet. Den Tagschmetterlingen fehlt dies Frenulum. Bei ihnen wie auch einigen Nachtschmetterlingen verbinden sich die Flügel nur durch starke Überlappung.

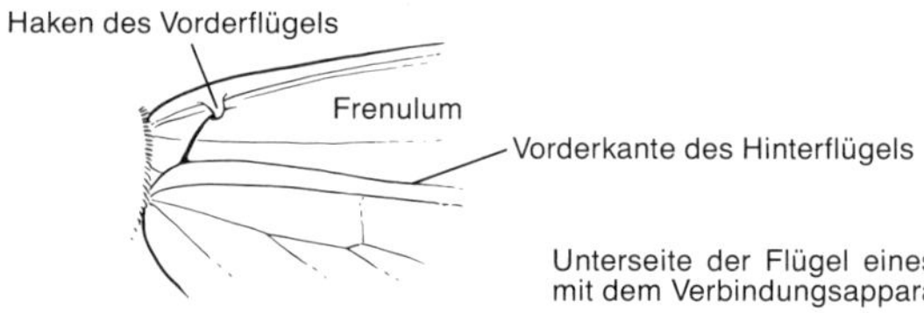

Unterseite der Flügel eines Nachtschmetterlings mit dem Verbindungsapparat.

Die Schmetterlinge werden vor allem nach der Flügeladerung in eine Reihe von Familien unterteilt. Mitunter kann man diese trotz der Beschuppung erkennen. In der Flügelmitte ist in der Regel eine auffällige Zelle, die Discalzelle, zu sehen. Bei lebenden Schmetterlingen ist die Aderung jedoch kein Hilfsmittel — man kann sie nur nach dem allgemeinen Erscheinungsbild den Familien zuordnen. Mit etwas Erfahrung ist das nicht schwer. Bei den Tagschmetterlingen ist schon die Färbung eine große Hilfe: vorzugsweise weiß oder gelb gefärbte Tiere sind **Pieridae** (S. 114), blaue **Lycaenidae** (S. 122), braune, augenfleckige **Satyridae** (S. 120). Bei Nachtschmetterlingen ist es etwas schwieriger, doch haben ihre Familien charakteristische Gestalten. Die **Noctuidae** (S. 156) sind in der Regel gedrungen und legen die braunen oder grauen Flügel in Ruhe dachartig über den Körper. Die **Notodontidae** (S. 148) haben eine ähnliche Gestalt, doch weicht die Aderung der Vorderflügel ab. Die **Geometridae** (S. 170) sind zart gebaut und breiten in Ruhe die Flügel flach nach hinten. Einige **Pyralidae** (S. 128) ähneln ihnen, haben jedoch eine andere Hinterflügel-Aderung. Das Vorhandensein oder Fehlen von Tympanal- (Gehör-)organen ist für einige Familien charakteristisch. Diese Organe liegen entweder hinten am Thorax oder vorn am 1. Hinterleibssegment. Einige Arten nehmen damit die Ortungssignale der Fledermäuse wahr und weichen ihnen aus.

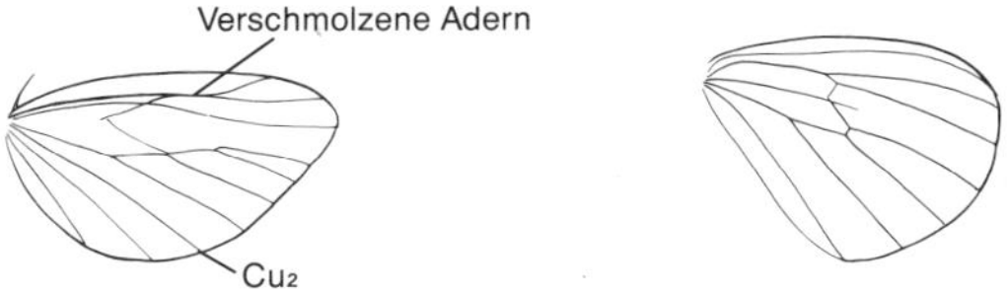

Aderung der Hinterflügel der Pyralidae (links) und Geometridae (rechts)

Entwicklung Die Tagschmetterlinge finden durch die optischen Signale der Flügelfarben beim Flug zusammen. Dazu kommen dann im weiteren Ablauf der Paarung Geruchssignale. Dies sind die alleinigen Signale bei Nachtschmetterlingen. Daher kann man sie in Gefangenschaft viel leichter züchten als Tagschmetterlinge, die zur Paarung stets Flugraum haben müssen. Die **Eier** werden auf geeignete Futterpflanzen gelegt und zeigen unter der Lupe einen Reichtum unterschiedlicher Muster. Einige Arten überdauern den Winter als Ei. Meist schlüpft jedoch die **Raupe** (Larve) nach wenigen Wochen und beginnt zu fressen. Nahezu alle Raupen sind Vegetarier und fressen an allen Teilen — von der Wurzel über den Stengel bis zu den Blüten und Samen. Das Gros allerdings ernährt sich von Blättern der Landpflanzen. Einige sind große Schädlinge der Landwirtschaft. Wenige fressen tierische Substanzen, wie etwa die Kleidermotte an Wolle. Ursprünglich kommt diese in Nestern und Höhlen von Vögeln und Säugetieren vor, wo sie ein reiches Nahrungsangebot findet.

Die typische Raupe hat 3 Brustbeinpaare und 5 Paar unechter Beine oder Bauchfüße am Hinterkörper. Das letzte Paar wird als Afterfüße oder Nachschieber bezeichnet. Alle unechten Beine besitzen zahlreiche kleine Haken, mit denen sich die Raupen an den Pflanzen festhalten. Einige haben weniger als 5 Paar unechter Beine, so die Geometridae 2, darunter die Afterfüße. Sie bewegen sich in typischer Weise »spannend«: sie strecken sich lang aus, verankern die Brustfüße und ziehen dann die Afterfüße dicht an sie heran. Dabei wölbt sich der Körper bogenförmig hoch auf. Dann verankern sich die Afterfüße, und der Vorgang beginnt von neuem.

Nach 3—4 Häutungen können sich die Raupen zur **Puppe** (Chrysalis) umwandeln. Viele Nachtschmetterlinge spinnen Seidenkokons, in denen die Verpuppung erfolgt, meist zwischen Blättern der Futterpflanze. Andere vergraben sich in der Erde und tapezieren eine Höhle mit Seide. Die meisten Tagschmetterlinge verpuppen sich frei auf der Futterpflanze, entweder abwärtshängend oder aufrecht, festgehalten durch einen Seidengürtel. Viele Tag- und die meisten Nachtschmetterlinge überdauern den Winter als Puppe. Andere überwintern als Raupe entweder in völliger Ruhe oder sie fressen weiter, sofern es die Umstände erlauben. Wenige Arten überwintern als Schmetterling.

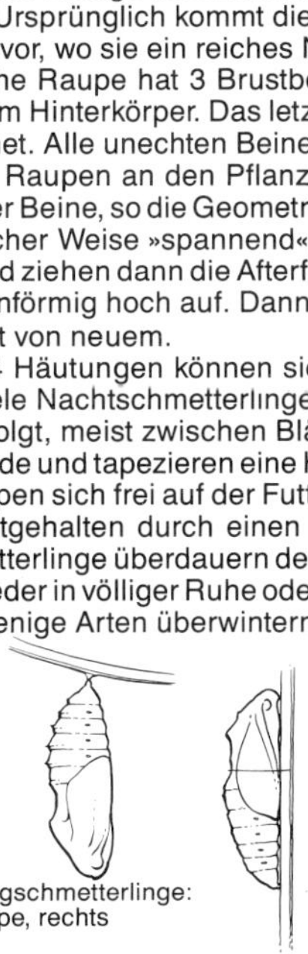
Puppen der Tagschmetterlinge: links Stürzpuppe, rechts Gürtelpuppe

Typische Nachtschmetterlingspuppe

Apollo

SCHWALBENSCHWÄNZE und APOLLOFALTER Papilionidae Meist große, schön gefärbte Schmetterlinge, Hinterflügel oft geschwänzt. Hinterkante der Hinterflügel gewöhnlich konkav. Fühlerkeule ziemlich schlank. Bei Störung pressen die Raupen hinter dem Kopf das bunt gefärbte Osmaterium heraus, dessen Geruch Feinde irritiert. Gürtelpuppen auf den Futterpflanzen.

Apollo *Parnassius apollo.* §. Die Färbung variiert etwas von Vorkommen zu Vorkommen. Gebirgsform, nur im N unterhalb 700 m. Flug: flattern in der Sonne. Raupen an Mauerpfeffer und Hauswurz, verpuppen sich in lockerem Gespinst. Gebirge Europas.

Alpenapollo *P. phoebus* § ähnlich, jedoch etwas kleiner, mit kleinem roten Fleck nahe der Vorderkante des Vorderflügels. Südliche Hochalpen zwischen 1500 und 2500 m, Raupen an Steinbrech und Hauswurz.

Schwarzer Apollo *P. mnemosyne.* §. Dem Baumweißling (S. 114) ähnlich, jedoch gefleckt, Hinterflügel konkav. Flügel im Alter nahezu durchsichtig. Schwärzlinge nur bei Weibchen. Alle Weibchen der Gattung zeigen nach der Paarung unter dem Hinterleib eine hornige, vom Männchen abgeschiedene Bildung (Sphragis), die weitere Paarung verhindert. 5—7. Im N auf feuchten Wiesen, sonst auf Bergwiesen. Raupe an *Corydalis.*

Schwalbenschwanz *Papilio machaon.* §. 4—9 auf offenen, stark blühenden Wiesen. Im N 1, weiter südlich 2—3 Generationen. Bei der 1. Generation sind die schwarzen Abzeichen weniger gelb bestäubt, der Hinterleib ist völlig schwarz. Raupe an Möhre, Fenchel u.a. Doldenblütlern. Ganz Europa, im S häufiger als im N.

Korsischer Schwalbenschwanz *P. hospiton.* §. Sehr ähnlich, jedoch dunkles Band auf der Unterseite der Vorderflügel deutlich wellig. Auf Korsika und Sardinien beschränkt, von 5—7 vor allem in höheren Lagen.

Papilio alexanor. §. Vorderflügel an der Basis ohne schwarzen Fleck, jedoch mit auffälligem schwarzen Querband vor jeder Flügelwurzel. Sehr lokal und verstreut im südlichen Europa von der Provence ostwärts. 5—7.

Segelfalter *Iphiclides podalirius.* §. 3—9 in buschigem Gelände, auch Obst- und Gemüsegärten. 1 oder 2 Generationen: Frühjahrstiere hellgelb, Sommertiere fast weiß. Raupen auf Schlehe, Obstbäumen. Europa südlich des 54. Breitengrades, gelegentlich Wanderer auch in N und B.

Zerynthia rumina. §. Rote Flecke in den Zellen der Vorderflügel; nahe der Spitze ein durchsichtiges Fenster. 2—5 an Gebirgshängen. Raupe auf *Aristolochia*-Arten. Südfrankreich, Iberische Halbinsel. **Osterluzeifalter** *Z. polyxenia* § Ohne rote Flecke, keine glasigen Spitzenflecke. 4—5, SO, überlappt sich in der Provence mit *rumina.*

Schwarzer Apollo
♀
Dunkle Form
Junge Raupe
Schwalben-schwanz
erwachsene Raupe
Segelfalter
Zerynthia rumina

WEISSLINGE Pieridae Eine große Familie, meist weiß oder gelb, häufig schwarz gezeichnet. Geschlechter oft unterschiedlich gefärbt. Gürtelpuppen auf Futterpflanzen oder an anderen senkrechten Flächen. Puppen vorn mit einer Spitze.

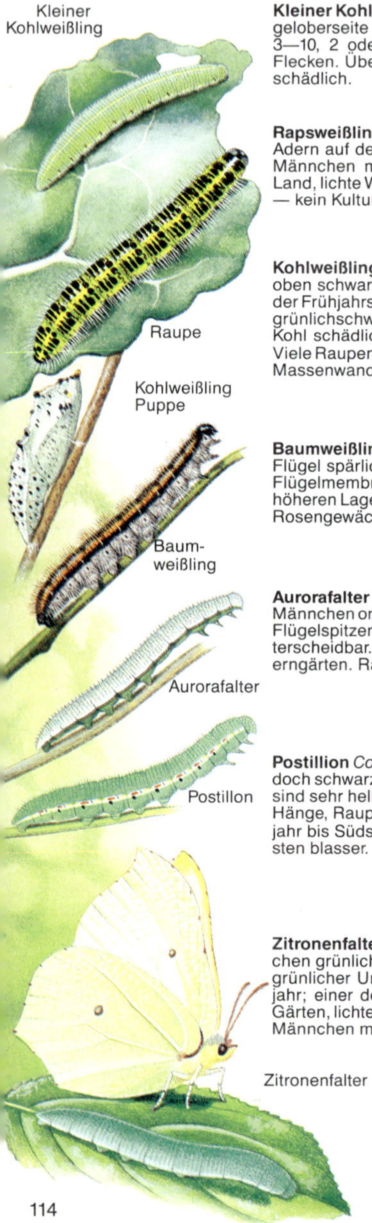

Kleiner Kohlweißling *Artogeia rapae.* Schwarzer Fleck auf der Flügeloberseite des Männchens kann fehlen; Weibchen 2gefleckt. 3—10, 2 oder mehr Generationen. 1. Generation mit graueren Flecken. Überall auf Kohlarten, wilden Kreuzblütlern, häufig recht schädlich.

Rapsweißling *A. napi.* An schwarzer oder grauer Begrenzung der Adern auf der Hinterflügel-Unterseite erkennbar. Weibchen mit 2, Männchen mit 1 Fleck auf der Vorderflügel-Oberseite. Offenes Land, lichte Wälder. Raupe auf wilden Kreuzblütlern, kaum auf Kohl — kein Kulturfolger!

Kohlweißling *Pieris brassicae.* Nur Vorderflügel des Weibchens oben schwarz gefleckt. 4—9 in 2—3 Generationen. Flügelspitzen der Frühjahrstiere grauer. Hinterflügel unten weiß bis tiefgelb, oft mit grünlichschwarzen Schuppen überflogen. Raupen gesellig, oft an Kohl schädlich; auch auf wilden Kreuzblütlern, Kapuzinerkresse. Viele Raupen werden von *Apanteles glomeratus* (S. 230) parasitiert. Massenwanderer.

Baumweißling *Aporia crategi.* Adern schwarz oder dunkelbraun, Flügel spärlich beschuppt, besonders beim Weibchen bräunliche Flügelmembran durchscheinend. 5—7 in offenem Gelände, oft in höheren Lagen. Raupen gesellig, überwintern jung in Gespinst; auf Rosengewächsen, Obst. S, Z. Fehlt oft jahrelang.

Aurorafalter *Anthocharis cardamines.* §. Nur Flügelspitze der Männchen orange. Weibchen von ähnlichen Arten durch gerundete Flügelspitzen mit einheitlichem grauen oder schwarzen Fleck unterscheidbar. 4—6 auf feuchten, blühenden Wiesen, auch in Bauerngärten. Raupen auf Wiesenschaumkraut u.a. Kreuzblütlern.

Postillion *Colias croceus.* §. Weibchen dem Männchen ähnlich, jedoch schwarzer Flügelrand gelb gefleckt. Etwa 10 % der Weibchen sind sehr hell (*f. helice*). 4—10, bis zu 3 Generationen. Wiesen und Hänge, Raupen auf Kleearten. In S heimisch, kann in jedem Frühjahr bis Südschweden vordringen. Einige ähnliche Arten, die meisten blasser.

Zitronenfalter *Gonepteryx rhamni.* Männchen schwefelgelb, Weibchen grünlichweiß. In Ruhe ziemlich blattartig, mit fahlgelber bzw. grünlicher Unterseite. 6—9, nach Überwinterung erneut im Frühjahr; einer der ersten Schmetterlinge im Jahr. Offenes Gelände, Gärten, lichte Wälder, Raupe auf Faulbaum. ***G. cleopatra*** § ähnlich, Männchen mit orangerot übergossenen Vorderflügeln.

♂
♀
♀
Kleiner Kohlweißling
♀
Rapsweißling
♂
♀
Baumweißling
Kohlweißling
♂
♀
Aurorafalter
♀
helice
♂
Zitronenfalter ♂
Postillion

Zürgelbaum-Schnauzenfalter *Libythea celtis* § Libytheidae. Einziger europäischer Vertreter der Familie, am Flügelmuster, den deutlich gezackten Vorderflügeln und den langen Tastern eindeutig zu erkennen. Nur beim Weibchen alle 3 Beinpaare voll entwickelt. Offenes und spärlich baumbestandenes Gelände, 6—9, erneut im Frühjahr nach Überwinterung. Raupe grün, weiß und rosa gestreift, auf Zürgelbaum. S, südliches und östliches Z.

EDELFALTER Nymphalidae Große Familie, ca. 5000 Arten. Oberseite meist sehr bunt; Unterseite unauffällig, Schutzfärbung!, besonders bei Arten, die als Schmetterling überwintern. Vorderbeine zu Putzpfoten reduziert, dienen nicht mehr zum Laufen. Raupen in der Regel dornig. Puppen oft mit Metallschimmer, hängen frei an den Futterpflanzen o.ä. Unterlagen.

Erdbeerbaumfalter *Charaxes jasius*. §. 5—6 und 8—9. Fliegt gut. Wird meist von reifen Früchten angelockt. Raupe grün, gelb gestreift, Rücken mit 2 Augenflecken, Kopf mit rötlichen Hörnern; an Erdbeerbaum *(Arbutus unedo)*. S: selten weit von der Küste entfernt, nur im Inneren Spaniens.

Tagpfauenauge *Inachis io*. 6—9, nach Überwinterung erneut im Frühjahr. Auf Blüten, besonders *Budleia*. Überwintert in hohlen Bäumen, Häusern. Raupe (links) an Brennessel. Fehlt jenseits 60° nördl. Breite.

Trauermantel *Nymphalis antiopa*. §. Unterseite der Oberseite ähnlich, nur trüber, mit geringerer Blauzeichnung. 6—9, nach Überwinterung erneut im Frühjahr. Lichte Gehölze. Raupe (unten links) auf Weiden, Birken, Pappeln. Fast in ganz Europa, wandert mitunter bis zum Nordkap.

Kleiner Eisvogel *Limenitis camilla*. §. Frisch geschlüpft samtschwarz, im Alter bräunlicher. 2 Reihen schwarzer Punkte auf der Unterseite der Hinterflügel. 6—7 in Wäldern. Raupe auf Geißblatt. Nördliches S. **Blauschwarzer Eisvogel** *L. reducta*. §. 1 Reihe schwarzer Punkte auf der Unterseite der Hinterflügel; in der Mitte der Vorderflügel ein zusätzlicher weißer Fleck. 5—10. S, Z.

Großer Schillerfalter *Apatura iris*. §. Weibchen ohne Purpurschimmer, weiße Flecke größer. 7—8 in Wäldern, besonders an Eichen. Raupe an Weide. S, Z. **Kleiner Schillerfalter** *A. ilia*. §. Kleiner, orange gerandeter schwarzer Fleck nahe der Außenkante des Vorderflügels. 5—9. S, Z.

Weißes C *Polygonia C-album*. §. Nach C-artiger Zeichnung auf der Unterseite des Hinterflügels benannt. Sommergeneration (6—7) heller als die hier abgebildete Herbstgeneration. Diese von 8—9, erneut nach Überwinterung im Frühjahr. Die Raupe ist schwarz und weiß gezeichnet und erinnert an Vogelkot. Auf Nesseln, Hopfen, Ulmen, Stachel- und Johannisbeere. **Gelber C-Falter** *P. egea*. Weniger deutlich gezeichnet, das Hinterflügelmakel v- oder y-förmig. SO.

Erdbeerbaumfalter
Tagpfauenauge
Kleiner Eisvogel
Trauermantel
Großer Schillerfalter
♂
Weißes C
Raupe des großen Schillerfalters

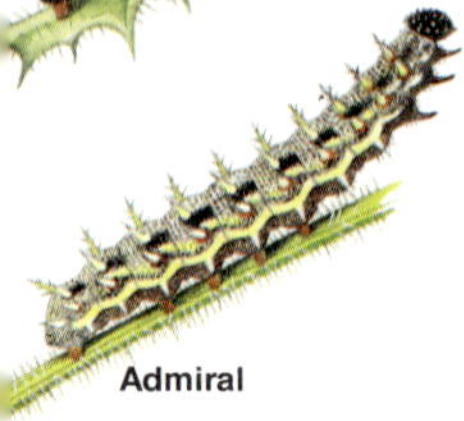

Distelfalter *Cynthia cardui.* 3—10 auf Blüten; liebt Disteln, Budleia. Raupen besonders auf Disteln, Klette. Nur im S heimisch, wandert regelmäßig nach Norden und erzeugt Sommergeneration in weiten Teilen Europas. Einige Tiere wandern im Herbst wieder südwärts.

Admiral *Vanessa atalanta.* 3—10 auf Blüten, besonders in Gärten und an Waldrändern. Liebt überreifes Obst. Raupe an Nesseln. Im S heimisch, überwintert als Schmetterling, wandert im Frühjahr wie die vorige Art nordwärts.

Landkärtchen *Araschnia levana.* 4—9 in lichten Gehölzen, 2—3 Generationen, Frühjahrs- und Sommertiere stark unterschieden. Raupe schwarz mit bräunlichen Dornen, gesellig auf Nesseln. SW, Z.

Kleiner Fuchs *Aglais urticae.* 3—10 auf Blüten in Gärten u.ä. Überwintert als Schmetterling; Unterseite sehr dunkel (Schutztracht!). Raupe auf Nesseln, zunächst gesellig. **Großer Fuchs** *Nymphalis polychloros* §. größer, der tiefschwarze Fleck auf dem Hinterflügel fehlt.

Großer Perlmutterfalter *Mesoacidalia aglaja.* §. Alle Flecke auf der Hinterflügel-Unterseite silbrig. 6—8 blütenreiche Waldwiesen und -ränder, Auen, liebt Flockenblumen, Skabiosen. Raupe schwarz, dornig, mit weißem Rückenstrich, Seiten rotgefleckt, auf Veilchen.

Violetter Silberfalter *Brenthis ino.* §. Eine von mehreren ähnlichen Arten, zu erkennen an dem durchlaufenden dunklen Flügelrand der Oberseite und purpurbraunen Bändern auf der Unterseite der Hinterflügel. 6—8 auf feuchten Wiesen, in lichten Wäldern. Raupen auf Mädesüß.

Kaisermantel *Argynnis paphia.* §. Männchen kräftiger als Weibchen gefärbt, schwarze Makel kleiner, einige Adern im Vorderflügel mit dunklen (Duft-)schuppen besetzt. 6—8 in Wäldern, liebt Brombeerblüten. Raupe schwarz und braun, mit gelbem Strich und langen braunen Dornen, auf Veilchen.

Kleiner Perlmutterfalter *Issoria lathonia.* §. An den großen, silberglänzenden Flecken der Unterseite sofort zu erkennen. 2—9 auf blütenreichem Ödland, bis zu 3 Generationen; Schmetterlinge überwintern im S. Raupe auf Veilchen. Fast ganz Europa, wandert im Frühjahr nordwärts.

Veilchen-Perlmutterfalter *Boloria euphrosyne.* §. Von einigen ähnlichen Arten durch silberne Randflecken auf der Unterseite des Hinterflügels und einen Silberfleck im gelben Band unterschieden. 4—8 in offenen Gehölzen. Raupe schwarz und grau mit gelben Dornen, auf Veilchen.

Skabiosen-Scheckenfalter *Eurodryas aurinia.* §. Sehr variabel, jedoch stets mit schwarzer Punktreihe nahe der Außenkante der Unterseite der Hinterflügel. Weibchen größer als Männchen. 5—7 auf blütenreichen, nicht unbedingt feuchten Wiesen, auch Moorwiesen. Raupe schwarz, dornig, fressen im Gemeinschaftsgespinst auf Skabiosen und Wegerich.

Brauner Würfelfalter *Hamaearis lucina.* §. Riodinidae. Einziger Vertreter der Familie in Europa. Vorderbeine der Männchen stark reduziert. 5—8 in lichten Gehölzen und Gebüsch. Raupe auf Schlüsselblumen. S, Z.

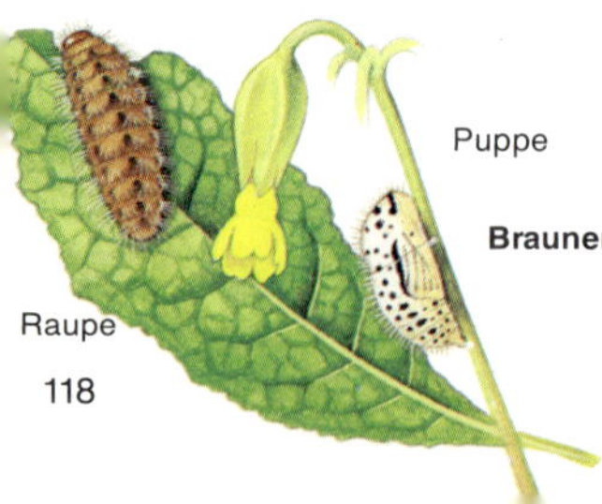

Distelfalter
Admiral
Frühjahr
Landkärtchen
Sommer
Großer Perlmutterfalter
Violetter Silberfalter
Kleiner Fuchs
♂
♀
Kaisermantel
Veilchen-Perlmutterfalter
♀
Brauner Würfelfalter
Skabiosen-Scheckenfalter

AUGENFALTER Satyridae Eine große Familie vorzugsweise brauner Schmetterlinge mit auffallenden Augenflecken nahe der Flügelkante. Diese Augenflecke lenken Vögel vom Kopf zu den weniger empfindlichen Flügelspitzen hin ab. Einige Adern an der Wurzel verdickt. Weibchen häufig größer, etwas heller; Männchen in der Mitte der Vorderflügel oft mit einem dunklen Duftschuppenfleck, der bei der Paarung eine Rolle spielt. Vorderbeine zu Putzpfoten reduziert. Die Raupen aller Arten fressen Gräser und sind meist braun oder grün, mit 2 Spitzen am Hinterende. Stürzpuppe wie bei den Nymphalidae, oder Puppe frei in lockerem Gespinst im Gras.

Schachbrett *Melanargia galathea*. §. Muster veränderlich, im Gebirge oft sehr viel dunkler. 6—8 auf Waldwiesen, liebt Flockenblumen. Raupen grün oder braun. S, Z. **M. occitanica** § mit schwarzer Linie in der Discalzelle der Vorderflügel; Adern auf der Unterseite der Hinterflügel braun. 5—7. SW. Einige ähnliche Arten im S.

Rostbinde *Hipparchia semele*. §. Muster ziemlich veränderlich; Weibchen auf der Oberseite mit größeren hellen Flecken. 5—8, auf Heiden, Trockenwiesen. Sitzt meist schräg auf dem Boden, um den Schatten zu verkleinern. Nicht weit nach Norden.

Brauner Waldvogel *Aphantopus hyperanthus*. Oberseite in beiden Geschlechtern sehr dunkel. Augenflecken dort beim Männchen undeutlich oder fehlend, beim Weibchen stets vorhanden. 6—8, Waldränder und -lichtungen, Gebüsch, liebt Brombeerblüten. Raupe wie die der Rostbinde, aber haariger.

Braungerändertes Ochsenauge *Pyronia tithonus*. §. 6—8 in lichten, trockenen Laubwäldern, besonders auf Brombeerblüten. Raupe wie die der Rostbinde, jedoch gelber, haariger. S, Z.

Kleiner Heufalter *Coenonympha pamphilus*. §. Oberseite nahezu einfarbig orangegelb. 4—10 auf Wiesen, Heiden verbreitet. Sitzt auf Gras oder Boden, selten auf Blüten. Raupe ähnlich der grünen Form des Schachbretts, jedoch kleiner.

Waldportier *Minois dryas*. §. Augenflecke mit blauen Pupillen. Weibchen heller, Augenflecke größer. Rand der Hinterflügel deutlich gewellt. 7—9 in lichten Wäldern, Gebüsch. Raupe schmutziggelb mit dunkleren Linien und braunem Kopf. Nördliches S, Z.

Waldbrettspiel *Pararge aegeria*. 3—10 in Waldlichtungen. Orangegefleckte Form *(P. a. aegeria)* im SW, Italien; blaßgelbe Form *(P. a. tircis)* im übrigen Gebiet. Nordgrenze bei 63°.

Ochsenauge *Maniola jurtina*. Unterseite des Männchens kaum oder nicht orange gezeichnet, jedoch mit einem Fleck dunkler Duftschuppen in der Mitte des Vorderflügels. 6—9 auf Wiesen.

Mohrenfalter *Erebia aethiops*. §. Gestalt ziemlich veränderlich. Männchen dunkler, häufig mit weniger Augenflecken. Unterseite der Oberseite ähnlich, Hinterflügel jedoch mit grauem Band, darin 3 kleine weiße Punkte. 6—9 auf Sumpfwiesen, besonders im Bergland; häufig in Nadelwäldern. Z.

Braunauge *Lasiommata megera*. §. Weibchen oft heller, weniger stark gezeichnet, ohne breites braunes Band (Duftschuppen) in der Mitte der Vorderflügel. 3—9 auf warmen Wiesen, auf Berghängen. Nimmt Sonnenbäder auf Felsen und Mauern. Raupe hellgrün, mit weißen Linien und Flecken. Nordgrenze bei 60°.

Weißer Waldportier *Brintesia circe*. §. Oberseite sehr dunkel, braun, mit cremeweißem Band über beide Flügel bis zur Hinterkante der Hinterflügel, Vorderflügel mit nur einem Augenfleck, auf der Oberseite stets blind. Unterseite der Hinterflügel ohne Augenflecke. 6—8 in offenen Gehölzen und buschbestandenen Hängen. Raupe braun mit helleren Seitenstreifen. S, Z.

Schachbrett

Rostbinde

Brauner Waldvogel

Braungerändertes Ochsenauge

Kleiner Heufalter

Waldportier

Waldbrettspiel

Ochsenauge

Mohrenfalter

Braun-
auge

Weißer Waldportier

BLÄULINGE LYCAENIDAE § Relativ kleine Schmetterlinge, Männchen leuchtend bunt; Geschlechtsunterschiede oft bedeutend. Die Zipfelfalter wurden nach kleinen »Schwänzen« an den Hinterflügeln benannt. Die Raupen sind kurz, gedrungen, ihre Beine von oben gesehen verborgen, so daß sie etwas Schneckenhaftes haben bzw. Schwebfliegenlarven ähneln. Die Puppen werden aufrecht an der Futterpflanze bzw. an Streu mit einigen Gespinstfäden befestigt (Gürtelpuppe). In Europa ca. 100 Arten.

Blauer Eichenzipfelfalter *Quercusia quercus*. §. Oberseite des Männchens mit Purpurschimmer. 7—8 in Eichenwäldern, oft hoch in den Bäumen an Honigtau. Raupen auf Eiche. Nördlich bis zum 60°.

Ulmenzipfelfalter *Strymonidia w-album*. §. Eine mehrerer ähnlicher Arten, durch einfarbige Oberseite und deutlich w-förmige weiße Linie auf der Unterseite der Hinterflügel unterscheidbar. Weibchen heller, ohne Mal nahe der Vorderkante des Vorderflügels. 6—8 an und in Wäldern; liebt Brombeerblüten. Raupe gelbgrün mit dunklem Kopf und grünen Diagonalstreifen seitlich. Vor allem auf Ulme.

Brombeerzipfelfalter *Callophrys rubi*. §. 3—7 in Gebüsch auf Waldlichtungen, feuchten Heiden und an Wegrändern. Raupe leuchtend grün mit schrägen gelben Streifen, auf Stechginster, Brombeere, Heidekraut und vielen Schmetterlingsblütlern.

Dukatenfalter *Heodes virgaureae*. §. Durch gelbgrüne Unterseite von mehreren ähnlichen Arten unterschieden. Männchen im Gebirge mitunter mit kleinen schwarzen Flecken. 7—8 auf blütenreichen Wiesen. Raupen auf Ampfer, Goldrute.

Feuerfalter *Lycaena phlaeas*. §. 3—11 auf blütenreichen Wiesen, auch Gärten. Raupe auf Ampfer, Wiesenknöterich. Ganz Europa, unterhalb 2000 m.

Hauhechelbläuling *Polyommatus icarus*. §. Männchen von mehreren ähnlichen Arten durch deutlich violetten Anflug unterschieden. Blauanteil bei den Weibchen unterschiedlich, auch fehlend. 4—9 auf Wiesen, an Wegrändern. Raupe auf Leguminosen.

Silbergrüner Bläuling *Lysandra coridon*. §. Die silberblaue Unterseite unterscheidet das Männchen von ähnlichen Arten. Weibchen braun mit oder ohne blaue Schuppen nahe der Flügelwurzel. 7—8, blütenreiche Kalk- und Kreidehänge. Raupe grün mit gelben Streifen, schwarzem Kopf, an Leguminosen, besonders Hufeisenklee. S, Z. ***L. hispana*** § in Südeuropa ähnlich, fliegt jedoch 4—5 und erneut 9.

Faulbaumbläuling *Celastrina argiolus*. §. 4—5 und 7—9. Weibchen der Sommergeneration stärker schwarz gezeichnet als die abgebildete Frühlingsgeneration. Lichte Wälder, Gärten, Wegränder. Raupe gelb- bis braungrün, gelb und rot gezeichnet, im Frühling auf Efeu, Ilex, im Herbst auf Efeu, besonders in Blüten.

Die Raupen von *M. arion* sind in den ersten Stadien weißrötlich und fressen an Thymianblüten. Im 4. Stadium gehen sie in Ameisennester und fressen Larven. Sie scheiden ein süßes Sekret aus, das die Ameisen lieben.

Schwarzgefleckter Bläuling *Maculinea arion*. §. Graue, an der Wurzel blau überhauchte Unterflügel unterscheiden ihn von ähnlichen Arten. Flecke variabel, bei Weibchen meist größer. 6—7 an Hängen. Weit verbreitet, bis zum 62°. In B erloschen.

DICKKOPFFALTER Hesperiidae Kleine Schmetterlinge mit schnellem, reißenden Flug. Fühler an der Wurzel weit voneinander getrennt; Fühlerkeule endet meist in kleinem Haken. Die Raupen fressen und verpuppen sich in einem leichten Gespinst an der Basis der Futterpflanze.

Ockergelber Dickkopffalter *Thymelicus flavus*. Männchen mit dunklem Duftschuppenstrich in der Vorderflügelmitte. Nachts werden die Flügel senkrecht über dem Körper zusammengeklappt, tags so wie abgebildet getragen. 6—9 an Gräsern. Raupe gelbgrün, Kopf dunkler, frißt an Gräsern. S, Z. **T. lineola** ähnlich, doch ist die Fühlerkeule unterseits an der Spitze schwarz, nicht orange.

Dunkler Dickkopffalter *Erynnis tages*. 5—9 auf blütenreichem Ödland. Ruhestellung eulenartig, Flügel dachartig zurückgestellt. Raupe auf Mannstreu, Schotenklee.

Rostfarbiger Dickkopf *Ochlodes venatus*. Unterseite orange gefleckt. 6—9 an Gräsern, auf Ödland, Wegrändern, Lichtungen. Sitzt wie der Ockergelbe D. Raupe an Gräsern. Bis 64 ° Nord. **Kommafalter** *Hesperia comma*. Unterseite silbern gefleckt. Raupe am Boden in Röhre aus Grasstengeln, am häufigsten auf Kalkböden.

Malven-Würfelfleck *Pyrgus malvae*. §. Von mehreren ähnlichen Arten durch eine deutliche Reihe weißer Flecke in der Außenzone der Hinterflügel unterschieden; Unterseite nie kräftig grün. 4—9 auf Blüten, legt die Flügel im Sitzen flach. Raupe oben purpurbraun, unten grün, auf Fingerkraut, Erdbeere, Brombeere, Malve u.a.

Blauer Eichenzipfelfalter
Ulmenzipfelfalter
Brombeerzipfelfalter
Dukatenfalter
Feuerfalter
Hauhechelbläuling
Silbergrüner Bläuling
Faulbaumbläuling
Schwarzgefleckter Bläuling
Ockergelber Dickkopffalter
Dunkler Dickkopf-falter
Rostfarbiger Dickkopf
Malven-Würfelfleck

KLEINSCHMETTERLINGE

Micropteryx mansuetella Micropterygidae. Eine von mehreren ähnlichen pollenfressenden Urmotten (Kiefer funktionsfähig). Hinterflügel purpurbraun. Tags auf Feuchtwiesen, an Hahnenfußblüten. 5—6. Raupen fressen Pflanzenabfälle. N, Z. ***M. calthella*** Kopf golden, Flügel ungebändert. Häufig auf Hahnenfuß, Dotterblumen.

Eriocrania semipurpurella Eriocraniidae. Eine von mehreren ähnlichen, tagaktiven Trugmotten, Vorderflügel mit einzelnen leuchtendblauen Schuppen. In Schwärmen an Birken 3—4. Raupe erzeugt Platzminen in Birkenblättern, verpuppt sich im Boden. N, Z.

Stigmella aurella Nepticulidae. Eine von mehreren ähnlichen Zwergmotten, Raupen minieren in Blättern. 1. Fühlerglied zu orangem Augendeckel verbreitert. 5—9, 2 Generationen. Raupe in geschlängelten Minen in Brombeerblättern, überwintert darin, verpuppt sich außerhalb. Fehlt wegen der Überwinterungsart im hohen Norden.

Tischeria marginea Tischeriidae. Von ähnlichen Schopfstirnmotten durch den dunklen Rand der Vorderflügel unterschieden. Alle pressen in Ruhe die Flügelspitzen an den Boden und stellen den Vorderkörper auf. 4—8. Raupe in Platzmine auf Brombeere.

Nemophora degeerella Incurvariidae. Fühler der Männchen 4x so lang wie Flügel, die der Weibchen viel kürzer. Hinterflügel purpurbraun. 4—6 in Wäldern, flattern in der Dämmerung auf und nieder. Raupen in einem Sack an Anemone.

Adela reaumurella. Fühler der Weibchen viel kürzer. Hinterflügel purpurbraun. 4—6 im Sonnenschein an Bäumen und Büschen, segeln mit aufgestellten Fühlern (Paarungsspiel). Raupen in kleinen Säcken, aus Pflanzenteilen gefertigt.

Incurvaria masculella. Fühler der Weibchen ungekämmt. 4—6, Tagtier. Junge Raupen minieren in Weißdornblättern u.a. Später fertigen sie einen kleinen Blattköcher, fallen zu Boden und fressen abgefallene Blätter. S, Z. **I. pectinea** ähnlich, jedoch heller, mit grauem Kopf.

Himbeerschabe *Lampronia rubiella.* Fleckzeichnung variierend, hellgelb bis cremefarben. Raupen im Fruchtboden von Himbeeren, überwintern im Boden, fressen im Frühling an Knospen. **L. praeletella** Raupen minieren in den Blattspitzen der Erdbeere, fertigen später einen Blattköcher und fressen dann außerhalb der Blätter. N, Z.

Tapetenmotte *Trichophaga tapetzella.* Größte der Echten Motten, deren Raupen Tierhaare und Federn fressen. Diese Art richtet in Häusern kaum Schaden an. Sie ist häufig in Ställen, z.B. an Pferdehaaren, und in Eulengewöllen, wahrscheinlich der ursprünglichen Nahrung. Schmetterlinge 6—7.

Pelzmotte *Tinea pellionella.* Hinterflügel ziemlich dunkel. Raupe in transportabler Gespinströhre, frißt an Pelzen, Wolle, Federn und zerstört Kleidung, Teppiche u.ä. Schmetterlinge im Haus ganzjährig, im Freien 6—10, dort vor allem in Vogelnestern. Braucht eine ziemlich hohe Luftfeuchtigkeit; in zentralgeheizten Wohnungen daher weniger häufig.

Kleidermotte *Tineola bisselliella.* Hinterflügel ziemlich hell. Ganzjährig in Häusern, selten im Freien. Weibchen flugunlustig, verkriechen sich. Raupe weiß, mit hellbraunem Kopf. Fertigt keinen Köcher, nur Gespinströhren, in denen sie lebt. Frißt vor allem an Stoffen tierischer, selten pflanzlicher Herkunft; häufigster und bedeutendster Kleidungsschädling.

Zwetschgen-Gespinstmotte *Yponomeuta padella* Yponomeutidae. Eine von mehreren ähnlichen Arten. Hinterflügel grau. 6—8. Raupen in großen Gemeinschaftsnestern auf Weißdorn, Zwetschge und anderen *Prunus*-Arten. Verpuppen sich im Gespinst.

Kohlschabe *Plutella maculipennis.* Benannt nach dem Schabefraß der Raupen an Blattunterseiten wilder und angebauter Kreuzblütler, Kohlschädling. Raupe grün, Kopf schwarz oder braun. 5—9.

Ypsolopha dentella. Wälder, Wegränder 7—8. Ruht in typischer »Dorn«- oder »Zweigstummel«-Haltung. Raupen auf Geißblatt.

Kohlschabe
X 2

Zwetschgen-gespinstmotte X 2
mit Raupengespinst

Micropteryx mansuetella X 4
Eriocrania semipurpurella X 3
Platzmine von *Eriocrania* an Birkenblatt
Stigmella aurella X 3
Geschlängelte Mine von *S. aurella*
Tischeria marginea X 3
Platzmine von *T. marginea*
Nemophora degeerella X 2
Adela reaumurella X 2
Himbeerschabe X 3
L. praeletella X 3
Incurvaria masculella X 2
Pelzmotte, rechts Raupenköcher X 2
Tapetenmotte X 2
Kleidermotte X 2
Ypsolopha dentella X 2

Coleophora caespitiella
X 2

Coleophora caespitiella Coleophoridae. Köcher der Raupen häufig auf Fruchtständen von Binsen. Jede Raupe spinnt einen gelblichen Röhrensack und lebt darin bis zur Verpuppung. Viele ähnliche Arten auf anderen Pflanzen. Die Schmetterlinge sind klein, braun oder weißlich, mit zugespitzten Flügeln.

Depressaria pastinacella Oecophoridae. Eine von vielen ähnlichen, ziemlich abgeflachten Arten. Hat wie die meisten Vertreter einen kleinen Borstenkamm nahe der Fühlerwurzel. 9—4, überwintert als Schmetterling. Raupe grau, schwarzgetüpfelt, frißt in Gesellschaften in Seidengespinst auf Doldenblütlern.

Dasycera sulphurella In lichten Wäldern, 5—7, tagaktiv. Ruht mit nach vorn gerichteten Fühlern. Raupen hellgrau, unter Rinde in faulem Holz. S, Z.

Samenmotte *Hofmannophila pseudospretella.* 5—9 an und in Häusern, häufiger Haushaltsschädling. Raupe weiß, mit braunem Kopf, frißt Früchte, Sämereien, Drogen, Häute, Wolle, Bücher; auch in alten Vogelnestern.

Endrosis sarcitrella. Ganzjährig in Häusern. Raupe ähnlich denen der vorbeschriebenen Arten, frißt auch trockenen Vogelkot in Nestern.

Carcina quercina. Hinterflügel hellgelb, Spitze rosa. 7—8 in Wäldern und Hecken. Raupe hellgrün, im Frühjahr in Gespinsten auf Blattunterseiten. S, Z.

Alabonia geoffrella. Taster sehr lang. Hinterflügel schmutzigbraun. Tagaktiv, 5—6 in Gehölzen. Raupe weiß, schwarz gepunktet, in faulem Eichenholz. S, Z.

WICKLER Tortricidae Große Familie ziemlich kleiner Schmetterlinge mit etwa rechteckigen Vorderflügeln. Werden in Ruhe dachartig über den Körper gelegt. Viele ähneln dann Vogelkot oder Pflanzenresten. Hinterflügel meist graubraun. Die Raupen leben meist in zusammengerollten oder -gefalteten Blättern, einige bohren auch.

Kieferntriebwickler *Rhyacionia buoliana.* Silbrige Zeichnung oft reduziert. 6—9 in Kiefernwäldern. Raupe rotbraun, frißt an Knospen und Trieben, Schaden oft beachtlich. ***R. pinicolana*** ähnlich, aber weniger kräftig orange gefärbt.

Apfelwickler *Cydia pomonella.* 5—10 an Apfelbäumen. Raupe zunächst weiß, später rosa, frißt Fruchtfleisch und Samen von Äpfeln, Birnen, Walnuß, Quitte, Pfirsich, Pflaume.

Pammene regiana. 5—7 in Wäldern und Parks, in oberen Baumbereichen. Raupe grauweiß mit braunem Kopf, frißt an Ahorn und Platanen. N, Z.

Epiblema cynosbatella. Eine von mehreren ähnlichen »Vogelkot«-Arten, an gelben Tastern zu erkennen. 5—6 in Gärten, an Wegrändern. Die rotbraunen Raupen fressen in Rosenknospen und -schößlingen.

Acleris emargana. Farbe veränderlich, nicht jedoch die charakteristische tiefe Bucht im Vorderflügel. Läßt sich bei Störungen zu Boden fallen. 6—9 in Wäldern. Raupe grün, in versponnenen Blättern von Weide, Pappel u.a. ***A. literana*** leicht an der charakteristischen Farbe kenntlich. Zeichnung variabel. Wälder, 8—9 und nach Überwinterung im Frühjahr. Graugrüne Raupe, an Eiche. ***A. variegana*** sehr variabel; schwarze Punkte im weißen Teil fehlen oft. 7—9 in Hecken o.ä. Grüne Raupen an Rosen, Ulmen, Weiden und vielen anderen Laubhölzern.

Ancylis badiana. 4—8 an Gräsern. Raupe grau, frißt an Klee und Wicken, zunächst minierend, später in zusammengesponnenen Blättern.

Grauer Knospenwickler *Hedya nubiferana.* Häufig bräunlicher. 5—7 in Hecken und Gebüsch. Raupe grünlich, schwarzköpfig, an Blüten und Schößlingen v. Laubgehölzen.

Philedonides lunana. Fühler des Männchens etwas gefiedert und Flügel grauer, braune Bereiche weniger deutlich. 3—6 in Heiden und Mooren. Raupen grünlich, an Blüten und Blättern verschiedener Pflanzenarten. N, Z.

Cacoecimorpha pronubana. 5—9 tags in Gärten, Hecken und anderem Gebüsch. Raupe graugrün bis braun, polyphag.

Archips podana. Eine von mehreren Arten mit verlängerter Flügelspitze. Flügelhaltung in Ruhe ziemlich flach, einem toten Blatt ähnlich. 6—8, besonders in Gemüse- und Obstgärten. Raupe grünlich, frißt an Blättern, Knospen und Früchten des Apfels.

Pandemis corylana. Der vorigen Art ähnlich, jedoch Flügelspitzen nicht verlängert. Hinterflügel nie orange. 6—9 in Wäldern. Raupe grün, an vielen Bäumen, Büschen. N, Z.

Exapate congelatella. Weibchen mit Stummelflügeln. 10—12 in Wäldern, Gebüschen, Mooren. Raupe hellgrün, an Büschen. N, Z.

Grüner Eichenwickler *Tortrix viridana.* 5—8 auf Eichen. Die Raupen fressen an den Knospen und eingerollten Blättern, erzeugen im Sommer oft Kahlfraß.

Rosenwickler *Croesia bergmanniana.* Der Anteil der Bänderung und Fleckung variiert. 6—7 in Hecken, Gärten. Raupe graugrün oder gelb, an Rosen. N, Z.

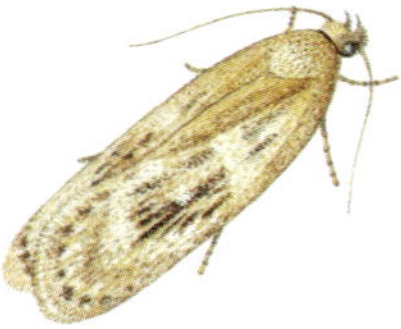

Depressaria pastinacella X 2

Dasycera sulphurella X 2

Samenmotte X 2

Kieferntrieb-wickler X 2

Endrosis sarcitella X 2

Carcina quercina X 2

Alabonia geoffrella X 2

Raupe

Apfelwickler X 2

Pammene regiana X 2

Epiblemma cynosbatella X 2

A. literana X 2

Ancylis badiana X 2

Grauer Knospen-wickler X 2

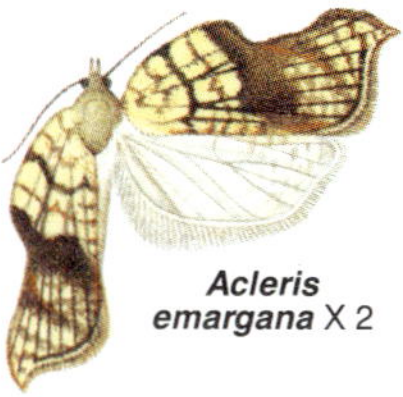

Acleris emargana X 2

A. variegana X 2

♀

Philedonides lunana X 2

Archips podana X 2

Cacoecimorpha pronubana X 2

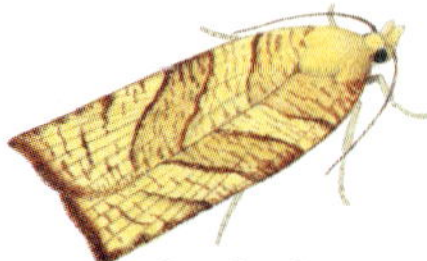

Pandemis corylana X 2

♀ ♂

Exapate congelatella X 2

Raupe

Grüner Eichen-wickler X 2

Croesia bergmanniana X 2

Familie Cochylidae Den Wicklern (S. 126) nahe verwandt, jedoch durch bestimmte Unterschiede in der Flügeläderung abweichend.

Agapeta hamana. Grundfärbung hell- bis schwefelgelb; hell- bis dunkelbraun gezeichnet. 5—9 an Gräsern in Niederungen. Raupe grau, frißt an Distelwurzeln.

A. zoegana. Grundfarbe mitunter orange. 4—9 an Gräsern. Raupe hellgelb, an Wurzeln von Flockenblumen, Skabiosen.

Aethes cnicana. Eine von mehreren ähnlichen Arten. Hellgelb bis hellziegelrot. 5—8 in dichter Feuchtvegetation. Raupe hellgelb, frißt an Stengeln und Samenköpfchen der Disteln.

Cochylis roseana. 5—9 auf Ödland. Raupe hellgrün, mit braunem Kopf, frißt an den Samenköpfchen der Kardendistel.

ZÜNSLER Pyralidae Recht große Familie, deren Vertreter ziemlich schmale Vorderflügel besitzen. Die beiden ersten Längsadern des Hinterflügels über eine Strecke verschmolzen (s. Abb.). Tympanalorgane am Hinterleib. Beine relativ lang, dornig. Raupen oft in Gespinströhren oder zusammengesponnenen Blättern. Viele Arten schädlich an pflanzlichen Vorräten.

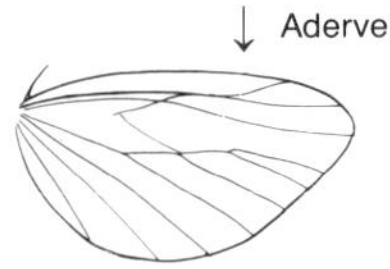

Aderung des Hinterflügels eines Zünslers.

Crambus pratella. Vorderflügel des Weibchens allgemein blasser. 5—9 an Gräsern. Eine von vielen ziemlich ähnlichen »Grasmotten«, die, meist kopfabwärts, an Grashalmen ruhen, die Flügel fest um den Körper gewickelt. Die Raupen aller Arten in Gespinströhren an der Basis der Gräser, die sie an oder dicht unter der Erdoberfläche abbeißen.

Catoptria pinella. 6—9 in Feuchtgebieten, besonders in Waldnähe. Raupen an Wollgras und einigen echten Gräsern.

Chrysoteuchia culmella. Flügel relativ kurz. 5—9. Häufig an Gräsern.

Agriphila tristella. Grundfarbe von strohgelb bis tiefbraun. Mittellinie im Flügel weiß bis hellorange. 6—9 an Gräsern, Raupe in senkrechten Seidenröhren.

Ancylolomia tentaculella. Weibchen größer, kräftiger gefärbt, Hinterflügel nahezu weiß. 7—9 an Gräsern. Raupen in Gespinströhren am Grund der Gräser. S, Z.

Kohlzünsler *Evergestis forficalis.* 5—9 an Hecken, Kulturland. Raupe graugrün, schwarz und weiß gefleckt, frißt an wilden und angebauten Kohlarten aus einem Gespinst an der Blattunterseite, überwintert verpuppungsreif im Boden.

Parapoynx stagnata. Eine von mehreren ähnlichen Arten. Die Zeichnung variiert in ihrer Intensität, kann auch fehlen. 6—8, gewöhnlich in Wassernähe. Raupe gelb oder hellbraun, frißt unter Wasser an Igelkolben, zunächst im Stengelinneren (benetzt, Hautatmung), später in Säckchen außerhalb (von Luftschicht umgeben, Tracheenatmung).

Nymphula nymphaeata. 5—8, an langsam fließenden oder Stillgewässern. Raupe braun, behaart, frißt unter Wasser an den Schwimmblättern des Laichkrautes. Später in flachen Köchern aus 2 zusammengesponnenen Blattstücken; Atmung wie vorige Art. Die Raupen der 2. Generation überwintern in Laichkrautstengeln.

Pyrausta aurata. 5—8 an Gräsern. Raupe trübgrün, schwarz gefleckt, an Minze und Dost. ***P. purpuralis*** ähnlich, Vorderflügel heller, Abzeichen der Hinterflügel schmutzigweiß; Raupe auch an Wegerich.

Scoparia arundinata. Eine von vielen kleinen Arten mit einem Schuppen-Schopf in der Mitte der Vorderflügel. Abzeichen schwarz bis braun, manchmal stark reduziert. 5—7 auf trockenen Wiesen, Dünen. Raupen an Wurzel am Erdboden.

Maiszünsler *Ostrinia nubilalis.* Männchen rosa bis dunkelbraun; Weibchen cremefarben bis ziegelrot, häufig leuchtendgelb. 5—9 auf Feldern. Die weißlichen Raupen bohren in vielen Pflanzen und richten viel Schaden an Kolben und Stengeln vom Mais an. Raupe überwintert in der Pflanze oder anderen Verstecken.

Eurrhypara hortulata. 6—8 an Hecken, Ödland. Raupe zunächst grünlichweiß, später gelbrosa, frißt in zusammengerollten Blättern der Brennessel und von Lippenblütlern. ***E. coronata*** 5—7 an Weg- und Waldrändern. Raupe hellgrün, frißt in Gespinst an Holunderblättern.

Pleuroptya ruralis. 6—8 in Gebüsch, auf Ödland. Langsamer, geisterhafter Flug. Raupe hellgrün, in zusammengerollten Blättern der Brennessel, auch an Büschen.

Nomophila noctuella. Hell- bis dunkelgrau. 5—9 an Gräsern. Wanderart. Raupe schmutziggrün, an Klee, Knöterich, Rispengras.

Agapeta hamana X 2

A. zoegana X 2

Aethes cnicana X 2

Cochylis roseana X 2

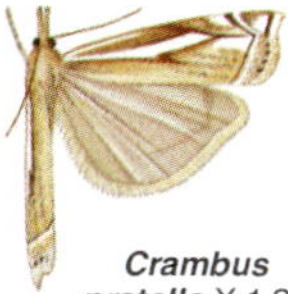

Crambus pratella X 1,25

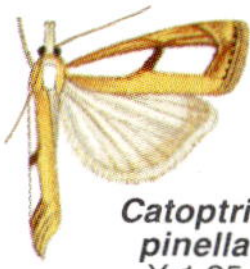

Catoptria pinella X 1,25

Chrysoteuchia culmella

Agriphila tristella

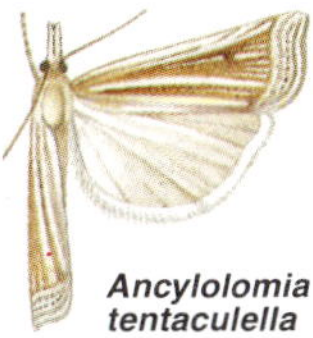

Ancylolomia tentaculella X 1,25

Kohlzünsler

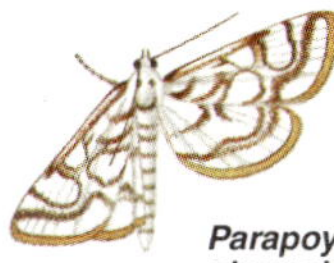

Parapoynx stagnata X 1,25

Pyrausta aurata X 1,25

Scoparia arundinata X 2

Raupe im Köcher

Nymphula nymphaeata X 1,25

Raupe

Eurrhypara hortulata X 1,25

Maiszünsler X 1,25

Pleuropta ruralis X 1,25

Eurrhypara coronata X 1,25

Normophila noctuella X 1,25

Heuzünsler *Hypsipygia costalis*. 7—10 an Hecken und Zäunen nahe Scheunen. Ruht dicht an die Unterlage gepreßt mit ausgebreiteten Flügeln, den Hinterleib gewöhnlich nach oben gereckt. Raupe schmutzigweiß mit braunem Kopf, an Heu, in Strohmieten und -dächern. S, Z.

Orthopygia glaucinalis. Frisch geschlüpft oft mit Kupferglanz. 6—9. Raupe in Gespinst zwischen dürrem Laub und Gras; häufig in alten Vogelnestern. S, Z.

Fichtenzapfenzünsler *Dioryctria abietella*. 6—8 in Nadelwäldern; auf Stämmen in Ruhe gut getarnt. Raupe grau, in Samen und Trieben von Fichte, Tanne, Lärche u.a.

Große Wachsmotte *Galleria mellonella*. Geschlechter stark unterschieden. 6—10 in der Nähe von Bienenvölkern. Raupen hellgrau, zunächst in alten, später auch an belegten Waben, fressen Pollenreste und Wachs. Weltweit verbreitet, Schädling in der Imkerei; in Mitteleuropa inzwischen weniger häufig.

Mehlzünsler *Pyralis farinalis*. Vorderflügel oft violett überhaucht. 5—9, meist an und in Gebäuden. Ruht mit flachgelegten Flügeln und häufig mit erhobenem Hinterleib, fliegt auch bei Störung kaum auf. Raupen in Gespinströhren auf Mehlprodukten und pflanzlichen Vorräten, die in Klumpen versponnen werden.

Myelois cribrella. Besonders in Ruhe leicht mit Gespinstmotten (S. 124) zu verwechseln, am weißen Rand der Hinterflügel zu unterscheiden. 6—8 auf Ödland mit Disteln. Auf glänzenden Blättern in Ruhe leicht zu übersehen. Raupe hellgrau, in Samenköpfchen und Stengeln der Disteln.

Onocera semirubella. Der weiße Streifen an der Vorderkante der Vorderflügel fehlt oft. 6—8 an Gräsern. Raupe grünlichschwarz, an Weißklee und anderen Leguminosen. S, Z.

O. palumbella. 6—8 auf Heiden. Raupe grünlichgrau, an Erica-Arten.

FEDERGEISTCHEN Pterophoridae Kleine Familie, den Zünslern nahe verwandt, jedoch Vorderflügel in 2, Hinterflügel in 3 gefiederte Strahlen aufgelöst. In Ruhe sind sie eng zusammengelegt und werden rechtwinklig, T-förmig vom Körper weggehalten. Beine sehr lang, dornig, Flugvermögen gering.

Agdistis bennetii. Flügel nicht zerteilt, in allen übrigen Merkmalen jedoch den Federgeistchen gleich. 5—9 an Küsten, besonders auf Salzwiesen. Raupe grün, mit einer gelben Linie an jeder Seite, an Strandnelken. S, Z.

Capperia britanniodactyla. 6—8 auf Heiden, in lichten Wäldern und auf Wiesen mit Gebüsch. Raupe gelbgrün, braun punktiert, auf Salbeigamander. S, Z.

Federgeistchen *Pterophorus pentadactyla*. Der häufigste, unverwechselbare Vertreter, 5—8 an Hecken, auf Ödland. Wird nachts vom Licht angelockt, oft an Fensterscheiben. Raupe grün und gelb, mit Borstenbüscheln, in zusammengerollten Blättern von Winden und Klee.

Platyptilia gonodactyla. Grundfärbung und Zeichnungsintensität variieren. 5—9 an Wegrändern, Eisenbahnböschungen u.ä. Raupe schmutzigweiß, schwarz punktiert, an Huflattich, Pestwurz, frißt Blätter, Blüten und Samenköpfchen.

Geißblattgeistchen *Alucita hexadaxtyla* Alucitidae. Jeder Flügel in 6 gefiederte Strahlen aufgelöst. 7—10, nach Überwinterung erneut 5—6, auch an milden Wintertagen. Hecken, Waldränder. Raupe gelbrosa, an Geißblatt (Knospen und Blüten).

Thyris fenestrella Thyrididae. Die durchsichtigen Flügelfelder, das Charakteristikum dieser kleinen Gattung, sind in nördlichen Gegenden größer. Taillenartige Einschnürung des Körpers ebenfalls gattungstypisch. 5—8 in Hecken, Gebüsch. In der Sonne schnellfliegend. Raupe grün, etwas behaart, an Waldrebe. S, Z.

Heuzünsler
X 1,25

Orthopygia glaucinalis
X 1,25

Fichtenzapfen-zünsler X 1,25

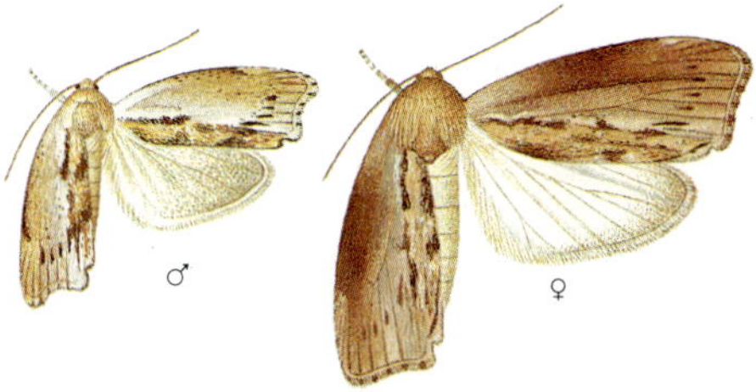

Große Wachsmotte X 1,25

Mehlzünsler X 1,25

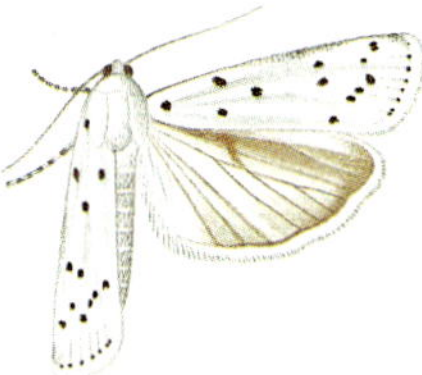

Myelois cribrella
X 1,25

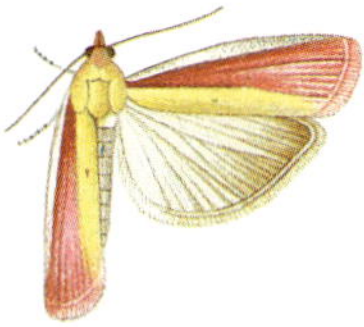

Oncocera semirubella
X 1,25

O. palumbella
X 1,25

Agdistis bennetii
X 1,25

Capperia britanniodactyla
X 1,25

Federgeistchen
X 1,25

Platyptilia gonodactyla
X 1,25

Geißblattgeistchen
X 2

Thyris fenestrella
X 2

WURZELBOHRER Hepialidae Rüssellose Nachtschmetterlinge mit kurzen Fühlern. Vorder- und Hinterflügel von gleicher Gestalt, ohne Frenulum. In Ruhe werden die Flügel dicht dachartig an den Körper angelegt. Flug schnell, reißend, mit hoher Flügelschlagfrequenz. Weibchen meist größer als Männchen, weniger gezeichnet. Eiablage durch Verstreuen im Fluge. Die Raupen fressen im Boden an den Wurzeln einer Vielzahl von Pflanzen.

Hopfenmotte *Hepialus humuli*. Männchen mit tanzendem Flug in der Dämmerung, suchen die leuchtend-weißen, im Grase sitzenden Weibchen. Unterseite beider Geschlechter trübbraun. 6—8 auf Wiesen, feuchtem Ackerland. Raupe (s. unten) mitunter schädlich an Hopfenwurzeln und in Schonungen.

H. sylvina. Vorderflügel der Männchen mitunter rot gezeichnet, Hinterflügel braun-rot. Weibchen größer, trüber gefärbt, Hinterflügel grauer. 6—8 in offenem Gelände. Raupe hellfleischfarben, später grauweiß, glänzend, an Wurzeln von Ampfer, Malven.

Adlerfarnspinner *H. fusconebulosa*. Muster der Vorderflügel sehr variabel, durch die gescheckten Flügelränder jedoch von allen anderen Arten zu unterscheiden. Die nördliche Form *gallicus* hat nur ein einziges weißes Abzeichen in der Mitte der Vorderflügel. 5—8, besonders auf Heiden, an Waldrändern. Raupen an Wurzeln und Rhizom des Adlerfarns.

Queckenwurzelspinner *H. lupulinus*. Vorderfügel variabel, Zeichnung fehlt dem Weibchen oft. Hinterflügel graubraun. 5—8. In offenem Gelände häufig, auch in Gärten und auf anderem Kulturland, mitunter schädlich. Wird abends von Licht angelockt. Fehlt im SW.

H.hecta. Helle Flecke oft reduziert. Hinterflügel schmutzigbraun. Balzflug des Männchens pendelnd. 6—8 auf Heiden u.a. Flächen mit Adlerfarnbeständen, in denen die Raupen an Wurzeln und Rhizomen fressen. N, Z.

Weidenbohrer *Cossus cossus* Cossidae. Kräftige, große Schmetterlinge mit deutlich geringeltem Hinterleib. Alle Flügel von gleicher Farbe. 6—8. Raupe fleischrot, an den Seiten gelblich, in Weiden, Pappeln, Eichen, Obstbäumen, zwei- oder mehrjährig; verpuppt sich in der Erde. Erzeugt einen starken Holzessiggeruch (Befallsmerkmal!).

Blausieb *Zeuzera pyrina*. Äußerer Flügelteil dünn beschuppt, ziemlich durchscheinend, in Ruhe dicht an die Körperseiten angelegt. Weibchen erheblich größer. Fühler der Männchen an der Wurzel gefiedert. 6—8. Kommt nicht selten ans Licht. Raupe zweijährig in Laub- und Obstbäumen, schwächt junge Bäume stark. In Obstgärten und Parkanlagen nicht selten. S, Z.

Dyspessa ulula § Muster veränderlich, graue Bereiche oft sehr hell. 5—7, meist auf Sandboden. Raupe mehrjährig in Zwiebeln der *Allium*-Arten. S, Z.

GLASFLÜGLER Sesiidae Sonnenliebende, tags fliegende Schmetterlinge, die die meisten Schuppen der Flügel beim ersten Flug verlieren. Aussehen oft wespenartig, brummen auch im Flug. Flügel in Ruhe z.T. gespreizt. Raupen gewöhnlich zweijährig, in Wurzeln und Zweigen. Die bewegliche Puppe windet sich vor dem Schlüpfen des Falters etwa zur Hälfte aus dem Kokon.

Sphecia bembeciformis. Wespenartig, mit schwarzem Kopf und gelbem Kragen. 6—7, vor allem in Wäldern. Raupen an Pappeln und Weiden. Z.

Hornissenschwärmer *Sesia apiformis*. Kopf gelb, Brust mit 2 gelben Flecken, jedoch ohne durchlaufenden gelben Kragen. Im Fluge hornissenartig. 5—6. Raupen in Wurzeln und unteren Stämmen von Pappeln, meist dicht unter der Rinde.

Conopia scoliaeformis. Von den meisten anderen Arten durch roten Afterbuschen unterschieden. Raupe mit dunklelrotem Kopf, in alten Birkenstämmen. 6—8. N, Z. ***C. myopaeformis*** Hinterleibsring auch orange oder gelb. 5—8, vor allem in Gemüse- und Obstgärten. Raupe in kranken Obstbäumen (Apfel, Birne), Eberesche, Weißdorn. S, Z.

Johannisbeerglasflügler *Synathedon tipuliformis*. Spitzen der Vorderflügel rötlich. Männchen meist mit 4 gelben Hinterleibsringen. 5—8, sonnt sich auf den Blättern der Schwarzen Johannisbeere, in denen die Raupen einjährig fressen.

Bembecia chrysidiformis. An stark rot gefärbten Vorderflügeln erkennbar. Meist mit 2 gelben Hinterleibsringen, beim Männchen mitunter 3. 5—7. Raupen in Wurzeln von Ampfer und Beifuß. S, Z.

Raupe des Weidenbohrers

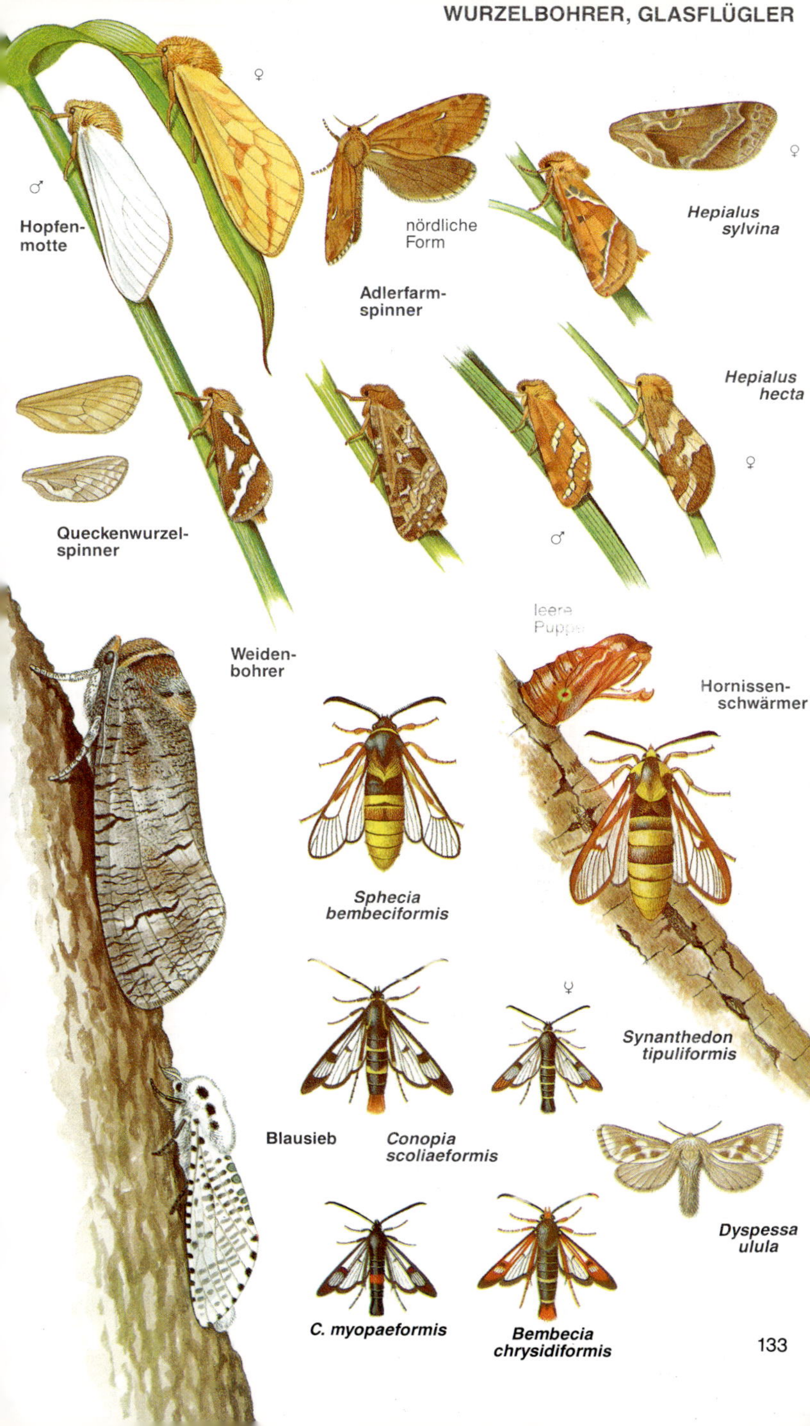
♀
♂
Hopfen-
motte
nördliche
Form
Adlerfarm-
spinner
♀
Hepialus
sylvina
Hepialus
hecta
♀
Queckenwurzel-
spinner
♂
leere
Puppe
Weiden-
bohrer
Hornissen-
schwärmer
Sphecia
bembeciformis
♀
Synanthedon
tipuliformis
Blausieb
Conopia
scoliaeformis
Dyspessa
ulula
C. myopaeformis
Bembecia
chrysidiformis

Raupe des **Weißfleckwidderchens**

Weißfleckwidderchen *Syntomis phegea* § Ctenuchidae. Tagaktiv, mit schwachem, segelndem Flug. 6—7 auf Blüten, auch in Stadtgärten, häufig in sonnigen Tälern der südlichen Alpen. Raupen (links) an Gräsern, krautigen Pflanzen. S, Z. Obwohl Widderchen ähnlich, ist die Familie mit den Bären (S. 152—4) verwandt.

Braunwidderchen *Dysauxes punctata*. § Fleckenzeichnung variabel. Tags an Gebüsch, besonders an Südhängen mit einzelnen Bäumen. Raupen an Flechten der Bäume. S, Z.

Zygaena-Raupe

WIDDERCHEN Zygaenidae

Tagaktive, leuchtend gefärbte Schmetterlinge mit langsamem Segelflug trotz hoher Flügelschlagfrequenz. Träge, können leicht von Blüten gesammelt werden. Fühler schlank gekeult (durch das Frenulum jedoch von den Tagfaltern unterschieden) bzw. bei Grünwidderchen-Männchen gekämmt. Raupen gedrungen, meist hell mit schwarzen Flecken (links), die Arten oft schwer unterscheidbar. Verpuppen sich in pergamentartigem Kokon, meist an Gras angeheftet. Puppe mit fast freien Gliedern, verläßt den Kokon z.T. vor dem Schlüpfen des Schmetterlings.

Zygaena filipendula. §. 6 rote Flecke auf jedem Vorderflügel, die beiden äußeren können verschmelzen, oder alle gelb sein. Häufig auf blühenden Wiesen 5—8, besonders an Flockenblumen, Skabiosen. Raupe an Klee, Wegerich.

Z. trifolii. §. Nur ein einzelner Fleck an der Fügelspitze, die mittleren verschmelzen oft. Hinterflügel breiter als bei voriger Art gerandet. Verpuppt sich dicht über dem Boden. S, Z.

Z. purpuralis § kommt in verschiedenen Formen vor, alle mit schwach beschuppten Vorderflügeln; die roten Makel erreichen die Flügelspitze fast. 6—8 auf Wiesen. Raupen an sehr verschiedenen Pflanzen, auch Gräsern.

Z. osterodensis. §. Ähnlich, jedoch dichter beschuppt, Hinterflügel breiter gerandet. 6—7 auf Bergwiesen. Flinker als die übrigen Widderchen. Raupe goldgelb, an verschiedenen niedrigen Kräutern.

Z. fausta. §. Hinterleibsring fehlt oft. 5—9 auf Grasland oft häufig. Raupen an Kronwicke u.a. niedrigen Pflanzen.

Z. ephialtes. §. Äußerst variabel; rot durch gelb ersetzt: *Z.e.coronillae* in Österreich, Norditalien. Alle Flecke und die Hinterflügel können rot oder gelb sein. 6—9 auf buschbestandenen Hängen, besonders in höheren Lagen. Raupen an Kronwicke, Klee, Quendel, Ehrenpreis, Wegerich.

Z. lavanduli. §. An den blauschwarzen Hinterflügeln und dem weißen Kragen leicht zu erkennen. 4—6. Ruht meist mit abwärts gerichtetem Kopf. Weniger an Blüten als die übrigen Arten. Raupe rotbäuchig, an Backenklee (*Dorycnium*). S.

Z. carniolica. §. Ähnlich *fausta*, rote Flecken deutlicher, Farbton meist kräftiger. Kann roten Hinterleibsgürtel tragen. 6—8 im Gebüsch im Bergland. Raupe blaugrün mit schwarzen und gelben Punkten, auf Esparsette, Tragant. S, Z.

Rhagodes pruni. §. Vorderflügel grün oder blau. 6—8 in Gebüsch. Raupe an Heidekraut und Prunus-Arten. Z.

Trauerwidderchen *Aglaope infausta*. §. Ziemlich durchscheinend. 6—8 im Gebüsch, hat jedoch keinen Rüssel und besucht daher kaum Blüten. Raupen auf Schlehe, Weißdorn und anderen Rosengewächsen. S, Z.

Grasnelken-Widderchen *Adscita statices*. §. Eine von mehreren ähnlichen Arten. 5—7 auf ziemlich feuchten Wiesen, meist auf Blüten. Raupe hellgrün oder gelb, mit brauner Seitenlinie auf jeder Seite und haarigen Rückenflecken. An Sauerampfer.

SACKTRÄGERMOTTEN Psychidae

Kleine Familie, deren Raupen aus Pflanzenteilen kleine Köcher oder Säcke zusammenspinnen, die sie beim Fressen mit sich tragen. Vor der Verpuppung befestigen sie die Köcher auf Blättern o.ä. meist aufrecht. Die Männchen fliegen am Tage. Die Weibchen sind flügellos und bleiben in den Köchern, wo sie begattet werden und Eier legen. Beide Geschlechter fressen adult nicht.

Sterrhopterix fusca. Männchen 6—8 in Wäldern, suchen mit Hilfe der gefiederten Fühler die Weibchen nachts. Raupen an verschiedenen Baumarten. Z.

Psyche casta. 6—8 auf Trockenrasen. Die Männchen fliegen kurz nach Tagesanbruch auf der Suche nach Weibchen, deren Köcher ziemlich auffällig an Gräsern sitzen. Raupen an Gras und Flechten.

Weißfleck-
widderchen
Zygaena filipendula
Gelbe Form
Kokon mit leerer Puppe
Braun-
widderchen
Z. trifolii
Z. purpuralis
Z. osterodensis
Z. fausta
Z. ephialtes
Z. lavanduli
Z. carniolica
Z. ephialtes coronillae
Rhagodes pruni
Trauer-
widderchen
Grasnelken-
widderchen
Raupensack
♂
Sterrhopterix fusca X 2
Raupensack
♂
Psyche casta X 2

GLUCKEN Lasiocampidae Meist Tiere mit schwerem Körper und gedeckten, vor allem braunen Flügeln. Weibchen viel größer als Männchen. Rüssel verkümmert. Kein Frenulum, Flügel verbinden sich nur durch Überlappung. Raupen groß, behaart, spinnen einen festen Kokon an Pflanzen. Die Raupenhaare können Reizwirkung haben; Raupen sollten daher mit Vorsicht behandelt werden. Bei einigen Arten überwintern die Raupen, bei den meisten jedoch die Eier.

Eichenspinner *Lasiocampa quercus*. Vorder- und Hinterflügel ähnlich gezeichnet. Die Männchen fliegen auch tags rasch, die Weibchen jedoch nur nachts. 4—9, vor allem auf Heiden u.ä. offenen Geländen; mitunter auch in lichten Wäldern. Die samtige Raupe an Heide, Brombeere, Weißdorn, Eiche, aber auch anderen Laubbäumen.

Kleespinner *L. trifolii*. Hinterflügel meist einheitlich braun; Bänder können auch auf den Vorderflügeln fehlen. Weibchen meist heller, weißer Fleck weniger auffällig. 5—9 auf Heiden, Dünen, meist nächtlich. Raupe der des Eichenspinners ähnlich, doch schwärzer. An Gras, Klee, Wegerich, Ginster, Heuhechel.

Kupferglucke *Gastropacha quercifolia*. §. Im Norden purpurbraun, im Süden hellbraun. Weibchen oft doppelt so groß wie Männchen. Flügelhaltung in der Ruhe ungewöhnlich, blattartig. 5—8 an Hecken, Baumschulen, Aulandschaften. Die schwarzgraue Raupe vorn mit 2 blauen Wülsten, an Obst, Schlehe, Pappel, Weide u.ä.; tagsüber und bei der Überwinterung gut getarnt. Sie sind zu diesem Zeitpunkt noch sehr klein und passen sich vollkommen den kahlen dunklen Zweigen an.

Trinkerin *Philudoria potatoria*. 6—8 an Gräsern, auch an feuchten Straßenrändern. Die Raupe nimmt Wassertropfen von Blättern auf (Name!), frißt Gräser, besonders Fingergras, Seggen, Hainbinsen. Verpuppt sich in festem gelben, schüsselförmigen Kokon.

Brombeerspinner *Macrothylacia rubi*. Weibchen heller, grauer, 5—7. Männchen fliegen tags und nachts, Weibchen nur nachts. Heiden, Moore, offene Wälder, Hecken. Raupe samtschwarz und braun, mit orangefarbenen Intersegmentalhäuten, an Brombeere, Heidekraut, Eichen, Rosen, Apfel u.a. Überwintert ausgewachsen, verpuppt sich im nächsten Frühling, ohne noch einmal zu fressen.

Kiefernspinner *Dendrolimus pini*. Sehr variabel, Vorderflügel der Weibchen können fast einheitlich grau mit weißem Mittelfleck sein. 5—8 Kiefernwälder. Raupe graubraun mit 2 dunklen Querbändern hinter dem Kopf. Kann große Schäden anrichten.

Ringelspinner *Malacosoma neustria*. Flügel gelb bis braunrot. 6—8, Wälder, Heiden, häufig auch in Gärten. Raupe mit 2 schwarzen Flecken im Gesicht, im Vergleich zum Schmetterling sehr groß, fast während des ganzen Lebens gesellig in Gespinsten auf Schlehdorn, Weißdorn, Obst, Pappel, Birke u.a. Weniger stark als verwandte Arten behaart. Überwintert in ringförmigen, mehrzeiligen Gelegen an dünnen Ästen.

Pappelspinner *Poecilocampa populi*. Flügel dünn beschuppt. Fliegt 9—12, gewöhnlich in der Dämmerung, Wälder und Hecken. Im Norden auch schon im August. Raupe hellbraun, fein schwarz gefleckt, auf Zitterpappel, Obst, Birke, Linde, Eiche, u.a. N, Z.

Wollafter *Eriogaster lanestris*. Flügel dünn beschuppt. Weibchen mit erheblich längeren Flügeln, haben am Hinterleibsende dichte Wolle. 2—4 in schwach bewaldeten Gebieten, Hecken. Raupen gesellig an Weiß- und Schlehdorn, in Gespinstnestern. Kann 2—3 Jahre (maximal 7!) überliegen, ehe der Schmetterling aus der Puppe schlüpft. N, Z.

E. catax. §. Weibchen viel größer, meist braun mit dünnem gelben Band über die Vorderflügel mit großem grauen Wollbüschel am Hinterleib. Weißes Makel auf Vorderfügel sehr markant. 9—11 in Wäldern, Gebüsch. Raupe behaart, gelbbraun, mit samtschwarzen und blauen Flecken. Meist in Gespinstnestern auf Weißdorn u.a. Bäumen und Sträuchern.

Habichtskrautspinner *Lemonia dumi*. §. Weibchen heller. 9—10 in offenen Wäldern, besonders im Norden und in Gebirgsnadelwäldern. Die Männchen fliegen vor allem tags ziemlich rasch, die Weibchen nachts. Raupe dunkelbraun mit gelblichbrauner Behaarung, auf Habichtskraut, Löwenzahn, Lattich. N,Z.

Weißdornspinner *Trichiura crataegi*. Weibchen häufig einfarbig grau, etwa von gleicher Größe. 7—9 in Wäldern. Raupe dunkelgrau oder schwarz, rot und weiß gezeichnet, vor allem an Weiß- und Schlehdorn. Überwintert in Süd- und Mitteleuropa stets als Ei. Im Norden einschließlich Teilen Schottlands zweijährige Entwicklung, überwintert im ersten Jahr als Ei, im zweiten als Raupe.

♀
♂
Kleespinner
Eichenspinner
Brombeerspinner
Kupferglucke
♂
Trinkerin
südliche
Form
♀
Kiefernspinner
Ringelspinner
Pappel-
spinner
Wollafter
Habichtskrautspinner
Weißdorn-
spinner
Eriogaster
catax

Kleines Nachtpfauenauge

Großes Nachtpfauenauge *Saturnia pyri* Saturniidae. §. Größter europäischer Schmetterling, Spannweite bis 15 cm. 4—6. Beide Geschlechter fliegen nachts und werden oft mit Fledermäusen verwechselt. Wie alle Vertreter der Familie ohne Rüssel. Raupen zunächst schwarz mit roten oder orangefarbenen Ringen, später gelbgrün mit langen Kolbenhaaren und Borsten sowie hellblauen oder roten Warzen; an Esche, Schlehe, Obstbäumen. Puppe in Kokon. S; selten im S Mitteleuropas zugewandert.

Kleines Nachtpfauenauge *Saturnia pavonia*. §. Männchen fliegt im Sonnenschein, kann Weibchen über 2 km Entfernung aufspüren. Weibchen fliegen schlecht, Eiablage nachts. 4—6, auf Heiden u.ä. offenem Gelände. Raupe zunächst schwarz und orange, auf Heidekraut, Schlehdorn, Brombeere u.a. Laubhölzern, 5—7.

Nagelfleck *Aglia tau*. §. Gelb bis tiefdunkelbraun. Weibchen größer. Größe der Augenflecke variiert, auf der Unterseite nur auf den Vorderflügeln vorhanden. 3—6, Männchen tags, Weibchen nur nachts aktiv. Klappt in Ruhe die Flügel nach oben wie ein Tagschmetterling. Vor allem in Wäldern. Raupe grün, mit feinen roten Dörnchen, besonders auf Birke, Eiche, und an anderen Laubbäumen.

Birkenspinner

Birkenspinner *Endromis versicolora* Endromidae. §. Fliegt 3—5 in der Nähe von Birken auf Mooren und in offenen Gehölzen. Nimmt keine Nahrung auf. Raupe hellgrün, mit weißen Schrägstrichen und großem Höcker am Hinterende, auf Birke, Erle, Hasel, Hainbuche, auf niedrigen Zweigen. Weit verbreitet, in B nur noch in N-Schottland.

Kokon

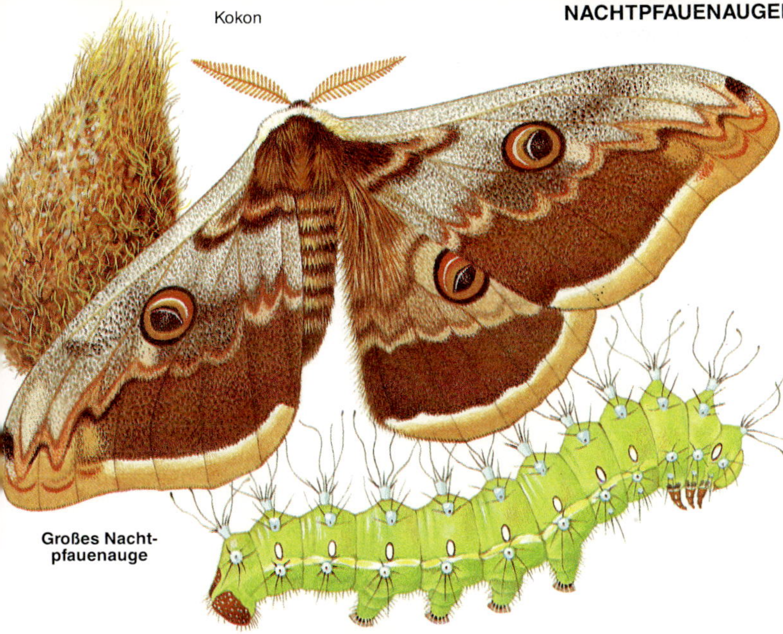

Großes Nachtpfauenauge

Nagelfleck

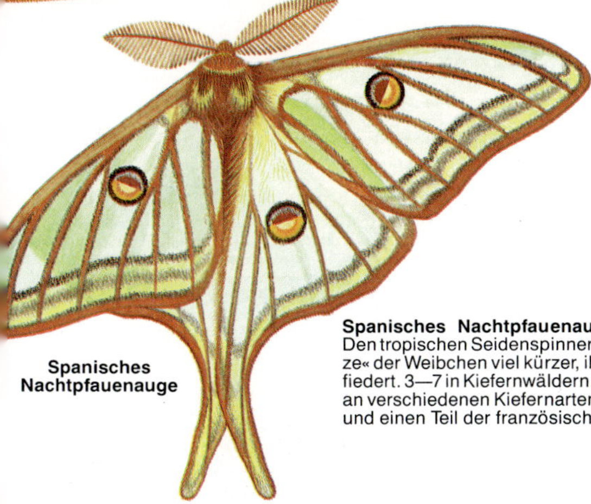

Spanisches Nachtpfauenauge

Spanisches Nachtpfauenauge *Graellsia isabellae.* §. Den tropischen Seidenspinnern nahe verwandt. »Schwänze« der Weibchen viel kürzer, ihre Fühler weniger stark gefiedert. 3—7 in Kiefernwäldern. Raupe fahlgrün und braun, an verschiedenen Kiefernarten. Auf die Gebirge Spaniens und einen Teil der französischen Alpen begrenzt, selten.

SCHWÄRMER Sphingidae Kräftige, meist fluggewandte Schmetterlinge mit schlanken, zugespitzten Vorderflügeln. Wenige haben breitere, ausgezackte Flügel und fliegen etwas bedächtiger. Stehen kolibriartig vor Blüten in der Luft und saugen mit sehr langem Rüssel; einige Arten rüssellos, nehmen keine Nahrung auf. Die Flügel werden in Ruhe flach pfeilartig nach hinten gelegt. Einige Arten wandern weit. Raupen oft mit seitlichen Schrägstreifen, gut getarnt; einige Arten in niedrigen Kräutern mit Warnfarben. Vor der Verpuppung erfolgt oft ein bemerkenswerter Farbwandel (S. 110). Viele Arten haben einen gekrümmten großen Dorn am Hinterende.

Lindenschwärmer *Mimas tiliae*. Grundfarbe der Vorderflügel von gelb- über orangebraun bis grünlich. Muster ebenfalls variabel. Fliegt weniger gut, nimmt keine Nahrung auf. Flügel in Ruhe ziemlich weit gespreizt. 5—7. Raupe auf Linde, aber auch Ulme, Erle, Birke, Eiche, Esche, Obstbäumen, Hainbuche.

Pappelschwärmer *Laothoe populi*. Flügel aschgrau bis rosabraun. Fliegt weniger gut, nimmt keine Nahrung auf. Ein Frenulum fehlt. Die Hinterflügel ragen in Ruhe vorn unter den Vorderflügeln hervor. Der orange Fleck auf den Hinterflügeln ist so verborgen, wird aber bei Störungen wie beim Abendpfauenauge präsentiert. 5—9, zwei Generationen. Raupen mitunter blaugrün, auf Pappel und Weiden, selten an Esche und Birke.

Kiefernschwärmer *Hyloicus pinastri*. Hinterflügel dunkelgrau, liebt besonders Geißblattblüten. In Ruhe auf Baumstämmen tags sehr gut getarnt. 6—8. Raupe an Kiefer, Fichte und Lärche, zunächst grün mit weißen Seitenstreifen, sitzt dann an den Nadeln. Später in Ruhe an Zweigen. In Nadelwäldern in ganz Europa.

Abendpfauenauge *Smerinthus ocellata*. §. Fliegt schneller als der Pappelschwärmer, ruht aber in gleicher Haltung. Zeigt bei Störungen die Augenflecke der Hinterflügel, hebt und senkt den Hinterleib gleichzeitig und verscheucht so nahrungssuchende Vögel. Nimmt keine Nahrung auf. 5—9, in 2 Generationen. Raupen auf Weide, Pappel, Schlehe, Linde, Obst, meist kopfabwärts.

Ligusterschwärmer *Sphinx ligustri*. §. Dem Windenschwärmer (S. 142) ähnlich, doch an den rosa Binden der Hinterflügel leicht zu unterscheiden; außerdem Brust schwärzer, Vorderflügel brauner. In Ruhe werden die Flügel nach hinten dachartig über den Körper gelegt. 6—7. Raupe auf Liguster, Esche, Wasserholunder, Flieder, Stechpalme, meist kopfabwärts.

SCHWÄRMER

Lindenschwärmer
appelschwärmer
Kiefern-
schwärmer
Abendpfauenauge
Liguster-
schwärmer

Windenschwärmer *Agrius convolvuli*. Brust grau, Flügel gescheckt grau, Hinterflügel ohne rosa Zeichnung (Unterscheidungsmerkmal zum Ligusterschwärmer, S. 140). Rüssel viel länger als Körper, saugt im Fluge (Puppe mit großer, henkelförmiger Rüsselscheide). 6—11. Raupen an Ackerwinde, ihre Grundfarbe apfelgrün oder purpurbraun. Wandert im Sommer in Europa aus Afrika zu, im Norden jedoch selten.

Totenkopf *Acherontia atropos*. Größter europäischer Schwärmer, nach der totenkopfähnlichen Zeichnung des Thorax benannt. Rüssel kurz. Der schwerer als die übrigen Schwärmer gebaute Totenkopf setzt sich zur Nahrungsaufnahme. Dringt in Bienenstöcke ein, um Honig zu saugen. In Ruhe werden die Flügel dachförmig über den Hinterleib gelegt. Erzeugt Töne, wenn er ergriffen wird. 5—11. Raupe auf Kartoffel u.a. Nachtschattengewächsen, auch Möhre, Jasmin, Hanf, braun, gelb oder grün. Wandert im Sommer aus Afrika nach Europa; kann in Südeuropa mitunter als Puppe überwintern.

Oleanderschwärmer *Daphnis nerii*. Unverwechselbar, fliegt von 6—10. Raupe auf Oleander, Hartriegel, Immergrün, nördlich der Alpen nur selten. Eine tropische und subtropische Art, die in Europa in jedem Jahr aus Afrika einwandert, jedoch den Winter nicht übersteht. In S nicht selten, sonst nur gelegentlich.

Wolfsmilchschwärmer *Hyles euphorbiae*. §. Vorderflügel braungrün und gelblich, frisch geschlüpft häufig rosa überflogen. Dem Labkrautschwärmer ähnlich, Hinterflügel gewöhnlich jedoch stärker rosa, am Vorderrand der Vorderflügel kein breites durchgehendes braungrünes Band. 5—9, in 2 Generationen. Die auffällige Raupe besonders auf den größeren Wolfsmilcharten. Im S und südlichen Z häufig, in N und B seltener Sommergast.

Labkrautschwärmer *Hyles gallii*. §. Dem Wolfmilchschwärmer im ganzen ähnlich, jedoch mit durchgehendem breiten grünbraunen Band an der Vorderkante des Vorderflügels. Hinterflügel weniger stark rosa übergossen. 5—9, in 2 Generationen. Raupe grünlich, braun oder schwarz, auf Labkraut, Weidenröschen, Springkraut, Wolfsmilch. In S und Z, in N und B nur Sommergast.

Wolfsmilchschwärmer
Hinterflügel

Labkrautschwärmer
Hinterflügel

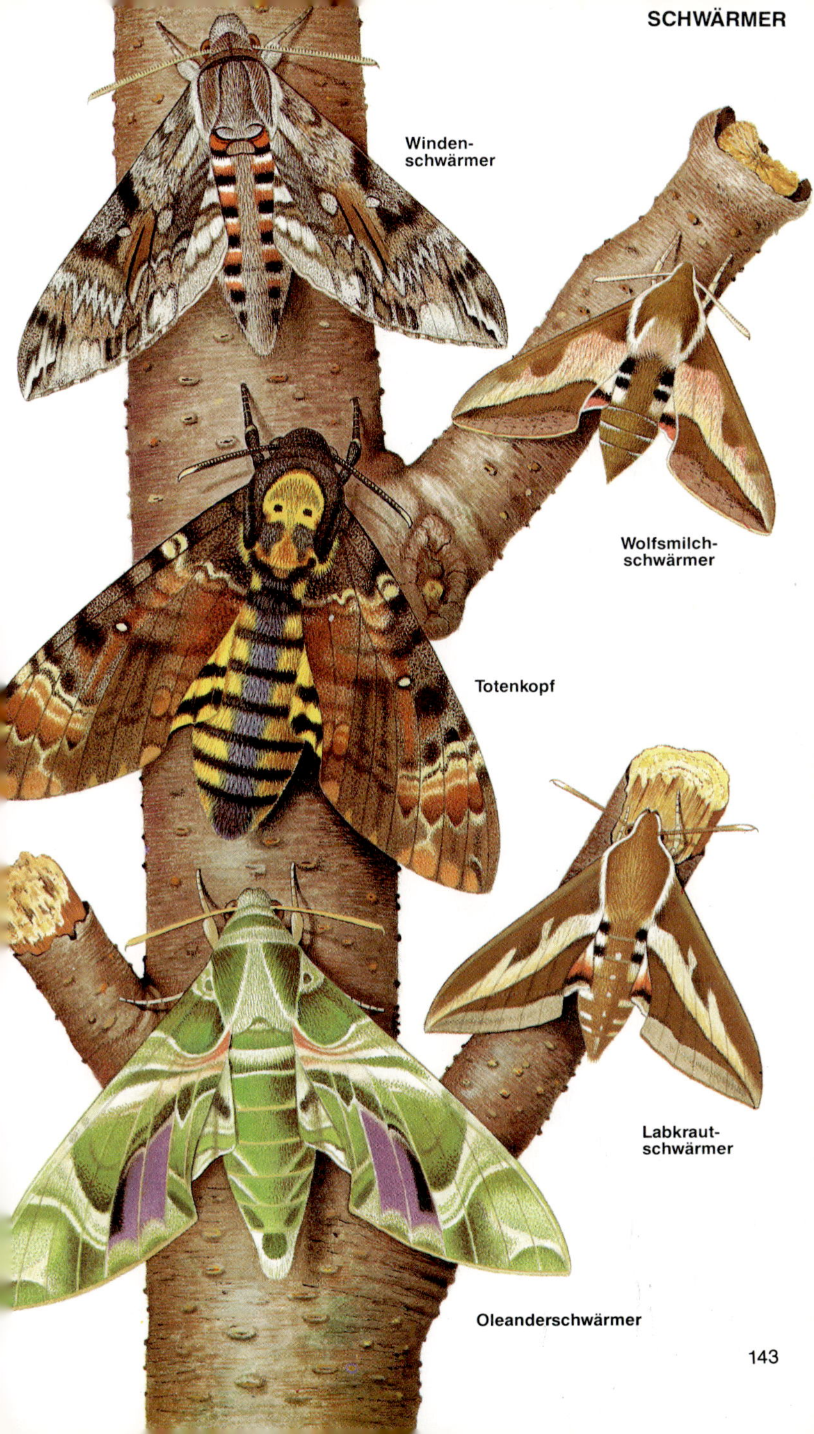
Winden-
schwärmer
Wolfsmilch-
schwärmer
Totenkopf
Labkraut-
schwärmer
Oleanderschwärmer

Großer Weinschwärmer *Hippotion celerio*. Sehr schlanker Schwärmer mit auffälligen schwarzen Adern auf den Hinterflügeln. Die Flügel werden in Ruhe sehr stark nach hinten gelegt. 4—10, in 2 Generationen. Raupe auf Reben, Labkraut, Fuchsien, zieht bei Störungen Kopf und Brust in den Körper ein, der dabei wie beim Mittleren Weinschwärmer (S. 146) anschwillt, eine Augenzeichnung deutlich werden läßt und Angreifer abschreckt. Die Raupe wird vor der Verpuppung merklich dunkler. Großer Wanderfalter, kommt im Sommer aus Afrika nach Europa. Im S regelmäßig, auch in größerer Anzahl, weiter nördlich jedoch nur sporadisch, vor allem im Herbst.

Linienschwärmer *Hyles lineata livornica*. §. Die europäische Rasse einer kosmopolitischen Art, die außerhalb der tropischen und der Polarregion nahezu überall vorkommt. Sie ähnelt dem Wolfsmilchschwärmer (S. 142), ist jedoch durch die weißen Adern im Vorderflügel deutlich unterschieden. Fliegt bei Tage wie nachts. 4—9, in 2 Generationen. Raupen grün bis schwarz, mit gelben Punkten und Linien. Auf vielen Pflanzen, besonders auf Reben und Labkraut. Im Mittelmeerraum heimisch, wandert in jedem Sommer weit nach Norden, oft in großer Zahl. Erreicht gelegentlich B.

Fledermausschwärmer *Hyles vespertilio*. §. Fliegt besonders im Bergland. Vor allem 6—7, in warmen Tälern auch zeitiger, dort mitunter 8—9 in 2. Generation. Raupe zunächst grün, später graubraun. Flecke rot oder gelb. Hornlos. Auf Weidenröschen, besonders dem schmalblättrigen *Epilobium rosmarinifolium*. Lokal in S, Z, von Frankreich ostwärts.

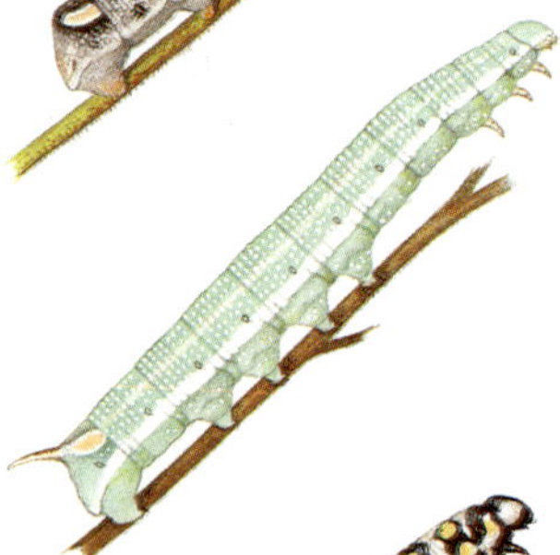

Sanddornschwärmer *Hyles hippophaes*. §. Ähnelt dem Labkrautschwärmer (S. 142), doch sind die Vorderflügel viel grauer. Außerdem haben die Hinterflügel einen größeren und intensiveren roten Fleck. 6—7. Raupen an Sanddorn, sonnen sich oft auf den Zweigen. Lokal von Spanien und Südfrankreich über die Alpen bis in die Schweiz und Süddeutschland.

Hyles nicacea. §. Dem Wolfsmilchschwärmer (S. 142) ähnlich, doch größer, Hinterflügel ohne weiße Zeichnung. 6—7. Die unverwechselbare Raupe frißt vorzugsweise an Wolfsmilch. Auf den Mittelmeerraum beschränkt, wandert nicht wie die meisten übrigen *Hyles*-Arten.

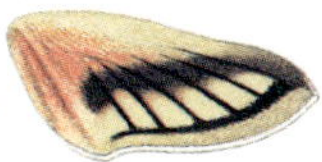

Großer Weinschwärmer

Fledermausschwärmer

Linienschwärmer

Sanddornschwärmer

Hyles nicacea

Mittlerer Weinschwärmer *Deilephila elpenor.* Das Bronzegrün der Vorderflügel vergilbt bei älteren Tieren. Hinterflügel schwarz und rosa. In der Dämmerung oft an Geißblattblüten. 5—7. Bei Störungen zieht die Raupe Kopf und Thorax in den Körper, der dadurch anschwillt und hin- und hergeschwenkt wird. Farbe mitunter auch grün. An Weidenröschen, Labkraut, Reben u.a.

Kleiner Weinschwärmer *Deilephila porcellus.* Kleiner und gelber als die größeren Verwandten; Hinterflügel gelb mit rosa Rand. In der Dämmerung vor allem an Geißblattblüten und Rhododendron. 5—7. Raupe grün oder braun, hornlos. Vor allem an Labkraut, verhält sich wie die Raupen der vorigen Art.

Hummelschwärmer *Hemaris fuciformis.* §. Tagaktiv, ähnelt in Ruhe einer Hummel, fliegt jedoch viel schneller und gerichteter als diese. Flügel zunächst schwach beschuppt; Schuppen gehen beim ersten Flug verloren. Nur ein brauner Rand bleibt übrig. Saugt im Fluge, besonders an Günselblüten. 5—6. Raupe an Geißblatt und Schneebeere. Lichtungen, Waldränder.

Skabiosenschwärmer *Hemaris tityus.* §. Der vorigen Art ähnlich, die braunen Flügelränder jedoch schmaler. Tagaktiv. Raupen an Taubenskabiose u.a. Skabiosen. Lichtungen und Waldränder, Moore, feuchte Heiden und Weiden.

Eichenschwärmer *Marumba quercus.* Weniger stromlinienförmig als die übrigen Schwärmer, fliegt relativ langsam. Hinterflügel größtenteils orangebraun. 5—7. Raupen an den verschiedenen Eichenarten, besonders an Korkeiche. Weitgehend auf die Korkeichenhaine im Mittelmeerraum beschränkt.

Nachtkerzenschwärmer *Proserpinus proserpina.* §. Grundfarbe der Vorderflügel meist grün, kann jedoch auch braun oder grau sein, jedoch stets mit dunklerem Mittelband. Hinterflügel gelb mit braunem Rand. Auch die Größe variiert, oft kleiner als abgebildet. 6—8, fliegt häufig am Tage. Raupen an Nachtkerzen, Weiderich, Weidenröschen, ist zunächst stumpfgrün, mit kleinem Horn. S, südliches Z.

Taubenschwänzchen *Macroglossum stellatarum.* Tagaktiv, steht oft saugend vor Blüten in der Luft. Kann in ähnlicher Weise vor Mauern in der Luft Sonnenbäder nehmen, erzeugt dabei einen brummenden Ton. In Gärten häufig. Besonders im S ganzjährig, in 2 oder mehr Generationen. Raupe grün oder braun, an Labkraut. In S heimisch, großer Wanderer, der im Frühling und Sommer alle Teile Europas erreicht. Überwintert als Schmetterling, übersteht die Winter nördlich der Alpen jedoch selten.

Mittlerer Weinschwärmer

Kleiner Weinschwärmer

Hummelschwärmer

Eichenschwärmer

Skabiosenschwärmer

beim Nektarsaugen

Nachtkerzenschwärmer

Taubenschwänzchen

ZAHNSPINNER Notodontidae Ziemlich kräftige, oft behaarte Nachtschmetterlinge mit trüben Farben. Ähneln den Eulen (S. 156—168) in vielem, doch liegen die Wurzeln der Adern M_2 und M_3 nicht dicht beieinander. Benannt nach einem Haarbüschel an der Hinterkante der Vorderflügel, das in Ruhe etwa in Flügelmitte hervorragt. Die Raupen erheben in Ruhestellung oft Vorder- und/oder Hinterende; gewöhnlich kaum behaart oder nackt, doch oft mit fleischigen Auswüchsen auf dem Rücken.

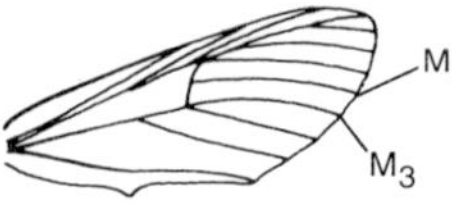

Aderung des Vorderflügels der Zahnspinner

Gabelschwanz *Cerula vinula*. §. Weibchen etwas dunkler, weniger stark gezeichnet. 4—7 in schwach bewaldeten Gebieten. Raupe grün mit braunem Sattel, auf Blättern gut getarnt. Erhebt bei Störung den Kopf und schwenkt die stark umgewandelten letzten Beine. Auf Pappel, Weide.

Kleiner Gabelschwanz *Furcula bifida*. §. Innere Kante des dunklen Bandes gerade, schwarz gesäumt; äußere Kante deutlich, sanft gebuchtet. 5—7, in lichten Wäldern, auch Parkanlagen, Gärten. Die Raupe ähnelt der vorigen Art, nur kleiner; auf Pappel.

Palmweidenspinner *F. furcula*. §. Vorderflügelband gelb gesäumt, Außenkante gezähnt. Hinterflügel beider Arten grau. 5—8. Raupe wie die des Gabelschwanzes, Sattel jedoch heller. Auf Salweiden.

Birken-Gabelschwanz *F. bicuspis*. §. Vorderflügelband dunkler, an beiden Rändern konkav. 5—7. Raupe wie die des Gabelschwanzes, auf Erle, Birke. N. Z.

Buchenspinner *Stauropus fagi*. Flügel oft viel dunkler. 4—7 in Wäldern, besonders Rotbuchenwäldern. Raupe rotbraun, mit sehr langen Vorderbeinen und verdicktem Hinterende mit Schwanzgabel, Haltung charakteristisch. Frißt an Rotbuchen.

Mondvogel *Phalera bucephala*. Die gelben Flecke an der Flügelspitze und die gelb behaarte Brust täuschen in Ruhe einen abgebrochenen Zweig vor. 5—8 auf vielen Bäumen und Büschen. Raupen jung gesellig, an Laubbäumen.

Erpelschwanz *Clostera curtula*. Der dunkle Fleck der Flügelspitze überschreitet nach innen die erste weiße Linie nicht. 4—10, in 2—3 Generationen. Wälder. Raupe behaart, graublau, mit breitem gelben Rückenstrich und orange Seitenflecken. An Pappel.

Kleiner Erpelschwanz *C. pigra*. Kleiner, dunkler Fleck nicht scharf begrenzt. 4—10, in S 2 Generationen. Fenne, feuchte Wälder. Raupe behaart, grau und gelb, schwarz gepunktet, auf Weiden. N, Z.

Notodonta dromedarius Vorderflügel mit rostfarbenen Flecken. 4—9 in schwachbewaldeten Gebieten. Raupe grün bis braun, mit 5 Zapfen auf dem Rücken, vor allem an Birke und Erle. N, Z.

Birkenporzellanspinner *Pheosia gnoma*. Mit auffälligem weißen Keil nahe der Hinterkante des Vorderflügels. 5—9 in Wäldern. Raupe glatt und schlank, oben purpurbraun, Seiten gelb, ein Zapfen am Hinterende. Frißt an Birke.

Pappelporzellanspinner *P. tremula*. Größer, der weiße Keil im Vorderflügel fehlt. Raupe grün mit gelber Seitenlinie. Frißt an Pappel.

Ptilodontella cucullina. 5—7 an Hecken und Waldränder. Raupe glänzendgrün mit heller Seitenlinie und purpurnem Zapfen am Hinterende, an Feldahorn. Z.

Eichenzahnspinner *Peridea anceps*. Vorderflügel braun bis schwarz. Hinterflügel fast weiß. 4—7 in offenen Wäldern. Raupe hellgrün, mit rosa und gelben Diagonalstreifen, frißt an Eiche.

Zickzackspinner *Eligmodonta ziczac*. Benannt nach der Verteidigungsstellung der Raupe. 5—10, in 2—3 Generationen. Hecken, Wälder. Raupe grau, mit braunem Hinterende, mitunter rosa oder gelb gezeichnet. 2 Zapfen in Körpermitte, einer am Hinterende. An Pappeln und Weiden.

Ptilodon capucina. Brust in der Regel mit einem deutlichen hellen Haarschopf. Flügel sehr hell bis tiefdunkelbraun. 5—9 in 2 Generationen. Hecken und Wälder. Raupe gewöhnlich grün mit gelbem Seitenstreifen und ein Paar Zapfen mit rötlichen Spitzen am Hinterende. Auf vielen Laubbäumen.

Palpenspinner *Pterostoma palpina*. Die großen Taster ragen weit über den Kopf hinaus; in Ruhe zweigartig. 5—8 in Wäldern. Raupe oben blaugrün, unter dunkelgrün, mit gelbem Seitenstreifen. Frißt an Pappel und Weide.

Blaukopf *Diloba caerulocephala*. Vorderflügel mit zwei 8-artigen Fleckenpaaren. Hecken, Waldränder, Gärten, 9—10. Raupe blaugrau mit schwarzen Punkten und gelben Linien. An Schleh- und Weißdorn und anderen Rosengewächsen.

Gabel-
schwanz
Kleiner
Gabelschwanz
Palmweiden-
spinner
Birken-
Gabel-
schwanz
Mondvogel
Kleiner Erpelschwanz
Erpelschwanz
Buchenspinner
Birkenporzellan-
spinner
Pappel-
porzellan-
spinner
Notodonta dromedarius
Ptilodontella
cucullina
Zickzackspinner
Ptilodon capucina
Palpenspinner
Blaukopf
Eichenzahnspinner

Lärchenwald mit Fraßschäden des Pinien-Prozessionsspinners

Pinien-Prozessionsspinner *Thaumetopoea pityocampa* Thaumetopoeidae. Hinterflügel weiß. In Kiefern-, Pinien- und Lärchenwäldern, 5. 7. Raupen dunkel, mit braunen Haarbüscheln, leben gesellig vom Frühjahr bis zum Herbst in großen Gespinsten zwischen den Zweigen. Sie wandern stets eine hinter der anderen zum Futter (Name!), und zwar gewöhnlich nachts. Nur im späten Frühjahr wandern sie auch am Tage auf der Suche nach geeigneten Verpuppungsorten. Dort sammeln sie sich zunächst in einem großen Klumpen und verteilen sich dann. Sie verpuppen sich in einem Kokon auf oder dicht unter dem Erdboden. Die kleinen, sich leicht ablösenden Haare der »Spiegelfelder« haben große Reizwirkung auf menschliche Haut; man fasse die Raupen daher nicht an! S, südliches Z. Können im S so häufig sein, daß ein Baum mehrere Raupennester trägt (s. Abb.).

Eichen-Prozessionsspinner *T. processionea*. Hinterflügel schmutzigweiß. 8—9 in Eichenwäldern. Raupennester im Frühling und Frühsommer an Eichenstämmen. Marschieren in breiterer Prozession bei der nächtlichen Futtersuche. Verpuppen sich gemeinsam im Gespinstnest.

Buchenrotschwanz *Dasychira pudibunda* Lymantriidae. Stark behaarter Schmetterling von 4—7 in Wäldern, nimmt keine Nahrung auf, wie auch die übrigen Vertreter der Familie. Raupen an vielen Laubbäumen. N, Z.

Kleeblumenspinner *Dicallomera fascelina*. Etwas kleiner als vorige Art, mit gelben oder orangefarbenen Linien auf den Vorderflügeln.

Schlehenspinner *Orgyia antiqua*. Männchen fliegen tags, Weibchen flügellos. Begattung und Eiablage erfolgt auf ihrem Kokon. 6—10 auf Bäumen und Büschen, auch in Städten häufig. Raupe an den hornartigen Haarbüscheln leicht erkennbar, frißt an sehr vielen Laubbäumen und -sträuchern.

Goldafter *Euproctis chrysorrhoea*. Flügel in beiden Geschlechtern meist reinweiß. Hinterleib beim Männchen braun, beim Weibchen graubraun. Beide Geschlechter mit braunem Afterbusch, der des Weibchens viel größer, dient zum Bedecken der Eier, die dadurch einen aktiven Schutz erhalten. Auch die Raupenhaare in dieser Familie haben Reizwirkung. Sie werden bei der Verpuppung mit im Kokon eingesponnen. Beim Schlüpfen nehmen die jungen Weibchen eine Anzahl dieser Haare in ihren Afterbusch auf und übertragen sie mit auf die Gelege. 7—8, Wälder, Hecken. Raupen gesellig auf Schleh- und Weißdorn, oft sehr schädlich in Obstgärten und Alleen. S, Z.

Schwan *E. similis*. Afterbusch gelb oder golden. Männchen gewöhnlich kleiner, oft mit kleinem schwarzen Fleck an der Hinterkante des Vorderflügels. Vor allem Hecken, Wälder. 6—8. Raupen an Weißdorn und vielen anderen Laubgehölzen.

Schwammspinner *Lymantria dispar*. Die Geschlechter unterscheiden sich stark: Weibchen fliegen nicht, bedecken die Eier mit den gelben Haaren der Afterregion. Männchen fliegen tags, 7—9. Raupen an vielen Laubbäumen, schädlich an Obst- und Alleebäumen. In großen Teilen Europas, jedoch wohl im Rückgang begriffen. In B seit der Mitte des 19. Jahrhunderts verschwunden, nur noch vereinzelt zufliegende Männchen, die den Kanal überqueren.

Nonne *L. monacha*. Weibchen größer, ziemlich seßhaft. 7—9 in Laub- und Nadelwäldern. Raupe grau, behaart, auf dem Rücken mit schwarzen Flecken und Linien. Frißt an Eiche, Birke und Nadelhölzern.

Pinien-Prozessions-
spinner

Eichen-Prozessions-
spinner

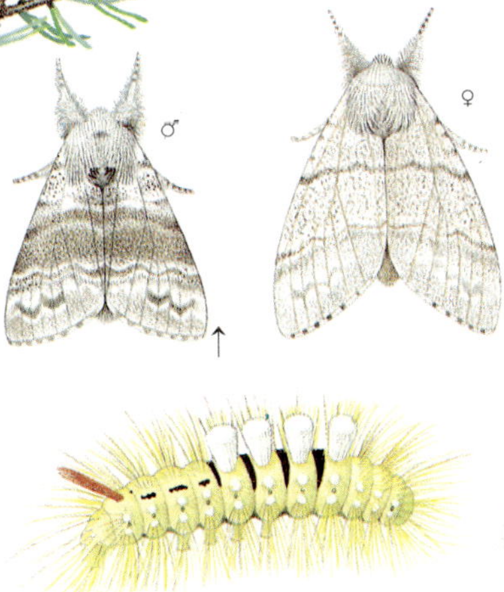

Buchenrotschwanz

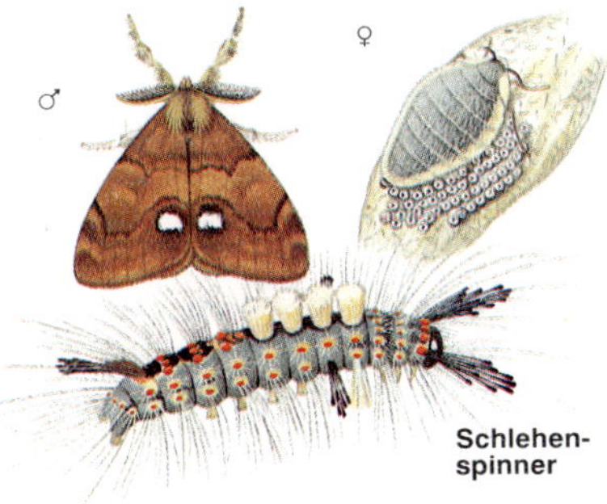

Schlehen-
spinner

Goldafter

Schwammspinner

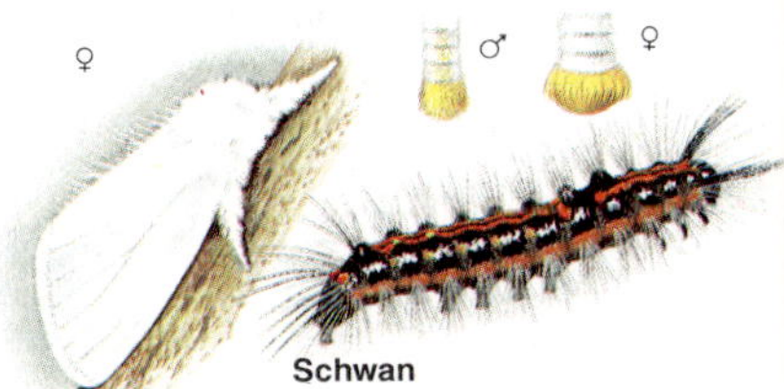

Schwan

Nonne

BÄRENSPINNER Arctiidae Kräftig gebaute, bunt gefärbte Nachtschmetterlinge, meist behaart, oft giftig. Die grellen Farben, besonders der Hinterflügel, warnen Vögel vor der Unbekömmlichkeit dieser Tiere. Die Vorderflügel haben oft eine Schutzfärbung. Die Raupen sind sehr stark behaart — Bären-Raupen! — und fressen Ampfer, Löwenzahn und andere niedrige Kräuter. Zu dieser Familie gehören auch die schlanken Flechtenbären.

Brauner Bär *Arctia caja*. §. Zeichnung aller Flügel variabel; Vorderflügel mitunter völlig braun, Hinterflügel gelb, nicht orange. 6—8, in allen Lebensräumen.

Schwarzer Bär *A. villica*. §. Flecke der Vorderflügel weiß oder cremefarben, laufen mitunter ineinander, oder sind stark verkleinert. 5—7 Gebüsch, Wiesen. Raupe der des Braunen Bärs ähnlich, jedoch Kopf kastanienbraun, Haare kürzer. S, Z.

Spanische Flagge *Euplagia quadripunctaria*. §. 6—9 trockene Wälder und Hänge. Fliegt bei Sonnenschein und nachts. Ruhen bei trübem Wetter mitunter in großer Zahl beieinander, so z.B. im »Tal der Schmetterlinge« auf Rhodos. Raupe schwarz mit breitem gelben Rückenstreif und hellen Seitenflecken. S, Z; auf den Kanalinseln häufig.

Schönbär *Callimorpha dominula*. §. Zeichnung variabel, auch gelb statt rot. Fliegt bei Sonnenschein 6—8. Feuchte Wälder, Fenne, Flußufer. Raupe dunkelgrau mit unterbrochenen gelben Streifen und grauen und schwarzen Haaren. An Himbeere, Stachelbeere, Wegerich, Weidenröschen, Ginster, selten an Weide, Esche, Buche und Eiche.

Wegerichbär *Parasemia plantaginis*. §. Farbe und Muster variieren; Hinterflügel auch rot gefleckt, oder völlig braun, besonders im Bergland. Helle Flecke der Vorderflügel können reduziert sein. Hinterleibsseiten beim Männchen gelb. Heiden, Moore, Wiesen, auch Lichtungen. 6—8, fliegt tags und nachts. Raupe schwarz, mit kurzen Büscheln schwarzer und kastanienbrauner Haare, an Wegerich, Lichtnelke, Leimkraut. N, Z.

Augsburger Bär *Pericallia matronula*. §. Größe der Flecke variiert, die der Hinterflügel auch völlig getrennt, oder zu Bändern verschmolzen. 5—6, besonders im Hügelland, fliegt oft tags. Raupe dunkelbraun oder schwarz mit langen braunen Haaren, überwintert, benötigt 2 Jahre zur Entwicklung. Osteuropa, noch bis Ostfrankreich.

Englischer Bär *Ammobiota festiva*. §. Zeichnung sehr variabel. Beim Männchen dunkle Bereiche stärker aufgelöst, Hinterflügel hellrosa. Im nördlichen Teil des Verbreitungsgebietes Farben blasser, rosa und grau. 5—6, fliegt auf Wiesen und in Gebüsch auch tags. Raupe wie die des Braunen Bären, auf vielen Kräutern. Kulturflüchter, besonders im östlichen Mitteleuropa.

Zimtbär *Phragmatobia fuliginosa*. Vorderflügel rot- bis dunkelbraun, im Mittelfeld ziemlich dünn beschuppt. Hinterflügel im Norden weitgehend grau, sonst rosa. 5—9, in vielen Gebieten mit 2 Generationen. Überall, am häufigsten auf feuchten Wiesen. Raupe dunkelbraun, dicht behaart, auf Kräutern.

Fleckenbär *P. maculosa*. Fleckenmuster variabel; stark gefleckte Tiere, wie abgebildet, in Süddeutschland. Hinterflügel der Weibchen intensiver rot. 6—8 wilde Grasflächen. Raupe samtschwarz mit kürzerem braunen Haar, an Labkraut. S, Z.

Amerikanischer Webebär *Hyphantria cunea*. Reinweiß, oder schwarz gefleckt. 7—8. Raupe gelbgrün, mit orangefarbenen und schwarzen Warzen und weißen Haaren. Gesellig in großen Gespinstnestern im Herbst auf Laubbäumen, verursachen an Obstbäumen Kahlfraß. Eine amerikanische Art, nach dem Zweiten Weltkrieg nach Mitteleuropa eingeschleppt.

Süddeutscher Bär *Cymbalophora pudica*. §. Untergrund der Vorderflügel weiß bis tiefrosa. 8—10, Wiesen, Gebüsch. Raupe graubraun mit kurzem Haar, an Gräsern. S; an der Mittelmeerküste oft häufig.

Holunderbär *Spilosoma lubricipeda*. Schwarze Fleckung variiert in der Größe, kann auch fehlen. Hinterleib gelb. 5—8 in vielen Bereichen, auch Gärten. Raupe dunkelbraun, stark behaart, mit tiefdunkelroter Rückenlinie. Auf Holunder, Himbeere, Nesseln, auch Fuchsien! und vielen anderen Gartenpflanzen.

Gelbe Tigermotte *S. lutea*. Zeichnung variabel. Verbreitung wie die des Hollunderbärs; Raupe ist heller braun.

Brauner Wegerichbär *Diaphora mendica*. Geschlechter stark unterschieden: Weibchen schwach beschuppt, mit unterschiedlicher Zahl schwarzer Fleckchen, Hinterleib weiß. 5—6 in Heiden, offenen Wäldern. Männchen fliegen nachts, die Weibchen auch tags. Raupe wie die der Gelben Tigermotte, an Wegerich u.a. niedrigen Kräutern. N, Z.

← Brauner Bär →

Schwarzer Bär

Spanische Flagge

Schönbär

Wegerichbär

Augsburger Bär

Englischer Bär

Zimtbär

Fleckenbär

Amerikanischer Webebär

Gelbe Tigermotte

Süddeutscher Bär

Holunderbär

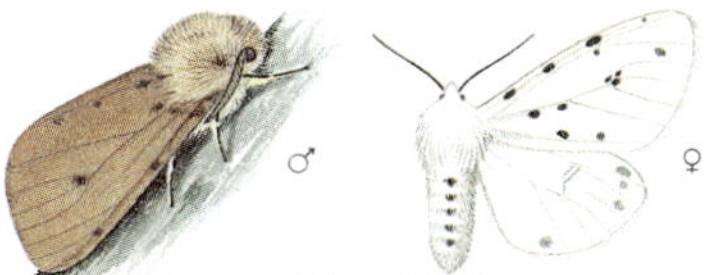

Brauner Wegerichbär

Purpurbär *Rhyparia purpurata*. §. Flecke variieren an Zahl und Größe, können besonders auf dem Hinterflügel verschmelzen. 6—7 auf Sandgebieten, fliegen manchmal tags. Raupen dunkelgrau, mit samtschwarzen Ringen und grauen sowie rostfarbenen Haaren. Auf Ginster, Wegerich, Labkraut u.a. Kräutern. Besonders im östlichen Europa.

Löwenzahnbär *Diacrisia sannio*. Geschlechter stark unterschieden; graue Fleckung im Hinterflügel der Männchen variabel. 6—8 Heiden, Moore, Wiesen. Männchen fliegen tags, Weibchen vor allem nachts. Raupe braun, mit heller Rückenlinie und braunem Haar. Auf Löwenzahn, Wegerich u.a. niedrigen Kräutern.

Karminbär *Tyria jacobaeae*. §. 5—8 auf offenem Gelände, besonders Sandboden. Vor allem nächtlich, flattert aber bei Tage auch kurz auf. Auf Kreuzkraut, Huflattich. Weit verbreitet, im Nordem vor allem an den Küsten.

Harlekinbär *Utetheisa pulchella*. Tagaktiv, 4—10, im Süden mit 2—3 Generationen. Offenes Gelände, Gebüsch. Raupe haarig, grau, mit weißen Linien und schwarzen Warzen und einem orangefarbenen Band auf jedem Segment, auf Vergißmeinnicht, Boretsch, Natternkopf. In S heimisch, wandert in jedem Frühjahr in Z ein.

Streifenbär *Spiris striata*. §. Weibchen ohne schwarze Adern im Vorderflügel, ihre Fühler ungefiedert. Tagaktiv. 5—7 auf Heiden, Wiesen. Rollt die Flügel in Ruhe um den Körper. Raupe schwarz mit orangefarbenem Rückenstreifen, gelbgefleckt. Auf Schwingelgras, Beifuß, Wegerich, Heidekraut u.ä. Weitverbreitet, besonders aber in S.

Setina aurita. Besonders in geringeren Höhen Linien der Vorderflügel in Punkte aufgelöst. Hinterleib von rein schwarz bis rein gelb. 6—9. Raupe dunkelbraun, gelb gefleckt, auf Flechten. Alpen und angrenzende Gebirge.

Eilema lurideola. Die helle Linie an der Vorderkante der Vorderflügel verjüngt sich stark und erreicht die Flügelspitze nicht. 6—8, Hecken, Wälder, Gärten. Ruht mit flachliegenden, kaum eingerollten Flügeln. Raupe grau, behaart, mit schwarzen Rücken- und orangefarbenen Seitenlinien. Frißt wie die Raupen fast aller Flechtenbären Flechten an Bäumen und Sträuchern.

E. complana. Helle Frontkante der Vorderflügel von der Flügelwurzel bis zur Spitze gleichbleibend breit. 6—8 auf Heiden, Mooren und in feuchten Wäldern. Rollt in Ruhe die Flügel fest um den Körper. Raupe grau mit schwarzer Rückenlinie und weißen sowie orangefarbenen Flecken auf den Körperseiten.

Pappelflechtenbär *E. griseola*. Helle Frontkante der Vorderflügel gleichbleibend breit, Vorderrand jedoch stark gekrümmt. Hinterleib und Hinterflügel schmutziggelb. 6—8, feuchte Wälder, Fenne. Ruht mit flachliegenden Flügeln. Raupe samtschwarz mit rötlichem Rückenstrich und variablen orangefarbenen Seitenflecken. Z.

Würfelmotte *Lithosia quadra*. Geschlechter stark unterschieden, Weibchen oft viel größer. 7—9, fliegt tags und nachts. Hauptsächlich in alten Wäldern. Raupe schwarz mit roten und grauen Flecken und breitem gelben Rückenstrich. Frißt Flechten.

Kleine Würfelmotte *Cybosia mesomella*. Vorderflügel mitunter stärker gelb. 6—7 auf Heiden, Mooren, in offenen Wäldern. Raupe samtschwarz, mit Büscheln schwarzer oder dunkelbrauner Haare. Frißt an Flechten.

Rotkragen *Atolmis rubricollis*. 5—8, vor allem in Wäldern. Raupe behaart, grau mit helleren Abzeichen und roten Flecken. An Flechten. N, Z.

Rosenmotte *Miltochrista miniata*. Weibchen ist kleiner. 6—8 in feuchten Wäldern und Hecken. Raupe dunkelgrau, stark behaart. An Flechten. N, Z.

Steinflechtenbärchen *Setina irrorella*. Flügel nur dünn beschuppt. Weibchen kleiner, dunkler. 6—8. Männchen oft auch tags aktiv. Vor allem an Küsten und im Gebirge, freiliegenden Kalk- und Kreidefelsen. Raupe behaart, braun mit gelben und weißen Linien. Frißt Stein- und Wandflechten (*Parietina, Parmelia*).

Kapuzenbärchen *Nola cucullata* Nolidae. In Ruhe sieht ein dunkler Fleck an der Flügelwurzel wie eine Kapuze aus. 6—7 in Wäldern, Gebüsch. Raupe rötlichbraun, mit grauen Haaren und weißen Flecken. An Schleh- und Weißdorn sowie anderen Rosengewächsen. Fehlt im Norden.

Purpurbär

Löwenzahnbär

Karminbär

Harlekinbär

Streifenbär

Setina aurita

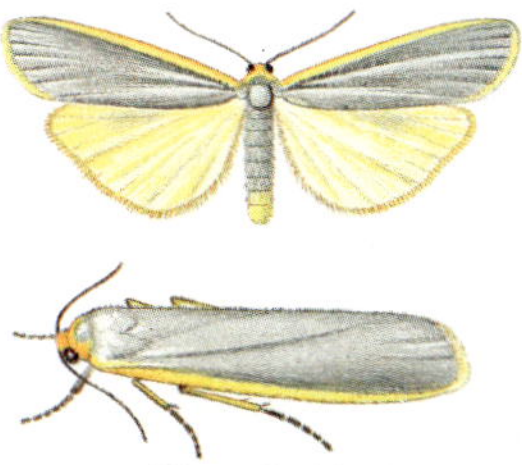

Eilema lurideola

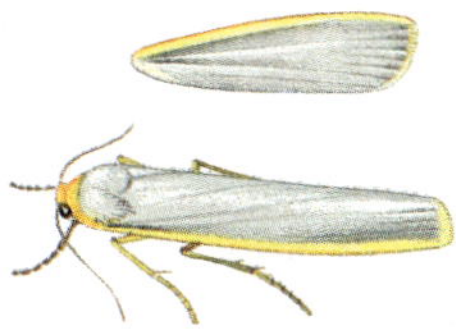

E. complana

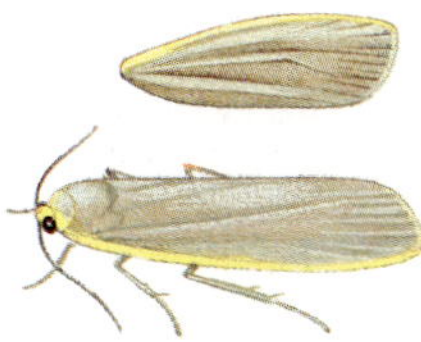

Pappelflechtenbär

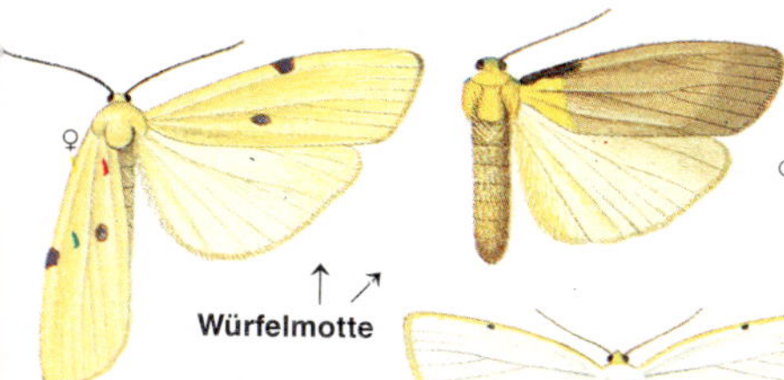

Würfelmotte

Kleine Würfelmotte

Rotkragen

Rosenmotte

Steinflechtenbärchen

Kapuzenbärchen

EULEN Noctuidae Sehr große Familie mit über 25000 bekannten, meist gedrungen gebauten Nachtschmetterlingen. Vorderflügel unauffällig gefärbt, der Umgebung angepaßt, Hinterflügel mitunter jedoch leuchtend bunt. Beide Geschlechter meist gleich, Männchen jedoch mit Haarbüschel an der Hinterleibsspitze. Die Wurzeln der Adern M_2 und M_3 liegen dicht beieinander (Unterschied zu den Zahnspinnern, S. 148). Die Vorderflügel weisen meist 3 charakteristische Flecke auf, ein Ringmakel zur Mitte hin, ein Nierenmakel mehr zur Spitze, und unter dem Ringmakel ein längliches Zapfenmakel. In der Ruhe werden die Flügel dachförmig oder flach überlappend nach hinten gelegt. Raupen gewöhnlich kräftig, gedrungen, wenig behaart.

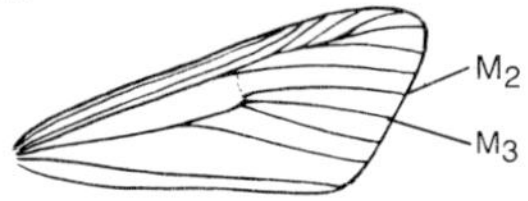

Aderung eines Eulen-Vorderflügels

Gersteneule *Euxoa nigricans*. Vorderflügel hell- bis sehr dunkel braun, Zapfenmakel meist undeutlich. 6—8 auf Wiesen, Ackerland, meist in den Niederungen. Raupe hellbraun oder grün, mit doppelter weißer Linie unten an jeder Seite. Gräser, Getreide.

Kiefernsaateule *Agrotis vestigilias*. Grundfarbe grau bis braun. Auffälliges Zapfenmakel und dunkle Keile nahe der Außenkante des Vorderflügels. 6—9, vor allem an sandigen Küsten, Heiden. Raupe grau, an Graswurzeln, Kiefernsämlingen, Kartoffeln.

Saateule *A. segetum*. Von den meisten anderen Eulen durch perlmutterglänzende Hinterflügel unterschieden, weiß bei Männchen, grau bei Weibchen. Vorderflügel hellbraun bis schwarz. 5—10 auf Kultur- und Brachland. Raupe glänzend grau, mit rötlichem Hauch, frißt im Boden an Wurzeln aller Kulturpflanzen, überwintert.

A. puta. Ringmakel pfeilförmig. Weibchen dunkler, mit hellem Rand um Ringmakel, Hinterflügel des Männchens weiß, des Weibchens grau. 5—10, weit verbreitet. Die gefleckte braune Raupe frißt an vielen krautartigen Pflanzen. S, Z.

Ausrufungszeichen *A. exclamationis*. Nach dem kräftigen, dunklen Zapfenmakel benannt. Nierenmakel auffällig. Vorderflügel hell- bis dunkelbraun. In offenem Gelände, besonders auf Kulturland. Raupe oben braun, unten grau, frißt an vielen Kulturpflanzen und Wildkräutern.

Ochropleura plecta. Am hellen Streifen an der Vorderkante der Vorderflügel klar erkennbar. Hinterflügel glänzend weiß. 5—9, weit verbreitet. Raupe gelbgrau mit gelben Seitenstreifen, an Zuckerrübe, Zichorie, Salat, Sellerie, auch an Wildkräutern.

Ampfereule *Axylia putris*. Helle Bereiche der Vorderflügel mitunter rot getönt. Wickelt die Flügel in Ruhe um den Körper, ästchenartig. 5—7, Hecken, Waldränder und Kulturland. Raupe gescheckt graubraun, mit schwarzer Zeichnung und einem Zapfen am Hinterende. An Ampfer, Winden, Wegerich, Graswurzeln, mitunter an Getreide.

Purpureule *Lycophotia porphyrea*. Grundfarbe der Vorderflügel trübrötlich bis ziegelrot, Hinterflügel grau. 6—8, vor allem auf Heiden und Mooren. Raupe rötlichbraun mit helleren Linien, frißt an Heidekraut, Geißblatt, Himbeere.

Hausmutter *Noctua pronuba*. Vorderflügel hellgrau bis tief kastanienbraun, sehr helle Tiere sind Weibchen, sehr dunkle Männchen. Nahe der Flügelspitze stets ein schwarzes kommaförmiges Makel. Fliegt wie alle verwandten Arten schnell, unstet, wobei sie die gelben Hinterflügel aufleuchten und sich sofort danach zu Boden fallen läßt, um Verfolger irrezuführen (s.S. 44). Ruht mit flachgelegten Flügeln. 6—10, weit verbreitet. Raupe braun oder grün, mit 2 schwarzen Makelreihen auf dem Rücken. An Kultur- und Wildpflanzen. ***N. orbona*** Ähnlich, kleiner, mit schwarzem Makel im gelben Hinterflügel. 6—9, in offenem Gelände, Raupe vor allem an Gräsern.

Gelbe Bandeule *N. fimbriata*. Vorderflügel grau- bis kastanienbraun, Weibchen heller als Männchen, oft grün überflogen. 6—9 in Wäldern. Raupe braun, mit schwarz gerandeten Atemöffnungen, oft an Primeln, auch Reben, Laubgehölze, Kohl, Kartoffel.

N. janthina. Ohne schwarzes Makel im Hinterflügel. 7—9 Hecken, Wälder. Raupe bräunlich mit dunklen, V-förmigen Abzeichen, an Aronstab, Schlüsselblumen, Nesseln u.a. Wildpflanzen. Fehlt im hohen Norden. ***N. interjecta*** Vorderflügel grau- bis kastanienbraun, kaum gezeichnet. Hinterflügel unterseits mit schwarzem Fleck. 6—8, offenes Land, Gebüsch. Die Raupe frißt vor allem an Gräsern. ***N. comes*** Mit schwachem schwarzen Makel im Hinterflügel. Vorderflügel von grau über braun bis tiefdunkelbraun. 7—9, weit verbreitet, Raupe frißt wie die der Hausmutter an vielen Pflanzenarten.

Heidekrauteule *Anarta myrtilli*. §. Vorderflügel grau- bis purpurbraun. Tagaktiv. 4—8, vor allem auf Heiden und Mooren. Raupe grün, gelb und weiß gezeichnet, auf Heidekraut, der Futterpflanze, schwer zu entdecken. **Bärentraubeneule** *A. cordigera* § Ähnlich, jedoch Vorderflügel dunkler, nie rötlich, Hinterleib ohne helle Bänder. 5—6, vor allem in Mooren. Raupe rotbraun mit weißen Linien, frißt an Bärentraube. N, Z und südliche Gebirge.

Gersteneule

Kiefern-
saateule

Saateule

Agrotis puta

Ausrufungs-
zeichen

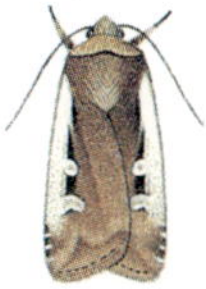

*Ochropleura
plecta*

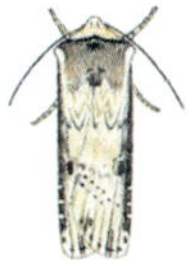

Ampfereule

Purpureule

*Noctua
orbona*

Hausmutter

Raupe

N. janthina

Gelbe Bandeule

N. interjecta

N. comes

Raupe auf
Heidekraut

Heidekrauteule

Bärentrauben-
eule

Schwarzes C *Xestia c-nigrum*. Grundfarbe hellgrau bis purpurbraun, mit charakteristischem hellen dreieckigem Makel an der Vorderkante des Vorderflügels. Flügel in Ruhe flachgelegt. 5—10, vor allem aber im Herbst, in Niederungen. Raupe hellbraun oder grün, stark schwarz gesprenkelt; polyphag, gern an Weidenröschen, Wollkraut.

X. triangulum. Vorderflügel mit 2 auffälligen, fast quadratischen Flecken, dazwischen helles Dreieck. Flügel in Ruhe flachgelegt. 5—7, in Wäldern. Raupe braun, schwarz gezeichnet, polyphag.

Diarsia mendica. Vorderflügel von strohfarben bis tiefdunkelbraun; im Norden gewöhnlich dunkel. Flügel in Ruhe flachgelegt. 5—7 in Wäldern, Mooren. Raupe braun, an den Seiten mit schwarzen Dreiecken, polyphag.

Lauchgrüne Eule *Anaplectoides prasina*. Schwarze Zeichnung variabel; das Grün verblaßt nach dem Tode. Hinterflügel dunkelgrau oder braun mit weißem Saum. 5—7 in Laubwäldern. Raupe braun, mit dunklerer Zeichnung an Kräutern und Büschen.

Große Heidelbeereule *Eurois occulta*. Grundfarbe hellgrau bis schwarz; Ring- und Nierenmakel weißgerändert, stets deutlich. 6—8, offene Wälder, Moore. Raupe purpurbraun und gelb mit weißen Linien auf Gagel, Heidelbeere, Weidenröschen. N, Z.

Gespensteule *Naenia typica*. Hinterflügel völlig grau. 5—8 in Niederungen. Raupe graubraun mit dunkler Seitenlinie und wenigen dunklen Abzeichen hinten. Polyphag.

Seifenkrauteule *Heliophobus reticulata*. Ähnlich, jedoch Hinterflügel weiß mit dunkleren Rändern. Raupe frißt Samen von Seifenkraut, Nelken, Lichtnelke.

Kohleule *Mamestra brassicae*. Vorderflügel mitunter rotbraun getönt. Hinterflügel silbergrau mit dunklerem Rand. Ganzjährig, vor allem aber 5—8; auf Kulturland sehr häufig. Raupen grün oder stumpfbraun mit dunkleren Flecken, an Kohl (»Herzwurm«).

Erbseneule *Ceramica pisi*. Grundfarbe grau- bis purpurbraun. 5—7. Raupe grün bis dunkelbraun, mit hellgelben Streifen. Polyphag, auch an Erbsen, Bohnen, Wicken.

Hecatera bicolorata. Grundfarbe weiß bis bläulichgrau. 5—9. Raupe grün oder braun mit dunklen Rhomben auf dem Rücken, an Blüten und Knospen des Habichtskrautes und anderer gelbblühender Compositen.

Nierenmakeleule *Melanchra persicariae*. 5—9 in Kulturland verbreitet. Raupe grün, braun oder rötlichbraun, mit Zapfen am Hinterende. Polyphag.

Gemüseeule *Lacanobia oleracea*. 5—9, besonders häufig in Gärten und Gemüsefeldern. Raupe grün oder braun, mit je einem schwarzen und gelben Seitenstreifen, polyphag, bevorzugt Gänsefußgewächse.

Hadena perplexa. Grundfarbe grauweiß bis dunkelbraun, Zapfenmakel breit, meist schwarz gerändert. 5—9. Raupe glänzend hellbraun, an Weißer Lichtnelke.

Nelkeneule *H. compta*. Fliegt 5—9 in Gärten, offenem Gelände. Raupe stumpf gelbbraun, frißt an den Samen von Nelken und Lichtnelken. Vor allem im SO, auch in B.

Raseneule *Tholera cespitis*. Hinterflügel weiß, beim Weibchen mit grauem Rand. 7—9 an Gräsern. Raupe zunächst grün, später graubraun, an Quecke, Schmiele u.ä. Gräsern.

T. decimalis. Männchen mit gefiederten Fühlern. Flügel schlanker als bei der Gespensteule, weiß geadert. Hinterflügel beim Männchen mit grauem Rand, beim Weibchen grau. 7—9 an Gräsern.

Graseule *Cerapteryx graminis*. Grundfarbe graubraun bis tiefkastanienbraun, Zeichnung variabel. Männchen viel kleiner als Weibchen, gewöhnlich dunkler. 6—9 in offenem Gelände, besonders im Bergland; fliegt oft auch am Tage. Raupe glänzend graubraun, frißt an Gräsern, landwirtschaftlich oft schädlich.

Forleule *Panolis flammea*. Vorderflügel mitunter graubraun. 2—5 in Kiefernwäldern. Raupe frißt an Nadeln; gefürchteter Kiefernschädling!

Orthosia incerta. Hellgrau, von rotbraun bis purpurschwarz; Ring- und Nierenmakel gewöhnlich mit hellem Saum. 2—4 (mitunter auch früher), vor allem in Wäldern; auch in Gärten häufig. Raupe bläulichgrün mit weißen Punkten und Linien, frißt an Eiche, Birke, Obstbäumen, Gebüsch.

O. gothica. Ist leicht an der auffälligen schwarzen Zeichnung rings um das Ringmakel zu erkennen. 1—5. Raupe polyphag, besonders auf Schlehen, Linden, Eichengebüsch.

O. stabilis. Graubraun bis ziegelrot. 2—4 (mitunter früher), vor allem in Wäldern. Raupe glänzendgrün, mit gelben Punkten und Linien, auf den meisten Laubbäumen.

Schwarzes C
Xestia triangulum
Diarsia mendica
Lauchgrüne Eule
ße Heidelbeereule
Gespensteule
Kohleule
Hecatera bicolorata
Gemüseeule
Nierenmakeleule
Erbseneule
Graseule
♀
Hadena perplexa
Nelkeneule
Raseneule
Tholera decimalis
Eier
rleule
O. stabilis
Orthosia incerta
O. gothica

Zapfeneule *Mythimna conigera*. Hellgelbbraun bis goldorange. 6—9 an Hecken, Waldrändern. Raupe hellbraun mit dünnen gelben Linien, an Gräsern, besonders Knäuelgras.

M. ferrago. Strohgelb bis ziegelrot. Männchen mit einem Dreieck schwarzer Haare auf der Körperunterseite. 5—8. Raupe ähnlich der der Zapfeneule, an Gräsern.

Kräutereule *M. pallens*. Vorderflügel strohgelb bis ziegelrot; Hinterflügel fast weiß (Weibchen mitunter etwas angegraut). 6—10, besonders auf feuchten Wiesen. Raupe hellbraun mit weißen Rückenlinien und je einem dunkleren Seitenstreifen. An Gräsern und Kräutern, polyphag.

Seggeneule *M. impura*. 2 oder mehrere schwarze Punkte in der äußeren Hälfte der Flügel; der dunkle Streif oft viel weniger deutlich als abgebildet. Hinterflügel bräunlichgrau. 5—8, vor allem auf Wiesen. Raupe wie vor, an Seggen, Schilf.

Schilfeule, *Nonagria typhae*. Fahl strohfarben bis ziegelrot. 7—9 in sumpfigem Gelände, an Gräben, Flußufern. Raupe hellbraun, frißt und verpuppt sich im unteren Teil des Schaftes vom Rohrkolben (*Typha*).

Brauner Mönch *Cucullia verbasci*. §. Grundfarbe hellstrohgelb bis mittelbraun. 4—6 in Gebüsch, Gärten; in Ruhe sehr zweigähnlich. Raupe perlglänzend, schwarz und gelb gefleckt, frißt an Blättern und Blüten der Königskerze. Fehlt im Norden.

Schattenmönch *C. umbratica*. §. Vorderflügel sehr schmal, hell- bis braungrau. Hinterflügel des Männchens silbrig, grau gewölkt beim Weibchen. 5—7 in Gebüsch, Gärten, auf Ödland. Raupe graubraun, schwarz gefleckt, an Milchdistel, Salat, Korbblütlern.

Silbermönch *C. argentea*. §. 6—8 in Sandgegenden. Raupe schmutziggrün mit gelben Rückenlinien und rosa oder roten Strich auf jedem Segment, frißt an Blüten und Samen des Beifuß. Besonders Norddeutschland und östliches Skandinavien.

Holzkappeneule *Xylocampa areola*. Manchmal dunkler, mitunter rötlich getönt. 3—5 Hecken, Gärten, Wälder. Raupe gelbbraun mit dunkler Seitenlinie und dunkelbraunen Rückenflecken, an Geißblatt. Fehlt im Norden.

Chi-Eule *Antitype chi*. Deutliche schwarze Zeichnung in der Flügelmitte, auch dunkler als abgebildet. Grundfarbe mitunter grünlich, verblaßt aber nach dem Tode. 8—10, vor allem in offenem Gelände; häufig in Gärten. Raupe bläulichgrün mit grüngerandeten Seitenlinien. An Löwenzahn, Lattich, Akelei.

Gelber Mönch *Agrochola lychnidis*. Hellbraun bis ziegelrot, einfarbig oder gefleckt, stets mit drei deutlichen Abzeichen an der Vorderkante der Vorderflügel. 9—11, oft in größerer Zahl an Efeublüten. Raupe gelbgrün mit weißen Linien und Flecken. An vielen Kräutern und Laubgehölzen, besonders Weiden. Fehlt im Norden.

Lindeneule *Dichonia aprilina*. §. 8—10 an Eichen. In Ruhe auf der flechtenbedeckten Rinde schwer zu finden. Raupe grünlichgrau mit schwarzer Zick-Zack-Rückenlinie. An Knospen und Blättern der Eiche, auch an Linde, Buche, Esche, Apfel. Bei Tage in Rindenspalten. Fehlt im Norden.

Sphinxeule *Brachionycha sphinx*. 10—12 in Laubwäldern; in der Ruhe auf Stämmen gut getarnt. Raupe hellgrün mit weißen und gelben Linien; hebt in Ruhestellung Kopf und Thorax. An Eiche, Pappel, Linde, Weide, Obstbäumen. Z.

Graue Moderholzeule *Xylena exsoleta*. §. Schwarzer Anteil der Vorderflügel variabel. 9—10, nach Überwinterung erneut im Frühjahr; in offenem Gelände. Flügel in der Ruhe um den Körper gelegt. Raupe grün, schwarz gefleckt, mit gelben und roten Streifen. An vielen Kräutern (Sedum, Klee, Distel, Wolfsmilch), Gemüsearten (Kartoffeln, Spargel, Erbsen), auch an einigen Büschen und Bäumen (Lärche, Himbeere). Fehlt im Norden.

Streifengelbeule *Xanthia citrago*. Vorderflügel gelb bis ziegelrot. 8—10. Raupe grüngrau mit weißen Linien und Flecken, an Linde. Fehlt im hohen Norden.

Goldeule *X. aurago*. Grundfärbung hellgelb bis orange. 8—10, besonders in und um Küstenwälder. Raupe rotbraun mit hellen Flecken und Linien, an Buche, Feldahorn.

Weidengelbeule *X. icteritia*. Dunkle Abzeichen können praktisch fehlen. 8—10 in Hecken und Gebüsch. Raupe rotbraun mit dunkleren Punkten und hellen Linien, im Frühjahr an Weidenkätzchen, später an niedrigen Kräutern am Boden.

Weißdorneule *Allophyes oxyacanthae*. Die grünen Fleckchen der Vorderflügel können fehlen, die weiße Zeichnung nahe der Hinterkante jedoch nie. 9—10 in Hecken und Wäldern, oft an Efeublüten. Raupe purpurbraun, hinten mit zwei Paar Spitzen, das hintere höher. Frißt an Schlehe, Zwetschge, Kirsche, Weißdorn. Fehlt im Norden.

Zapfeneule
Mythimna ferrago
♂ Unterseite
Kräutereule
Seggeneule
Brauner Mönch
Schattenmönch
Schilfeule
Puppe in *Typha*-Stengel
Holzkappeneule
Chi-Eule
Silbermönch
Gelber Mönch
Lindeneule
Sphinxeule
Graue Moderholzeule
Streifengelbeule
Goldeule
Weidengelbeule
Weißdorneule

Großkopf *Acronicta megacephala.* Hinterflügel größtenteils weiß. 5—8 in Wäldern, Parkanlagen, Gärten. Raupe grau mit roten und schwarzen Abzeichen und einem rechteckigen hellen Fleck kurz vor Körperende; behaart. An Pappeln, Weiden.

Ampfereule *A. rumicis.* Der vorigen Art ähnlich, jedoch mit deutlicher weißer Randlinie. Vorderflügel können fast schwarz sein, Hinterflügel grau. 6—9. Raupe behaart, schwärzlichbraun mit roten und weißen Flecken. An Knöterich, Ampfer, Wolfsmilch.

Ahorneule *A. aceris.* Hinterflügel sehr weiß. 5—7 Wälder, Parkanlagen, Alleen. Raupe an Ahorn, Eiche, Hasel, Roßkastanie, Ulme, Buche, Linde, läßt nur Blattrippen übrig.

Pfeileule *A. psi.* Benannt nach den schwarzen Abzeichen auf den hellgrauen Vorderflügeln. 6—7, in Niederungen. Raupe an Schlehe und vielen anderen Laubhölzern.

Aprikoseneule *A. tridens.* Ohne Untersuchung der Genitalien nicht von der vorigen Art zu unterscheiden, wenn auch meist dunkler. Die Raupe ist jedoch sehr charakteristisch.

Erleneule *A. alni.* 5—7 in Laubwäldern. Junge Raupe grau, mit weißem Rückenfleck. An Erle, Birke, Espe, Eiche, Linde, Kirsche, Nußbaum, Rosen. In Ruhe gekrümmt auf den Blattoberseiten.

Wolleule *A. leporina.* Sehr hell, mit wenigen schwarzen Abzeichen. 4—7 in Wäldern und feuchten Heiden. Raupe hellgrün, fast völlig mit langen, seidigweißen Haaren bedeckt (im Norden auch gelblich). An Birke, Erle, Weide, Pflaume. N, Z.

Malachiteule *Calotaenia celsia.* §. 8—10 in Nadelwäldern. Raupe gelblichgrün, mit schwarzen Warzen und braunem Kopf. Im Sommer an Gräsern. N, Z, besonders im Osten.

Flechteneule *Cryphia domestica.* Das Grau kann durch Grün verdrängt sein. 6—8 überall, wo Flechten vorkommen; in Ruhe darauf schwer zu entdecken. Raupen an Flechten ***C. muralis*** sehr ähnlich, jedoch größer. S, Z.

Haseleule *Colocasia coryli.* 5—9, Hecken, offene Wälder. Raupe orange oder braun mit roten oder grauen Haarbüscheln hinter dem Kopf und unterbrochener schwarzer Rückenlinie. An Hasel, Erle, Eiche, Buche, Linde, Ulme, Pflaume, Hainbuche. N, Z.

Pyramideneule *Amphipyra pyramidea.* 6—8 in Wäldern. Ruht mit nahezu flachgelegten Flügeln. Raupe plump, grün mit weißen Punkten und Strichen und spitzem Zapfen am Hinterende. An Laubbäumen und -sträuchern.

A. berbera. Sehr ähnlich, Unterseite des Hinterleibes jedoch ohne schwarz-weiße Kantenzeichnung, Unterseite der Hinterflügel stärker orangerot, nicht nur als Randband, dagegen dunkles Band schwächer ausgeprägt.

Graue Glanzeule *A. tragopoginis.* Huscht bei Störung mäuseartig davon. Flügel in Ruhe nahezu flachgelegt. 6—9 in Wäldern, Hecken, Gärten. Raupe grün, mit feinen weißen Linien, an vielen Kräutern und Sträuchern.

Schwarzes Ordensband *Mormo maura.* §. Name nach dem dunklen Band auf den Vorderflügeln. 6—8 in Hecken, Gärten und lichten Wäldern. Raupe stumpfbraun mit weißen Abzeichen, Atemlöcher orange gerandet. An vielen Kräutern und Büschen. S, Z.

Polyphaenis sericata. §. Vorderflügel mitunter bläulichweiß gefleckt; Muster oft undeutlich, schwarzes Abzeichen in der Flügelspitze stets erhalten. 6—9, Gebüsch. Raupe gelbgrau, an Geißblatt, Hartriegel, *Cornus.* S, Z.

Rötliche Wurzeleule *Thalpophila matura.* 6—8, Wiesen, Gebüsch. Raupe hell- bis rötlichbraun, mit dunklen Rückenabzeichen. An Gräsern. S, Z.

Achateule *Phlogophora meticulosa.* Die grünen Bereiche können auch ziegelrot sein, das Grün verblaßt nach dem Tode zu stumpfem Braun. Ganzjährig, Generationenfolge und Häufigkeit jedoch unregelmäßig. Ruhestellung die eines toten Blattes. Raupe grün oder braun mit dunklerer Zickzackleiste auf dem Rücken. Polyphag. Wanderfalter?

Großkopf
Ampfereule
Ahorneule
Pfeileule
Aprikoseneule
Erleneule
Wolleule
Malachiteule
Flechteneule
Hasel-
eule
Pyramideneule
Amphipyra
berbera
Schwarzes Ordensband
Graue
Glanzeule
Polyphaenis
sericata
Rötliche
Wurzeleule
Achat-
eule

Trapezeule *Cosmia trapezina.* Sehr variabel: Vorderflügel grauocker bis braun. Die Querlinien sind gewöhnlich deutlich und können eine rostfarbene oder sogar schwarze Binde einschließen. 6—8 in Wäldern, häufig an Blüten. Raupe grün mit gelben Linien und verstreuten schwarzen und weißen Punkten. An verschiedenen Laubbäumen. Mordraupe, die andere Raupen und auch Artgenossen frißt.

Espenblatteule *Ipimorpha subtusa.* 6—8, vor allem in Wäldern. Raupe grün mit schwarzen Punkten und weißen Linien, an Espe, Pappel.

Striegeleule *Oligia strigilis.* Sehr variable Art, von ähnlichen verwandten Arten oft nur durch Untersuchung der Genitalien zu unterscheiden. 6—8 weit verbreitet. Raupe purpurbraun mit gelben Streifen, an Gräsern. ***O. fasciuncula*** sehr ähnlich, meist rötlicher, Mittellinie meist deutlicher. 5—7, Feuchtgebiete. Raupe wie vor.

Rohrstoppeleule *Apamea unanimis.* Der rötliche Anflug kann fehlen und besonders bei Weibchen eine stärkere schwarze Fleckung auftreten. Nierenmakel meist deutlich weiß gerandet. 6—8 in weiter Verbreitung. Raupe hellbraun mit dunkelgesäumten hellen Linien, an Sumpfgräsern. Puppe in Rohrstoppeln.

Roggeneule *A. secalis.* Eine weitere sehr variable Art (3 Varianten abgebildet). 6—8 in vielen Gebieten. Raupe grün, mit rötlichen Rückenlinien, an Getreide, Gräsern.

Getreidewurzeleule *A. monoglypha.* Vorderflügel graubraun bis schwarz, helle Zickzacklinie nahe der Außenkante stets sichtbar. 6—10, nahezu überall, wird häufig durch Licht angelockt. Raupe schmutzigweiß oder fleischfarben mit schwarzen Flecken und Kopf. An Gräsern, beißt Halme nahe der Basis ab.

Graswurzeleule *A. lithoxylea.* 6—8 in weiter Verbreitung. Raupe wie die der vorigen Art, jedoch Kopf braun. Fehlt weiter im Norden.

Knötericheule *Dypterygia scabriuscula.* 5—10, Wälder; in Ruhe sehr gut auf Stämmen getarnt. Raupe rotbraun mit schwarzen und weißen Linien und gelben Punkten. An Ampfer, Knöterich und verwandten Pflanzen.

Schachtelhalmeule *Hydraecia micacea.* Die Intensität des rötlichen Schimmers variiert. 9—10 in offenem Gelände, besonders an Küsten und auf Kulturland. Raupe rosagrau, schwarz gefleckt, an Schachtelhalm, Rüben, Kartoffeln, Wegerich u.a.

Markeule *Gortyna flavago.* Äußeres goldenes Band oft undeutlich. 8—10, offene Gelände (Öd- wie Kulturland), besonders Feuchtbereiche. Raupe rosa, schwarz gefleckt, frißt in Stengeln von Disteln, Klette; mitunter an Kartoffeln schädlich.

Amphipoea oculea. Nierenmakel auffällig, augenartig. Tiere an den Küsten größer, heller. 8—9, Feuchtwiesen, nachts auf Blüten oft häufig. Raupe rosa, an Gräsern.

Calamia tridens. §. Nierenmakel oft rostbraun gesäumt. Hinterflügel der Männchen gelbgrau, der Weibchen weißgrau. 8—9, Wiesen, Gebüsch. Raupe grünlichbraun, schwarz gefleckt, auf vielen niedrigen Kräutern. In B nur in Westirland.

Synthymia fixa. Vorderflügel der Männchen aschgrau, Hinterflügel hellgelb. 3—5 an trockenen Hängen. Raupe dunkelgrün mit weißen und gelben Linien, an Klee. S, sporadisch auch Zuwanderer in Z.

Windeneulchen *Emmelia trabealis.* Die schwarzen Abzeichen variieren in Zahl und Intensität. 5—8 auf Grasflächen, besonders auf Sandboden. Fliegt meist am späten Nachmittag. Raupe rötlichbraun mit dunkleren Rückenlinien und gelbem Seitenstreif, an Ackerwinde. Fehlt weiter nördlich.

Trauereule *Tyta luctuosa.* Helle Flecke der Vorderflügel weiß oder rosa. Tags auf Weiden und Grasland, 5—9. Raupe graubraun, an Ackerwinde. S, Z.

Kahn-Eulchen *Earias chlorana.* Durch hellen Vorderrandstreifen und weiße Hinterflügel vom Grünen Eichenwickler (S. 126) unterschieden. 5—8 in Feuchtgebieten. Raupe hellgrün mit braunen Linien, an Weiden.

Jägerhütchen *Pseudoips fagana.* Weibchen mit weißen Hinterflügeln und viel schmalerem roten Vorderflügelsaum. 5—8, Wälder, Hecken. Raupe hellgrün mit feiner gelber Seitenlinie, auf Buchen und an anderen Laubbäumen.

Große Kahneule *Bena prasinana.* 6—7 in Eichenwäldern. Raupe grün, mit schrägen gelben Seitenbändern, Rückenzapfen mit gelber Spitze am 2. Segment, frißt Eiche. S, Z.

Kardeneule *Heliothis viriplaca.* Heller Fleck auf dem Hinterflügel kann reduziert sein. 5—7 tags an Kardenblüten auf Heiden, Wiesen. Raupe grün bis purpurbraun, an vielen niedrigen Planzen. Fehlt weiter nördlich.

Trapezeule

Aspenblatt-
eule

Striegeleule

Oligia fasciuncula

Rohrstoppel-
eule

Roggeneule

Getreidewurzel-
eule

Graswurzeleule

Knötericheule

Schachtelhalm-
eule

Markeule

Amphipoea oculea

Calamia tridens

Synthymia fixa

Winden-
eulchen

Trauereule

Kahn-
eulchen

Jägerhütchen

Große Kahneule

Karden-
eule

Münzen-Eule *Polychrisia moneta*. §. 6—9, Hecken, Gärten, Parkanlagen; häufig an Gartenblumen. Raupe zunächst weiß, schwarz gefleckt; später grün mit weißen Flecken und Linien. Hat, wie die nächsten 3 Arten, nur 3 Paar Afterfüße. Auf Eisenhut, Rittersporn an Blüten und versponnenen Endblättern.

Messingeule *Diachrisia chrysitis*. Metallische Bänder von grün bis tiefgold, können in der Mitte miteinander verschmelzen. 6—9, Gärten, Hecken. Raupe mit nur 3 Paar Afterfüßen, an Brennessel, Taubnessel u.a. Lippenblütlern.

Goldfleckeule *D. chryson*. §. Mit ziemlich kleinem messingglänzenden Fleck. 7—8 in Feuchtgebieten. Raupe an Wasserdost, Minze, Kleb-Salbei. S, Z.

***D. orichalcea*.** 6—9 in grasigem Gelände. Raupe an verschiedenen Korbblütlern. In S heimisch, wandert gelegentlich nach Z und N.

Krebssuppe *Scoliopteryx libatrix*. 8—10, nach Überwinterung (oft in Häusern) erneut im Frühjahr; in Gärten, Parkanlagen, Brachgelände. Raupen an Weiden, Pappeln.

Goldeule *Chrysaspidia festucae*. §. Grundfarbe goldbraun bis kastanienbraun. 6—9 in Feuchtgebieten. Raupe an Gräsern, Seggen und anderen Uferpflanzen. Wie die der folgenden 4 Arten grün, mit weißen Flecken und Linien, nur 3 Paar Afterfüße.

Silberblatt *Autographa bractea*. Metallflecke mitunter auch tiefgelb. 6—8, besonders auf Brachen im Bergland. Raupe polyphag an Kräutern, auch Geißblatt. N, Z.

Ziesteule *A. pulchrina*. Ein Y-Makel, oft in der Mitte unterbrochen, auf ziemlich undeutlichem Grundmuster; Nierenmakel golden gerandet. 5—8 in Gärten, Hecken, Raupe auf Taubnessel, Brennessel, Heidelbeere u.a. Kräutern.

Jota-Eule *A. jota*. Y-Makel, das oft gebrochen ist, in deutlichem, einheitlich braunem Rechteck; Nierenmakel undeutlich. 5—8, fliegt in der Dämmerung, im gleichen Gelände wie die Ziesteule, liebt, wie alle Arten der Gattung, Blüten. Raupe an vielen Kräutern, auch Schlehe.

Gammaeule *A. gamma*. Grundfarbe grau bis samtschwarz, mitunter mit rötlichem Anflug. Oberer Teil des Y-Makels mitunter undeutlich. Häufig in Gärten, Parkanlagen und offenem Gelände. Fliegt tags und nachts, liebt Gartenblumen, schwirrt beim Saugen wie ein Kolibri mit den Flügeln. Raupe polyphag, kann mitunter an Erbsen und anderen Gemüsearten schädlich werden. Im S heimisch, ganzjährig; wandert im Frühjahr nach Z, N und erzeugt hier eine Sommergeneration, von der einige Tiere im Herbst südwärts wandern. Kann z.B. in B den Winter nicht überstehen.

Mi-Eule *Callistege mi*. Nach dem Muster der Vorderflügel benannt. In Gebüsch und Wiesen tagsüber fliegend. Raupe schlank, hellbraun mit cremefarbenem Seitenstreifen, nur 3 Paar Afterfüße; an Klee, Luzerne, Ampfer, Gagel, Steinklee.

Brennesseleule *Abrostola triplasia*. Brillenförmiges Haarmuster auf der Vorderfront des Thorax. 5—8 Hecken, Gärten, Brachland. Raupe hellgrün mit weißen Streifen und dunklerer Rückenzeichnung, zwei Warzen vorn und eine 3. auf dem 11. Segment. An Brennessel. ***A. trigemina*** dunkler, mit brauner Brillenzeichnung des Thorax.

***Syngrapha ain*.** Der Gamma-Eule ähnlich, Hinterflügel jedoch gelb, nicht braun. 7—8 in Lärchenwäldern der Gebirge. Raupe grün mit hellen Linien, 3 Paar Afterfüße, fressen Lärchennadeln, haben eine lange Überwinterungsphase. Z.

Hackeneule *Lygephila pastinum*. Die Stärke des bräunlichen Überflugs der Vorderflügel variiert, ebenso die Schwärzung des Nierenmakels. 6—7 in Gebüsch, auf Grasflächen, besonders Waldlichtungen. Fliegt schlecht. Raupe lang, sich verjüngend, graubraun mit 3 rötlichbraunen Rückenstreifen, auf Wicke, Tragant, Kronwicke, Platterbse.

Luzerneule *Euclidia glyphica*. Tagaktiv, 5—7 in grasigem Gelände. Raupe mit 3 funktionsfähigen und einem verkrümmten Afterfußpaar. An Klee und anderen Leguminosen.

Münzeneule

Messingeule

Goldfleckeule

Diachrisia orichalcea

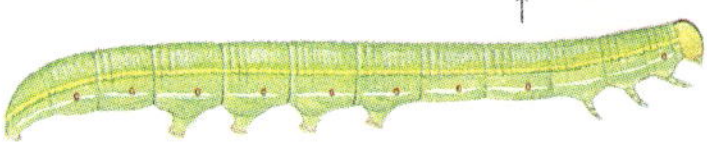
Krebssuppe

Goldeule

Silber-
blatt

Ziesteule

Jota-Eule

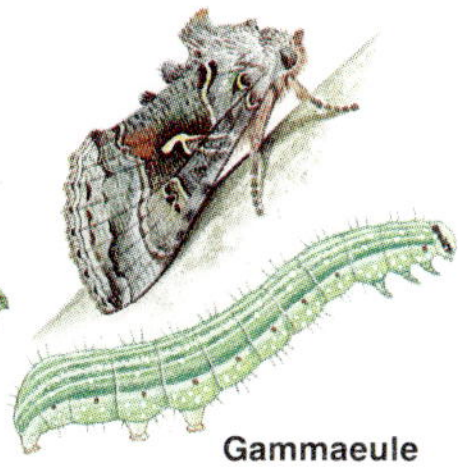
Gammaeule

Mi-Eule

Brennesseleule

Syngrapha ain

Hackeneule

Luzerneule

Blaues Ordensband *Catocala fraxini.* §. 7—8 in lichten Wäldern. Ruhend auf Stämmen gut getarnt. Die Raupe ist wie die der Roten Ordensbänder schwer zu entdecken, wenn sie gestreckt auf einem Zweig sitzt. An Esche, Pappel, auch Eiche. N, Z. Größte Eule.

Rotes Ordensband *C. nupta.* §. 8—9 in lichten Wäldern, Hecken, Gärten, Parkanlagen. In Ruhe gut getarnt. Fliegt bei Störung wie die Hausmutter (S. 156) unstet auf und läßt die roten Hinterflügel zur Irritierung von Verfolgern aufleuchten. Raupe mit einigen knospenähnlichen Warzen auf dem Rücken. Haarsäume entlang der Seiten lassen sie in Ruhelage sehr gut mit einem Zweig verschmelzen. An Weide, Pappel, fehlt im hohen Norden.

Weidenkarmin *C. electa.* §. Der vorigen Art ähnlich, jedoch Hinterflügel etwas heller, Vorderflügel heller grau mit dünner schwarzer Zeichnung. 7—9. Raupe wie die der beiden vorigen Arten. S, Z.

Großer Eichenkarmin *C. sponsa.* §. Vorderflügel dunkler als die des Roten Ordensbandes, mit auffälliger weißer Zeichnung nahe der Mitte. Hinterflügel dunkelrot, mit scharf gewinkelter schwarzer Binde. 7—8 in Eichenwäldern. Raupe grünlicher als die des Roten Ordensbandes, auf Eichen. S, Z.

Kleiner Eichenkarmin *C. promissa.* §. Kleiner als die vorstehenden Arten, Vorderflügel grauer, schwarze Binde in den Hinterflügeln fast gestreckt. 7—8 in Eichenwäldern. S, Z.

Gelbes Ordensband *Ephesia fulminea.* §. Vorderflügel hell- bis dunkelgrau, oft violett überflogen. 6—8 in Gebüsch, Gärten. Raupe grau oder braun, mit Wärzchen und einem Horn hinter der Körpermitte. An Schlehe, Weißdorn, Obstbäumen. S, südliches Z.

Anua tirhaca. 5—6 in trockenem Gebüsch. Einzelne Tiere mit vollständiger schwarzer Randbinde der Hinterflügel, bei Weibchen breiter als bei Männchen. Raupe rötlich- oder graubraun, mit dunklen Rückenlinien, an Zistrose, Pistazie. S.

Sicheleule *Laspeyria flexula.* Grau- bis purpurbraun, stets mit schwarzen Punkten und geschwärzten Warzen, unterseits mit Haarsäumen. An Nadelholzflechten. Z.

Rüsseleule *Hypaena proboscidalis.* Schlanker als die meisten Eulen, nach den großen Tastern benannt, die rüsselartig den Kopf überragen. 6—9, Hecken, Brachland. Raupe schlank, grün, mit zerstreuten schwarzen Haarflecken, an Brennesseln.

Federfußeule *Herminia tarsipennalis.* Eine weitere schlanke Art, benannt nach dichten Haarbüscheln auf den Vorderbeinen der Männchen, deren Fühler in der Mitte verdickt sind. Die Submarginallinie der Vorderflügel beginnt oberhalb der Flügelspitze. 6—7, in Gebüsch, Gärten. Raupe graubraun, mit schwarzen Streifen, kurzbehaart. An welken Blättern (Brom-, Himbeere, Löwenzahn, Salat). Im Zentrum Europas.

H. nemoralis. Die Submarginallinie der Vorderflügel beginnt an der Flügelspitze. Männchen ohne Haarbüschel auf den Vorderbeinen, Fühler gleichmäßig dick. 6—8, Wälder, Hecken. Raupe der der vorigen Art ähnlich, auf Eichen. Fehlt im Norden.

Die Eulen sind die größte Familie der Nachtschmetterlinge. Die Raupen einiger Arten sind bedeutende Schädlinge. Viele leben tagsüber in den oberen Bodenlagen und fressen nachts, wobei häufig die Pflanzen dicht über dem Boden abgebissen werden und morgens welk auf der Erde liegen. Auch wenn sie nicht völlig durchgebissen worden sind, welken die Pflanzen und sterben ab. Dies geschieht z.B. bei frisch gepflanztem Salat und Kohl. Viele Eulenarten sind jedoch polyphag und fressen so ziemlich jede Pflanze geeigneter Größe. Einige fressen auch im Winter, vergraben sich aber bei großer Kälte tief im Boden.

Sind die Raupen ausgewachsen, so verpuppen sie sich im Boden. Die meisten glänzendbraunen kleinen Puppen, die man im Garten ausgräbt, gehören zu dieser Schmetterlingsfamilie. Zu den größten Schädlingen gehören die Hausmutter, das Ausrufungszeichen und die Saateule, die alle auf S. 156 beschrieben sind.

Blaues Ordensband
Weidenkarmin
Rotes Ordensband
Kleiner Eichenkarmin
Gelbes Ordensband
Großer Eichenkarmin
Sicheleule
Herminia nemoralis
Anua tirhaca
Rüsseleule
Federfußeule

Birkensichler *Drepana falcariata* Drepanidae. Grundfarbe kann heller sein. 5—9, in Wäldern, Heiden. Flügel in Ruhe flach ausgebreitet. Raupe wie alle in dieser Familie nach hinten zugespitzt, ruht mit erhobenem Vorder- und Hinterende, auf Birke.

Eichensichler *D. binaria*. 5—9 in Wäldern. Raupe hellbraun mit gelblichem Sattelfleck und Zapfen am 3. Segment hinter dem Kopf, an Eiche und Birke. S, Z.

Eidechsenschwanz *Falcaria lacertinaria*. 5—9, in Wäldern, Heiden. Ruht mit dachförmig aufgestellten Flügeln. Raupe hell- und dunkelbraun, mit Warzen auf dem 2., 3. und 11. Segment. An Birke und Erle. Fehlt im Süden.

Silberspinnerchen *Cilix glaucata*. 5—9 in Gärten, Hecken, Wäldern. In Ruhe wie Vogelkot wirkend. Raupe rotbraun, oft unten purpurn überlaufen, mit 3 spitzen weißen Höckern und Wärzchen hinter dem Kopf. Vor allem auf Schleh- und Weißdorn. S, Z.

Roseneule *Thyatira batis* Thyatiridae. 6—9, vor allem in Wäldern. Raupe dunkelbraun, mit schrägen weißen Linien und Rückenhöckern. An Himbeere, ruht U-förmig gekrümmt auf den Blättern. N, Z.

Achatspinner *Habrosyne pyritoides*. 6—9, Wälder, Hecken. Raupe braunrot mit feiner dunkler Rückenlinie und einem großen weißen Fleck vorn auf jeder Seite. Vor allem an Brombeeren.

Tethea ocularis. Vorderflügelzeichnung in Form einer 80 meist deutlich. 5—6 in Wäldern. Raupe schmutzigweiß, mit grauer Rückenlinie, an Pappeln.

Polyploca ridens. 3—5 in Wäldern. Raupe gelblichgrün, mit schwarzen und weißen Punkten, auf Eichen (Mordraupe, s. S. 164). S, Z.

SPANNER Geometridae Eine sehr große Familie, mit etwa 12000 meist zart gebauten Arten mit schlanken Körpern und relativ großen Flügeln. Diese werden in der Ruhe meist flach ausgebreitet, häufig auch zu einem Dreieck zusammengeschoben. Einige Arten legen sie jedoch auch tagfalterartig nach oben zusammen. Flugvermögen meist gering. Raupen haarlos oder schwach behaart, mit nur 2 Paar Afterfüßen, bewegen sich in charakteristischer Weise fort (s. S. 111). Viele sehen in Ruhehaltung verblüffend ästchenartig aus.

Purpurschneckenspanner *Idaea muricata*. Randkante stets purpurn, sonst Flügelfarbe von reinpurpurn bis reingelb. 6—7 Fenne, Feuchtgelände, fliegt oft im Sonnenschein. Raupe hellbraun mit dunkleren Linien, an Fingerkraut u.a. **Mausohrspanner** *I. aversata* Grauweiß oder gelblich, Bänder oft undeutlich. 6—9. Raupe braun, gerunzelt, nach vorn schlank zulaufend. Polyphag, besonders an Mausohr, Primel.

Rotbandspanner *Rhodostrophia calabra*. §. Rote Bereiche können intensiver gefärbt sein, besonders im Süden. 4—7. Raupe gelbbraun oder grau mit schwarzen Borsten, an Besenginster u.a. Lippenblütlern. S, Z. ***R. vibicaria*** § In der Regel fahler als *calabra*, Hinterflügel mit Winkel. Begrenzung der Bänder stets deutlich. S, Z.

Schmuckspanner *Scopula ornata*. 5—9 an Gräsern, besonders auf Kalk und Kreide. Raupe oben braun, unten grau, mit dunklen V-Abzeichen auf dem Rücken. An Thymian, Majoran. S, Z. ***S. floslactata*** meist nur mit 2 deutlichen Querbändern, mitunter auch ohne Bänder. Grundfärbung manchmal gelbweiß; kann auch im ganzen rauchgrau gefärbt sein. 4—7 in Wäldern. Raupe graubraun mit dunkleren Abzeichen und eingekerbtem Kopf, vor allem an Labkraut. Einige ähnliche Arten. ***S. imitaria*** Flügel ziemlich eckig. Grundfärbung oft weniger intensiv, die Breite der Streifen kann variieren. 6—9 in Hecken und Brachland. Raupe hellbraun mit 3 dunkleren Rückenlinien. Polyphag. S, Z.

Timandra griseata. Grundfarbe von hellgrau bis cremefarben, der Schrägstrich rosa bis purpurn, von unterschiedlicher Stärke. 5—9 Hecken, Brachland, besonders Feuchtgelände. Raupe graubraun mit 4 dunklen Rückenflecken. An Ampfer und anderen Bodenpflanzen.

Gelber Buchenspanner *Cyclophora linearia*. Grundfärbung von gelb bis hellziegelrot; innere und äußere Querlinie fehlt oft. 4—9 an und in Küstenwäldern. Raupe hellbraun mit gelben Abzeichen, an Buche, Eiche, auch Heidelbeere. S, Z.

Ringspanner *C. annulata*. Grundfärbung schmutzigweiß bis hellgelb; die Ringe können fehlen, vor allem auf den Vorderflügeln. 5—9, Hecken, Wälder. Raupe dunkelgrün mit gelben Abzeichen und braunem Kopf, an Ahorn, Platane, Birke. S, Z.

Birken-
sichler
Eidechsenschwanz
Silber-
spinnerchen
Eichensichler
Roseneule
Achatspinner
Tethea ocularis
Polyploca ridens
Purpurschneckenspanner
Rotbandspanner
R. vibicaria
Ringspanner
Mausohrspanner
Schmuckspanner
S. floslactata
S. imitaria
Timandra griseata
Gelber Buchenspanner

Archiearis parthenias. §. 3—5 auf Heiden, in offenen Wäldern. Die Männchen fliegen in der Sonne um Birken, Weibchen flugunlustig. Raupen grün, weißgestreift, mit schwarzer Rückenlinie, an Birkenkätzchen und -blättern. ***A. notha*** § ähnlich, jedoch kleiner, Vorderflügel einfarbiger. Raupe an Weide, Pappel, Espe.

Grünes Blatt *Geometra papilionaria.* Nach dem Schlüpfen leuchtendgrün, später verblassend, kann nach dem Tode völlig schwinden. 6—8 in Wäldern, Heiden, Hecken. Die zweigartige Raupe zunächst braun, später grün. An Birke, Hasel, Buche, Erle.

Ginsterspanner *Pseudoterpna pruinata.* Zunächst bläulichgrün, später grau. 6—8 Moore, Heiden, gebüschbestandene, feuchte Wiesen. Raupe grün mit dunkler Mittellinie und rosa Seitenlinien. An Ginster, Geißklee. S, Z.

Hemistola chrysoprasaria. 5—8, Hecken, Waldränder, besonders auf Kalk und Kreide. Raupe hellgrün mit weißen Punkten und braunem Kopf, an Waldrebe.

Pustelspanner *Comibaena pustulata.* 6—7 an und in Eichenwäldern. Raupe rotbraun, tarnt sich mit Abfällen, frißt an Eiche. Z.

Scheckspanner *Thalera fimbrialis.* Hinterflügel deutlich ausgerandet. 7—8 Gebüsch, Wiesen. Raupe gelbgrün, vorn und hinten rot, mit rotem Rückenstrich. Auf Schafgarbe, Goldrute und anderen Kräutern. Z.

Euchrostes indigenata. 5—10 auf Brach- und Kulturland. Raupe leuchtendgrün, vorn und hinten rot, an Wolfsmilch. S.

Hemithea aestivaria. 6—8, Hecken, Wälder. Raupe grün, mit rotbraunen Abzeichen und v-förmigen schwarzen Rückenmakeln. In der Jugend an bodendeckenden Kräutern, im Alter an Laubbäumen. S, Z.

Jodis lactearia. Zunächst hellgrün, schnell zu glänzendem Weiß verblassend. 5—7 in Hecken, Wäldern. Raupe dünn, grün, mit roten Punkten, an Laubgehölzen. S, Z.

Silberblatt *Campaea margaritata.* 5—7, vor allem in Wäldern. Raupe dunkelgrün bis purpurbraun, frißt von 8—5 an verschiedenen Laubgehölzen, im Winter an Rinde und Knospen.

Larentia clavaria. Vorderflügel hell- bis tiefbraun, Bänderung oft undeutlich. Der zweifarbige Rand täuscht eine Zähnung vor. 9—11 auf Brachland. Raupe dünn, grün, auf Malvengewächsen.

Platterbsenspanner *Scotopteryx chenopodiata.* Der vorigen Art ähnlich, doch fehlt der zweifarbige Flügelrand. 6—8 auf Wiesen. Raupe rosagrau, schwarz gefleckt, an Gräsern und Lippenblütlern. ***S. bipunctaria*** fliegt von 6—8 auf Wiesen auf Kalk und Kreide. Raupe hellrosabraun, an Klee, Gamander, Hufeisenklee. S, Z.

Rußspanner *Odezia atrata.* Zunächst tiefschwarz, wird später dunkelbraun. Tags 5—7 auf Wiesen. Raupen grün mit dunklen Rückenlinien, an Kälberkropf und anderen kleinen Doldenblütlern. N, Z, und südliches Gebirge.

Aplocera plagiata. 5—9 auf grasigem Brachland. Schmetterlinge der 2. Generation oft kleiner, Bänder undeutlich. Raupe dunkelgrün bis rötlichbraun mit helleren und dunkleren Linien, auf Johanniskraut.

Rosenspanner *Cidaria fulvata.* 5—7, Gärten, Hecken, Gebüsch. Ruht mit erhobenem Hinterleib. Raupe runzlig grün mit gelben Ringen, an Rosen.

Gänsefußspanner *Pelurga comitata.* Intensität des Mittelbandes variiert. 6—8 in Gebüsch, auf Wiesen, besonders an der Küste. Raupe bräunlich, mit V-Makeln auf dem Rücken, frißt an Gänsefußgewächsen. N, Z.

Schlehdornspanner *Eulithis prunata.* 7—8 in Gärten, Hecken, an Waldrändern. Raupe grün bis braun mit hellen Dreiecksabzeichen, an Stachel- und Schwarzen Johannisbeeren.

E. mellinata. Grundfarbe der Vorderflügel hellgelb bis bräunlich, Hinterflügel cremefarben; alle Flügel mit zweifarbigen Rändern. Hält Vorderflügel in der Ruhe etwa rechtwinklig zum Körper und verbirgt die Hinterflügel darunter. 6—8, Gärten. Raupe grün mit weißen Linien, an Johannisbeeren. ***E. populata*** viel dunkler, ohne zweifarbige Flügelränder; Vorderflügel mitunter völlig braun. Raupe grau oder braun, an Heidelbeere und Büschen. N, Z, in B vor allem im nördlichen Teil. ***E. pyraliata*** einer hellen *mellinata* ähnlich, jedoch ohne zweifarbige Flügelränder. Mittelbinde schmal, Begrenzungslinien dicht beieinander. 6—8, Hecken, Waldränder. Raupe an Labkraut.

Archiearis parthenias

Grünes Blatt

Ginsterspanner

Hemistola chrysoprasaria

Pustelspanner

Scheckspanner

Hemithea aestivaria

Jodis lactearia

Silberblatt

Larentia clavaria

Plattererbsen-
spanner

S. bipunctaria

Rußspanner

Aplocera plagiata

Rosen-
spanner

Gänsefußspanner

Schlehdorn-
spanner

E. mellinata

E. pyraliata

E. populata

Heckenkirschenspanner *Chloroclysta truncata*. Sehr variabel. 5—6 und 8—10 in Wäldern, Hecken. Raupe grün, sehr schlank, meist mit rötlichen Seitenstreifen, auf Heckenkirsche und anderen Laubgehölzen. N, Z.

C. citrata. Ähnlich variabel wie die vorige Art und schwer von ihr zu trennen. Der dunkle Schulterbereich der Flügel ist meist schärfer begrenzt, Hinterflügel schmutzigweiß, nicht mittelgrau. 7—8, etwa zwischen den beiden Generationen von truncata; Wälder, Heiden, Moore. N, Z.

Himbeerspanner *Mesoleuca albicillata*. 5—8, vor allem in offenen Wäldern. Raupe grün, Rücken rötlichbraun gefleckt, frißt vor allem an Himbeere, auch Brombeere.

Melanthia procellata. 5—8, alte Hecken, Waldränder, vor allem auf Kalk und Kreide. Raupe hellbraun mit dunkleren Linien, an Waldrebe. S, Z.

Xanthorhoe spadicearia. Grundfärbung hell- bis dunkelgrau, Mittelband auch ziegelrot; die beiden Randflecke auch undeutlich. Hinterflügel schmutzigweiß, grau gewölkt. 5—9. Raupe bräunlichgrau mit hellen Rhomben und schwarzen Punkten; auf Kräutern des Bodenbewuchses. **Gundermannspanner** *X. ferrugata*. Mittelband dunkler, mitunter purpurn, braun gesäumt. Hinterflügel dunkelgrau. 5—9. N, Z. **Kohlenspanner** *X. designata* 5—9 in feuchten Wäldern, Hecken. Raupe gelbgrau mit schwarzen Punkten und Abzeichen, frißt an Kreuzblütlern. N, Z. **Primelspanner** *X. montanata*. Grundfärbung heller, Mittelband heller. 5—8, Wälder, Hecken. Raupe oben purpurbraun, an den Seiten grau. An Labkraut u.a. niedrigem Bewuchs. **Wachtelweizenspanner** *X. fluctuata*. Grundfärbung weiß bis dunkelgrau; Ausmaß der schwarzen Zeichnung variabel. 4—10, weit verbreitet. Raupe grün bis grau, mit hellen Rhomben auf dem Rücken, an Kreuzblütlern.

Colostygia pectinataria. Zunächst grün, nach wenigen Tagen gelb. 5—8 in Hecken und Gebüsch, auch Heiden. Raupe grünlichbraun mit roten V-Abzeichen, vor allem an Labkraut.

Gemeiner Bindenspanner *Epirrhoe alternata*. Dunkle Abzeichen schwarz bis graubraun. Im äußeren weißen Band stets eine dünne graue Linie (fehlt bei der ähnlichen ***E. rivata***). 5—9, Wälder, Hecken. Raupe braun oder grün mit unterschiedlicher Zeichnung, an Labkraut.

Lanzenspanner *Rheumaptera hastata*. Nördliche Tiere kleiner und dunkler. 5—7 tagaktiv, auf Heiden, in offenen Wäldern. Raupe glänzend olivgrün mit rötlichen Seitenmakeln, an Birke, Blaubeere. N, Z.

Schwarzauge *Cosmorhoe ocellata*. 5—9 auf Brachland in weiter Verbreitung. Raupe hellbraun mit dunkler Netzung, an Labkraut.

Fingerhutspanner *Eupithecia pulchellata*. 5—7. Raupe meist gelbgrün, oft purpurn gezeichnet, frißt an Fingerhutblüten. **Hopfenspanner** *E. assimilata*. Eine von mehreren ähnlichen Arten, meist an der deutlichen weißen Makel in der Hinterecke der Vorderflügel erkennbar. 5—9, Gärten, Hecken. Raupe gelblichgrün mit dunkleren grünen Linien, an Hopfen und Schwarzer Johannisbeere. N, Z.

Heidekrautspanner *E. nanata*. Zeichnung wechselnd, doch erkennbar an den recht langen und zugespitzten Flügeln. 5—9 auf Heiden und Gemeindeland. Raupe sehr hell grün, rot gefleckt, frißt an Heidekraut. N, Z. ***E. centaureata.*** 5—10 in Gärten, Brachland. Hält in der Ruhe, wie die verwandten Arten auch, die Vorderflügel so zur Seite, daß ihre Vorderkante einen rechten Winkel mit dem Körper bildet. Raupe grün oder gelb, oft mit roten Punkten, an Blüten von Schafgarbe, Kreuzkraut und anderen Kreuzblütlern.

Silenenspanner *E. venosata*. Vorderflügel dunkler, mit weniger deutlichem Netzwerk. 5—7, Hecken, Brachland. Raupe graubraun, Unterseite grünlich, mit 3 dunklen Rückenlinien, an den Samenkapseln der Lichtnelken.

E. icterata. Der ziegelfarbene Fleck im Vorderflügel kann fehlen. 5—8. Raupe rötlichbraun mit weißer Seitenlinie, an den Blüten von Schafgarbe und anderen Korbblütlern. **Beifußspanner** *E. succenturiata*. Der größte Teil der Vorderflügel kann dunkel gewölkt sein. 6—8 auf Brachland mit Gräsern. Raupe rötlichbraun mit schwarzen Rückenabzeichen, an Schafgarbe, Beifuß, anderen Korbblütlern. N, Z.

Obstgartenspanner *Chloroclystis rectangulata*. Grau bis schwarz, oft nur mit wenig grün. 5—8. Raupe ziemlich kräftig, hellgrün mit rötlichem Rückenstreif, an Knospen und Blüten von Schlehe, Apfel, Birne, Quitte etc. ***C. v-ata.*** fliegt 4—9. Raupe grün, meist mit 3 rötlichen Rückenlinien. Frißt an vielen Blüten, z.B. von Waldrebe, Himbeere, Wasserdost. S, Z.

Heckenkirschenspanner
Himbeer-
spanner
Melanthia
procellata
C. citrata
Xanthorhoe
spadicearia
Gundermann-
spanner
Colostygia
pectinataria
Kohlspanner
Primelspanner
Wachtelweizen-
spanner
Gemeiner Bindenspanner
Lanzenspanner
Schwarzauge
Fingerhut-
spanner
Hopfen-
spanner
Heidekraut-
spanner
Silenenspanner
Obstgartenspanner
E. centaureata
E. icterata
Beifußspanner
C. v-ata

Stachelbeer-spanner-Raupe

Stachelbeerspanner *Abraxas grossulariata.* Zeichnung ziemlich variabel, doch meist leicht erkennbar. 6—8, Gärten, Hecken, Gebüsch. Raupe (links) frißt an Stachel- und Johannisbeere, Schlehe und vielen anderen Sträuchern.

»Vogeldreck« *A. sylvata.* §. 5—7 in Wäldern, setzt sich meist auf Bingelkraut, sieht wie Vogelkot aus. Raupe cremeweiß mit schwarzen und gelben Linien, an Bergulme.

Schwarzrandspanner *Lomaspilis marginata.* Der Umfang der schwarzen Fleckung variiert; den Weibchen fehlt normalerweise das schwarze Band im Zentrum der Flügel. 5—8, besonders in feuchten Wäldern und Hecken. Raupe hellgrün mit dunkleren Linien, an Salweiden.

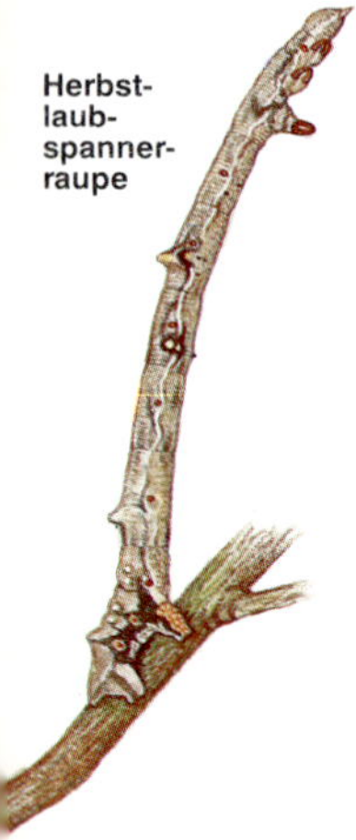

Herbst-laub-spanner-raupe

Pfaffenspanner *Ligdia adustata.* 4—9, Wälder, Hecken. Setzt sich das Tier auf Rinde, so lösen die dunklen Flecke die Gestalt auf und es ist schwer zu erkennen. Raupe hellgrün mit rostfarbenen Flecken, sehr ähnlich den Stielen der Blätter des Pfaffenhütchens, an denen sie frißt.

Herbstlaubspanner *Ennomos autumnaria.* Hellgelb bis ziegelrot, Flügelspitzen stets braun. 8—10 in Wäldern, Hecken. Hält in Ruhe Flügel schräg nach hinten. Wird regelmäßig durch Licht angelockt. Raupe (links) frißt an Weißdorn und anderen Laubhölzern.

E. quercinaria. Hellgelb bis ziegelrot; Weibchen gewöhnlich heller als Männchen. Linien des Vorderflügels nahezu parallel; die innere knickt kurz vor dem Rand scharf nach innen ein. 8—9 in Wäldern, auch baumbestandenen Alleen in Vorstädten. Raupe graubraun, ästchenartig, auf dem Rücken mit einigen Warzen. Frißt an Eiche, Buche, Birke, Linde.

Gelber Erlenspanner *E. alniaria.* Vorderkörper hellgelb behaart. Flügel hell- bis tiefgelb, stets braun gemustert. 8—10 besonders in feuchten Wäldern. Die ästchenähnliche Raupe frißt an Erle, Ulme, Birke, Weide, Ahorn u.a.

Eschenspanner *E. fuscantaria.* Ähnelt *quercinaria,* doch konvergieren die Flügellinien stark zur Hinterkante der Vorderflügel. 8—9 in Wäldern. Raupe grün, frißt an Eschen.

Doppelmondspanner *Selenia dentaria.* Grundfarbe gelbgrau bis braun. Frühjahrsgeneration (3—5) viel größer als Sommergeneration (7—9): Weibchen gewöhnlich heller als Männchen, besonders auf der Unterseite. Sommertiere oft kräftig gezeichnet. Ruht mit schräg aufgestellten oder hochgeklappten Flügeln. Die Unterseite ähnelt totem Laub. Wälder, Hecken. Die ästchenartigen Raupen fressen an Weißdorn und vielen anderen Sträuchern.

Doppelmond-spannerraupe

Viermondspanner *S. tetralunaria.* Fliegt in Wäldern, Frühjahrsgeneration (4—5) größer und dunkler als Sommertiere (7—9). Wurzelteil der Flügel kastanienbraun bis purpurschwarz. Ruhestellung wie *dentaria.* Die Raupen fressen im Sommer auf den verschiedensten Bäumen und Sträuchern. **Mondspanner** *S. lunularia.* Am gezackten Flügelrand gut zu erkennen. 5—7, Wälder, Hecken. Die braune, zweigähnliche Raupe frißt an vielen Laubbäumen und Sträuchern.

Fliederspanner *Apeira syringaria.* §. 6—9 in Wäldern, Gärten, Hecken. Ruht mit eigentümlicher, insgesamt blattähnlicher Flügelhaltung. Raupe (unten) mit 2 zapfenartigen Auswüchsen in der Körpermitte, zwischen Zweigen nur schwer erkennbar. Frißt an Flieder, Liguster, Geißblatt.

Waldrebenspanner *Horisme vitalbata.* Die dunkle Zeichnung quer über Flügel und Körper löst die Umrisse auf und läßt das Tier in Ruhe nur schwer sichtbar werden. 5—9 Hecken, Waldränder. Raupe graubraun, mit dunkleren Linien, frißt an Gemeiner Waldrebe.

Flieder-spanner-raupe

Fliederspanner

Waldreben-spanner

Stachelbeerspanner
Vogeldreck
Schwarzrandspanner
Pfaffenspanner
Herbstlaubspanner
E. quercinaria
Gelber Erlenspanner
Eschenspanner
♀ Frühjahr
ühjahr
Doppelmondspanner
♂ Sommer
Viermond-
spanner
Frühjahr
Sommer
Mondspanner

Odontoptera bidentata. Farbe von schmutzigweiß bis schwarz, letzteres besonders im Norden. 4—7, Wälder, Hecken. Die braunen oder grünen, zweigähnlichen Raupen fressen an nahezu allen Laubgehölzen.

Fliederspanner *Colotois pennaria.* Hellgelb bis dunkelziegelrot. Fühler der Männchen stark gefiedert. 8—11, Wälder, Heiden. Die zweigähnlichen braunen Raupen fressen an vielen Laubgehölzen.

Mordspanner *Crocalllis elinguaria.* Grundfarbe von hellcreme bis ziegelrot. 6—8, Wälder, Hecken. Graue, zweigähnliche Raupen, an den meisten Laubgehölzen. Mordraupe.

Pflaumenspanner *Angerona prunaria.* Geschlechter in der Farbe stark unterschieden, mitunter braun mit orangefarbenem (Männchen) oder gelbem (Weibchen) Band. 5—7, Wälder. Zweigähnliche Raupen, auf den meisten Laubgehölzen.

Schwarzfleckspanner *Plagodis dolabraria.* 4—9 in Wäldern. Zweigähnliche Raupen, braun mit dunklerer Zeichnung und großer Warze auf dem Hinterende, auf Laubbäumen.

Weißdornspanner *Opisthograptis luteolata.* 4—10, Hecken und Gebüsch, Gärten. Raupe (links) braun oder grün, an Weißdorn und anderen Büschen.

Fleckenspanner *Pseudopanthera macularia.* Braune Zeichnung variiert. Tagaktiv, 5—6, in Gebüsch. Raupe hellgrün, an Salbeigamander, Ziest, Taubnessel.

Holunderspanner *Ourapteryx sambucaria.* 6—8, Gärten, Hecken, Gebüsch. Raupen (links) an Efeu, Weißdorn und vielen anderen Sträuchern.

Weißdorn-spanner

Holunder-spanner

Kleiner Frostspanner *Operophtera brumata.* 10—2 in Gärten, Hecken, überall an Bäumen. Männchen fliegen oft erleuchtete Fenster an; Weibchen praktisch flügellos. Raupe grün, mit hellen und einer dunkleren Rückenlinie, an fast allen Laubbäumen. Obstbaumschädling!

Theria primaria. 1—3 an Hecken und Gebüsch. Weibchen flügellos. Raupe allgemein hellgrün mit dunkleren Flecken und hellen Linien, frißt an Schleh- und Weißdorn sowie an anderen Sträuchern.

Weißgrauer Frostspanner *Agriopis leucophaeria.* Oft viel heller, doch können die Vorderflügel auch völlig schwarz sein. Weibchen flügellos. 1—4, Wälder. Raupe grün mit gelblichen Linien, an Eiche. ***A. aurantiaria*** 10—12 in Wäldern. Weibchen flügellos. Raupe bräunlichgelb, mit rötlichen Abzeichen an den Seiten, frißt an vielen Laubhölzern. **Braunrandiger Frostspanner** *A. marginaria.* Vorderflügel können dunkler als abgebildet sein, Punktreihe an der Außenkante jedoch meist erkennbar. Weibchen flügellos. 2—4, Hecken, Gebüsch. Raupe grünbraun, mit dunklen Kreuzen auf dem Rücken, an vielen Laubhölzern.

Großer Frostspanner *Erannis defoliaria.* Sehr variabel; Vorderflügel auch einheitlich strohgelb oder dunkelbraun. Weibchen flügellos. 10—3, Gärten, Wälder, Hecken. Raupe von strohgelb bis dunkelbraun, gewöhnlich seitlich mit gelben Flecken. Auf nahezu allen Laubgehölzen; Obstbaumschädling!

Weißer Rosenspanner *Epirrita dilutata.* 9—12 in Wäldern. Raupe grün mit tiefroten Linien oder Flecken, auf vielen Bäumen und Sträuchern.

Wintereichenspanner *Alsophila aescularia.* 2—4 Gärten, Hecken, Wälder. In Ruhe Flügel z.T. um den Körper gelegt. Weibchen flügellos. Raupe hellgrün mit weißen Linien, an den meisten Laubgehölzen.

Hydrelia flammeolaria. 5—7 in Wäldern, Hecken, ruht mit weit ausgebreiteten Flügeln. Raupe grün, hell geringelt, an Erle und Ahorn.

Pechnelkenspanner *Perizoma affinitatum.* 5—7, in Grasland. Raupe rosabraun, an Samenkapseln von Lichtnelken.

Löwenzahnspanner *Camptogramma bilineata.* Grundfarbe gelb oder braun, Mittelband mitunter sehr dunkel. 6—8, Gärten, Hecken. Raupe braun oder grün, unten heller, frißt an vielen niedrigen Kräutern. Biegt sich in Ruhe zu einem Fragezeichen.

Anticlea badiata. 3—5 in Hecken, Gebüsch. Raupe grün mit helleren Ringen, frißt an Rosen.

Hydrelia flammeolaria

Pechnelken-spanner

Löwenzahn-spanner

Anticlea badiata

Odontoptera bidentata
helle und dunkle Form
Flieder-
spanner
Mordspanner
♂
♀
Pflaumenspanner
♀ Dunkle
Form
Schwarzfleck-
spanner
Weißdornspanner
Fleckenspanner
Holunderspanner
♂
♀
Kleiner
Frostspanner
Theria primaria
Weißgrauer
Frostspanner
A. aurantiaria
♂
Weißer Rosenspanner
Braunrandiger
Frostspanner
♂
Großer Frostspanner
♀
Wintereichen-
spanner

Birken-spanner-raupe

Birkenspanner *Biston betularia.* Existiert in 2 Hauptformen, der gefleckten normalen und der schwarzen melanistischen. Letztere wurde zuerst Mitte des 19. Jahrhunderts in Industriegebieten festgestellt, wo sie auf verrußten Bäumen und Häusern ohne Zweifel im Vorteil war. Jetzt auch in vielen anderen Lebensräumen verbreitet, als Industriemelanismus bezeichnet. Auch bei anderen Nachtschmetterlingen festgestellt. Der Birkenspanner fliegt 5—8, in Wäldern, Gärten. Raupe (links) graubraun bis hellgrün, mit stark eingekerbtem Kopf. Auf vielen Laubgehölzen. **Großer Pappelspanner** *B. strataria* 2—5, besonders in Wäldern. Raupe (unten links) an Eiche, Birke, Linde, Pappel. S, Z.

Apocheima pilosaria. 11—4, Hecken, Wälder. Weibchen flügellos, meist auf den Stämmen der Bäume. Raupe zweigähnlich, graubraun mit dunkleren knospenartigen Warzen, an den meisten Laubgehölzen. N, Z.

Kirschenspanner *Lycia hirtaria.* Grundfarbe grau oder braun, meist stark gelb gescheckt. Flügel der Weibchen etwas länger und schmaler. 2—4 überall an Bäumen, auch in Straßen und Parks. Raupe rotbraun oder grau, mit gelben und roten Abzeichen. An den meisten Laubgehölzen.

Brauner Ligusterspanner

Brauner Ligusterspanner *Menophra abruptaria.* §. Grundfärbung oft viel kräftiger, besonders bei Männchen. 3—6, Wälder, Hecken, Gärten. Ruhend an Bäumen und Zaunpfählen sehr gut getarnt. Sitzt dabei stets mit dem Körper quer zum Pfahl, so daß die Linien auf den Flügeln mit den stets senkrechten Rissen im Holz verschmelzen. Raupe grau, häufig rosa gezeichnet, sehr zweigähnlich. An Flieder, Liguster u.a. Sträuchern. Der Kokon wird an Zweigen gesponnen und ist, bedeckt mit Borkenteilchen und Algen, nahezu unsichtbar. S, Z.

Peribatodes rhomboidaria. Grundfarbe rauchgrau oder gelblich. Eine von mehreren ähnlichen Arten, von den meisten durch die Querlinie im Zentrum der Vorderflügel unterschieden, die nur eine Ausbuchtung in der Mitte hat. Fühler des Männchens stark gefiedert. 6—9, Wälder, Gärten. Raupe rötlichbraun, an Efeu, Weißdorn und vielen anderen Sträuchern. S, Z.

Steineichenspanner *Boarmia roboraria.* Die schwarze Flügelzeichnung variiert in ihrer Intensität, kann auch fast fehlen. 6—7, Eichenwälder. Raupe zweigähnlich, an Eiche. S, Z.

Pflaumenspanner *Ectropis bistortata.* Grundfärbung häufig grauer, Zeichnung variiert in ihrer Intensität. Fühler des Männchens ungefiedert. 3—9, Wälder. Raupe grau, an vielen Laubgehölzen. N, Z.

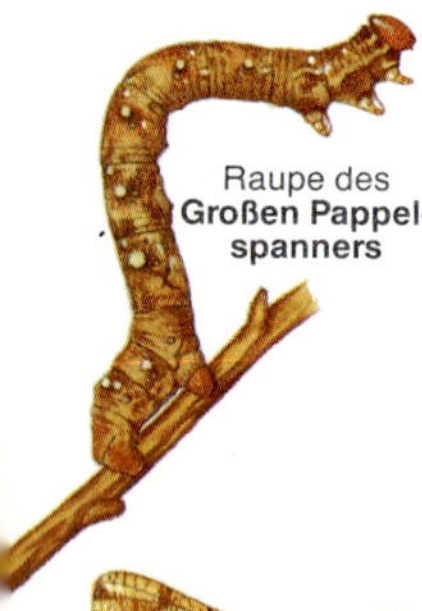

Raupe des **Großen Pappelspanners**

Falscher Zwetschgenspanner *Ectropis consonaria.* Nahe der Flügelaußenkante ein etwa rechteckiger Fleck. Fühler des Männchens ungefiedert. 4—6, Wälder. Raupen an vielen Sträuchern und Bäumen, auch Kiefern. S, Z.

Kiefernspanner *Bupalus piniaria.* Grundfärbung des Männchens in Nordeuropa weiß, im Süden gelblich. Weibchen im Norden orangebraun, sonst gelblich. Flügelspitzen stets braun. 5—8, Nadelwälder. Raupe grün mit hellen Streifen, an den Nadeln vieler Nadelbäume, besonders an Kiefern. Großer Schädling!

Heidespanner *Ematurga atomaria.* Grundfarbe beim Männchen gelblich, beim Weibchen weiß. Dunkle Fleckung oft so dicht, daß die Flügel der Männchen völlig braun erscheinen; Weibchen jedoch meist weniger stark gefleckt. 5—9, tags auf Heide. Raupe grün bis dunkelgrün, oft mit einer weißen Fleckenreihe auf dem Rücken. An Glockenheide, Heidekraut, Lippenblütlern.

Kiefernspanner in Ruhestellung

Der hellgefärbte Birkenspanner ist auf sauberen, flechtenbedeckten Stämmen kaum zu erkennen. In verrußten Gebieten ist der Schwärzling im Vorteil. Vögel fressen stets die auffälligsten Tiere, während die bestangepaßten zur Fortpflanzung kommen.

normal

Birken-spanner

Schwärzling

♂  ♀

Apocheima pilosaria

Großer Pappelspanner

Kirschenspanner

Peribatodes rhomboidaria

Steineichenspanner

Pflaumen-spanner

südliches ♂

♀

← **Kiefernspanner**

nördliches ♂

Falscher Zwetschgen-spanner

♂

♀

Heidespanner

Lomographa temerata. Flügel seidig weiß, mehr oder weniger stark grau gewölkt, unverkennbar. Die graue Wölkung kann bei einzelnen Weibchen fast fehlen. 5—6, Hecken, Wälder. Raupe grün mit rötlichen Flecken, an Schlehe und einigen anderen Bäumen und Sträuchern. Z.

Weidenspanner *Cabera exanthemata.* Weiß, gelbgrau gesprenkelt. Äußere Binde stets deutlich gekrümmt. 5—9, Wälder, besonders Feuchtgebiete. Raupe grün, gelb geringelt, schwarz gefleckt, meist mit roten Abzeichen an den Seiten. An Weide, Erle u.a.

Weißspanner *C. pusaria.* Der vorigen Art ähnlich, jedoch weißer (mitunter rosa getönt), äußere Binde fast gerade. 5—9, vor allem in Wäldern. Raupe normalerweise purpurbraun, weiß gefleckt. An Salweide, Birke, Erle, Pappel, Hasel, Hainbuchen, Espen.

Zweifleckspanner *Lomographa bimaculata.* Seidenweiße Flügel wie *temerata*, doch durch die schwarzen Flecke an der Vorderkante der Vorderflügel eindeutig zu unterscheiden. 4—6, Wälder, Gebüsch. Raupe dunkelgrün, mit rötlicher Pfeilzeichnung auf dem Rücken. An Vogelkirsche, Schlehdorn, Linde, Birke und Rosengewächsen. Z.

Braunes V

Braunes V *Semiothisa wauaria.* Vorderflügel können dunkler sein; das schwarze V ist jedoch gewöhnlich deutlich erkennbar, wenn der untere Zweig auch schwach sein kann. 6—8, Gärten, offene Wälder. Raupe grün oder braun, schwarzgefleckt, mit weißen Linien. An Stachel- und Johannisbeere.

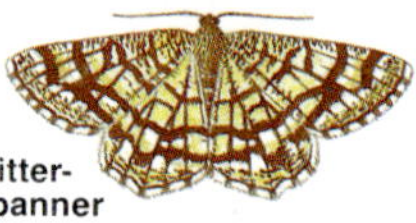

Gitterspanner

Gitterspanner *S. clathrata.* Grundfärbung schmutzigweiß bis gelbbraun. Netzmuster dunkelbraun oder schwarz, stets stärker netzartig als beim Heidespanner (S. 180). 4—9, tags an Gräsern. Raupe grün mit weißen Linien, an Kleearten.

Petrophora chlorosata

Petrophora chlorosata. Vorderflügel mitunter rosa getönt. 5—7, auf Heiden, an Adlerfarnbeständen. Raupe dunkelgrün mit braunen Linien, frißt an Adlerfarn-Wedeln.

Schafgarbenspanner

Schafgarbenspanner *Aspitates gilvaria.* Vorderflügel beim Weibchen stark braun gesprenkelt. 6—8, an Gräsern. Raupe rosagrau mit dunkler Rückenlinie, an Schafgarbe und anderem Bodenbewuchs. Lokal in S, Z; in B vor allem auf Kreide.

Riesengebirgsspanner

Riesengebirgsspanner *Psodos quadrifaria.* Orangegelbe Bänder können schmaler sein. Tagaktiv, 6—7. Raupe braun, auf vielen Kräutern. Riesengebirge, Alpen u.a. Gebirge in S.

KÖCHERFLIEGEN **Ordnung Trichoptera**

Eine Ordnung von etwa 6000 Arten mit vollkommener Verwandlung. Die meisten der Larven leben im Wasser. Etwa 400 Arten kommen in Europa, 189 in Großbritannien vor. Die Imagines sind meist bräunlich, nachtschmetterlingsähnlich, und haben geringes Flugvermögen. Einige sind tags aktiv, die meisten fliegen nachts und werden häufig durch Licht angelockt, oft weit entfernt vom Wasser. Meist sind 4 recht zarte, überall fein behaarte Flügel ausgebildet. Die Hinterflügel können schwächer behaart und durchsichtiger als die Vorderflügel sein. Relativ wenige Queradern sind vorhanden. In der Ruhe werden die Flügel dachartig über den Körper gelegt. Die dünnen Fühler, die mindestens so lang wie die Vorderflügel sind, werden in der Ruhe weit nach vorn gestreckt. Ocellen können vorhanden sein, aber auch fehlen. Die Imagines nehmen höchstens etwas Nektar aus Blüten am Wasserrand auf. Ein Rüssel wie bei den Schmetterlingen ist nie ausgebildet.

Der Kopf trägt ein Paar auffälliger Maxillartaster, deren Gestalt für die Bestimmung wichtig ist: bei einigen Arten sind sie sehr lang, bei anderen kurz und verdickt. Die Taster der Weibchen sind stets 5gliedrig, während die der Männchen vieler Arten weniger Glieder haben. Auch die Sporne an den Schienen sind wichtige Bestimmungsmerkmale. Ihre Zahl ist von Familie zu Familie unterschiedlich. Man gibt sie gemeinhin in einer Ziffernfolge an: 2-2-4 bedeutet z.B., daß die Vorder- und Mittelschienen je 2, die Hinterschienen je 4 Sporne tragen. Die Sporne sind meist leicht zu erkennen. Bei den Familien der Phryganeidae und Limnephilidae (S. 184) sind die Beine jedoch stark bedornt, von denen viele etwa die halbe Länge der Sporne haben. Hier muß man aufpassen, daß man wirklich die Sporne zählt, nicht Dorne. Außerdem muß man darauf achten, ob Sporne abgebrochen sind, was bei Sammlungsexemplaren nicht selten der Fall ist.

Auch die Flügeladerung ist ein wichtiges Bestimmungsmerkmal, jedoch weniger leicht zu benutzen. Vor allem wird die Gabelung der Adern am Rande und das Vorhandensein oder Fehlen einer Discalzelle im Zentrum der Vorderflügel benutzt. Die meisten der im folgenden dargestellten Arten können jedoch ohne Untersuchung der Flügeladerung erkannt werden. Die Trennung nahe verwandter Arten erfordert unausweichlich die Untersuchung der Genitalien.

Die Eier werden in einer kitt- oder gallertartigen Substanz in Paketen in oder am Wasser oder an Ufervegetation abgelegt. Einige Arten legen auch unter Steinen in ausgetrockneten Gewässern. Ihre Larven schlüpfen im Herbst, wenn das Wasser wieder zurückkehrt. Die meisten Larven sind Allesfresser, wenn auch einige mehr zu pflanzlicher, andere mehr zu tierischer Nahrung neigen. Die meisten fertigen transportable Köcher, in denen sie am Grunde der Gewässer gut getarnt sind. Kopf und Beine ragen nur heraus, wenn das Tier umherkriecht. Die Köcher werden aus kleinen Steinen oder Pflanzenteilen um den Körper herum ordentlich zusammengesponnen. Die Seide stammt aus den Speicheldrüsen der Larve. Jede Art baut nach einem bestimmten Muster, das bei nahe verwandten Arten allerdings gleich sein kann. Der Köcher ist an beiden Enden offen und wird bei Wachstum der Larve verlängert. Eine Anzahl von Köchern ist auf den folgenden Seiten abgebildet.

Die Larven einiger Köcherfliegenarten leben frei, einige andere bauen Gespinstnetze. Letztere werden meist zwischen Wasserpflanzen gefertigt und dienen zum Fang kleiner Wasserinsekten und anderer Nahrungspartikel. Netzespinnende Arten leben allgemein in Fließgewässern.

Die Tiere verpuppen sich im Köcher, nachdem sie ihn an Steinen oder anderen größeren Gegenständen festgesponnen haben. Freilebende Arten bauen sich eine Puppenkammer aus Sand und Seide. Ist die Köcherfliege bereit zum Schlüpfen, beißt sich die Puppe aus dem Köcher heraus und schwimmt an die Oberfläche oder ans Ufer, wo die Imago schlüpft und sofort abfliegt. Die Entwicklung ist einjährig.

Phryganea grandis Phryganeidae. Spornzahl 2-4-4. Discoidalzelle lang, schmal. Taster der Männchen 4gliedrig. Männchen kleiner, Vorderflügel ohne schwarzen Strich. 5—8, am häufigsten Anfang 7. Eiablage in schwachfließenden und Stillgewässern, auch großen Strömen mit starker Vegetation. Köcher aus spiralig angeordneten Pflanzenstengelstückchen. Fehlt im Süden. ***P. striata*** sehr ähnlich, schwarzer Flügelstrich der Weibchen dünner, in 3 Teilstücke zerbrochen.

Oligostomis reticulata. Spornzahl 2-4-4. Größe und Fleckenmuster unterscheidet die Art von den meisten anderen. Hinterflügel mit dunklem Rand und Mittelstrich. Taster der Männchen 4gliedrig. Köcher und Lebensraum wie bei *Phryganea*. N, Z. ***Hagenella clathrata*** ähnlich, Hinterflügel jedoch stärker dunkel gewölkt. N, Z.

Familie Limnephilidae Eine große Familie, in der die Vorderschienen nie mehr als einen Sporn tragen, Spornzahl meist 1-3-4. Vorderflügel pergamentartig, wenig behaart, Discoidalzelle ziemlich lang und deutlich. Hinterflügel recht breit, durchsichtig.

Glyphotaelius pellucidus. Spornzahl 1-3-4. An der ausgerandeten Außenkante der Vorderflügel gut zu erkennen. Weibchen weniger stark gefleckt, Flügel auch einfarbig gelblichbraun. Hinterleib meist grünlich. 4—10. Teiche, Seen. Gehäuse aus toten Blättern, tarnt die Larve vorzüglich. Fehlt auf der Iberischen Halbinsel.

Limnephilus lunatus. Spornzahl 1-3-4. Vorderflügel bei allen Arten dieser großen Gattung schmal, mit nahezu gerader Vorderkante, an der Spitze abgestutzt. Zeichnung schwarz oder braun, variabel; stets ein heller Halbmond an der Außenkante. 5—11. In allen Gewässern, mitunter in Brunnenkresse-Kulturen häufig. Köcher aus unregelmäßig angeordneten Pflanzenteilchen, auch Muscheln, Schnecken, kleinen Steinchen.

L. flavicornis. Ähnlich, doch fehlt der helle Halbmond. Flügel ziemlich glänzend; in B oft nur schwach gezeichnet, nur eine dunkle Linie hinter der Flügelvorderkante. 5—11. Vor allem in kleinen Teichen. Pflanzenteilchen des Köchers im Zickzack angeordnet, auch ausschließlich aus Schneckengehäusen. Es gibt viele weitere *Limnephilus*-Arten, alle mit hellen Flecken auf den Vorderflügeln, die nur durch Untersuchung der Genitalien bestimmt werden können.

Anabolia nervosa. Spornzahl 1-3-4. Größe sehr variabel. Vorderflügel oft heller. 6—11. In Still- und Fließgewässern, häufig in Bächen und Flüssen. Gehäuse aus Sand, daran befestigt kleine Zweige, die Fische am Verschlucken des Köchers hindern.

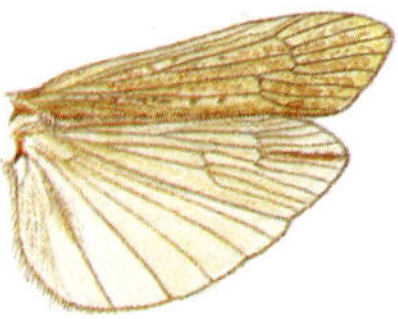

Grammotaulius nigropunctatus. Spornzahl 1-3-4. Vorderflügel etwas zugespitzt. Hinterflügel eingekerbt, vor der Kerbe ein dunkler Längsstrich, der in Ruhe durch die zarten Vorderflügel durchschimmert. 8—10. In moorigen Gebieten mit Tümpeln. Köcher aus überlappenden Rohrstückchen. ***G. nitidus*** größer, Vorderflügel besonders beim Männchen spitzer. Z.

Micropterna sequax. Spornzahl 0-3-4 beim Männchen, 1-3-4 beim Weibchen. 5—11. Häufig am Licht. In sauberen kleinen Bächen. Köcher aus Sand, vorn, scharf abgesetzt, ein Ring kleiner Steine. Mehrere ähnliche Arten.

Halesus radiatus. Spornzahl 1-3-3. Flügelspitze gerundet, mit auffälligem, fingerartigen Muster aus hellgesäumten, braungrauen Strichen. Auch im übrigen Flügel ähnliche einzelne Striche und Flecke. 7—11. In Fließgewässern. Gehäuse aus gut geordneten Pflanzenteilen und bis zu 3 überstehenden Ästchen. ***H. digitatus*** ähnlich, aber größer. Flügelspitzen etwas weniger gerundet, Muster nicht so deutlich. Köcher aus Sand und Pflanzenteilen, aber gewöhnlich ohne Ästchen.

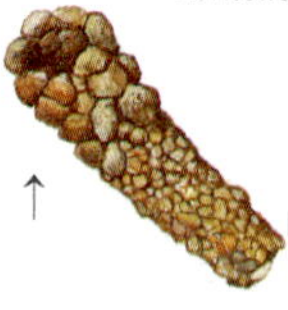

↑ Köcher

Micropterna sequax X 2

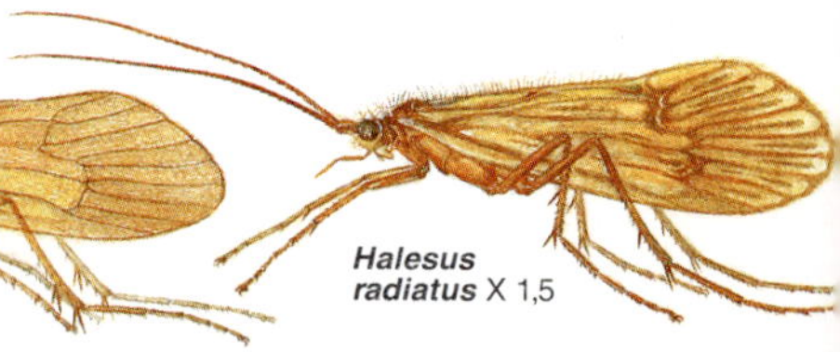

Halesus radiatus X 1,5

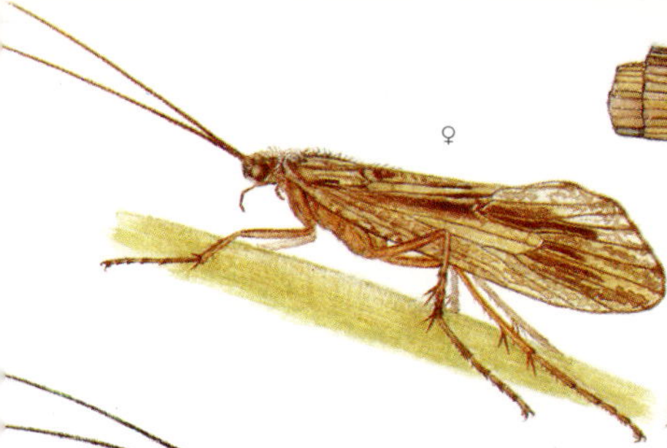

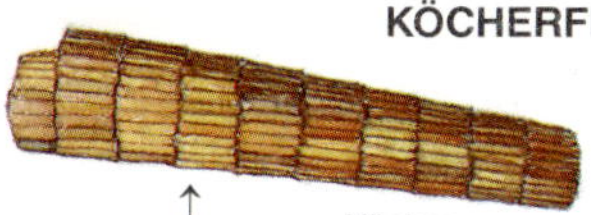

Köcher

Phryganea grandis X 1,5

Phryganea-Larve, aus dem Gehäuse genommen. Am Hinterende die Haken, mit denen sich das Tier im Köchergespinst verankert. Auf dem Rücken die feinen Kiemen, mit denen die Larve Sauerstoff aus dem durchfließenden Wasser aufnimmt.

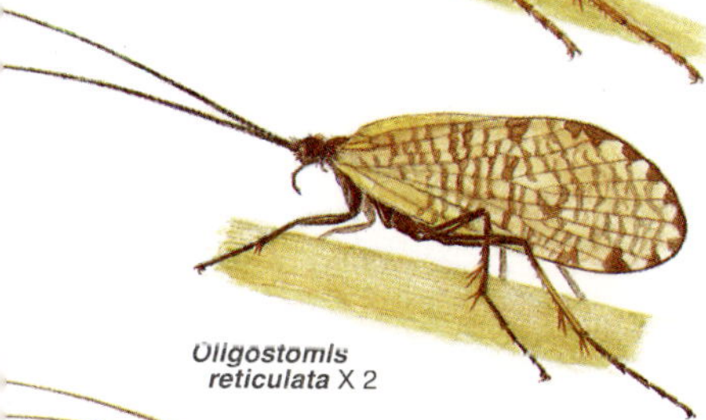

Oligostomis reticulata X 2

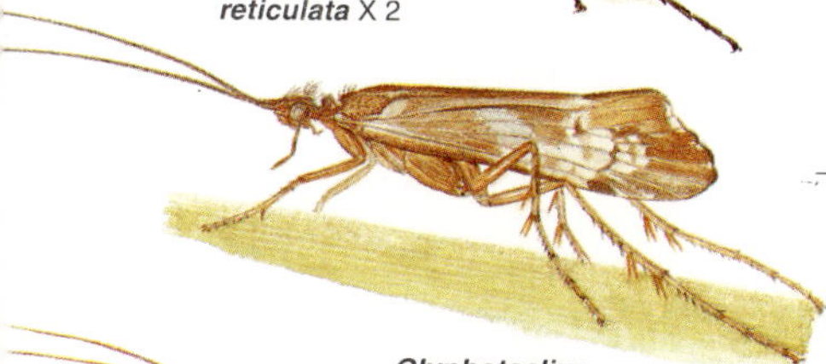

Köcher

Glyphotaelius pellucidus X 2

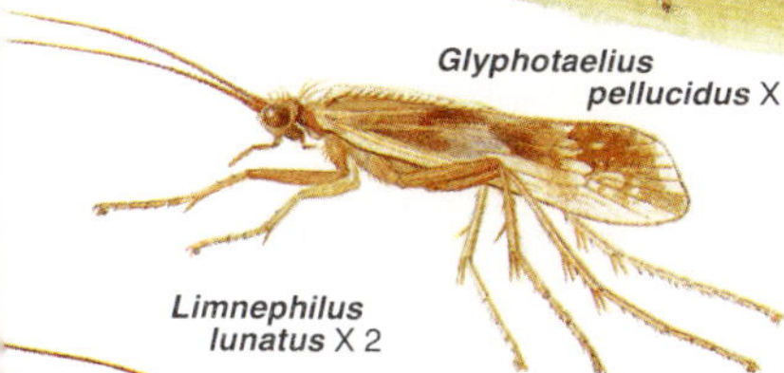

Limnephilus lunatus X 2

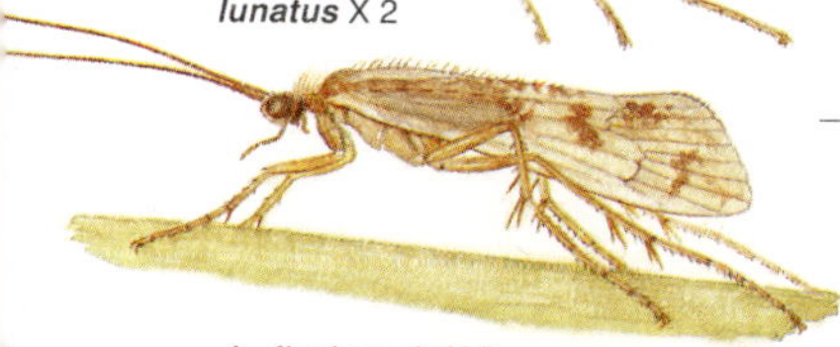

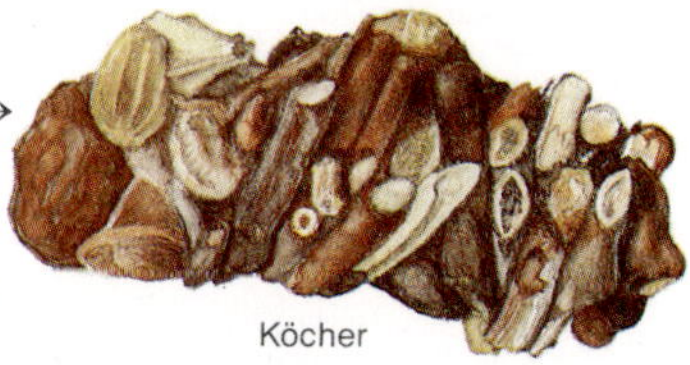

Köcher

L. flavicornis X 2

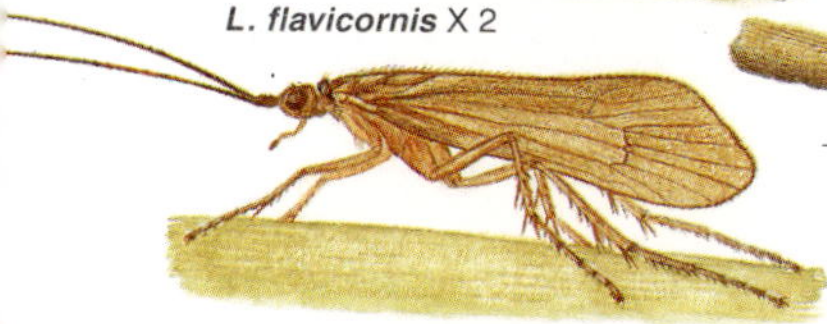

Köcher

Anabolia nervosa X 2

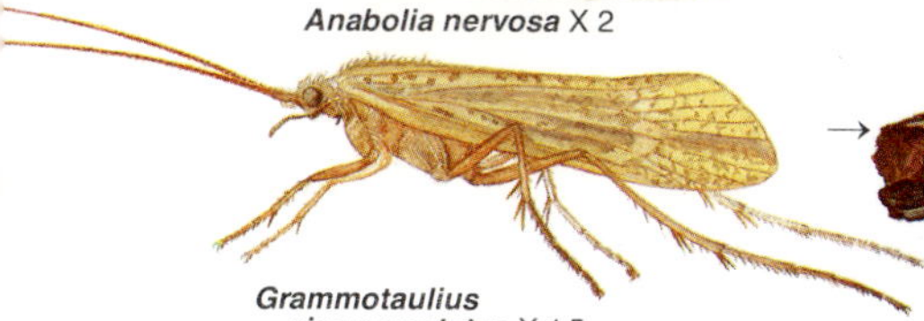

Köcher

Grammotaulius nigropunctatus X 1,5

Brachycentrus subnubilus Brachycentridae. Spornzahl 2-3-3, dadurch von fast allen anderen Köcherfliegen unterschieden. Grundglied der Fühler kräftig, behaart. Taster der Männchen 3gliedrig, stark behaart. Flügel der Weibchen länger, spitzer. 3—7, häufig an schwach fließenden Gewässern. Köcher aus fast rechteckigen, querliegenden Pflanzenstückchen; später nur aus Gespinst, an Pflanzen befestigt. Die Larve seiht ihr Futter mit den kammartigen Mittelbeinen aus der Strömung.

Sericostoma personatum Sericostomatidae. Spornzahl 2-2-4. Taster der Männchen 1gliedrig, sehr breit und behaart; werden muffartig vor das Gesicht gehalten. 6—9. In Bächen und Flüssen. Köcher aus Sandkörnern, sehr glatt, leicht gekrümmt.

Goera pilosa Goeridae. Spornzahl 2-4-4, sehr auffällig. Fühlergrundglied sehr behaart. Taster der Männchen 3gliedrig, 3. Glied sehr lang, borstig, dem Gesicht anliegend. Körper und Flügel gelb bis graugelb. 5—9, an Flüssen und Seen. Gehäuse aus Sandkörnern mit Belastungssteinchen.

Silo nigricornis. Spornzahl 2-4-4. Fühlergrundglied sehr kräftig. Taster der Männchen 3gliedrig, sehr behaart, dem Gesicht anliegend. Männchen frischgeschlüpft schwarz, Weibchen braun. Durch die Mitte des Hinterflügels der Männchen läuft ein behaarter Strich. 5—8, an Fließgewässern. Köcher wie Goera. S, Z. Ähnliche Arten!

Lepidostoma hirtum Lepidostomatidae. Spornzahl 2-4-4. Fühlergrundglied länger als Kopf, lang behaart. Taster der Männchen 2-3gliedrig: kurz, kolbig, stark behaart. Flügel der Weibchen länger, schmaler, ohne schwarze Schuppen. 4—9. In Still- und Fließgewässer. Köcher aus rechteckigen, querliegenden Pflanzenabschnitten.

Hydropsyche pellucidula Hydropsychidae. Spornzahl 2-4-4. Fühlergrundglied etwas verdickt. Letztes Tasterglied länger als die übrigen zusammen. Ocellen fehlen. Discoidalzelle kurz, breit. Fleckung im Vorderflügel sehr variabel. 5—9, fliegt bei Sonnenschein; sehr häufig. In schwach fließenden und Stillgewässern. Larven spinnen Netze zwischen Kieseln, um Nahrung zu fangen. Viele ähnliche, schwer zu unterscheidende Arten.

Philopotamus montanus Philopotamidae. Spornzahl 2-4-4. Letztes Tasterglied länger als die übrigen zusammen. Ocellen vorhanden. Hinterflügel rauchgrau. 4—8, an Gebirgsgewässern. Die Larven spinnen Fangnetze in schnellfließenden Bächen. Das Flügelmuster ist charakteristisch für die Art in B, auf dem Festland jedoch mehrere ähnliche Arten.

Polycentropus flavomaculatus Polycentropidae. Spornzahl 3-4-4, sehr groß. Letztes Tasterglied etwa so groß wie die übrigen zusammen. Ocellen fehlen. Fühler braun, schmal gelb geringelt. Flügel stark behaart. Weibchen bis doppelt so groß wie Männchen. 5—9. Eine der häufigsten Köcherfliegen. Larven spinnen taschenartiges Fangnetz in langsam fließendem Wasser. Einige ähnliche Arten.

Tinodes waeneri Psychomyiidae. Spornzahl 2-4-4. Letztes Tasterglied lang, dünn. Ocellen fehlen. Adern sehr deutlich, Discoidalzelle kurz und breit. Hinterflügel schmal, zur Spitze vorn etwas ausgerandet. 5—8, in Flüssen und Seen. Gespinstgallerien, meist mit Schlamm bedeckt, an Steinen. Einige ähnliche, meist kleinere Arten.

Psychomyia pusilla. Spornzahl 2-4-4. Hinterflügel scharf zugespitzt, an der Vorderkante mit kleinem Dorn. 5—9, bei warmem Wetter tagaktiv, oft in großen Schwärmen. Wie *Tinodes* in Flüssen und Seen.

Hydroptila sparsa Hydroptilidae. Flügel sehr schmal, zugespitzt, extrem behaart. Spornzahl 0-2-4. 5—9, laufen oft über Steine und Pflanzen am Flußufer. In Still- und Fließgewässern. Larve freilebend, spinnt im letzten Stadium jedoch einen tellerförmigen, mit feinen Sandkörnern bedeckten Köcher. Einige ähnliche Arten.

Silo: Hinterflügel des ♀

Tinodes Hinterflügel

Psychomyia Hinterflügel

Philopotamus-Taster

Sericostoma ♀, Taster

Lepidostoma ♀, Taster

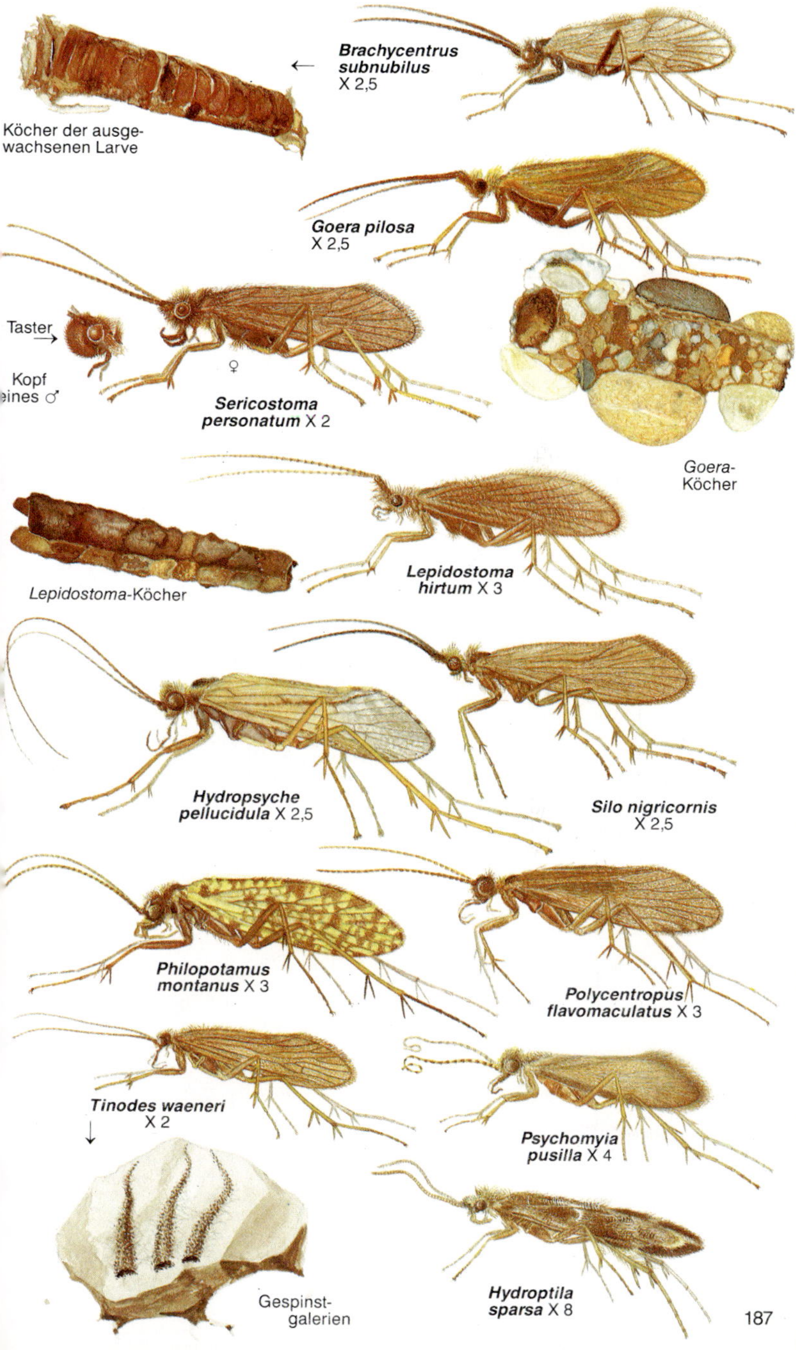

← ***Brachycentrus subnubilus*** X 2,5

Köcher der ausgewachsenen Larve

Goera pilosa X 2,5

Taster →

Kopf eines ♂

♀

Sericostoma personatum X 2

Goera-Köcher

Lepidostoma-Köcher

Lepidostoma hirtum X 3

Hydropsyche pellucidula X 2,5

Silo nigricornis X 2,5

Philopotamus montanus X 3

Polycentropus flavomaculatus X 3

Tinodes waeneri X 2 ↓

Psychomyia pusilla X 4

Gespinstgalerien

Hydroptila sparsa X 8

Odontocerum albicorne Odontoceridae. Spornzahl 2-4-4, groß. Am besten an den Fühlern zu erkennen, die unter der Lupe deutlich gezähnt erscheinen; Grundglied stets verdickt. Flügel frisch geschlüpft silbergrau, später dunkler oder gelblich. Hinterflügel des Männchens an der Innenkante mit langem Haarbüschel. Weibchen größer als Männchen. In kiesigen Fließgewässern. Köcher aus Sandkörnern.

Molanna angustata Molannidae. Spornzahl 2-4-4. Ocellen fehlen. Vorderflügel dunkelgrau bis braun, besonders zur Spitze hin mit deutlicher Aderung. Beine ziemlich lang. In Ruhe mit eng angelegten Flügeln schräg sitzend, grasähnlich. 5—9. In Still- und langsam fließenden Gewässern mit Sandboden. Köcher aus Sandkörner, konisch, auf einer großen Belastungsscheibe aus Sandkörnern. N, Z.

Beraea pullata Beraeidae. Spornzahl 2-2-4. Ocellen fehlen. Kopf zwischen den Fühlern mit Vorsprung. Taster lang, kräftig, werden im Leben aufrecht vor dem Gesicht getragen. 5—7, in Flachgewässern an Seen und Flüssen, auch in Teichen und Sümpfen. Köcher aus Sandkörnern, konisch, schwach gekrümmt. Einige ähnliche Arten.

Athripsodes cinereus Leptoceridae. Spornzahl 2-2-2. Alle Vertreter dieser großen Familie haben nur 2 Sporne an der Hinterschiene. Fühler besonders bei den Männchen sehr lang (ebenfalls ein Familienmerkmal). Taster sehr lang, behaart. Farbe und Zeichnung variieren. Weibchen kleiner. 6—9, sehr häufig an Seen und großen Flüssen, Köcher aus Sandkörnern, schlank, zugespitzt.

Ceraclea nigronervosa. Spornzahl 2-2-2. Körper völlig schwarz. Aderung der Vorderflügel ziemlich deutlich. Hinterflügel sehr breit, dreieckig. Weibchen kleiner. 5—7, an Seen und großen Flüssen. Fliegt gut. Gespinstköcher mit unregelmäßigen Sandkornbändern. N, Z.

Mystacides longicornis. Spornzahl 0-2-2. In der Regel leicht am Flügelmuster zu erkennen, wenn dieses gelegentlich auch verwischt ist. Augen der Männchen sehr groß. Fühler sehr hell, Taster fedrig, zu den Seiten abgespreizt wie Beine in der Ruhe. 5—9, sehr häufig an Teichen und Seen. Fliegt gut. Köcher aus kleinen Kieseln oder Sandkörnern, nahezug gerade, kaum verjüngt. Einige ähnliche Arten mit stahlblauen oder schwarzen Vorderflügeln.

Triaenodes bicolor. Spornzahl 1-2-2. Frischgeschlüpft an kastanienbraunen Vorderflügeln zu erkennen. Fühler deutlich geringelt, Taster sehr lang. 6—9, oft häufig an Teichen und Seen, Köcher aus sehr regelmäßig spiralig angeordneten grünen Pflanzenteilen, lang, gerade. Die Larve kann mit Hilfe der fiedrigen Mittelbeine schwimmen, bevorzugt stark bewachsene Teiche.

Rhyacopila obliterata Rhyacophilidae. Spornzahl 3-4-4, groß. Die ersten beiden Tasterglieder kurz und dick, das 2. fast kuglig. Ocellen vorhanden. 6—9, vor allem an Gebirgsbächen. Larve freilebend im Bachbett. Einige nahe verwandte Arten, von denen sich *obliterata* frischgeschlüpft durch die leuchtendgelben Flügel unterscheidet. Diese Farbe verblaßt nach dem Tode.

Agapetus fuscipes Glossosomatidae. Spornzahl 2-4-4. Die ersten beiden Tasterglieder kurz und dick. Flügel schmal, schwarz, golden behaart. Männchen mit langem gelben Dorn unter dem Hinterleib. 5—12; eine der häufigsten Köcherfliegen. Schnellfließende Gewässer mit steinigem Bett. Köcher aus kleinen Kieseln, oben gewölbt, unten flach; bedecken Steine im Bach oft dicht in großer Zahl.

Rhyacophila obliterata X 2,5

Agapetus fuscipes X 5

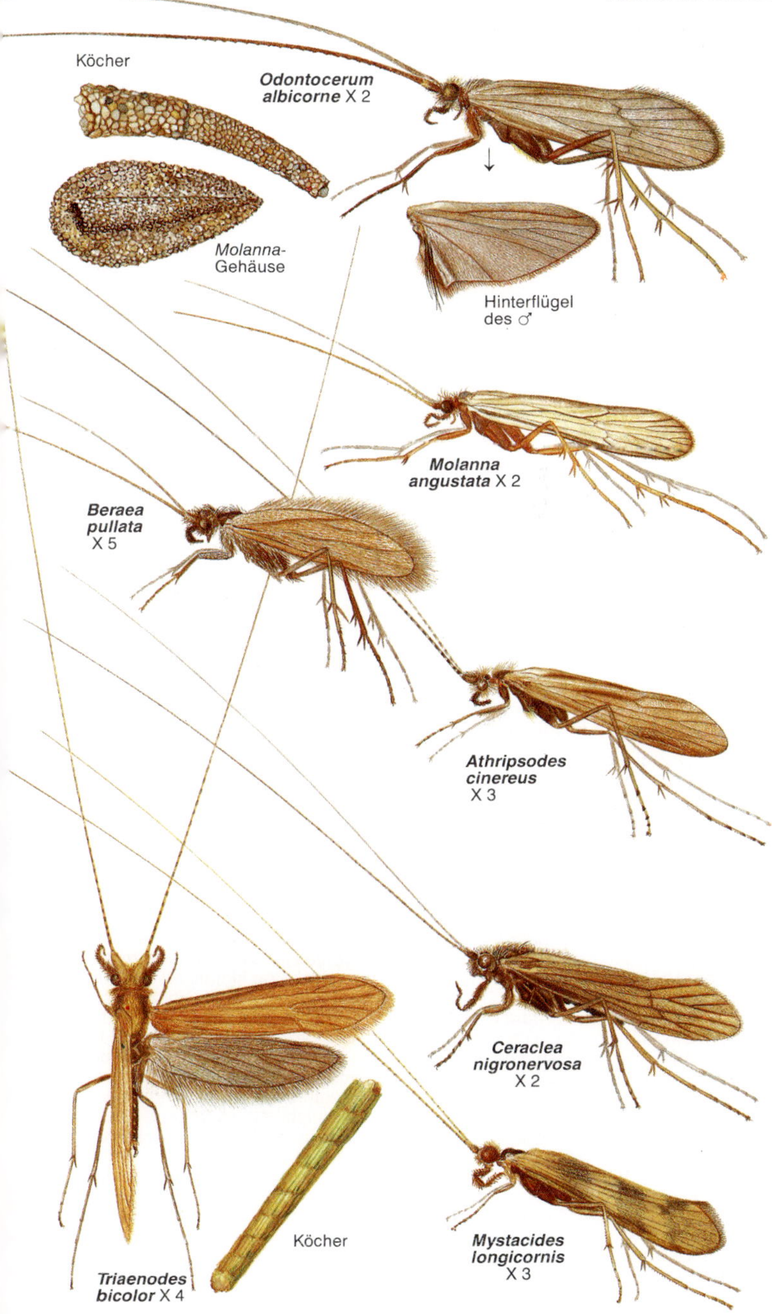
Köcher
Odontocerum albicorne X 2
Molanna-Gehäuse
Hinterflügel des ♂
Molanna angustata X 2
Beraea pullata X 5
Athripsodes cinereus X 3
Ceraclea nigronervosa X 2
Mystacides longicornis X 3
Köcher
Triaenodes bicolor X 4

ZWEIFLÜGLER Ordnung Diptera

Eine riesige Ordnung mit nahezu 100000 bekannten Arten. Die Hinterflügel sind zu trommelschlegelartigen Gebilden, den Schwingkölbchen oder Halteren, reduziert, die wie ein Kreisel wirken und bei der Stabilisierung des Fluges mitarbeiten. Das einzelne Paar häutiger Flügel gab der Ordnung ihren Namen. Nur wenige Arten, vor allem Ektoparasiten (S. 213), sind flügellos.

Nahrung Obwohl einige Schwebfliegen (S. 204—6) auch Pollenkörner aufnehmen können, ist flüssige Nahrung die Regel: vor allem Nektar, aber auch viele andere Flüssigkeiten. Weibliche Stechmücken, Bremsen und einige andere Gruppen saugen Blut sowohl beim Menschen wie bei Tieren. Dies ist an sich nur dort bedeutsam, wo die Insekten in großer Menge vorkommen, doch können dadurch gefährliche Krankheiten wie z.B. die Malaria übertragen werden. Die Mundwerkzeuge sind unterschiedlich, entsprechend der Nahrung, ausgebildet. Weibliche Stechmücken haben nadelartige Kiefer, die zu einem Rohr verbunden sind und mit anderen Mundteilen ein Speichel- und ein Saugrohr bilden, die in Ruhe in einem Schutzrohr verborgen sind. Die weiblichen Bremsen besitzen kräftigere, messerähnliche Kiefer, die die Haut des Opfers durchdringen; das ausfließende Blut wird mit einem fleischigen Tupfer aufgetupft. In ähnlicher Weise nehmen Stubenfliegen und Verwandte Flüssigkeiten mit der verbreiterten, schwammartig wirkenden Fläche an der Spitze des Rüssels auf. Sie können auch feste Stoffe wie z.B. Zucker durch Speichelabsonderung lösen und aufnehmen. Indem sie nacheinander Dung, Aas und menschliche Nahrung aufsuchen, können sie durch das Wiederauswürgen von Speichel Infektionen übertragen. Einige Arten nehmen als Imago überhaupt keine Nahrung auf.

Komplexaugen sind stets vorhanden, oft so groß, daß sie in der Kopfmitte aneinanderstoßen. Diese Situation findet sich besonders bei Männchen, aber auch einigen Weibchen. Das Fehlen oder Vorhandensein von Ocellen, die meist in einem Dreieck angeordnet sind, hilft bei der Bestimmung, ebenso die Fühlerform und die Borstenanordnung auf Kopf und Thorax. Der größte Teil des Thorax besteht aus dem flügeltragenden Mesothorax, doch auch das etwa dreieckige Schildchen an seiner Hinterkante kann auffällig sein. Bei einigen Fliegen, besonders den Raupenfliegen (S. 212), wölbt sich außerdem ein Post-Scutellum unter dem Scutellum hervor. An jedem Fuß sitzen gewöhnlich 2 kleine Läppchen, bei einigen Fliegengruppen auch drei.

Das Hinterende des Thorax einer Raupenfliege, von der Seite gesehen

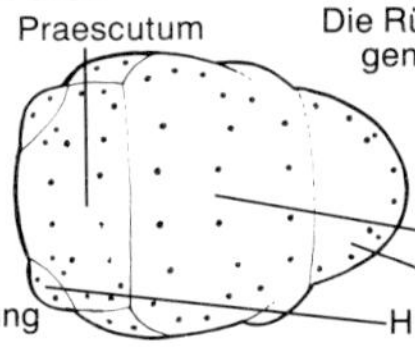

Die Rückseite eines Fliegenthorax besteht fast ausschließlich aus den 3 Teilen des Mesothorax

Das **Flügelgeäder** ist sehr variabel. Es gibt mehrere Systeme der Aderbenennung bzw. -numerierung; hier wird ein vereinfachtes für die Hauptadern benutzt. An der Vorderkante liegt dicht an der Flügelwurzel eine kleine, oft undeutliche Querader, die Humeralader. Die Subcosta läuft dicht hinter der Vorderkante der Flügel und verschmilzt häufig auf halber Länge mit ihr, erreicht aber bei anderen Arten die Flügelspitze. Die anderen Längsadern können von vorn nach hinten durchnumeriert werden. Die erste von ihnen wird meist als Radius, die beiden letzten werden auch als Analadern bezeichnet (6 + 7). Bei vielen Fliegen sind die Adern stark reduziert, besonders zur Hinterkante der Flügel, und sie werden durch Gabelung einiger oder aller unübersichtlich. Adern können auch verschmelzen — durch Abzählen kann man oft nicht feststellen, um welche Ader es sich handelt. Es gibt hierfür jedoch einige Hilfsmittel: die vordere (Anterior-) Querader verbindet stets die Adern 3 und 4, die hintere (Posterior-)Querader nahe zur Flügelmitte die Adern 4 und 5. Viele Arten besitzen in der Flügelmitte eine Discoidalzelle. Ihre Gestalt wechselt sehr stark, doch stößt die hintere Querader normalerweise an ihre hintere Begrenzung. Zwischen Discoidalzelle und Flügelbasis liegen meist 2 Basalzellen, deren Gestalt und Länge von Bedeutung sind. Ist eine Analzelle vorhanden, liegt sie unmittelbar hinter den Basalzellen.

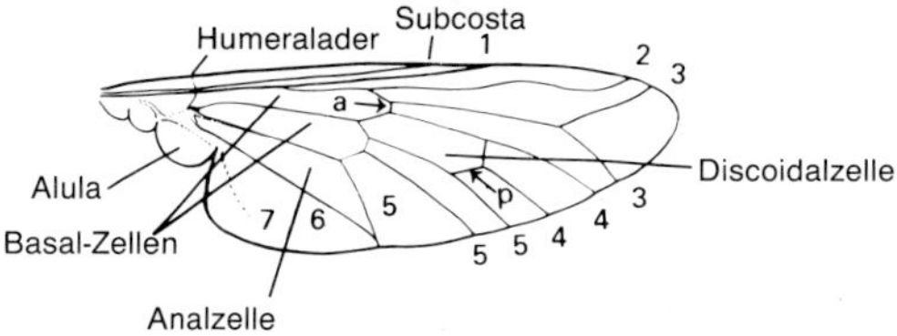

Der Vorderrand der Flügel hat vor allem bei kleineren Fliegen meist nahe der Wurzel ein oder zwei Unterbrechungen. Der Hintergrund kann nahe der Wurzel ein oder mehrere Lappen zeigen. Der äußere dieser Lappen, die Alula, ist meist der größte und ziemlich auffällig. Der innere, die Calyptra, ist meist winzig, kann aber vergrößert bei einigen Gruppen als Thoraxschüppchen das Schwingkölbchen überdecken. Besonders auffällig ist dies bei den Stubenfliegen, Schmeißfliegen etc., den calyptraten Fliegen.

System Die Dipteren werden in 3 Unterordnungen eingeteilt: Nematocera, Brachycera und Cyclorrhapha. Die **Mücken, Nematocera** (S. 192—197) haben dünne, vielgliedrige Fühler, gewöhnlich länger als Kopf und Thorax zusammen. Die meisten Fühlerglieder sind gleichartig. An der Spitze steht keine Borste oder Arista. Eine Discoidalzelle fehlt i.A. Ist eine Analzelle vorhanden, so ist sie offen und weitet sich zum Hinterrand des Flügels

Fühler der A *Nematocera;* B *Cyclorrhapha;* C *Brachycera*

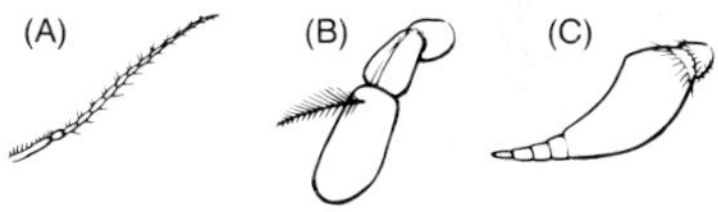

Die Brachycera (»Kurzhörner«, S. 198—205) sind meist kräftigere Fliegen, deren Fühler immer kürzer als der Thorax, aber von unterschiedlicher Gestalt sind. Im Prinzip sind die Fühler 3gliedrig, doch kann das letzte Glied stark geringelt sein und viele Glieder vortäuschen. Sie sind stets kräftiger als die Mückenfühler, oft hörnchenartig; viele tragen eine Endborste. Eine Discoidalzelle ist fast immer vorhanden; die Analzelle ist geschlossen oder zum Hinterrand hin verschmälert.

Bei den **Cyclorrhapha** (»Bogennaht«, S. 204—216) sind die Fühler viel weniger auffällig. Die 3 Hauptglieder hängen meist herab, und eine Borste entspringt mehr zur Mitte des 3. Gliedes als an seiner Spitze. Bei den meisten Arten ist von oben nur diese Borste sichtbar. Ihren Hauptunterschied zeigen Brachycera und Cyclorrhapha jedoch in der Entwicklung.

Larven, Entwicklung Die Dipterenlarven variieren in Gestalt und Lebensweise unglaublich. Einige leben am Land, andere im Wasser; einige in Pflanzen, andere als Außen- oder Innenparasiten von Tieren. Etliche Schädlinge der Landwirtschaft gehören zu ihnen. Die Larven sind beinlos, können aber fleischige Auswüchse besitzen, die ihnen bei der Fortbewegung helfen. Bei Nematoceren kann der Kopf deutlich ausgeprägt sein und kauende Mundwerkzeuge tragen. Die Brachycerenlarven haben einen stark reduzierten Kopf, der in den Körper zurückgezogen werden kann, aber noch kauende Mundwerkzeuge trägt. Die Larven der Cyclorrhapha sind kopflos, zugespitzt: die allbekannten Fliegenmaden. Ihre Kiefer am spitzen Ende sind winzige Haken, mit deren Hilfe Flüssigkeit zum Austreten aus dem Nahrungssubstrat gebracht wird, die die Larven aufsaugen.

Bei den Nematocera sind normalerweise 4 Larvenstadien vorhanden, 5—8 bei den Brachycera und nur 3 bei den Cyclorrhapha. Die **Puppe** der ersten beiden Gruppen ist schwach oder sehr gut beweglich, so z.B. bei den Stechmücken. Die Puppe der Cyclorrhapha ist unbeweglich, in eine Tönnchen eingeschlossen, das aus der verhärtenden letzten Larvenhaut entsteht. Sind sie zum Schlüpfen bereit, so pressen sie an der Stirn eine Blase hervor, die einen Deckel des Tönnchens absprengt. Diese helle Blase (Ptilinum) kann man an der Stirn frischgeschlüpfter Fliegen sehen, die deshalb ziemlich unförmig aussehen. Sie trocknet rasch ein und hinterläßt an den Fühlerwurzeln eine bogenförmige Naht, die Bogennaht.

Tipula-
Hinterleiber

SCHNAKEN Tipulidae Mücken mit schlankem Körper, schmalen Flügeln und dünnen, meist sehr langen Beinen, die leicht abbrechen. Viele haben nur Stechmückengröße, sind aber an der V-Naht auf dem Thorax und dem Fehlen von Ocellen zu erkennen. Deutliche Discoidalzelle in der äußeren Flügelhälfte. Größere Arten ruhen mit ausgebreiteten Flügeln; kleinere legen die Flügel flach auf den Körper und wippen häufig auf und nieder. Viele der kleineren Arten bilden dichte Paarungsschwärme. Der Hinterleib der Weibchen ist zugespitzt. Sie legen die Eier in den Boden und in andere Substrate. Einige Weibchen sind flügellos. Man findet sie im Spätherbst an Hauswänden. Die Imagines können Nektar und andere Flüssigkeiten auflecken, nehmen aber gewöhnlich wenig Nahrung zu sich. Die Larven sind meist Fäulnisbewohner im Boden oder zerfallenden Pflanzen, oft auch unter Wasser.

Tipula maxima. Eine der größten Schnaken. Ruht wie die meisten *Tipula*-Arten mit etwa rechtwinklig abgespreizten Flügeln. 4—8, vor allem in Wäldern. ***T. vittata*** ist kleiner, das Muster weniger ausgeprägt. 4—6 in feuchten Wäldern.

Kohlschnake *T. oleracea.* Eine der häufigsten Arten. Flügel mit brauner Vorderkante und braunem Stigma, sonst farblos. Fühler 13gliedrig, mindestens die ersten 3 ziegelrot. Flügel der Weibchen so lang wie Hinterleib. 4—10, am häufigsten 5—6.

Wiesenschnake *T. paludosa* sehr ähnlich, Fühler 14gliedrig (ein winziges an der Spitze), nur 2 Grundglieder ziegelrot. Flügel des Weibchens kürzer als der Hinterleib, dieser oft rostfarben getönt. 4—10, am häufigsten im Herbst. Die Larven beider Arten sind Schädlinge der Landwirtschaft (s. S. 294).

Nephrotoma crocata. Körperseiten fast schwarz. Flügel in der Ruhe meist zusammengelegt. 5—8. Besonders häufig in feuchten Wäldern.

N. appendiculata. Hier ohne Flügel abgebildet: Stigma sehr schwach, sonst hell und glänzend. 5—8, besonders auf Kulturland. Larve *tipula*-ähnlich, Gartenschädling.

N. quadrifaria ähnlich, jedoch mit dunklem Stigma und dunklem Strich darunter. Beide Arten legen in der Ruhe die Flügel flach über den Körper.

Limonia nubeculosa. Eine von mehreren Arten mit gefleckten Flügeln, die in der Ruhe flach zusammengelegt werden. Die Subcosta verschmilzt mit der Frontader, nicht mit dem Radius wie bei den meisten anderen großen Arten. Keine Schienensporne. Schenkel mit 3 dunklen Ringen. Ganzjährig, besonders in Wäldern.

Schwarze Kammschnake *Ctenophora atrata.* Fühler orange bis schwarz, beim Männchen stark gefiedert, beim Weibchen nahe der Spitze gezähnt. Hinterleib der Männchen schwarz bis gelb, auch gefleckt; der des Weibchens auch fast völlig rot. 4—7, Wälder.

C. ornata Fühler des Weibchens völlig gezähnt. 5—7, Wälder. Beide Arten entwickeln sich in zerfallendem Holz; *atrata,* mit stabilerem Legebohrer, bevorzugt härteres, weniger verrottetes Holz.

Ptychoptera contaminata Ptychopteridae. Den Schnaken ähnlich, jedoch Thoraxnaht U-förmig. Discoidalzelle fehlt, nur eine Analader. Schienen mit deutlichen Dornen (kräftiger als bei den Schnaken). Häufig in Feuchtgelände, 5—10. Larve (S. 296) im Wasser. Einige ähnliche Arten, alle mit gefleckten Flügeln.

Liponeura cinerascens Blepharoceridae. Schlecht fliegende Tiere mit sehr langen Beinen und feinem Fältchennetz auf den Flügeln. Ocellen vorhanden. Weibchen räuberisch. Larve und Puppe im Wasser. Flügel in der Puppe voll entwickelt, wenn auch zusammengefaltet: sie »explodieren«, wenn die Puppe an die Wasseroberfläche kommt. Die Imago kann sofort abfliegen, behält aber zeitlebens die Fältchen auf dem Flügel. Etliche ähnliche Arten an Bergbächen im Sommer. S, Z.

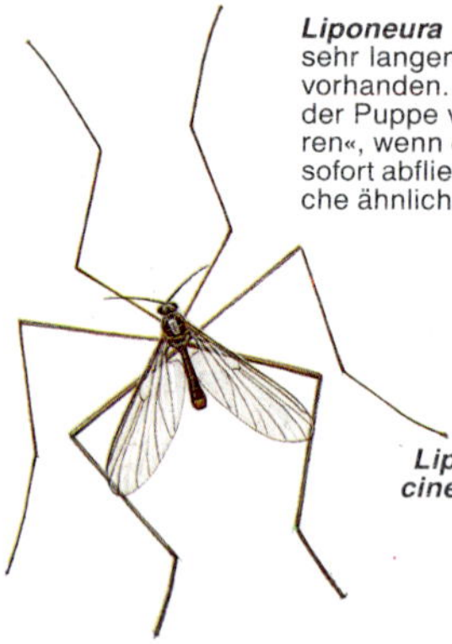

Liponeura cinerascens
X 1,5

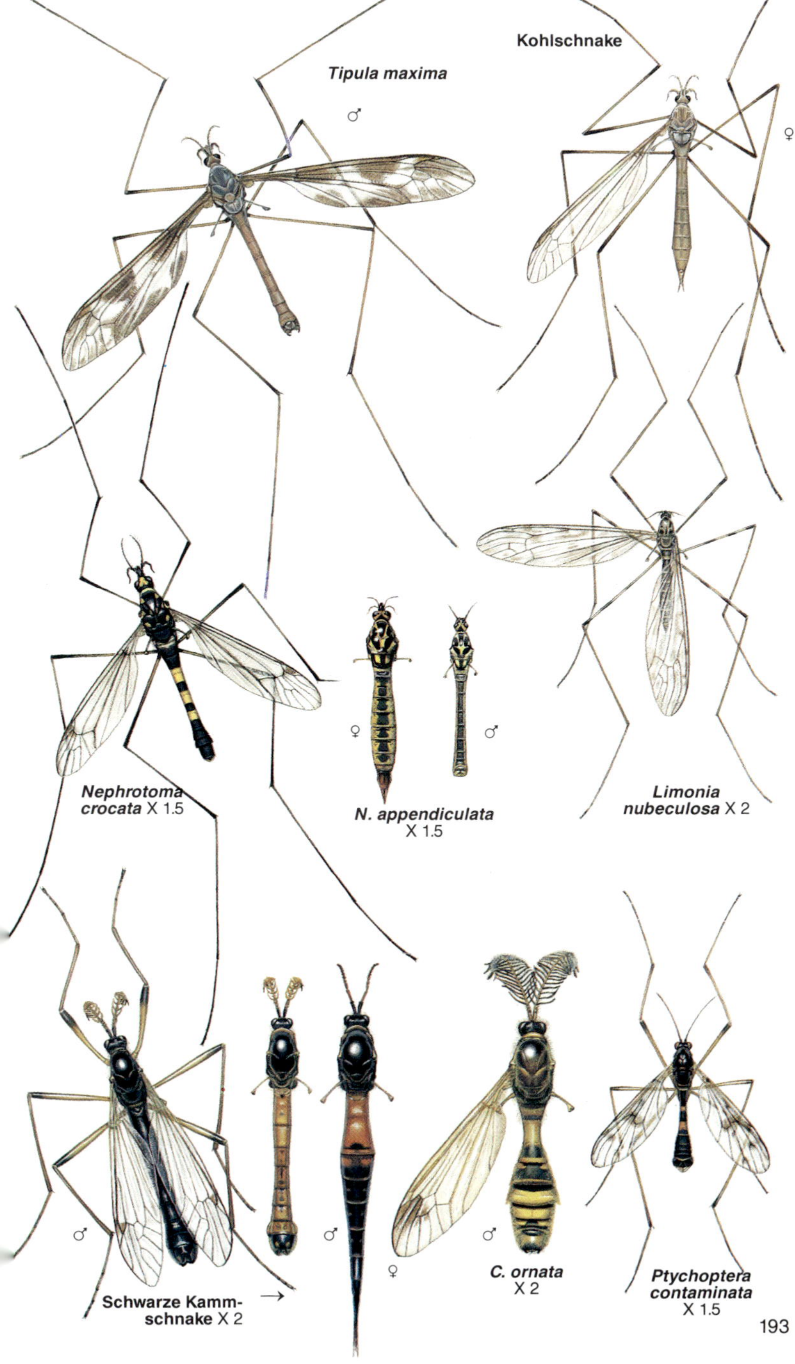
Kohlschnake
Tipula maxima
♂
♀
Nephrotoma crocata X 1.5
♀
N. appendiculata X 1.5
♂
Limonia nubeculosa X 2
♂
Schwarze Kamm-schnake X 2 →
♂
♀
♂
C. ornata X 2
Ptychoptera contaminata X 1.5

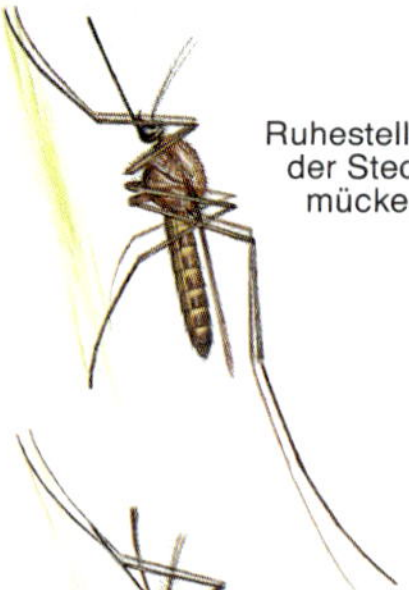

Ruhestellung der Stechmücken

Trichocera relegationis Trichoceridae. Einer kleinen Schnake ähnlich, doch 2. Analader sehr kurz, scharf abgeknickt. Beine unempfindlich. Ocellen vorhanden, Häufig im Winter, Männchen in großen Paarungsschwärmen. In anderen Jahreszeiten weniger häufig. Larven in zerfallenden Substanzen. Viele ähnliche Arten, meist ohne Fleck in der Flügelmitte. ***T. annulata*** mit gebändertem Hinterleib.

STECHMÜCKEN Culicidae Große Familie mit über 1600 bekannten Arten, mit langem, nach vorn gerichtetem Saugrüssel, mit dem die Weibchen Blut saugen. Männchen mit gefiederten Fühlern, saugen Nektar. Taster der Männchen lang, behaart, die der Weibchen immer dünn. Flügeladern und -ränder schuppenbedeckt. Meist nächtlich, einige Waldarten auch tags aktiv. Larven (S. 296) im Wasser. Es werden 2 Gruppen unterschieden: die Culicini und die Anophelini (Fiebermücken). Culicini halten in der Ruhe den Hinterleib etwa mit der Unterlage parallel; die Taster der Weibchen sind sehr kurz. Die Fiebermücken, die in Europa nur mit der Gattung *Anopheles* vertreten sind, übertragen die Malaria. Sie stellen in Ruhe den Hinterleib im Winkel zur Unterlage. Die Taster der Weibchen sind so lang wie ihr Rüssel. Beide Gruppen legen die Flügel in Ruhe flach zusammen.

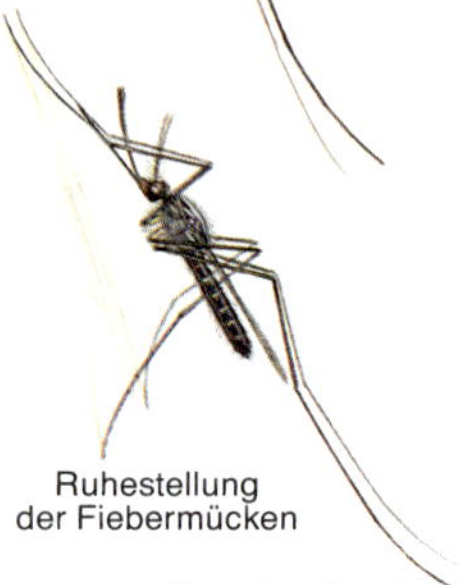

Ruhestellung der Fiebermücken

Gemeine Stechmücke *Culex pipiens.* Hinterleibssegmente dunkelbraun, vorn weiß gebändert. Hinterleibsende des Weibchens stumpf. Taster der Männchen aufwärtsgerichtet. Überall häufig, überwintert in Gebäuden. Einige ähnliche Arten, deren Hinterleib weniger deutlich gebändert ist. Sticht relativ wenig.

Ringelschnake *Culiseta annulata.* Eine der größten Stechmücken. Flügel gefleckt. Beine und Hinterleib auffällig geringelt. Weit verbreitet, überwintert in Häusern. Sticht erheblich, kann Blasen verursachen.

Aedes punctor. Hinterleib braun mit gelblichen, in der Mitte eingeschnürten Bändern. Beine dunkel. Hinterleib des Weibchens spitz. Taster des Männchens an der Spitze verdickt. 3—10. In sauren Gewässern (Heiden, Wälder). Sticht Menschen. N, Z.

Anopheles plumbeus. Taster der Weibchen lang, die der Männchen keulig, mit behaarter Spitze. Flügel ungefleckt. Kopf mit Büschel reinweißer Schuppen (bei der brauneren ***A. claviger*** cremeweiß). 3—10, in Wäldern. Sticht Menschen. Larven in Baumhöhlen. Viele *Anopheles*-Arten haben gefleckte Flügel.

Chaoborus crystallinus Chaoboridae. Vertreter der Büschelmücken, den Stechmücken verwandt, saugen jedoch kein Blut. Flügelränder beschuppt. Flügel des Weibchens erreichen die Hinterleibsspitze. Fühler der Männchen gefiedert. Hinterleib ohne Bänder. Ganzjährig bis auf die kälteste Zeit. Meist in Wassernähe, Larven (S. 296) im Wasser.

Dixella aestivalis Dixidae. Vertreter der Tastermücken, den Stechmücken verwandt, saugen jedoch kein Blut. Subcosta nur von halber Flügellänge. Unbeschuppt, Fühler ungefiedert. Ganzjährig, in Wassernähe. Larven meist u-förmig gekrümmt, an Wasseroberflächen (S. 297). Einige ähnliche Arten.

Chironomus plumosus Chironomidae. Flügelmitte ohne Querader, hintere Adern sehr schwach. Flügel kürzer als Hinterleib, werden in Ruhe dachförmig zusammengelegt. Nur Fühler der Männchen gefiedert. Nehmen als Mücken kaum Nahrung auf, stechen nicht. 4—9, verbreitet, Männchen in Schwärmen. Die wasserbewohnenden Larven sind als rote Zuckmückenlarven bekannt (S. 297). Viele ähnliche Arten, einige davon grün.

Sylvicola fenestralis Anisopodidae. Den Wintermücken (Trichoceridae) ähnlich, jedoch ohne V-Naht auf dem Thorax. Discoidalzelle vorhanden. 2. Analader nicht scharf abgeknickt, erreicht Flügelrand nicht. Fast ganzjährig verbreitet, in Häusern häufig. Larven in faulenden Pflanzen, auch Rieselfeldern. Eine von etlichen ähnlichen Fenstermücken.

Die Bezeichnung Mücke wird für kleine Zweiflügler verschiedener Familien verwendet, ist also keine präzise Bezeichnung.

Sylvicola fenestralis X 3

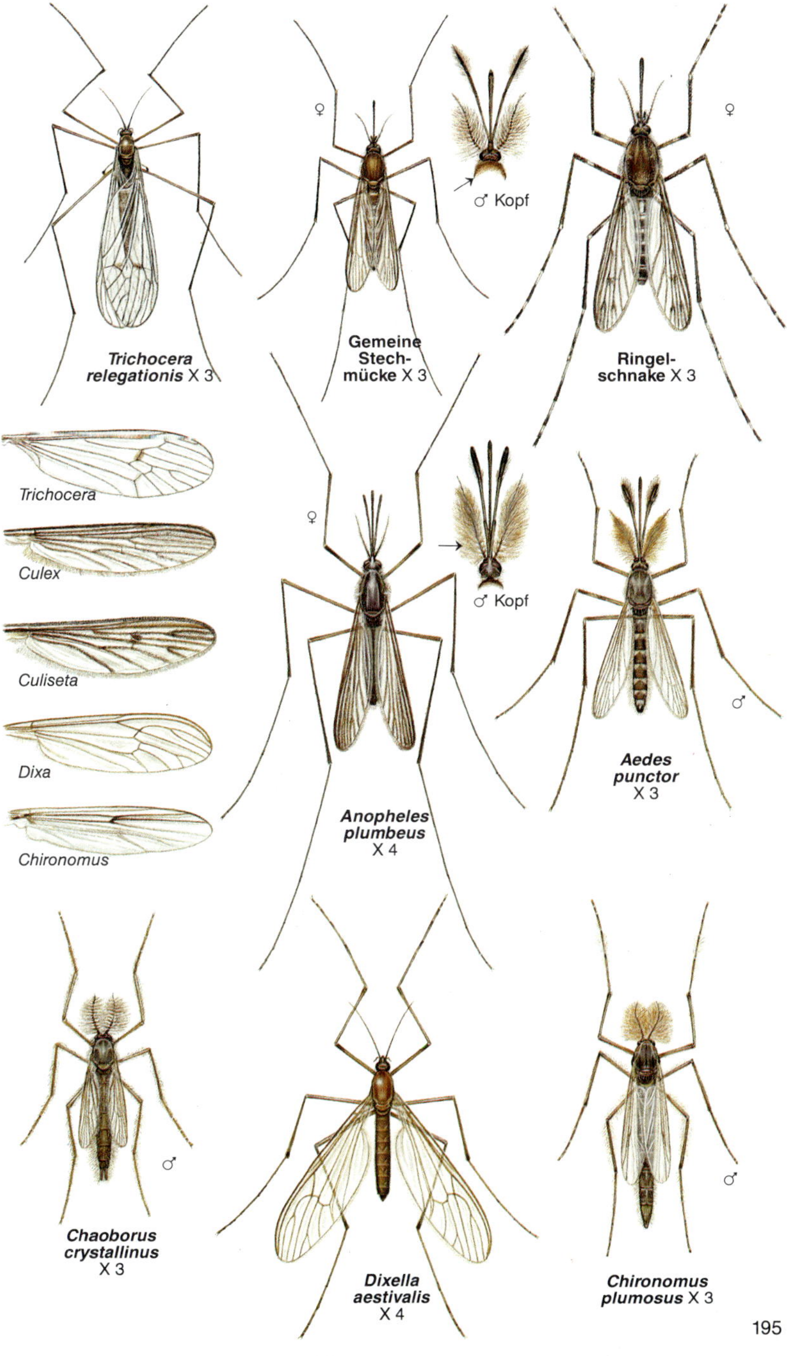

♀
♂ Kopf
♀
Trichocera relegationis X 3
Gemeine Stechmücke X 3
Ringelschnake X 3
Trichocera
Culex
Culiseta
Dixa
Chironomus
♀
♂ Kopf
♂
Aedes punctor X 3
Anopheles plumbeus X 4
♂
♂
Chaoborus crystallinus X 3
Dixella aestivalis X 4
Chironomus plumosus X 3

Simulium, Ruhestellung

Simulium equinum Simuliidae. Eine von vielen ähnlichen Kriebelmücken. Aderung der breiten Flügel charakteristisch. Thorax von der Seite gesehen stark bucklig. Die Weibchen saugen Blut; giftiger Speichel von nachhaltiger Wirkung (Name!); belästigen in Schwärmen das Vieh, stechen auch Menschen. 3—10, im Bergland häufiger. Larve (S. 297) in Fließgewässern, an Steinen angeheftet.

Scatopse notata Scatopsidae. Aderung oberflächlich wie bei den Kriebelmücken, jedoch Flügel schmaler, Thorax weniger bucklig, außerdem Ocellen vorhanden. Häufig in Häusern, an Fenstern. Larven in faulenden Pflanzen: Dungmücken. Einige ähnliche Arten.

Galle von *Jaapiella*

Jaapiella veronicae Cecidomyidae. Flügel mit wenigen Adern, behaart. Fühler rosenkranzartig, mit Haarkränzen. Fliegen in Sommernächten erleuchtete Fenster an. Larve erzeugt am Gamander-Ehrenpreis behaarte Gallen (links) an den Sproßspitzen. Viele ähnliche Arten, die Gallen an den verschiedensten Pflanzen verursachen (Gallmücken).

Sciara thomae Mycetophilidae. Stark bucklig. Augen stoßen über den Fühlern zusammen. Schienen bedornt. Große Adergabel in der Flügelmitte. Larven in faulenden Substraten. In Häusern verbreitet, laufen rasch umher oder segeln langsam durch die Luft. Sehr häufig in Pilzkulturen, beeinträchtigen die Ernte. Viele ähnliche Arten, werden als Pilzmücken bezeichnet. Larven weiß, mit dunklen Köpfen, vor allem in Pilzen.

Cerotelion lineatus. Die beiden ersten Längsadern sind nicht durch eine Querader verbunden. 6—10, Wälder, Feuchtgebiete. Larven räuberisch, jagen andere Insekten in Pilzen, besonders in Baumpilzen.

Platyura marginata. Die beiden ersten Längsadern durch Querader nahe der Flügelspitze verbunden. Thorax gelb behaart; Hinterleib glänzendschwarz, Schenkel gelb. 6—9, besonders in Wäldern. Larve in Gespinst, räuberisch an anderen Pilzfressern. Z.

Culicoides

Culicoides obsoletus Ceratopogonidae. Eine der Gnitzen — sehr kleine Mücken mit blutsaugenden Weibchen. Thorax stark bucklig. Gegabelte Ader in der Flügelmitte, werden in Ruhe flachgelegt. Fühler der Männchen gefiedert. Viele Arten saugen an anderen Insekten, die *Culicoides*-Arten jedoch an Wirbeltieren. *Obsoletus* und einige ähnliche Arten schwärmen im Sommer in riesigen Mengen und machen den Aufenthalt in bestimmten nördlichen und Gebirgsregionen unerträglich. Larven in nassem Sand und Torf.

Pericoma

Pericoma fuliginosa Psychodidae. Eine der Schmetterlingsmücken, die an den dicht behaarten Flügeln mit vielen Längsadern leicht zu erkennen sind. Einige Arten ruhen mit flachgelegten, andere mit dachförmig aufgestellten Flügeln. Kleinere Arten meist einförmig grau. Larven in faulenden Substanzen, häufig in der Kanalisation. Werden nachts vom Licht angelockt.

Märzhaarmücke *Bibio marci* Bibionidae. Name nach frühzeitigem Erscheinen im Jahr. Fliegt langsam mit hängenden Beinen über Pflanzen. Wie bei den übrigen Vertretern der Familie sind die kurzen, kräftigen Fühler unter den Augen eingelenkt. Augen der Weibchen klein, getrennt. Vorderschiene mit großem Dorn. Larven im Boden, an faulenden Pflanzen. Einige ähnliche Arten ***B. hortulanus*** Weibchen rötlichbraun, in Gärten im Frühjahr nicht selten, paart sich häufig auf besonnten Wänden.

Vorderbein der Märzhaarmücke

Dilophus febrilis. Von den *Bibio*-Arten durch einen Kranz kleiner Dörnchen an der Schienenspitze unterschieden. Weibchen mit rauchigen Flügeln; Flügel der Männchen klar mit schwarzem Fleck, wie bei *Bibio.* In und an Blüten, auch Obstblüten; 3—10, am häufigsten im Frühjahr. Fliegt träge.

Vorderbein von *Dilophus febrilis*

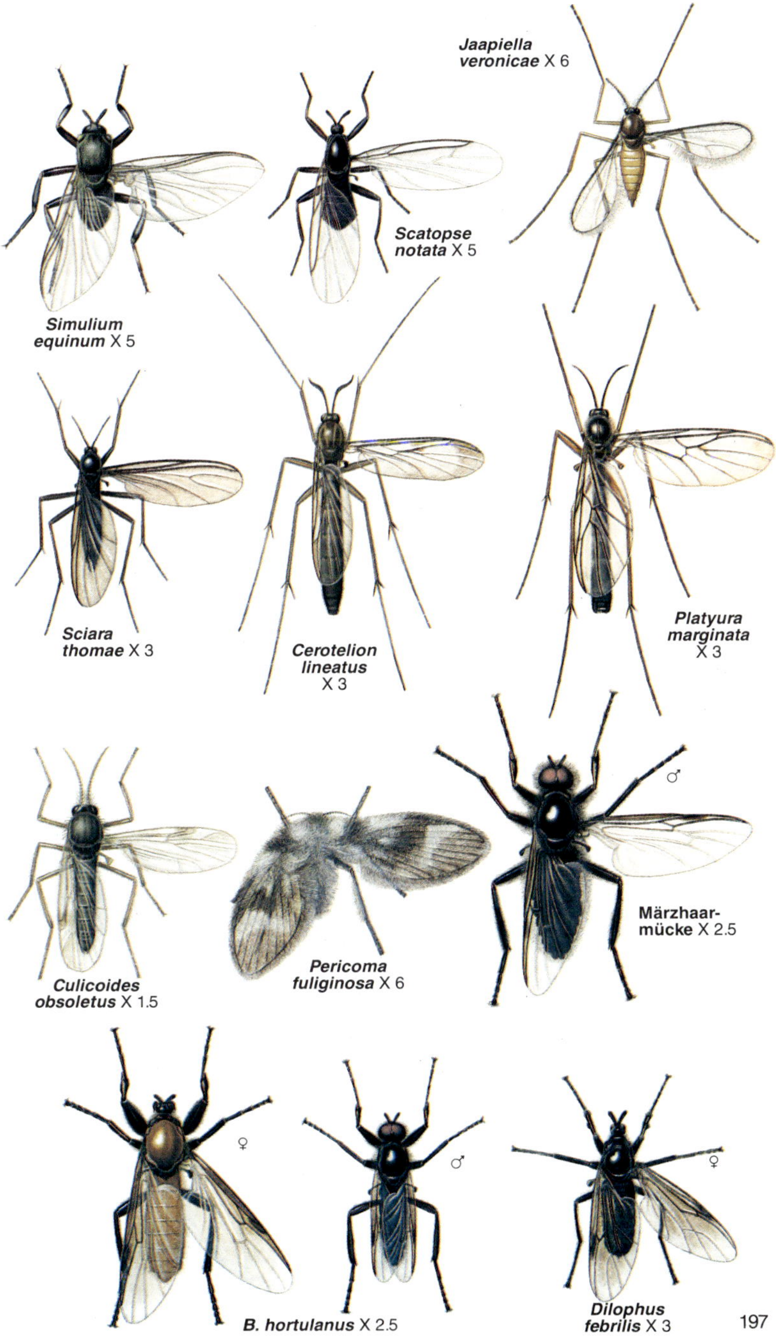

Jaapiella veronicae X 6

Scatopse notata X 5

Simulium equinum X 5

Sciara thomae X 3

Cerotelion lineatus X 3

Platyura marginata X 3

♂ **Märzhaarmücke** X 2.5

Culicoides obsoletus X 1.5

Pericoma fuliginosa X 6

♀ ♂ *B. hortulanus* X 2.5

♀ *Dilophus febrilis* X 3

Stratiomys potamida ♀ in Ruhestellung

WAFFENFLIEGEN Stratiomyidae Abgeflachte Tiere, meist bunt und oft metallisch gefärbt. Füße mit 3 Läppchen. Adern im vorderen Teil der Flügel gedrängt, Discoidalzelle relativ klein, dahinter nur noch schwach geadert. Fliegen oft schlecht, obwohl einige Männchen einen schwirrenden Balzflug vollführen. Saugen Nektar aus Blüten, nehmen häufig Sonnenbäder auf dem Boden oder auf niedrigen Pflanzen. Flügel in Ruhe flach zusammengelegt (links), verdecken oft die leuchtenden Farben.

Oxycera pulchella. Schildchen mit 2 Dornen. Beine überwiegend gelb. 6—8, in feuchten Wäldern, Hecken. Larven in Moos und Pflanzenresten. Einige ähnliche Arten.

Stratiomys chameleon. Fühler lang, zugespitzt, gekniet, 1. Glied lang. Schildchen mit 2 Dornen. 5—9, in Sümpfen; besonders gern auf Doldenblüten. Larven im Wasser, räuberisch. ***S. potamida*** mit schmaleren gelben Flecken auf dem 3. Hinterleibssegment der Männchen, Weibchen mit schmalem gelben Band.

Chloromyia formosa. Augen stark behaart. Schildchen ohne Dornen. Hinterleib der Weibchen weniger behaart als bei den Männchen, dazwischen blaugrün und violett glänzend. 5—8, Wälder, Hecken, Gärten. Larven in feuchter Erde, Pflanzenabfall. ***C. speciosa*** Flügel dunkler, Hinterfüße gelblich. Z.

Microchrysa polita. Beide Geschlechter glänzend grün. Fühler und Beine schwarz. Schildchen ohne Dornen. 3—9 in Gebüsch und üppigem Pflanzenbewuchs, in Gärten nicht selten. Larven in Dung- und Komposthaufen.

Beris clavipes. Aderung weniger gedrängt als bei den meisten Waffenfliegen. Schildchen mit 4—6 schwarzen Dornen. 5—7 in Feuchtgebieten in üppiger Vegetation. ***B. vallata*** ohne dunkle Hinterleibsbänder, Flügel besonders beim Weibchen heller, Stigma deutlicher.

Sargus bipunctatus. Schildchen unbedornt. Adern deutlicher als bei den übrigen Gattungen. Hinterleib in den Geschlechtern sehr unterschiedlich. 8—10. In Dung.

S. iridatus. Geschlechter ähnlich, Weibchen hinten nur etwas breiter. Flügel einheitlich rauchig getrübt. 5—8. Larven in Kuhmist.

Odontomyia ornata. Ähnlich *Stratiomys,* aber kleiner, Fühler kürzer, ungekniet. Schildchen mit 2 kleinen Dornen. Hinterleibsflecke gelb oder orange. 5—8, meist auf Blüten und Blättern am Wasser. Larven in schlammigem Wasser.

O. viridula. Hinterleib von weiß bis orange oder grün, stets mit schwarzem Mittelstreif. Das Grün verblaßt nach dem Tode zu Gelb. 6—8, an Schilfrohr u.a. Uferpflanzen. Entwicklung im Wasser.

Xylomyia maculata Xylomyiidae. Den Waffenfliegen verwandt, doch mit anderer Aderung, hinter der Discoidalzelle noch eine geschlossene Zelle, Mittel- und Hinterschienen bedornt. Füße mit 3 Läppchen. 5—6 in alten Wäldern, meist an verrottenden Stümpfen und Stämmen, in denen sich die Larven entwickeln.

Xylophagus ater Xylophagidae. Oberflächlich den Kammschnaken (S. 192) ähnlich, doch Aderung und Fühler völlig anders. Füße mit 3 Läppchen. Weibchen etwas größer, mit 2 glänzenden Streifen auf dem Rücken. 4—8, vor allem in Wäldern. Larven in faulenden toten Bäumen. N, Z. ***X. cinctus*** Hinterleib der Weibchen in der Mitte rötlich, Larven in Kieferstümpfen. N, Z.

Rhagio scolopacea Rhagionidae. Füße mit 3 Läppchen. Die 2. Längsader biegt vorn zur Costa und schließt das Stigma ein. Analzelle offen. Hinterschiene mit 2 Dornen. 5—8, besonders in Wäldern. Sitzt kopfabwärts an Stämmen und anderen senkrechten Flächen. Larve (S. 294) räuberisch im Boden. Einige ähnliche Schnepfenfliegenarten, Flügel meist ungefleckt.

Chrysophilus cristatus. Golden behaart und beschuppt, reibt sich leicht ab. Füße mit 3 Läppchen. Schenkel schwarz. Hinterschiene mit einem Dorn. 2. Längsader nach vorn gekrümmt, schließt Stigma ein. Analzelle geschlossen, mit dem Flügelrand durch einen Stiel verbunden. 5—8, Wälder, feuchte und schattige Plätze. Larve in verrottendem Laub und Holz.

Atherix ibis. Füße mit 3 Läppchen. Hinterschiene mit 2 Dornen. 2. Längsader nach vorn gekrümmt, schließt Stigma ein. Analzelle geschlossen, mit dem Flügelrand durch Stiel verbunden. Weibchen grauer, Thorax graugestreift. 5—7, selten entfernt vom Wasser. Larve im Wasser.

Schnepfenfliege in Ruhestellung

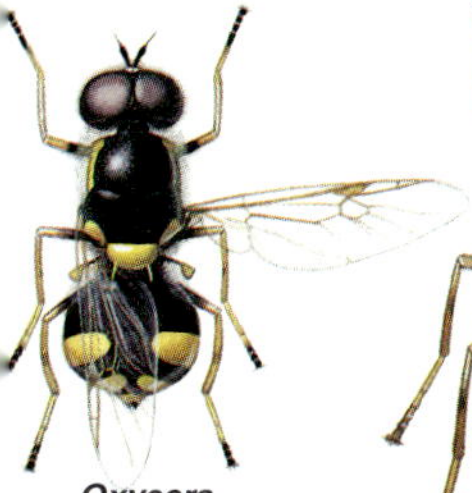

Oxycera pulchella X 3

Stratiomys chameleon X 2.5

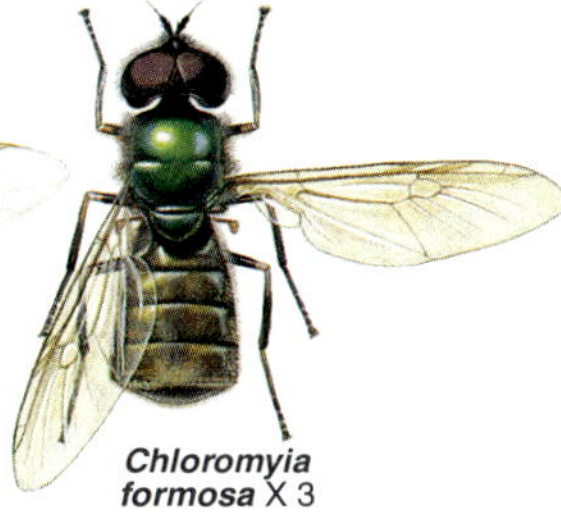

Chloromyia formosa X 3

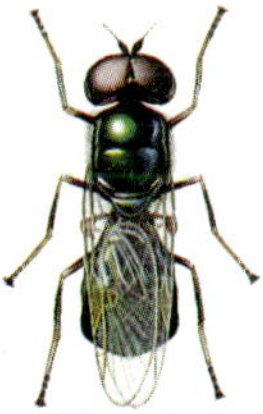

Microchrysa polita X 4

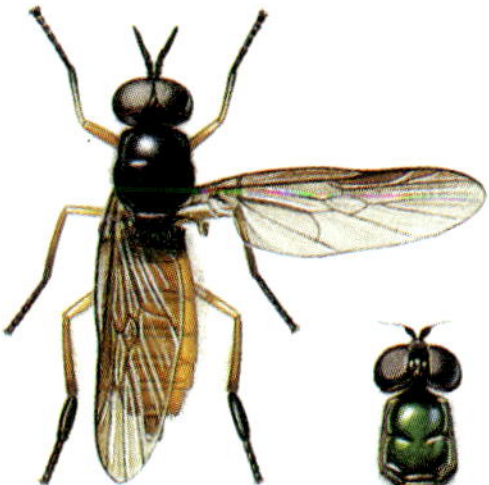

Beris clavipes X 3

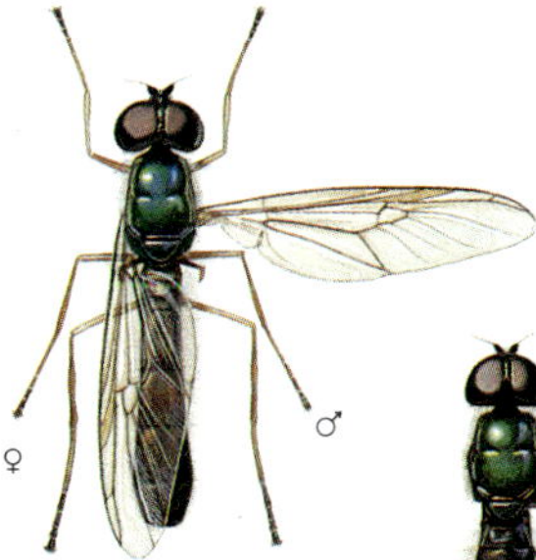

Sargus bipunctatus X 2.5

S. iridatus X 2.5

Odontomyia ornata X 2.5

O. viridula X 3

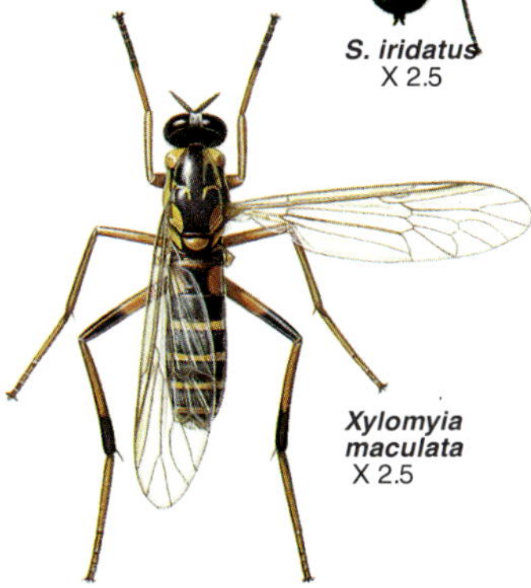

Xylomyia maculata X 2.5

Xylophagus ater X 2.5

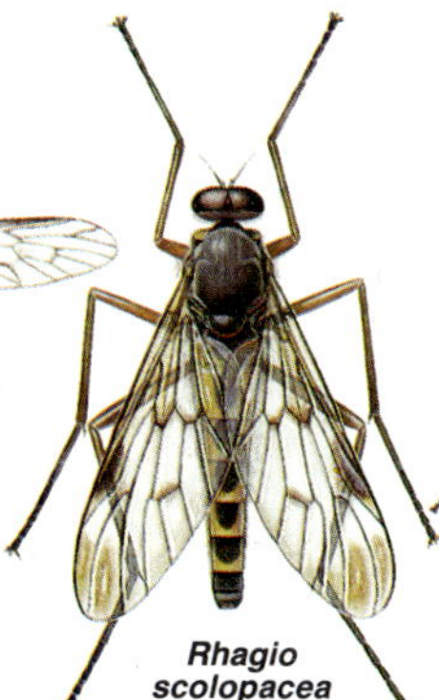

Rhagio scolopacea X 2.5

Chrysopilus cristatus X 2.5

Atherix ibis X 2.5

BREMSEN Tabanidae Massige, schnellfliegende Fliegen mit kräftigen Fühlern. Augen groß, im Leben oft leuchtendbunt gemustert. Eine große Adergabelung zieht zur Flügelspitze. Füße mit 3 Läppchen. Die meisten Weibchen sind kräftige Blutsauger, die Säugetiere und auch den Menschen anfallen. Die Männchen haben oft eine etwas abweichende Zeichnung und saugen Nektar. Alle Arten tagaktiv. Larven (S. 294) in feuchter Erde und Schlamm; einige als Räuber, die übrigen an faulenden Substanzen. In Europa kommen etwa 160 der bekannten 3500 Arten vor.

Rinderbremse *Tabanus bovinus.* Hinterrand des Kopfes, von oben gesehen, konkav wie bei allen *Tabanus*-Arten. Augen nicht gebändert. Die hellen Dreiecke auf den Hinterleibssegmenten undeutlich, reichen aber meist bis in die vordere Hälfte jedes Segmentes. Taster der Weibchen hell. 5—8, Weiden in Flußnähe. Larven im Uferschlamm.

T. bromius. Gelbgrau bis fast schwarz. Augen mit einem Band. 5—9 auf Weiden; die häufigste von mehreren ähnlichen Arten.

T. sudeticus sehr variabel, oft *bovinus* ähnlich, doch helle Dreiecke deutlicher, aber kürzer. Taster der Weibchen bräunlich. 6—8 Weiden, offene Wälder.

Hybomitra micans. Augen stark behaart, besonders bei den Männchen, mit 3 Purpurbändern. Taster, Fühler und Beine schwarz. Der Sub-Callus, eine Beule über den Fühlern, glänzendschwarz. 5—9, Moore, feuchte Heiden. Z, mitunter in Gebirgen im S.

H. muhfeldi von einigen ähnlichen Arten durch die bräunliche, nicht schwarze Beule vor der Flügelwurzel unterschieden. 5—8, weit verbreitet, besonders auf feuchten Wiesen und an Seen. (Durch die behaarten Augen von den meisten anderen Bremsen zu unterscheiden.)

Heptatoma pellucens. An sehr langen Fühlern in Verbindung mit klaren Flügeln zu erkennen. Augen mit 4 Bändern. 5—9 in vielen Gebieten, bewaldet oder unbewaldet.

Regenbremse *Haematopoda pluvialis.* Augen etwas behaart. 1. Fühlerglied beim Weibchen vor der Spitze tief ausgeschnitten. Flügel gefleckt, werden in der Ruhe dachförmig zusammengelegt (Gattungsmerkmal). Farbe und Zeichnung des Hinterleibs variieren. 5—10. Besonders häufig in feuchten Wäldern. Eine der häufigsten Bremsen, wird besonders bei schwülem Wetter dem Menschen sehr lästig. Nähert sich geräuschlos. Im Bergland ersetzt durch die sehr ähnliche ***H. crassicornis,*** mit hellem V oder Y in der Discoidalzelle. Einige andere ähnliche Arten.

Chrysops relictus. Mittelschiene gelblichbraun. Zeichnung des Hinterleibs variiert, doch stets 2 schwarze Flecke auf dem 2. Segment (divergieren beim Männchen weniger als beim Weibchen). 5—9, feuchte Heiden, Moore, lichte Wälder; selten entfernt vom Wasser: Larven im schlammigen Ufer o.ä.

C. caecutiens. Mittelschiene schwarz. Hinterleib der Männchen überwiegend schwarz; schwarze Zeichnung auf dem 2. Hinterleibssegment der Weibchen oft stark reduziert. 5—9 in vielen Gebieten in Wassernähe.

C. viduatus. Mittelschiene bräunlich. 2. Hinterleibssegment mit einem einzelnen schwarzen Fleck, Form variabel, beim Männchen viel größer. 6—9 Wiesen, Waldlichtungen. Mehrere andere Arten mit bunten Augen. Die Flügel sind bei den Männchen allgemein dunkler. Alle *Chrysops*-Arten haben bedornte Hinterschienen.

Bombylius major Bombyliidae. Einer der Hummelschweber, so benannt nach der pelzigen Behaarung. Saugt im Frühjahr an Blüten mit seinem langen Rüssel Nektar. Harmlos! Kann in der Sonne an einem Ort schwirren, wobei er einen hohen Ton erzeugt. Larven parasitisch an Larven von solitären Bienen und Wespen in deren Nestern.

Thyridanthrax fenestratus. Flug wie bei *Bombylius* und den übrigen Vertretern der Familie. Rüssel kurz, wird in Ruhe in den Kopf zurückgezogen. 6—8 auf Sandböden. Larve an Eulenraupen. N, Z. Einige ähnliche Arten in S.

Anthrax anthrax. Körper schwarz, Flügel weitgehend dunkel gefärbt (»Trauerschweber«), Rüssel kurz. 5—9 vor allem in Trockengebieten. Larve parasitisch an Larven von solitären Bienen, auch Kuckucksbienen.

Villa modesta. Wie ein *Bombylius* mit durchsichtigen Flügeln, jedoch Rüssel kurz, Kopf runder. Männchen ohne helle Hinterleibsbinden. 5—9 auf Sandböden, besonders an Küsten. Larve an Schmetterlingsraupen. Einige ähnliche Arten.

Fallenia fasciata Nemestrinidae. Sehr schnell fliegende, im Flug den Hummelschwebern ähnliche Tiere, jedoch mit anderer Flügeladerung und abwärts gerichtetem Rüssel. 5—8 an ziemlich feuchten Orten, saugt meist an Distelblüten. Larve an anderen Insektenlarven. S.

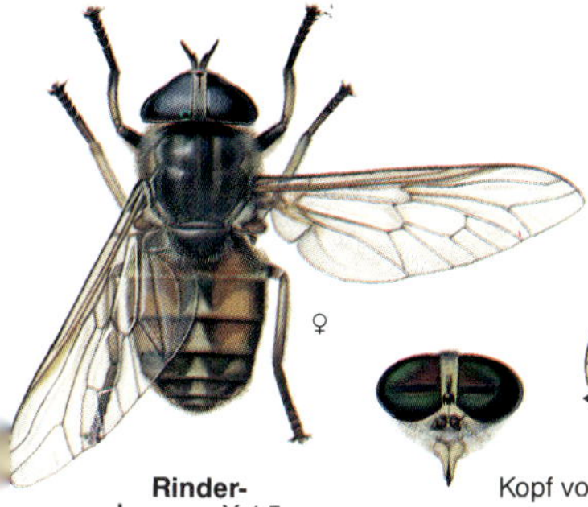

Rinder-bremse X 1.5

Kopf von vorn

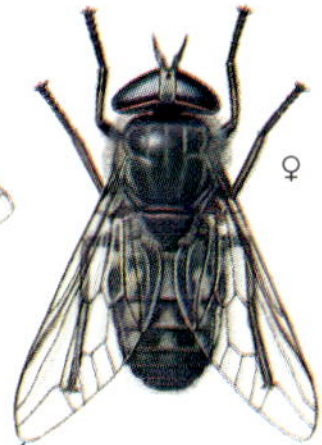

← ***T. bromius*** X 1,5

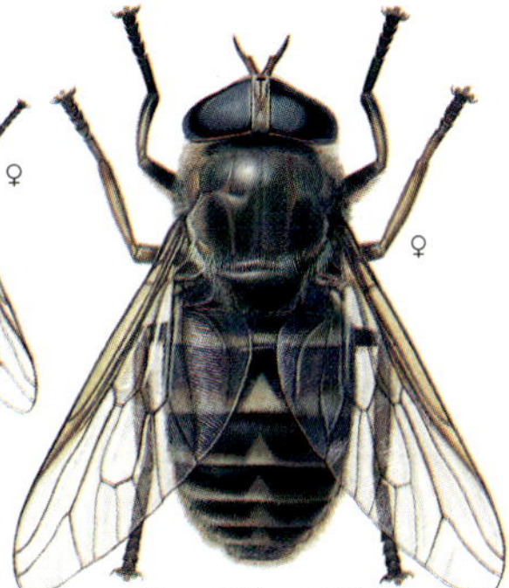

T. sudeticus X 1.5

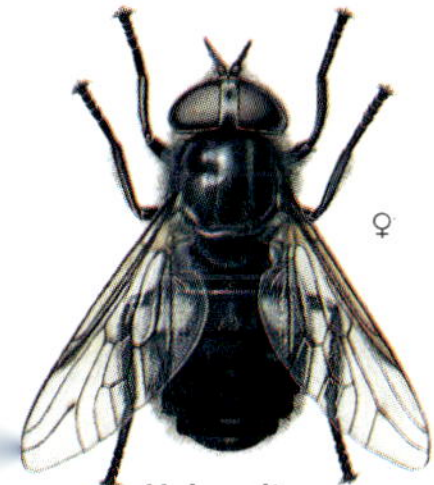

Hybomitra micans X 5

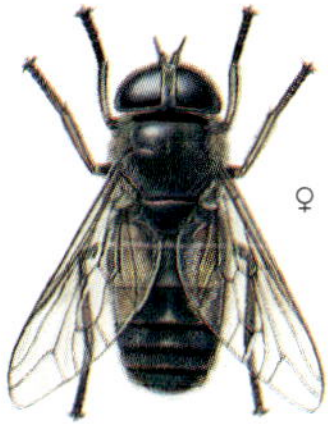

H. muhfeldi X 1.5

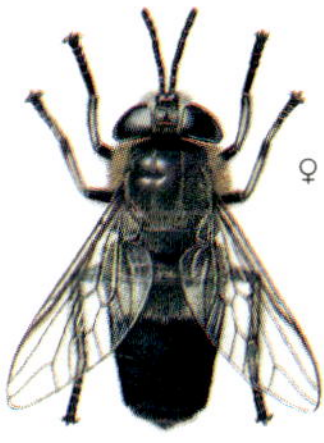

Heptatoma pellucens X 1.5

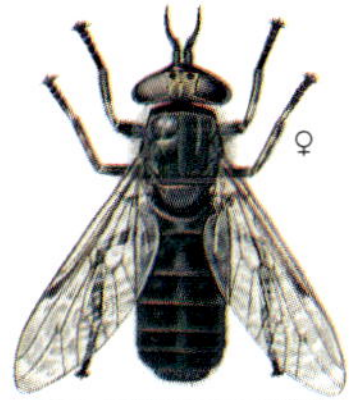

Regenbremse X 2

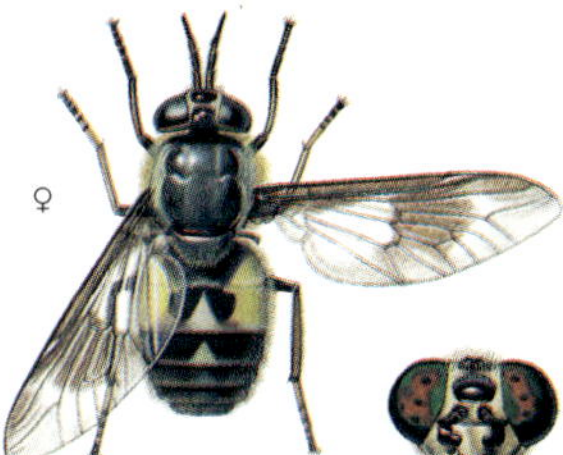

Chrysops relictus X 2 →

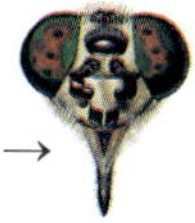

Kopf von vorn

C. caecutiens X 2

C. viduatus X 2

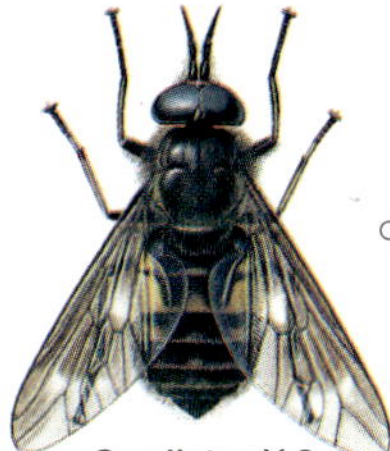

C. relictus X 2

Thyridanthrax fenestratus X 2

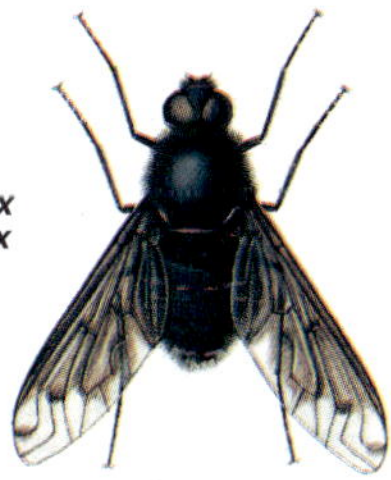

Anthrax anthrax X 2

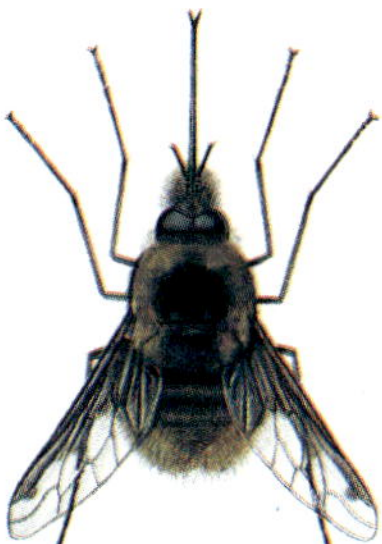

Bombylius major X 2

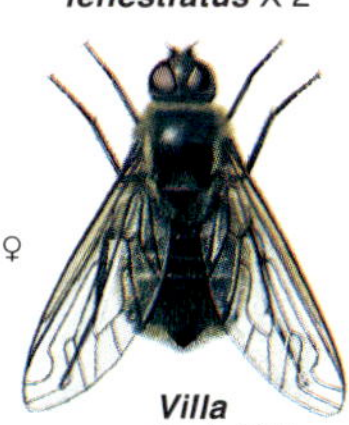

Villa modesta X 2

Fallenia fasciata X 2

Asilus
Kopf von vorn

Raubfliege
mit Beute

RAUBFLIEGEN Asilidae Sehr borstige, räuberische Fliegen, die meist andere Insekten in der Luft jagen und fangen. Die meisten Arten lauern sitzend, bis sich eine Beute nähert. Die Beute wird dann mit dem kräftigen, nach vorn oder schräg abwärts weisenden Rüssel völlig ausgesaugt. Zwischen den Augen ist bei beiden Geschlechtern stets eine tiefere, trennende Einsenkung — auch bei den Männchen berühren sich die Augen also nicht. Ein Gesichts»bart« schützt die Augen vor der zappelnden Beute. Beine kräftig, Füße meist mit 2 Läppchen. Die Flügel werden in der Ruhe flachgelegt. Die Larven entwickeln sich meist in Pflanzenabfällen, sind vielleicht gelegentlich auch Räuber.

Asilus crabroniformis. Unverwechselbar; 7—10 auf offenem Gelände, fliegt sehr gut und schnell. Larven in Kuhfladen und anderem Dung.

Dasypogon diadema. Die ersten beiden Längsadern erreichen die Flügelspitze; Flügelfläche gewellt. Vorderschiene an der Spitze mit gebogenem Dorn. Männchen einfarbig schwarz, Flügel dunkel. 6—8 in Gebüsch, besonders auf Küstendünen. S.

Leptogaster cylindrica. Füße ohne Läppchen. Hinterschenkel gelb. 3. Fühlerglied läuft in eine Borste aus. Jagt auf Wiesen; fliegt langsam über das Gras und pflückt Blattläuse von den Halmen. Erinnert im Flug an Schnaken. 5—8. ***L. guttiventris*** ähnlich, jedoch Hinterschenkel rötlich.

Dioctria atricapilla. Die beiden ersten Längsadern erreichen den Rand. Bart spärlich; Fühler entspringen auf einem Stirnfortsatz oberhalb der Augen (Gattungsmerkmal). Flügel der Weibchen heller als die der Männchen. 5—8, Wiesen.

Laphria flava. Die beiden ersten Längsadern verschmelzen vor dem Rand. 3. Fühlerglied abgestutzt, nicht mit langer Borste wie bei den meisten Raubfliegengattungen. 6—9, Kiefernwälder. Larven in Kiefernstümpfen und -stämmen. Einige ähnliche Arten, alle pelzig behaart, bienenähnlich. ***L. gilva*** weniger behaart als *flava,* Haare anliegend. 6—8 in alten Laubwäldern, Larve in Laubbaumstümpfen. ***L. marginata*** sehr ähnlich, doch Beine und Thorax gelb behaart. 6—8 in Eichenwäldern.

Eutolmus rufibarbis. Die beiden ersten Längsadern verschmelzen vor dem Rand. Beine schwarz, gelb behaart. 5—9. N, Z. Einige ähnliche Arten.

Pamponerus germanicus. Die beiden ersten Längsadern verschmelzen vor dem Rand. Borsten hinter den Augen scharf nach vorn geknickt. Schenkel schwarz, Schienen und Füße gelb oder orange mit schwarzen Spitzen. Flügelwurzel der Weibchen viel klarer. 5—7, besonders an Küsten.

Acrocera globulus Acroceridae. Kopf winzig, besteht fast nur aus den Augen, Fühler entspringen oben auf dem Kopf. Thorax kuglig (Kugelfliegen). 6—8, Wiesen. Oft an Blüten, nimmt jedoch keine Nahrung auf. Larven als Parasiten an Spinnen.

Thereva nobilitata Therevidae. Den Raubfliegen ähnlich, jedoch ohne Einsenkung zwischen den Augen; die der Männchen berühren sich. Gesicht stark behaart. 1. Längsader viel kürzer als bei den Raubfliegen. Hinterleib des Weibchens golden, die letzten beiden Segmente glänzendschwarz. 5—8. Larven Allesfresser, in Laub. Ähnliche Arten. ***T. annulata.*** Männchen silbrig, Weibchen grauer, nur letztes Hinterleibssegment glänzendschwarz. 4—8 auf Sandböden, besonders Küstendünen.

Fensterfliege *Scenopinus fenestratus* Scenopinidae. Häufig mit dicht zusammengelegten Flügeln an Fenstern, düster, borstenlos. Larven in Vogelnestern und Wohnungen, jagen andere Insektenlarven, z.B. Raupen von Kleidermotten.

Empis tessellata Empididae. Kurze Dreieckszelle an der Flügelspitze (Gattungsmerkmal). Kopf ziemlich kuglig, mit dünnem, abwärts gerichtetem Rüssel. Räuberisch, jagt häufig auf Weißdorn- und Doldenblüten; saugt auch Nektar. 4—8, Larve im Boden.

E. stercorea Leicht an der gelbbraunen Färbung und dem schwarzen Rückenstrich auf dem Thorax zu erkennen. 4—6 in üppigen Wiesen.

Hilara maura. Aderung wie bei *Empis,* jedoch dreieckige Spitzenzelle länger, schlanker. Verdickte Vorderfüße der Männchen erzeugen Gespinst, mit dem eine Beute als Gabe beim Paarungsflug umhüllt wird. An Gewässern während des Sommers.

Acrocera globulus
X 2

Asilus crabroniformis X 1.5

Dasypogon diadema X 2

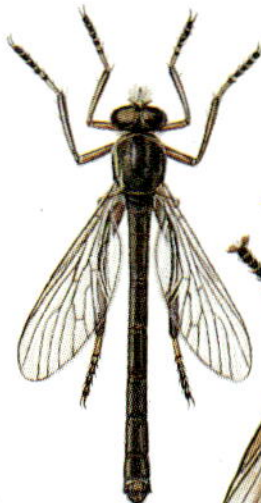

Leptogaster cylindrica X 1.5

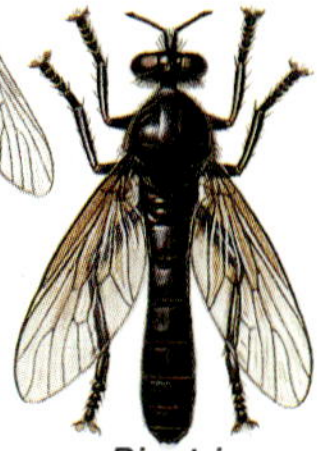

Dioctria atricapilla X 1.5

Laphris flava X 1.5

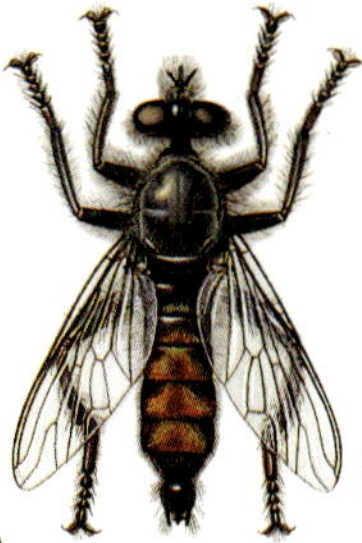

L. gilva X 1.5

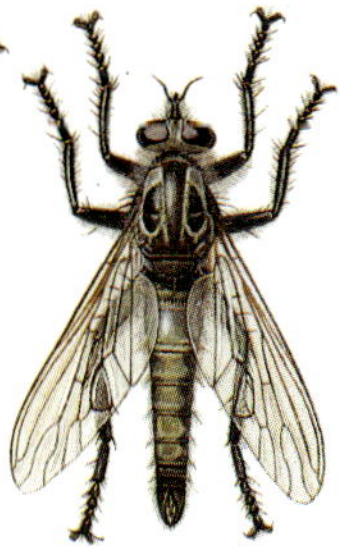

Eutolmus rufibarbis X 1.5

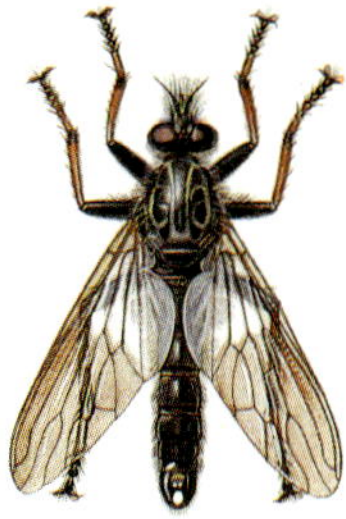

Pamponerus germanicus X 1.5

Acrocera globulus X 3

Thereva nobilitata X 2

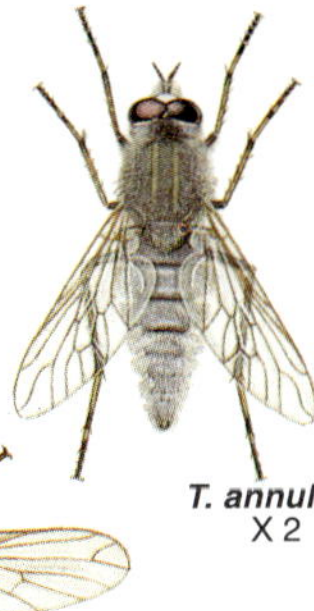

T. annulata X 2

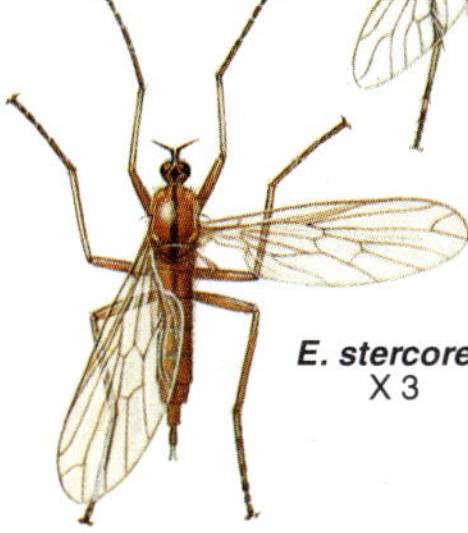

E. stercorea X 3

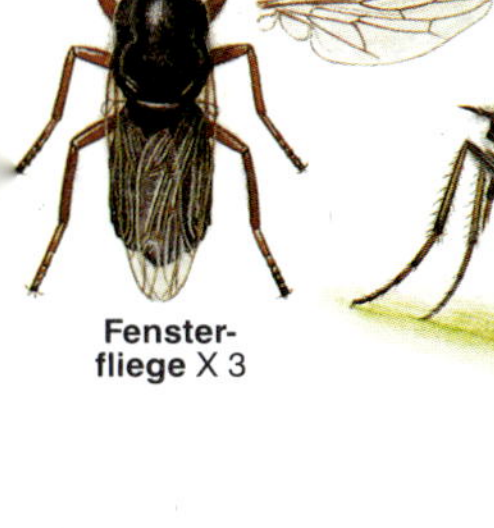

Fensterfliege X 3

Empis tessellata X 2

Hilara maura X 4

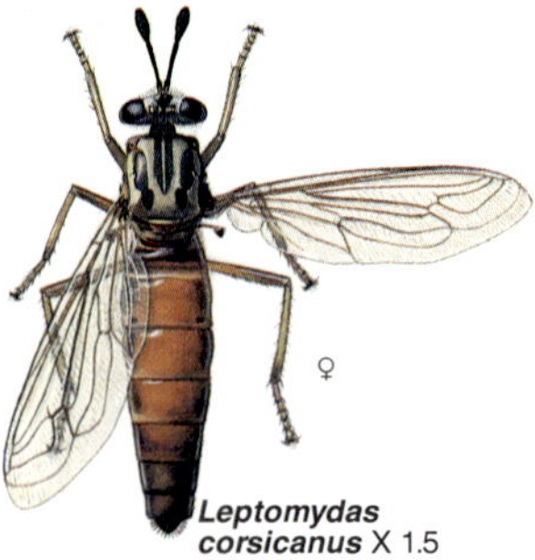

Leptomydas corsicanus X 1.5

Leptomydas corsicanus Mydaidae. Männchen viel kleiner, dunkler. Nektarsauger, gut fliegend. Auf Grasland, 5—8. Korsika. 2 ähnliche Arten in Spanien, eine auf Sardinien, alle mit gekeulten Fühlern.

Lonchoptera lutea Lonchopteridae. Zugespitzte Flügel ohne Querader im Zentrum charakterisieren diese Familie. Beim Weibchen verschmelzen die ersten beiden Längsadern vor dem Rand. 4—10, schattige Feuchtgebiete. Häufigste unter ähnlichen Arten!

Phora atra Phoridae. Elne der ruckartig im Zickzack laufenden Rennfliegen. Flügelvorderkante an der Wurzel dornig, Adern meist schwach ausgeprägt. Auf Gebüsch im Sommer häufig, Männchen schwärmen in der Sonne. Viele verwandte Arten.

Sciapus platypterus Dolichopodidae. Nur eine deutliche Querader (Familienmerkmal). 4. Längsader deutlich gegabelt. Weibchen ohne schwarz-weiße Zeichnung der Mittelfüße. Im Sommer auf Hecken und Baumstämmen. Mehrere ähnliche Arten. Alle Langbeinfliegen sind metallisch gefärbt und Räuber.

Dolichopus popularis. Die Genitalien der Männchen sind, wie meist in dieser Familie, sehr groß. Weibchen ohne fiedrige Mittelfüße. Im Sommer in Feuchtgebieten, ruhen mit aufgerichtetem Vorderkörper. Viele ähnliche Arten.

Poecilobothrus nobilitatus. Männchen leicht an der Flügelzeichnung erkennbar, Weibchen wie Dolichopus. 3. und 4. Längsader in beiden Geschlechtern wellig, zusammenlaufend. 5—9, Feuchtgebiete, auf Schlamm und Wasserpflanzen, Vorderende aufgestellt.

SCHWEBFLIEGEN Syrphidae Familie mit etwa 5000 Arten, mit typischem reißenden und Schwirrflug. Gestalt sehr variabel, jedoch stets parallel zum Flügelhinterrand eine »falsche« Aderkante. Im Zentrum des Flügels eine falsche Ader: eine Verdickung der Flügelfläche, die mit keiner anderen Ader verbunden ist. Adermuster wichtig zur Bestimmung. Fühler meist kurz, hängend. Meist Nektarsauger, besonders an Doldenblütlern. Einige ahmen Bienen und Wespen nach. Die Larven leben in den unterschiedlichsten Lebensräumen als Räuber, Pflanzen- und Fäulnisfresser.

Syrphus ribesii. Die beiden ersten Längsadern erreichen den Flügelrand. Querader vor der Mittel der Discoidalzelle. Thorax grünlichschwarz, braun behaart. Gesicht ohne schwarze Linie. 4—11, oft in Schwärmen. Larve (S. 294) frißt Blattläuse.

Scaeva pyrastri. Aderung wie bei *Syrphus.* Halbmondflecke auf dem Hinterleib weiß oder cremefarben, etwa gleichbreit. ***S. selenitica*** Halbmonde außen schmaler als innen. 6—10. Die Larven jagen Blattläuse.

Episyrphus balteatus. Aderung wie bei *Syrphus.* Leicht an den zusätzlichen schmalen schwarzen Bändern auf den Hinterleibssegmenten 3 und 4 erkennbar. 3—11, im S auch ganzjährig. Bildet oft Wanderschwärme. In Gärten häufig. Larven Blattlausjäger.

Xanthogramma pedissequum. Aderung wie bei *Syrphus.* Das Flügelmuster und der dunkle Flügelwisch unterscheidet die Art von anderen gelb/schwarz gezeichneten. Hinterleib sehr flach. 5—9. Die Larven jagen Blattläuse in Ameisennestern.

Leucozona lucorum. Ähnlich *Volucella pellucens* (S. 206), jedoch *Syrphus*-artige Flügeladerung. 5—9. Larve jagt Blattläuse.

Rhingia campestris. Aderung wie bei *Syrphus*, leicht an der vorgezogenen »Schnauze« zu erkennen. 4—11, Hecken, lichte Wälder. Larven in Kuhfladen und anderem Dung.

R. rostrata der vorigen Art sehr ähnlich, jedoch Thorax schiefergrau.

Baccha elongata. Aderung wie bei *Syrphus.* 4—10, schwirrt in und an Sumpfpflanzen. Durch den dünnen Körper nicht leicht zu erkennen. Larve jagt Blattläuse.

Doros conopseus. Aderung wie bei *Syrphus*. Oberflächlich *Physocephala* (S. 208) ähnlich, Fühler jedoch völlig anders. Im Flug wespenähnlich, 5—8. Vor allem in Wäldern. Die Larve soll räuberisch in der Erde und zerfallendem Holz leben.

Melanostoma scalare. Aderung wie bei *Syrphus.* Hinterleib des Männchens viel schlanker als der des Weibchens, stets parallelseitig. 4—11. Sehr häufig in Gärten. Gern an Weißdornblüten. Die Larve jagt Blattläuse. Mehrere ähnliche Arten.

Neoascia podagrica. Eine der kleinsten Schwebfliegen. Aderung wie bei *Syrphus,* äußere Querader jedoch fast senkrecht, durchkreuzt die falsche Ader. 3—10 überall häufig. Larve jagt Blattläuse. Einige ähnliche Arten, Queradern nicht umwölkt.

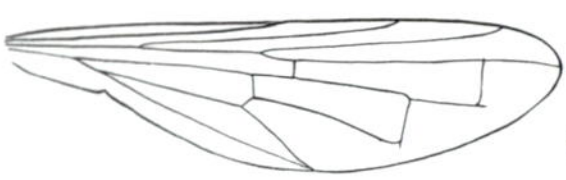

Flügel von *Neoascia*

♀

Lonchoptera lutea
X 6

Phora atra
X 6

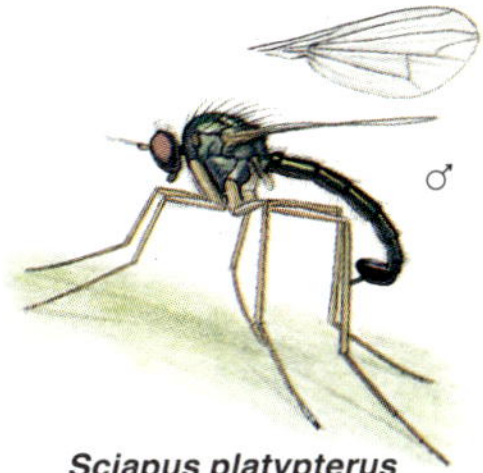
♂

Sciapus platypterus
X 3

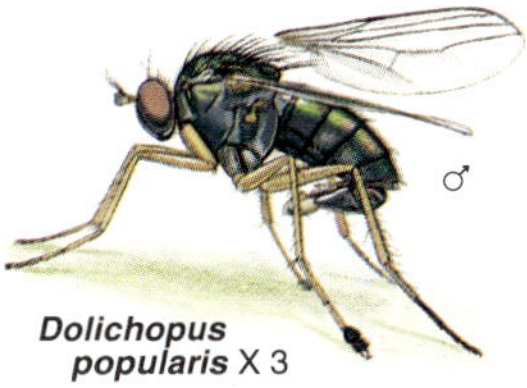
♂

Dolichopus popularis X 3

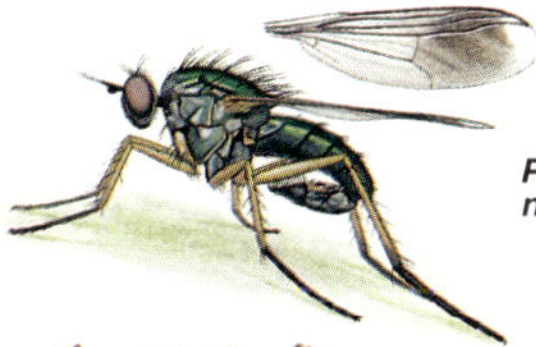
♂

Poecilobothrus nobilitatus X 3

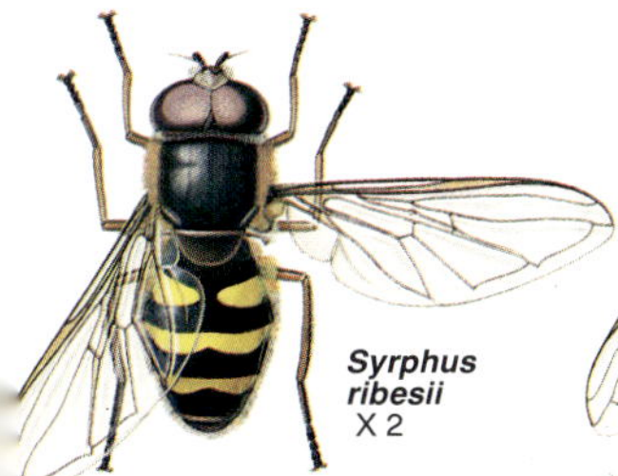

Syrphus ribesii
X 2

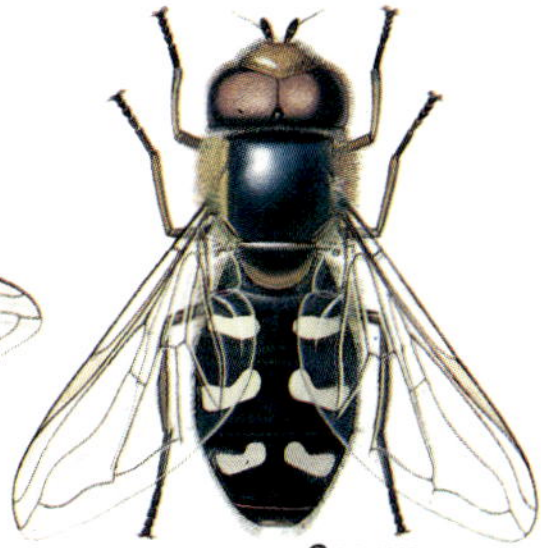

Scaeva pyrastri X 2

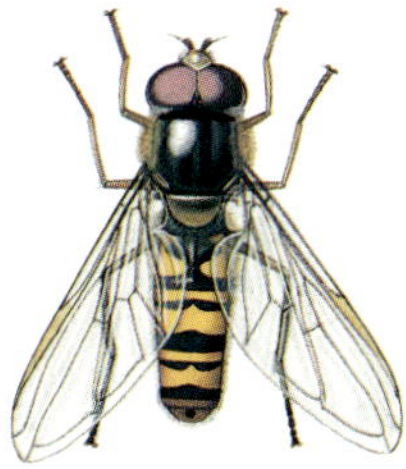

Episyrphus balteatus X 2

Xanthogramma pedissequum X 2

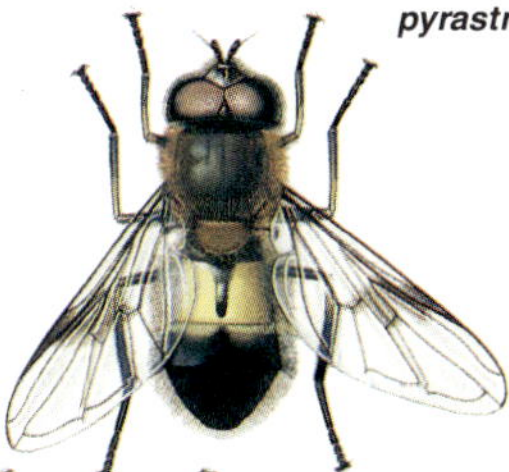

Leucozona lucorum X 2

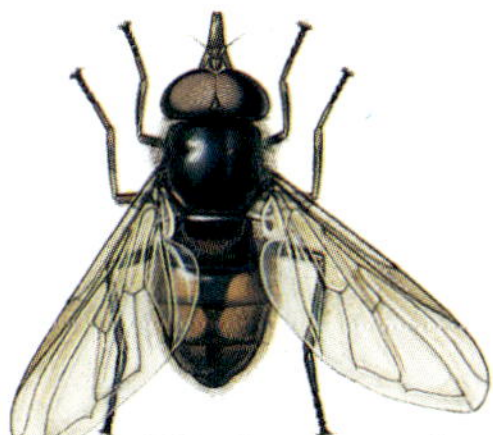

Rhingia campestris
X 2

Baccha elongata X 2

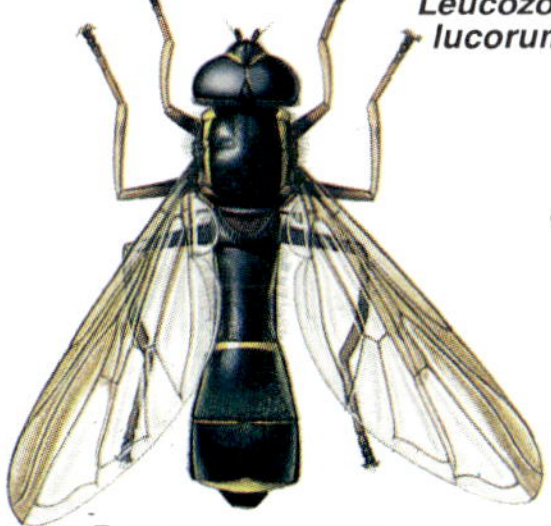

Doros conopseus
X 2

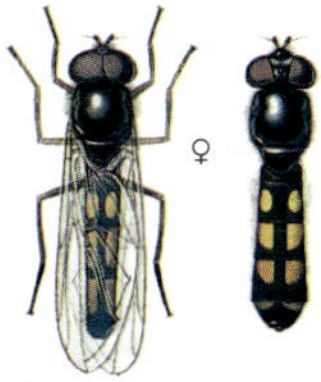
♂ ♀

Melanostoma scalare X 2

Neoascia podagrica
X 3

Volucella bombylans. Wie bei allen *Volucella*-Arten vereinen sich die beiden ersten Längsadern vor dem Rand; Querader vor der Mitte der Discoidalzelle. Fühler deutlich gefiedert. Von den verwandten Arten durch die dichte Behaarung unterschieden. Eine von mehreren Arten, die Hummeln imitieren. 5—9. Larven in Hummelnestern.

V. zonaria. Durch Größe und Färbung leicht erkennbar. 5—9, Wälder, in Hornissennestern.

V. pellucens ähnlich *Leucozona* (S. 204), jedoch größer, andere Aderung. 5—9, Wälder. Vor allem Männchen fliegen etwa in Kopfhöhe, lieben Himbeerblüten. Larven in Nestern von *Vespa vulgaris* (S. 242), zuerst Außenparasiten an Larven, dann Abfallfresser.

V. inanis. Ähnlich *zonaria,* kleiner, Hinterleib mit 3, nicht 2 schwarzen Binden. Matt. Larven in Hornissennestern.

Milesia crabroniformis. Die beiden ersten Längsadern verschmelzen vor dem Rand. Querader weit vor der Mitte der Discoidalzelle. Analader knickt scharf zum Flügelhinterrand ab. 6—9, auf Blüten in der Sonne. Larve in verrottendem Buchenholz. Besonders westliches S.

Mistbiene *Eristalis tenax.* Sieht einer Honigbienen-Drohne ähnlich. Die ersten beiden Längsadern verschmelzen vor dem Rand; 3. Ader mit tiefer U-förmiger Einbuchtung. Querader etwa in der Mitte der Discoidalzelle. Die gelben oder orangen Flecke des Hinterleibs oft undeutlich. Gesicht in der Mitte mit breitem schwarzen Streifen. Fliegt ganzjährig bei Sonnenschein etwa in Kopfhöhe; häufig in Gärten. Die Rattenschwanzlarven (S. 297) leben in Schlamm und Jauche. Mehrere ähnliche Arten.

E. pertinax. Sehr ähnlich, jedoch Gesichtsstreifen schmaler, an Vorder- und Mittelbeinen gelbe Füße. 3—11 nahezu überall.

E. arbustorum. Kleiner, ohne Gesichtsstreifen. Vorder- und Mittelfüße dunkel. 4—10, vor allem in offenem Gelände.

Helophilus pendulus. Die beiden ersten Längsadern erreichen den Rand; 3. Ader mit tiefer U-förmiger Einbuchtung. Querader etwa in der Mitte der Discoidalzelle. Schwarze Gesichts-Mittellinie. 4—10. Besonders häufig in Feuchtgebieten, nimmt Sonnenbäder auf Uferpflanzen. Männchen stehen dicht über der Wasseroberfläche. Rattenschwanzlarven wie bei *Eristalis,* in Schlammwasser. ***H. hybridus*** ähnlich, nur basales Drittel der Hinterfüße gelb.

Merodon equestris. Aderung wie *Helophilus.* Hinterschenkel an der Spitzenunterseite mit deutlichem Buckel. Körper ganz schwarz mit grauem, gelbbraunem oder grauem Haar; ähnelt Hummel-Arbeiterinnen. 3—8. Larven in Narzissen-Zwiebeln u.ä., können Schäden anrichten. Einige ähnliche Arten, besonders im S.

Myathropa florea. Sieht wie eine leuchtend gefärbte Mistbiene aus, an der Thoraxzeichnung und der *Heliophilus*-ähnlichen Flügeladerung jedoch erkennbar. Die helle Zeichnung variiert — westliche Tiere sind dunkler. 5—10, Wälder. Larven in Wasseransammlungen in hohlen Bäumen u.ä.

Xylotomima lenta. Die beiden ersten Längsadern erreichen den Flügelrand. Querader vor der Mittel der Discoidalzelle, schräg. Hinterleib sehr flach. Der rote Hinterleibsfleck und die schwarzen Beine unterscheiden diese von ähnlichen Arten. 5—7. Larven in zerfallendem Holz. Weitverbreitet, aber nicht häufig.

Chrysotoxum cautum. Fühler lang, nach vorn gerichtet, 3. Glied so lang wie die beiden anderen zusammen. Die ersten beiden Längsadern erreichen die Flügelspitze. 5—8 Wälder, Hecken; in Gärten nicht selten, sonnt sich auf Blättern. Larven in Ameisenbauten. Einige ähnliche Arten, meist weniger behaart und mit kürzerem 3. Fühlerglied. ***C. festivum*** viel schwärzer als *cautum,* mit 3 schmalen gelben Bänderpaaren auf dem Hinterleib, deutlich zur Seite gekrümmt, erreichen den Hinterleibsrand nicht. Vorderhälfte der Flügel gelbbraun, jedoch nicht bis zur Flügelspitze. 6—10, Wiesen.

C. bicinctum. Hinterleib nur mit 2 deutlichen Bändern auf den Segmenten 2 und 4 und intensivem braunen Fleck in der äußeren Flügelhälfte. 5—9, Wiesen, besonders im Mittelgebirge häufig.

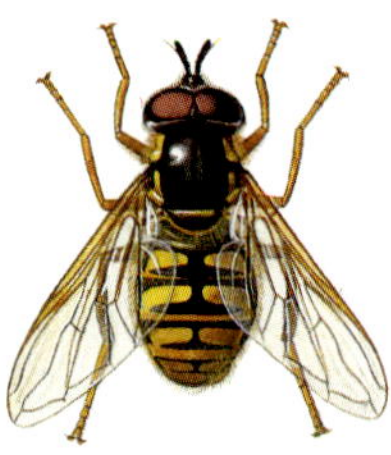

Chrysotoxum cautum X 2

Volucella bombylans →
X 2

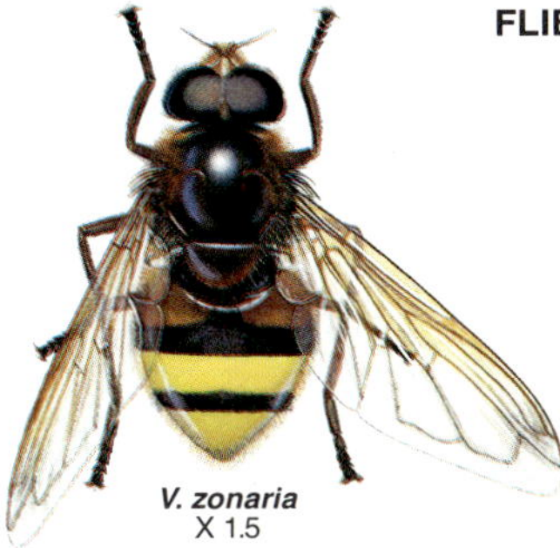

V. zonaria
X 1.5

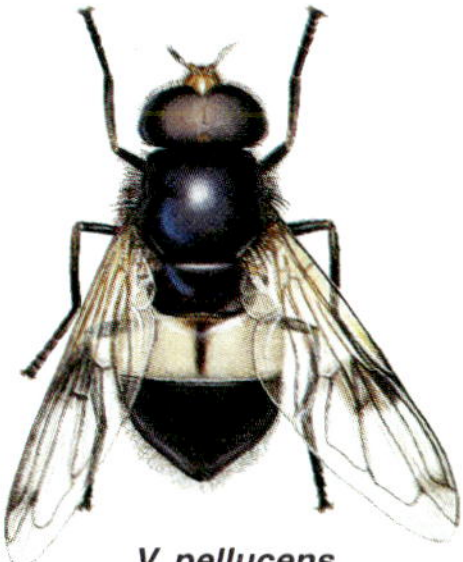

V. pellucens
X 2

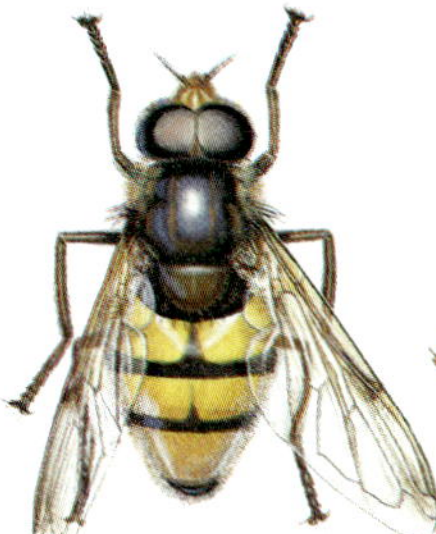

V. inanis
X 2

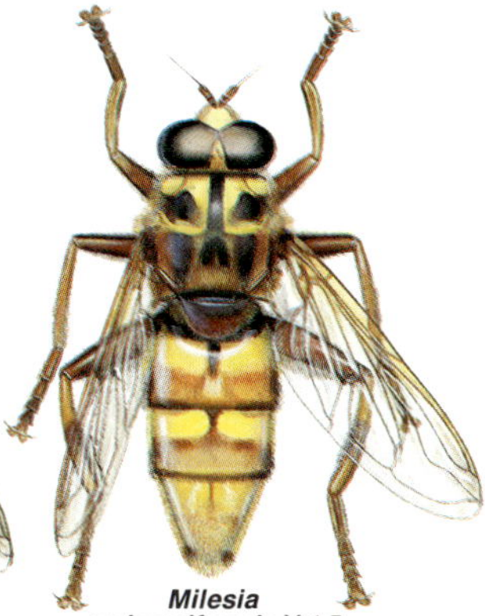

Milesia crabroniformis X 1.5

Mistbiene
X 2

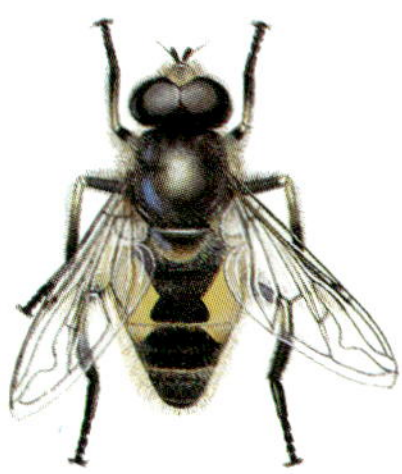

E. arbustorum
X 2

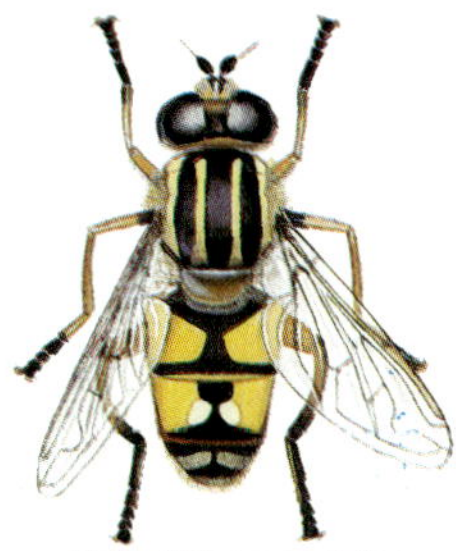

Helophilus pendulus
X 2.5

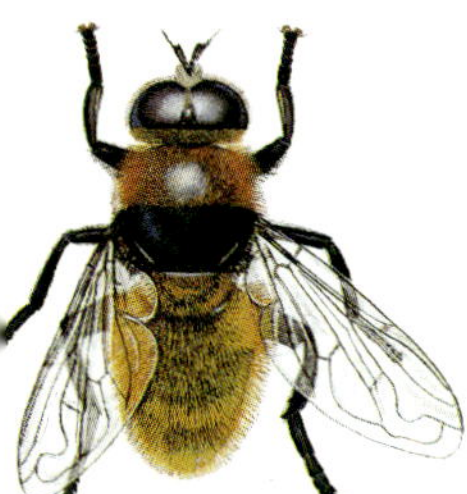

Merodon equestris X 2

Myathropa florea X 2

Xylotomima lenta X 2

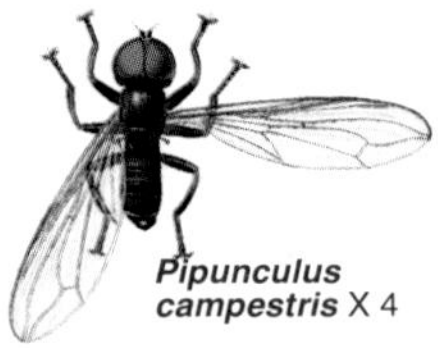

Pipunculus campestris X 4

Pipunculus campestris Pipunculidae. Hinterleib der Weibchen glänzender. Stigma zunächst oft gelb, dunkelt später nach. 4—10, Wälder, Hecken; gern auf Himbeerblüten. Der nahezu völlig von den Augen eingenommene Kopf und die langausgezogene Subapicalzelle sind für die ganze Familie typisch. Verstehen geschickt auch in dichter Bodenvegetation zu fliegen. Die Larven parasitieren an Zikaden.

Conops quadrifasciata Conopidae. Der lange Saugrüssel und eine lange, zugespitzte Analzelle nahe dem Flügelhinterrand sind familientypisch. Hinterschenkel gelbbraun. Das Weibchen hat eine kleine gelbe Aussackung unter dem 5. Hinterleibssegment. 6—9, auf Dolden- und Korbblütlern, besonders Kreuzkraut; vor allem in Trockengebieten. Larven Innenparasiten von Hummeln. Einige ähnliche Arten.

Physocephala nigra. 5—7 auf vielen Blüten, besonders in Wald und Gebüsch.

P. rufipes. Körper brauner, Fühler schwarz. Die Larven beider Arten parasitieren an Hummeln.

Myopa buccata. Ocellen und kurze Fühler unterscheiden diese von den beiden vorstehenden Arten. Die Spitze der 1. Längsader der Subcosta stark genähert. 4—8 auf vielen Blüten, besonders auf Löwenzahn, Weißdorn. Einige ähnliche Arten.

Platystoma seminationis. Platystomatidae. Auffälliger cremefarbener Fleck unter dem Hinterleibsende. 5—10. Krabbelt ziemlich langsam auf üppigem Pflanzenwuchs in vielen Lebensräumen, besonders Wäldern, Hecken, Gärten. Selten auf Blüten, wurde aber beim Saugen an toten Insekten beobachtet. Larven in zerfallendem Substrat. Viele ähnliche Arten.

Meliera omissa Otitidae. Gesicht mit tiefen Gruben zur Aufnahme der Fühler. Flügel mit 7 dunklen Flecken. Beim Sitzen oder Umherlaufen auf Pflanzen werden die Flügel meist langsam auf und nieder bewegt. 5—8 an Ufern und in anderen Feuchtgebieten. Larven in zerfallenden Pflanzen. S, Z. Mehrere ähnliche Schmuckfliegen.

Seioptera vibrans. Kopf vorn rot, Gesicht mit Gruben. Körper glänzend blau oder schwarz. Die 3. und 4. Längsader konvergieren etwas. Ähnelt den Sepsidae (S. 210) im schnellen Flügelschwirren, jedoch größer. 5—9, an Büschen und Bäumen, besonders Linden. Frißt Blattläuse u.ä. Insekten. Larven in zerfallenden Pflanzen.

BOHR- und FRUCHTFLIEGEN Trypetidae Eine große Familie ziemlich kleiner Fliegen mit stark gezeichneten Flügeln, ähnlich den beiden vorangehenden Familien. Die Subcosta ist etwa in der Mitte scharf zur Costa hin abgeknickt. Analzelle gewöhnlich mit einer charakteristischen zugespitzten Verlängerung. Hinterleib der Weibchen zugespitzt, mit Legeapparat. Larven in Früchten o.ä., erzeugen oft Gallen.

Urophora cardui. Analzelle abgestutzt. Dunkle Flecke beim Männchen stärker. 5—8, auf offenem Gelände. Die Larven erzeugen sehr harte, eiförmige Stengelgallen bei Disteln. Viele ähnliche Arten erzeugen Gallen an Korbblüten.

Cerajocera ceratocera. Männchen mit borstigem Horn auf dem Fühler. 6—8. Eine von mehreren Arten, deren Larven Gallen an Blütenköpfen der Flockenblumen erzeugen. Die Fruchtfächer verholzen — man kann sie beim Zusammendrücken von Blüten spüren.

Selleriefliege *Euleia heraclei.* Augen färben sich nach dem Tode rot. Körper und Flügelzeichnung schwarzbraun oder hellrotbraun. 4—11. Die Larven minieren in Blättern von Sellerie, Pastinak und anderen Doldenblütlern.

Mittelmeer-Fruchtfliege *Ceratitis capitata.* Flügel rosa und gelb gefleckt. Thorax stark bucklig. Den Weibchen fehlen die beiden spatelförmigen Borsten auf dem Kopf. Über den größten Teil des Jahres, im S ganzjährig. Die Larve befällt viele Früchte, z.B. Kirschen, Pfirsiche und Orangen. Im Mittelmeergebiet heimisch, mit Obst auch nach Norden verschleppt, ohne sich hier auf Dauer halten zu können.

Kirschfliege *Rhagoletis cerasi.* Kopf im Profil ziemlich eckig. Schildchen gelb, der übrige Thorax schwarz. 5—7. Larve in Kirschen. N, Z. **Hagebuttenfliege** *R. alternata.* Ganzer Thorax orangegelb. Larve in Kirschen und Hagebutten. N, Z. Beide Arten fliegen sehr langsam.

Phagocarpus permundus. Augen grün im Leben, mit 2 roten Schrägbändern; werden nach dem Tode rot. Flügelmuster sehr charakteristisch. Larven in Weißdornfrüchten. N, Z.

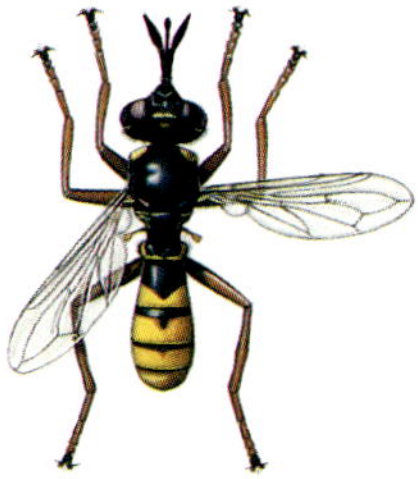

Conops quadrifasciata X 2

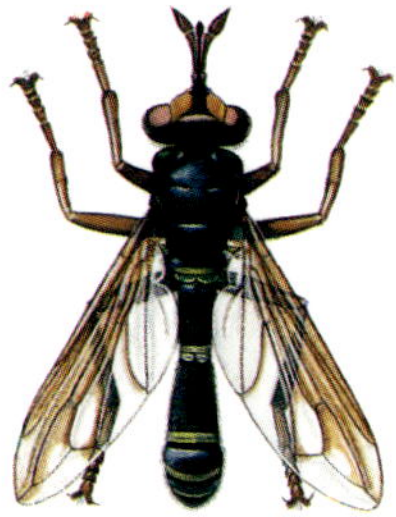

Physocephala nigra X 2

Myopa buccata X 2

Platystoma seminationis X 3

Meliera omissa X 3

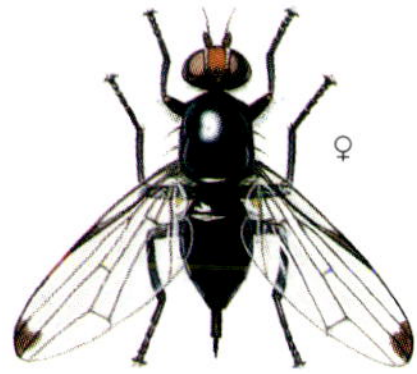

Seioptera vibrans X 3

Urophora cardui X 3

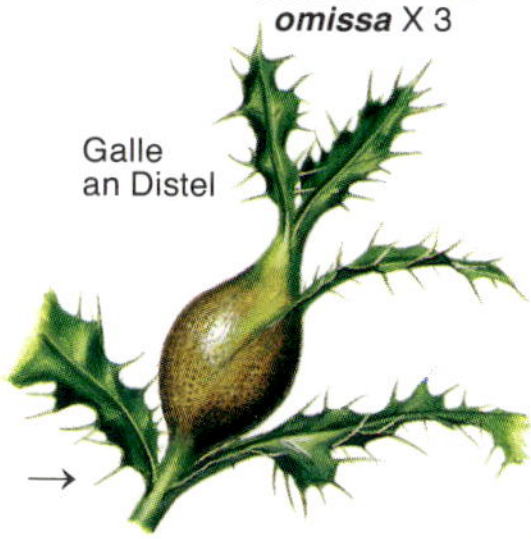

Galle an Distel

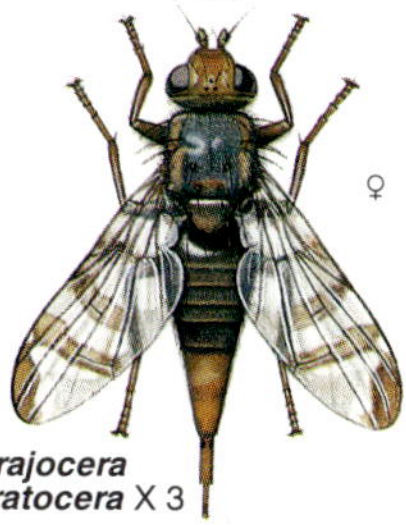

Cerajocera ceratocera X 3

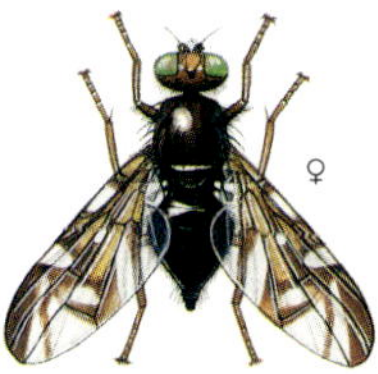

Selleriefliege X 3

Mine an Sellerieblatt

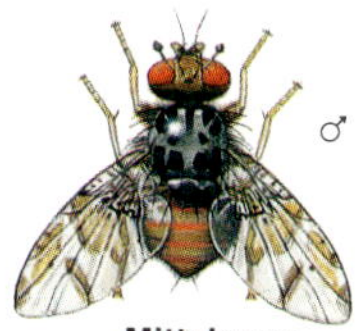

Mittelmeer-Fluchtfliege X 3

Kirschfliege X 4

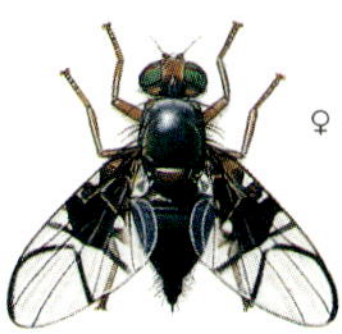

Phagocarpus permundus X 3

Larven in Kirsche

Calobata petronella Micropezidae. Eine von einigen langbeinigen, als Stelzenfliegen bezeichneten Arten. 5—7, stelzen gravitätisch auf Blättern umher, besonders in Feuchtgebieten, fressen andere kleine Insekten. Larven Fäulnisfresser. N, Z.

Micropeza corrigiolata X 2.5

Micropeza corrigiolata. Eine noch schlankere Stelzenfliege. Kopf sehr flach und auffällig. Mittel- und Hinterhüften bräunlich. 5—9, in Feuchtgebieten auf Pflanzen. Nicht selten in Gärten, Larven dort in Komposthaufen. ***M. lateralis*** alle Hüften gelb, Hinterleib stärker gelb gezeichnet. 8—10. Z, S. ***M. brevipennis*** ganz schwarz, mit kurzen Flügeln. Z.

Coelopa frigida Coelopidae. Eine der Tangfliegen, eine kleine Familie, die sich von den benachbarten Gruppen durch eine sehr gerade Abschlußader der Analzelle und das Vorkommen an Küsten unterscheidet. ***C. frigida*** hat einen sehr flachen Körper und schwärmt während des ganzen Jahres an der Küste. Larven in verrottendem Seetang. ***C. pilipes*** ähnlich, Männchen stärker behaart. Fliegen zusammen mit der verwandten, aber nicht abgeflachten ***Malacomyia sciomyzina.*** N, Z.

Möhrenfliege *Psila rosae* Psilidae. Eine von vielen ähnlichen Nacktfliegenarten, alle mit hellem Querstrich an der Flügelwurzel, manchmal undeutlich. Vorderkante des Flügels nach dem ersten Viertel mit deutlicher Unterbrechung. Das Ocellen-Dreieck sehr deutlich. 5—9. Larve in Möhren, hinterläßt rostfarbene Fraßspuren.

Helcomyza ustulata Dryomyzidae. Flügel länger als der Hinterleib, an der Vorderkante deutlich gezähnt. 6. Längsader erreicht Flügelrand. Größe sehr variabel. Ganzjährig an Küsten, mit charakteristischem reißenden Flug. Larven in Sand und Schlamm unterhalb der Flutgrenze. N, Z.

Coremacera tristis Sciomycidae. Die feingefleckten Flügel werden in Ruhe ganz flach auf den Körper gelegt. Auffällige, hornartige Fühler. 6—10 in Feuchtbiotopen. Larven fressen kleine Schnecken. Einige verwandte Arten haben gelbe Schenkel.

Lonchaea chorea Lonchaeidae. Eine von mehreren sehr ähnlichen glänzend blau- oder grünschwarzen Arten mit großen, durchsichtigen Flügeln. Vorderkante des Flügels an der Spitze der Subcosta deutlich unterbrochen. Weibchen mit Legeapparat. 2—12 auf Büschen, Kräutern. Bewegungen träge. Larven unter Rinde, in zerfallendem Substrat.

Sepsis fulgens Sepsidae. Eine mehrerer sehr ähnlicher Arten mit typischem Schwingflug über der Vegetation. Häufig auf Doldenblüten. Im Herbst in dichten Schwärmen dicht über dem Boden, auf kleinem Gebiet. Fliegen überwintern. Larven im Mist.

Psilopa nitidula Ephydridae. Eine von vielen sehr kleinen, glänzenden Salz- oder Sumpffliegen mit einer sehr langen Zelle im hinteren Flügelbereich; Analadern fehlen. Vorderrand mit 2 kleinen Unterbrechungen. Ganzjährig an Ufern.

Suillia variegata Heleomyzidae. Vorderkante der Flügel gezähnt. Von *Helcomyza* durch die geringere Größe, gefleckte Flügel und die viel kleinere Analzelle unterschieden. 3—12, Feuchtgelände. Larven in Pilzen, zerfallenden Pflanzen. Nie an Küsten!

Opomyza germinationis Opomyzidae. Eine von einigen kleinen Arten mit gefleckten Flügeln, von den meisten durch die stark verdunkelte Flügelvorderkante unterschieden. 1. Längsader extrem kurz, 2. und 3. konvergieren zur Spitze hin sehr stark. Häufig an Gräsern in Feuchtgelände. Läuft langsam, fliegt zögernd auf. 6—10. Larven in Grashalmen.

Fritfliege *Oscinella frit* Chloropidae. Sehr kleine Fliegen, in der 2. Jahreshälfte schlüpfende noch kleiner. Ocellardreieck plattenförmig, sehr deutlich (Familienmerkmal). Analzelle fehlt. Häufig in Getreidefeldern, besonders an Hafer und Gerste. 3—11. Die Larven fressen Gänge in den Stengeln und Herzblättern und richten große Schäden an.

Lipara lucens. Eine der größten Halmfliegen, mit relativ kleinen, gut getrennten Augen, dazwischen eine sehr große Ocellarplatte. 2—11, vor allem in Sümpfen. Larven in zigarrenartiger Galle am Schilf. Einige ähnliche, aber kleinere Arten.

Thaumatomyia notata. Ocellardreieck im Verhältnis zur Kopfgröße sehr groß. Diese winzige Fliege dringt mitunter im Herbst in großen Massen in Häuser ein, um zu überwintern. Sonst auf Wiesen.

Lipara-
Galle

Calobata petronella X 3

Coelopa frigida X 3

Möhrenfliege X 4

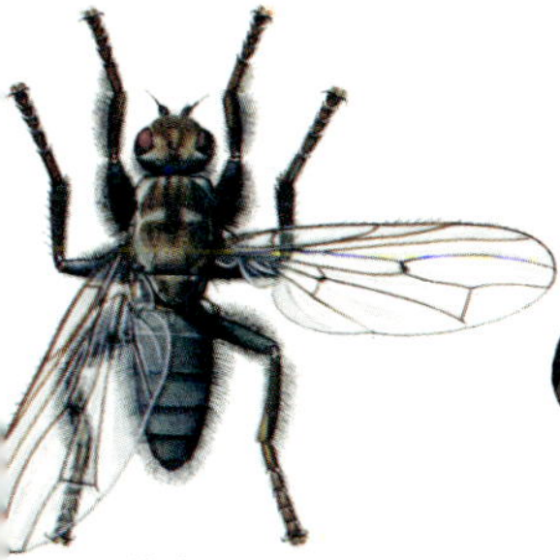

Helcomyza ustulata X 3

Coremacera tristis X 3

Lonchaea chorea X 3

Psilopa nitidula X 4

Suillia variegata X 4

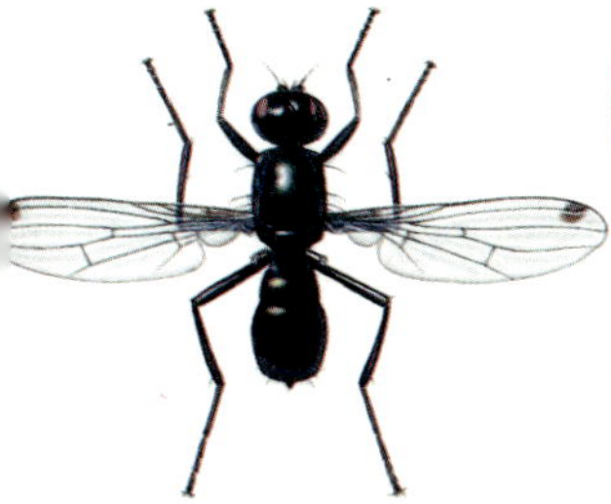

Sepsis fulgens X 6

Fritfliege X 6

Lipara lucens X 3

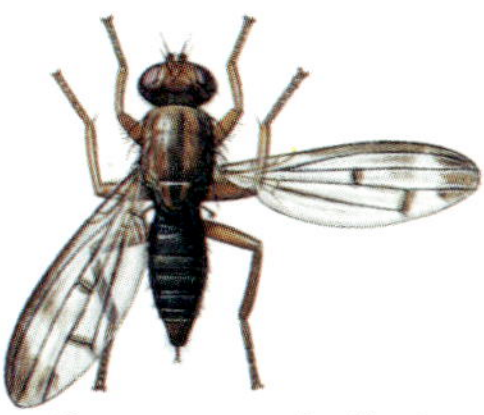

Opomyza germinationis X 4

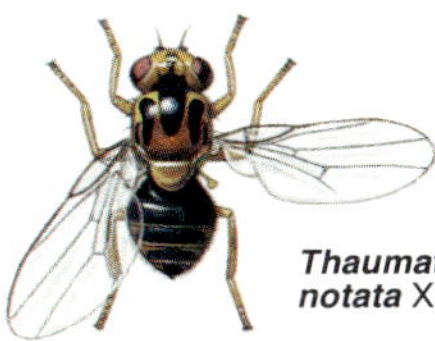

Thaumatomyia notata X 6

Drosophila funebris. Eine der vielen ähnlichen Essig- oder Taufliegenarten, die faulendes, in Gärung übergehendes Obst lieben. Die Arista der Fühler trägt feine Borsten und sieht aus, als wäre sie an der Spitze gegabelt (starke Lupe!). Vorderkante der Flügel mit 2 deutlichen Unterbrechungen. Im hinteren Flügelbereich eine lange Zelle, dahinter eine kleine Analzelle, die den Ephydridae und Chloropidae (S. 210) fehlt. Sommer und Herbst, ganzjährig in Nahrungsmittelbetrieben. Wird von Wein angelockt. Larven in faulenden, gärenden Pflanzenstoffen.

Leucophenga maculata. *Drosophila* nahe verwandt, jedoch mit anderer Kopfborsten-Anordnung. An Körperzeichnung leicht erkennbar: Thorax beim Männchen silbern, beim Weibchen orangebraun behaart. Larven in Pilzen. S, Z.

Phytomyza ilicis Agromyzidae. DIe große Gattung ist von anderen ähnlichen Gruppen an dem Fehlen der hinteren Querader zu unterscheiden; die Unterscheidung der Arten ist jedoch schwierig. 4—7, Wälder, Hecken, Gärten. Larven minieren in Stechpalmenblättern im Frühjahr, verpuppen sich im Frühsommer. Alle Larven dieser Familie leben ähnlich — die Fliegen führen daher den Namen Minierfliegen.

LAUSFLIEGEN Hippoboscidae Abgeplattete, blutsaugende Parasiten an Vögeln und Säugetieren. Kopf z.T. in den Thorax eingesenkt. Klauen lang, gezähnt, dienen zum Anklammern an Federn oder Haare. Die Flügel vieler Arten sind reduziert; auch langflüglige Arten fliegen selten. Die Weibchen legen keine Eier, sonder gebären vollentwickelte Larven, die sich sofort verpuppen. Die verwandten Fledermausfliegen, Nycteribiidae, sind völlig flügellos und leben an Fledermäusen. Ihr Kopf ist in eine Rinne des Thorax nach hinten zurückgeklappt.

Schaflaus *Melophagus ovinus.* Völlig flügellos, verläßt den Wirt nicht, kann aber von einem Schaf auf das andere überwechseln. Schädigt die Schafe offenbar kaum. Die **Gemsenlausfliege** *M. rupicaprinus* ähnlich, auf Gemsen, Steinböcken.

Pferdelausfliege *Hippobosca equina.* Beide Geschlechter voll geflügelt. Auf Einhufern, Rindern, auch Hunden, mit taschenkrebsartigem Seitwärtsgang. Meist in Wäldern. 5—10, fällt besonders dann auf, wenn die Fliegen neue Wirte suchen.

Hirschlausfliege *Lipoptena cervi.* Auf Hirscharten, auch Wildschweinen, Fuchs, Dachs. Flügel brechen nach Erreichen eines Wirtes ab. Die Fliegen schlüpfen im Herbst. Sie lassen sich von Bäumen auf vorbeikommende Tiere fallen.

Ornithomyia avicularia. Voll geflügelt, auf vielen Waldvögeln, z.B. Eulen, Tauben, Sprossern. 6—10, besonders auf Jungvögeln — möglicherweise putzen sich ältere Vögel besser.

Schwalbenlausfliege *Crataerina hirundinis.* Flugunfähig, Flügel stark reduziert. Auf Schwalben. 5—10. Puppe überwintert, die Fliegen schlüpfen bei Rückkehr der Vögel im Frühjahr. ***C. pallida*** Flügel breiter, auf Mauerseglern.

RAUPENFLIEGEN Tachinidae Große, gestaltenreiche Familie. Die Larven leben als Innenparasiten in Raupen und anderen Insektenlarven, einige auch in ausgewachsenen Wanzen und Heuschrecken. Meist nur eine Larve pro Wirt. Fliegen borstig, den Schmeißfliegen (S. 214) ähnlich, jedoch mit ausgeprägtem Postscutellum unterhalb des Scutellums (Schildchens). 4. Längsader scharf geknickt. Thoraxschüppchen meist sehr groß. Viele Arten auf Blüten häufig.

Gymnochaeta viridis. Der *Lucilia* (S. 214) ähnlich, doch borstiger, Augen behaart. Thorax kann goldgestreift sein. 3—7, auf Pflanzen. Legt dort Eier — die ausschlüpfenden Larven bohren sich in Raupen ein.

Alophora hemiptera. Größe und Farbe veränderlich, Männchen stets mit sehr breiten Flügeln, in Ruhe fast wanzenartig. 4—8. Parasiten an Blattwanzen. Die Eier werden vom Weibchen direkt am Wirt abgelegt.

Dexia rustica. Weibchen viel schwärzer. 6—8. Eier werden in die Erde gelegt; Larven parasitieren Engerlinge.

Gonia divisa. Ähnlich *T. fera,* doch Kopf stark verdickt, Flügel einfarbig hell. 3—6, auf Wiesen. Eier werden verstreut; die Larven suchen sich Eulenraupen.

Tachina fera. Wangen gelb behaart. 4—9, Wälder, Feuchtgebiete; im Spätsommer mitunter auf Wasserpflanzen häufig. Parasiten an vielen Schmetterlingsraupen, wie *Gymnochaeta.*

T. grossa. Im Flug hummelähnlich. 2—9 Wälder, Heiden. Sucht sich große Raupen.

Gymnochaeta viridis X 2

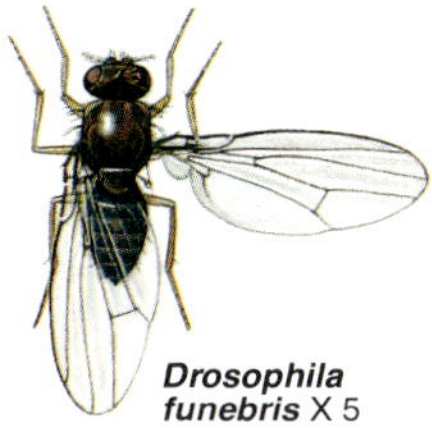

Drosophila funebris X 5

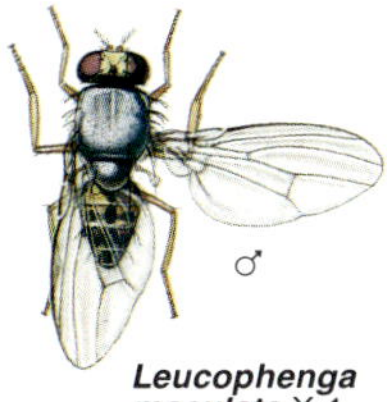

Leucophenga maculata X 4

Mine in einem Stechpalmenblatt
↑

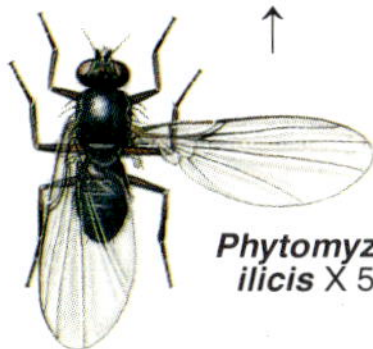

Phytomyza ilicis X 5

Schaflaus X 3

Pferdelausfliege X 2

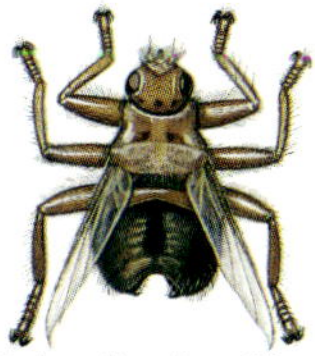

Schwalbenlausfliege X 3

Hirschlausfliege X 3

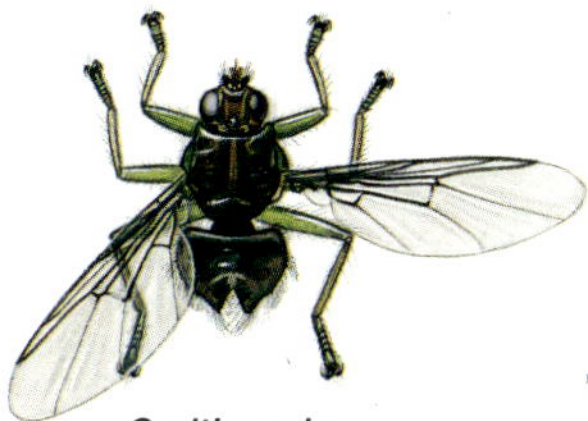

Ornithomyia avicularia X 3

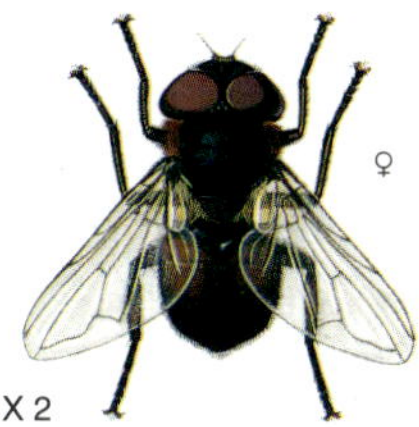

Alophora hemiptera X 2

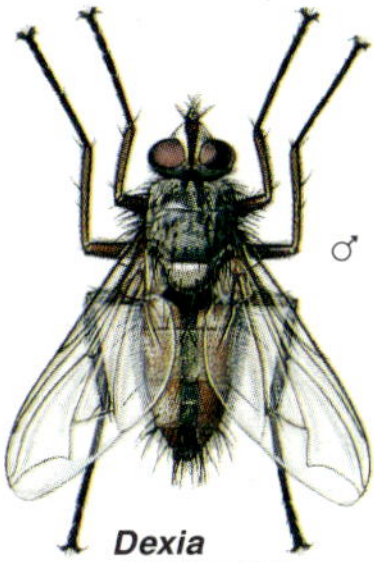

Dexia rustica X 2

Gonia divisa X 2

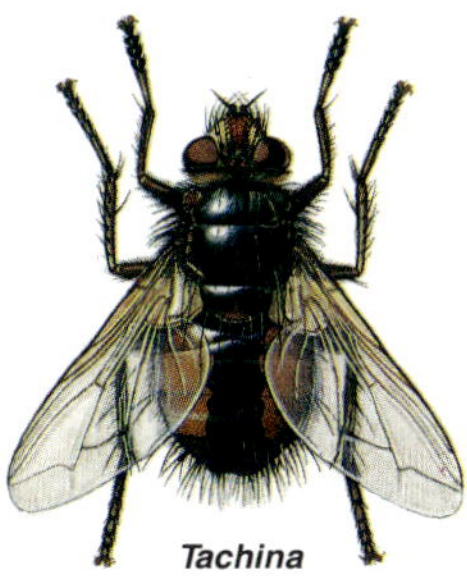

Tachina fera X 2

T. grossa X 1.5

SCHMEISSFLIEGEN Calliphoridae Eine große Familie kräftiger Fliegen, den Raupenfliegen (S. 212) ähnlich, wie diese mit Borstenkranz nahe den Schwingkölbchen; jedoch Postscutellum nicht oder fast nicht ausgebildet. 4. Längsader knickt meist scharf zur Flügelspitze hin ab. Nehmen Flüssigkeiten mit tupferartigen Mundwerkzeugen auf. Am häufigsten im Sommer; einige Arten werden aber auch im Winter durch Sonne hervorgelockt. Larven meist in Aas, faulendem Fleisch, einige auch Parasiten.

Graue Fleischfliege *Sarcophaga carnaria.* Eine von mehreren ähnlichen Arten mit großen Füßen und roten Augen. Größe sehr variabel. Häufig in Siedlungen; in Häusern selten. Weibchen lebendgebärend, Larven an Aas.

Schmeißfliege *Calliphora vomitoria.* Eine von mehreren ähnlichen Arten, die an und in Häusern häufig sind; sonnt sich an Wänden. Weibchen werden von Fisch und Fleisch zur Eiablage angelockt. Larve (S. 294) typisch für die gesamte Familie. ***C. vicina*** sehr ähnlich, jedoch Wangen unterhalb der Augen rötlich, nicht schwarz.

Pollenia rudis. Kenntlich an goldig behaartem Thorax und geflecktem Hinterleib. Überwintert in dichten Haufen in Mansarden und Lauben. Larven in Regenwürmern.

Cynomya mortuorum. Leuchtend grün oder blaugrün, mit *Lucilia* nicht selten verwechselt, doch mit gelblichen Wangen. Auf Aas, jedoch weniger häufig als *Lucilia.*

Lucilia caesar. Blau- bis smaragdgrün, im Alter mit kupfrigem Anflug. Augen nackt. Wangen silbrig. 4. Längsader scharf geknickt. Größe variiert. Überall auf Blüten, Aas, Dung, selten in Häusern. Larven auch in Wunden von Schafen o.ä. Die häufigste von etlichen sehr ähnlichen Goldfliegen der Gattung *Lucilia.*

»ECHTE FLIEGEN« Muscidae Eine große, gestaltenreiche Familie; einige schmeißfliegenähnlich, meist jedoch kleiner, ohne Borstenkamm nahe der Schwingkölbchen. 4. Längsader selten scharf zur Spitze hin abgeknickt. Tupfen meist Flüssigkeiten wie die Schmeißfliegen auf. Auch Larven schmeißfliegenähnlich, meist in faulenden Substraten, Dung. Die Bestimmung vieler kleinerer Arten ist schwierig und nur an Hand der Borstenmuster und Genitalapparate möglich.

Dasyphora cyanella. *Lucilia*-ähnlich, 4. Ader jedoch gerundet nach vorn gebogen. Augen behaart. Im Alter kupfriggrün. Lebendgebärend. 2—6. Einige verwandte Arten.

Orthellia cornicia. Wie *Lucilia,* mit scharf abgeknickter 4. Längsader, doch Wangen metallisch grün. An Blüten, Dung, Aas. Die blauen Larven leben in Dung.

Mesembrina meridiana. Nimmt gern auf dem Boden oder auf Pflanzen Sonnenbäder. Gern auf Doldenblüten. 3—10, besonders in Wäldern, Hecken. Larven in Dung.

M. mystacea. Stärker behaart, besonders auf den Mittelschienen. Im Fluge *Volucella bombylans* (S. 206) ähnlich. 6—9, besonders auf Doldenblüten und anderen Blüten. In Mitteleuropa weit verbreitet, im S nur in Gebirgen.

Helina duplicata. 4. Längsader sanft nach hinten gekrümmt. Liebt Sonnenbäder. 4—10 auf allen Pflanzen von Kiefern bis zu Sumpfgräsern. Viele ähnliche Arten.

Polietes lardaria. Einer kleinen Fleischfliege ähnlich, jedoch 4. Längsader fast gerade. 4—10, offenes Gelände, lichte Wälder, Larve räuberisch in Dung.

Phaonia viarum. 4. Längsader fast gerade, von *Helina* und *Mydaea* durch eine starke Borste auf der Dorsalseite der Hinterschiene unterschieden (nicht leicht zu entdecken!). 4—11, auf Blüten, Stämmen. Larven im Laub. Viele ähnliche Arten.

Hydrotaea irritans. Die Männchen dieser Gattung haben merkwürdig geformte Vorderbeine. Weibchen einfarbig grau, nur Hinterleibswurzel mitunter rötlich. 6—9, wird in Wäldern von schwitzenden Menschen angelockt. Larven teilweise räuberisch.

Mydaea scutellaris. Schildchen gelb. Wenige Borsten an der Wurzel der 3. Längsader. 5—8, vor allem an reifen Früchten und Blüten, besonders von Hollunder.

Graphomya maculata. 4. Längsader scharf nach vorn abgeknickt (Weibchen darin von *Polietes* unterschieden). Flügel der Männchen gelblich getönt, die der Weibchen nur an der Wurzel gelb. 5—10, besonders auf Doldenblüten. Larven räuberisch in Schlamm, feuchtem Staub.

Ophyra leucostoma. Hinterschienen der Männchen krumm, mit Haarbüschel. 4—10, auf üppiger Vegetation zwischen Bäumen. In Gärten häufig. Larven in zerfallenden Pflanzen und Mist. Häufig in Geflügel- und Schweinezüchtereien, wo die Larven von anderen Fliegenmaden leben. Die ähnliche ***O. capensis*** kommt an denselben Orten vor.

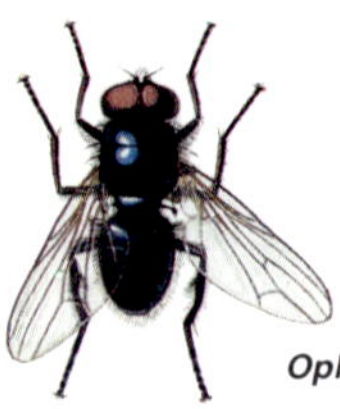

Ophyra leucostoma X 3

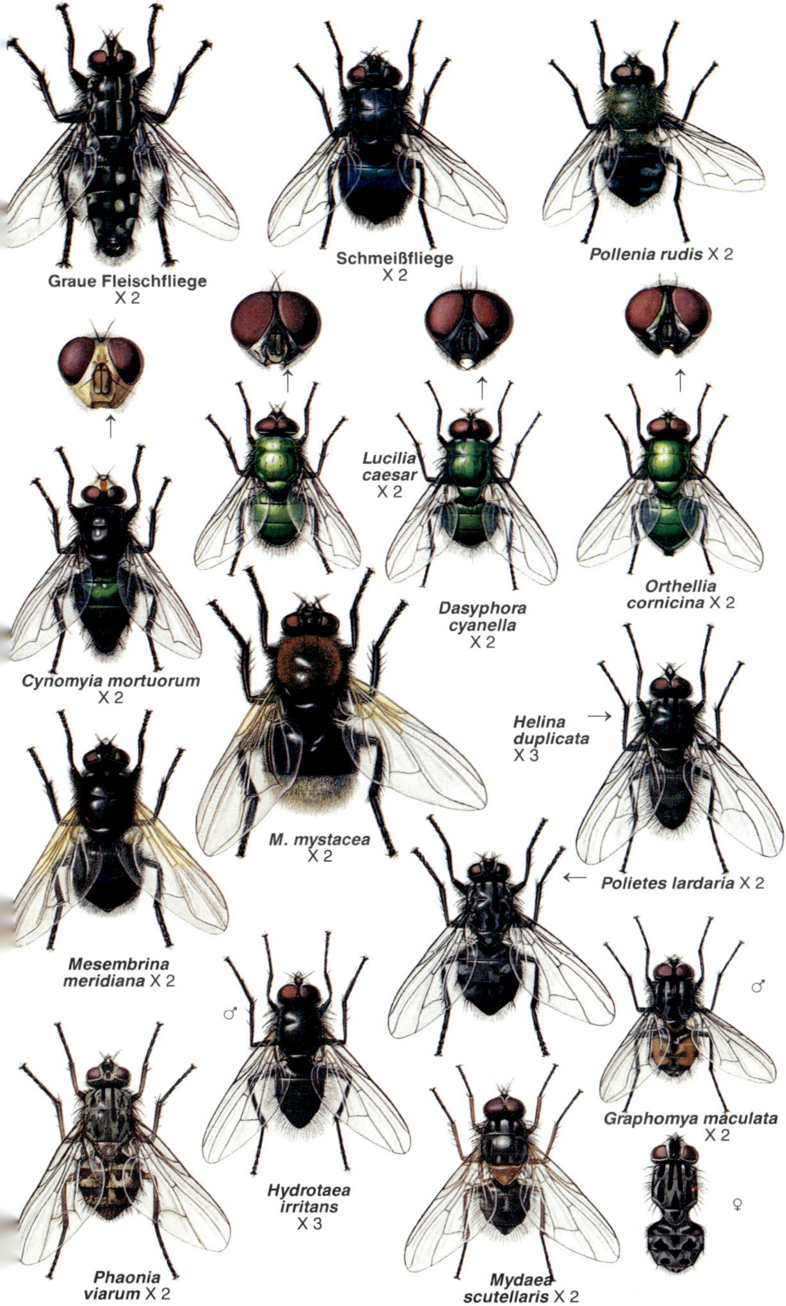
Graue Fleischfliege X 2
Schmeißfliege X 2
Pollenia rudis X 2
Lucilia caesar X 2
Dasyphora cyanella X 2
Orthellia cornicina X 2
Cynomyia mortuorum X 2
M. mystacea X 2
Helina duplicata X 3
Polietes lardaria X 2
Mesembrina meridiana X 2
♂
Hydrotaea irritans X 3
♂
Graphomya maculata X 2
♀
Phaonia viarum X 2
Mydaea scutellaris X 2

Stechfliege *Stomoxys calcitrans.* Eine der stechenden »Echten Fliegen«; beide Geschlechter saugen Blut. Der Stechrüssel ist stets nach vorn gerichtet; dadurch von ähnlichen Arten zu unterscheiden. 4. Längsader nur gekrümmt. 4—10, besonders auf Höfen, an Ställen; sticht auch Menschen. Larven im Mist und Dung.

Stubenfliege *Musca domestica.* 4. Längsader scharf abgeknickt. Am häufigsten 6—9. In aller Welt an und in Häusern. Besonders häufig auf Bauernhöfen und an Abfallhaufen mit viel faulendem Material. ***M. autumnalis.*** Besonders die Weibchen sehr ähnlich, jedoch Augen einander genähert, Körper runder. Hinterleib der Männchen stärker orange gezeichnet. In Schwärmen um das Vieh, sonnt sich auf Weidezäunen. Kommt im Herbst zur Überwinterung in Häuser, wenn die Stubenfliegenbestände abnehmen.

Kleine Stubenfliege *Fannia canicularia* Fanniidae. Kleiner und schlanker als die Stubenfliege, 4. Längsader fast gerade. Weibchen unscheinbar, mit hellen Flecken an der Hinterleibswurzel. Die Männchen fliegen unaufhörlich um Lampen o.ä. in Zimmern. Larven (S. 294) an faulendem Material. Mehrere ähnliche Arten.

Eustalomyia festiva Anthomyiidae. Den »Echten Fliegen« nahe verwandt, jedoch 4. Längsader fast gerade, 6. erreicht Flügelrand. 5—8 auf Blüten. Larven an toten Fliegen, die von solitären Wespen eingetragen worden sind.

Anthomyia pluvialis. Körper viel breiter als bei der vorigen Art, sehr flach. Auf Doldenblüten u.a., besonders in Feuchtgebieten. 4—8. Die Männchen »tanzen« vor Regen. Larven in zerfallenden Pflanzen.

Delia radicum. Eine von mehreren kleinen Kohlfliegenarten, einander sehr ähnlich. 3—11, auf Blüten und Blättern, nicht selten in Menge durch Pilzbefall abgetötet. Die Larven fressen an und in Wurzeln von Kohlgewächsen.

Cordilura impudica Scatophagidae. Äußere Hälfte der Costa behaart (Lupe!); Flügel zur Spitze deutlich dunkler. Beine sehr dornig. 4—9, besonders in Feuchtgebieten. Fängt andere kleine Insekten an Kuhfladen o.ä. Larven im Dung. Viele ähnliche Kotfliegen.

Norellisoma spinimanum. An der doppelten Borstenreihe unter dem Vorderschenkel zu erkennen (Lupe!). Schienen sehr borstig. Feine braune, nicht schwarze Rückenbänder. 6—9, besonders in Feuchtgebieten. Räuber, Larven jedoch in Rüben.

Scatophaga stercoraria. Die golden bepelzten Männchen schwärmen an frischen Kuhfladen und Pferdemist. Weibchen weniger behaart, ziemlich grau; weniger häufig als die Männchen. Die Fliegen fangen andere Fliegen am Mist, die Larven leben im Dung. Einige ähnliche Arten.

Rinderdasselfliege *Hypoderma bovis* Oestridae. Behaart, bienenähnlich, 4. Längsader in Fortsetzung der hinteren Querader nach vorn abgeknickt. 6. Längsader erreicht Flügelrand 5—6. Fliegen nehmen keine Nahrung auf. Die Eier werden an Vieh abgelegt und bohren sich in den Wirt ein. Sie verbringen 3 Monate in einer Anschwellung unter der Haut, der Dasselbeule, fallen dann heraus und verpuppen sich im Boden. Die Häute werden durch die Dasselbeulen und Löcher wertlos.

H. lineatum ähnlich, etwas schlanker, Haare kürzer, Adern schwärzlich, Hinterleibsspitze orange behaart. ***H. diana*** lebt auf ähnliche Weise an Hirscharten (Rehdasselfliege).

Oedemagena tarandi. Dasselfliege der Rentiere, Lebensweise wie vor. N.

Schafbiesfliege *Oestrus ovis.* Eine gerunzelte, warzenbesetzte Oberfläche ist für diese Fliegen typisch. 3. und 4. Längsader verschmelzen vor dem Rand, 6. erreicht ihn nicht. 5—6, in Schafzuchtgebieten auf Steinen und Wänden; die Fliege nimmt keine Nahrung auf. Lebendgebärend; die Junglarven werden an den Nasenlöchern der Schafe abgesetzt, leben ca. 9 Monate im Siebbeinlabyrinth, verpuppen sich im Boden. Auch an Ziegen.

Pharyngomyia picta. Lebensweise wie bei der Schafbiesfliege, jedoch an Hirscharten. Weitverbreitet, aber selten.

Pferdemagenbremse *Gasterophilus intestinalis* Gasterophilidae. 4. Längsader fast gerade. 7—9. Fliegen nehmen keine Nahrung auf. Die Eier werden an die Beine von Einhufern gelegt. Die Larven gelangen beim Lecken über das Maul in den Magen und wachsen hier, festgeheftet an die Magenwand, heran. Verpuppung in der Erde. Mehrere ähnliche Arten, meist ohne braune Flügelflecke.

Pferdemagenbremse X 2

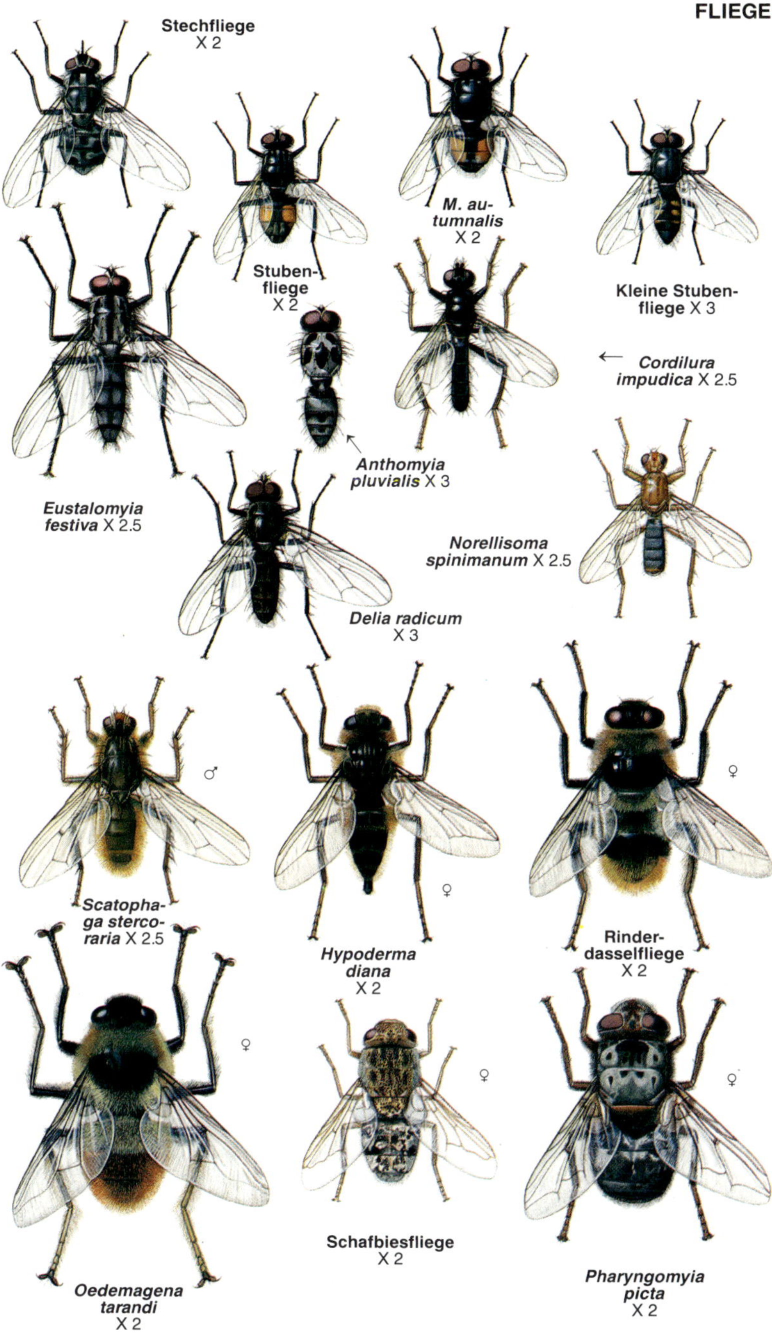

Stechfliege X 2

Stubenfliege X 2

M. autumnalis X 2

Kleine Stubenfliege X 3

← ***Cordilura impudica*** X 2.5

Anthomyia pluvialis X 3

Eustalomyia festiva X 2.5

Norellisoma spinimanum X 2.5

Delia radicum X 3

Scatophaga stercoraria X 2.5 ♂

Hypoderma diana X 2 ♀

Rinderdasselfliege X 2 ♀

Oedemagena tarandi X 2 ♀

Schafbiesfliege X 2 ♀

Pharyngomyia picta X 2 ♀

HAUTFLÜGLER (AMEISEN, WESPEN, BIENEN u.ä.) Ordnung Hymenoptera

Diese riesige Ordnung umfaßt mehr als 100 000 Arten. Darunter sind nicht nur Bienen, Wespen und Ameisen, sondern auch die Pflanzen- und Gallwespen sowie eine Fülle von Schlupfwespen. Auch ihre Größe ist sehr unterschiedlich und reicht von den sehr großen spinnenjagenden Wegwespen bis zu den winzigen Zwergwespen (Familie Mymaridae), deren Larven sich in den Eiern anderer Insekten entwickeln. Diese Zwergwespen sind wohl die kleinsten Insekten der Erde.

Typische Hautflügler besitzen zwei Paare häutiger Flügel. Vorder- und Hinterflügel sind durch eine kleine Hakenreihe an der Vorderkante der Hinterflügel miteinander gekoppelt. Die Hinterflügel sind viel kleiner als die Vorderflügel und mitunter nicht leicht zu entdecken, besonders in der Ruhehaltung. Die Aderung der Flügel ist oft stark reduziert. Sie bildet ein Muster weniger großer, mitunter fast rechteckiger Zellen, das bei anderen Insekten nicht vorkommt. An der Vorderflügelspitze befindet sich häufig ein dunkleres Pterostigma, davor zur Spitze hin die meist langgestreckte Radialzelle. Unter Pterostigma und Radialzelle liegt eine Reihe von 2 oder 3 Cubitalzellen, die besonders bei der Bestimmung von Bienen und Wespen wichtig sind. Das Pronotum ist häufig zu einem schmalen Kragen vorn am Thorax reduziert, kann sich aber mitunter seitlich bis zu den Flügelschuppen (Tegulae) erstrecken. Dies sind Schuppen oder Knoten an der Wurzel der Vorderflügel. Die Form des Pronotums ist hilfreich bei der Bestimmung von Bienen und Wespen. Der Kopf ist gewöhnlich ziemlich massiv, sehr beweglich durch einen dünnen Hals.

Außer den Komplexaugen sind meist noch 3 Punktaugen vorhanden. Die Gestalt der Fühler ist sehr variabel, besonders bei den Pflanzenwespen. Bei den Männchen sind sie häufig länger als bei den Weibchen. Die Mundwerkzeuge gehören im wesentlichen zum kauenden Typ. Gezähnte Kiefer können auch feste Nahrung bewältigen. Viele Hautflügler nehmen aber auch Flüssigkeiten auf, und die Bienen ernähren sich fast ausschließlich von Nektar. In Zusammenhang damit haben die meisten Bienen lange, röhrenartige Zungen entwickelt, daneben aber die Kiefer zum Nestbau, Pollenfressen u.ä. behalten.

Die Hautflügler werden in zwei Unterordnungen geteilt, die Symphyta oder Pflanzenwespen, und die Apocrita.

PFLANZENWESPEN Unterordnung Symphyta

Die Pflanzenwespen sind von den übrigen Hautflüglern durch das Fehlen einer taillenartigen Körpereinschnürung zu unterscheiden. Der Hinterleib setzt in voller Breite am Brustabschnitt an und ist hier kaum verschmälert. Die Weibchen besitzen meist einen sägeartigen Legebohrer, mit dem sie Pflanzen anschneiden, um ihre Eier in das Pflanzengewebe zu legen. Jede Art hat ein besonderes Muster der Sägezähne, so daß man etliche Arten allein an den Legebohrern identifizieren kann. Die Holzwespen (S. 222) besitzen lange, dünne Legebohrer, mit denen sie Holz anbohren können.

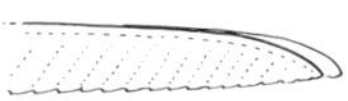

Der sägeartige Legebohrer einer Blattwespe

Pflanzenwespen sind meist gedrungene, kräftige Tiere — nur die Halmwespen (Cephidae, S. 222) machen eine Ausnahme. Die Flügel werden in der Ruhe flach auf den Körper gelegt. Die Fühler sind meist fadenförmig, bei einigen Arten aber auch gekeult oder gefiedert. Die meisten Arten sind tags aktiv, und besonders die Gespinstblattwespen (S. 222) fliegen bei Sonnenschein sehr schnell. Andere sind träge und verkriechen sich bei Störungen eher im Laub, als daß sie auffliegen. Einige Arten leben wenigstens teilweise räuberisch und fangen andere Insekten auf Blüten. Die meisten Pflanzenwespen leben jedoch vegetarisch. Sie lecken Nektar auf und fressen Pollen auf Blüten.

Die Larven aller Pflanzenwespen (Afterraupen) fressen an Pflanzen, sehr viele an Blättern wie die Schmetterlingsraupen. Von diesen unterscheiden sie sich jedoch durch mindestens 6 Afterfußpaare. Schmetterlingsraupen besitzen nie mehr als 5 Afterfußpaare (S. 111). Einige Pflanzenwespenlarven fressen in den Futterpflanzen Gänge. Ihnen fehlen die Afterfüße. Sie ähneln daher eher Käferlarven (S. 295) als Raupen. Diese bohrenden Larven verpuppen sich in den Futterpflanzen. Die meisten anderen Arten verpuppen sich in einem Kokon in der Erde, zwischen Laub oder an der Futterpflanze.

Unterordnung Apocrita

Dies ist die bei weitem größere der beiden Unterordnungen und umfaßt sehr mannigfaltige Formen, darunter viele Parasiten und soziale Arten. Der Besitz einer »Wespentaille« ist das entscheidende Charakteristikum aller dieser Arten. Sie trennt scheinbar Brust und Hinterleib, stellt jedoch, anatomisch gesehen, eine Einschnürung des Hinterleibes dar. Das 1. Hinterleibssegment, das Propodeum oder Mittelsegment, ist fest in den Brustabschnitt eingefügt. Erst darauf folgt die Einschnürung. Der dahinter liegende Teil des Abdomens wird als Gaster bezeichnet. Zur Vereinfachung wird hier das Propodaeum als Teil der Brust betrachtet, als Hinterleib der Bereich hinter der Einschnürung bezeichnet. Der schmale »Stiel« zwischen Brust und Hinterleib trägt die Bezeichnung Petiolus und besteht aus 1—2 oder nur dem Teil eines Segments. Meist setzt er nahe der Bauchseite, in wenigen Familien sehr weit oben am Mittelsegment an (S. 228).

Diese Unterordnung wird meist in die **Terebrantia** (mit Legestachel) und die **Aculeata** (mit Wehrstachel) eingeteilt; oder man unterscheidet die **Parasitica** (Lebensweise parasitisch) und die **Aculeata** (nicht parasitisch). Beide Gruppierungen sind aber nicht scharf und zwingend.

Fast alle **Parasitica** leben parasitisch. Die Weibchen stechen mit ihrem Legebohrer Wirtsgewebe an und legen ihre Eier hinein. Als Wirte dienen viele Insekten und besonders ihre Entwicklungsstadien. Einige der Parasiten haben sehr lange Legebohrer (S. 231), mit denen sie ihre Wirte im Inneren von Pflanzen und selbst in anderen Tieren erreichen können. Im letztgenannten Fall spricht man von Hyperparasitismus — ein Parasit entwickelt sich im Innern eines anderen Parasiten in dessen Wirt. Diese Parasiten haben ganz besondere Fähigkeiten entwickelt und können mit Hilfe des Geruchs- und des Tastsinnes ihre verborgenen Wirte aufspüren. Die meisten Parasitica benutzen andere Insekten als Wirte — nur wenige legen ihre Eier in die Eikokons von Spinnen.

Die Parasitenlarven wachsen im Inneren oder fest verankert außen an den Wirten heran. In Abhängigkeit vom Größenverhältnis Wirt-Parasit können von einem Wirt nur ein oder mehrere hundert Parasiten leben — sie fressen ihn buchstäblich lebendig auf. Hierbei verschonen sie jedoch alle lebenswichtigen Organe, bis sie selbst verpuppungsreif sind. Ein zu früher Tod des Wirtes liegt nicht im Interesse des Parasiten. Der Wirt stirbt erst, wenn sich die Parasiten in ihm oder außen an der zusammengeschrumpften Körperhülle verpuppen. Die Parasitica leben nur im Larvenstadium als Parasiten.

Die bestbekannten parasitischen Hautflügler sind die Schlupfwespen (S. 230), eine sehr umfangreiche und formenmannigfaltige Gruppe, die an dem auffälligen Stigma der Vorderflügel und mehr als 16 Fühlergliedern erkennbar sind. Die Vorderkante des Vorderflügels erscheint verdickt, da die erste Längsader mit ihr verschmolzen ist. So fehlt bei ihnen die langgezogene Intercostalzelle längs der Flügelkante hinter dem Stigma, die bei anderen Hautflüglern zu finden ist. Viele Schlupfwespen sind ziemlich groß, die übrigen Parasitica dagegen meist sehr kleine Tiere. Zu ihnen gehören die Erzwespen (S. 228), meist erzglänzend, und die an Pflanzen lebenden Gallwespen (S. 226).

Bienen, Wespen und Ameisen gehören zu den **Aculeata,** bei denen der Legebohrer der Weibchen meist zu einem Wehrstachel umgebildet ist. Er wird entweder zum Lähmen der Beute oder zur Verteidigung benutzt. Die Wespen sind bedeutende Räuber: die Imagines leben zwar oft nur von Nektar und Fruchtsäften, doch die Larven fressen immer Fleisch. Die Bienen sind vollständige Vegetarier, die vor allem von Nektar und Pollen leben. Bei den Ameisen gibt es räuberische und vegetarische Arten sowie Allesfresser. Viele soziale Insekten gehören in diese Gruppe, so die Ameisen und viele Bienen und Wespen. Sie leben in Staaten, die aus einem oder mehreren fortpflanzungsfähigen Weibchen (Königinnen), einer geringen Zahl von Männchen (oft nur zu bestimmten Jahreszeiten) und vielen sterilen Weibchen, die als Arbeiter bezeichnet werden, bestehen. Zwischen diesen Kasten bestehen häufig deutliche Unterschiede im Aussehen — besonders bei den Ameisen, deren Arbeiter flügellos sind. Die Kolonien der Ameisen und der Honigbiene sind mehrjährig, die der Hummeln und Wespen im gemäßigten Klima einjährig. Ihre überwinternden Königinnen gründen im Frühjahr neue Staaten.

Es gibt keine scharfe Trennung zwischen Parasitica und Aculeata. Übergänge bilden z.B. die Goldwespen (S. 232) und die Spinnenameisen. Die Larven dieser Familien leben parasitisch, die Imagines entsprechen jedoch anatomisch mehr den Aculeata als den Parasitica.

Alle Larven der Apocrita — also sowohl die der Parasitica wie die der Aculeata — leben mitten im Nahrungssubstrat und sind im Vergleich zu den Pflanzenwespenlarven primitiv. Beine fehlen ihnen stets, und auch der Kopf ist gemeinhin reduziert, besonders bei den parasitischen Arten.

Der folgende vereinfachte Bilderschlüssel will die Identifizierung der Hauptgruppen der Apocrita ermöglichen, so daß dann auf den richtigen Seiten nachgeschlagen werden kann. Jedoch kann nur eine winzige Zahl von Arten abgebildet werden.

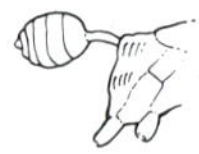

Der Hinterleib setzt oben am Mittelsegment an.

Überfamilie Evanioidea

Der Hinterleib setzt unten am Mittelsegment an.

Fühler mit mehr als 16 Gliedern (Lupe!). Vorderflügel mit deutlichem Pterostigma; Intercostalzelle fehlt.

Schlupfwespen S. 230

Fühler mit weniger als 16 Gliedern; Pterostigma und Intercostalzelle vorhanden oder fehlend.

Hinterflügel glatt gerundet, ohne Einkerbungen oder Lappen. Meist sehr kleine Tiere.

Stielchen ein- oder zweigliedrig, diese schuppenartig oder knotig. Fühler deutlich gekniet. Oft flügellos.

Ameisen S. 234

Hinterleib seitlich zusammengedrückt; Fühler nicht gekniet

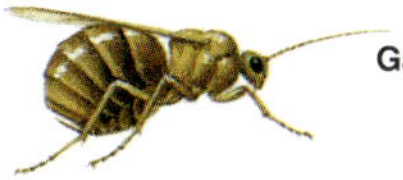

Gallwespen S. 226

Hinterleib runder; Fühler gekniet

Erzwespen S. 228

Hinterflügel meist mit 1—2 deutlichen Lappen am Hinterrand in Körpernähe (mitunter nur eine winzige Einkerbung erkennbar). Mittelgroße bis große Insekten.

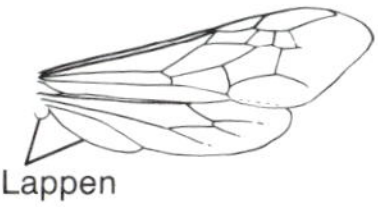

Hinterflügel ohne geschlossene Zellen

Goldwespen und Verwandte S. 232

Hinterflügel mit mindestens 1 geschlossenen Zelle

Pronotum erreicht die Flügelschüppchen an der Flügelwurzel

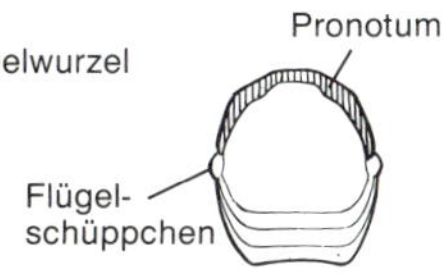

Vorderflügel in Ruhe längsgefaltet
Augen nierenförmig ausgerandet

Lehmwespen, Pillenwespen, Faltenwespen S. 240 / 242

Vorderflügel in Ruhe flachgelegt. Hinterbeine sehr lang — viel länger als der Hinterleib. Körper selten stark behaart.

Wegwespen S. 240

Vorderflügel in Ruhe flachgelegt. Hinterbeine nie länger als der Hinterleib. Körper häufig stark behaart. Oft flügellos.

Spinnenameisen, Dolchwespen S. 232

Pronotum erreicht die Flügelschüppchen nicht

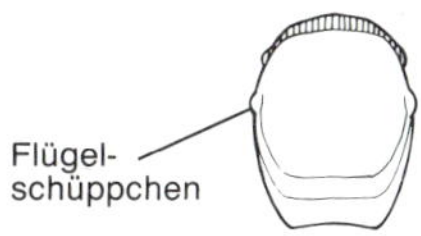

Hinterfußglieder verbreitert, oft stark behaart

Bienen, S. 244

Hinterfußglieder nicht verbreitert, nie stark behaart

Grabwespen, S. 236

PFLANZENWESPEN Unterordnung Symphyta

Die Weibchen der meisten Pflanzenwespen besitzen kräftige, sägeartige Legeapparate, einige auch bohrerförmige. Die Imagines fressen meist Pollen, einige dazu auch andere Insekten. Die meisten fliegen schlecht, gewöhnlich tagsüber. Die Larven fressen offen an Blättern oder im Inneren von Pflanzenteilen. Freilebende Larven ähneln Schmetterlingsraupen, haben aber mehr Afterfußpaare (S. 218). Die Beine der bohrenden Larven, aber auch die einiger freilebenden, sind reduziert. Einige Larven lösen Gallbildungen aus.

Megalodontes klugii Megalodontidae. Körper abgeflacht, bei Sonnenschein raschfliegend. Fühlerglieder unten verlängert (s. unten). 5—8, auf Doldenblüten. Larven ohne Afterfüße, in Gemeinschaftsgespinsten auf Doldenblütlern. S, Z.

Pamphilus sylvaticus Pamphilidae. Eine von etlichen ähnlichen abgeflachten, gut fliegenden Arten. 5—7, auf Blüten; bei Sonnenschein aktiv. Larven ohne Afterfüße, in zusammengerollten Blättern von Weißdorn und anderen Rosengewächsen.

Acantholyda erythrocephala. Kopf der Männchen hinter den Fühlern schwarz. Raschfliegend, in Kiefernwäldern, 4—6. Larven in Gemeinschaftsgespinsten. N, Z.

Xyela julii Xyelidae. In verschiedenen Brauntönen; Fühler fadenförmig. Weibchen mit langem, dünnen Legebohrer. 3—6, oft an Birkenkätzchen. Fliegt schlecht. Larven mit Fußpaar an jedem Bauchring, in männlichen Kiefernzapfen. In Heiden. N, Z.

Xiphydria prolongata Xiphydriidae. Familienmerkmal: langer Hals! 6—8, in Wäldern. Larve nahezu beinlos, bohrt in Weiden und Pappeln. ***X. camelus*** ähnlich, jedoch ohne rote Hinterleibszeichnung. Larven in Birken und Erlen.

Riesenholzwespe *Urocerus gigas* Siricidae. Trotz ihrer Größe harmlos! 5—10, vor allem in Kiefernwäldern, doch auch in Neubaugebieten, wo die Tiere aus frischem Bauholz schlüpfen. Fliegt bei Sonnenschein, die Männchen meist in der Baumwipfelregion. Die Eier werden in das Stammholz hineingebohrt. Die Larven benötigen 2—3 Jahre zur Entwicklung. Die nördliche Rasse (Unterart *taiganus*) mit schwarzen Legebohrer-Scheiden, Hinterleib der Männchen vorn ausgedehnter schwarz. In Europa mehrere ähnliche Arten.

Unterart
taiganus

Gemeine Holzwespe *Sirex juvencus.* Männchen der vorigen Gattung ähnlich, jedoch ohne schwarzen Fleck hinter den Augen. Fühlerwurzel meist rötlich, im Norden jedoch völlig schwarz. 5. Fußglied stets gelb. 5—10, in Nadelwäldern. Larven in Kiefernstämmen. ***S. noctilio*** ähnlich, Fühler stets schwarz, 5. Fußglied braun.

Orussus abietinus Orussidae. Fühler entspringen unter, nicht zwischen den Augen wie bei den meisten Pflanzenwespen; bei Männchen dünner. 5—8, Nadelwälder, jedoch selten. Einzige parasitische Pflanzenwespe: Larven in Holzkäferlarven. S, Z.

Getreide-Halmwespe *Cephus pygmaeus* Cephidae. Eine von mehreren ähnlichen Arten, alle mit dem familientypischen schlanken Körper. Gelbe Bänderung veränderlich. 5—8, schlecht fliegend. Häufig auf gelben Korbblüten, auf Wiesen. Larven fast beinlos, bohrt in Gräsern; schädlich an Weizen, Roggen, auch an Gerste.

Arge ustulata Argidae. Metallisch blau oder grün; Flügel gelblich mit gelbem Stigma. Fühler nur 3gliedrig (Familienmerkmal!), das 3. sehr lang; bei den Männchen weniger stark gekeult. 5—7. In feuchtem Gebüsch, fliegt schlecht. Larve auf Weide, Birke, Weißdorn. ***A. cyanocrocea*** mit gelber Costa im Vorderflügel, Verdunklung unter dem Pterostigma quer über den Flügel. Hinterbeine gelb, mit schwarzer Spitze, im Süden mitunter fast schwarz. 5—7, gewöhnlich auf Doldenblüten. Larven an Himbeere.

Kopf von
Orussus

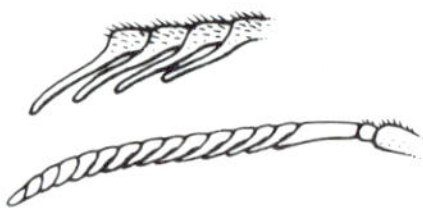

Fühler von Megalodontes,
oben vergrößerte Fühlerglieder mit Verlängerung

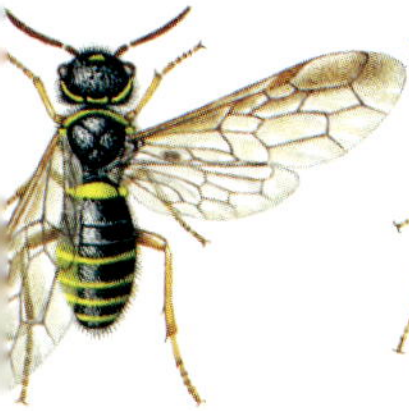

legalodontes klugii X 2

Pamphilus sylvaticus X 2

♀

Acantholyda erythrocephala X 2

♀

Xyela julii X 3

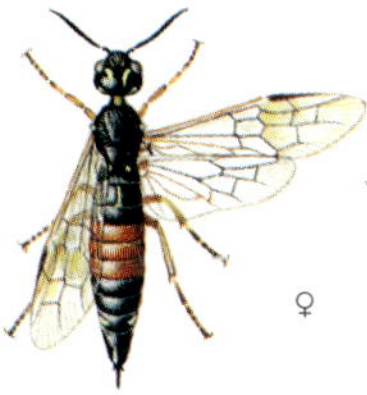

♀

Xiphydria prolongata X 1.5

♀

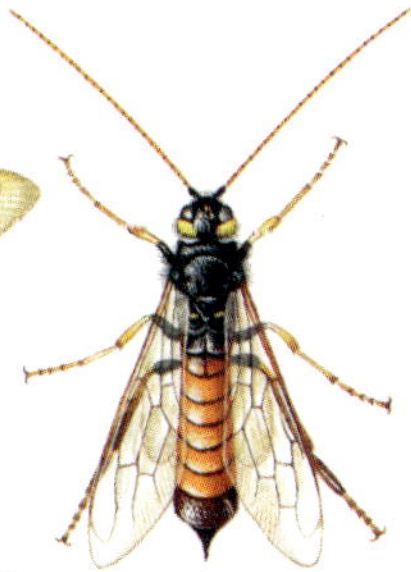

♂

Riesenholzwespe

↓

Weibchen bei der Eiablage

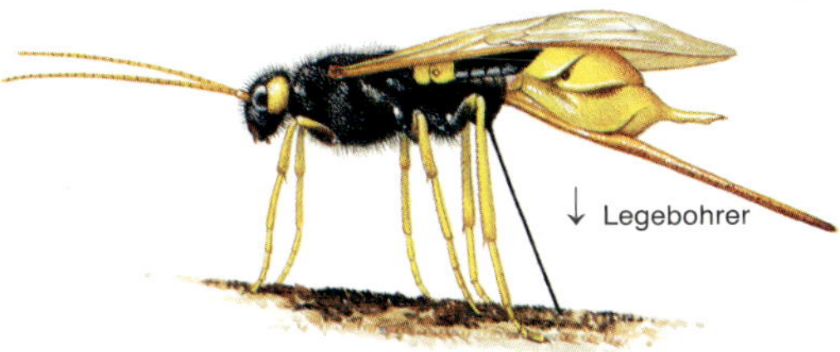

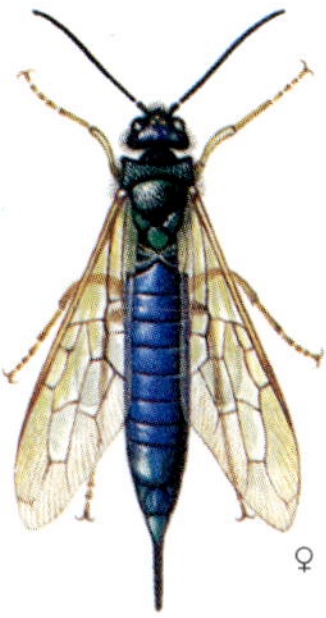

♀

Gemeine Holzwespe

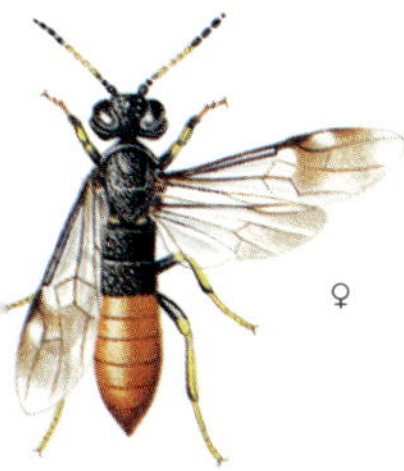

♀

Orussus abietinus X 2

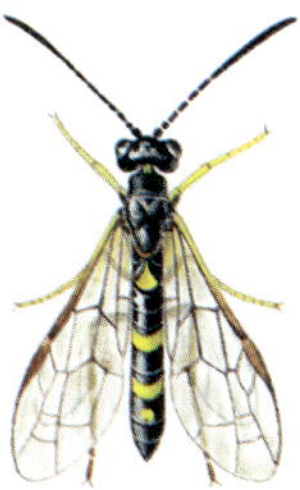

Getreidehalmwespe X 2.5

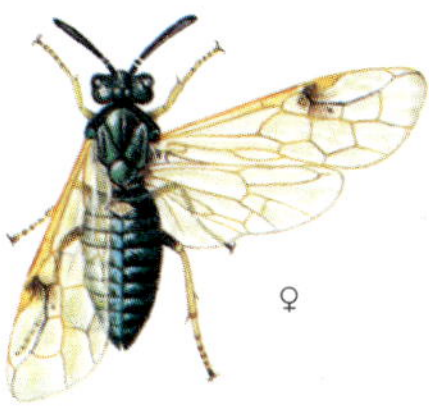

♀

Arge ustulata X 2

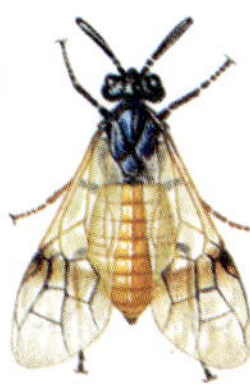

♀

A. cyanocrocea X 2

Keulhornblattwespe schlüpft aus dem Kokon.

Blasticotoma filiceti Blasticotomidae. Seltene Art (einziger europäischer Vertreter der Familie), kenntlich an tropfenförmiger Zelle in der Mitte des Vorderflügels und kurzen Fühlern mit nur 3 deutlichen Gliedern (ein 4. bildet einen winzigen Haken an der Fühlerspitze). 5—7. Larven in Blattstielen von Waldfrauenfarn. N, Z.

Abia sericea Cimbicidae. Brust des Männchens wie der Hinterleib metallischgrün. 5—8, auf Wiesenblüten; fliegt gut. Larven an Scabiosenblättern.

Große Birkenblattwespe *Cimbex femoratus.* §. Spitzen aller Flügel dunkel gerandet. 5—8, schnellfliegend mit brummendem Ton, in Wäldern. Larve plump, grau- oder bläulichgrün, an Birken. Verpuppt sich in tönnchenartigem Kokon an Zweigen.

Keulhornblattwespe *Trichiosoma tibiale.* Behaarung kann sehr hell sein. 5—6, in Hecken und Gebüsch. Larve (S. 297) an Weißdorn, fertigt festen Kokon, aus dem sich die Imago herausbeißt. Mehrere ähnliche, schwer zu unterscheidende Arten.

Gemeine Kiefernbuschhornblattwespe *Diprion pini* Diprionidae. Hinterleib dunkel, beim Weibchen mitunter mit hellen Bändern. Fühler mit mehr als 9 Gliedern, beim Männchen stark gefiedert. 5—8, in Kiefernwäldern; Weibchen träge, fliegen kaum. Larven an Kiefernnadeln, oft in Gruppen. Waldschädling! Mehrere ähnliche Arten.

ECHTE BLATTWESPEN Tenthredinidae Größte Pflanzenwespenfamilie, mit ca. 1000 europäischen Arten, z.T. schwer unterscheidbar. Fühler meist 9gliedrig. Larven meist frei, mit 6—8 Afterfußpaaren; oft gesellig. Schreckstellung ?-artig, Hinterende wird bewegt. Einige nacktschneckenartig mit rückgebildeten Beinen (*Caliroa cerasi,* S. 295). Viele Arten sind Gartenschädlinge.

Rübenblattwespe *Athalia rosae.* Eine von mehreren ähnlichen Arten. Fühler 10- bis 12gliedrig. Costa schwarz. Thorax unten gelb. 5—10. Larve graubraun oder schwarz auf Kreuzblütlern, besonders Rüben, Senf, Rübsen, Raps.

Allanthus cinctus. Eine von mehreren ähnlichen, räuberischen Arten mit großen, asymmetrischen Kiefern. 5—8, fangen kleine Insekten auf Doldenblüten. Larven an wilden und Kulturrosen und verwandten Pflanzen.

Tenthredopsis litterata. Orange bis schwarz, Weibchen gewöhnlich wie abgebildet. 5—7. Larven fressen an Gräsern, besonders Knäuelgras.

Grüne Blattwespe *Rhogogaster viridis.* Umfang der schwarzen Zeichnung veränderlich; das Grün verblaßt nach dem Tode. Stigma grün oder strohgelb. 5—7, Wälder, Gebüsch, fängt auf Blüten andere Insekten. Larve polyphag, auf krautigen und Holzgewächsen. Einige ähnliche Arten.

Tenthredo atra. Fühler und Stigma völlig schwarz. Weibchen ohne rotes Hinterleibsband. 5—8. Larven auf krautigen Gewächsen, auch Kartoffeln, Kohl. Eine von vielen ähnlichen Arten (in N, Z: 65 *Tenthredo*-Arten!)

T. arcuata Eine von etlichen Arten mit schwach gekeulten Fühlern. Unterseite des Männchens völlig gelb, Fühlergeißel ganz schwarz. 4—8 auf Wiesen. Larven an Rotklee.

Cladius pectinicornis. Fühler der Männchen gefiedert, doch weniger als die der Buschhornblattwespen. 5—9, weit verbreitet; eine der häufigsten Blattwespen. Larve flach, grün, ziemlich behaart, frißt an der Unterseite von Rosenblättern; auch an Stachelbeerbüschen o.ä. ***C. difformis*** sehr ähnlich.

Gelbe Stachelbeer-Blattwespe *Nematus ribesii.* Umfang der schwarzen Hinterleibszeichnung beim Männchen veränderlich. 4—9. Larve (S. 293) an Stachel- und Johannisbeerblättern, kann ganze Büsche entlauben. Viele ähnliche Arten.

Pontania proxima. 5—8, überall an Silber- und Bruchweiden. Die Larven erzeugen rote bohnenförmige Gallen auf den Blättern (an Silberweide heller): Verpuppung in der Erde. N, Z. Es gibt etliche ähnliche Arten, deren Larven an Weide leben — entweder in Gallen oder in eingerollten Blättern.

'asticotoma filiceti X 2

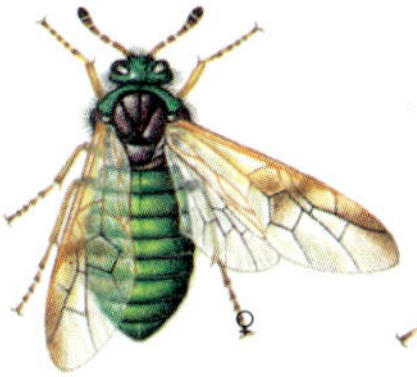

Abia sericea X 2

Große Birkenblattwespe

Keulhornblattwespe

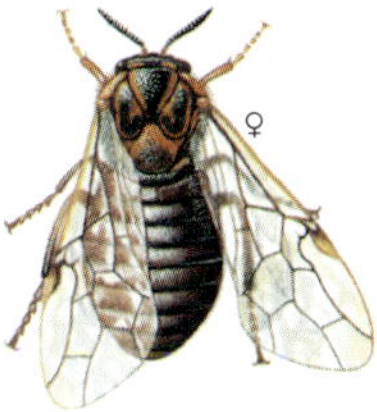

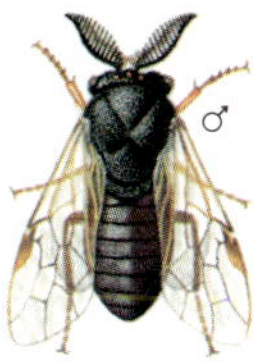

Gemeine Kiefernbuschhornblattwespe X 2

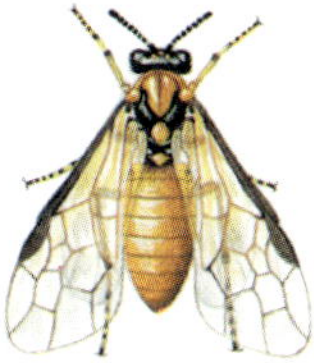

Rübenblattwespe X 2

Allantus cinctus X 2

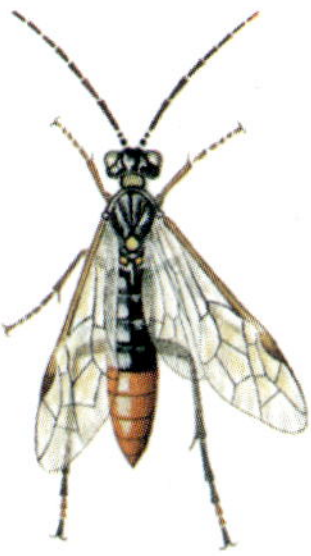

Tenthredopsis litterata X 2

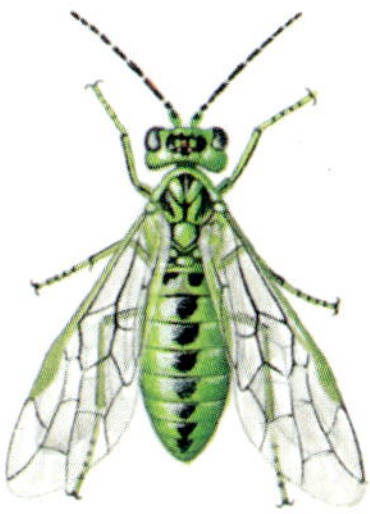

Grüne Blattwespe X 2

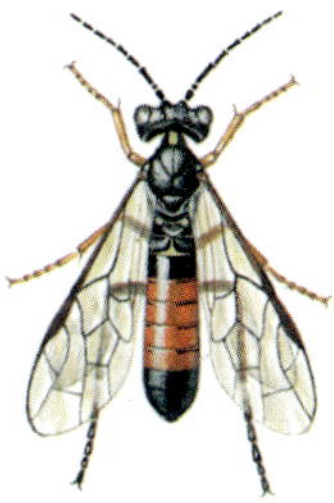

Tenthredo atra X 2

T. arcuata X 2

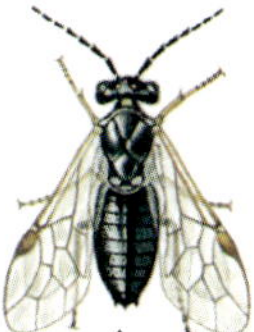

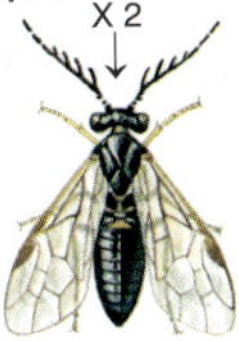

Cladius pectinicornis X 2

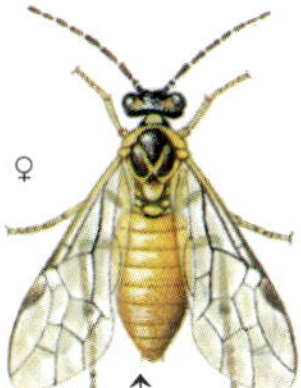

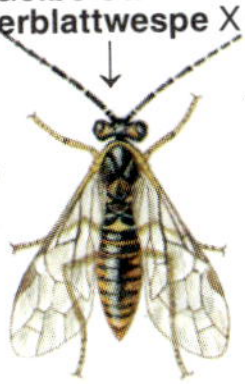

Gelbe Stachelbeerblattwespe X 2

Pontania proxima X 3

Gallen an Weidenblatt

Unterordnung Apocrita

GALLWESPEN Cynipidae Kleine, ameisenartige Tiere mit seitlich zusammengedrücktem Hinterleib und charakteristischer Flügeladerung. Einige Arten flügellos. Fast alle Arten rufen Gallen an Pflanzen, besonders an Eichen, hervor. Die Weibchen legen die Eier in Pflanzen. Nach dem Ausschlüpfen wuchert das Pflanzengewebe um die Larven und bildet die Gallen. Die Larve lebt von diesem Gewebe. Die Gallen können nur eine Larve in einer Kammer oder mehrere Kammern mit je einer Larve darin enthalten. Die Larven verpuppen sich stets in den Gallen, und die Puppen überwintern. Einige Arten haben komplizierte Entwicklungszyklen, in denen zweigeschlechtliche und parthenogenetische Generationen abwechseln. Jede dieser Generationen erzeugt eine andere, typische Gallenform. Die parthenogenetischen Weibchen unterscheiden sich etwas von den anderen Weibchen. Wenige Gallwespen erzeugen keine eigenen Gallen, sondern legen ihre Eier in die Gallen anderer Arten: sie können die ursprünglich gallenerzeugenden Larven zum Absterben bringen. Viele Parasiten, darunter Schlupf- und Erzwespen, verfolgen ebenfalls Gallwespenlarven. Die aus Gallen schlüpfenden Tiere müssen also nicht immer die gallenerzeugenden Arten sein.

Phanacis hypochoeridis erzeugt mehrkammrige Gallen an Ferkelkraut-Stengeln, die sich vor dem Schlüpfen der Larve bilden. Galle 8—9, Wespe 5—7. Normaler Zyklus.

Liposthenus latreillei erzeugt einkammrige Gallen an Gundermann-Blättern, erbsenförmig, können verschmelzen. Gallen 8—9, Wespe 3—4. Normaler Zyklus.

Diastrophus rubi erzeugt vielkammrige, zigarrenförmige Stengelgallen an Himbeere, bis 15 cm lang. Gallen 10—11, Wespen 4—6. Normaler Zyklus.

Diplolepis rosae ruft vielkammrige, innen verholzte, außen moosartige Gallen an Wildrosen hervor, die als Schlafäpfel, Bedeguare oder Rosenschwämme bezeichnet werden. Gallen im Herbst, Wespen 4—6. Männchen sehr selten, Jungfernzeugung! Kein Generationswechsel.

D. eleganteria, D. nervosus. Wespen wie *rosae,* Gallen einkammrig, erbsenartig, an Blattunterseiten auf Rose, bei *nervosus* bestachelt. Im Spätsommer rosa, fallen dann ab. Wespen schlüpfen im Frühjahr.

Neuroterus quercus-baccarum erzeugt linsenförmige Gallen an Eichenblättern des Johannistriebes, die im Herbst abfallen. Parthenogenetische Weibchen schlüpfen im Frühjahr, legen Eier an Eichenknospen. Die Larven dieser Generation erzeugen Beerengallen an jungen Blättern und Kätzchen (5—6). Aus diesen Gallen schlüpfen Männchen und Weibchen, die nach der Paarung wiederum eine Generation von Linsengallen verursachen. Ähnliche, aber gut unterscheidbare Gallen rufen auch ***N. numismalis*** und ***N. albipes*** hervor. Die Wespen ähneln der vorigen Art. Die Gallen der Sexualgeneration sind unauffällige Anschwellungen auf jungen Blättern.

Andricus kollari erzeugt einkammrige Galläpfel an Eiche, zunächst grün, später braun, verholzt (8—9). Parthenogenetische Weibchen schlüpfen 9—10, überwintern in Verstecken, legen im Frühjahr Eier an Eichenknospen. Hieraus entstehen gewöhnlich neue Galläpfel, an der südlichen *Quercus laevis* jedoch eine Sexualgeneration in kleinen Knospengallen. Ananasgallen verursacht ***A. fecundator,*** der vorigen Art ähnlich, jedoch nur halb so groß. Die Larven leben in einer harten, eiförmigen inneren Galle, die im Herbst herausfällt. Im Frühjahr schlüpfen parthenogenetische Weibchen, die Eier an Knospen legen. Eine Sexualgeneration entwickelt sich in kleinen behaarten Gallen an männlichen Blütenkätzchen, 5—6.

Galläpfel von *A. kollari*

Ananasgalle

Phanacis hypochoeridis X 6
Gallen an Gundermann
Liposthenus latreillei X 3
Galle an Ferkelkraut
Galle von D. nervosus
Diastrophus rubi X 4
Schlafapfel
Diplolepis rosae X 3
Gallen-Querschnitt
Gallen von D. eleganteriae
Linsengalle
Beerengalle
Neuroterus quercusbaccarum X 4
Gallen der Sexualgeneration von N. albipes
Linsengalle von N. numismalis
Linsengalle von N. albipes

Andricus quercus-ramuli. Rötlichbraun, Beine gelb. Männchen und Weibchen schlüpfen 5—7 aus Baumwollgallen an männlichen Eichenkätzchen. Parthenogenetische Weibchen (selten!) im Frühjahr in Knospengallen. ***A. quercuscalicis*** erzeugt harte, unregelmäßige Gallen an Eicheln. Larve wie bei *A. fecundator* in einer harten inneren Galle. Parthenogenetische Weibchen 2—4. Die Sexualgeneration erzeugt Gallen an den Kätzchen von *Quercus laevis*.

Cynips coronatus. Parthenogenetische Generation erzeugt unregelmäßige Gallen an Seitenknospen strauchartiger Eichen, Herbst, S, Z. **C. quercusfolii** erzeugt grüne oder rötliche Galläpfel auf Eichenblatt-Unterseiten, Herbst. Parthenogenetische Weibchen 12—2, rufen purpurne oder schwarze Knospengallen der Sexualgeneration hervor (Frühjahr). ***C. divisa*** Lebenszyklus ähnlich, Herbstgallen jedoch klein, hart, gelb oder rot.

Biorrhiza pallida. Männchen und Weibchen schlüpfen 6—7 aus den Eichenäpfeln. Die schwammigen vielkammrigen Gallen enthalten viele Tiere jeweils nur eines Geschlechts. Die Weibchen legen ihre Eier an feine Würzelchen, an denen die flügellose parthenogenetische Generation in kleinen braunen Gallen entsteht. Sie schlüpft 2—4.

PARASITISCHE HAUTFLÜGLER

Hautflügler aus vielen Familien, die sich in oder festgeheftet an Jugendstadien anderer Insekten entwickeln. Die Wirte bleiben am Leben, bis der Parasit voll entwickelt ist, werden dann aber oft völlig zerstört (s. S. 218). Nur wenige der Familien können hier behandelt werden.

Evania appendigaster Evaniidae. Hinterleib sehr klein, setzt oben am Mittelsegment an; daher der deutsche Name Hungerwespen. Während des ganzen Jahres auf Blüten. Larven in den Eikapseln der Schaben.

Gasteruption jaculator Gasteruptiidae. Hinterleib lang, schmächtig, setzt oben am Mittelsegment an; deutscher Name Gichtwespen. Flügel in Ruhe längsgefaltet. Im Sommer auf Doldenblüten. Larve an Vorräten und Larven solitärer Bienen. N, Z.

Aulacus striatus. Hinterleib tropfenförmig, setzt oben am Mittelsegment an; Legebohrer lang. An gefällten Stämmen, auf Doldenblüten u.a. Blumen, 6—9. Larven an den Larven holzbohrender Käfer und Holzwespen. N, Z.

Torymus nitens Torymidae. Hinterhüften sehr groß (Familienmerkmal). Die Weibchen legen ihre Eier im Sommer in Eichengallen. Die Larven parasitieren an den Gallwespenlarven. Hunderte ähnlich metallischer Arten in dieser und verwandten Familien (Sammelbezeichnung: Erzwespen), alle mit ähnlich einfacher Flügeladerung und geknieten Fühlern. Im Sommer an Pflanzen sehr häufig.

Pteromalus puparum Pteromalidae. Hinterhüften kaum größer als die übrigen. Larven parasitieren Weißlings-Puppen. Die Weibchen legen ihre Eier, kurz bevor die Puppe erhärtet. Es schlüpft eine große Zahl von Wespen aus jeder befallenen Puppe. 2—3 Generationen.

Leucospis gigas Leucospidae. Eine der größten Erzwespen. Hinterhüften sehr groß, Hinterschenkel verdickt, stark gezähnt. Flügel in Ruhe längsgefaltet wie bei Wespen. Fliegt im Sommer, selten! Parasit von Solitären Bienen, besonders Mörtelbienen (*Chalicodoma,* S. 246). S, Z.

Pteromalus beim Schlüpfen aus Weißlingspuppe

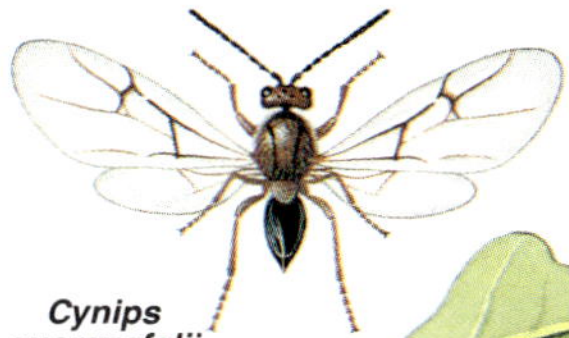

Cynips quercusfolii
X 3

Gall-
äpfel

Gallen von *C. divisa*

Biorhiza pallida X 4

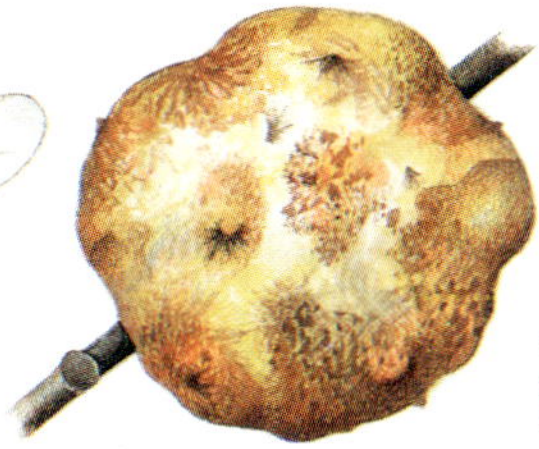

Eichenapfel

Wurzel-
gallen an
Eiche

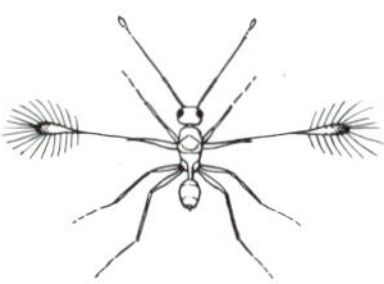

Mymar pulchellus ist mit einer Spannweite von 3 mm eine der größten Eierschlupfwespen. Die sonst winzigen Tiere wachsen in den Eiern anderer Insekten heran. Die Familie der Mymaridae ist mit den Pteromalidae und anderen Erzwespen verwandt.

Evania appendigaster
X 1.5

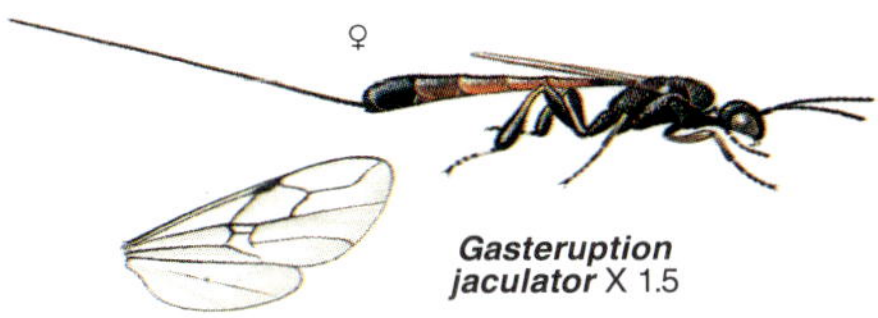

♀

Gasteruption jaculator X 1.5

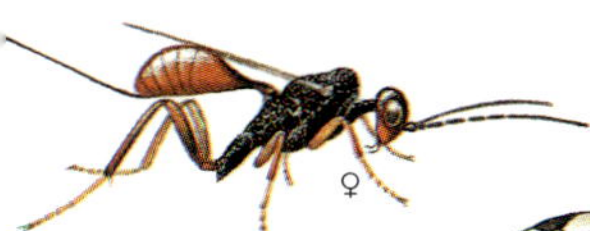

♀

Aulacus striatus X 5

♀

Torymus nitens X 5

Pteromalus puparum X 5

♀

Leucospis gigas X 2

SCHLUPFWESPEN Ichneumonidae Eine sehr große Gruppe parasitischer Hautflügler, deren Larven sich in den Jugendstadien anderer Insekten entwickeln. Die Wespen sind schlank, ihre Fühler lang (mindestens 16 Glieder). Vorderkante der Vorderflügel durch den Fortfall der Subcostalzelle ziemlich dick, Pterostigma deutlich. Wenige Arten sind flügellos. Schlupfwespen sind in Hecken und dichtem Pflanzenwuchs häufig, wo sie ihre Wirte mit Hilfe des Geruchssinnes suchen. Dies sind vor allem Schmetterlingsraupen, an die in der Regel jeweils nur ein Ei gelegt wird. Endoparasitische Arten schlüpfen meist nach der Verpuppung des Wirtes, was Schmetterlingszüchtern oft große Enttäuschungen bereitet. Es dienen aber auch viele andere Insekten als Wirte, und einige Schlupfwespen benutzen auch Spinnen. Die Schlupfwespenweibchen haben häufig sehr lange Legebohrer, mit denen sie die Wirte auch im Inneren von Pflanzen oder anderen Tieren erreichen können. Die Familie der Braconidae ist ähnlich, aber an anderer Flügeladerung zu unterscheiden: eine lange, offene Zelle steht im hinteren Flügelbereich (s. unten). Braconiden sind meist kleiner als Schlupfwespen und legen häufig viele Eier an einen Wirt.

Agriotypus armatus. Thorax mit langem, gekrümmten Dorn. Flügel deutlich gewölkt. Außenparasit an etlichen gehäusetragenden Köcherfliegenlarven. Die Weibchen tauchen ins Wasser und legen ihre Eier an ein Gehäuse mit erwachsener Larve oder Puppe. Die Wespenlarve frißt die Puppe und verpuppt sich selbst in dem Gehäuse. Die Wespe überwintert im Gehäuse und schlüpft im Frühjahr oder Frühsommer. Befallene Gehäuse tragen an einem Ende ein Seidenband, mit dessen Hilfe der Parasit atmet.

Holzschlupfwespe Rhyssa persuasoria. Eine der größten Schlupfwespen. Parasit an Holzwespenlarven (S. 222); mit dem langen Legebohrer kann der Wirt tief im Holz erreicht werden. In Kiefernwäldern im Sommer nicht allzu selten. ***Megarhyssa superba*** braun, gelb gezeichnet, größer; an Holzwespenlarven in Erlen; recht selten.

Pimpla investigator. Recht häufiger Außenparasit vieler Eulenraupen, vor allem an der Rüsseleule (S. 168). Während des ganzen Sommers. Einige ähnliche Arten, meist etwas kleiner, eine davon Parasit in Kohlweißlingspuppen.

Lissonota setosa. Der *Pimpla* ähnlich, doch größer, Weibchen mit sehr langem Legebohrer. Endoparasit an Weidenbohrer-Raupen (S. 132), die mit Hilfe des Legebohrers im Holz erreicht werden können. Ähnlich die kleinere ***L. fundator,*** an Glasflüglerraupen in Stämmchen. Viele ähnliche Arten.

Diplazon laetatorius. Häufiger Innenparasit vieler Schwebfliegenlarven. Die Eier können schon in das Wirtsei gelegt werden; die Wespen schlüpfen aus der Fliegenpuppe. Einige ähnliche Arten.

Netelia testaceus. Sehr häufiger Außenparasit, an Nachtschmetterlingsraupen. Hinterleib seitlich abgeplattet, nach unten gekrümmt. Kann mit dem Legebohrer menschliche Haut durchstechen. Während des ganzen Sommers, besonders nachts am Licht. Einige ähnliche Arten, alle jedoch ohne dunkles Hinterleibsende.

Ophion luteus. Der vorigen Art ähnlich, jedoch Flügeladerung abweichend. Schildchen deutlich dreieckig. Im Spätsommer und Herbst, sehr häufig. Innenparasit in Raupen. Etliche ähnliche Arten, auch mit dunklem Hinterleibsende.

Protichneumon pisorius. Innenparasit von Schwärmerraupen. Wespen 5—9, nicht selten auf Doldenblüten und anderen Blumen.

Amblyteles armatorius. Schildchen gelb oder cremefarben. Schenkelring der Hinterbeine gelb. Im Sommer auf Doldenblüten sehr häufig. Überwintert als Wespe, häufig in Höhlen. Innenparasit, besonders in Eulenraupen. Etliche sehr ähnliche Arten.

Ichneumon suspiciosus. Eine von vielen ähnlichen Arten, die sehr schwer zu unterscheiden sind. Im Sommer auf Doldenblüten sehr häufig, überwintert als Wespe. Innenparasit in Wurzelbohrer- und Eulenraupen.

Apanteles glomeratus Braconidae. Innenparasit der Kohlweißlings- und anderer Weißlingsraupen. Bis 150 Wespenlarven pro Raupe, die vor der Verpuppung nach außen durchbrechen und eine leere Raupenhülle zurücklassen. Die Wespenlarven verpuppen sich in typischen gelben Kokons rings um die Raupen. Wespen im Frühjahr und Sommer.

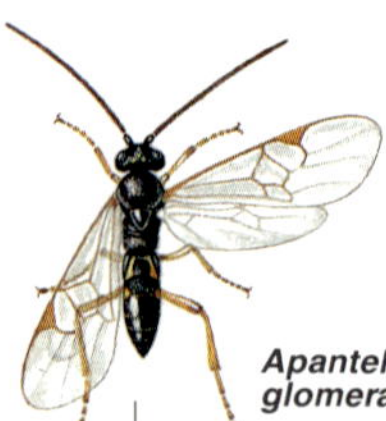

Apanteles glomeratus X 5

Kokons an einer toten Weißlingsraupe

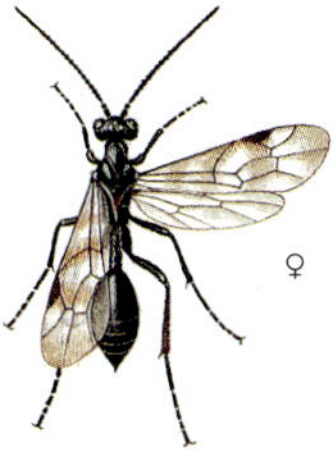

Agriotypus armatus X 3

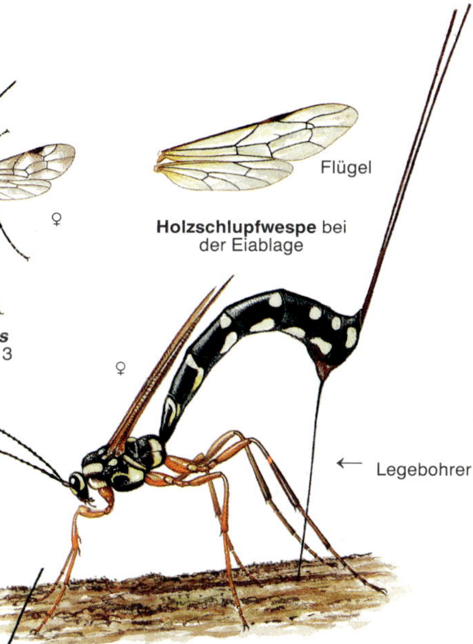

Holzschlupfwespe bei der Eiablage

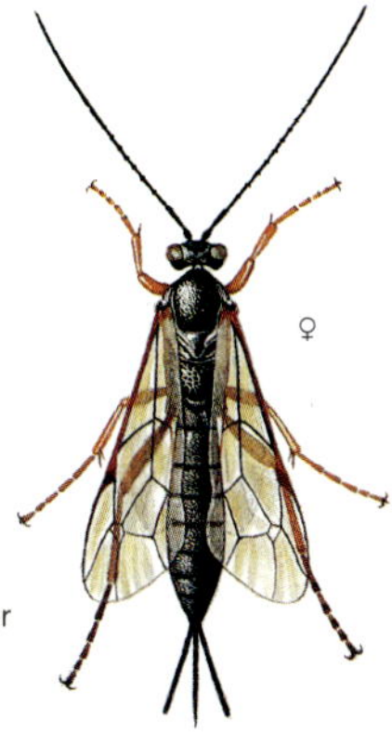

Pimpla instigator X 1.5

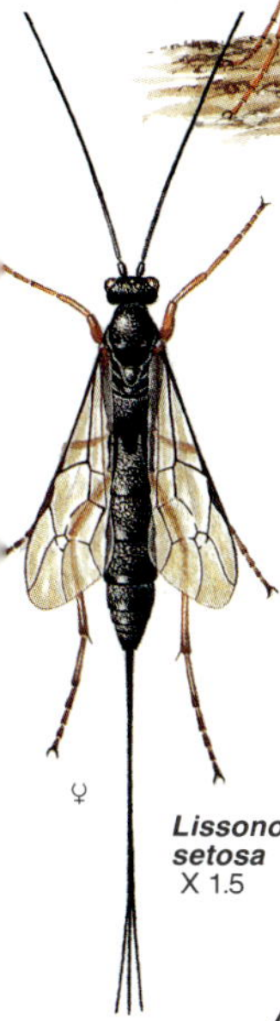

Lissonota setosa X 1.5

Diplazon laetatorius X 3

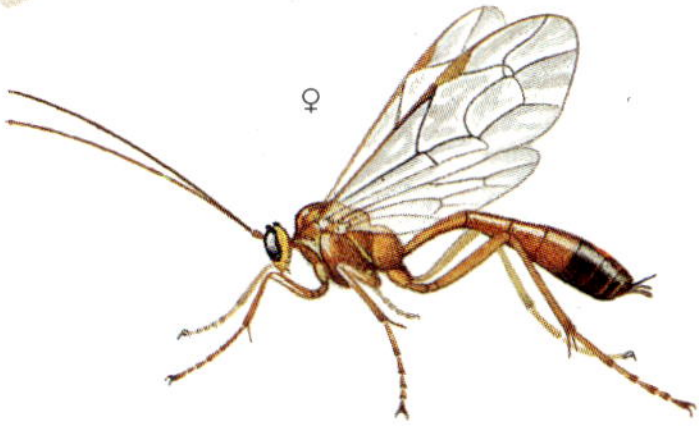

Netelia testaceus X 1.5

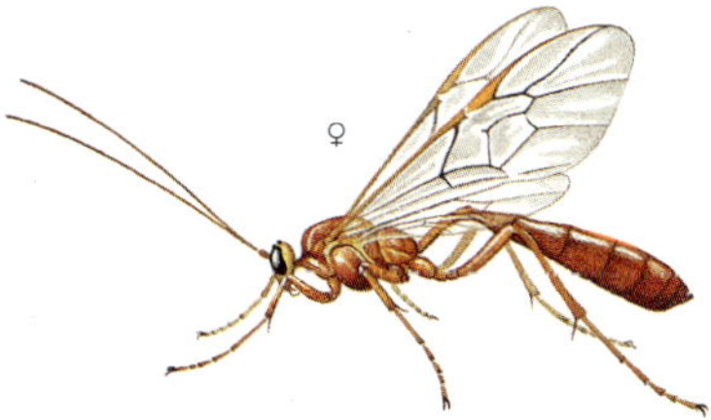

Ophion luteus X 1.5

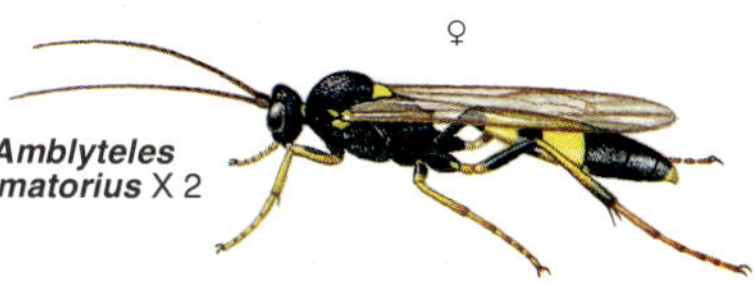

Amblyteles armatorius X 2

Protichneumon pisorius X 1.5

Ichneumon suspiciosus X 2

GOLDWESPEN Chrysididae Metallisch gefärbte Wespen, die ihre Eier in die Nester anderer Insekten, besonders solitärer Wespen und Bienen, ablegen. Die Goldwespenlarven fressen die Wespen- oder Bienenlarven. Ein sehr harter Panzer schützt die Goldwespen vor Stichen ihrer Wirte. Zusätzlich können sich die meisten Goldwespen auf Grund des unten flachen oder konkaven Hinterleibes noch zusammenrollen. Von oben sieht man gemeinhin nur 3 Hinterleibssegmente. Die Weibchen haben ein vorstülpbare Legeröhre. Ein Stachel ist vorhanden, meist aber nicht funktionsfähig. Nur bei einigen Arten ist er als Giftstachel ausgebildet.

Stilbum cyanurum. Spitze des Hinterleibes mit 4 deutlichen Zähnen. Meist rein grün mit Goldglanz; Kopf und Brust können aber auch dunkelgrün oder -blau, der Hinterleib rötlich mit blauer Spitze sein. Parasit von Lehmwespen und Bienen. 6—9, S, südliches Z.

Chrysis ignita. Die häufigste von etlichen ähnlichen Arten. Kopf und Brust grün oder blau, manchmal mit Goldglanz. An der Hinterleibsspitze 4 spitze Zähne mit etwa gleichem Abstand voneinander. Parasitiert vor allem Lehmwespen, läuft auf der Suche nach ihren Nestern auf Mauern und Stämmen umher. 4—9.

C. fulgida. Von *ignita* durch den blauen Wurzelbereich des Hinterleibs unterschieden. Parasitiert Lehm- und Grabwespen. 5—9 in Wäldern.

Parnopes grandior. Beim Männchen von oben 4 Hinterleibssegmente sichtbar, beim Weibchen nur 3, von denen das 3. das größte ist. An der Brust hinten eine dünne, blattartige Ausstülpung. Hinterleibsspitze ungezähnt, jedoch mit winzigen Dörnchen. Zunge sehr lang. Parasitiert *Bembix*-Grabwespen. 6—8. S, südliches Z.

Cleptes nitidulus. Halsschild vorn stark verengt, halsartig. Brust beim Männchen grün oder blau, beim Weibchen schwarz, rot und blau, mit grüner Tönung. Von oben beim Männchen 5, beim Weibchen 4 Hinterleibssegmente sichtbar. Funktionsfähiger Wehrstachel! Parasitiert Blattwespenlarven. 5—8. S, Z. Wird mitunter in eine eigene Familie, die der Cleptidae, gestellt.

Methocha ichneumonides Tiphiidae. Männchen mit langer, zugespitzter Radial- und 2 Cubitalzellen; Weibchen flügellos. Stets stark glänzend. Männchen sehr selten, Fortpflanzung vorzugsweise parthenogenetisch? 5—9, Heiden. Die Larve lebt als Außenparasit an Sandlaufkäfer-Larven in deren Gängen. S, Z.

Tiphia femorata. 2 Cubitalzellen; Radialzelle nur beim Männchen geschlossen. Mittel- und Hinterbeine beim Weibchen rot, beim Männchen schwarz. Halsschild vorn rechteckig. 7—8. Larven an Engerlingen von Blatthornkäfern, vor allem des Junikäfers.

Mutilla europaea Mutillidae. Männchen geflügelt, Weibchen ungeflügelt, Brust bei ihnen ohne Nähte. Hinterleib mit silbrigen Haarflecken. 7—9, nach Überwinterung erneut im Frühjahr. Hummelparasit, Larven leben von den Hummellarven in den Nestern. In ganz Europa, jedoch nur lokal. Mehrere ähnliche Spinnenameisen-Arten.

Myrmilla capitata. Stets ungeflügelt. Kopf relativ groß, rechteckig; Thorax mit parallelen Seiten. Ein Parasit solitärer Bienen. 4—8. S. Mehrere ähnliche Arten, einige mit geflügelten Männchen.

Dasylabris maura. Männchen geflügelt, Flügelspitzen dunkel, Hinterleib mit 2 grauen Bändern. Brust des Weibchens tropfenförmig. Ein Parasit von *Ammophila* und anderen Grabwespen. S, südliches Z.

Scolia flavifrons Scoliidae. Eine der größten europäischen Hautflügler-Arten, Weibchen bis 40 mm lang. Ihr Kopf ist größer als der des Männchens, orangebraun. Die gelben Hinterleibsbinden können unterbrochen sein. Thorax und Hinterleibsspitze mitunter rötlich behaart. 6—8, an warmen, sonnigen Orten; meist auf Blüten. An Engerlingen des Nashornkäfers (S. 264). S.

S. hirta. Von mehreren ähnlichen Dolchwespen durch die beiden gelben Bänder und den violetten Schimmer der Flügel unterschieden. 7—10. Larven an Engerlingen. S, südliches Z.

Sapyga quinquepunctatum Sapygidae. 3 Cubitalzellen. Fühler deutlich gekeult. Halsschild vorn rechteckig. Hinterleib des Männchens ohne rote Zeichnung, jedoch mit gelben Flecken auf dem 3. und 4. Segment. 5—8. Parasit von *Osmia* und anderen solitären Bienen.

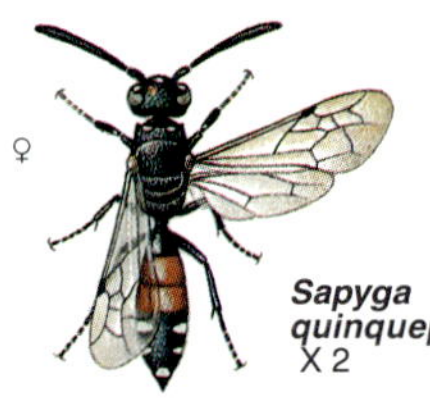

Sapyga quinquepunctatum
X 2

Stilbum cyanurum X 2

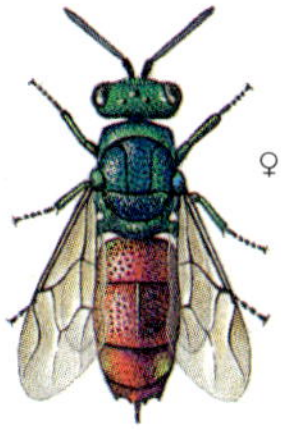

Chrysis ignita X 2

C. fulgida X 2

Ruhe-stellung

Parnopes grandior X 2

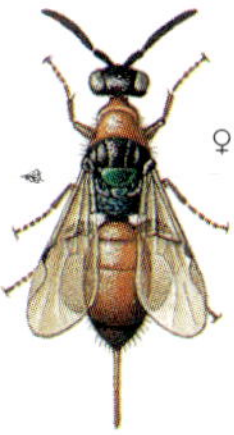

Cleptes nitidulus X 3

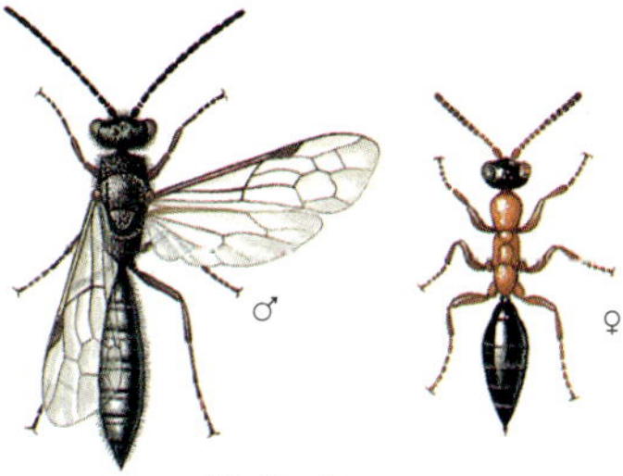

Methocha ichneumonides X 2

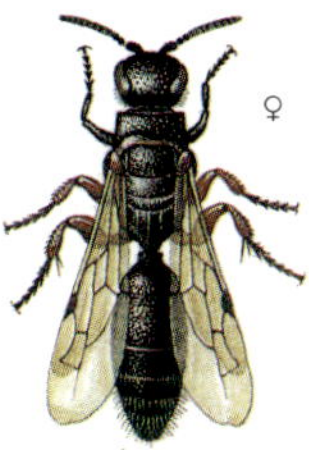

Tiphia femorata X 2

Mutilla europaea X 2

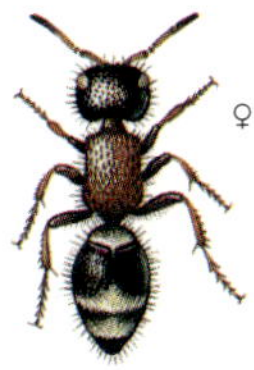

Myrmilla capitata X 2

Dasylabris maura X 2

Scolia flavifrons

S. hirta X 1.25

AMEISEN Formicidae Eine Familie mit ca. 15000 staatenbildenden Arten. Die Arbeiter stets flügellos; Geschlechtstiere geflügelt, jedoch verlieren die Weibchen die Flügel bald nach der Paarung. Fühler meist deutlich gekniet. Hinterleibsstiele ein- oder zweigliedrig. Ein Stachel fehlt den Arten mit eingliedrigem Hinterleibsstiel gewöhnlich. Ernährung räuberisch, vegetarisch, oder als Allesfresser. Der Honigtau der Blattläuse stellt eine wichtige Nahrung dar. Nester in Europa meist in der Erde, bei einigen Arten darin mehrere Königinnen. An bestimmten, meist schwülwarmen Sommer- und Herbsttagen Paarungsschwärme. Soweit nicht anders vermerkt, sind die Arbeiter abgebildet.

Ameisen der Unterfamilie Myrmicinae haben einen 2gliedrigen Hinterleibsstiel. Bei allen übrigen europäischen Arten besteht er nur aus einem, meist schuppenförmigen Glied.

nicht Myrmicinae

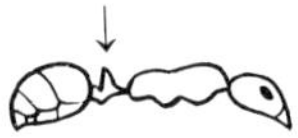

Myrmicinae

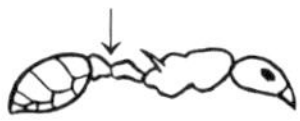

Rotgelbe Knotenameise *Myrmica rubra.* Männchen schwarz-, Königin und Arbeiter kastanienbraun. Mittelsegment mit 2 Dornen. Arbeiter mit Wehrstachel. Allesfresser. In Gartenerde häufig. Paarungsschwärme 7—10. Mehrere ähnliche Arten. ***M. ruginodis*** ähnlich, Hinterleibsstiel etwas abweichend.

Pheidole megacephala. Sehr kleine Ameise mit 2gliedrigem Hinterleibsstiel. 2 Arbeiter-Typen, eine mit sehr großem Kopf und Kiefern zum Knacken von Samen, die eine Hauptnahrung darstellen. Nester in der Erde, unter Steinen, oft dicht bei Häusern. S, südliches Z; mitunter weiter nördlich in Gebäuden.

Argentinische Ameise *Iridomyrmex humilis.* Kleine, sehr schlanke Ameise, Hinterleibsstiel 1gliedrig, mit Schuppe. Allesfresser. Heimat Südamerika, heute in Europa in Gebäuden eingebürgert. Die Nester bilden ohne Paarungsflüge Ableger. In S, Z weitverbreitet; in N sporadisch in geheizten Gebäuden.

Pharao-Ameise *Monomorium pharaonis.* Kleinste europäische Ameise, mit 2gliedrigem Hinterleibsstiel. Fühler 12gliedrig, die letzten 3 zu schwacher Keule verbreitert. Allesfresser. Heimat Afrika, heute in dauergeheizten Gebäuden überall, Schädling. Nester in kleinen Höhlungen. Keine Paarungsschwärme.

Camponotus vagus Eine der größten europäischen Ameisen, Größe jedoch variabel. Hinterleibsstiel 1gliedrig, Körper mit langen hellen Haaren bestanden. Einige ähnliche Arten. Allesfresser; Honigtau wird bevorzugt. Nester mit toten Stämmen. Können gefällte Stämme vor ihrem Abtransport stark schädigen. S. ***C. lateralis*** nistet unter Steinen und Stämmen. Königin nur mit braunem Kopf, Männchen schwarz. Allesfresser. Die Arbeiter bilden lange Versorgungskolonnen und können sich mit der oberflächlich ähnlichen ***Crematogaster scutellaris*** mischen. Diese jedoch mit 2gliedrigem Hinterleibsstil, reckt beunruhigt den Hinterleib fast senkrecht empor. S.

Schwarze Gartenameise *Lasius niger.* Hinterleibsstiel 1gliedrig. Dunkelbraun bis schwarz. Allesfresser, halten jedoch regelmäßig Blattläuse als »Milchkühe«. Überall häufig, auch unter Wegplatten und in Hausfundamenten und -mauern.

Gelbe Wiesenameise *L. flavus.* Gelblichbraun, sonst sehr ähnlich; errichtet auf Wiesen kleine Ameisenhaufen. Verursacht wie die vorigen Arten auffällige Paarungsschwärme, gewöhnlich 7—8.

Ernteameise *Messor barbara.* Hinterleibsstiel mit 2 relativ langen Segmenten. Je nach Rasse Kopf rot oder schwarz; der übrige Körper glänzend braun bis schwarz, 2 Arbeitertypen, eine mit größerem Kopf. Köpfe der Männchen sehr klein. Nester unterirdisch, fressen Samen, die von den großköpfigen Arbeitern geknackt werden. Erntezüge über bedeutende Entfernungen! S.

Rote Waldameise *Formica rufa.* §. Hinterleibsstiel 1gliedrig, abgeflacht. Stachellos, spritzen jedoch mit dem Hinterleib bei Störungen Ameisensäure. Errichten vor allem in Wäldern aus Pflanzenabfällen (Nadeln!) hohe Haufen, darin mehrere bis viele Königinnen. Allesfresser, doch wird tierische Kost bevorzugt. Daher in fast allen deutschsprachigen Bereichen gesetzlich geschützt als Schädlingsvertilger. In Europa weitverbreitet, im S nur im Bergland. Paarungsschwärme 5—6. Mehrere ähnliche Arten.

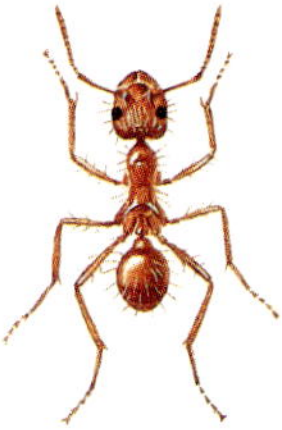

Myrmica rubra
X 4

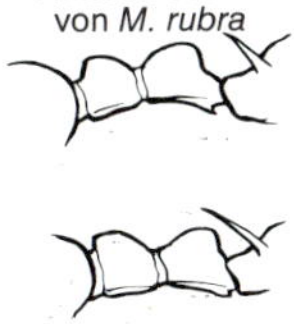

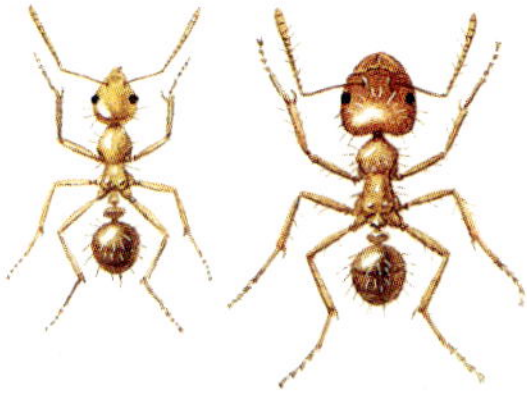

Pheidole megacephala X 6

Argentinische Ameise X 6

Pharao-Ameise X 6

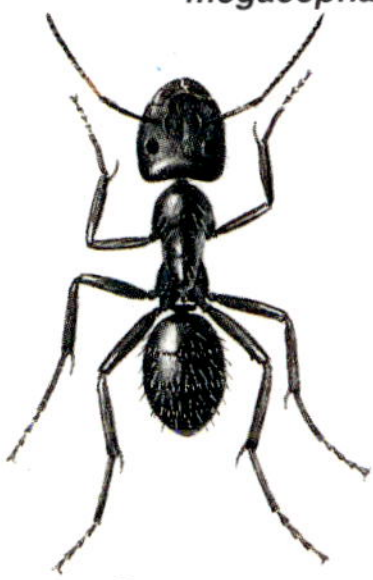

Camponotus vagus X 2

C. lateralis X 3

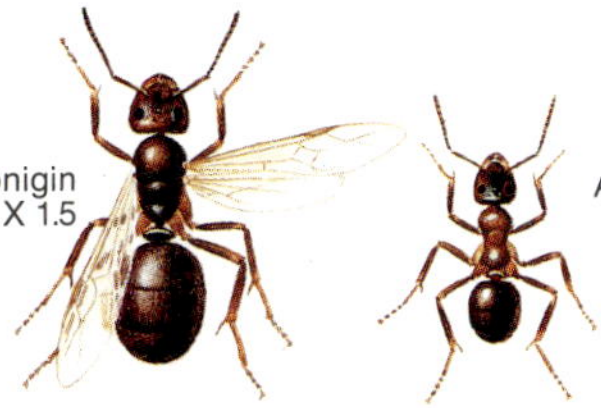

Schwarze Gartenameise

Gelbe Wiesenameise X 3

Ernteameise
X 2

Hügel der
Roten
Waldameise

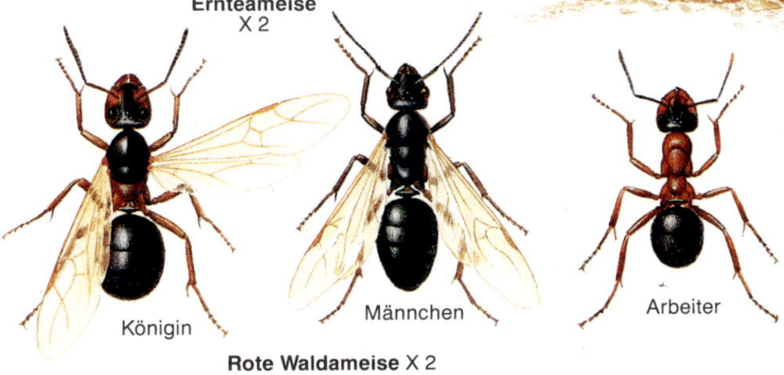

Rote Waldameise X 2

GRABWESPEN Sphecidae Solitäre Wespen mit relativ großen Köpfen. Pronotum schmal, kragenförmig, erreicht die Flügelschüppchen nicht. Flügel in Ruhe flach zurückgelegt. Die meisten Arten nisten im Boden; Vorderbeine der Weibchen oft zu Grabbeinen verbreitert. Einige Arten nisten in Holzmulm oder hohlen Stengeln, einige bauen mit Lehm. Die Kammern werden mit Insekten beschickt, die das Weibchen mit einem Stich lähmt. Meist werden mehrere Insekten in einem Bau eingetragen, oft in getrennte Kammern. Daran werden die Eier abgelegt. Die Larven leben bis zur Verpuppung von diesen Vorräten. Etwa 9000 Grabwespenarten sind bekannt.

Holzbohrwespe *Trypoxylon figulus.* Eine von mehreren ähnlichen Arten mit schlankem, vorn verschmälertem Hinterleib. 1 Cubitalzelle. Auge innen tief ausgerandet. Mauert in Bohrgängen im Holz kleine Kämmerchen und beschickt jede mit einer gelähmten Spinne. 5—9.

Crabro cribrarius. 1 Cubitalzelle. Vorderschiene der Männchen plattenartig verbreitert. Fühler der Männchen erscheinen deformiert. Gelbe Bänder auf den mittleren Hinterleibssegmenten unterbrochen. Thorax oft gelb gezeichnet. 5—9, nistet in Sandboden, trägt Fliegen ein. Viele ähnliche Arten.

Ectemnius cephalotes. Eine von mehreren ähnlichen Arten, von *Crabro* durch normale Vorderschienen der Männchen und eine gefurchte Hinterleibsverlängerung der Weibchen unterschieden. 6—9, nistet in Mulm, trägt Fliegen ein.

Crossocerus palmipes. 1 Cubitalzelle. Gesicht weitgehend gelb. Vorderschiene und 1. Fußglied beim Männchen verbreitert. 5—9, auf Sandboden, trägt Fliegen ein. Mehrere ähnliche Arten.

Lestica clypeata. 1 Cubitalzelle. Körper dicht punktiert. Männchen an der Gestalt des Kopfes und der Vorderbeine sofort kenntlich; Weibchen herkömmlicher, Thorax gelb gezeichnet, Hinterleibsspitze mit gefurchtem Dorn. 5—9, nistet in totem Holz; trägt kleine Nachtschmetterlinge ein.

Oxybelus uniglumis. Flügeladerung stark reduziert. Thorax hinten mit 2 durchsichtigen Läppchen, Mittelsegment mit kleinem Dorn. Weibchen mit Grabfüßen. 5—9, auf Sandboden; trägt Fliegen ein, die sie mit dem Stachel aufspießt. Mehrere Arten.

Larra anathema. 3 Cubitalzellen. Hinterleib mitunter völlig schwarz; stets glänzend. 6—9. Legt keine Nester an, sucht Maulwurfsgrillen, die sie durch ihren Stich zur Eiablage zeitweilig lähmt. Die Grillen erwachen später wieder und leben weiter in ihren Gängen, während sich die Wespenlarve in ihnen entwickelt. S.

Pemphredon lugubris. 2 Cubitalzellen, die 1. viel größer als die 2. Hinterleib deutlich gestielt. Kopf und Thorax behaart. 5—9. Nistet in Mulm, trägt Blattläuse ein. Viele ähnliche Arten, nisten meist in Himbeerstengeln.

Kotwespe *Mellinus arvensis.* 3 Cubitalzellen. Schildchen mit großem gelben Fleck. Hinterleib kurz gestielt. 5—9. Nistet in Sandboden, trägt besonders Schwebfliegen ein. ***M. crabroneus*** Zeichnung heller, Fühler rötlich.

Palarus variegatus. 3 Cubitalzellen. Hinterleib wie bei *Cerceris* zwischen den einzelnen Segmenten eingeschnürt, insgesamt dreieckiger, gelber. 5—7. Erdnester, trägt Hautflügler, auch andere Grabwespen, ein. S.

Astata boops. 3 Cubitalzellen. Augen des Männchens stoßen in der Kopfmitte zusammen. Fühler der Weibchen viel kürzer. Weibchen mit Grabfüßen. 5—8. Nistet in Sandboden, trägt Schildwanzen-Larven ein.

Mimesa lutarius. 3 Cubitalzellen. Hinterleibsstiel kürzer als 1. Hinterleibssegment, oben gekielt, von der Seite gesehen gerade. Hinterleib des Weibchens stärker rot gezeichnet. 5—8. Nistet in Sandboden; trägt Zikaden ein. Mehrere ähnliche Arten.

Argogorytes mystaceus. 3 Cubitalzellen. Fühler der Männchen sehr lang. Weibchen mit Grabfüßen. 1. Hinterleibstergit fast halbkreisförmig. Gelber Fleck am 4. Bauchsegment kann fehlen. Erdnester; trägt Schaumzikaden-Larven ein. 5—9.

Nysson spinosus. 3 Cubitalzellen, die 2. vorn gestielt. Mittelsegment hinten bedornt. Hinterleibswurzel oft rötlich. Panzer sehr hart. 5—8. Eine Kuckucksgrabwespe, die ihre Eier in die Nester von *Argogorytes* legt. Viele ähnliche Arten.

Knotenwespe *Cerceris arenaria.* 3 Cubitalzellen, die 2. vorn gestielt. Weibchen mit Grabfüßen. 1. Hinterleibssegment gerundet, mit 2 großen gelben Flecken. Die Hinterleibssegmente durch Einschnürungen getrennt. 5—9. Nistet im Sand, trägt Rüsselkäfer ein. S, Z. Mehrere ähnliche Arten.

Bienenwolf *Philantus triangulum.* 3 Cubitalzellen. Kopf vorn stärker als bei den meisten anderen Grabwespen gerundet. Weibchen mit Grabfüßen. Hinterleib gelb, meist schwarz gezeichnet. 7—9. Nistet im Sand, trägt Honigbienen (wie abgebildet) ein. S, Z.

Holzbohrwespe X 2

Crabro cribrarius X 2

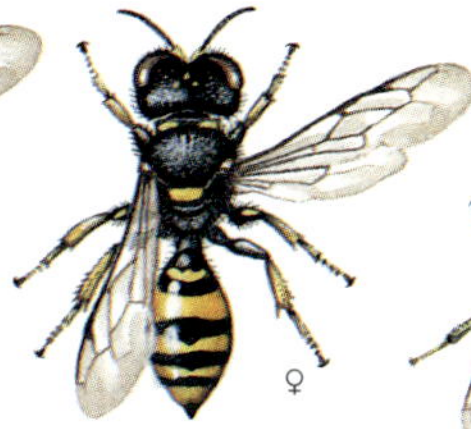

Ectemnius cephalotes X 2

Crossocerus palmipes X 2

Lestica clypeata X 2

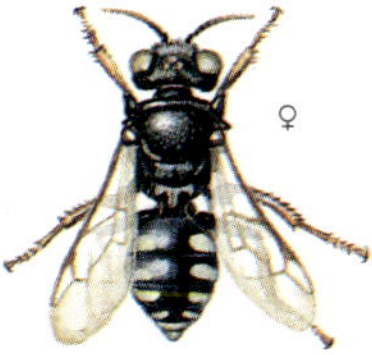

Oxybelus uniglumis X 3

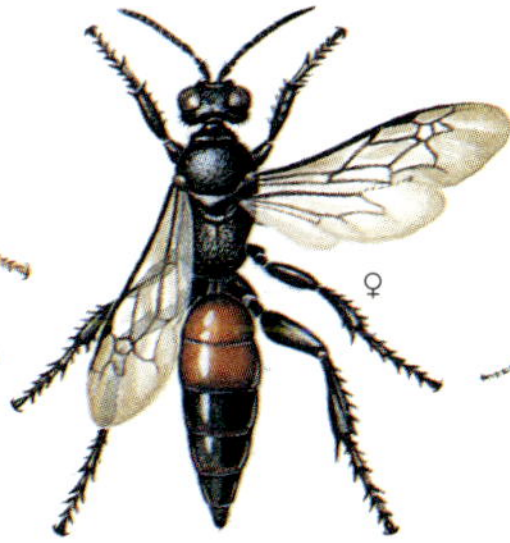

Larra anathema X 1.5

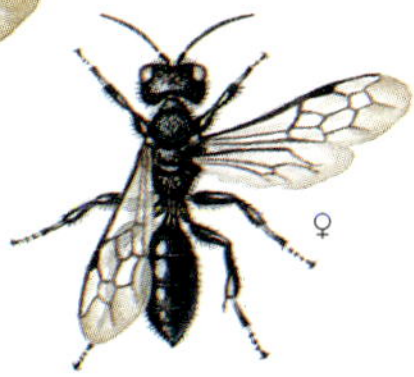

Pemphredon lugubris X 2

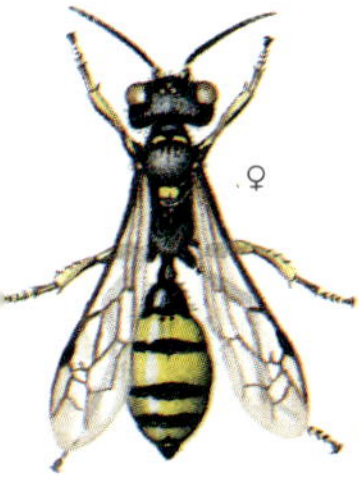

Kotwespe X 2

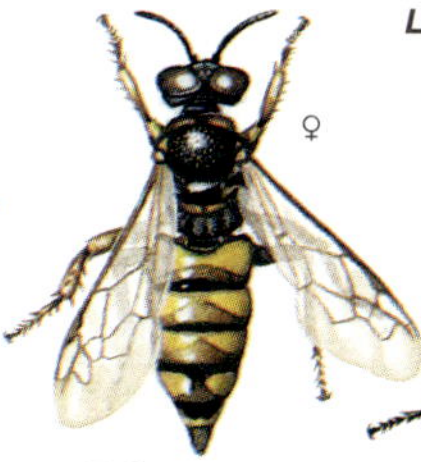

Palarus variegatus X 2

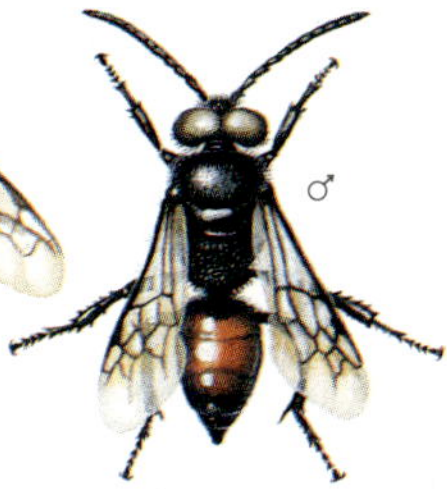

Astata boops X 2

Mimesa lutarius X 2

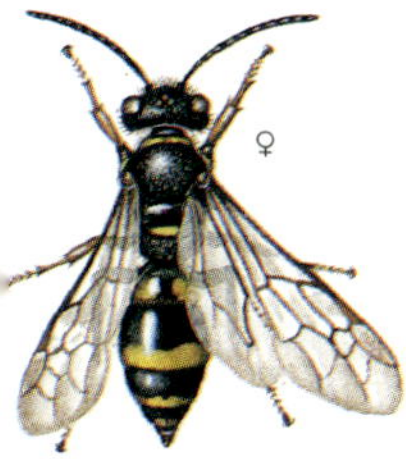

Argogorytes ystaceus X 1.5

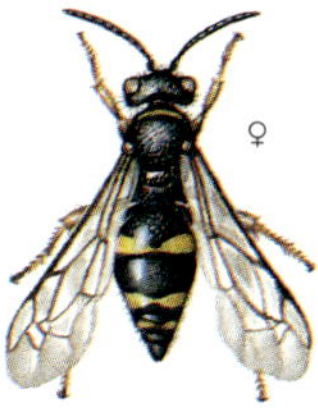

Nysson spinosus X 2

Knotenwespe X 2

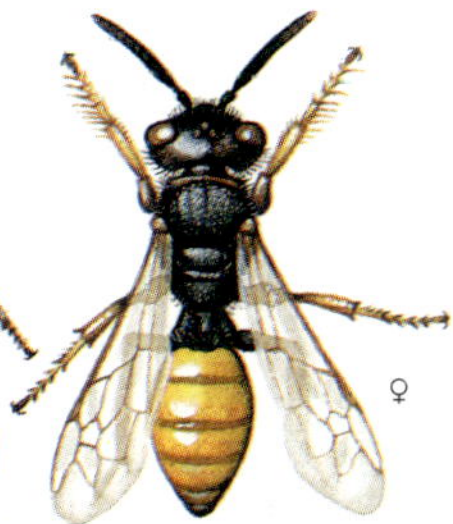

Bienenwolf X 2

Bienenwolf mit Beute

Ein Weibchen der Heuschrecken-Sandwespe trägt eine Laubheuschrecke in ihr Nest. Sie zieht die Beute an den Fühlern und geht auf ihren langen Beinen rittlings über ihr. Sie kann dabei sehr unwegsames Gelände über einige Stunden bewältigen.

Heuschrecken-Sandwespe *Sphex rufocinctus.* 3 Cubitalzellen. Flügel der Weibchen gelb getönt. Gesicht silbrig behaart. Weibchen mit Grabfüßen. 6—9. Größe sehr variabel. Nistet im Sand, trägt Heuschrecken ein. S, südliches Z, besonders im Mittelmeerraum. Die häufigste von mehreren ähnlichen Arten.

Sceliphron destillatorium. 3 Cubitalzellen. Flügelwurzel gelblich. Hinterleibsstiel gelb, fast so lang wie der übrige Hinterleib. 5—8. Heftet ein Lehmnest an Mauern, Steine, Stämme o.ä.; auch in Gebäuden. Trägt Spinnen ein. S, südliches Z. ***S. spirifex*** sehr ähnlich, Thorax und Flügelschüppchen ganz schwer.

Liris praetermissa. 3 Cubitalzellen. Mittelsegment etwa rechteckig, stark gefurcht. 4—8. Erdnester, oft in natürlichen Löchern; trägt Grillen ein. S.

Dolichurus corniculus. 3 Cubitalzellen. Pronotum lang, mit deutlichem Hals. Fast quadratisches Mittelsegment, oben gekielt, stark skulpturiert. Hinterleib stark glänzend. Nistet in hohlen Himbeerstengeln o.ä., trägt Schaben *(Ectobius)* ein. 6—9. S, südliches Z.

Ammophila sabulosa. 3 Cubitalzellen. Hinterleibsstiel 2gliedrig, sehr lang und dünn, vom übrigen Hinterleib nicht scharf abgesetzt. Weibchen mit Grabfüßen. 5—9. Nistet in Sandboden, trägt unbehaarte Raupen ein. Eine von mehreren ähnlichen Sandwespenarten, an glänzend schwarzen Beinen zu erkennen.

Podalonia hirsuta. 3 Cubitalzellen. Thorax borstig behaart, weißlich beim Männchen, schwarz beim Weibchen. Hinterleibsstiel kürzer als bei *Ammophila,* vom übrigen Hinterleib scharf abgesetzt. 3—8. Nistet im Sand, trägt wenig behaarte Raupen ein. Fängt die Beute, anders als die meisten Grabwespen, **bevor** sie das Nest baut.

Kreiselwespe *Bembix rostrata.* §. 3 Cubitalzellen. Sieht den Faltenwespen ähnlich, legt aber die Flügel in Ruhe flach nach hinten. Mundwerkzeuge mit schnabelartiger Verlängerung. Grabfüße der Weibchen sehr ausgeprägt. Wellige gelbe Hinterleibsbänder oft in der Mitte unterbrochen. 5—8. Nistet im Sand, oft dicht nebeneinander; trägt Fliegen ein. Das Weibchen sorgt während der Entwicklung der Larven für Beutenachschub. Einige ähnliche Arten.

Stizus fasciatus. 3 Cubitalzellen. Stigma sehr klein. Hinterleib der Weibchen auffällig oval, ihre Fühler rot. 5—8. Nistet in sandigem Boden; trägt Grillen und Heuschrecken ein. S. Mehrere ähnliche Arten.

Eine Sandwespe verfestigt den Boden mit einem Stein, den sie zwischen den Kiefern hält, nachdem sie das Nest geschlossen hat. Andere Arten stampfen den Sand mit dem Kopf fest.

Heuschrecken-Sandwespe
X 1.5

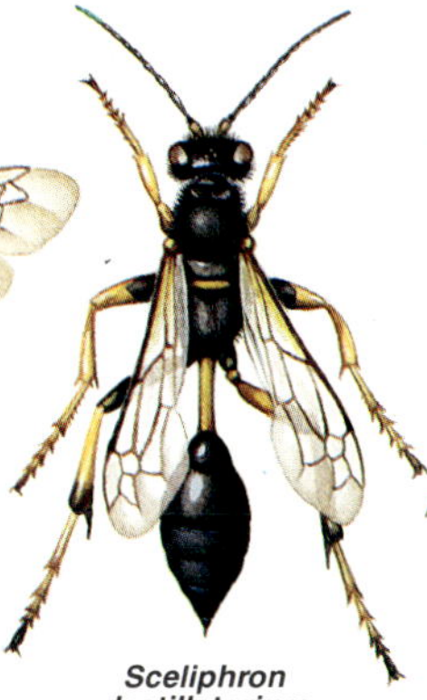

Sceliphron destillatorium
X 1.5

Liris praetermissa
X 2

Dolichurus corniculus
X 2

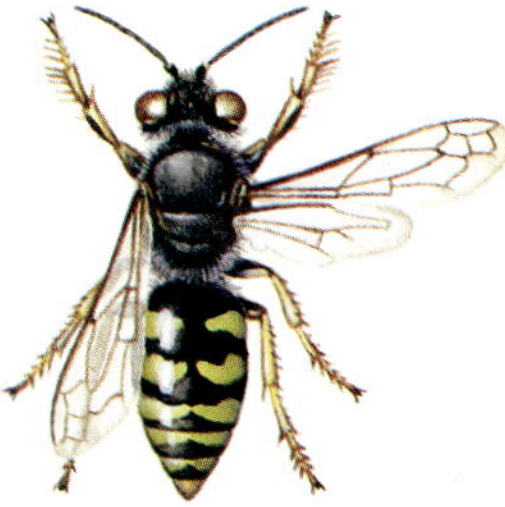

Kreisel-wespe X 1.5

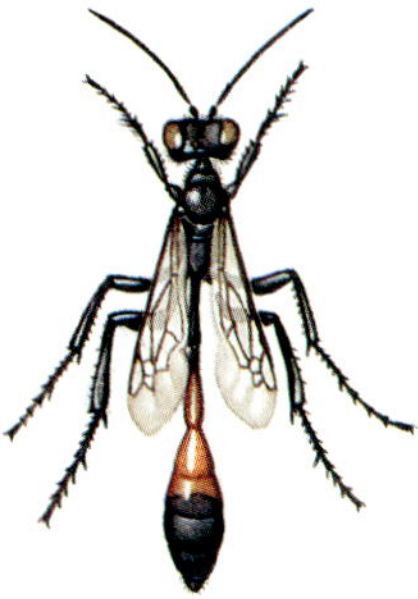

Ammophila sabulosa X 1.5

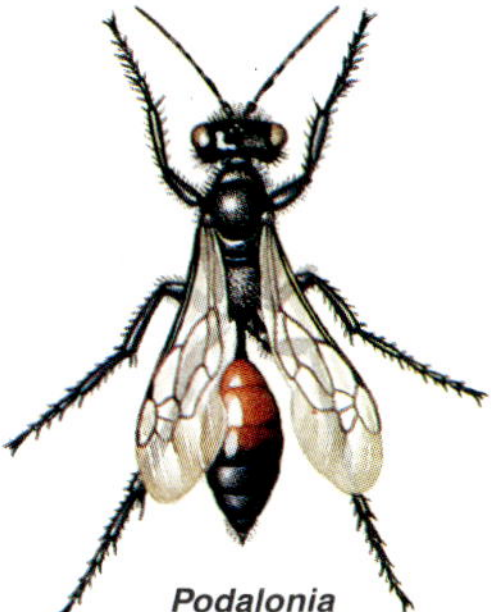

Podalonia hirsuta X 1.5

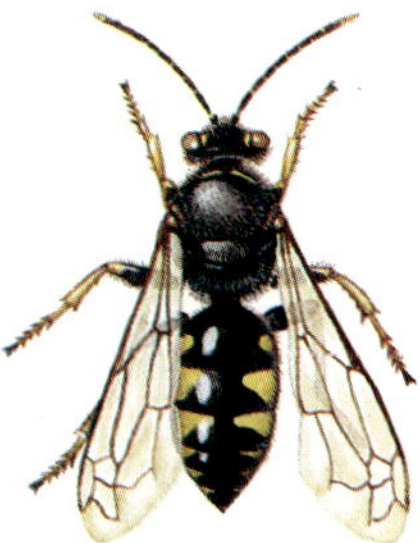

Stizus fasciatus
X 1.5

Ammophila zerrt eine große Raupe zum Nest. Kleinere Raupen werden im Flug getragen.

WEGWESPEN Pompilidae Solitäre Wespen, die Spinnen als Nahrung für die Larven eintragen. Von den Grabwespen (S. 236) durch das Pronotum, das bis zu den Flügelschüppchen nach hinten zieht, unterschieden. Flügel meist mit 3 Cubitalzellen, in Ruhe flach nach hinten gelegt. Männchen oft viel kleiner als Weibchen; Fühler der Weibchen rollen sich nach dem Tode meist ein. Beine lang, dünn; Hinterschenkel besonders lang. Nisten meist in Sandboden; Weibchen oft mit starkem Tarsenkamm zum Graben. Jedes Weibchen legt mehrere Nester an. Jedes wird in der Regel mit einer Spinne und einem Ei beschickt. Danach wird der Bau mit dem Hinterleibsende zugedrückt. Anders als die Grabwespen fangen die Wegwespen ihre Beute, bevor sie Nester anlegen. Wenige Arten bauen Lehmnester.

Cryptocheilus comparatus. Eine der größten europäischen Wegwespen, jagt Wolfsspinnen (auch Taranteln), indem sie ihnen in ihre Wohnhöhlen folgt oder sie auf dem Boden fängt. Männchen oft blasser. 6—7. S.

Caliadurgus fasciatellus. Pronotum vorn ziemlich rechteckig. Männchen ohne braunen Flügelfleck und ohne rote Hinterleibszeichnung. 6—9. Nistet in hartem Lehm. Fängt Radnetzspinnen und trägt sie in die senkrechten Röhren ein.

Ceropales maculata. Stachelscheide der Weibchen deutlich sichtbar; ihre Fühler auch nach dem Tode gerade. Beine unbedornt. Kuckuckswespe, die andere Wegwespen beim Nestbau beobachtet und ihr Ei an die bereitliegende Spinne ablegt. Die *Ceropales*-Larve schlüpft eher und frißt die Larve der nestbauenden Art und die eingetragene Beute. Wespen oft auf Doldenblüten. 5—9.

Eoferreola rhombica. Brustabschnitt deutlich rechteckig. Männchen mit fast farblosen Flügeln, nur 2. Hinterleibssegment orange gezeichnet. Folgt Röhrenspinnen in ihre Gespinsttunnel, lähmt sie zeitweilig und legt ihr Ei daran ab. Die Spinne, die wieder erwacht, wird von außen her von der Larve aufgefressen. 6—7. S, südliches Z.

Anoplius viaticus. Äußere Cubitalzelle fast dreieckig. Hinterleib des Weibchens oben mit vielen schwarzen Borsten; der des Männchens breit, flach. 4—10, besonders häufig im Frühjahr auf Doldenblüten. Jagt Wolfsspinnen. Eine der häufigsten Wegwespen. S, Z. Mehrere ähnliche Arten, jedoch Hinterleiber mit anderem Muster.

Episyron rufipes. Klauen aller Füße deutlich gespalten. Weibchen mit großem Grabkamm. Brustabschnitt silbern beschuppt (Schuppen können bei alten Tieren fehlen). Weiße Hinterleibszeichnung variabel. Fängt Radnetzspinnen in ihren Netzen. 6—9. ***E. tripunctatus*** in S, Z ähnlich, jedoch Beine völlig schwarz.

Pompilus cinereus. Haarbänder des Hinterleibs blaugrau. Hinterleibsspitze des Weibchens mit zerstreuten feinen Haaren. Weibchen mit Grabkamm. 5—9. Fängt vor allem Wolfsspinnen und vergräbt sie vorläufig, während das eigentliche Nest angelegt wird. Viele ähnliche Arten, Hinterleiber oft orange gebändert.

Celonites abbreviatus Masaridae. 2 Cubitalzellen. Flügel in Ruhe längsgefaltet. Pronotum reicht bis zu den Flügelschüppchen. Hinterleib vorn sehr eckig. Solitäre Wespe, die auf Steinen ein Nest aus wenigen Lehmzellen baut und sie mit Pollen und Nektar beschickt. 5—8. S, südliches Z, besonders im Mittelmeerraum.

Ceramius lusitanicus. 2 Cubitalzellen. Fühler der Männchen an der Spitze spiralig gewunden, die der Weibchen normal. Hinterleib vorn gerundet. Gräbt ein Nest in Lehm, legt mehrere Zellen an und beschickt sie mit Pollen und Nektar. 5—7. SW.

PILLEN- und LEHMWESPEN Eumenidae Solitäre Wespen, den staatenbildenden Vespidae (S. 242) nahe verwandt, falten wie diese ihre Flügel in der Ruhe längs zusammen. 3 Cubitalzellen. Pronotum erreicht die Flügelschüppchen. Mittelschiene mit 1 Dorn. Fast alle Arten schwarz und gelb gezeichnet. Bauen kleine Erd- oder Lehmnester.

Delta unguiculata. 1. Hinterleibssegment glockenförmig, deutlich von den folgenden abgesetzt. Das Nest ist ein unordentlicher, mörtelklecksartiger Zellhaufen auf Wänden oder Steinen. Die Art trägt Raupen ein. 6—8. S, südliches Z.

Eumenes coarctatus. Die häufigste Pillenwespe in Heiden. Eine von mehreren ähnlichen Arten, die urnenförmige Zellen an Steinen oder Pflanzen bauen und sie mit kleinen, unbehaarten Raupen beschicken. In jede Zelle wird ein Ei gelegt. 6—9.

Odynerus spinipes. Die völlig schwarze Fühlerspitze der Männchen aufgerollt, ihre Mittelschenkel unten mit 3 Zähnen. Männchen heller behaart. 5—9. Eine von mehreren ähnlichen Lehmwespen, die besonders an Sandhängen nisten; Nesteingang oft mit einem gekrümmten »Schornstein«. Trägt Rüsselkäferlarven ein.

Ancistrocerus antilope. Fühler der Männchen nicht gerollt, ihr letztes Glied hakig gekrümmt. Flügelschüppchen hinten zugespitzt. Nistet in Höhlen, die mit Erdmauern aufgeteilt und mit kleinen Raupen beschickt werden. Die größte mehrerer ähnlicher, sehr häufiger Arten, die nicht leicht voneinander zu unterscheiden sind.

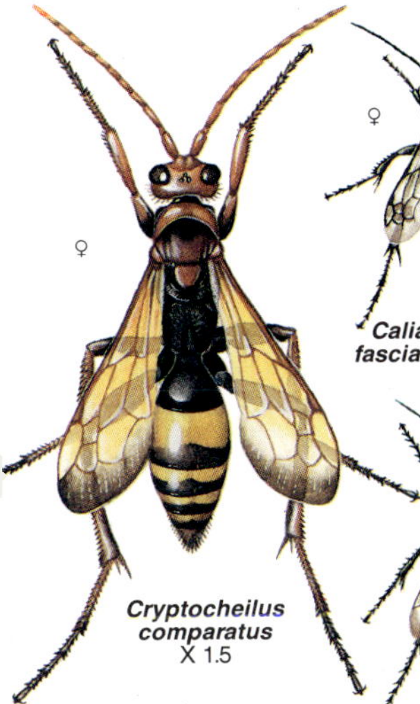

♀ ***Cryptocheilus comparatus*** X 1.5

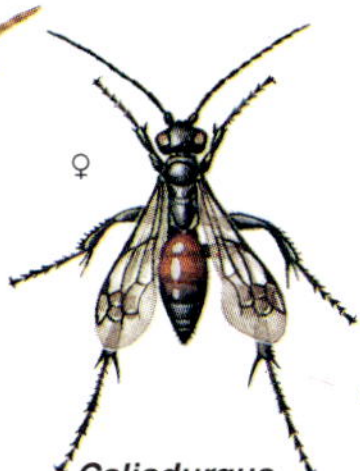

♀ ***Caliadurgus fasciatellus*** X 2

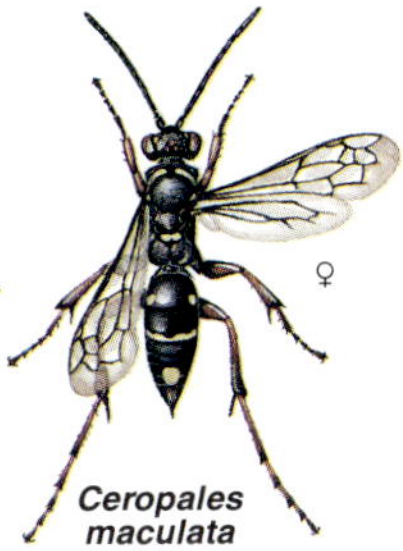

♀ ***Ceropales maculata*** X 2

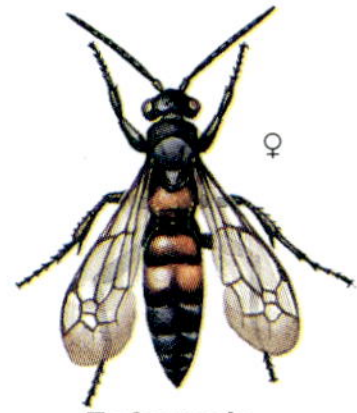

♀ ***Eoferreola rhombica*** X 2

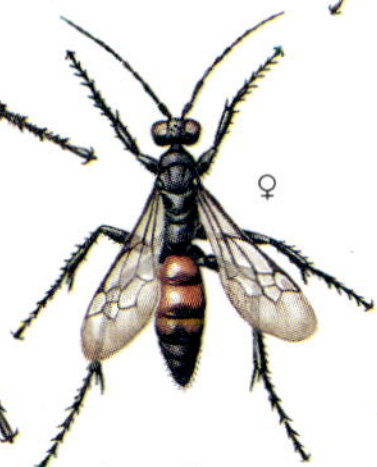

♀ ***Anoplius viaticus*** X 1.5

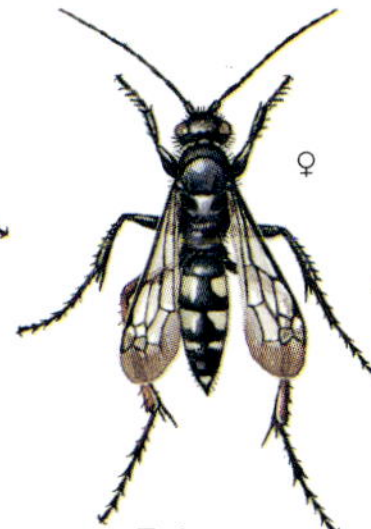

♀ ***Episyron rufipes*** X 1.5

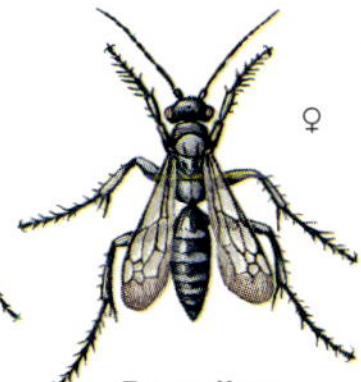

♀ ***Pompilus cinereus*** X 1.5

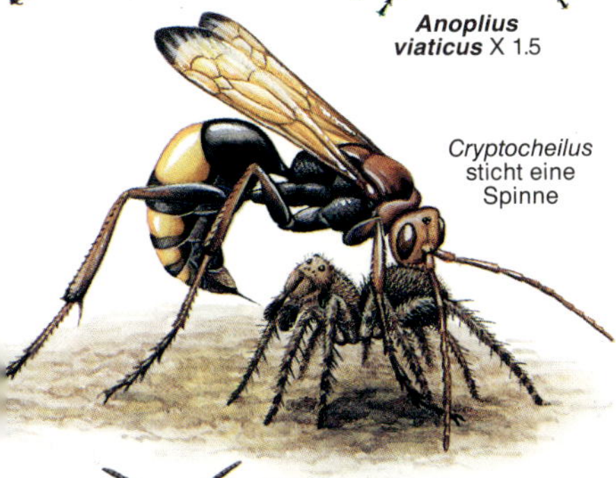

Cryptocheilus sticht eine Spinne

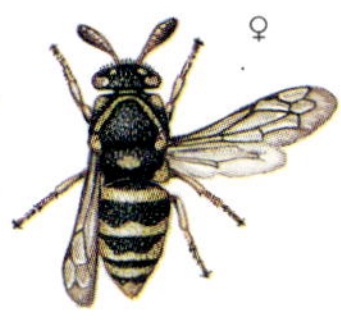

♀ ***Celonites abbreviatus*** X 2

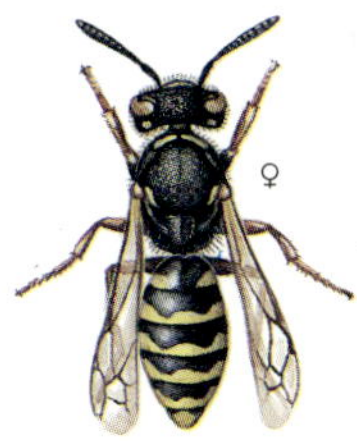

♀ ***Ceramius lusitanicus*** X 1.5

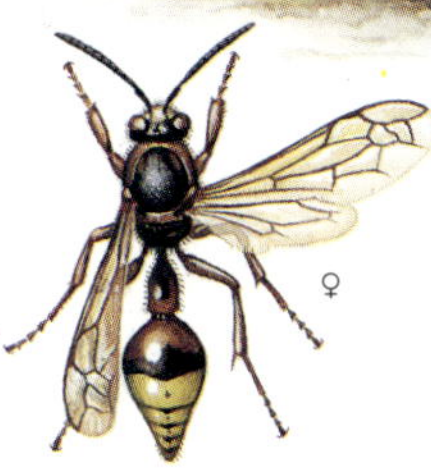

♀ ***Delta unguiculata***

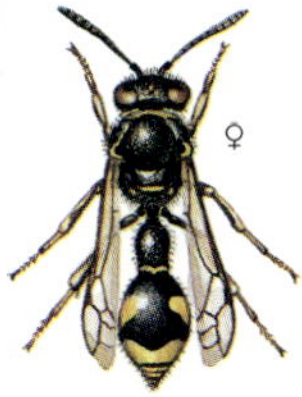

♀ ***Eumenes coarctatus*** X 1.5

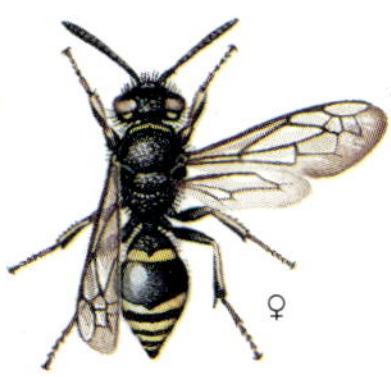

♀ ***Odynerus spinipes*** X 1.5

♀ ***Ancistrocerus antilope*** X 1.5

← Urnenförmiges Pillenwespen-Nest ***(Eumenes coarctatus)*** aus Lehm an Heidekraut. Mehrere können dicht zusammenstehen, sind aber untereinander getrennt.

SOZIALE FALTENWESPEN Vespidae Augen nierenförmig, Flügel in Ruhe längsgefaltet, so daß der Hinterleib von oben gesehen weitgehend unbedeckt bleibt. Pronotum erreicht die Flügelschüppchen. Leben in einjährigen Staaten, die im Frühjahr von einem Weibchen (Königin) gegründet werden. Die Nester werden aus Papiermasse gebaut, die die Wespen aus Holz herstellen. Über den Sommer entstehen einige hundert bis tausend Arbeiterinnen, stets kleiner als die Königin. Männchen treten im Spätsommer auf, häufig auf Blüten. Ihre Fühler sind länger (13 Glieder, Weibchen 12), die Fühlerwurzel unten gelb (bei Weibchen entweder schwarz oder gelb). Die Wespen fressen Nektar und zukkerhaltige Stoffe. Die Larven werden mit anderen Insekten gefüttert. Der Staat stirbt im Herbst ab; nur die begatteten Weibchen überwintern. Bei Kuckuckswespen fehlen die Arbeiter; sie legen ihre Eier in die Nester anderer Wespenarten. Die Zeichnung der Weibchen wird im folgenden beschrieben; die der Männchen variiert stärker.

V. vulgaris

V. germanica

V. austriaca

V. rufa

D. media

D. saxonica

D. sylvestris

D. norvegica

D. adulterina

Vespula vulgaris. Gesicht mit Ankerzeichnung; Wange (zwischen Auge und Kiefer) sehr kurz. Fühlerwurzel schwarz. Thoraxstreifen parallelseitig. Thorax hinten mit 4 gelben Flecken. Nest im Boden oder in Häusern, Papiermasse gelblich, Nestaußenseite schuppenförmig strukturiert.

V. germanica. Gesicht mit 3 Flecken, Wange sehr kurz. Fühlerwurzel schwarz. Thoraxstreifen in der Mitte ausgebuchtet. Thorax hinten mit 4 gelben Punkten. Nest wie das der vorigen Art, jedoch grau.

V. austriaca. Gesicht mit 2 oder 3 schwarzen Flecken, Wange sehr kurz. Fühlerwurzel gelb. Nur 2 gelbe Thoraxflecke. Schienen und 1. Hinterleibssegment lang schwarz behaart. Hinterleib nie rot gezeichnet. Kuckuckswespe bei *V. rufa.* N, Z.

V. rufa. Gesicht mit breitem Mittelstreifen, mitunter ankerähnlich; Wange sehr kurz. Fühlerwurzel schwarz. Nur 2 gelbe Thoraxflecke. Schienen nicht lang behaart. 1. Hinterleibssegment lang schwarz behaart, oft rot gezeichnet. Unterirdisches Nest mit mehr oder weniger glatter Hülle. In ganz Europa, jedoch in S. selten.

Dolichovespula media. Gesicht mit schmalem Querstrich, Wange lang (etwa so wie Fühlerabstand). Fühlerwurzel gelb. Augenausrandung völlig gelb. Besonders bei Weibchen Thorax oft rot gezeichnet, hinten mit 4 gelben Flecken. Hinterleib oft rot gezeichnet, Schwarzanteil variabel. Nest in Büschen, mit glatter Oberfläche.

D. saxonica. Wie *D. norwegica,* Gesichtsstreifen oft irregulär. Thorax seitlich hell behaart. Hinterleib nie rot gezeichnet.

D. sylvestris. Gesicht gelb, höchstens mit 1 Fleckchen. Wange lang. Fühlerwurzel gelb. Thorax seitlich hell behaart, hinten mit 2 gelben Flecken. Nest ziemlich klein, rund, in Büschen, mit dünner, aber fester Hülle. Fehlt im Süden.

D. norvegica. Gesicht mit senkrechtem Mittelbalken, Wangen lang. Fühlerwurzel gelb. Thorax seitlich schwarz behaart, hinten mit 2 gelben Flecken. Hinterleib vorn oft rot. Nest wie das der vorigen Art, jedoch Hülle weniger fest. Weitverbreitet, im N häufig.

D. adulterina. Gesichtsfleck mitunter auch als Mittellinie ausgebildet. Wange lang. Fühlerwurzel gelb. Kuckuckswespe in *saxonia*-Nestern, nicht häufig.

Hornisse *Vespa crabro.* §. Größte Faltenwespe. Nistet in hohlen Bäumen, Schornsteinen, Höhlen, oft Jahr für Jahr am gleichen Ort (stets jedoch ein neues Nest!). Durch Mangel an hinreichenden Nistgelegenheiten stark im Rückgang. Wespenjäger!

Feldwespe *Polistes gallicus.* Eine von mehreren ähnlichen Arten. Hinterleib vorn verschmälert, unbehaart; Muster sehr variabel. Nest ohne schützende Umhüllung (s. Abb.), oft auch in Gebäuden. S, Z, besonders im S. häufig.

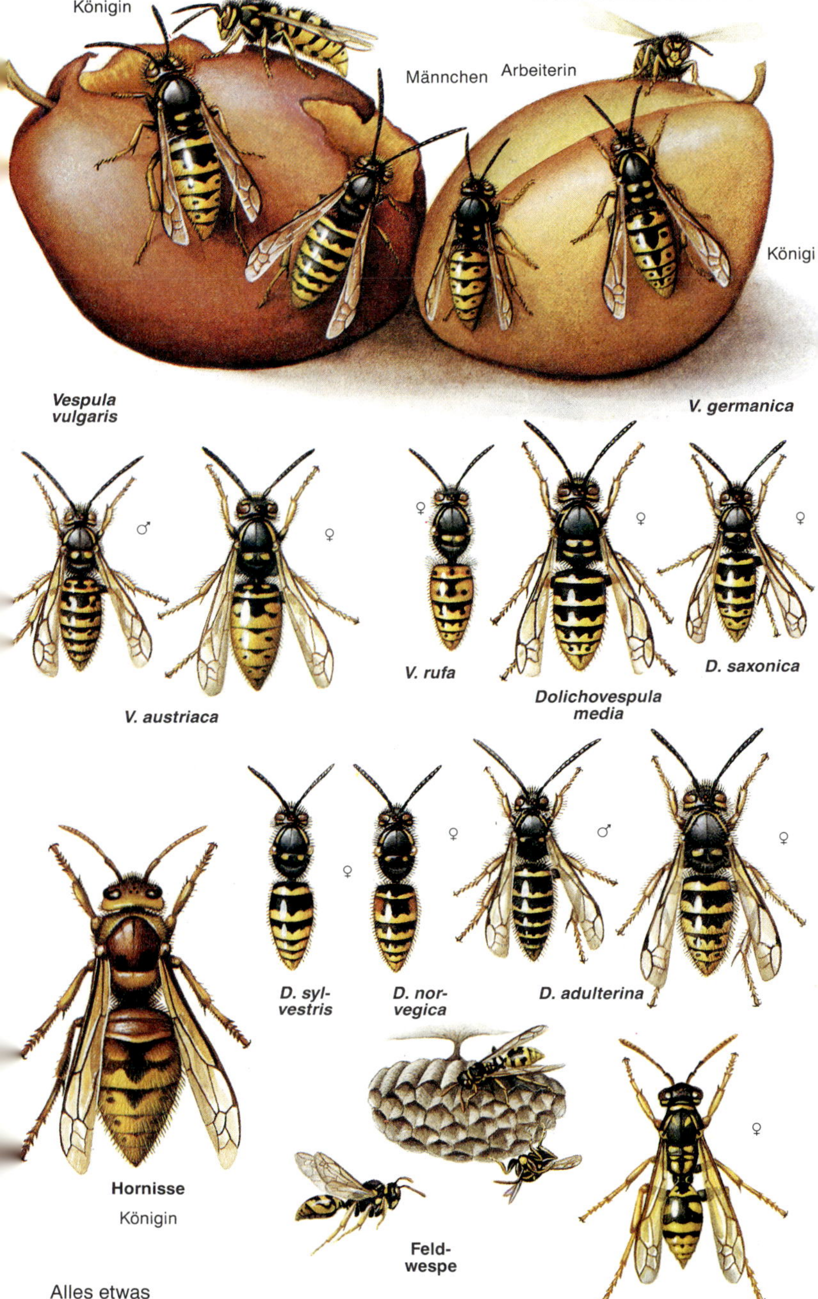

Alles etwas vergrößert

BIENEN Apoidea § Eine große Gruppe der Hautflügler, die verschiedene Familien umfaßt — alle leben von Pollen und Nektar. Das Pronotum erreicht die Flügelschüppchen nicht (S. 218). Der Körper ist meist ziemlich behaart, eine Anpassung an das Pollensammeln. Dieser wird oft auf den breiten, behaarten Hinterbeinen angesammelt zum Nest transportiert. Bei den Hummeln und der Honigbiene sind die Schienen als »Körbchen« ausgebildet, die von steifen Borsten umstanden sind. Einige Arten transportieren den Pollen auf der Bauchunterseite. Stets besitzen nur Weibchen diese Sammeleinrichtungen. Wichtige Bestimmungsmerkmale sind die Cubitalzellen (S. 218) und die Rüsselform. Sie ist bei den Colletidae kurz und breit, sonst zugespitzt und oft lang.

Soweit nicht anders vermerkt, leben alle beschriebenen Arten nicht in Staaten.

Colletes succinctus Colletidae. §. 3 Cubitalzellen. Rüssel kurz, breit. 7—9. Erdnester in Sandböden. Eine von mehreren ähnlichen Seidenbienen-Arten, Hinterleib mit hellen Haarbändern. Haare des Brustabschnittes beim Männchen heller.

Hylaeus signatus. §. 2 Cubitalzellen. Rüssel kurz, breit. Gesicht beim Männchen fast völlig weiß, beim Weibchen weißgefleckt. Fast haarlos, transportieren Pollen im Kropf. Hinterleib besonders beim Männchen parallelseitig. 6—8, auf Himbeerblüten, Doldenblüten; nistet in Sand. S, Z. Eine von mehreren ähnlichen Maskenbienen.

Sandbienen *Andrena* Andrenidae. §. Große Gattung mit vielen Arten, die oberflächlich Honigbienen ähnlich sehen. Hinterleib oft ziemlich flach. 3 Cubitalzellen. Rüssel kurz, zugespitzt. Sandbienen nisten i.A. im Boden und treten besonders im Frühjahr auf. ***A. hattorfiana.*** Eine der großen mitteleuropäischen Arten, dunkelbraun, Hinterleibsspitze gelb. 6—9. ***A. labiata*** 5—6, fast ausschließlich an Ehrenpreisblüten. Beine der Männchen weiß, die der Weibchen hell-goldfarben behaart. S, Z. ***A. cineraria*** Männchen mit weniger deutlichem schwarzen Thoraxband, alle Schenkel weiß behaart (bei Weibchen nur die Vorderschenkel). ***A. haemorrhoa.*** Eine der zeitigsten Frühlingsarten, auf Schlehe, Löwenzahn, Weide. Gesicht der Weibchen weiß, das der Männchen hellbraun, mit gelber Hinterleibsspitze. N, Z. ***A. pilipes*** Thorax der Männchen heller behaart; Weibchen mit weißer Pollenbürste auf den Hinterbeinen. 3—5, mitunter erneut 7—8; vor allem auf Löwenzahn. ***A. florea*** Kopf und Thorax der Männchen heller, ihre Fühler sehr kurz. Breite der roten Hinterleibsbänder variabel, auf den beiden ersten Segmenten meist breit. Vor allem auf Zaunrübe. S, Z. ***A. fulva.*** Im Frühjahr auf Stachel- und Johannisbeer-Blüten; Weibchen leuchtend gefärbt. Nistet im Rasen, Öffnung von kleinem Erdwall umgeben. Z. ***A. marginata*** Hinterleib der Weibchen gelblich- oder rötlichbraun, der der Männchen glänzendschwarz. 6—8, auf Skabiose. S, Z.

Panurgus banksianus. §. 2 Cubitalzellen. Rüssel kurz, zugespitzt. Hinterleib der Männchen schwarz, der der Weibchen braun behaart. Letztere mit auffälliger goldgelber Pollenbürste an den Hinterbeinen. 7—8, auf Sandböden. (»Zottelbienen«).

Schmalbienen *Halictus* Halictidae. §. Große Gattung bodennistender Bienen. Hinterleib stärker zylindrisch als bei den Sandbienen, bei den Weibchen mit kahlem Spitzenfleck. Rüssel kurz, zugespitzt. 3 Cubitalzellen; Basalader in der Vorderflügelmitte stark gekrümmt (bei *Andrena* gerade). Begattete Weibchen überwintern, fliegen erneut im Frühjahr; die nächste Generation im Spätsommer. ***H. rubicundus*** Hinterschiene hellgelb. Hinterleibsbänder beim Männchen durchgehend. ***H. tumulorum.*** Eine von mehreren grünlichen Arten. Beine der Weibchen heller. ***H. scabiosae*** Hinterleib mit breiten hellen Haarbinden. S, südliches Z. Viele Arten zeigen Ansätze zur Staatenbildung: im späten Frühjahr treten wenige sterile Weibchen auf, die jüngere Larven im Nest etwas füttern.

Lasioglossum calceatum. §. 3 Cubitalzellen. Rüssel kurz, zugespitzt. Männchen schlanker, Hinterleib stärker rot gezeichnet. Bei allen Tieren oft weiße Haarbüschel. Nistet meist in steilen Hängen. ***L. malachurus.*** §. Ähnlich, jedoch heller behaart. S, Z.

L. smeathmanellum § Metallisch bläulichgrün oder bronzefarben; Hinterleib des Männchens weniger glänzend. Diese Gattung tritt gleichzeitig mit *Halictus* auf, wie diese Gattung mit Ansätzen zur Staatenbildung.

Sphecodes spinulosus. §. 3 Cubitalzellen. Rüssel kurz, zugespitzt. Kuckucksbiene in Nestern von *Lasioglossum xanthopum*. Körper nackt, sammelt keine Pollen. Eine von mehreren ähnlichen Blutbienen, einige mit dunklen Flügeln, fast alle mit reinschwarzen Fühlern. Fliegt im Spätsommer, begattete Weibchen erneut im Frühjahr zusammen mit der Wirtsart. S, Z.

Sphecodes spinulosus
X 1.5

♀

Colletes succinctus
X 1.5

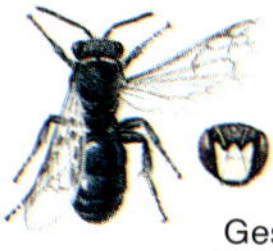

Gesicht

Hylaeus signatus
X 1.5

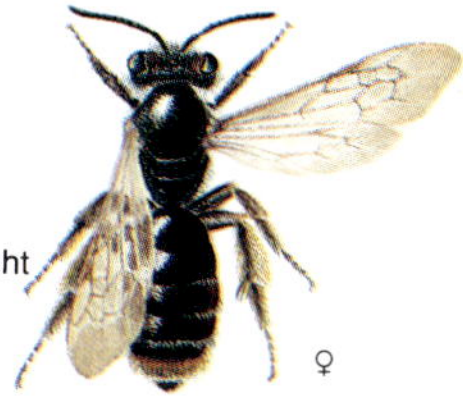

♀

Andrena hattorfiana
X 1.5

♀

A. labiata
X 1.5

♀

A. cineraria
X 1.5

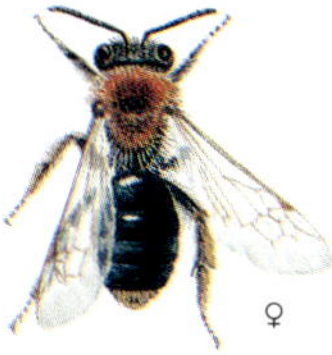

♀

A. haemorrhoa
X 1.5

♀

A. pilipes
X 1.5

♀

A. florea
X 1.5

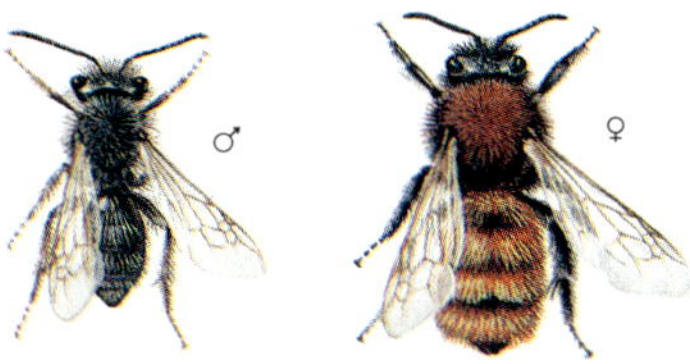

♂ ♀

A. fulva X 1.5

♀

A. marginata
X 1.5

♀

Panurgus banksianus X 1.5

Nesteingang von
A. fulva

♀

Halictus rubicundus
X 1.5

♂

H. tumulorum
X 2

♀

H. scabiosae
X 1.5

♀

Lasioglossum calceatum
X 2

♀

L. malachurus
X 2

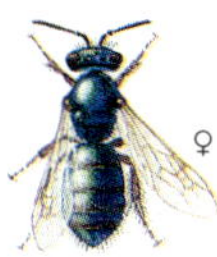

♀

L. smeathmanellum
X 2

Anthidium florentinum Megachilidae. §. 2 Cubitalzellen. Rüssel lang, schlank. Durch gelbe oder ziegelrote Thoraxbänder von den meisten Verwandten unterschieden. Nistet im Sommer in Erdhöhlen, Mauerlöchern, Bäumen. Nest mit Pflanzenwolle gepolstert. Männchen erheblich größer als Weibchen (Gattungsmerkmal). S, südliches Z.

A. manicatum § Thorax fast völlig schwarz. 6—8. Nistet in Löchern in Bauholz und Mauerwerk; transportiert Pflanzenwolle als Ball unter dem Körper.

A. variegatum § Thorax gelb gerändert, Beine völlig gelb. Nistet wie die vorige Art. S, südliches Z. Etwa 30 ähnliche Arten in Europa, die Pflanzenwolle (»Wollbienen«) oder Nadelbaumharz (»Harzbienen«) zum Nestauskleiden verwenden.

Stelis punctulatissima. §. 2 Cubitalzellen. Rüssel lang, schlank. Durch helle Hinterleibszeichnung unterschieden von der sehr ähnlichen **§ *S. phaeoptera.*** Kaum behaarte Kuckucksbiene, nistet in *Osmia*- und *Anthidium*-Nestern.

Chelostoma campanularum. §. 2 Cubitalzellen. Rüssel lang, dünn. Sehr schlanke, fliegenähnliche Biene an Glockenblumen. Weibchen auf der Körperunterseite mit dichter, orangefarbener Pollenbürste. Nistet in Holzwurmbohrlöchern o.ä., in denen sie sich nicht umdrehen kann. Legt Pollen rückwärts, Nektar mit dem Kopf voran ab. 6—8.

C. florisomne. §. Größer, Pollenbürste der Weibchen cremefarben. Gesicht des Männchens lang hell behaart. Vor allem auf Hahnenfußblüten. 6—9. Nistet oft in hohlen Stengeln, auch in Strohdächern. Männchen beider Arten rollen sich nachts oft in Blüten zusammen.

Osmia rufa. §. 2 Cubitalzellen. Rüssel lang, dünn. Männchen viel kleiner als Weibchen, mit viel längeren Fühlern. Gesicht der Männchen hell, das der Weibchen schwarz behaart; diese mit 2 kurzen Hörnchen unter den Fühlern, ihr Hinterleib dichter behaart. 4—7, nistet in Löchern, oft in Mauern, Mörtelzellen. Viele ähnliche Arten (Mauerbienen).

Hoplitis spinulosa. §. Den Mauerbienen ähnlich. Weibchen mit ziegelroter Bauchbürste. Nistet in leeren Schneckenhäusern, Zellen aus Dung! 4—7. S, Z.

Chalicodoma parietina. §. 2 Cubitalzellen. Rüssel lang, dünn. Flügel der Männchen hell, Körper brauner. 4—6. Mauert sehr harte Zellen an Steine, oft in Gruppen (Mörtelbiene). S, Z. Einige ähnliche Arten, von denen einige auch Lehmzellen in hohlen Stengeln fertigen.

Macropis europaea. §. 2 Cubitalzellen. Rüssel kurz, zugespitzt. Brust der Männchen mit Fransensaum, Hinterbeine verdickt, gekrümmt. Hinterschiene der Weibchen mit hellgelber Pollenbürste. 7—8. Vor allem auf Gelbweiderich, mit dessen klebrigem Saft die Erdnester ausgekleidet werden.

Megachile maritima. §. 2 Cubitalzellen. Rüssel lang, dünn. Kopf ziemlich breit. Hinterleib oben vorn ausgehöhlt; jedes Segment hinten mit vollständigem hellen Haarsaum. Weibchen weniger auffällig gefärbt, Vorderbeine nicht verbreitert, mit dichter Bauchbürste, vorn weiß, hinten schwarz oder orange. Eine von etwa 20 ähnlichen Blattschneiderbienen. Die Weibchen schneiden halbkreisförmige Blattstückchen und fertigen daraus Zellen in Pflanzenstengeln o.ä. 6—8. Besonders in Küstengebieten.

M. centucularis. §. Bauchbürste der Weibchen hellorangefarben. Die häufigste Blattschneiderbiene, oft an Rosen. Nistet meist in Holz. 5—8.

Dasypoda altercator Melittidae. §. 2 Cubitalzellen. Rüssel zugespitzt. Hinterbeine der Weibchen mit auffälligen goldenen Haarbüscheln, die der Männchen mit langen gelben, dichten Haaren. Gesicht der Männchen dicht gelb behaart, ihre Hinterleibsbehaarung heller gelb als beim Weibchen (Hosenbiene). Nistet in Sandboden. 6—9.

Melitta haemorrhoidalis. §. 3 Cubitalzellen. Rüssel zugespitzt. Brust und Hinterleib der Männchen länger, heller behaart. Ähnlich *Andrena* (S. 244), jedoch Rüssel etwas länger. 6—8, auf Kalkwiesen, oft an Rundblättriger Glockenblume. Einige ähnliche Sägehornbienen-Arten.

Coelioxys inermis. §. 2 Cubitalzellen. Rüssel lang, dünn. Eine von mehreren ähnlichen Kegelbienen: Hinterleib der Weibchen zugespitzt, beim Männchen bedornt. Bei dieser Art Hinterrand des 5. Hinterleibssegmentes ohne hellen Haarsaum. Kuckucksbiene in Nestern von *Megachile.* Die Kegelbienenlarve schlüpft als erste und zerstört das Ei der Blattschneiderbiene. 6—8.

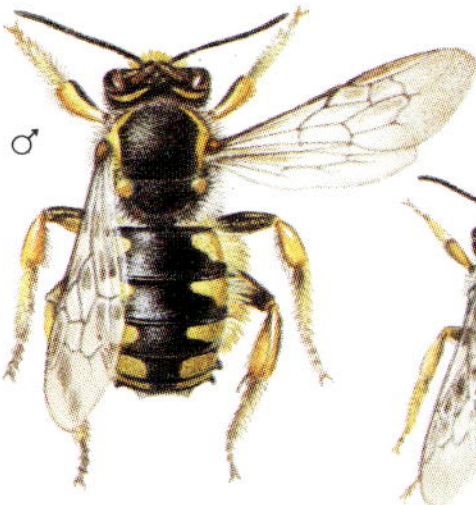

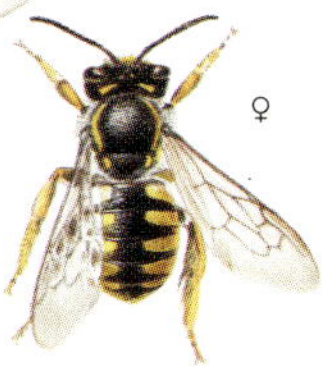

A. manicatum
X 1.5

A. variegatum X 1.5

Anthidium florentinum X 1.5

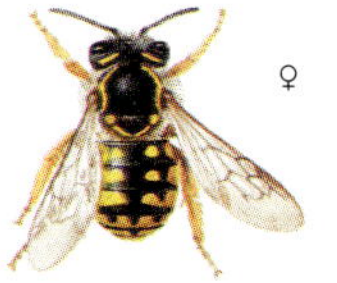

Stelis punctulatissima
X 1.5

C. florisomne X 1.5

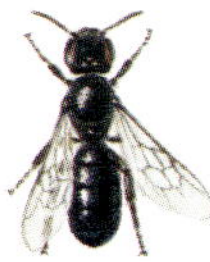

Chelostoma campanularum
X 2.5

Kopf des
Weibchens

Osmia rufa
X 1.5

Hoplitis spinulosa X 1.5

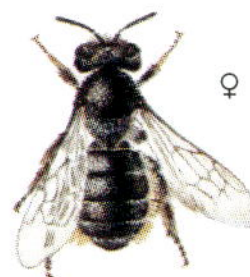

Chalicodoma parietina
X 1.5

Macropis europaea X 1.5

Megachile maritima X 1.5

M. centuncularis
X 1.5

Dasypoda altercator X 1.5

Melitta haemorrhoidalis X 1.5

Coelioxys inermis X 1.5

Nomada fulvicornis Anthophoridae. §. 3 Cubitalzellen. Zunge eiförmig. Eine wespenartige Biene, fast haarlos, Hinterleib unterschiedlich stark gelb gezeichnet, 2. und 3. Band stets unterbrochen. Beim Weibchen 1. Band oft auf 2 kleine Flecke reduziert. 4—6, Kuckucksbiene in *Andrena*-Bauten. Viele nahe verwandte Arten, alle schwarz mit gelber, roter oder brauner Zeichnung.

Epeolus cruciger. §. 3 Cubitalzellen. Rüssel lang, dünn. Beine der Weibchen rot. Fast haarlos. 7—8, auf Sandböden. Kuckucksbiene in *Colletes*-Bauten. N, Z.

Eucera longicornis. §. 2 Cubitalzellen. Rüssel lang, dünn. Fühler der Männchen extrem lang, Gesicht gelb, Hinterleib ohne helle Binden an der Spitze, Beine weniger behaart. 4—7, Erdnester. Mehrere ähnliche Langhornbienen-Arten.

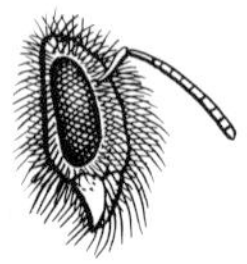

Kopf von *Anthophora*

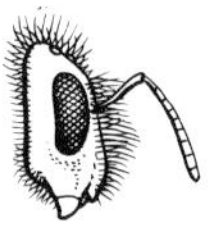

Kopf einer Hummel (S. 250)

Anthophora plumipes. §. 3 Cubitalzellen. Rüssel sehr lang, dünn. Starker Geschlechtsunterschied: Weibchen tiefschwarz, mit orangefarbenen Pollenbürsten an den Hinterbeinen; Männchen bräunlich, mit großen Haarpinseln an den Mittelbeinen. Den Hummeln (S. 250) ähnlich, doch fehlen Wangen, d.h. die Augen berühren die Kieferwurzeln. Fliegen schneller als Hummeln, mit hohem Fluggeräusch. Vermögen vor Blüten in der Luft zu stehen. 3—6. Häufig in Gärten, besonders an Lungenkraut. Nistet im Boden und in weichem Mörtel. Mehrere ähnliche Pelzbienenarten. **_A. retusa_** § Beim Männchen nur Hinterleibswurzel braun behaart, Mittelbeine ohne Haarpinsel. **_A. hispanica_** § fliegt im SW 1—3, nistet in Sandböden.

Melecta luctuosa. §. 3 Cubitalzellen. Rüssel lang, dünn. 4—6. Kuckucksbiene bei *Anthophora retusa.* Fehlt im hohen Norden. **_M. albifrons_** § sehr ähnlich, helle Flecke des Hinterleibs kleiner, Brust bräunlicher behaart. Kuckucksbiene in *Anthophora*-Bauten.

Tetralonia salicariae. §. 3 Cubitalzellen. Rüssel lang, dünn. Fühler der Männchen sehr lang, wie bei *Eucera.* 7—8, auf Blutweiderich, mitunter auch auf Natternkopf, wildem Thymian. Lokal verbreitet, S, Z.

Holzbiene *Xylocopa violacea.* §. Färbung unverwechselbar, fliegt im Sommer und Herbst und nach der Überwinterung erneut im Frühjahr. Nistet in totem Holz (Name!). Fliegt rasch, ist trotz ihrer Größe wenig aggressiv, sticht selten. Pollentransport im Kropf, ohne Transporteinrichtungen am Körper. S, Z; im Norden nur selten. 3 sehr ähnliche Arten in Westeuropa.

Ceratina cyanea. §. 3 Cubitalzellen. Rüssel lang, dünn. Metallisch blau, Männchen mit weißem, Weibchen mit schwarzem Gesicht. Auch die Beine der Weibchen nur wenig behaart. 4—6, nistet in hohlen Himbeerstengeln o.ä. Mehrere ähnliche Keulhornbienen.

Honigbiene *Apis mellifera* Apidae. 3 Cubitalzellen. Radialzelle sehr lang, schmal, erreicht die Flügelspitze. Rüssel lang, dünn. Soziale Art, lebt in Dauerstaaten mit max. 50000 Tieren. Ursprünglich in Südasien beheimatet, seit langen Zeiten auch in Europa heimisch, vor allem in Bienenhaltungen. Königinnen werden nur während der Paarungsflüge und bei Schwärmen außerhalb des Nestes angetroffen, im letztgenannten Fall in einer Masse von Arbeiterinnen. Letztere machen den Hauptanteil eines Volkes aus. Drohnen (Männchen) sind plumper und treten vor allem im Sommer auf. Es gibt mehrere Honigbienen-Rassen. Einige sind fast schwarz, andere sind an der Hinterleibswurzel orange gezeichnet, so die Italienische Biene. Die einzelnen Rassen kreuzen sich leicht, und so zeigen wildlebende Völker meist die Merkmale mehrerer Rassen.

Wildlebende Völker bauen in hohlen Bäumen und an ähnlichen Orten, mitunter auch ungeschützt an Büschen o.ä. Jeder Bau besteht aus einer Reihe senkrecht hängender Waben aus Wachs, die nicht von einer Hülle wie bei den Faltenwespen umgeben sind. Jede Wabe besteht aus hunderten sechseckiger Zellen, in denen die Larven aufgezogen sowie Pollen und Honigvorräte untergebracht werden. Neue Königinnen werden herangezogen, wenn ein Volk zu groß oder die Königin zu alt wird. Die Arbeiterinnen bauen dazu besondere größere Zellen am Wabenunterrand und füttern die darin befindlichen Larven auf besondere Weise. Eine der daraus entstehenden neuen Königinnen kann die alte später ablösen.

♀
Nomada fulvicornis
X 1.5
♀
Epeolus cruciger
X 2
♀
Kopf des Männchens
Eucera longicornis X 1.5
♂
♀
Anthophora plumipes
X 1.5
♀
A. hispanica
X 1.5
Ceratina cyanea
X 1.5
Melecta luctuosa
X 1.5
Holzbiene
X 1.5
♂
♀ (Königin)
♀
Tetralonia salicariae X 1.5
♀ (Arbeiterin)
Honigbiene
X 1.5

HUMMELN Relativ große, stark behaarte, staatenbildende Bienen der Gattung *Bombus,* von *Anthophora* (S. 248) durch Wangen, die Augen und Kiefernwurzeln trennen, unterschieden. Die Tiere leben in einjährigen Kolonien. Nur die Weibchen überwintern und gründen im Frühjahr ein neues Volk. Das Nest kann unterirdisch, z.B. in alten Mauselöchern, oder an sonnigen Hängen an der Basis großer Grasbülten angelegt werden. Es besteht aus einer Gras- und Mooskugel, darin Wachszellen. Die Larven werden mit Nektar und Pollen gefüttert. Letzterer wird in auffälligen Paketen an den Hinterbeinen heimtransportiert (»Höschen«). Die Arbeiterinnen im zeitigen Jahr sind sehr klein und werden oft nicht für die gleiche Art wie die großen Königinnen gehalten. Die späteren Arbeiterinnen sind, durch bessere Fütterung während ihrer Larvenzeit, größer. Die Männchen, kenntlich an längeren Fühlern, erscheinen im Sommer. Alle hier abgebildeten Tiere sind Königinnen. Arbeiterinnen und Männchen sehen, soweit nicht anders angegeben, ähnlich aus; die Bestimmung ist jedoch durch viele Regionalrassenbildungen nicht einfach. Bei einigen nördlichen Arten treten nur wenige Arbeiterinnen auf. In der Arktis fehlen sie schließlich ganz — die Kürze des Sommers ermöglicht den Aufbau eines Volkes nicht.

Bombus lapponicus. §. Sehr variable Art mit starker Rassenbildung. Kragen und Schildchen können graugelb sein. Hinterleib fast völlig rot, zur Spitze hin untermischt mit gelben Haaren. Nistet auf dem Boden oder dicht unter der Oberfläche; wenige Arbeiterinnen. Auf das nördliche Skandinavien (dort oft die häufigste Art) und Hochgebirge beschränkt.

B. soroeensis. §. Bei der typischen Rasse *(B. s. soroeensis)* ist der Kragen und das 2. Hinterleibssegment gelb, das Hinterleibsende weiß. Bei Männchen ist auch das 1. Hinterleibssegment gelb. Unterirdisches Nest. Die Unterart *B. s. proteus* ist ganz schwarz, nur das Hinterleibsende orange. Beide Unterarten sind weit verbreitet, kreuzen miteinander, so daß viele Zwischenformen vorkommen.

B. jonellus. §. Kopf oben meist gelb behaart. Kragen, Schildchen und 1. Hinterleibssegment gelb, Hinterende weiß. Körbchen rötlich. Ähnelt einer kleinen *hortorum,* doch ist das Gesicht kürzer, runder. Besonders an Küsten, auf Heiden.

Gartenhummel *B. hortorum.* §. Ziemlich groß, Kragen, Schildchen und 1. Hinterleibssegment gelb, Hinterende weiß. Lang behaart, Körbchen mit schwarzen Borsten. Überall häufig, besonders in Gärten. Nistet auf oder dicht unter dem Boden.

B. ruderatus. §. Oft der Gartenhummel ähnlich, gelbe Bänder meist schmaler und kräftiger; können auch völlig fehlen. 1. Hinterleibsbinde oft unterbrochen. Haare im ganzen kürzer. Flügel mitunter recht dunkel gefärbt. Viel seltener als die Gartenhummel, fehlt im hohen Norden. Nistet unterirdisch.

B. hypnorum. §. Kenntlich an rein braunroter Brust und weißem Hinterende; Hinterleibswurzel kann auch rein schwarz sein. Nistet in hohlen Bäumen u.a. oberirdischen Höhlungen. In Wäldern in fast ganz Europa.

B. subterraneus. §. Große, kurzhaarige Hummel mit rotgelbem Kragen und sehr schmalem gelben Schildchen-Band; beides kann fehlen. Hinterende schmutzigweiß. Hinterleibssegmente an der Hinterkante oft mit braunem Fransensaum. Männchen größtenteils grünlichbraun oder bräunlichgelb, mit schwarzen Binden. Nistet unterirdisch.

B. lucorum. §. Kragen, 2. Hinterleibssegment zitronengelb, Hinterende weiß. Männchen können auch ein gelbes Schildchen aufweisen, ihre Farbbinden breiter sein. Sehr frühe Hummel, nahezu überall häufig. Nistet unterirdisch.

Erdhummel *B. terrestris.* §. Kragen, 2. Hinterleibssegment goldgelb (oft reduziert). Hinterende weiß (in England braungelb). Arbeiterinnen und Männchen stets mit weißlichem Hinterende, mitunter rötlichgelb überflogen. Nistet unterirdisch. Sehr häufig, nicht jedoch im hohen Norden.

B. pratorum. §. Ziemlich kleine Hummel, Kragen und 2. Hinterleibssegment gelb (mitunter unterbrochen). Hinterende tief orangerot. Ziemlich zottig. Arbeiterinnen kann die gelbe Hinterleibszeichnung fehlen. Männchen mit breitem gelben Kragen, Hinterleib stärker gelb gezeichnet. Früh im Jahr, oft nur bis Juli; mitunter eine 2. Generation. Nistet oberirdisch, z.B. in Nistkästen, alten Vogelnestern.

B. alpinus. §. Leicht kenntlich an schwarzer Brust und goldgelbem Hinterleib. Hinterbeine und Körbchen tiefschwarz (bei *lapponicus* bräunlich). Nistet ober- und unterirdisch. Heiden und Almen in den Alpen und in Skandinavien.

B. monticola. §. Kragen und Schildchen in der Regel hellgelb; Schildchen aber auch schwarz. Mitunter Brust ganz schwarz. Hinterleib weitgehend rot, nach hinten zu heller. Besonders nördliche Gebirge und Moore.

B. confusus. §. Kurzhaarig, Brust bucklig verdickt. Hinterende rot, zugespitzt. Augen der Männchen groß, Prothorax grau behaart. S, Z.

B. pomorum. §. Hinterende rot, rosa überflogen. Männchen mit gelbgrauem Kragen und Schildchen, Hinterleib weitgehend rot. Auf Sandböden.

Bombus lapponicus

B. soroeensis soroeensis

B. s. proteus

B. jonellus

Garten-
hummel

B. ruderatus

B. hypnorum

B. subterraneus

B. lucorum

Erdhummel

B. pratorum

B. alpinus

B. monticola

B. confusus

B. pomorum

Bombus cullumanus. §. Das abgebildete Tier stammt aus Spanien. Die Männchen zeigen überall etwa diese Zeichnung; Königinnen sind jedoch in Europa meist schwarz mit rotem Hinterende und zeigen nur Spuren einer gelben Zeichnung. Sie sehen so oberflächlich der Steinhummel ähnlich, doch ist ihr 1. Hinterfußglied glänzendschwarz, nicht gelbbraun wie bei *lapidarius.* Weitverbreitet, doch selten.

B. mendax. §. Sehr variable Art. Die hellen Thorax- und Hinterleibsbinden können in den Alpen fehlen, sind in den Pyrenäen jedoch stets vorhanden, Hinterende, besonders bei Männchen, auch rot. Nur im Gebirge.

B. mesomelas. §. An hell- bis rehbrauner Behaarung und auffälligem schwarzen Band zwischen den Flügelwurzeln erkennbar. Hinterleibswurzel mitunter golden, Hinterleibsspitze schwarz. Männchen zottig grauweiß, mit schwärzlichem Thoraxband, Hinterende mehr gelbgrau. Alpen, Pyrenäen.

B. distinguendus. §. Langhaarige, vorzugsweise braune Hummeln mit schwarzem Band zwischen den Flügelwurzeln. Kräftiger als *mesomelas* gefärbt. Nistet unterirdisch. Nicht häufig. N, nördliches Z.

B. pascuorum. §. Weitgehend lederbraun; der Schwarzanteil wechselt: im Norden sehr dunkel, im Süden häufig fuchsrot. Behaarung ziemlich dünn. Nistet oberirdisch, oft in Vogelnestern. Eine der letzten Hummeln im Spätherbst.

B. hyperboreus

B. wurfleini pyrenaicus

Steinhummel

B. gerstaeckeri. §. Thorax golden oder orangegelb. Hinterleib mit zerstreuten weißen Haaren, manchmal reinschwarz. Gesicht lang und schmal. Alpen, Pyrenäen, meist an Eisenhut-Blüten.

B. sylvarum. §. Thorax fahlbraun mit schwarzem Mittelfeld. Hinterleibssegmente mit hellen Fransensäumen hinten. Hinterende orange bis rosenrot. Ziemlich späte Art. Fehlt im hohen Norden.

B. hyperboreus. §. Leuchtend gefärbte, langhaarige Hummel. Die Bänderung kann auch gelb sein. Das schwarze Band zwischen den Flügelwurzeln nie breiter als der Kragen. Wurzelbereich der Flügel dunkler als ihre Spitze. N.

B. wurfleini pyrenaicus. §. Bunte Hummeln der Pyrenäen, ähnelt der spanischen *cullumanus*-Rasse, doch größer, Hinterleib weniger gelb gezeichnet. Nistet unterirdisch. Weiter im Norden *B. w. mastrucatus,* schwarz, Hinterende orange.

Steinhummel *B. lapidarius.* §. Hinterleib ziemlich lang. Haare länger, Thorax weniger bucklig als bei *confusus* (S. 250). Männchen mit breitem gelben Kragen. Nistet oft unter Steinen; besonders häufig in offenem Gelände; Im N an Küsten. ***B. ruderarius*** ähnlich, jedoch Körbchen rot, nicht schwarz.

SCHMAROTZERHUMMELN Kuckuckshummeln der Gattung *Psithyrus;* Arbeiterinnen fehlen. Nisten in Bombusnestern; töten oft die *Bombus*-Königin und lassen ihre Larven von den *Bombus*-Arbeiterinnen aufziehen. Sehen meist der Wirtsart ähnlich, jedoch weniger stark behaart, Panzer schimmert durch. Weibchen ohne Körbchen. Flügel oft dunkler als bei *Bombus.* Die Weibchen überwintern, erwachen später als die Hummelweibchen, so daß diese dann bereits Nester angelegt haben.

Psithyrus barbutellus. §. Kragen und Schildchen gelb; auch die Hinterleibswurzel kann gelblich sein. Hinterende stets weiß. Wirt: *Bombus hortorum.*

P. vestalis. §. Weitgehend schwarz, mit breitem goldgelben Kragen und gelben und weißen Flecken am Hinterende. Wirt: *Bombus terrestris.* Im N selten.

P. campestris. §. Der Anteil gelber Haare auf dem Schildchen variiert. Hinterleib mitunter ganz schwarz, meist jedoch z.T., besonders hinten, gelblich behaart. Männchen sehr variabel: meist vorzugsweise gelblich, aber auch ganz schwarz. Wirt: *Bombus pascuorum* — ähnelt diesem Wirt nicht! (Ausnahme!).

P. rupestris. §. Weibchen sehen der Steinhummel, ihrem Wirt, sehr ähnlich. Männchen gewöhnlich mit gelbgrauen Haaren im Kragen und an der Hinterleibswurzel. Weitverbreitet, jedoch nicht häufig.

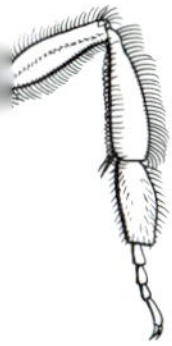

Hinterbein eines
Bombus ♀

B. cullumanus

B. mendax

B. mesomelas

B. distinguendus

B. pascuorum

B. gerstaeckeri

B. sylvarum

Psithyrus barbutellus

P. vestalis

Hinterbein eines ***Psithyrus*** ♀

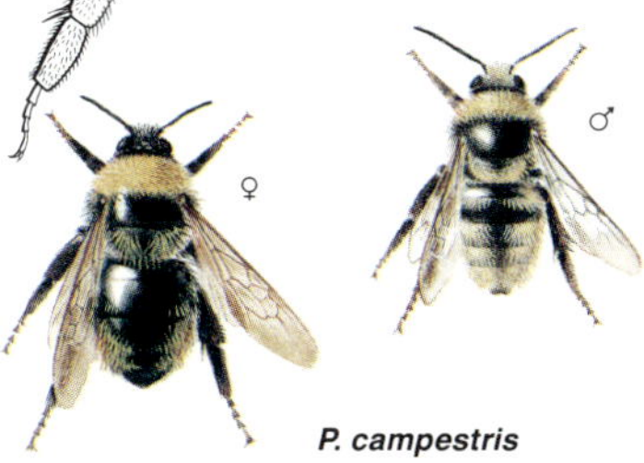

P. campestris

P. rupestris

KÄFER Ordnung Coleoptera

Die größte Insektenordnung mit über 300 000 bekannten Arten, wovon etwa 20 000 in Europa vorkommen. Zu dieser Ordnung gehören die massivsten Insekten — die Goliathkäfer, die etwa 100 g wiegen, und einige der kleinsten, die weniger als 0,5 mm messen.

Käfer sind als solche leicht zu erkennen, denn ihre Vorderflügel sind zu kräftigen Deckflügeln (Elythren) umgebildet. Sie bedecken den ganzen Hinterleib — nur die Kurzflügler (S. 260) bilden eine Ausnahme. Sie stoßen in der Regel in der Körpermitte zusammen, ohne sich zu überlappen, und geben den Tieren das typische »gepanzerte« Aussehen. Die häutigen Hinterflügel sind in der Ruhe zusammengefaltet unter den Deckflügeln geborgen. In manchen Fällen fehlen sie. Die Deckflügel können dann miteinander verwachsen sein und so zusätzlichen Schutz gewähren. Selten, etwa bei weiblichen Glühwürmchen, fehlen auch die Deckflügel. Käfer sind nur mit einigen Wanzen (S. 72) zu verwechseln, doch überlappen sich bei diesen die Vorderflügel und haben eine häutige Spitze. Außerdem haben Wanzen einen Stech- und Saugrüssel, Käfer dagegen kauend-beißende Mundwerkzeuge.

Die Käfer besitzen gutentwickelte Komplexaugen und Fühler, deren Gestalt für die Bestimmung von Bedeutung ist. Manche Fühler sind deutlich gekniet; das 1. Glied, der Schaft (Scapus), ist sehr lang, die übrigen dazu im rechten Winkel angeordnet, so z.B. bei den Rüsselkäfern (S. 284—86). Rüsselkäfer tragen die Fühler meist vorn am langausgezogenen Kopf. Sie können den Fühlerschaft in Rillen an den Rüsselseiten einlegen.

Der Prothorax ist stets groß, von dem kräftigen, oft stark ornamentierten Halsschild (Pronotum) bedeckt. Bei einigen Arten bedeckt der Halsschild auch den Kopf. Der Rest des Thorax wird von den Deckflügeln verdeckt. Nur ein kleines Dreieck, das Schildchen (Scutellum), bleibt frei. Dieses liegt in der Mittellinie zwischen den Wurzeln der Deckflügel. Die **Beine** sind sehr unterschiedlich je nach Lebensweise der Käfer ausgebildet. Die Vorderbeine der Mistkäfer tragen z.B. starke Zähne (Grabbeine), während die Hinterbeine der meisten Wasserkäfer zu echten ruderartigen Schwimmbeinen umgebildet sind. Die Anzahl der Fußglieder (meist 4 oder 5) und die Gestalt der Hüften, d.h. des jeweils ersten Beingliedes, sind auch für die Bestimmung von Bedeutung, im Felde jedoch kaum verwendbar.

Die meisten Käfer können fliegen, tun dies jedoch selten. Es sind vorzugsweise Tiere des Bodens und des Bewuchses. Viele leben zwischen Steinen und in der Streu und sind dort durch ihre Deckflügel gut geschützt: selbst kleine Arten können meist nur schwer zer- und erdrückt werden. Die kauenden Mundwerkzeuge dienen den meisten Käfern und ihren Larven zur Bewältigung fester Nahrung. Einige Arten lecken auch Nektar auf, und bei einer Reihe von Larven sind die Kiefer zu Saugzangen umgebildet, mit denen Beute ausgesaugt wird. Nahezu jede Art von Nahrung wird von Käfern genutzt, so selbst vertrocknete Kadaver, Pfeffer, Korn und trockenes Möbelholz. Diese sehr trockenen Substrate stellen für die Tiere kein großes Problem dar, denn durch ihre Deckflügel sind sie sehr gut gegen Austrocknung geschützt. Die Mehrzahl der Arten lebt allerdings von frischen Pflanzen, von Blättern, Früchten wie vom Holz und den Wurzeln. Die Fähigkeit zur Nutzung so unterschiedlicher Stoffe als Nahrung, die durch die Beibehaltung der ursprünglichen kauenden Mundwerkzeuge ermöglicht ist, war ausschlaggebend für den großen Erfolg dieser Insektenordnung in aller Welt.

Entwicklung. Alle Käfer haben eine vollständige Metamorphose und zeigen wenig Brutpflege. Die Larven (S. 295/97) sind oft stärker unterschieden als die Käfer, obwohl sie meist die gleiche Ernährungsweise wie ihre Eltern haben. Die meisten besitzen 3 Beinpaare, die Rüsselkäferlarven, die mitten im Futter leben, sind jedoch allgemein beinlos. Bei den meisten europäischen Käfern tritt eine Generation pro Jahr auf. Sie überwintern als Larve oder als Käfer. Nur wenige Arten überdauern den Winter als Ei.

Wasserkäfer. Käfer aus verschiedenen Familien, vor allem Dytiscidae und Hydrophilidae, haben sich an das Wasserleben angepaßt. Die meisten können jedoch weiterhin fliegen und so von einem zum nächsten Gewässer gelangen. Diese Käfer haben typische glatt gerundete Formen und breite, ruderartige Hinterbeine (S. 290/92). Sie atmen weiterhin Luft und nehmen einen Luftvorrat mit unter Wasser. Bei den Dytiscidae wird er unter den Deckflügeln mitgeführt, und die Atemöffnungen liegen auch dort. Ist der Sauerstoff dort erschöpft, stecken die Käfer ihre Hinterleibsspitze aus dem Wasser und ergänzen ihren Luftvorrat. Die Hydrophilidae tragen nur einen Teil ihres Luftvorrates unter den Flügeldecken, den größeren jedoch zwischen der feinen Behaarung der Bauchseite. Die Luft gibt den Tieren im Wasser einen silbrigen Glanz. Die Hydrophilidae durchbrechen die Wasseroberfläche mit dem Kopf — sie strecken als erstes einen ihrer keulenförmigen Fühler heraus. Dieser ist mit wasserabweisenden Haaren besetzt und bildet einen Kanal, durch den die Luft beiden Reservoiren zugeführt werden kann.

Wenige kleine Wasserkäfer haben sich von den Oberflächenbesuchen unabhängig gemacht — sie atmen durch eine »physikalische Kieme«. Durch eine extrem feine Behaarung wird ein Luftfilm rings um ihren Körper festgehalten. Dieser Film funktioniert als Kieme: er steht mit den Atemöffnungen in direktem Kontakt. Wird ihm Sauerstoff entzogen, so fließt er aus dem umgebenden Wasser nach, bis das Gleichgewicht wiederhergestellt ist. Diese Atmung wird auch als Plastron-Atmung bezeichnet. Die Larven einiger Wasserkäfer haben echte Kiemen entwickelt, die Sauerstoff direkt aus dem Wasser aufnehmen. Die meisten Larven atmen jedoch Luft wie die Käfer. Sie kommen mit ihrem Hinterende zur Oberfläche empor und nehmen Luft mit den hintersten Atemöffnungen auf. Obwohl Käfer und Larven ihr Leben im Wasser verbringen, verpuppen sich die meisten Arten am Land in der Erde.

Fächerflügler. Obwohl viele Käfer räuberisch leben, gibt es unter ihnen nur wenige Parasiten, die in anderen Tieren leben. Eine absonderliche Gruppe, die heute fast durchweg als eigene Ordnung betrachtet wird, sind die **Fächerflügler (Strepsiptera).** Sie sind nicht selten, doch findet man sie kaum, denn frei werden nur die kurzlebigen Männchen. Die Larven entwickeln sich in Bienen, Wespen und Schnabelkerfen, in denen die Weibchen lebenslang bleiben. Sie strecken nach abgeschlossener Entwicklung nur einen kleinen Körperabschnitt hervor. Die 2—3 mm langen Männchen haben relativ große Hinterflügel, während die Vorderflügel zu Schwingkölbchen umgebildet sind (s. Fliegen, S. 190). Die Männchen verlassen den Wirt durch die Intersegmentalhäute des Hinterleibes. Auch die Weibchen ragen dort hervor, werden aber nie frei. Die Männchen fliegen wenige Stunden lang auf der Suche nach Weibchen rasch umher, die sie durch den Geruch mit Hilfe ihrer großen Fühler finden. Die begatteten Weibchen setzen kleine Larven frei, die neue Wirte aufsuchen. Fächerflügler töten ihren Wirt nicht wie Schlupfwespen und Raupenfliegen, sondern sterilisieren ihn gewöhnlich. Es gibt etwa 400 Arten, davon etwa 30 in Europa.

Fächerflügler-Männchen mit entfalteten großen Hinterflügeln und den zu Schwingkölbchen umgebildeten Vorderflügeln.

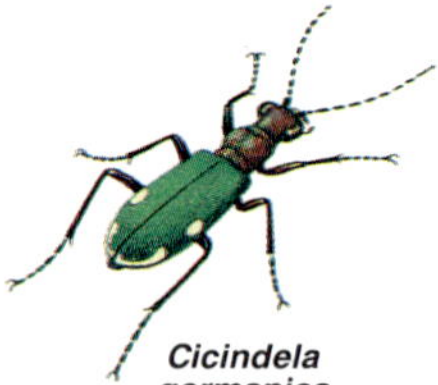

Cicindela germanica
X 1.5

SANDLAUFKÄFER Cicindelidae; LAUFKÄFER Carabidae Langbeinige, rasch laufende, räuberische Käfer mit kräftigen Kiefern. Über den ganzen Körper sind lange Sinneshaare verstreut. Fühler fadenförmig, gewöhnlich 11gliedrig. Füße 5gliedrig. Viele Arten zeigen schöne metallische oder Schillerfarben.

Sandlaufkäfer § Cicindelidae sind sonnenliebende Tiere mit großen Augen und Kiefern. Die Fühler entspringen oberhalb der Kiefer. Der Körper ist etwas abgeflacht. Die meisten Arten fliegen gut, mit lautem, brummenden Ton. Sie jagen Ameisen und andere Beutetiere auf der Erde und leben gewöhnlich in offenem Gelände. Unter ihnen sind die schnellsten Läufer der Insekten. Die Larven (S. 295) graben einen Gang, in dem sie auf Beute lauern. In Europa leben etwa ein Dutzend Arten.

Feld-Sandlaufkäfer *Cicindela campestris.* §. Beine und Körperseiten kupfrig oder bronzefarben, sehr glänzend. Körperunterseite metallisch grün. Muster der Deckflügel variiert, Grundfärbung mitunter sehr dunkel. 5—7. Vor allem auf Heiden, Dünen und anderen Sandplätzen.

Dünen-Sandlaufkäfer *Cicindela hybrida.* §. Deckflügel mitunter auch grünlich, ihre Ränder jedoch stets rot, ebenso die Thoraxkanten. Auf jedem Deckflügel 3—4 gelbe Abzeichen. Körperunterseite metallisch grün. 8—9, nach Überwinterung erneut 4—6. Heiden und Dünen. Fehlt im Norden.

Wald-Sandlaufkäfer *Cicindela sylvatica.* §. Der vorigen Art ähnlich, doch dunkler, mit deutlichem Purpurschimmer; gelbe Abzeichen weniger kräftig. Unterseite metallisch blau. Heiden, Kiefernwälder. 5—9. N, Z.

Cicindela germanica. §. Kleiner, zylindrischer als die übrigen Sandlaufkäfer. Halsschild bronzefarben, Flügeldecken meist tief dunkelgrün, manchmal fast schwarz. Zeichnung meist auf 3 kleine Flecke an jeder Außenkante beschränkt. Fliegt selten. 5—9. Trockene Wiesen in Niederungen. S, Z.

Laufkäfer Carabidae. Weniger stark abgeflacht, meist nächtlich, einige der metallischen Arten auch tags aktiv. Die Fühler entspringen zwischen den Augen und den Kiefern. Viele flugunfähig, Hinterflügel verkümmert, Flügeldecken verwachsen. Vorderfüße der Männchen stark verbreitert. Fressen viele Wirbellose, auch Aas; viele Arten sind langlebig und während des ganzen Jahres zu finden, überwintern auch als Käfer. In Europa mehrere hundert Arten.

Puppenräuber *Calosoma sycophanta.* §. Flügeldecken goldgrün bis kupferrot, stark gestreift. Fliegt gut, tagaktiv. Vor allem in Wäldern. Käfer und Larven jagen Schmetterlingsraupen auf Bäumen, Vertilger der Schwamm- und Prozessionsspinnerraupen. Im größten Teil Europas vorkommend.

C. auropunctatum. §. An 3 Reihen goldgrüner Punkte auf jeder Flügeldecke erkennbar. Käfer und Larven jagen Schmetterlingsraupen auf dem Boden. Käfer fliegen gut. Häufig auf feuchten Feldern und an Straßenrändern. Z.

Goldschmied *Carabus auratus.* §. Halsschild und Flügeldecken mit Gold- oder Messingschimmer, auf jeder Flügeldecke 3 Rippen. Flugunfähig, Hinterflügel wie bei den meisten *Carabus*-Arten verkümmert. Häufig auf Kulturland, in Gärten, besonders im Frühjahr. Frißt Schnecken und Engerlinge. S, Z.

Goldleiste *Carabus violaceus.* §. Flügeldecken glatt, mit leuchtendviolettem Rand wie Halsschild. An vielen Stellen häufig, auch in Gärten und Hecken. Tags unter Steinen und in der Streu verborgen, jagt nachts Nacktschnecken und andere Beute.

Hain-Laufkäfer *Carabus nemoralis.* §. Flügeldecken besonders beim Männchen stark konvex, mit feinen Rippen und Punktreihen. Bronzefarben, seitlich mit violettem Rand; Weibchen weniger glänzend. Halsschild an den Seiten ebenfalls purpurn oder bronzefarben getönt. Häufig in Gärten, an ähnlichen Orten wie viele *Carabus*-Arten.

Lederlaufkäfer *Carabus coriaceus.* §. In der Gestalt einer großen Goldleiste ähnlich, jedoch Halsschild und Flügeldecken stumpf grauschwarz. Flügeldecken kräftig lederartig gerunzelt. Besonders in feuchten Laubwäldern.

Feld-Sandlaufkäfer
X 1.5

Kopf und Kiefer

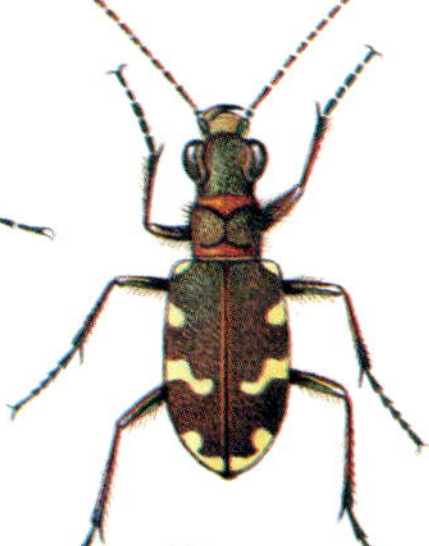

Dünen-Sandlaufkäfer
X 1.5

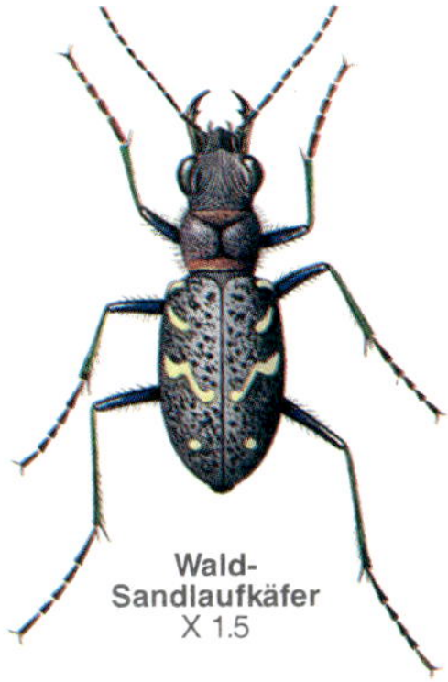

Wald-Sandlaufkäfer
X 1.5

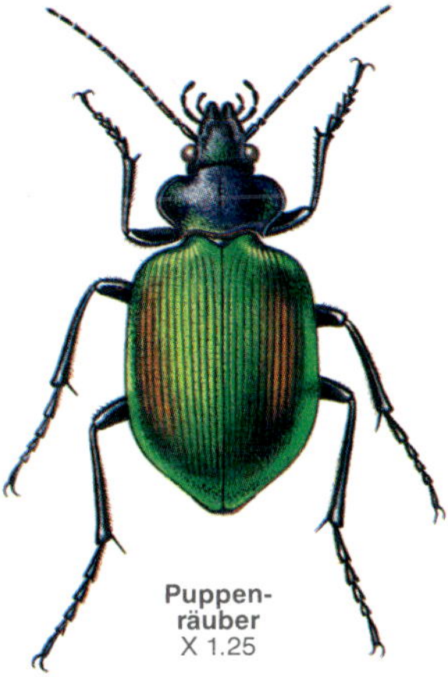

Puppenräuber
X 1.25

Calosoma auropunctatum
X 1.25

Goldschmied
X 1.25

Goldleiste
X 1.25

Hain-Laufkäfer
X 1.25

Lederlaufkäfer X 1.25

Fühler-putzschar-te in der Vorder-schiene vieler Lauf-Käfer

Körniger Schaufelläufer *Cychrus caraboides.* Das zugespitzte Vorderende des Käfers erlaubt ihm, Gehäuseschnecken zu jagen — er kann tief in ihre Gehäuse eindringen. Flugunfähig, Flügeldecken verwachsen. Stößt bei Beunruhigung gelbe Flüssigkeit aus dem Darm aus. In feuchten Wäldern.

Notiophilus biguttatus. Sonnenliebender Käfer mit Bronzeglanz, der die Flügeldeckenmuster unter bestimmten Betrachtungswinkeln verbirgt. Abgeflacht, läuft sehr schnell, frißt Milben, Springschwänze u.a. bodenbewohnende Kerbtiere. Flugunfähig. Häufig auf Wiesen, in Gärten und an vielen anderen Orten. Etliche ähnliche Arten.

Elaphrus riparius. Flügeldecken auch metallisch blau oder bronzefarben, Füße grün. Sonnenliebend, läuft schnell. Flügel voll entwickelt. Auf nacktem Sand und Schlamm an Ufern von Teichen und Bächen.

Omophron limbatus. Gestalt und Zeichnung dieser bodenbewohnenden Art sind unverwechselbar. Läuft schnell, auf kahlen Ufern von Teichen und Bächen, gräbt im Sand.

Kopfkäfer *Broscus cephalotes.* Großer Räuber mit starken Kiefern. Vorderschienen mit Putzscharte für die Fühler. Flügeldecken stumpfschwarz. Flügel voll entwickelt, fliegt jedoch selten. Lauert in Löchern. Gern auf Sandboden, auch an Küsten.

Callistus lunatus. Dunkle Flügeldeckenflecke mit blauem oder grünem Schimmer. Fühlerputzscharte. Flügel voll entwickelt. Tagaktiv, auf trockenen Grasböden, meist auf Sand oder Kalkböden; an Küsten häufig. S, Z.

Badister unipustulatus. Mehrere ähnliche Arten mit asymmetrischen Kiefern. Fühlerputzscharte. Flügel voll entwickelt. In Blättern und Moos, in Wassernähe.

Dyschirius globosus. Die kleinste von etlichen ähnlichen Arten. Flugunfähig. Meist in Wassernähe, gräbt mit den dornigen Vorderbeinen in weichem Sandboden.

Dromius 4-maculatus. Die gelben Flecke können auf jeder Flügeldecke verschmelzen, Flügel voll entwickelt. Putzscharte. Körper abgeflacht. Überwintert unter Borke.

Harpalus affinis. Grün bis schwarz, oft mit starkem Metallglanz. Weibchen unscheinbarer. Putzscharte. Flügel voll entwickelt. Auf offenem Kulturland, vor allem Pflanzenfresser. Auffälliger Vertreter dieser sehr großen Gruppe.

Pterostichus madidus. Körper und Flügeldecken wie bei den meisten Arten der Gattung schwarz, Beine (besonders die Schenkel) jedoch kastanienbraun. Putzscharte. Hinterwinkel des Halsschildes stumpf. Flugunfähig. In Gärten und auf Ackerland häufig, frißt auch an Beeren. ***P. nigrita*** ähnlich, jedoch Beine schwarz, Hinterwinkel des Halsschildes spitz, Halsschildseiten stark gerundet. Flügel voll entwickelt.

P. cupreus. Flügeldecken metallisch grün bis schwarz, Beine auch kastanienbraun. Flügel voll entwickelt. Gern in Wassernähe.

Agonum 6-punctatum. Jede Flügeldecke mit 6 feinen Einstichen. Flügel voll entwickelt. Putzscharte. Gern in Wassernähe, oft auf kahlem Sand und Torf.

Panagaeus bipustulatus. Fühlerputzscharte. Lebt in kurzem, trockenen Gras. ***P. crux-major*** etwas größer, in Feuchtgelände.

Lebia cruxminor. Das schwarze Schildchen kann mit der Flügeldeckenzeichnung in Verbindung treten und ein großes Kreuz bilden. Fühlerputzscharte. Auf Wiesenpflanzen, frißt andere Käferlarven.

Amara aenea. Flügeldecken schwarz, mit feiner Streifung und grünem Metallglanz. Flügel voll entwickelt. Putzscharte. Im Sommer auf niedrigem, trockenen Pflanzenwuchs.

Odacantha melanura. Halsschild und Flügeldeckenspitze glänzend blau oder grün. Flügel voll entwickelt. Auf Schilf und anderen Uferpflanzen.

Leistus ferrugineus. Körper und Flügeldecken gelb oder braun. Kiefer sehr breit und flach. Zwischen Grasbülten und Pflanzenteilen, meist in offenem Gelände.

Bombardierkäfer *Brachinus crepitans.* Entläßt bei Störung aus Drüsen am After mit leichtem Knall eine stechend riechende Gaswolke. Flügeldecken blau oder grün. Flügel voll entwickelt. Putzscharte. Unter Steinen in trockenem, offenen Gelände, besonders auf Kalkboden.

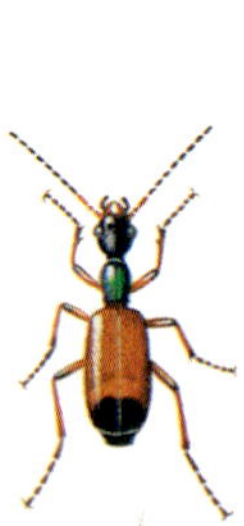

Odacantha melanura X 2.5

Leistus ferrugineus X 2.5

Bombardier-käfer X 2.5

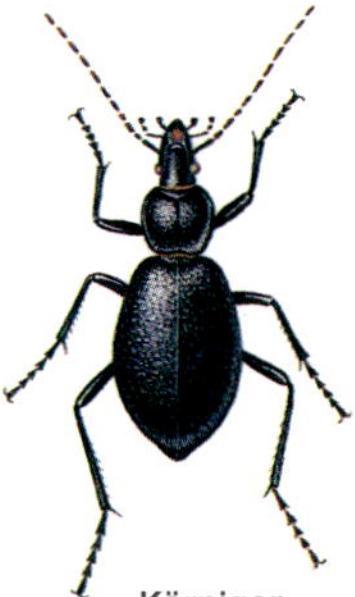

Körniger Schaufelläufer
X 1.5

Notiophilus biguttatus
X 2.5

Elaphrus riparius
X 2.5

Omophron limbatum
X 2.5

Kopfkäfer
X 1.5

Callistus lunatus
X 2.5

Badister unipustulatus
X 2.5

Dyschirius globosus
X 2.5

Dromius 4-maculatus
X 2.5

Harpalus affinis
X 1.5

Pterostichus madidus
X 1.5

P. nigrita
X 1.5

P. cupreus
X 1.5

Agonum 6-punctatum
X 2.5

Panagaeus bipustulatus
X 2.5

Lebia cruxminor
X 2.5

Amara aenea
X 2.5

Sphaeridium scarabaeoides Hydrophilidae. Landbewohnende Vertreter einer vorzugsweise wasserbewohnenden Familie (S. 292); Taster dünn, fast so lang wie die Fühler. Gräbt vor allem in frischem Kuhmist.

Hister 4-maculatus Histeridae. Die roten Flecke jeder Flügeldecke können miteinander verschmelzen. Frißt Fliegenmaden und andere Dungbewohner in frischem Kuh- und Pferdemist. Mehrere ähnliche Arten, alle etwas abgeflacht, mit glänzenden, abgestutzten Flügeldecken, geknieten Fühlern und stark gezähnten Vorderschienen (Zahnmuster dient zur Artentrennung). Einige Arten auch in Kadavern anstelle von Dung.

AASKÄFER Silphidae Aasfresser und Räuber mit geknöpften Fühlern und ausgeprägtem Riechvermögen. Flügeldecken häufig stark verkürzt, doch fliegen die meisten Arten gut.

Necrophorus spp. die eigentlichen Totengräber, die kleine Kadaver (Mäuse, Vögel o.ä.) eingraben, indem sie die Erde unter ihnen entfernen und sie einsinken lassen. Die Arbeit wird durch ein Pärchen vollbracht, das seine Eier in der Nähe des Kadavers ablegt. Käfer und Larven fressen das Aas und andere Aasfresser. Käfer vor allem im Frühjahr und Sommer, werden oft nachts von Licht angelockt. Die Fühlerknöpfe sind in dieser Gattung besonders scharf abgesetzt.

Necrophorus humator. Eine der wenigen Arten mit reinschwarzen Flügeldecken, an orangefarbenen Fühlerknöpfen gut zu erkennen.

N. vespillo. Eine von mehreren Arten mit rotgebänderten Flügeldecken. Beide Bänder bei dieser Art vollständig, die Hinterschienen stark gekrümmt.

N. investigator. Hinteres Flügeldeckenband in der Mitte schmal unterbrochen (am Zusammenstoß der Flügeldecken).

N. interruptus. Beide Flügeldeckenbänder in der Mitte unterbrochen.

N. vespilloides. Hinteres Flügeldeckenband in der Mitte breit unterbrochen, oft zu einem kleinen Fleck auf jeder Decke reduziert; Fühler völlig schwarz. ***N. vestigator*** ähnlich, jedoch Fühlerknöpfe orange.

Necrodes littoralis. Ähnelt *Necrophorus humator,* doch sind die Fühler allmählich verdickt, nicht geknöpft. Jede Flügeldecke hat 3 starke Rippen und eine Beule im letzten Drittel. Größe sehr variabel. Meist an großen, nicht vergrabenen Kadavern. Auch zwischen angespültem Tang an der Küste. Sommer.

Oeceoptoma thoracicum. Flügeldecken seidig, mit 3 Längsrippen. Nichtgrabende Art vor allem in Wäldern, unter Dung und Kadavern, auch an zerfallenen Pilzen. Frißt andere Insektenlarven. Sommer.

Xylodrepa quadripunctata. Vor allem in Eichenwäldern, frißt Raupen, Käfer- und Blattwespenlarven auf Boden und Bäumen. Besonders häufig im Frühjahr und Herbst.

Phosphuga atrata. Schneckenjäger, der tief in die Schneckengehäuse eindringen kann. In Wäldern und an anderen feuchten, schattigen Orten. Stark glänzend.

KURZFLÜGLER Staphylinidae Eine sehr große Gruppe mit mehr als 1000 europäischen Arten. Ihre Flügeldecken sind sehr kurz und lassen den größten Teil des Hinterleibes unbedeckt. Größe sehr unterschiedlich, auch viele winzige Arten. Trotz der kurzen Deckflügel sind die Hinterflügel meist voll entwickelt, und die meisten Arten fliegen gut. Viele kleinere Arten tagaktiv, die größeren rein nächtlich. Räuber und Fäulnisfresser.

Creophilus maxillosus. Muster der Flügeldecken und des Hinterleibes aus grauen und schwarzen Haaren gebildet. Kopf und Halsschild haarlos. 5—10. Fängt andere Insekten an Dung und Aas und in verfaulenden Pflanzen.

Emus hirtus. Sehr groß, stark behaart. 4—8. Fängt andere Insekten an frischem Kuh- und Pferdemist.

Staphylinus caesareus. Hinterleib mit goldenen Haarflecken. 4—9. Meist an Dung und Aas, fängt andere Insekten.

S. olens. Mit feinen schwarzen Haaren bedeckt. Verbirgt sich tagsüber unter Steinen u.ä., jagt nachts Nacktschnecken und andere Wirbellose. Erhebt bei Störungen das Hinterleibsende und öffnet die Kiefer weit als Drohgebärde. In Wäldern, Gärten, Hecken, Dünen, nicht selten.

Sphaeridium scarabaeoides X 2.5

Hister 4-maculatus X 2.5

Necrophorus humator X 1.5

N. vespillo X 1.5

N. investigator X 1.5

N. interruptus X 1.5

N. vespilloides X 1.5

Necrodes littoralis X 1.5

Oeceoptoma thoracicum X 1.5

Xylodrepa 4-punctata X 1.5

Phosphuga atrata X 1.5

↑ *S. olens* ↓

Creophilus maxillosus X 1.5

Emus hirtus X 1.5

Staphylinus caesareus X 1.5

Oxyporus rufus. Glatt, glänzend, in der Mitte deutlich gewölbt. Käfer und Larven in größeren Blätterpilzen im Wald. Besonders häufig im Sommer und Herbst.

Paederus littoralis. Flugunfähige räuberische Art mit metallischblauen Flügeldecken. In der Streu in Sümpfen, an Ufern u.a. feuchten Orten. S, Z.

Stenus bimaculatus. Behaart, Beine schwarz und gelb. Augen groß, hervortretend. Jagt Springschwänze u.ä. An Ufern von Teichen und Bächen u.a. feuchten Orten. Kann mit Hilfe einer öligen Absonderung aus Hinterleibsdrüsen über die Wasseroberfläche gleiten (Entspannungsschwimmen). Tagaktiv. Mehrere ähnliche Arten.

Bledius furcatus. Kopf und Halsschild der Männchen mit größeren, die der Weibchen mit kleineren Hörnchen. Gesellig (Gattungsmerkmal). Algenfresser, gräbt in feuchtem Boden. Die Tiere fliegen abends in kleinen Gruppen. S, Z.

Philontus marginatus. Durch orangefarbene Halsschildseiten von anderen Arten der großen Gattung unterschieden. In Dung und anderem verwesenden Material.

Tachyporus hypnorum. Eine von mehreren hinten stark zugespitzten Arten. Lebt in Moos und Pflanzenabfällen, auch in Komposthaufen. Besonders häufig im Winter und Frühjahr.

Hirschkäfer *Lucanus cervus* Lucanidae. §. Benannt nach den übermäßig vergrößerten Kiefer der Männchen (»Geweih«), mit denen diese unblutige Kämpfe während der Paarungszeit ausführen. Weibchen mitunter fast schwarz. Fühler gekniet, am Ende blättrig verbreitert (keine geschlossene Keule!). Mittelschiene mit 3 kleinen Zähnchen. Größe

Kommentkampf zweier Hirschkäfer
Der Stärkere gewinnt, verletzt
den Unterlegenen jedoch nicht.

sehr variabel. 5—8. Fliegt, gewöhnlich abends, recht gut. Leckt Saftfluß blutender Bäume. Larve (S. 295) in verrottenden Bäumen und Stubben, besonders Eichen. S, Z. Verschwindet zunehmend aus »sauberen« Forsten.

Balkenschröter *Dorcus parallelipipedus.* §. Weiblichen Hirschkäfern ähnlich, jedoch Mittelschiene nur mit einem Dorn, Männchen nie mit »Geweih«. 4—10, vor allem in Laubwäldern. Saftlecker, Larven in verrottenden Baumstümpfen. S, Z.

Rehschröter *Systenocerus caraboides.* §. Ziemlich flach, metallisch, Männchen bläulich, Weibchen grün. 4—9, fliegt tags. Frißt an Knospen und Blättern, vor allem von Eichen. Larven in verrottendem Holz. Im Gebirge in Laubwäldern, weit verbreitet.

Baumschröter *Sinodendron cylindricum.* §. Auffällig zylindrisch. Männchen mit langem, Weibchen mit kurzem Kopfhorn. 5—8, an austretendem Saft. Larven besonders in verrottendem Buchenstümpfen.

Trox scaber Trogidae. Halsschild und Flügeldecken grob skulpturiert, Seitenränder der Flügeldecken borstig beschuppt. Fühler mit geschlossener, knopfartiger Keule. Frißt besonders an kleinen, vertrockneten Kadavern, häufig in Nestern von Eulen, Störchen. Fliegt kaum. 4—8. Weit verbreitet, aber selten im N.

Odontaeus armiger Geotrupidae. Stark gewölbt, hochglänzend. Männchen mit beweglichem Kopfhorn und kleinerem Horn auf dem Halsschild; Weibchen hornlos. Fühlerkeule aus beweglichen Blättern (Familienmerkmal). 6—9, fliegt am Tage und abends. Larven an Kaninchenmist.

Mistkäfer *Geotrupes stercorarius.* Einigen der Scarabaeidae (S. 264) ähnlich, jedoch Kiefer von oben deutlich sichtbar. Jede Flügeldecke mit 7 Streifen. Unten metallisch grün oder blau. Vor allem an Kuhfladen, vergräbt darunter Dung zur Eiablage in Gängen. Fliegt häufig abends. Oft mit Käfermilben besetzt, die sich von trockenem zu frischem Mist bringen lassen. 4—10. Mehrere ähnliche Arten.

Stierkäfer *Typhoeus typhoeus.* §. Glänzend, Flügeldecken mit tiefen Streifen. Männchen mit 3 Halsschildhörnern. Besonders auf Sandboden mit Kaninchenlöchern, Käfer und Larven an Kaninchen- und Schafmist. Fliegt abends.

KURZFLÜGLER, HIRSCHKÄFER, MISTKÄFER

Oxyporus rufus X 2

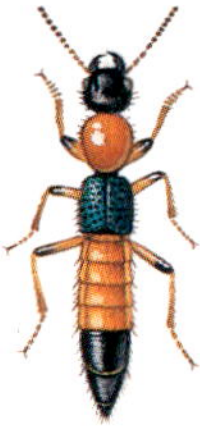

Paederus littoralis X 2

Stenus bimaculatus X 2

Bledius furcatus X 2

Philonthus marginatus X 2

Tachyporus hypnorum X 2

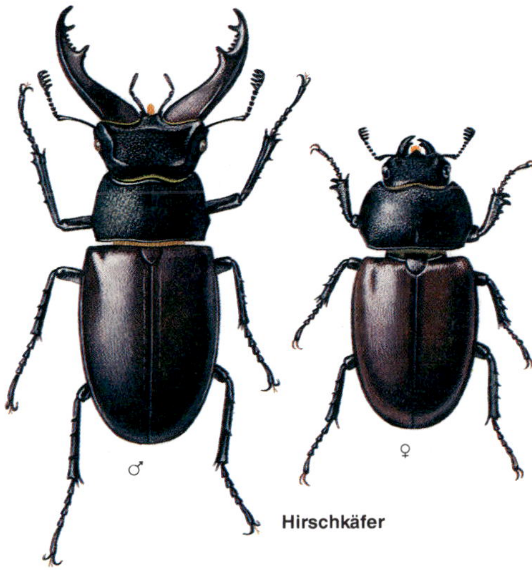

Hirschkäfer

Balken-schröter

Odontaeus armiger X 3

Trox scaber X 2

Baum-schröter X 1.5

Mistkäfer X 1.5

Rehschröter X 1.5

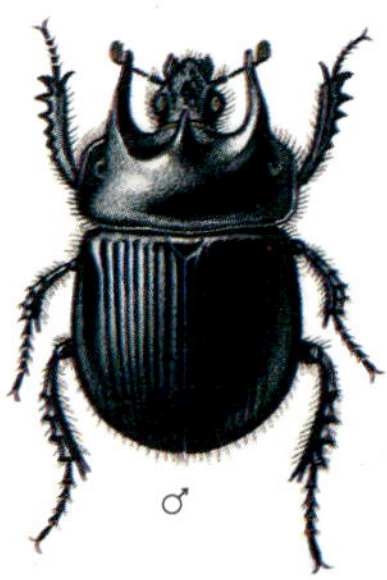

Kopf und Halsschild des ♀

Stierkäfer X 1.5

Pillendreher, der eine Mistkugel mit den Hinterbeinen rollt

Fühler eines Blatthornkäfers mit der typischen Blätterkeule

BLATTHORNKÄFER Scarabaeidae Eine sehr große Familie, weltweit mit ca. 20000 Arten verbreitet. Fühler mit einer charakteristischen Blätterkeule, deren Blätter gespreizt werden können. Kiefer von oben nicht sichtbar. Flügeldecken hinten meist abgestutzt, so daß das Hinterleibsende unbedeckt bleibt. Die meisten Arten fliegen gut. Viele stridulieren, indem sie die Spitzen der Flügeldecken am Hinterleib reiben. Die Pillendreher sind Mistfresser, die übrigen ernähren sich von Pflanzen und können dadurch Schäden anrichten.

Scarabaeus semipunctatus. Halsschild mit vielen eingestochenen Punkten, Flügeldecken fast glatt. Rollt, wie alle Pillendreher, eine Dungkugel mit den Hinterbeinen, vergräbt und frißt sie dann. Mehrere Käfer können heftig um eine Kugel kämpfen. Die Kopfschaufel und die Vorderbeine dienen zum Zurechtkneten des Mistes und zum Graben. An Sandküsten des Mittelmeeres. ***S. laticollis*** ähnlich, Flügeldecken gestreift. **Heiliger Pillendreher** *S. sacer* Halsschild und Flügeldecken glatt, gewöhnlich größer. S.

Mondhornkäfer *Copris lunaris*. §. Weibchen mit kürzerem Kopfhorn. Meist an Kuhfladen, vergräbt zur Eiablage große Mistmengen in Gängen. Vor allem im Frühjahr, Herbst.

Aphodius fimetarius und ***A. rufipes*** sind 2 sehr häufige Vertreter der großen Gattung der Dungkäfer. Alle ziemlich zylindrisch. Werden oft nachts von Licht angelockt. An jeder Art von Pflanzenfresser-Mist, vergraben ihn jedoch nicht. *A. rufipes* ist eine der größten europäischen Arten.

Türkischer Maikäfer, Walker *Polyphylla fullo*. §. Weibchen etwas größer, ihre Blätterkeulen jedoch erheblich kleiner. Zirpt sehr laut. 6—8, an und in Kiefernwäldern, auf Sandboden. Käfer fressen an Kiefernnadeln, die Engerlinge an Seggen- und Graswurzeln. S, Z.

Maikäfer *Melolontha melolontha*. 5—6, in Gärten, Wäldern, an Hecken. Fliegt abends, wird nicht selten durch Licht angelockt. Frißt an den verschiedensten Laubhölzern. Engerlinge (S. 295) an vielen Pflanzenwurzeln, im letzten Jahr der 4jährigen Entwicklung besonders an Löwenzahn. Bei Massenvermehrung schädlich.

Junikäfer *Amphimallon solstitialis*. Dem Maikäfer ähnlich, doch kleiner, stärker behaart, Halsschild braun. Fühlerkeule 3gliedrig (Maikäfer: 4—7). Fliegt an Laubhölzern, besonders an trockenen Orten. 6—7. Engerlinge an Wurzeln.

Gartenlaubkäfer *Phylloperta horticola*. Halsschild oft fast schwarz. Flügeldecken häufig grünlich oder blau schimmernd. An trockenen Orten, schwärmt in der Sonne. 6—7. Käfer an Laubhölzern, Larven an Gräsern, auch an Getreide und Klee, mitunter schädlich. Entwicklung 1-2jährig.

Rhizotrogus aestivus. Dem Junikäfer ähnlich, jedoch weniger stark behaart, lange Haare nur an den Halsschildrändern, dieses gewöhnlich mit dunkler Mittellinie. 4—6, auf Wiesen, Larven an Graswurzeln. S, Z.

Nashornkäfer *Oryctes nasicornis*. §. Bis 40 mm lang. Männchen mit großem, gekrümmten Kopfhorn, Weibchen nur mit kleiner Spitze. Fliegt an Sommerabenden. Entwicklung in verrottendem Holz und Pflanzen, auch in Sägeabfällen von Sägemühlen.

Hoplia caerulea. Männchen leuchtend-blau, Weibchen graubraun beschuppt. 6—8, auf feuchten Wiesen, besonders in Ufernähe. Larven an Wurzeln. S, südliches Z. ***H. argentea*** grünlichgelb, weitere Arten rötlichbraun, kleinen Junikäfern ähnlich, jedoch durch die Beschuppung und die einzelne Klaue an den Hinterbeinen leicht zu erkennen.

Anisoplia cyathigera X 1.5

Anisoplia cyathigera. Vor allem an Gräsern in den Niederungen, richtet häufig Schäden am Getreide an. 5—6. Larven an Wurzeln und verrottenden Pflanzen. S, südliches Z.

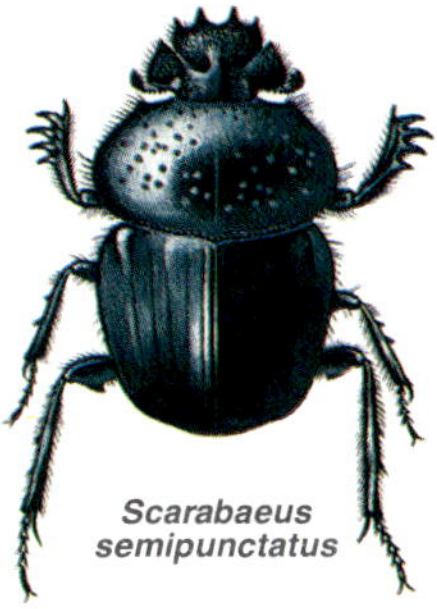

Scarabaeus semipunctatus

Mondhornkäfer X 1.5

Aphodius fimetarius X 2

A. rufipes X 2

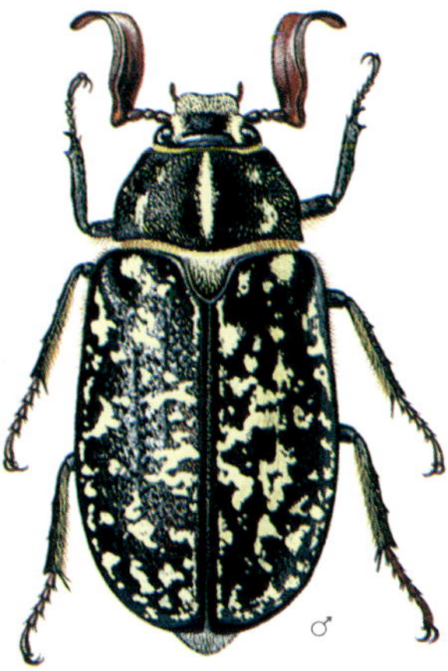

Walker X 1.5

Maikäfer X 1.5

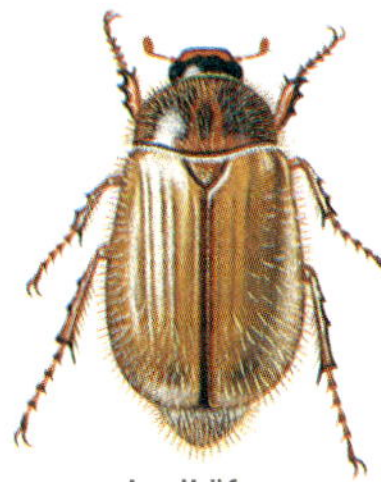

Junikäfer X 1.5

Gartenlaubkäfer X 1.5

Rhizotrogus aestivus X 1.5

Nashornkäfer

Hoplia caerulea X 1.5

Gnorimus nobilis. §. Oberflächlich den Rosenkäfern ähnlich, jedoch Flügeldecken stark gerunzelt, deutlich vom Halsschild abgesetzt. 6—8, besonders häufig auf Doldenblüten, fliegt bei Sonnenschein sehr gut. Entwicklung in verrottendem Holz. Fehlt im hohen Norden.

Pinselkäfer *Trichius fasciatus.* Stark behaart. Flügeldecken hellgelb bis tieforange; schwarze Zeichnung sehr variabel. 5—7, gewöhnlich auf Blüten, besonders Rosen und Thymian. Entwicklung in verrottendem Holz. Ähnlich ***T. zonatus, T. abdominalis.***

Oxythyrea funesta. Meist mit kupfrigem Glanz; weiße Zeichnung sehr unregelmäßig. Häufig auf den unterschiedlichsten Blüten, kann Knospen an Obstbäumen und Weinstöcken zerstören. 4—7. Larven an Wurzeln. S, südliches Z.

Rosenkäfer *Cetonia aurata.* §. Flügeldecken deutlich abgeflacht, gewöhnlich grün, aber auch bronzefarben oder bläulichschwarz; stets weiß gezeichnet. Unterseite kupferrot. 5—10, meist an sonnigen Orten; nagt an Rosen und anderen Blüten. Larven in verrottendem Holz, besonders alten Weiden.

C. cuprea. Grün mit Gold- oder Bronzeschimmer, vom Rosenkäfer durch hinten schmalere Flügeldecken unterschieden; weiße Zeichnung variabel. Unterseite kupfrig violett. 5—9, auf Blüten, besonders in Wäldern, nagt auch an reifen Früchten. Liebt Sonnenschein. Larven in den Randbezirken von Ameisennestern, fressen Abfälle.

C. aeruginosa größer, sehr glatt und glänzend, Flügeldecken ohne weiße Zeichnung. 5—8, auf Blüten, auch am Saft blutender Bäume. Larven in alten Eichenstämmen und -stümpfen. S, Z.

Rotbrauner Laubkäfer *Serica brunnea.* Flügeldecken stumpf gelbbraun, stark gestreift. Dem Junikäfer (S. 264) ähnlich, doch kleiner, weniger behaart, Kopf dunkel. 6—8, auf Sandböden. Fliegt gern zum Licht. Larven an Wurzeln.

Omaloplia ruricola. Dem Gartenlaubkäfer (S. 264) ähnlich, jedoch kleiner, dicklicher. 5—8, meist an warmen, trockenen Orten. Fliegt tags und nachts. Larven an Wurzeln. Z; in England auf Kalkboden.

PRACHTKÄFER Buprestidae Eine vorzugsweise tropische Familie mit rd. 15000 Arten. Körperform typisch, hinten zugespitzt. Fliegen bei Sonnenschein, oft auf Blüten. Die Larven haben eine typische, löffelähnliche Gestalt und leben meist unter Rinde. Ihre Entwicklung dauert lang. Sie werden daher oft mit Nutzholzstämmen weit vom eigentlichen Vorkommen verschleppt. In Mitteleuropa etwa 90 Arten.

Kiefernprachtkäfer *Chalcophora mariana.* §. Braun mit Bronzeglanz. Halsschild und Flügeldecken mit breiten Längsfurchen. 5—10, in Kiefernwäldern.

Buprestis 8-guttata. §. Leuchtend blau oder grün, Halsschildseiten gelb. Im Sommer in Nadelwäldern. Larven in jungen Kiefern. In Europa weitverbreitet, doch selten.

B. rustica. §. Metallisch grün oder blau, mit kupfrigem oder violettem Glanz. Im Sommer, meist in Kiefernwäldern. Larven in verrottenden Stämmen und Stümpfen.

Capnodis tenebrionis. §. Nicht metallisch, Halsschild grau, Flügeldecken stumpfschwarz, weiß gesprenkelt. Im Sommer an sonnigen Orten in der Nähe von Schlehe und anderen *Prunus*-Arten. Larven in den älteren Stämmchen. S, Z.

Lindenprachtkäfer *Lampra rutilans.* §. Grün, mit goldenem oder blauen Schimmer. Außenkanten der Flügeldecken rötlich. 5—9. Larven in alten Linden.

Anthaxia nitidula. §. Männchen völlig grün; Kopf und Halsschild der Weibchen rot bis purpurn, Flügeldecken blau oder grün. 4—7, auf Blüten. Larven in den Stämmchen von Rosen, Schlehe und anderen Büschen. S, Z.

A. candens. §. An der auffälligen Färbung eindeutig zu erkennen. 4—7, häufig in Kirschblüten. Larven in Ästen und Zweigen der Kirsche. S, Z.

A. hungarica. §. Männchen meist völlig grün, oft mit Purpurschimmer; Flügeldecken der Weibchen grün oder blau. Alle Tiere mit leuchtend purpurmetallischer Unterseite. 4—7, auf Blüten an und in Eichenwäldern. Larven in zerfallendem Eichenholz. S.

Gnorimus nobilis X 1.5

Pinselkäfer X 1.5

Oxythyrea funesta X 1.5

Rosenkäfer X 1.5

Cetonia cuprea X 1.5

C. aeruginosa X 1.5

Rotbrauner Laubkäfer X 1.5

Omaloplia ruricola X 1.5

Kiefernprachtkäfer X 1.5

Buprestis 8-guttata X 1.5

B. rustica X 1.5

Capnodis tenebrionis X 1.5

Anthaxia nitidula X 2

Lindenprachtkäfer X 1.5

A. candens X 2

A. hungarica X 2

Phaenops cyanea. Völlig blau, oft grün getönt. Kiefernwälder warmer Regionen. 6—8. Larven in Kiefernstämmen.

Ptosima 11-maculata. §. Schwarz mit blauem Glanz. Helle Zeichnung gelb oder orange, sehr variabel. 5—6. Larven in *Prunus*-Arten, an Kirsche schädlich. S, Z.

Agrilus pannonicus. §. Grundfärbung dunkelgrün oder blau. 5—7. In alten Eichen.

Buchenprachtkäfer *A. viridis.* Ungefleckt. Oft völlig grün, mitunter kupfrig. 6—7, an Buchen, Weiden und anderen Laubhölzern.

Isorhipis melasoides Eucnemidae. Den Schnellkäfern ähnlich, jedoch mit einigen Unterschieden im Körperbau. 5—7. Käfer und beinlose Larven in verrottenden Buchen und Eichen. S, Z.

Melasis buprestoides. Schwarz, mitunter rot getönt. Halsschild vorn am breitesten. Fühler der Weibchen nur schwach gezähnt. 5—7. Entwicklung der beinlosen Larven in Laubhölzern. S, Z.

SCHNELLKÄFER Elateridae Große Familie, ca. 7000 Arten. Benannt nach der Fähigkeit, sich aus der Rückenlage emporzuschnellen und dadurch umzudrehen. Die langgestreckten, kurzbeinigen Larven sind als Drahtwürmer bekannt. Sie leben vegetarisch oder als Räuber im Boden oder in zerfallendem Holz.

Ctenicera pectinicornis. Grün oder kupfrig, stark glänzend. Fühler der Weibchen nur schwach gezähnt. 6—7 auf Wiesen, Larven im Boden. N, Z. ***C. cuprea*** mitunter ganz violett oder kupfrig. Wiesen und Weiden. 5—7. N, Z.

Ampedus cinnabarinus. Schwach rostrot behaart. Besonders im Frühjahr, in Wäldern. Larven jagen andere Insektenlarven in verrottenden Laubhölzern.

A. sanguineus ähnlich, jedoch Behaarung schwarz. 5—8, auf Blüten in Wäldern. Larven besonders in zerfallendem Nadelholz. ***A. balteatus*** bevorzugt Doldenblüten. 5—6. Larven in verrottenden Laub- und Nadelhölzern.

Saatschnellkäfer *Agriotes lineatus.* Braun oder gelblich, Flügeldecken gestreift. Fast ganzjährig, besonders 5—7. Auf Wiesen und Ackerland häufig. Die Larven (S. 295) schädigen als Drahtwürmer viele Feldfrüchte an den Wurzeln.

Athous haemorrhoidalis. Grau oder braun behaart. Flügeldecken stark gestreift. 5—8, häufig in Hecken, auf Wiesen. Die Larven fressen an Wurzeln.

Selatosomus cruciatus. Schwarze Flügeldeckenzeichnung in Kreuzform. 4—7, besonders in Wäldern und Gebüsch. Larven im Boden.

Cardiophorus gramineus. In Laubwäldern, besonders an Schlehenblüten. 4—5. Larve sehr lang und dünn, jagt andere Insekten unter der Rinde. S, Z.

Oedostethus 4-pustulatus. Die hinteren gelben Flecke können fehlen. Flußufer und feuchte Wiesen, oft unter Steinen. 5—7. N, Z.

Cebrio gigas Cebrionidae. Weibchen ohne Hinterflügel, mit verkürzten Flügeldecken, bleiben zeitlebens in den Larvengängen. Männchen fliegen abends. 8—11. Larven an Wurzeln. S.

Drilus flavescens Drilidae. Männchen geflügelt, fliegt aber selten. 6—7, in niedrigem Pflanzenwuchs. Weibchen werden selten gefunden. Larven Schneckenjäger.

Dascillus cervinus Dascillidae. Männchen mit grauer, Weibchen mit gelbbrauner Behaarung. 5—7. Brachland, meist auf Blüten. Larven fressen an Wurzeln.

Byrrhus pilula Byrrhidae. Kugelig, braun oder rötlich. In Moos und kurzem Rasen, besonders auf Sandböden. Ganzjährig, überwintert; besonders häufig im Frühjahr.

Microcara testacea Helodidae. Wenig gepanzert, ziemlich weich. Im Sommer auf feuchten Wiesen und Hecken häufig. Larven im Wasser.

Dascillus cervinus X 1.5

Bei Störung legt *Byrrhus* Fühler und Beine in Furchen ein und wirkt samenartig (Pillenkäfer)

Byrrhus pilula X 2

Microcara testacea X 4

Phaenops cyanea X 1.5

Ptosima 11-maculata X 1.5

Agrilus pannonicus X 1.5

Buchenprachtkäfer X 1.5

Isorhipis melasoides X 1.5

Melasis buprestoides X 1.5

Ctenicera pectinicornis X 1.5

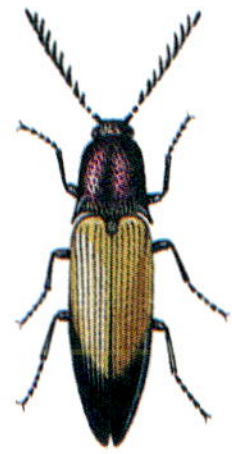

C. cuprea X 1.5

Ampedus cinnabarinus X 1.5

A. sangineus X 1.5

A. balteatus X 1.5

Saatschnellkäfer X 1.5

Athous haemorrhoidalis X 1.5

Selatosomus cruciatus X 1.5

Cardiophorus gramineus X 1.5

Oedostethus 4-pustulatus X 4

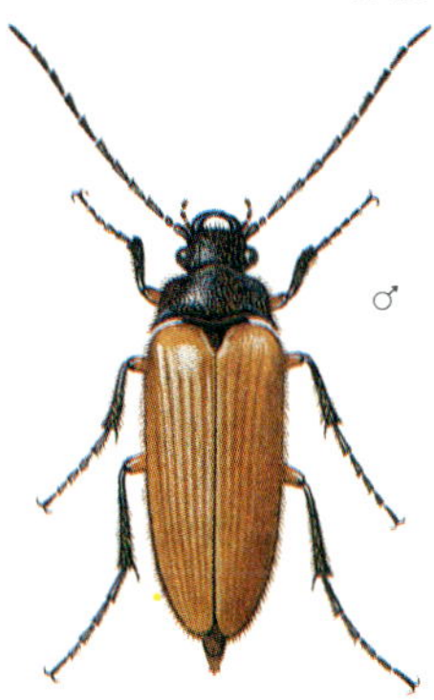

♂

♀

♀

Drilus flavescens X 2

Cebrio gigas

WEICHKÄFER Cantharidae Benannt nach der geringen Panzerung; Flügeldecken relativ weich. Räuberische Käfer, häufig auf Blüten auf Wiesen, an Hecken und Waldrändern. Fliegen bei Sonnenschein gut. Die Larven ähneln denen der Laufkäfer (S. 295) und jagen vor allem auf dem Boden.

Cantharis rustica. Schenkel weitgehend rot. Überall häufig. 5—8. ***C. fusca.*** Ähnlich, doch Schenkel schwarz, der schwarze Fleck nahe der Halsschild-Vorderkante. ***C. livida*** Beine vorwiegend schwarz, Halsschildfleck nur manchmal vorhanden. 4—8.

Rhagonycha fulva. Im Sommer sehr häufig, besonders auf Doldenblüten. 5—8.

Malthinus flaveolus. Flügeldecken verkürzt, lassen das Hinterleibsende frei. Häufig im Gebüsch und Gras an Waldrändern. Während des ganzen Sommers.

Glühwürmchen *Lampyris noctiluca* Lampyridae. Männchen fliegen nachts auf der Suche nach den ungeflügelten, im Gras sitzenden Weibchen, leuchten am 6.—8. Bauchring. Augen der Männchen größer. 6—7, auf Wiesen, an Straßenrändern. Larven (S. 295) fressen Schnecken. Fehlt im Norden. **Kleines Johanniswürmchen** *Phausis splendidula.* Kleiner, Männchen leuchten am 6.—7. Bauchring. Halsschild über den Augen glasartig.

Luciola lusitanica. Männchen fliegen nach der Dämmerung, senden pro Sekunde einen Lichtblitz auf der Bauchseite aus. Kopf und Augen der Weibchen kleiner, Hinterleib zugespitzt. Flügel vorhanden, fliegt jedoch nicht, sondern beantwortet die Lichtzeichen der Männchen aus dem Gras heraus. 5—7. Die Larven fressen Schnecken. S; fehlt westlich der Rhone.

Phosphaenus hemipterus. Wenig beachtet: die flügellosen Weibchen locken nachts die herumlaufenden Männchen durch grünes Leuchten im Rasen oder zwischen Steinen an. 5—7. Larve wie die der Glühwürmchen, Schneckenjäger.

BUNTKÄFER Cleridae. Familie sehr bunter, ziemlich behaarter Käfer. Die meisten Käfer und Larven sind Räuber, letztere oft ebenfalls bunt, jagen andere Larven unter Rinde und Borke. Die meisten der 3000 bekannten Arten leben in den Tropen.

Denops albofasciata. 5—6, Wälder und Waldränder. Die Larven jagen Borkenkäferlarven. S, Z.

Tillus elongatus. Halsschild des Weibchens rot, das des Männchens völlig schwarz. An den Stämmen von Laubbäumen, 6—7.

Hausbuntkäfer, *Opilo domesticus.* In Nadelwäldern, oft auch in Häusern. 6—8. Larven in trockenen Weichhölzern, jagen Holzwürmer und andere Käferlarven. S, Z. ***O. mollis*** sehr ähnlich.

Ameisen-Buntkäfer *Thanasimus formicarius.* Flügeldeckenmuster veränderlich, jedoch stets mit 2 hellen Linien. Im Frühjahr an Baumstämmen. Jagt Borkenkäferlarven.

Eichenbuntkäfer *Clerus mutillarius.* §. Im Frühjahr und Sommer besonders an alten Eichen und Eichenholz. Jagt andere Käferlarven. S, Z.

Trichodes alvearius. Vorderes blaues Band etwas U-förmig. Besonders auf Doldenblüten. 5—7. Larven jagen Larven solitärer Bienen. **Immenkäfer** *T. apiarius* § ähnlich, jedoch vorderes Band gerade. Das Blau beider Arten auch fast schwarz.

Necrobia ruficollis. Mitunter auf Blüten, häufiger in Gerbereien und Fleischhallen. Die Larven fressen an Häuten, Knochen, toten Insekten. Im Freien im Frühjahr und Sommer, in Gebäuden ganzjährig.

Feuerkäfer *Pyrochroa coccinea* Pyrochroidae. Eine von mehreren ähnlichen, ziemlich flachen Arten; auf Blüten, an alten Stämmen. 5—7. Larve (S. 295) unter Rinde, jagt andere Insekten. N, Z. ***P. serraticornis*** ähnlich, jedoch Kopf rot.

Schizotus pectinicornis der ersten Art ähnlich, Fühler stark gefiedert, Halsschild mit schwarzem Fleck. N, Z.

Lygistopterus sanguineus Lycidae. Flügeldecken weich. Sonnenliebend, auf Blüten in Wäldern, 5—9. Larven jagen andere Insektenlarven in zerfallenden Laubhölzern.

Dictyoptera aurora. Der vorigen Art ähnlich, jedoch Halsschild mit tief eingesunkenen Gruben. 5—8, in Nadelwäldern. Die Larven jagen andere Larven unter Borke. N, Z, Gebirge in S.

Dictyoptera aurora X 2

Cantharis rustica X 1.5

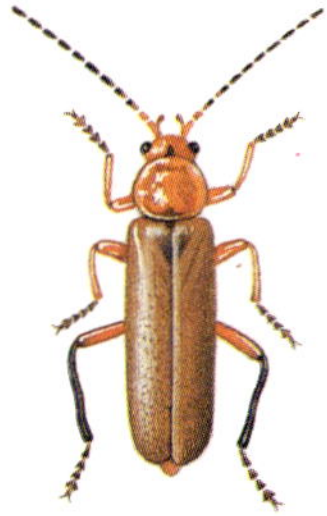

C. livida X 1.5

Rhagonycha fulva X 1.5

Malthinus flaveolus X 1.5

Glühwürmchen X 1.5

Luciola lusitanica X 2

Denops albofasciata X 3

Phosphaenus hemipterus X 2

Tillus elongatus X 2

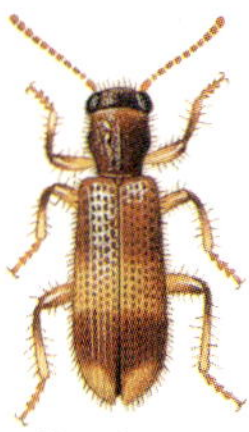

Hausbunt-käfer X 2

Ameisen-buntkäfer X 2

Eichen-buntkäfer X 1.5

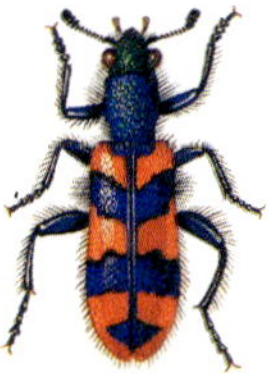

Trichodes alvearius X 1.5

Necrobia ruficollis X 3

Schizotus pectinicornis

P. serraticornis

Feuerkäfer X 1.5

Lygistopterus sanguineus X 2

Malachius aeneus X 2

M. bipustulatus X 2

Anthocomus fasciatus X 5

Endomychus coccineus X 3

Malachius aeneus Malachiidae. Räuberische Käfer, im Frühjahr häufig auf Blüten, besonders in Wäldern. Flügeldecken ziemlich weich. 2. und 3. Fühlerglied des Männchen mit Auswüchsen zum Festhalten des Weibchens. S, Z. ***M. bipustulatus*** 3 Fühlerglieder mit Auswüchsen, jagt andere Insekten auf Blüten und Gräsern. 5—8.

Anthocomus fasciatus. Flügeldecken weich, Grundfärbung schwarz oder grünschwarz. Knie der Vorderbeine bräunlich. Räuber auf Gräsern und Bäumen. Sommer. S, Z.

Endomychus coccineus Endomychidae. Wird oft für einen Marienkäfer gehalten, jedoch flacher, Fühler länger. Pilzfresser unter der Rinde toter oder absterbender Bäume, besonders an Buchen. 4—6.

MARIENKÄFER Coccinellidae Kleine hochgewölbte, fast halbkuglige Käfer, einige auch im Umriß oval. Kopf in das Halsschild eingesenkt. Beine kurz, anlegbar, Füße 4gliedrig, jedoch 3. Glied sehr klein, vom 2lappigen 2. verborgen. Meist mit Ekelgeschmack und lebhaften Warnfarben, Farbmuster jedoch sehr veränderlich. Fast alle Räuber. Überwintern in großer Zahl. Auch die Larven (S. 295) sind Räuber. Sie verpuppen sich offen auf Pflanzen.

Epilachna chrysomelina. Jede Flügeldecke mit 6 schwarzen Punkten, die zu einem schwarzen Netzwerk zusammenfließen können. Fressen an Kürbisgewächsen. Im Mittelmeerraum ganzjährig, an Melonen schädlich. **Luzerne-Marienkäfer** *Subcoccinella 24-punctata.* Schädlich besonders an Luzerne und Klee. Sehr variabel. Sommer.

Coccidula scutellata. Blattlausjäger in Sümpfen, 7—8. ***Scymnus frontalis.*** Rote Flecke können fehlen. Vorderrand des Halsschilds beim Männchen oft rötlich, beim Weibchen stets schwarz. In dichten Trockenpflanzenbeständen. 5—7. S, Z.

Hippodamia 13-punctata. 4—9 in sumpfigen Niederungen. Gestreckter als die meisten Arten.

Siebenpunkt *Coccinella 7-punctata.* Der bekannteste Marienkäfer, überall häufig, 3—10. ***Anatis ocellata.*** Gewöhnlich an oder auf Nadelbäumen. 6—7. ***Thea 22-punctata.*** 4—8 in niedrigen Pflanzen aller Art. Frißt vor allem Mehltaupilze.

Adalia bipunctata. Überall häufig, 3—10. Sehr variabel: die im Norden besonders häufige schwarze Grundfärbung erleichtert in nebligen, kühlen Regionen die Wärmeabsorption. ***A. 10-punctata*** ähnlich variabel, Beine jedoch gelblich. 3—10.

Propylea 14-punctata. Flügeldecken von nahezu gelb bis nahezu schwarz, wenn alle Flecke verschmelzen. 4—9, häufig auf Büschen. ***Calvia 14-guttata.*** Gewöhnlich auf Büschen und kleinen Bäumen. 4—9.

SPECK- und PELZKÄFER Dermestidae Meist düstere Abfallfresser, beschuppt oder behaart. Fühler gekeult, können unter dem Körper verborgen werden. Viele sind Lagerschädlinge weltweit. Besonders schädlich sind die borstig behaarten Larven.

Speckkäfer *Dermestes lardarius.* Larven und Käfer fressen im Freien und in Gebäuden an Aas und Fleischwaren. Ganzjährig, überwintern im Freien. ***D. maculatus*** schädigt auch Häute und Pelze sowie Nahrungsvorräte.

Pelzkäfer *Attagenus pellio.* 3—9 auf Blüten, auch in Häusern verbreitet. Die Larven fressen in Vogelnestern, an Pelzen, Teppichen, Getreide etc.

Wollkrautblütenkäfer *Anthrenus verbasci.* Zeichnung variabel. Käfer 3—9, fressen Pollen und Nektar. Larven (S. 295) in Vogelnestern und Gebäuden, fressen Wolle, Insekten(sammlungen) = Museumskäfer. Etliche ähnliche, ebenfalls schädliche Arten.

Khapra-Käfer *Trogoderma granarium.* Käfer nehmen keine Nahrung auf, Larven schädigen Getreidevorräte und Getreideprodukte erheblich. In geheizten Gebäuden ganzjährig. ***T. angustum*** schmaler als andere Trogoderma-Arten, in Südamerika heimisch, eingeschleppt in Deutschland, Schweden. Gefürchteter Sammlungs- und Vorratsschädling!

Epilachna chrysromelina X 2

Luzerne-Marienkäfer X 5

Coccidula scutellata X 5

Scymnus frontalis X 5

Hippodamia 13-punctata X 3

Siebenpunkt X 3

Anatis ocellata X 2

Thea 22-punctata X 3

Adalia bipunctata X 3

mit Farbvarianten

A. 10-punctata X 3

mit Farbvarianten

Propylea 14-punctata X 3

Calvia 14-guttata X 3

Speckkäfer X 2

D. maculatus X 2

Pelzkäfer X 3

Wollkrautblütenkäfer X 5

Khaprakäfer X 4

T. angustum X 4

Kräuterdieb *Ptinus fur.* Einer der spinnenartigen Diebskäfer. Geschlechter in der Gestalt sehr unterschiedlich, Körper vieler Weibchen fast kugelförmig. Färbung und Zeichnung variabel. Fressen trockene organische Materialien im Freien und in Gebäuden, früher in Apotheken schädlich (Name!); auch an Hundekuchen, Museumsmaterial.

Gemeiner Nagekäfer *Anobium punctatum* Anobiidae. Dunkelbraun bis gelblich, mit feinen Haaren bedeckt. Fühler mit ungewöhnlicher, sehr charakteristischer Keule. 5—7, überall häufig. Larven als »Holzwurm« bekannt, in totem Laubholz, seltener in Nadelholz, richten schwere Schäden an. Durchmesser der Schlupflöcher 1,5 — 2 mm.

Totenuhr *Xestobium rufovillosum.* Fein behaart, Kopf unter dem buckligen Halsschild, von oben gesehen, verborgen (Familienmerkmal). Larven in alten Bäumen und Bauholz, besonders in Eiche und anderen Laubhölzern bei feuchter Lagerung. Weniger häufig als die vorige Art. Die Käfer erzeugen tickende Klopfgeräusche zum Partneranlocken (Name!). Durchmesser der Schlupflöcher 3—4 mm.

Ptilinus pectinicornis. Fühler der Weibchen einfach gesägt. 5—8, häufig auch in Gebäuden. Larven in trockenen Laubhölzern.

Getreidekapuziner *Rhizopertha dominica* Bostrychidae. Halsschild überdeckt den Kopf kapuzenartig. Fühler mit 3gliedriger Keule. Käfer und Larven fressen an Getreide. Schädling in Getreidespeichern und Mühlen.

Parkettkäfer *Lyctus linearis* Lyctidae. Einer der Holzmehlkäfer. Fühler mit 2gliedriger Keule. Larven in trockenem Laubbaumholz, erzeugen sehr feines Holzmehl. 4—7.

Schwarzer Getreidenager *Tenebrioides mauritanicus* Trogositidae. Dunkelbraun bis schwarz. Vor allem in Getreidespeichern, Bäckereien; Käfer und Larven jagen andere Insekten. In wärmeren Gebieten auch im Freien unter loser Rinde.

Schiffswerftkäfer *Lymexylon navale* Lymexylidae. Flügeldecken weich, behaart. Weibchen etwas größer, ohne gefiederte Kieferntaster. 5—8, an toten und absterbenden Laubbäumen, darin die Larven. Früher schädlich an Eichenholz im Holzschiffbau. S, Z.

Bohrkäfer *Hylecoetus dermestoides.* Gefiederte Taster nur beim Männchen. An toten und absterbenden Laubbäumen. Larve (wie vorige Art) mit Dorn am Hinterende.

Getreideplattkäfer *Oryzaephilus surinamensis* Cucujidae. Halsschild auf jeder Seite mit 6 stumpfen Zähnen. In Getreidespeichern und Lagerhäusern, fressen die Larven anderer Insekten, auch die der Kornkäfer.

Glischrochilus 4-punctatus Nitidulidae. Glatt und glänzend; Hinterrand des Halsschildes schmaler als die Flügeldecken. 3—11. An Nadelbäumen, unter der Rinde in Borkenkäfergängen. ***G. hortensis*** gedrungener, Halsschild und Flügeldecken gehen ineinander über. 5 Fußglieder. An blutenden Bäumen, überreifen Früchten. 5—10.

Himbeerkäfer *Byturus tomentosus* Byturidae. Fein behaart. 5—7, legt die Eier in Blütenknospen der Himbeere; Larven in der heranwachsenden Beere (»Himbeermade«).

Mycetophagus 4-pustulatus Mycetophagidae. Oberflächlich *Glischrochilus* ähnlich, doch platter; 3—4 Fußglieder, Halsschild halbkreisförmig. 4—9, an Baumschwämmen auf Laubhölzern; gelegentlich auch an Dung.

Gnatocerus cornutus Tenebrionidae. Weibchen ohne hörnchenartige Kieferauswüchse. In Getreidespeichern, Mühlen etc., lebt in Mehl. Auch unter loser Rinde.

Reismehlkäfer *Tribolium confusum.* Auf Getreidespeicher, Mühlen und Lagerhäuser beschränkt. Entwickelt sich an Getreide und Getreideprodukten.

Mehlkäfer *Tenebrio molitor.* Vor allem in Getreidespeichern, vernichtet Getreide und Getreideprodukte. Die Larven (S. 295) sind die aus Zoohandlungen allgemein bekannten »Mehlwürmer«. Im Sommer auch im Freien, z.B. an Kadavern. Wie die meisten Vertreter der Familie flugunfähig, Flügeldecken verwachsen.

Diaperis boleti. Glänzend schwarz, rot oder orange gebändert. Stark gewölbt. In Wäldern an Pilzen.

Totenkäfer *Blaps mucronata.* Flugunfähiger Bodenbewohner, in Höhlen, Kellern, Ställen u.a. feuchten, dunklen Räumen. Wie die meisten Familienvertreter rein nächtlich. Frißt faulende Pflanzen. Entläßt bei Störung einen Ekelgeruch.

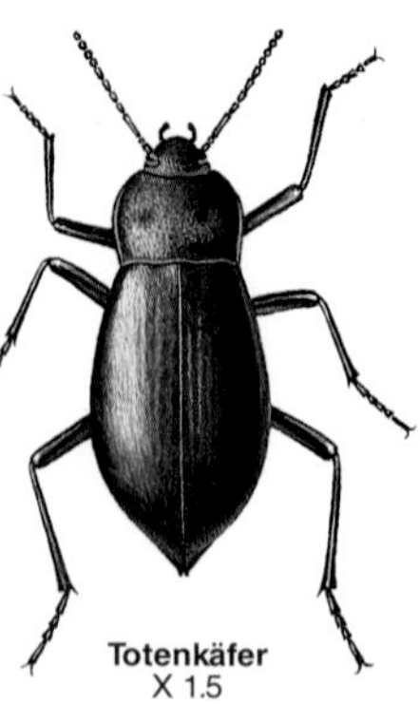

Totenkäfer
X 1.5

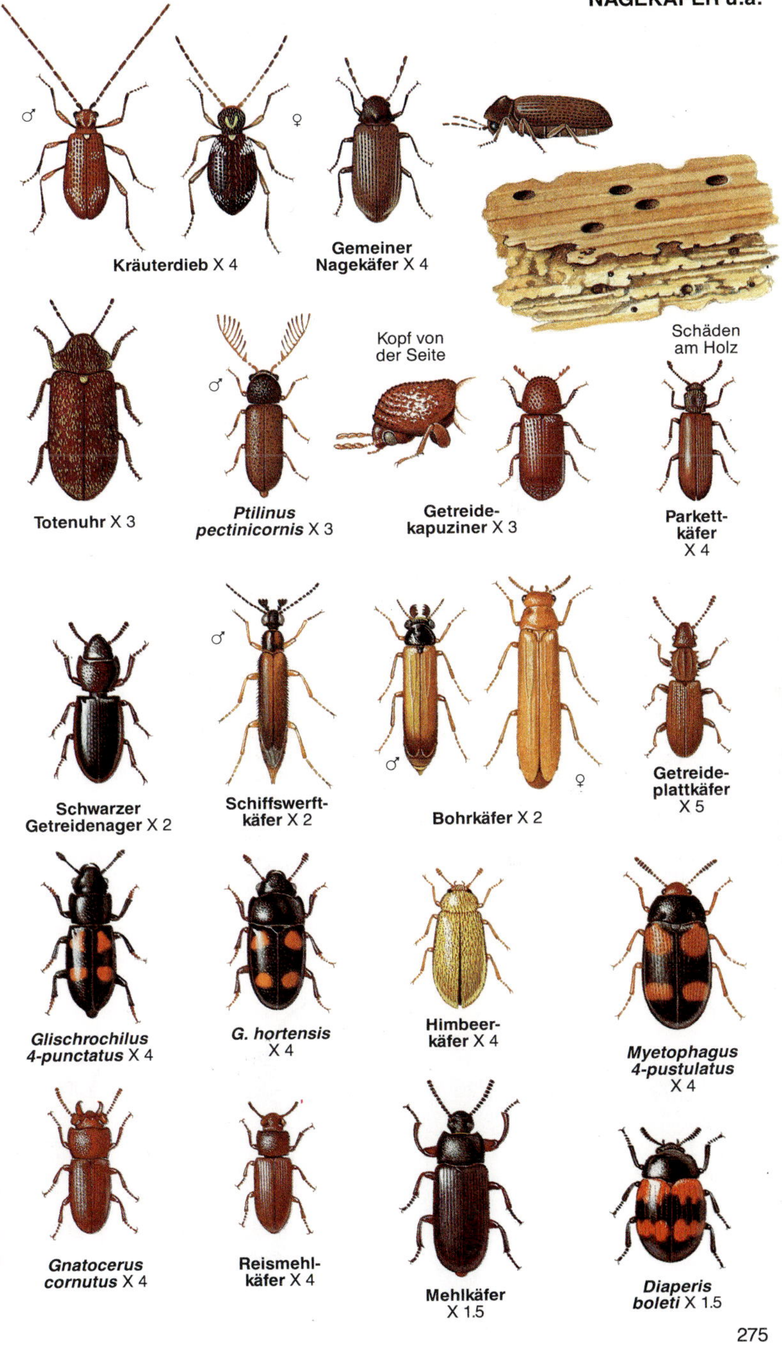
♂
♀
Kräuterdieb X 4
Gemeiner Nagekäfer X 4
Schäden am Holz
Totenuhr X 3
♂
Ptilinus pectinicornis X 3
Kopf von der Seite
Getreidekapuziner X 3
Parkettkäfer X 4
Schwarzer Getreidenager X 2
♂
Schiffswerftkäfer X 2
♂
♀
Bohrkäfer X 2
Getreideplattkäfer X 5
Glischrochilus 4-punctatus X 4
G. hortensis X 4
Himbeerkäfer X 4
Myetophagus 4-pustulatus X 4
Gnatocerus cornutus X 4
Reismehlkäfer X 4
Mehlkäfer X 1.5
Diaperis boleti X 1.5

Wollkäfer
X 2

Schwefelkäfer
X 2

Wollkäfer *Lagria hirta* Lagriidae. Träge, Körper recht weich, Kopf und Halsschild braun oder schwarz. 5—7, auf Blüten an trockenen Orten. Larven an verrottenden Pflanzen in der Streu und im Rasen.

Schwefelkäfer *Cteniopus sulphureus* Alleculidae. Körper weich, Kopf und Halsschild mitunter fast schwarz. 5—7, auf Blüten an trockenen, sandigen Orten (Dünen). Larven an der Basis von Pflanzen (Wurzelhals).

Oncomera femorata
X 1.5

Oedemera nobilis X 2

Notoxus monoceros
X 4

Anthicus antherinus
X 4

A. floralis
X 4

Oncomera femorata Oedemeridae. Flügeldecken und Körper weich. Frißt Pollen an verschiedenen Sträuchern, auch Efeu, 4—10. Larven in zerfallendem Holz. S, Z.

Oedemera nobilis. Weibchen schlanker, ohne verdickte Hinterschenkel. Flügeldecken hinten verjüngt, klaffen stets. Pollenfresser, auf Blüten häufig. 4—8.

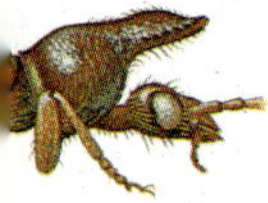

Notoxus

Notoxus monoceros Anthicidae. Ameisenartig rasch laufender Käfer, Halsschild hornartig über den Kopf verlängert. Flügeldecken oft schwarz, mit hellem Dreieck an der Spitze. Auf Blüten; wird von toten Ölkäfern angelockt.

Anthicus antherinus. Sehr flink. Meist auf Kompost- und Düngerhaufen. 5—10. ***A. floralis*** ameisenartig, Körper oft düster. In Pflanzenabfällen. 5—10.

Spanische Fliege *Lytta vesicatoria* Meloidae. Einer der Blasenkäfer, die bei Beunruhigung das blasenziehende Gift Cantharidin an den Kniegelenken ausscheiden. 5—8, frißt Blätter verschiedener Bäume. Larven in Nestern solitärer Bienen. S. Z.

Meloe variegatus. §. Einer der Ölkäfer, die bei Beunruhigung eine ölige, stark riechende Flüssigkeit ausscheiden. Flugunfähig. Die Flügeldecken überlappen an der Wurzel. 4—7, auf Wiesen, fressen an Blättern. Entwicklung in Nestern solitärer Bienen. S, Z. ***M. proscarabaeus***, § schwarzblau, wie alle Ölkäfer in der Größe sehr variabel. Fühler der Männchen geknickt. ***M. violaceus*** § ähnlich, Kopf und Halsschild feiner punktiert. Lebensweise und Entwicklung wie bei *M. variegatus*.

Mylabris polymorpha. Helle Zeichnung variabel, auch orange oder gelb. Auf Blüten in der Sonne, Pollenfresser. 6—9. Larven fressen Heuschrecken-Gelege. S.

Spanische Fliege X 1.25

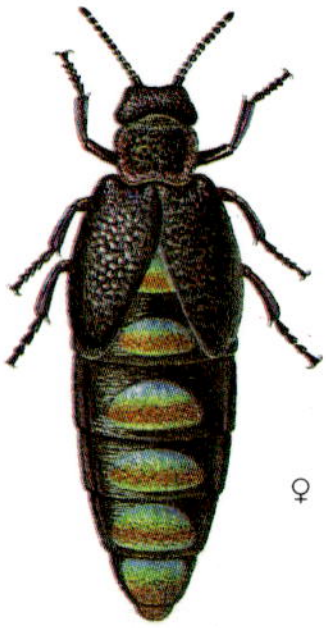

Meloe variegatus X 1.25

M. proscarabaeus
X 1.25

Mylabris polymorpha
X 1.25

BOCKKÄFER Cerambycidae Eine Familie mit mehr als 20000 Arten, die meisten mit sehr langen Fühlern, die auf deutlichen Stirnhöckern entspringen. Fühler der Männchen meist länger als die der Weibchen. Körper in der Regel langgestreckt, oft abgeflacht. Flügeldecken können breiter als Halsschild sein. Füße scheinbar 4gliedrig; das zweilappige 3. Glied umschließt das kleine vorletzte 4. völlig. Füße der Männchen viel breiter als die der Weibchen. Vielen Arten sind bunt gefärbt, mit häufig starken Geschlechtsunterschieden, aber auch viele unscheinbare Arten. Flügel meist voll entwickelt, fliegen meist lautlos des Tags oder nachts, nur wenige Arten schnell und lärmend. Fressen besonders Pollen, andere Blätter, eine Anzahl von Arten als Käfer überhaupt nicht. Viele Arten stridulieren bei Beunruhigung durch Bewegung von Brustabschnitten gegeneinander.

Fast alle Larven leben in totem oder lebendem Holz. Einige Arten können erhebliche Forstschäden verursachen. Die Larven sind meist langgestreckt und bleich, besonders die dicht unter der Rinde lebenden Arten auch abgeplattet. Die Kiefer sind kräftig, die Beine jedoch weitgehend oder völlig rückgebildet. Da Holz kein nährstoffreiches Futter ist, dauert die Entwicklung ziemlich lange — meist 2—3 Jahre, in trockenem Bauholz auch länger. Die Verpuppung erfolgt in einer Gangerweiterung dicht unter der Oberfläche, der Puppenkammer. Die Larven entwickeln sich oft auch in gefällten Bäumen weiter und werden mit Holzexporten weltweit verschleppt. So können Käfer weit entfernt vom eigentlichen Verbreitungsgebiet schlüpfen.

In Europa leben einige hundert Arten, nur 70 davon auch auf den Britischen Inseln. Die meisten sind an Wälder gebunden. Da ihre Lebensweise sehr einheitlich ist, kann die Artenbeschreibung auf den folgenden Seiten auf Stichworte beschränkt werden. Es wird stets die Futterpflanze der Larven genannt.

Typische Bockkäferlarve mit kurzen Beinen und hinten verjüngtem Körper

Sägebock *Prionus coriarius.* Einer der robustesten europäischen Bockkäfer. Larve in Baumwurzeln. 6—9.

♀

§ Mulmbock *Ergates faber.* Halsschild der Männchen mit 2 großen Schwielen, seitlich gezähnt. Larven in Kiefernstubben. 7—9, S, Z. Vor allem östliche Art.

Monochamus galloprovincialis. Fühler rotbraun. U-förmige Haarzeichnung auf dem Schildchen. Auf Kiefern. 6—9. Vor allem im S, aber auch in Forsten in Z.

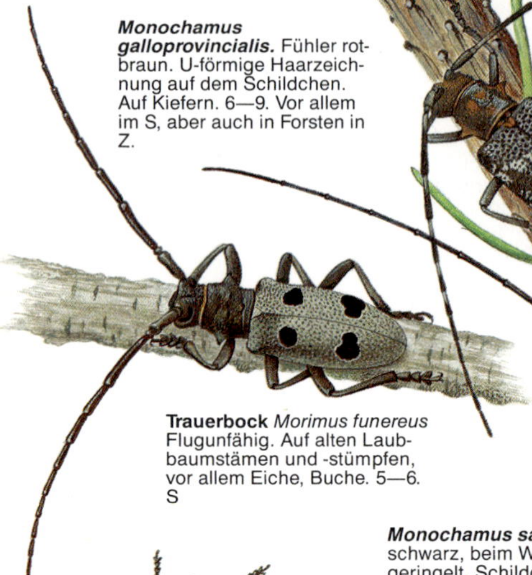

Trauerbock *Morimus funereus* Flugunfähig. Auf alten Laubbaumstämen und -stümpfen, vor allem Eiche, Buche. 5—6. S

Monochamus sartor. Fühler schwarz, beim Weibchen weiß geringelt. Schildchen völlig behaart. Auf toten und absterbenden Nadelbäumen, schädigt Bauholz. 6—8. Z, besonders im Bergland.

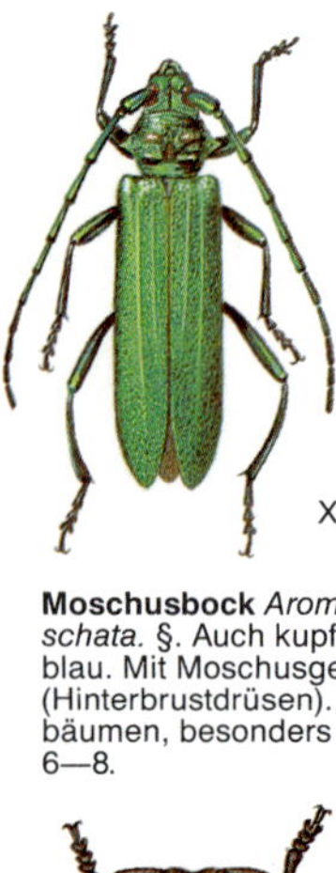

X 1.5

Moschusbock *Aromia moschata.* §. Auch kupfrig oder blau. Mit Moschusgeruch (Hinterbrustdrüsen). An Laubbäumen, besonders Weiden. 6—8.

Großer Pappelbock *Saperda carcharias.* An Wurzeln, Stämmen, Zweigen junger Pappeln. 7—9.

Oberea oculata. Flügeldecken zur Spitze stark verjüngt. In Weidenschößlinger 5—8.

Weberbock *Lamia textor.* §. Träge Art, an Weiden und Pappeln. In Weidenkulturen mitunter schädlich. 5—10.

Hausbock *Hylotrupes bajulus.* Schädlich an trockenem Nadelholz, zerstört z.B. Telegraphenmasten und Dachbalken. 6—8.

Widderbock *Clytus arietis.* Bockkäfer mit auffälliger wespenartiger Zeichnung, läuft in der Sonne schnell auf Stämmen; in Gärten und Hecken häufig. 5—7. Larven in totem Holz von Waldlaub- und Obstbäumen.

Eichenwidderbock *Plagionotus arcuatus.* Halsschildseiten stark gerundet. In der Sonne auf toten Eichen und Buchen. 5—7. In Bauholz.

Chlorophorus varius. In der Sonne besonders auf Doldenblüten. In Laubbäumen und Weinstöcken. 6—7. Südliche Art.

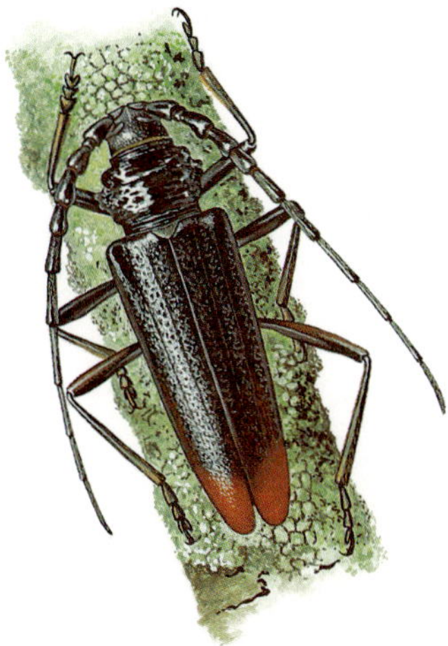

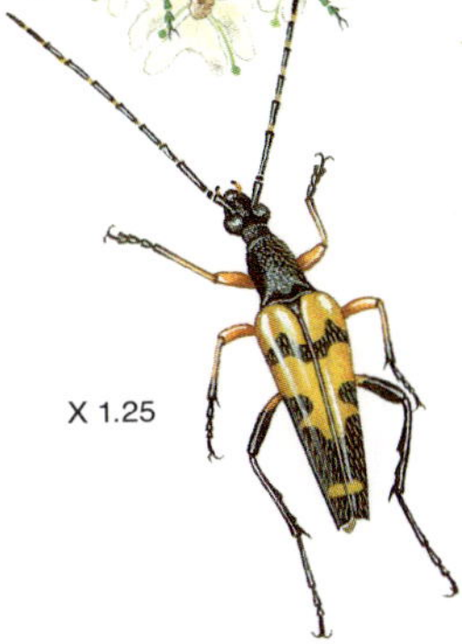

X 1.25

Eichenbock *Cerambyx cerdo.* §. Einer der größten Käfer Europas. 6—8, fliegt abends um alte Eichen, darin die Larven.

Strangalia maculata. Flügeldecken hinten stark verjüngt. Mehrere ähnliche Arten. Zeichnung variabel, Fühlerwurzel jedoch stets gelb. 6—8, auf Blüten. Larven in verrottenden Laubbaumstümpfen.

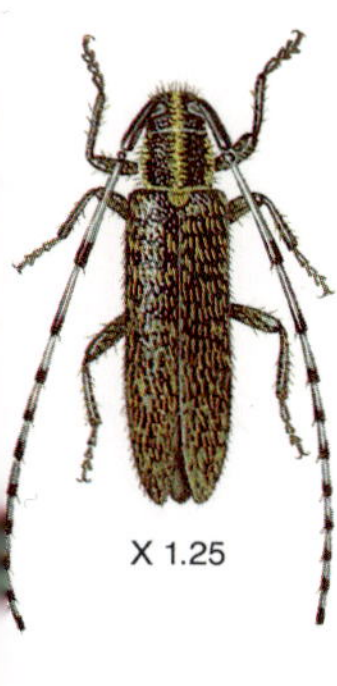

X 1.25

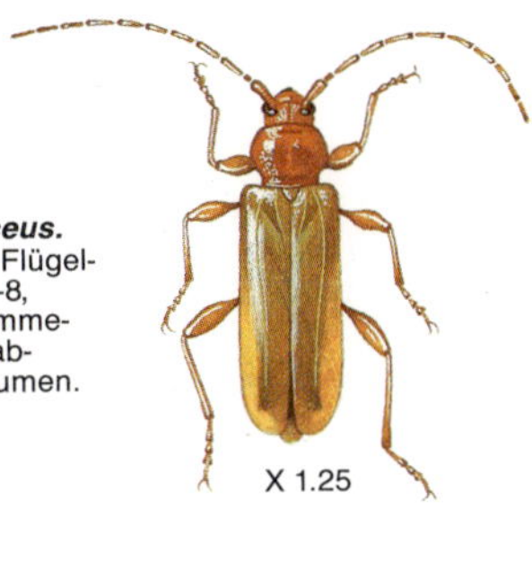

X 1.25

Phymatodes testaceus. Kopf auch schwarz, Flügeldecken bläulich. 6—8, schwärmt in der Dämmerung. An toten und absterbenden Laubbäumen.

Agapanthia villosoviridescens. In Hecken und Feuchtgebieten auf Blüten. 5—7. Larven in Stengeln von Disteln u.a. krautigen Pflanzen. N, Z.

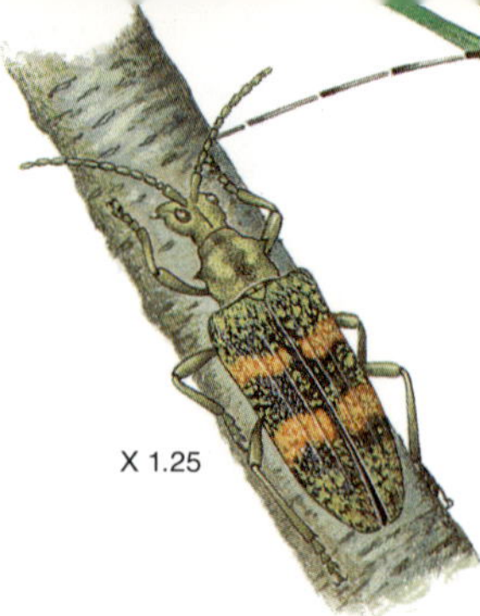

X 1.25

♂

X 1.25

Rhagium sycophanta. 4—7, auf Blüten, an blutenden Baumstümpfen. Larven in alten Eichenstümpfen.

Zimmerbock *Acanthocinus aedilis.* Flügeldeckenzeichnung oft unklar. Fühler der Männchen doppelt so lang wie die der Weibchen. 5—7. Larven in Kiefernstümpfen und -stämmen. Vor allem nördliche Art.

Rhagium inquisitor. Grundfärbung auch gelblicher. 5—7. Nadelholzwälder, Larven unter der Borke von Nadelbäumen, evtl. auch an Laubbäumen.

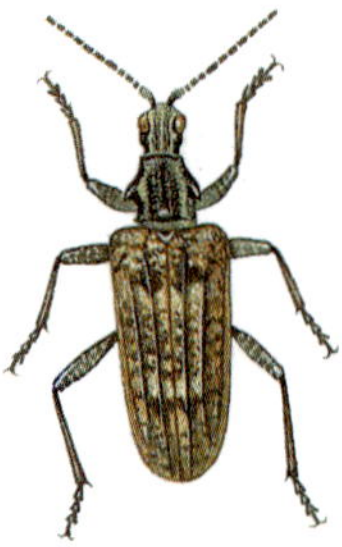

Rhagium mordax. Schlanker als *sycophanta.* 5—7. Gewöhnlich auf Blüten. Larven unter der Rinde von Laub- und Nadelholzstümpfen und toten Stämmen.

X 1.25

X 1.25

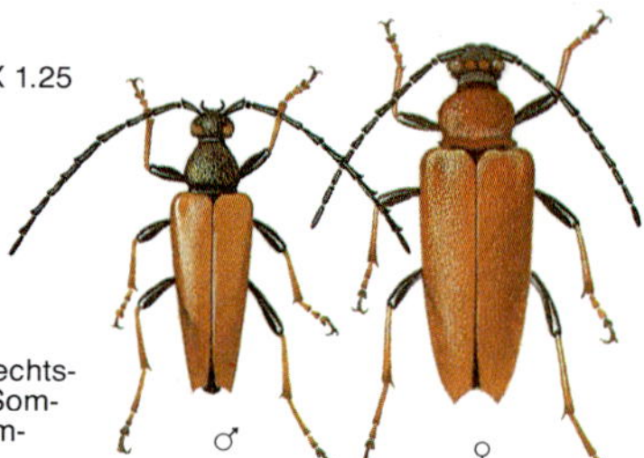

♂ ♀

X 1.25

Leptura rubra. Geschlechtsunterschiede groß. Im Sommer auf Stümpfen, Stämmen, Blüten. Larven im totem Nadelholz.

Leptura 6-guttata. 5—7. Auf Doldenblüten in Wäldern. Larven in totem Laubholz.

X 1.25

X 2

Pogonochoerus hispidulus. Durch 2 Zähne an jeder Flügeldeckenspitze von ähnlichen Arten unterschieden. Frühjahr, Herbst, auf Laubhölzern.

Rhamnusium bicolor. Flügeldecken blau mit violettem, roten oder schwarzen Schimmer. 5—8. Laubbäume, auch in Städten. S, Z. →

← **Waldbock** *Spondylis buprestoides.* Fast zylindrisch, Fühler kurz, Kiefer groß. Kiefernwälder, 6—9.

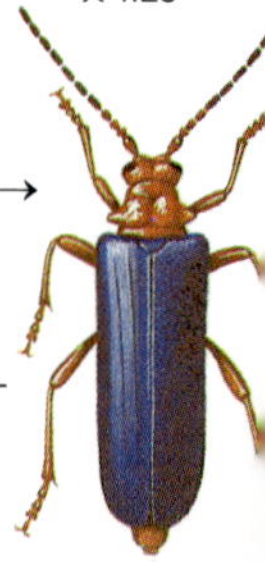

Alpenbock *Rosalia alpina.* §. Zeichnung variabel. 6—9. In Gebirgswäldern, Larve in Buchen. S, Z, sehr selten, geschützt!

Stenocorus cursor. Geschlechtsunterschied groß. 5—7. Auf Blüten, an Kiefern- und Fichtenstümpfen. N, Z.

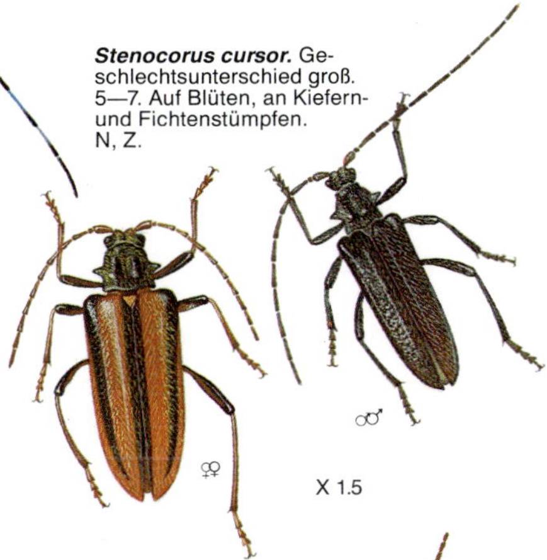

X 1.5

X 1.5

Gaurotes virginea. 5—7. Vor allem auf Blüten in Bergwäldern. Larven in Kiefer. N, Z.

X 1.5

Anaglyptus mysticus. Das 1. Drittel der Flügeldecken kann auch schwarz sein. 5—7. Auf Weißdornblüten u.a. in Wäldern. Larven in Stümpfen.

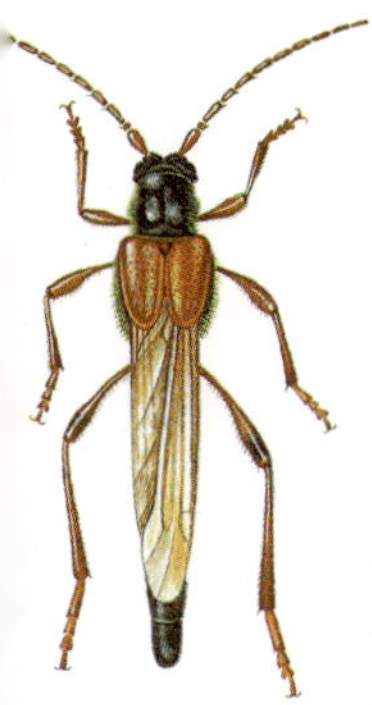

X 1.5

Acmaeops collaris. 5—7. Auf Weißdorn-, Himbeer- und Doldenblüten in alten Wäldern. Larven unter Rinde von Eiche und Kastanie.

X 2

Callidium aeneum. 4—7. Auf Fichten und anderen Nadelbäumen. Larven in toten Stämmen und Stümpfen. N.

Großer Wespenbock *Necydalis major.* §. Flügeldecken sehr kurz. 5—7. Fliegt um Bäume. Larven in Birne, Birke, Pappel u.a. Laubbäumen. N, Z.

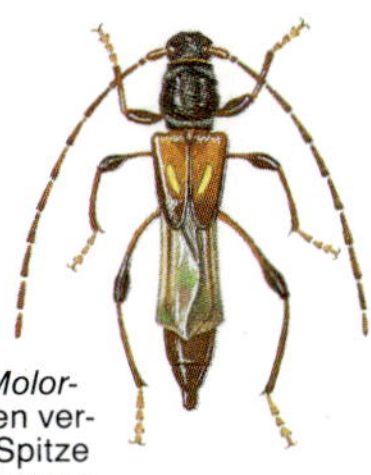

Kleiner Wespenbock *Molorchus minor.* Flügeldecken verkürzt, Schenkel an der Spitze verdickt. 5—7. In Nadelbaumnähe auf Blüten. Larven in Stümpfen.

X 1.5

Erbsen-käfer X 4

Bohnen-käfer X 4

Erbsenkäfer *Bruchus pisorum* Bruchidae. Eine von mehreren ähnlichen Arten. Schädling an Erbsen. Die beinlosen Larven entwickeln sich in den heranwachsenden Samen. Käfer im Frühjahr, sonnen sich gern an Wänden.

Bohnenkäfer *Acanthoscelides obtectus.* Dem Erbsenkäfer ähnlich, jedoch Halsschild deutlich dreieckig, Hinterschenkel mit 3 Zähnen. Bohnenschädling, in Vorräten, auch im Freiland.

BLATTKÄFER Chrysomelidae Familie mit ca. 25000 ausschließlich blattfressenden Arten. Oft leuchtend gefärbt, Umrisse glatt, gerundet. Füße scheinbar 4gliedrig, tatsächlich 5gliedrig: das 4. winzig, völlig vom vergrößerten 3. verborgen. Einige Arten können mit Marienkäfern (S. 270) verwechselt werden. Bei diesen jedoch nur 3 Fußglieder sichtbar. Larven weich, fast schneckenartig.

Donacia vulgaris. Flügeldecken grün oder kupfrig mit roter oder blauer Mittelpartie. Auf Igelkolben, 5—8. Larven in den Stengeln. Etliche ähnliche Arten auf Wasserpflanzen.

Getreidehähnchen *Lema melanopus.* Kopf und Flügeldecken blau oder schwarz. An Gräsern, mitunter an Getreide schädlich. 4—7, sonnt sich oft an Wänden.

Spargelhähnchen *Crioceris asparagi.* Spargelschädling, Larven und Käfer fressen an den fiedrigen Spargelblättern. 5—8, Käfer überwintern. S, Z.

Lilienhähnchen *Lilioceris lilii.* 4—8, auf vielen Lilienarten, auch Gartenformen. Im Süden recht schädlich. S, Z.

Sackkäfer *Clytra 4-punctata.* 5—8, auf Pflanzen in der Nähe von Ameisennestern, Eier und Larven, geschützt durch Kotsäcke, in Ameisenbauten, Abfallfresser, Entwicklung 2—4 Jahre. Ohne Kotsack ist die Larve verloren und wird gefressen.

Cryptocephalus hypochaeridis. Große Gattung metallischer Käfer, meist auf Blüten, besonders gelben Korbblütlern, im Sommer. Viele ähnliche Arten.

C. sericeus. Gold-, Blau- oder Purpurgrün. 4—7, auf Wiesen, besonders auf gelben Doldenblüten. S, Z.

C. bipunctatus besonders auf Hasel, Birke, Eiche. 4—7.

Labkraut-Blattkäfer *Timarcha tenebricosa.* Stark gewölbt, flugunfähig, Flügeldecken verwachsen. Einer der größten Blattkäfer. Sondert bei Störung einen Tropfen roten Blutes ab (s. Abb.). 4—8, auf Wiesen, läuft langsam auf dem Boden oder Gras umher. Frißt an Labkraut. S, Z.

Chrysomela polita. Im Sommer auf Uferpflanzen und an anderen feuchten Orten häufig, besonders auf Minzen. ***C. grossa.*** Im Mittelmeergebiet, größer, Halsschild metallisch blau.

C. menthastri. Einer der schönsten Blattkäfer, besonders auf Minzen und anderen Lippenblütlern an feuchten Orten. 5—9. S, Z.

C. cerealis. Meist metallisch grün, mit blauen und roten Streifen, doch variieren die Farben. An trockenen, sandigen Stellen auf wildem Thymian, Sommer. S, Z.

C. geminata. Bronzegrün oder blau, auch schwarz. Während des ganzen Sommers auf Johanniskraut *(Hypericum).* N, Z.

Gastrophysa viridula. Gewöhnlich goldgrün, manchmal bläulich. 5—8, auf Ampfer und verwandten Pflanzen an Gewässerufern.

Kartoffelkäfer *Leptinotarsa decemlineata.* Bedeutender Kartoffelschädling, ursprünglich in Nordamerika beheimatet. Larven (S. 295) und Käfer fressen die Blätter, auch von Tomaten u.a. Nachtschattengewächsen. 4—9. In N, Z jetzt weit verbreitet.

Pappelblattkäfer *Melanosoma populi.* Halsschild bronzegrün, oder ganz schwarz. Flügeldecken orange bis rot, mit dunklem Spitzenfleckchen. Auf Pappeln, Weiden. 4—9.

M. 20-punctata. Jede Flügeldecke mit 10 unregelmäßigen schwarzen Flecken. 4—8, meist auf Weiden in Wassernähe. Z.

Phytodecta viminalis. Glänzend rostrot, schwarze Zeichnung variabel, auch fehlend. Halsschild hinten gewöhnlich mit schwarzem Band oder herzförmigem Makel. 5—8, meist auf Weiden. N, Z.

Lochmaea caprea. In Mooren örtlich auf Weiden häufig; auch auf Birken. 4—9. ***L. crataegi*** rötlicher, an Weißdorn.

An den Füßen der Blattkäfer ist das kleine 4. Glied tief in das große 3. eingesenkt.

Donacria vulgaris X 2

Getreide-hähnchen X 3

Spargel-hähnchen X 3

Lilien-hähnchen X 3

Sack-käfer X 2

Cryptocephalus hypochaeridis X 3

C. sericeus X 3

C. bipunctatus X 3

Labkraut-Blattkäfer X 1.5

Chrysomela polita X 2

C. menthastri X 2

C. cerealis X 2

C. geminata X 2

Gastrophysa viridula X 2

Kartoffel-käfer X 2

Pappelblatt-käfer X 2

M. 20-punctata X 2

Phytodecta viminalis X 2

Lochmaea caprea X 2

Galerucella lineola. Recht unauffälliger Käfer, Flügeldecken parallel zur Naht dicht behaart. 3—9, auf Weiden oft häufig, frißt Blüten und Blätter. Einige ähnliche Arten an Weiden und Wasserpflanzen.

Rainfarnblattkäfer *Galeruca tanaceti.* Glänzend schwarz. Flügeldecken hinten stark verbreitert, besonders beim Weibchen, dessen Hinterleib unter den Flügeldecken hervortreten kann. Straßenränder, Wiesen, frißt an Korbblütlern (Schafgarbe). 4—9.

Luperus longicornis. Körper des Männchens stärker parallelseitig, Fühler viel länger als Körper. Auf Bäumen in Feuchtgebieten, während des ganzen Sommers.

Pyrrhalta viburni. *G. lineola* sehr ähnlich, jedoch rechtwinklig zur Naht behaart. Während des Sommers auf Schneeball, kann die Blätter völlig skelettieren.

Kleiner Weidenblattkäfer *Phyllodecta vitellinae.* Goldgrün, auch bläulich oder kupfrig. Auf Pappeln, Weiden, vom Frühjahr bis zum Sommer. Überwintert unter Rinde.

Phyllobrotica 4-maculata. 5—8, meist auf Helmkraut in Feuchtgebieten.

Phyllotreta nemorum. Einer der Kohlerdflöhe mit verdickten Hinterschenkeln (Sprungvermögen!). Alle Arten schädlich an Kohlgewächsen und Rüben. Die Käfer durchlöchern besonders die Blätter von Sämlingen, die Larven minieren in den Blättern und verpuppen sich im Herbst. Die Käfer überwintern und legen ihre Eier im Frühjahr.

Schwarzer Kohlerdfloh *P. nigripes.* Larven fressen an Wurzeln, Käfer wie vor.

Rapserdfloh *Psylliodes chrysocephala.* Hinterschenkel stark verdickt, Flügeldecken mitunter gelbbraun. Larven in Stamm und Rippen vom Blumenkohl und an Raps, Käfer fressen an Blüten und Blättern, kann schädlich werden.

Kartoffelerdfloh *P. affinis.* Häufig auf Nachtschattengewächsen, Larven fressen zunächst im Wurzelinneren, dann außen; Käfer an den Blättern.

Grüner Schildkäfer *Cassida viridis.* Halsschild und Flügeldecken überdecken den Körper breit. Die Tiere sind schwer zu entdecken, wenn sie sich an Blätter pressen. Hinterwinkel des Halsschildes abgerundet (spitz bei *C. rubiginosa*). 6—9, auf Blättern von Minze und anderen Lippenblütlern, in Feuchtgebieten. Die Larve (S. 295) tarnt sich mit ihren Exkrementen.

C. sanguinolenta. Im Sommer an Disteln und Schafgarbe auf Wiesen. Mehrere ähnliche Arten.

RÜSSELKÄFER Eine große Gruppe, zu der mehrere Familien mit weltweit über 40000 Arten gehören. Die meisten Arten haben einen langausgezogenen Kopf (»Rüssel«), in dessen Mitte die geknieten Fühler ansetzen. An seinem Ende stehen die Mundwerkzeuge. Viele Arten sind beschuppt, einige flugunfähig, mit verwachsenen Flügeldecken. Die meisten Arten sind während des ganzen Lebens Pflanzenfresser. Die Larven haben meist keine Beine und leben in ihren Futterpflanzen, viele in Samen.

Brachytarsus nebulosus Anthribidae. Dem Erbsenkäfer (S. 282) ähnlich, Rüssel nur kurz, Flügeldecken bedecken den Hinterleib. Auf Hasel und anderen Laubbäumen. 5—7. Larve mit Beinen, frißt Schnabelkerfe, auch Schildläuse.

Rhynchites aequatus Attelabidae. Von Frühjahr bis Herbst auf Weißdorn. Rüssel des Weibchens viel länger als Kopf und Thorax zusammen, der des Männchens etwa von gleicher Länge.

R. auratus Bronzegrün bis purpurn. 5—7, auf Schlehe. Larven in Fruchtkernen.

Pappelblattroller *Byctiscus populi.* Halsschild des Weibchens unbedornt. An Espen, 6—9. Das Weibchen fertigt Blattwickel für die Eier. **Rebenstecher** *B. betulae* ähnlich, Beine metallisch. An Bäumen. Beide Arten auch blau oder violett.

Dickkopfrüssler *Apoderus coryli.* Kopf hinten halsartig verengt. 5—7, auf Hasel. Die Larve lebt in zigarrenartigem Blattwickel.

Eichenblattroller *Attelabus nitens.* Der vorigen Art ähnlich, jedoch halslos. 5—7, an jungen Eichen. Larven in Blattwickel.

Apion miniatum Apionidae. Eine von vielen ähnlichen »Spitzmäuschen«-Arten. Alle klein, mit charakteristisch zugespitztem Kopf. Auf Ampfer in Feuchtgebieten. 5—8.

A. pomonae. Mit feinen Härchen bedeckt. Flügeldecken auch grünblau, Beine schwarz. Auf Wicken. 5—8.

Schildkäfer auf einem Blatt

Galerucella lineola X 3

Rainfarnblattkäfer X 2

Luperus longicornis X 3

Pyrrhalta viburni X 3

Kleiner Weidenblattkäfer X 3

Phyllobrotica 4-maculata X 3

Phyllotreta nemorum X 5

Schwarzer Kohlerdfloh X 5

Rapserdfloh

Kartoffelerdfloh X 5

Grüner Schildkäfer X 2

Unterseite

Cassida sanguinolenta X 2

Brachytarsus nebulosus X 5

Rhynchites aequatus X 5

R. auratus X 2

Pappelblattroller X 5

Dickkopfrüssler X 3

Eichenblattroller X 3

Apion miniatum X 5

A. pomonae X 5

Otiorhynchus clavipes Curculionidae. Einer der größten europäischen Rüssler, mit langen Fühlern. Von *Liparus* und einigen anderen Rüsslern durch kurzen Rüssel, auf dem die Fühler oben, nicht seitlich ansetzen, unterschieden. Mit hellen Haarflecken, können sich abreiben. Im Sommer auf Weißdorn und anderen Rosengewächsen, und in dichten Grasbülten. Mehrere ähnliche Arten.

Phyllobius pomaceus. Eine von mehreren ähnlichen Grünrüssler-Arten, gold- oder blaugrün beschuppt. Alte Tiere abgerieben kahl, schwarz. Vorderschenkel gezähnt. 4—9, auf Nesseln häufig.

Polydrosus tereticollis. 4—6, in Eichen-, Espen- und Erlen-Unterholz. Flügeldecken mit alternierenden Reihen bronzefarbener und hellerer Schuppen. Von *Phyllobius* durch ungezähnte Schenkel zu unterscheiden.

P. picus. Älteren Tieren fehlen die hellen Schuppenflecke. Auf Birke, Eiche und Buche im Sommer. S, Z.

P. sericeus. Stark glänzend. 4—7 auf Laubbäumen, besonders Birken.

Sitona lineatus. Augen vortretend, Flügeldecken gestreift. In Frühjahr und Herbst häufig auf Erbsen, Klee und anderen Hülsenfrüchtlern. Käfer überwintern, machen typischen Blattrandfraß. Larven in den Wurzelknötchen. In manchen Jahren schädlich an Erbsen. Etliche ähnliche Arten.

Lixus paraplecticus. Flügeldecken dunkel, gelb beschuppt. In Herbst und Frühjahr an Stengeln von Doldenblütlern in Feuchtgelände; Käfer überwintert. S, Z.

Cionus hortulanus. Grau oder grüngrau, mit glänzendem Rüssel. 6—9, auf Königskerze. Larve frißt außen, geschützt von einer gallertigen Ausscheidung. S, Z. Eine von mehreren ähnlichen Arten.

Großer brauner Rüsselkäfer *Hylobius abietis.* Haarflecke hell, mitunter auch kastanienbraun; Beine schwarz oder tiefrot; Schenkel gezähnt. Schädigen Kiefern und Fichten durch Fraß an der Rinde junger Triebe (Wachstums-Unterbrechungen!). Larven in alten Stümpfen. Käfer ganzjährig, überwintern, vor allem 4—10.

Großer Kiefernrüssler *H. piceus.* Etwas größer, gern an Lärchen. N, Z.

Liparus glabrirostris. Oberflächlich den vorigen Arten ähnlich, doch plumper, Flügeldecken vorn ohne Schultern, gerundet; ziemlich glänzend. Im Frühjahr und Sommer im Bergland in Feuchtgebieten auf Doldenblütlern, Pestwurz, Uferpflanzen. Z.

L. coronatus kleiner, Flügeldecken oft ohne gelbe Haarflecke. Im Frühjahr und Sommer in Rasen und niedrigem Bewuchs. Larven in Wurzeln, auch Kultur-Mohrrüben.

Pissodes pini. *Hylobius* ähnlich, doch schlanker, Rüssel relativ länger, Fühler entspringen weiter oben. Schenkel ungezähnt. Auf Kiefer und Fichte in Bergwäldern, im Norden auch im Flachland. Käfer überwintert. Larven in lebendem oder totem Holz.

Erlenrüßler *Cryptorhynchus lapathi.* Weiß oder gelb beschuppt. Auf Weiden, Pappeln, Birken und Erlen im Frühjahr und Sommer. Larven entwickeln sich im Holz, bringen Zweige und kleine Bäume zum Absterben.

Apfelblütenstecher *Athonomus pomorum.* Im Frühjahr auf Apfel- und Birnenblüten. Die Eier werden in die Knospen gelegt, die anschwellen, sich aber nicht öffnen. Sie fallen später ab, wenn sich die Larve darin entwickelt hat.

Kornkäfer *Calandra granaria.* Kastanienbraun oder schwarz, Flügeldecken glänzend. Ganzjährig in Kornspeichern o.ä., Larven in Getreidekörnern aller Art.

Notaris bimaculatus. Bei älteren Tieren die feinen Haarstreifen weniger deutlich. Auf Uferpflanzen, auch Salweiden und Seggen, im Frühjahr. Mehrere ähnliche Arten.

Dorytomus longimanus. Vorderbeine der Männchen extrem lang. Rüssel stets lang, glänzend schwarz. 4—9, auf Pappeln. Larven in Kätzchen, jungen Schößlingen.

Haselnußbohrer *Curculio nucum.* Weibchen fressen mit ihrem langen Rüssel einen Gang in junge Haselnüsse, in den sie ein Ei legen. Die Larve frißt darin bis zum Abfallen der Nuß im Herbst. Dann bohrt sie sich heraus und verpuppt sich im Boden. Rüssel der Männchen kürzer, Fühler dichter zur Spitze angesetzt. Käfer an Pollen und Nektar von Weißdornblüten, 4—7. **Eichengallenrüssler** *C. villosus.* Schwarz, spärlich grau beschuppt, mit rotem Fühlerwisch. Larven in Knospengallen von *Biorrhiza* (S. 228) an Eichen. ***C. salicivorus*** schwarz, mit weißer Beschuppung. Auf Weiden im Sommer häufig. Nur 2,5 mm lang.

C. elephas. Rüssel länger, gerader. Larven in Eicheln und Edelkastanien. 6—9. S, südliches Z.

Otiorhynchus clavipes X 2

Phyllobius pomaceus X 2

Polydrosus tereticollis X 4

P. picus X 4

Sitona lineatus X 4

Lixus paraplecticus X 2

Cionus hotulanus X 4

P. sericeus X 2

Großer brauner Rüsselkäfer X 2

Großer Kiefern-rüssler X 1.5

LIparus coronatus X 1.5

Liparus glabrirostris X 1.5

Pissodes pini X 2

Erlenrüssler X 2

Apfelblüten-stecher X 5

Korn-käfer X 5

Notaris bimaculatus X 2

Dorytomus longimanus X 4

Haselnuß-bohrer X 4

Curculio elephas X 4

BORKENKÄFER Scolytidae Zylindrische Käfer, den Rüsselkäfern nahe verwandt, jedoch ohne Rüssel. Kopf, von oben gesehen, verborgen. Fühler deutlich gekniet. Flügeldecken hinten meist ausgehöhlt, werden beim Bohren als Schaufel benutzt. Die Käfer paaren sich gewöhnlich in einer Kammer unter der Rinde des Wirtsbaumes. Die Weibchen bohren von dort aus einen oder mehrere Gänge, in die sie ihre Eier legen. Jede Larve legt nach dem Schlüpfen einen eigenen Gang an. Es entstehen so arttypische Muster (rechts), an denen man die einzelnen Arten erkennen kann. Die Käfer schlüpfen schließlich aus den Puppenkammern durch kleine Rindenlöcher. Wenige Arten leben tiefer im Holz.

Xyleborus dryographus. Dunkelorange bis kastanienbraun. Halsschild des Männchens vorn mit Grube, zugespitzter. Käfer und Larven bohren tief in Eichen- und Kastanienholz, fressen Pilze, die in den Bohrgängen wachsen. S, Z.

Kupferstecher *Pityogenes chalcographus.* Tiefbraun bis schwarz, an jeder Seite der Flügeldeckenhöhlung 3 Zähne. Fliegt vor allem an Fichte, 5—6. Mitunter eine 2. Generation im Spätsommer. Das Weibchen legt sternförmig Gänge von der Rammelkammer aus an; die Larven graben sich rechtwinklig dazu weiter. **Kiefernborkenkäfer** *P. bidentatus.* Nur Männchen mit 2 Zähnen an jeder Seite der Flügeldeckenhöhlung. An Kiefer, Fichte.

Xyleborus dryographus X 6

Kupferstecher X 6

Kiefernborkenkäfer X 6

Buchdrucker X 5

Buchdrucker *Ips typographus.* Stark behaart, größer als der Kupferstecher. Je 3 Zähne an der Höhlung. 5—7. 2 Weibchen paaren sich mit einem Männchen, legen je einen Gang in entgegengesetzten Richtungen an. In Fichte.

Großer Waldgärtner *Blastophagus piniperda.* Kastanienbraun bis schwarz, fast nur in Kiefernstämmen und -stubben. Ein Muttergang, Paarungskammer an einem Ende. Käfer überwintern, vor allem im Frühjahr aktiv. **Kleiner Waldgärtner** *B. minor* ähnlich, jedoch Gangmuster wie bei der nachfolgenden Art. N, Z.

Großer Waldgärtner X 4

Kleiner bunter Eschenbastkäfer X 4

Großer Ulmensplintkäfer X 4

Eichenkernkäfer X 4

Kleiner bunter Eschenbastkäfer *Leperisinus varius.* Schwarz, unregelmäßig beschuppt. 4—10, 2 Generationen. In kranken oder gestürzten Eschen. 2 etwa gleichgroße Muttergänge von einer Rammelkammer in entgegengesetzten Richtungen.

Großer Ulmensplintkäfer *Scolytus scolytus.* Überträger des Ulmensterbens, Pilzsporen am Körper und im Kot. 5—9. Muttergang einarmig, ziemlich kurz, Larvengänge unregelmäßig.

Eichenkernkäfer *Platypus cylindricus* Platypodidae. Körper zylindrisch. 6—7, erzeugt typischen, splittrigen Bohrabfall beim Bohren vor der Eiablage. Meist in Eiche. Die Larven bohren sich tief in das stehende Holz und frischgefällte Stämme. S, Z.

Kupferstecher

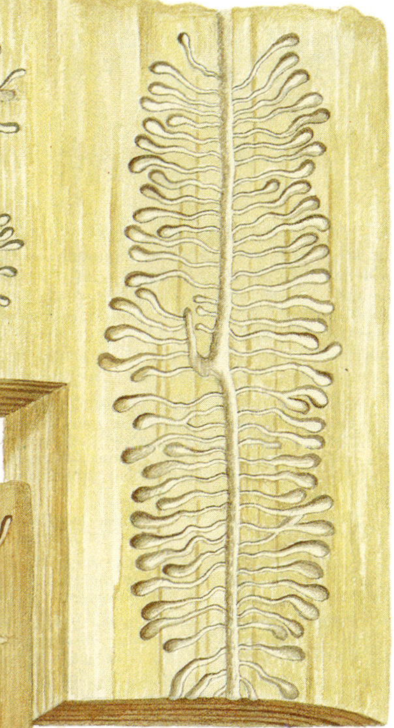

Buchdrucker

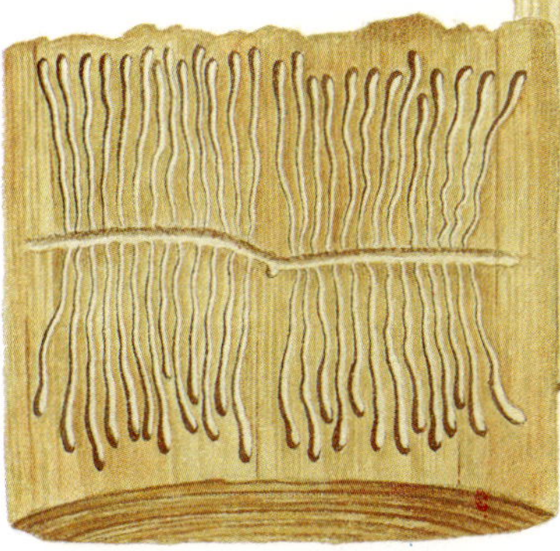

Kleiner bunter Eschenbastkäfer

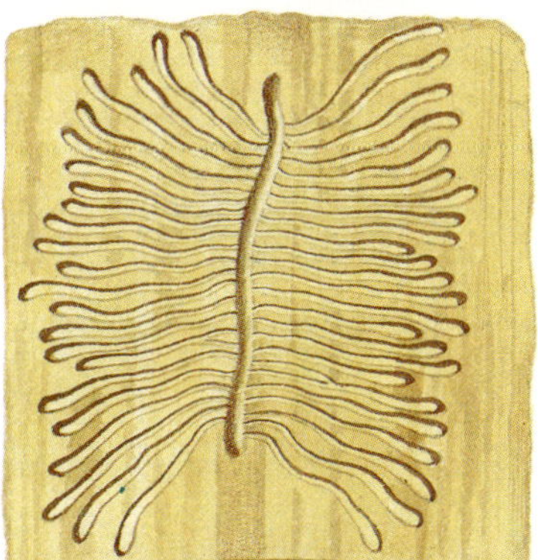

Großer Ulmensplintkäfer

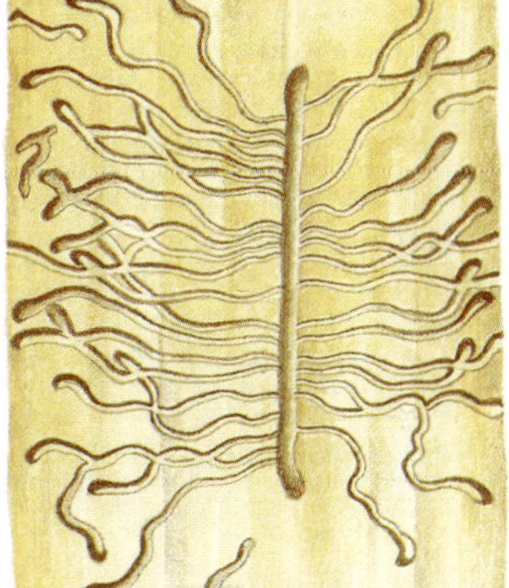

Großer Waldgärtner

Dytiscus bei der Atmung

SCHWIMMKÄFER Dytiscidae Große, den Laufkäfern (S. 256) verwandte Familie, stark an das Wasserleben angepaßt. Der Kopf ist z.T. in den Halsschild eingesenkt, alle Außenkanten sind glatt gerundet, die Hinterbeine zu flachen, breiten Schwimmbeinen mit Fransensaum umgebildet. Vorderfüße der Männchen vieler Arten zu großen Saugnäpfen verbreitert, mit denen die Weibchen bei der Paarung festgehalten werden. Die Käfer erneuern ihren Luftvorrat, indem sie mit dem Körperende zur Wasseroberfläche kommen. Fast alle Arten fliegen gut. Die Käfer überwintern und sind fast ganzjährig zu finden. Käfer wie Larven sind große Räuber.

Gelbrand *Dytiscus marginalis.* Rötlichbraun mit grünlichem Schimmer, der nach dem Tod verschwindet. Flügeldecken des Männchens glatt, die der Weibchen meist gerippt. Halsschild allseits gelb gerandet. In dicht bewachsenen Stillgewässern, oft nicht selten. Larven (S. 297) und Käfer greifen Kaulquappen, Molchlarven, Jungfische und andere Wirbellose an. ***D. latissimus,*** §, größer, tiefschwarz, Flügeldecken seitlich verbreitert. Bevorzugt große Seen. N, Z.

Gaukler *Cybister laterimarginalis.* Dem Gelbrand ähnlich, jedoch Halsschild nur seitlich gelb gerandet. 3—7, Still- und Fließgewässer der Niederungen. Fehlt im N.

Furchenschwimmer *Acilius sulcatus.* Flügeldecken des Männchens glänzend, die des Weibchens gefurcht, Furchen dicht behaart. Schwarze Zeichnung oft undeutlich. In schwach bewegten und Stillgewässern.

Platambus maculatus. Eindeutig an der Zeichnung zu erkennen, obwohl diese variiert. 5—10. In sauerstoffreichen Seen, vor allem aber in Fließgewässern vom Gebirge bis zum Brackwasser an der Küste; bevorzugt sandigen oder kiesigen Grund. Fehlt im Süden.

Noterus clavicornis. Gelbbraun bis ziegelrot. Gestalt abweichend von anderen Schwimmkäfern, Flügeldecken gleichmäßig nach hinten verschmälert. Fühler besonders beim Männchen verbreitert. 3—10, in dichtbewachsenen Stillgewässern. Weitverbreitet, jedoch nur lokal auftretend. (Mitunter als eigene Familie: Noteridae betrachtet).

Potamonectes depressus. Kurz behaart. Das Gelb dunkelt im Alter nach. Zeichnung variabel: manche Tiere fast schwarz, andere beinahe reingelb. Flügeldecken vor der Spitze gezähnt. Vorzugsweise bodenbewohnende Art, Beine weniger zu Schwimmbeinen umgewandelt als bei anderen Arten. Bäche und Seen mit kiesigem Boden.

Laccophilus minutus. Recht flach, Hinterfüße deutlich lappig. Flügeldecken mitunter ziemlich grün, häufig hell gefleckt. In Teichen und Gräben.

Hygrotus versicolor. Durch relativ große Augen und charakteristische Flügeldeckenzeichnung von ähnlichen Arten unterschieden. Sehr häufig in Seen, Kanälen und langsamfließenden Flüssen.

Hydroporus palustris. Durch gelbe bis orangefarbene Flügeldeckenränder von mehreren ähnlichen Arten unterschieden. Die übrige Zeichnung ist variabel und kann auch ganz fehlen. Sehr häufig in jeder Art von Stillgewässern, auch Bergseen.

Ilybius fenestratus. Eine von mehreren ähnlichen Arten mit ungleichen Klauen an den Hinterfüßen. Meist schwarz oder bronzefarben, *fenestratus* jedoch deutlich rot getönt, Unterseite rot. 4—10, in Teichen und Seen, seltener in langsamfließenden Flüssen. Larve (S. 297) typisch für die der meisten Schwimmkäfer. N, Z.

Colymbetes fuscus. An dem gelben Halsschild- und Flügeldeckenrand und der im Vergleich zu *Dytiscus* geringen Größe erkennbar. Oft mit Grünschimmer. In bewachsenen, schlammigen Tümpeln und Teichen oft häufig.

Agabus bipustulatus. Fühler und Vorderbeine rötlichbraun, der Rest des Körpers schwarz, nur beim Männchen schwach glänzend. Klauen der Hinterbeine ungleich. Oft häufig in stehenden Gewässern jeder Art. Fliegt gut, nicht selten nachts am Licht. Einige ähnliche, jedoch meist kleinere Arten.

Gelbrand

Dytiscus latissimus

Gaukler

Furchen-
schwimmer X 1.25

Platambus maculatus
X 3

…terus clavicornis X 3

Potamonectes
depressus X 3

Laccophilus minutus X 3

Hygrotus
versicolor X 3

Hydroporus
palustris X 3

Ilybius
fenestratus X 1.5

Colymbetes
fuscus X 1.5

Agabus
bipustulatus X
1.5

Taumelkäfer in Aktion

Kolbenwasserkäfer bei der Atmung

Haliplus fulvus Haliplidae. Stark zugespitzt, Flügeldecken mit Reihen eingestochener Punkte. Hinterhüften sehr groß. Schlechte Schwimmer, Hinterfüße nicht verbreitert. Klettert auf Pflanzen und Steinen in bewachsenen Teichen und Bächen, frißt Algen. Larve S. 297.

Hygrobia herrmanni Hygrobiidae. Stark konvex, Augen groß. Beine behaart, aber nicht verbreitert. Reibt bei Störung die Hinterleibsspitze gegen die Flügeldecken und erzeugt Töne. Käfer und Larve (S. 297) jagen Wirbellose in schlammigen Tümpeln.

Taumelkäfer *Gyrinus natator* Gyrinidae. Eine von mehreren ähnlichen Arten, die auf der Oberfläche von Stillgewässern kreiseln; tauchen bei Störung. Mittel- und Hinterbeine sehr kurz, paddelartig. Jedes Auge zweiteilig, je eine Hälfte für Über- und Unterwasser-Sehen. Larven (S. 297) und Käfer räuberisch, fressen vor allem Mückenlarven. Die Käfer überwintern.

Orectochilus villosus. Fühler, Beine und Körperunterseite orange, Oberseite behaart. Nächtliche Art, sonst wie *Gyrinus.*

WASSERKÄFER Hydrophilidae Zu dieser Familie gehören wasser- und landbewohnende Arten (s. S. 260). Taster lang, dienen als Fühler. Die eigentlichen Fühler kurz, gekeult. Wasserbewohnende Arten fressen faulende Stoffe in schwachfließenden und Stillgewässern. Schlechte Schwimmer, Beine kaum umgebildet, klettern auf Wasserpflanzen umher. Ein Luftvorrat wird unter den Flügeldecken und an der behaarten Bauchseite transportiert. Zur Ergänzung taucht der Käfer, Kopf voran, auf und durchstößt die Wasseroberfläche mit einem Fühler. Nahezu alle Larven sind Räuber. Die meisten Käfer treten ganzjährig auf und überwintern.

Kolbenwasserkäfer *Hydrous piceus.* §. Einer der größten Käfer Europas. Oberseite glänzend, im Leben grünlich schimmernd; im Wasser Unterseite silbrig. Unterseite mit spitzem Brustdorn. Schwimmt besser als die übrigen Wasserkäfer. Frißt faulende Pflanzen und Wasserschnecken. In gut bewachsenen, schlammigen Stillgewässern. Früher weit verbreitet, im Rückgang durch das Schwinden passender Gewässer. Larve S. 297.

Laccobius sinuatus. An der Gestalt und der Halsschildzeichnung eindeutig zu erkennen; Flügeldecken oft sehr hell. Mittel- und Hinterfüße lang behaart. Vor allem in schmalen, schnellfließenden Bächen; mitunter in Teichen und Brackwasser. Mehrere ähnliche Arten.

Spercheus emarginatus. Gelbbraun oder ziegelfarben, stark gewölbt. Räuber. Zwischen Wurzel und Pflanzenabfällen in schlammigem Wasser.

Helophorus aquaticus. An den 5 Rippen des Halsschildes eindeutig erkennbar; einige verwandte Arten ähnlich, jedoch kleiner. Unterseite stark behaart. Vor allem in Stillgewässern, auch Tümpeln und Brackwasser. Oft im Spülicht am Ufer.

Enochrus testaceus. Halsschild und Flügeldecken gelb bis ziegelrot; Kopf schwarz, vor den Augen mitunter gelb. 2. Tasterglied dunkel. In langsamfließenden und Stillgewässern, häufig im Spülicht am Ufer. Larven raupenähnlich.

Hydrochus elongatus. Die vorragenden Augen und tiefe Halsschildgruben charakterisieren die Gattung, *elongatus* ist die größte Art. Kopf und Halsschild grün oder schwarz, Flügeldecken gewöhnlich dunkel, mitunter grün. Im Frühjahr in Stillgewässern.

Hydrophilus caraboides. Ähnelt dem Kolbenwasserkäfer in Gestalt und Lebensweise, ist aber nur halb so groß. In Stillgewässern.

Hydrobius fuscipes. Flügeldecken schwarz glänzend, im Leben mit blauem oder grünem Schimmer. Beine lang, rostfarben. Hinterschenkel behaart. Häufig in Stillgewässern und Detritus. Larve S. 297.

Dryops auriculatus Dryopidae. Dicht behaart. Fühler sehr kurz und kräftig. An und in Teichen und Flüssen, nagt mit starken Kiefern an Abfall und Pflanzen.

Heterocerus flexuosus Heteroceridae. Stark behaart. Gräbt Sand- und Schlammtunnel mit den stark bedornten Vorderbeinen an und in Teichen und Bächen. Fliegt nachts gut. Mehrere ähnliche Arten, alle Abfallfresser.

Elmis aenea Elmidae. Läuft zwischen Steinen, Moos und Algen in raschfließenden Gewässern umher, kann nicht schwimmen. Hält sich mit starken Klauen fest. Pflanzenfresser. Plastronatmung (s. S. 255), tauchen zum Atmen nicht auf.

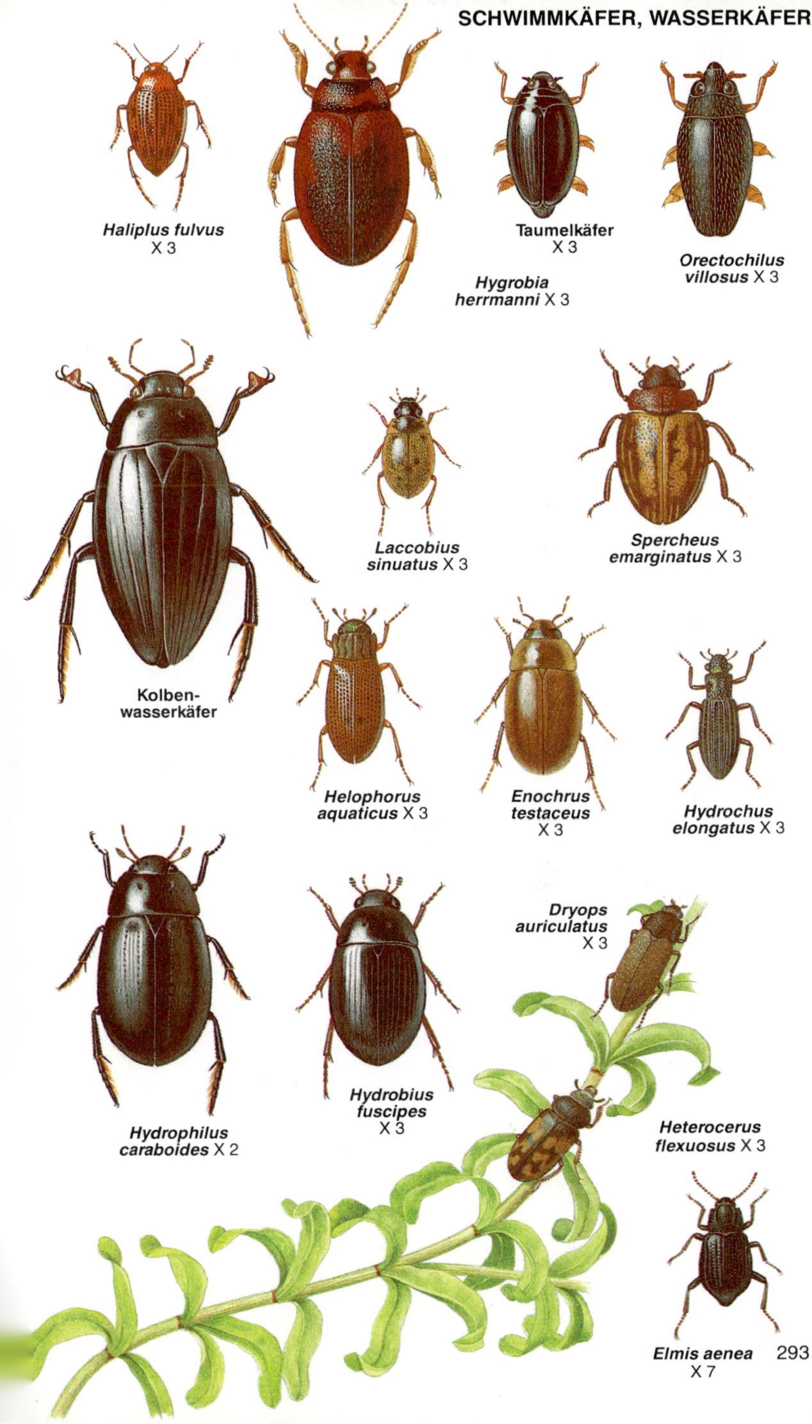
Haliplus fulvus
X 3
Hygrobia herrmanni X 3
Taumelkäfer
X 3
Orectochilus villosus X 3
Kolben-
wasserkäfer
Laccobius sinuatus X 3
Spercheus emarginatus X 3
Helophorus aquaticus X 3
Enochrus testaceus
X 3
Hydrochus elongatus X 3
Hydrophilus caraboides X 2
Hydrobius fuscipes
X 3
Dryops auriculatus
X 3
Heterocerus flexuosus X 3
Elmis aenea
X 7

LANDBEWOHNENDE LARVEN

Insekten mit vollkommener Verwandlung (s. S. 8) unterscheiden sich im Aussehen der Entwicklungsstadien und des fertigen Insekts stark. Die Entwicklungsstadien sind stets flügellos und ernähren sich oft in völlig anderer Weise als die Imago. Sie werden als Larven bezeichnet. Eine Auswahl ist hier abgebildet und zeigt die Mannigfaltigkeit der Formen. Die angegebenen Seitenzahlen verweisen auf die fertigen Insekten. Fliegenlarven (Diptera) sind stets beinlos, zeigen aber dennoch die unterschiedlichsten Gestalten (s. auch S. 191). Auch viele Hautflügler-Larven sind beinlos, denn sie sind rings vom Futter umgeben und müssen sich kaum bewegen (s. S. 218). Die Raupen der Schmetterlinge sind auf den S. 112—181 abgebildet. Ihnen sehen Pflanzenwespenlarven ähnlich, doch besitzen diese mehr als 5 Afterfußpaare am Hinterkörper. Auf den folgenden beiden Seiten sind wasserbewohnende Larven zu finden.

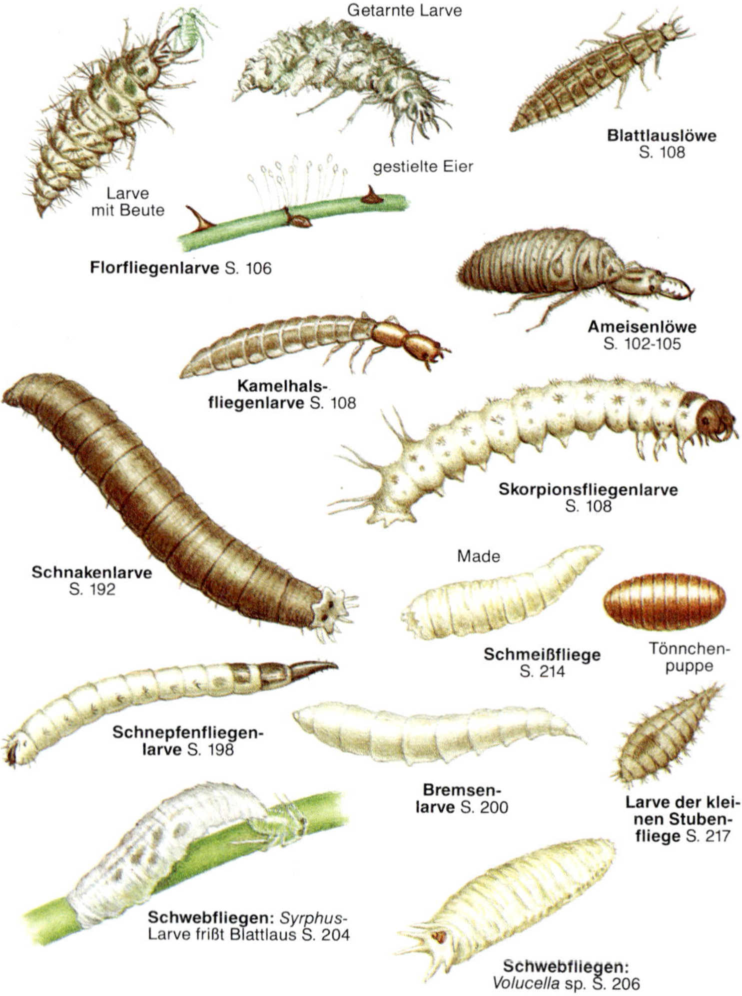

Larve der Gelben Stachelblattwespe S. 224
Larve der Keulhornwespe S. 224
Larven der Schwarzen Kirschblattwespe S. 224
Blattwespe: *Croesus septentrionalis* in Schreckstellung
Laufkäferlarve S. 256
Sandlaufkäferlarve S. 256
Larve des Siebenpunkts S. 272
Puppe
Drahtwurm (Schnellkäferlarve) S. 268
Glühwürmchen-Larve S. 270
Larve des Feuerkäfers, S. 270
Mehlwurm, S. 274
Kartoffelkäfer-Larve, S. 282
Hirschkäfer-Larve, S. 262
Larve
Engerling Die Rumpfsegmente sind auf dem Rücken dreigeteilt S. 264
Puppe
Museumskäfer-Larve, S. 272
Schildfer, S. 284
Meist etwas vergrößert

WASSERBEWOHNENDE LARVEN und NYMPHEN

Viele Insekten entwickeln sich im Wasser, während das fertige Insekt in der Luft lebt. Eintagsfliegen, Libellen und Steinfliegen sind hierfür Beispiele. Sie alle zeigen eine unvollkommene Verwandlung. Ihre als Nymphen bezeichneten Entwicklungsstadien zeigen trotz des Wasserlebens einige Ähnlichkeit mit dem fertigen Insekt. Eine Auswahl hieraus ist unten abgebildet. Auch viele Mücken und Fliegen wachsen im Wasser heran. Dies sind Insekten mit vollkommener Verwandlung. Ihre Entwicklungsstadien, Larven, sind den fertigen Insekten absolut unähnlich. Einige dieser Larven sind ebenfalls hier abgebildet. Köcherfliegen haben eine entsprechende Entwicklung. Ihre Larven sind auf S. 184—189 abgebildet. Wasserkäfer leben immer im Wasser, besitzen aber eine vollkommene Verwandlung, d.h., ihre Larven sehen völlig anders als die Käfer aus. Eine Auswahl hiervor ist auf der Gegenseite abgebildet.

Eintagsfliegen-Nymphe
Ephemera danica, (S. 18)
eine grabende Art

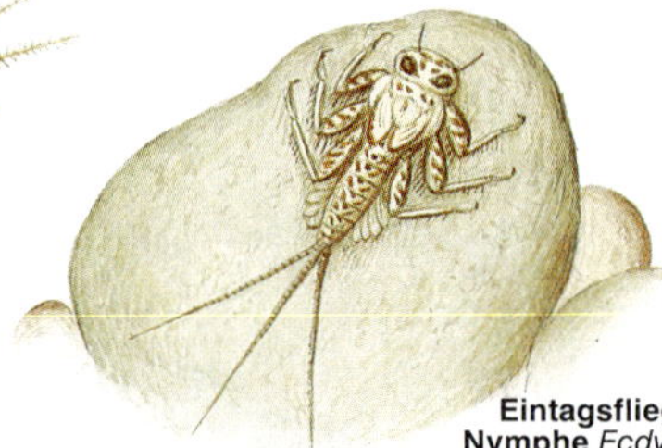

Eintagsfliegen-Nymphe *Ecdyonuru*
sp. (S. 20), eine freil
bende Art

Mosaikjungfer-Nymphe
Aeshna sp., S. 30

Nymphe von
Libellula sp., S. 32

Schlankjungfer-
Nymphe: *Agrion*
virgo, S. 26

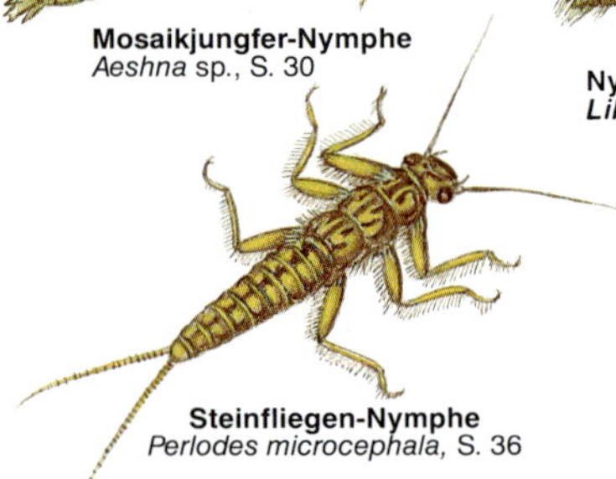

Steinfliegen-Nymphe
Perlodes microcephala, S. 36

Schlammfliegen-Larve, S. 108

Larve

Puppe

Stechmücke,
S. 194

Fiebermücken-Larve,
S. 194

Phantom-Larve, S. 194

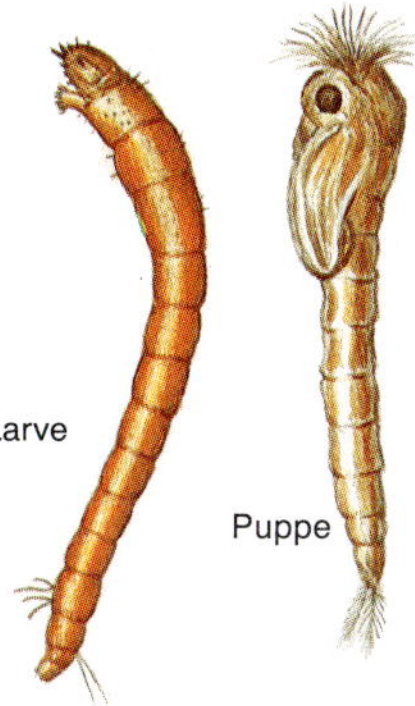

Zuckmücken, S. 194

Kriebelmücken, S. 196

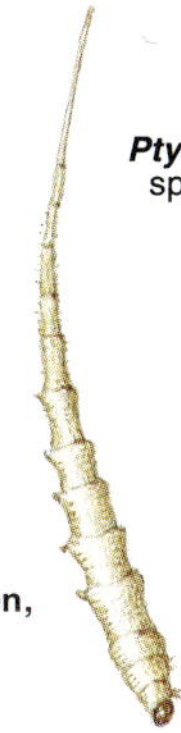

Ptychoptera sp., S. 192

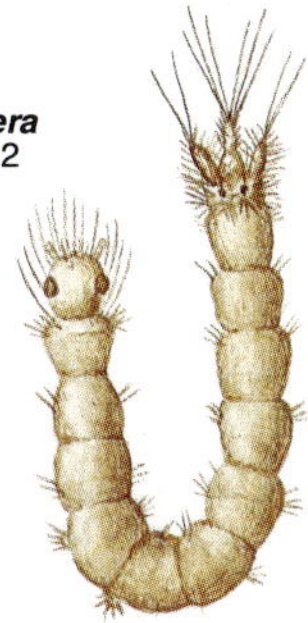

Dixella sp., S. 194

Rattenschwanzlarve, S. 206 (Mistbiene)

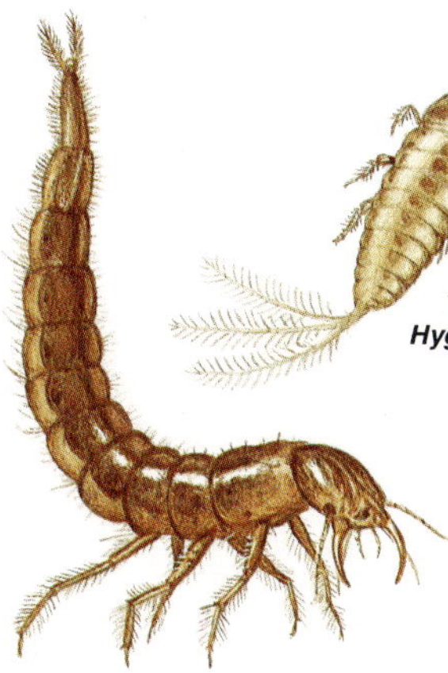

Gelbrand-Larve, S. 290

***Hygrobia herrmanni*-Larve,** S. 292

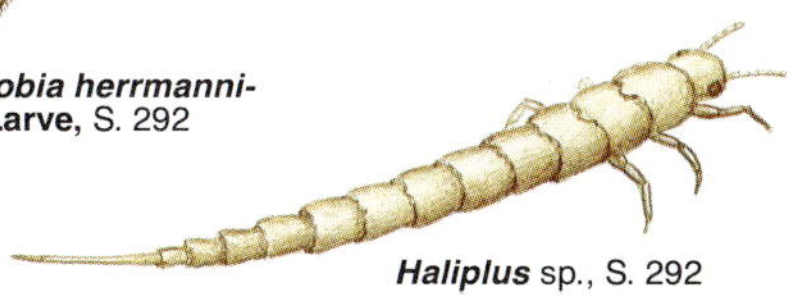

Haliplus sp., S. 292

Hydrobius sp., S. 292

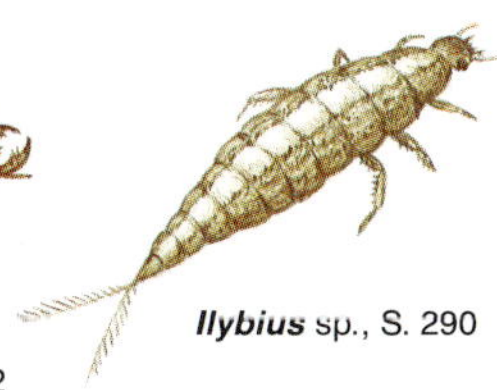

Ilybius sp., S. 290

Taumelkäfer-Larve, S. 292

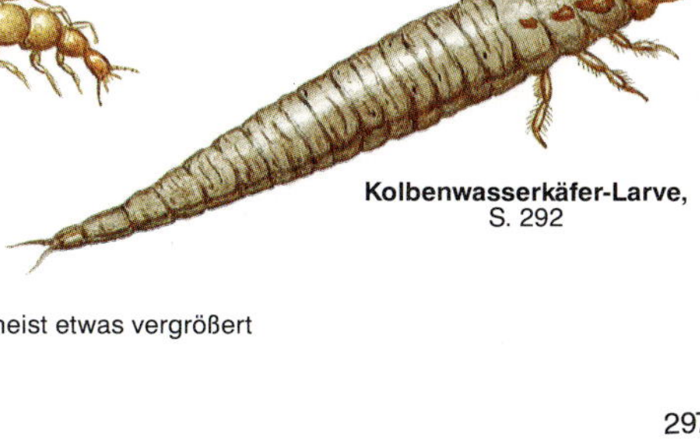

Kolbenwasserkäfer-Larve, S. 292

meist etwas vergrößert

Die übrigen Gliedertiere

Die Insekten sind nur eine, wenn auch sehr große, Klasse der immensen Tiergruppe, die als Stamm der Gliedertiere oder Arthropoden bezeichnet wird. Sie ist durch gegliederte Extremitäten gekennzeichnet. Auf den folgenden Seiten sind Beispiele aus den übrigen Klassen, die mit Insekten verwechselt werden könnten, abgebildet und die Unterschiede hervorgehoben.

HUNDERTFÜSSER Chilopoda Langgestreckte, räuberische Arthropoden mit einem Beinpaar pro Körpersegment; das letzte lang, mit Tasterfunktionen. Ein paar Giftklauen umschließt den Kopf, doch sind alle mitteleuropäischen Arten für den Menschen ungefährlich. ***Haplophilus*** lebt in der Streu, ***Necrophloeophagus*** in der Erde. ***Cryptops hortensis*** findet sich unter Rinde und Steinen, ebenso ***Lithobius variegatus*** und ***L. forficatus,*** beide mit 15 Beinpaaren. Die langbeinige, flinke ***Scutigera coleoptrata*** lebt in Mauern und Häusern. ***Scutigerella immaculata*** ist eine sehr kleine, nur 8 mm lange pflanzenfressende Art, die zur Unterklasse der **ZWERGFÜSSER, Symphyla,** gehört und in Gewächshäusern schädlich werden kann.

Haplophilus subterraneus X 2. 77—83 Beinpaare

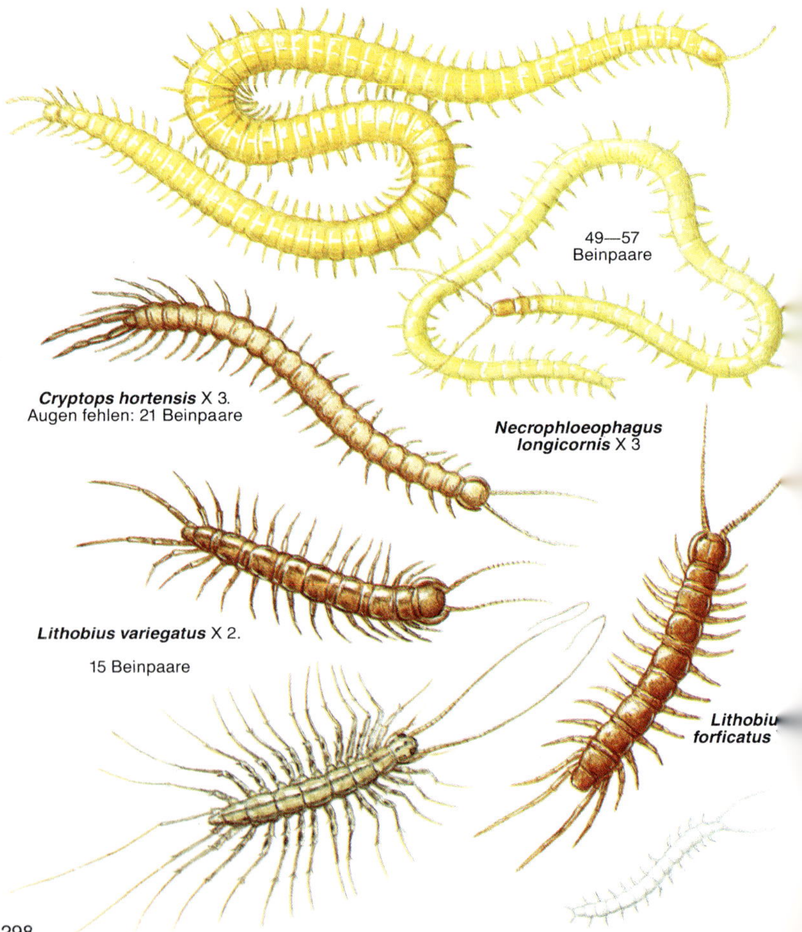

49—57 Beinpaare

Cryptops hortensis X 3.
Augen fehlen: 21 Beinpaare

Necrophloeophagus longicornis X 3

Lithobius variegatus X 2.

15 Beinpaare

Lithobiu[s] forficatus

Scutigera coleoptrata 15 Beinpaare

Scutigerella immaculata X 4.

Hundertfüßer und Zwergfüßer werden mit den folgenden Doppelfüßern gemeinhin als Tausendfüßer, Myriapoda zusammengefaßt, sind aber nicht näher verwandt.

Scolopendra cingulatus, der größte europäische Hundertfüßer, kommt in Gebüsch im Mittelmeerraum vor. Sein Biß ist schmerzhaft und mitunter gefährlich. Gelbbraun bis olivgrün.

DOPPELFÜSSER Diplopoda Meist langgestreckte Arthropoden mit 2 Beinpaaren an jedem Körpersegment. Bewegen sich relativ langsam, fressen an lebenden und abgestorbenen Pflanzen. Körpersegmente im Querschnitt kreisrund. Einige Arten wie ***Polydesmus*** erscheinen abgeplattet durch flache seitliche Ausstülpungen der Körperoberfläche. ***Polymicrodon polydesmoides*** und ***Oxidus gracilis*** haben ähnliche Anhänge, doch bleibt ihre Oberfläche gewölbt. Doppelfüßer sind in der Streu und verrottenden Pflanzen häufig. ***Tachypodoiulus niger,*** eine von mehreren Arten, die sich bei Störung uhrfederartig zusammenrollt, erklettert jedoch Bäume und frißt dort Moos und Algen. ***Blaniulus guttulatus,*** in Gewächshäusern, Gärtnereien und auf Friedhöfen verbreitet, wird mitunter an Gemüse und Blumenknollen schädlich, frißt aber hauptsächlich faulende Pflanzenteile (Fortsetzung S. 300).

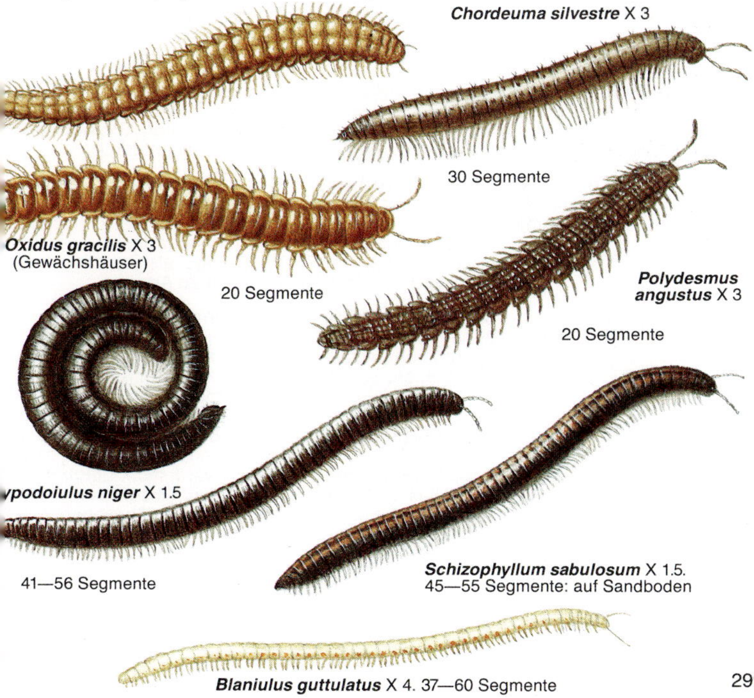

Polymicrodon polydesmoides X 3. 30 Segmente

Chordeuma silvestre X 3
30 Segmente

Oxidus gracilis X 3
(Gewächshäuser)
20 Segmente

Polydesmus angustus X 3
20 Segmente

ypodoiulus niger X 1.5
41—56 Segmente

Schizophyllum sabulosum X 1.5.
45—55 Segmente: auf Sandboden

Blaniulus guttulatus X 4. 37—60 Segmente

zusammengerollt X 2

Glomeris marginata X 1.5

G. connexa X 1.5

Glomeris marginata Glomeridae. Einer der Saftkugler, kurze, gedrungene Arten, die sich zusammenrollen können. In moderndem Laub. Glänzender als Asseln (s. unten), mit sehr viel mehr Beinen.

G. connexa, eine von etlichen rotgefleckten Saftkugler-Arten, die sich besonders unter Steinen finden.

ASSELN Landbewohner aus der Krebs-Ordnung der Isopoda. 7 Laufbeinpaare. An Orte mit höherer Feuchtigkeit gebunden. Die meisten Arten leben als Fäulnisfresser in und an zerfallenden Pflanzen. Etwa 50 mitteleuropäische Arten. ***Oniscus asellus, Porcellio scaber*** und ***Philoscia muscorum*** sind in Gärten häufig. ***Ligia oceanica*** lebt an den Küsten. ***Armadillidium vulgare,*** eine der Kugelasseln, kommt oft in großen Kolonien in sonnigen Kalkgebieten vor. Zusammengerollt ist sie von Saftkuglern durch die größere Plattenzahl am Körperhinterende zu unterscheiden.

Oniscus asellus X 1.5

Porcellio scaber X 1.5

Philoscia muscorum X 2

zusammengerollt

Armadillidium vulgare X 1.5

Ligia oceanica X 1.5

Spinnentiere Diese Arthropodengruppe, zu der die Spinnen, die Skorpione und Verwandte gehören, wird wohl am häufigsten mit Insekten verwechselt, doch sind sie eindeutig an ihren 4 Laufbeinpaaren zu erkennen. Sie sind stets flügellos, und ihr Körper ist niemals deutlich in 3 Abschnitte unterteilt.

AFTERSKORPIONE Pseudoscorpiones Meist winzige Räuber, mit Giftdrüse im beweglichen Scherenfinger. ***Garypus beauvoisi,*** eine der größten Arten, an der Südküste Englands. Andere, sehr viel kleinere Arten, bis 2 mm lang, als Spaltenbewohner in allen Lebensräumen — der **Bücherskorpion,** *Chelifer cancroides,* als Staublausfresser in Büchern in Häusern. Etwa 25 Arten.

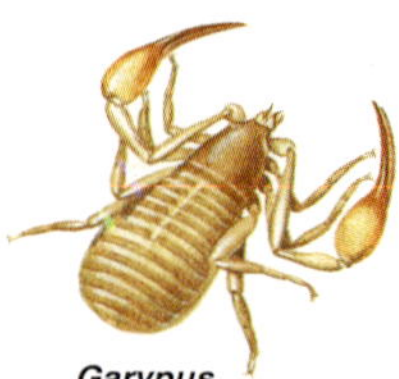

Garypus beauvoisi X 3

MILBEN und ZECKEN Acarina Eine sehr heterogene Spinnentierordnung, die meisten sehr klein, kuglig, mit sehr kurzen Beinen. **Holzbock** *Ixodes ricinus,* auf Wiesen, saugt an vielen Säugetieren, auch beim Menschen, Überträger der Hirnhautentzündung. Milben sind Pflanzenfresser, Räuber, Aasfresser und Parasiten. Die räuberische **Samtmilbe** *Eutrombidium rostratus* ist im Frühjahr auf Gartenwegen nicht selten. Die **Rote Spinne** *Panonychus ulmi* verursacht durch massenhaftes Auftreten Schäden an Obstbäumen. ***Hydrachna globosus*** ist eine von vielen ähnlichen Süßwassermilben, die von winzigen Wassertieren leben.

Larve

Holzbock X 3

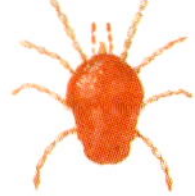

Samtmilbe X 3

Rote Spinne X 6

Süßwassermilbe X 3

SKORPIONE Scorpiones Spinnentiere mit sehr großen Scheren (Pedipalpen) und dünnem »Schwanz« mit einem Giftstachel. Nächtliche Räuber. Meist tropisch, wenige Arten in Südeuropa. ***Euscorpius flavicaudis*** lebt in Spalten von Mauern und Häusern, streckt nachts seine Scheren hervor und fängt vorbeikommende Insekten. Für Menschen harmlos. S, südliches Z. ***Buthus occitanus*** lebt unter Steinen. Sein Stich ist schmerzhaft und für Kinder nicht ungefährlich. S.

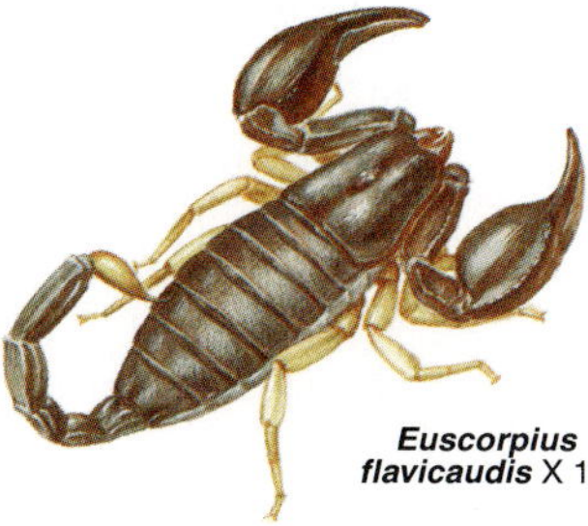

Euscorpius flavicaudis X 1.5

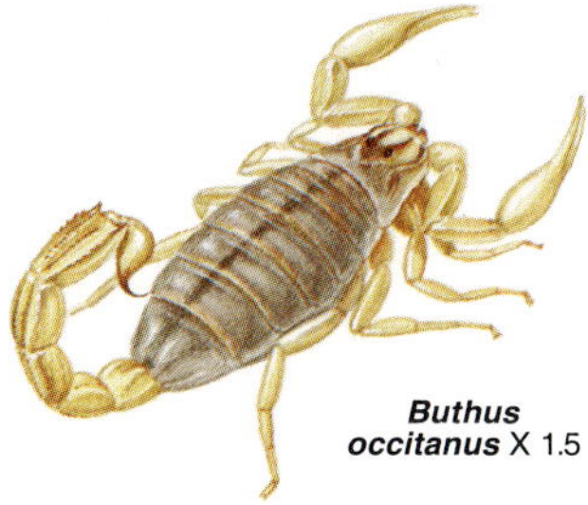

Buthus occitanus X 1.5

WEBERKNECHTE Opiliones Den Spinnen ähnlich, jedoch Körper nicht unterteilt, 2. Beinpaar am längsten. Ungiftig, spinnen nicht. Die meisten Arten im Spätsommer ausgewachsen. Vor allem nächtliche Lebensweise, ernähren sich von kleinen lebenden und toten Tieren. Rd. 35 Arten. ***Leiobunum rotundum*** überall häufig, tags oft an Mauern und Stämmen. ***Phalangium opilio*** mit reinweißer Bauchseite, Männchen mit gehörnten Cheliceren; in dichtem Pflanzenbewuchs. Der **Fadenkanker** *Nemastoma bimaculatum* lebt, wie andere kurzbeinige Arten, auf der Erde.

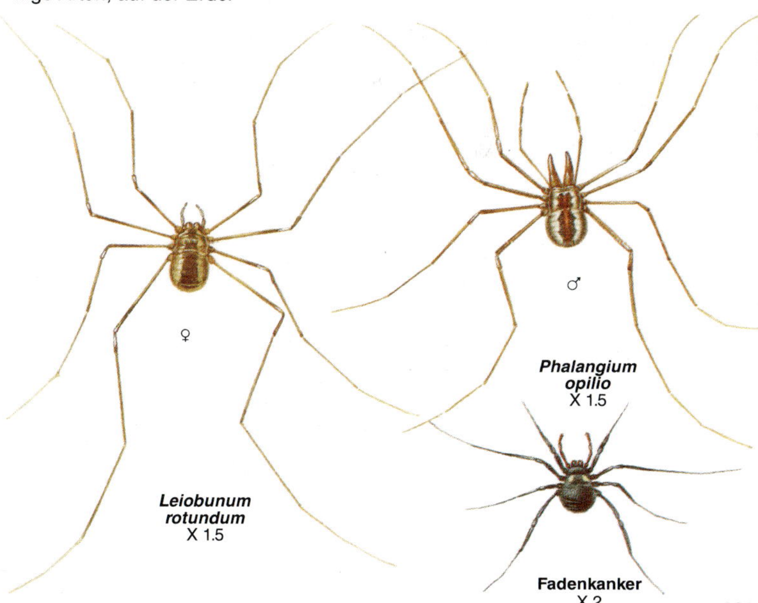

Leiobunum rotundum X 1.5

Phalangium opilio X 1.5

Fadenkanker X 2

WEBSPINNEN

Die Webspinnen (Araneae) sind wohl die bekanntesten Spinnentiere (S. 300) und auch, von den Milben abgesehen, die umfangreichste Gruppe. Ihr Körper besteht aus 2 Abschnitten, dem vorderen, relativ festen Cephalothorax und dem weicheren Hinterleib. Dadurch sind sie von Weberknechten (S. 301) zu unterscheiden. Die Rückseite des Cephalothorax wird als Carapax bezeichnet. 1. Beinpaar am längsten. Fühler fehlen, doch wird das Palpenpaar wie Fühler benutzt und kann damit verwechselt werden. Die Palpen der Männchen sind verdickt und werden bei der Paarung verwendet. Gewöhnlich sind 8, nicht unbedingt gleichgroße Einzelaugen vorhanden, die in unterschiedlicher Anordnung vorn am Cephalothorax stehen. Bei einigen Webspinnen sind nur 6 Augen vorhanden.

Alle Spinnen sind Räuber. Viele spinnen Fangnetze zum Fang von Insekten. Am bekanntesten sind die Radnetzspinnen (s. unten), doch gibt es viele andere Netzformen. Die Spinndrüsen, die einen Großteil des Körpers ausfüllen, erzeugen unterschiedliche Spinnfäden. Sie treten am Hinterende des Körpers durch 3 Paar Spinnwarzen aus. Meist sind sie klein, bei einigen Arten ragen sie aber weit hervor. Die Seide wird zur Umhüllung der Eier, zur Anlage von Verstecken, als Signalfäden und zum Einspinnen von Beute wie zur Anlage von Fangnetzen verwendet. Nicht alle Webspinnen legen Fangnetze an: viele jagen frei, andere sind lauernde Räuber, die auf vorbeikommende Beute warten. Die Spinnen besitzen ein Paar Giftklauen, die Cheliceren, vorn unter dem Carapax. Die Beute wird meist hinter dem Kopf durchbohrt, wo sich die Nerven konzentrieren, und so schnell gelähmt. Sie kann dann eingesponnen werden, bevor sie mit Verdauungssäften durchtränkt wird. Dadurch werden viele Bestandteile verflüssigt und können von der Spinne aufgesogen werden. Einige südeuropäische Spinnen können schmerzhaft beißen, und ihre Bisse sind nicht immer ganz ungefährlich.

RADNETZSPINNEN Araneidae Alle Vertreter dieser großen Familie spinnen mehr oder weniger runde Radnetze, die in einem Rahmen hängen, der den jeweiligen Örtlichkeiten angepaßt wird. Meist hängen die Netze im Gebüsch, doch Mauern und Zäune sind in gleicher Weise geeignet. Über eine Anzahl von Speichenfäden wird spiralig der eigentliche Fangfaden gelegt. An einem nebligen oder frostigen Morgen sind die Klebtröpfchen auf diesem Fangfaden gut zu erkennen. Wachshaare an den Füßen verhindern, daß die Spinne selbst festklebt, wie dies mit Insekten geschieht. Einige Arten fertigen einen klebstofffreien Lauerplatz im Zentrum des Netzes, andere ein breites Zickzackband zwischen 2 Speichen, die sog. Stabilimente, die als Netzversteifung gedeutet werden. Während die Spinnen auf Beute warten, ziehen sie sich meist in ein Versteck in einiger Entfernung vom Netz zurück, bleiben mit diesem aber über einen Signalfaden in Kontakt. Einige Spinnen lauern im Zentrum des Netzes. Die Männchen sind meist kleiner als die Weibchen und müssen sich diesen sehr vorsichtig zur Paarung nähern, um nicht als Beute ergriffen zu werden. Die meisten Arten überwintern im Eistadium und paaren sich im Spätsommer. Zu diesem Zeitpunkt sind die Netze am größten und auffälligsten.

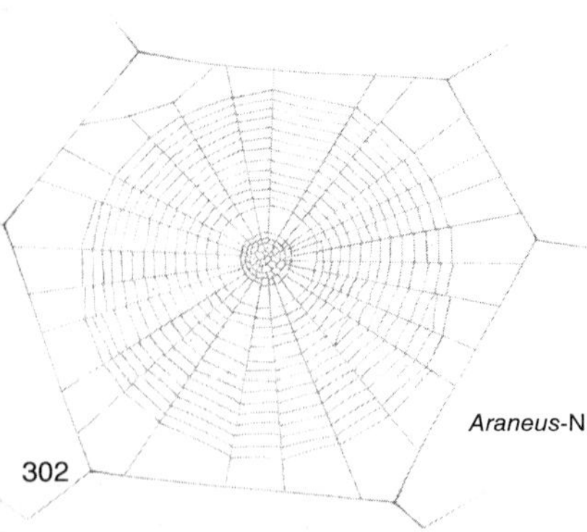

Araneus-Netz

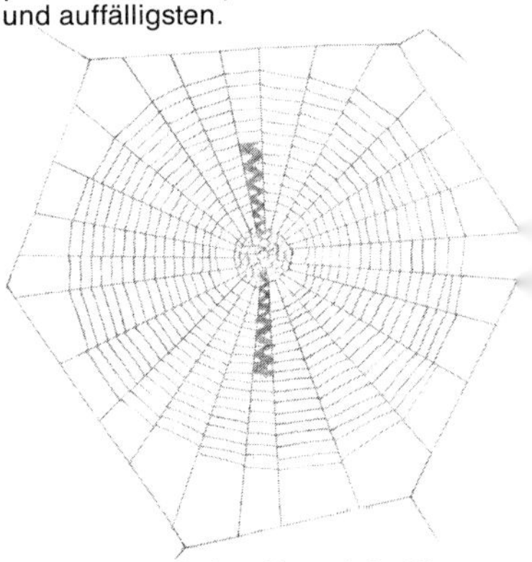

Argiope-Netz mit Stabiliment

Gartenkreuzspinnen *Araneus diadematus*. §. An dem weißen Fleckenkreuz auf dem Hinterleib leicht zu erkennen (Name!). In Gärten, an Zäunen, in Fensternischen und Hecken häufig. Lauert in einem Versteck in Netznähe (Blätter).

Vierfleckige Kreuzspinne *A. quadratus*. §. Hinterleib kugelig, tiefgrün bis ziegelrot, stets mit 4 hellen Flecken. Auf Heiden, feuchtem Ödland, bis in Höhen von ca. 2000 m.

Kürbisspinne *Araniella cucurbitina*. Eine der kleinsten Radnetzspinnen. Hinterleib gelb bis grün, unten mit leuchtend-rotem Spitzenfleck. Spinnt ihr Netz häufig auf einem großen Blatt. Auf vielen Bäumen und Büschen häufig.

Zebraspinne *Argiope bruennichi*. Gelb oder cremeweiß mit schwarzer Zeichnung, Carapax silbrig. Männchen sehr klein, nur 4 mm lang (1/3 der Länge des Weibchens). Netz mit Stabiliment (s. Gegenseite). Vorwiegend auf sonnigem trockenen wie feuchten Ödland. S, Z. ***A. lobata*** Unverwechselbare südeuropäische Art, Netz wie das der Zebraspinne, in Büschen und dichtem Pflanzenwuchs.

Sektorenspinne *Zygiella x-notata*. Hinterleib mit rosa gesäumter Blattzeichnung. Netz mit 2 fangfadenfreien Sektoren. Häufig in Fensternischen und an Zaungittern. Nahe verwandte Arten auf Büschen.

♀

Garten-kreuz-spinne X 1.5

♀

Vierfleckige Kreuzspinne X 1.5

♀

Kürbis-spinne X 1.5

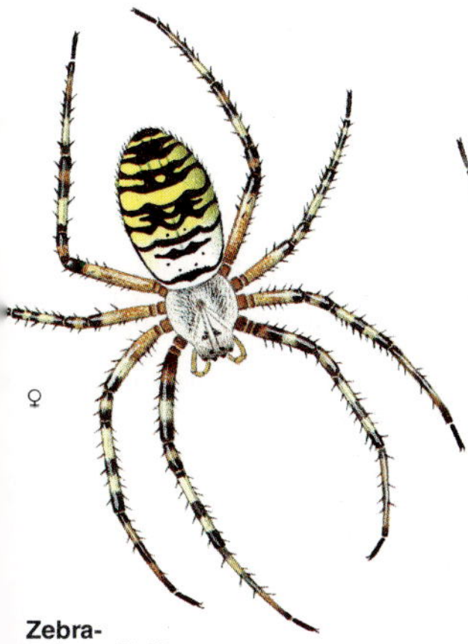

♀

Zebra-spinne X 1.5

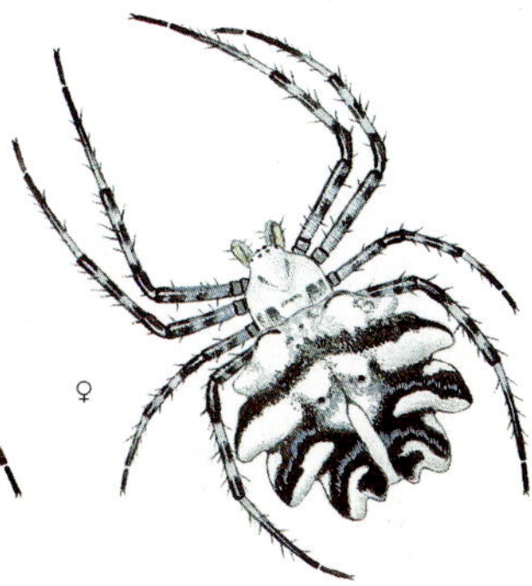

♀

Argiope lobata X 1.5

♀

Sektoren-spinne X 2

Herbstspinne *Meta segmentata*. Den übrigen Radnetzspinnen nicht nahe verwandt, mitunter als eigene Familie betrachtet. Beide Geschlechter etwa gleichgroß. Färbung variabel, Zeichnung konstant. Carapax mit schwarzer U- oder Stimmgabel-Zeichnung. Netz mit offener Nabe, meist schräg in Pflanzen aller Art gespannt. In Gärten häufig. Im Herbst sehr häufig, aber auch im Frühjahr.

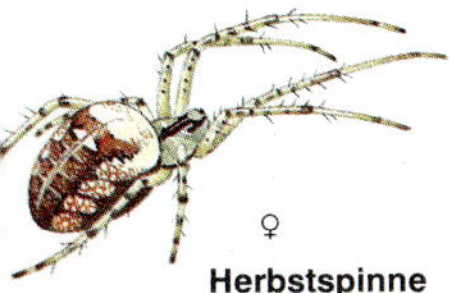

♀

Herbstspinne X 2

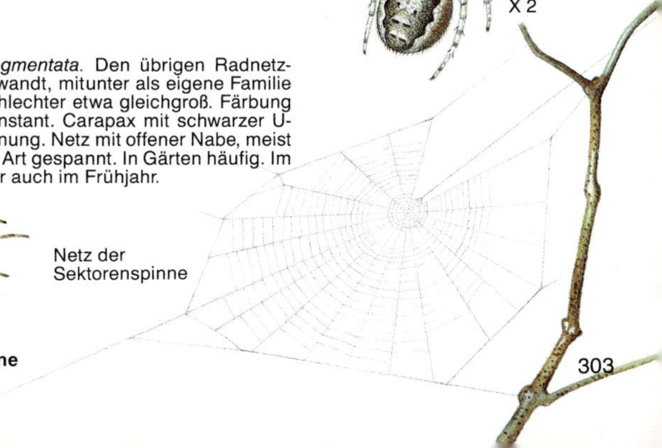

Netz der Sektorenspinne

Amaurobius similis Amaurobiidae. Auf alten Mauern und Zäunen werden Fangfäden über kleinen Spalten, in denen sich die Spinne versteckt, ausgelegt. Frische Gewebe bläulich, ältere grau, ziemlich faltig. Werden nicht regelmäßig wie Radnetze repariert, neue Fäden mehr zufällig zugefügt. **Fensterspinne** *A. fenestralis* ähnlich, etwas kleiner, auffälliger gezeichnet. Feuchtigkeitsliebender als *similis*, häufig an Baumstämmen. **Kellerspinne** *A. ferox.* Etwas größer als *similis*, fast schwarz, mit undeutlicher Totenkopfzeichnung auf dem Hinterleib. Bevorzugt feuchtere Orte als die beiden anderen Arten, unter Steinen und Stämmen, regelmäßig in feuchteren Häusern und Kellern.

Zitterspinne *Pholcus phalangoides* Pholcidae. An den sehr langen Beinen und dem zylindrischen Hinterleib leicht erkennbar. In Häusern in lockerem Gespinst, das bei Beunruhigung in zitternde Bewegung versetzt wird. Beute wird mit darübergeworfenen zusätzlichen Fäden festgelegt. Fängt auch andere Spinnen. S, Z.

Linyphia triangularis Linyphiidae. Hinterleib des Männchens einförmig braun. Baldachinartiges Gewebe im Herbst in Hecken und Büschen, unter denen die Spinnen mit dem Rücken zum Boden gewandt hängen. Stolperfäden über dem Baldachin bringen Fluginsekten zum Absturz, die durch das Gewebe hindurch ergriffen werden; keine Klebfäden. Mehrere ähnliche Arten. ***L. montana*** ebenfalls häufig, Hinterleib flacher, dunkler, Gespinst hängemattenartig.

Röhrenspinne *Eresus niger* Eresidae. Weibchen größer als das Männchen, samtschwarz. Körper vorn sehr breit. Lebt kolonieweise in austapezierten Erdröhren, deren Mündungen mit Gespinstdecken überdacht werden. Die unverwechselbaren Männchen wandern frei umher, können auch springen. Auf sandigen Südhängen S, Z; fangen vorzugsweise Käfer (auch Sandlaufkäfer, Mistkäfer u.ä.!).

Segestria senoculata Dysderidae. 6 Augen. Unter Baumrinde und Steinen, seltener in Felsspalten, davon ausgehend etwa ein Dutzend Stolperfäden. Beine der Männchen relativ länger. Eine von mehreren ähnlichen Arten.

Fettspinne *Steatodea paykulliana* Theridiidae. Carapax dunkelbraun bis schwarz. Männchen schlanker, Hinterleib vorn mit weißem Streifen und heller Zickzacklinie in der Mitte; Beine schwarz und braun gestreift. Lauert im Sommer unter Steinen. Biß der Weibchen für Menschen angeblich gefährlich. S, südliches Z.

Enoplognatha ovata. Rote Streifen fehlen häufig, doch kann der Hinterleib oben auch völlig rot sein. Im Sommer häufig auf Nesseln und in anderen dichten Pflanzenbeständen. Das Weibchen rollt ein Blatt um den bläulichgrünen Eikokon. Das Netz ist ein zartes, außen klebriges, dreidimensionales Gitterwerk. 5—9.

Theridion sisyphium. An der Zeichnung eindeutig erkennbar. Spinnt dreidimensionale Fanggewebe an Hecken und Büschen, besonders gern an Stechginster. Das Gewebe ist baldachinartig, darüber horizontale und vertikale Stolperfäden; im klebrigen Zentrum fangen sich kleine Fluginsekten. Im oberen Teil des Gewebes fertigt die Spinne ein fingerhutartiges Versteck aus Blättern und Gespinst, in dem das Weibchen die Jungen aufzieht und füttert. Sie sticht Beute zum Aussaugen an oder erbricht Nahrung. 5—9.

Tegenaria gigantea Agelenidae. Eine der Winkelspinnen, von denen etliche Arten besonders im Herbst in Häusern auftreten, wenn die Männchen auf der Suche nach Weibchen umherlaufen. Weibchen plumper als Männchen, ganzjährig anzutreffen. Legen große Fanggewebe in vernachlässigten Raumecken an, in deren Zentrum ein Unterschlupf der Spinne liegt. In Schuppen und ähnlichen Gebäuden häufig; auch im Freien. Die Weibchen leben mehrere Jahre und können in Gebäuden auch monatelang ohne Nahrung und Flüssigkeit auskommen.

Labyrinthspinne *Agelena labyrinthica.* Legt ein weitausladendes Trichternetz in Gras und niedrigem Gebüsch an, mit langer gekrümmter Wohnröhre, aus der die Spinne hervorstürzt, wenn sich Beute nähert. Netz nicht klebrig, doch mit vielen Stolperfäden wie bei *Tegenaria* überzogen, aus denen Insekten schwer entkommen. 7—8, besonders an sonnigen Orten, auf Heiden.

Wasserspinne *Argyroneta aquatica.* §. Die einzige echte Wasserspinne. Füllt eine Gespinstglocke unter Wasser mit Luftblasen. In dieser Glocke hält sie sich tagsüber auf und jagt nachts; ergreift auch tagsüber vorbeischwimmende Insekten. Der Luftvorrat wird periodisch erneuert. Männchen oft größer als Weibchen. In schwachfließenden und Stillgewässern.

Amaurobius similis X 1.5

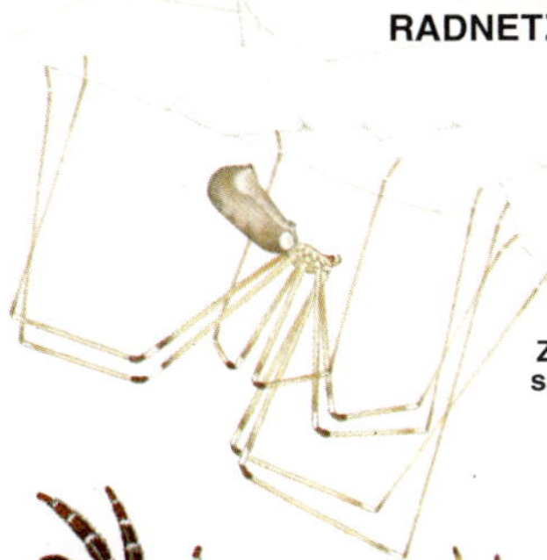

Zitterspinne

Linyphia triangularis X 2

Röhrenspinne X 2

Segestria senoculata X 1.5

Fettspinne X 3

Tegenaria gigantea

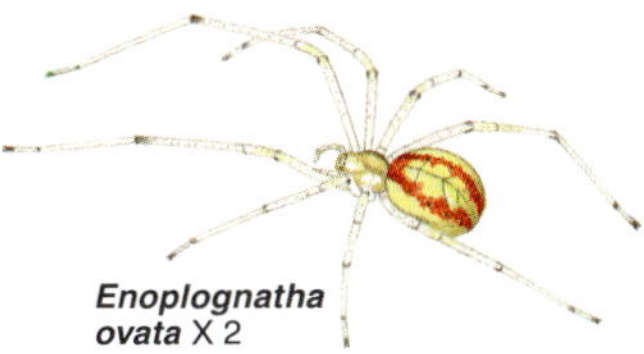

Enoplognatha ovata X 2

Theridion sisyphium X 3

Labyrinthspinne X 1.5

Wasserspinne X 1.5

Raubspinne *Pisaura mirabilis* Pisauridae. Jagt in offenem, lichten Gelände auf dichtem Pflanzenbewuchs, z.B. Nesseln. Sonnt sich, wobei die beiden Vorderbeine dicht aneinander gelegt ausgestreckt werden. Zeichnung des Männchens kräftiger. Das Weibchen trägt den Eikokon zwischen den Cheliceren, heftet ihn erst kurz vor dem Schlüpfen der Jungen an Pflanzen und spinnt ein Dach darüber. Es bewacht die Jungen, bis sie selbständig werden. 5—7.

Listspinne *Dolomedes fimbriatus.* §. 5—8 in Sümpfen, an Ufern von Stillgewässern. Sitzt oft auf schwimmenden Blättern und hält die Vorderbeine auf die Wasserfläche, um die Bewegung von Beute zu erspüren, Ergreift sie, auf der Wasseroberfläche laufend; taucht bei Störungen.

Drassodes lapidosus Gnaphosidae. Spinnwarzen auffällig. Nächtlicher Jäger, tags in Seidenkammer unter Steinen. Fängt auch andere Spinnen, die sie blitzartig mit Gespinst fesselt. Mehrere ähnlich Arten.

Pardosa armentata Lycosidae. Eine der Wolfsspinnen, die frei in niedrigem Pflanzenwuchs und auf dem Boden jagen. Die Männchen benutzen die verdickten Palpen zur Verständigung mit dem Weibchen. Diese spinnen den Eikokon an den Spinnwarzen fest. Die Jungen bleiben nach dem Schlüpfen einige Tage auf dem Rücken der Mutter. An sonnigen, etwas feuchten Orten mit Versteckmöglichkeit; nimmt gern auf Steinen Sonnenbäder. 4—9. Häufig in Gärten. Mehrere ähnliche Arten.

Lycosa narbonensis. Eine der großen, eigentlichen Wolfsspinnen. Lebt in Höhlen, stürzt daraus hervor, um Beute zu ergreifen. Biß schmerzhaft, aber für den Menschen ungefährlich. Mittelmeergebiet.

Dysdera crocata Dysderidae. 6 Augen. Carapax in der Mitte glatt. Hinterleib grau oder weiß. Jagt nachts Asseln. Tags unter Steinen, im Laub. Liebt Komposthaufen (Wärme, Asseln!). 5—9. ***D. erythrina*** ähnlich, doch etwas kleiner.

KRABBENSPINNEN Thomisidae

Spinnen, die in Blüten und an anderen Orten auf Beute lauern und sich auf sie stürzen. 1. Beinpaar länger als die übrigen, laufen taschenkrebsartig seitwärts. Meist bunt (Tarnung auf Blüten!).

Xysticus cristatus. Häufigste von mehreren ähnlichen Arten; 4—9, in Kräutern.

Veränderliche Krebsspinne *Misumena vatia.* Weibchen hellgrün, weiß oder gelb; Hinterleib mitunter fein rot gestreift. Männchen viel kleiner. 5—7. Meist auf Blüten.

Grüne Krabbenspinne *Diaea dorsata.* Carapax des Weibchens im Leben leuchtendgrün, verblaßt nach dem Tode. Carapax des Männchens rotbraun, Beine gelblich, braun geringelt. 5—7, auf Bäumen und Büschen, vor allem Buchsbaum. 5—7.

Heriaeus hirtus. Behaarte Krabbenspinne (Ausnahme!). Hinterleib des Männchens hellgelb. In beiden Geschlechtern mitunter roter Mittelstreif auf dem Hinterleib. Lauert auf behaarten Pflanzen. 5—7. S, südliches Z.

Zebraspinne *Salticus scenicus* Salticidae. Eine der Springspinnen, die sich an Beute heranpirschen und sie im Sprung ergreifen. Augen sehr groß. 5—8, meist auf sonnigen Mauern.

Evarcha arcuata. Springspinne der Heiden, Hinterleib der Männchen reinschwarz. 5—9.

Atypus affinis Atypidae. Cheliceren nach vorn gerichtet. Gräbt Röhren in sonnigen Hängen, die sich in oberirdische, getarnte, geschlossene Fangschläuche fortsetzen. Berührt Beute diese Schläuche, schießt die Spinne heran, erdolcht sie durch die Seide hindurch und transportiert sie dann in die Röhre.

Speispinne *Scytodes thoracica* Scytodidae. 6 Augen. Beschleicht Beute und bespeit sie mit Leimsubstanz aus den Giftdrüsen. Nächtlich. Selten im Freien. S, Z.

Atypus affinis X 2

Fangschläuche von *Atypus*

Fliege, gefesselt mit Leimfäden

Speispinne X 2

Raubspinne X 1.5

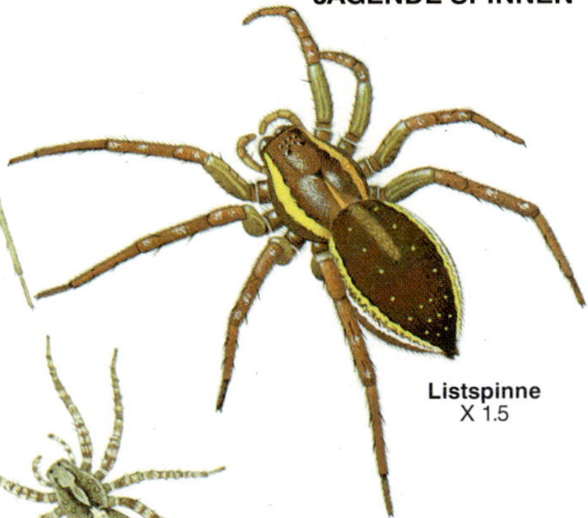

Listspinne X 1.5

Pardosa amentata X 2

Drassodes lapidosus X 1.5

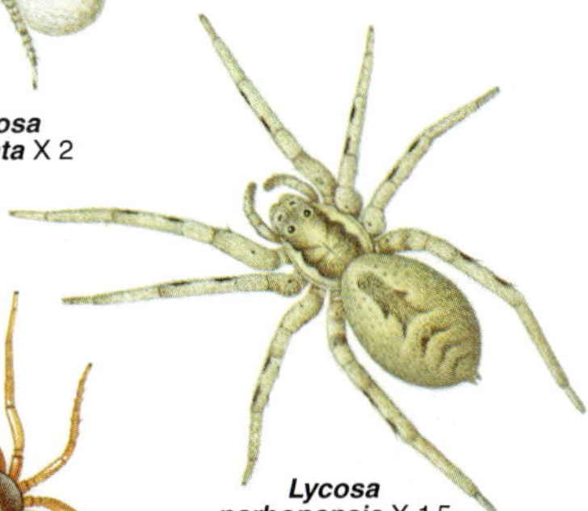

Lycosa narbonensis X 1.5

Xysticus cristatus X 2

Dysdera crocata X 1.5

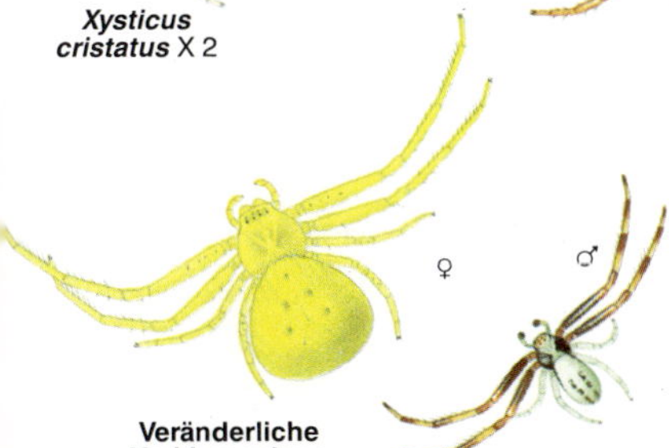

Veränderliche Krabbenspinne X 1.5

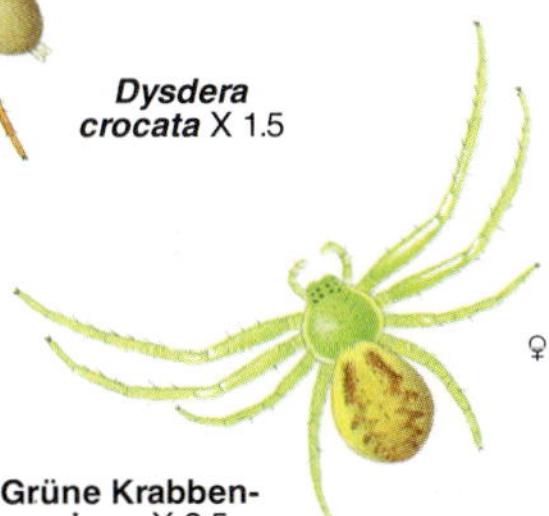

Grüne Krabbenspinne X 2.5

Heriaeus hirtus X 2

Zebraspringspinne X 2

Evarcha arcuata X 2

Glossar

Abdomen Der hinterste der drei Körperabschnitte der Insekten, S. 6.

Alula Das äußere der drei Läppchen an der Flügelbasis vieler Fliegen, S. 191.

anal a. Den After oder die hintere Spitze des Abdomens betreffend; b. die hintere Partie des Flügels betreffend.

Analdreieck Dreieckiges Flügelfeld an der Wurzel der Libellenflügel, S. 23, 30.

Antennen Das Paar von Sinnesorganträgern auf dem Kopf, die Fühler, S. 5.

Antenodal-Queradern Kleine Queradern an der Vorderkante der Libellenflügel zwischen Flügelbasis und Nodus, S. 23.

apical Die Spitze oder den entferntesten Teil eines Organs betreffend.

Arista Borstenförmiges, aus verschmolzenen Fühlergliedern bestehender Endteil des Fühlers vieler Fliegen.

caudal Den Schwanz oder das Hinterende betreffend.

Cerci Die paarigen, oft sehr langen Anhänge am Ende des Hinterleibs vieler Insekten (Einzahl: Cercus), S. 16.

Cheliceren Das erste Paar Mundwerkzeuge der Spinnen (Grundglied und einschlagbare Giftklaue).

Chrysalis Bezeichnung für die Puppe der holometabolen Insekten.

Clavus Der hinterste Teil im Vorderflügel einer Wanze, S. 70.

Corium Der Hauptteil des Vorderflügels der Wanzen, S. 70.

Costa Die große Längsader des Flügels, die gewöhnlich seinen Vorderrand bildet; Abkürzung C; S. 7.

Cubitus Eine der großen Längsadern im hinteren Flügelteil; Abkürzung Cu, S. 7.

Cuneus Etwa dreieckige Region des Vorderflügels der Wanzen an seiner Vorderkante, S. 70.

Discoidalzelle Auch Discalzelle: Eine (oder mehrere) große, auffällige Zelle in der Flügelmitte, S. 7.

distal Das am weitesten vom Körper entfernte Ende betreffend.

dorsal Die Rücken- oder Oberseite eines Tieres betreffend.

Dreieck s. Analdreieck

Ecdysis Der Häutungsprozeß der Insekten, S. 8.

Elytren Die harten Vorderflügel der Käfer und Ohrwürmer.

Embolium Der schmale Rand vor der Costa an den Vorderflügeln etlicher Wanzen, S. 70.

Endopterygota Alle Insekten mit vollständiger Verwandlung, S. 8.

Epiproct Ein Anhang, der in der Mitte am letzten Abdominalsegment entspringt, direkt oberhalb des Afters (mittelster »Schwanzanhang« der Borstenschwänze, S. 16, und Eintagsfliegen, S. 18).

Exopterygota Alle Insekten mit unvollkommener Verwandlung (S. 8). Ihre Flügelanlagen entwickeln sich schrittweise an der Körperaußenseite.

f. forma: jede regelmäßig auftretende Abweichung vom Typus einer Art, die nicht als eigene Art oder Unterart eingestuft werden kann, z.B. Geschlechts- und Saisondimorphismus, lokale Färbungsvariationen o.ä.

Femur Der Schenkel, das dritte und größte Glied eines Insektenbeines, S. 6.

Flagellum Die Fühlergeißel jenseits des zweiten Fühlergliedes, S. 5.

Flügelschüppchen a. Tegula: schulterblattartiger Lappen, der die Vorderflügel-Wurzel vieler Hautflügler überdeckt; b. Mittelstes von drei Läppchen an der Flügelbasis vieler Fliegen.

Frenulum Borste oder Borstengruppe zur Kopplung von Vorder- und Hinterflügel vieler Nachtschmetterlinge, S. 110.

Gallen Wachstumsanomalien an einer Pflanze, durch Insekten oder andere Organismen verursacht.

Gaster Der breite Hauptteil des Hinterleibs der Hautflügler, S. 220.

Gena Die Wange, der Teil des Kopfes unterhalb und hinter dem Auge, S. 5.

Genitalien Die äußeren Begattungsorgane; im weiteren Sinn alle Geschlechtsorgane.

Genus Gattung, Gruppe nächstverwandter Arten, alle mit demselben Gattungsnamen (= 1. Wort des lateinischen Namens).

Halteren Schwingkölbchen, meist hantel- oder trommelschlegelförmig umgebildete Flügel bei Zweiflüglern (S. 190) und Fächerflüglern (S. 255).

hemimetabol Mit unvollkommener Verwandlung, d.h. ein Puppenstadium fehlt.

Hinterleibsstiel Petiolus, die enge »Taille« der Wespen, Bienen u.a. Hautflügler, S. 220.

holometabol Mit vollkommener Verwandlung, d.h. ein Puppenstadium ist vorhanden.

Humeralquerader Eine kurze Querader zwischen Costa und Subcosta unweit der Flügelwurzel, S. 7.

Hyperparasit Ein Parasit, der sich an oder in einem anderen Parasiten entwickelt.

Imago Das fertige, geschlechtsreife Insekt.

Intercalarader Zusätzliche Flügellängsader, die am Flügelrand entspringt und nach innen zieht, ohne mit einer Hauptlängsader in Verbindung zu treten, S. 20.

Johannistrieb Zweiter (Sommer-)Austrieb von Bäumen und Büschen.

Kokon Ganz oder teilweise aus Seidengespinst von der Larve gefertigte Schutzhülle für die Puppe.

Körbchen Die glatte, mit steifen Randborsten versehene Außenfläche der Hinterschienen der Arbeiterinnen der Hummeln und Honigbienen, die zur Aufnahme von Pollenklümpchen (»Höschen«) dient.

Kolbenhaare An der Spitze stark verdickte Haare.

Larve Jugendstadium eines Insekts mit vollkommener Verwandlung, S. 8.

Mandibel Kiefer der Insekten.

Medianregion Mittlerer Flügelbereich mit der Media.

Media Die große Längsader im Mittelteil des Flügels der meisten Insekten; Abkürzung M, S. 7.

Makel Auffällige fleckförmige Zeichnung, meist stark in der Färbung abweichend.

Mesonotum Die Rückenfläche des zweiten Thoraxsegmentes.

Mesothorax Das zweite Thoraxsegment.

Metamorphose Die gesamte Veränderung eines Insekts vom Schlüpfen aus dem Ei bis zum fortpflanzungsfähigen Insekt, S. 8.

Metathorax Das dritte Thoraxsegment.

Micropyle Durchbohrung der Eischale zum Durchlaß der Spermien.

Mordraupe Schmetterlingsraupe, die räuberisch von anderen Raupen und Insektenlarven lebt.

Nodus Kurze, kräftige Querader im Libellenflügel, die das Ende der Subcosta mit Costa und Radius verbindet, S. 23.

Nymphe Das Jugendstadium eines Insekts mit unvollkommener Verwandlung, S. 8.

Ocellus Einzel-, Punktauge; die einfachsten Insektenaugen, gewöhnlich zu dritt oben auf dem Kopf angeordnet, S. 5.

Oothek Eikapsel, z.B. taschenförmig bei den Schaben oder schwammartig bei Gottesanbeterinnen, zur Aufnahme des Geleges, S. 60—62.

Ovipositor Der Legeapparat weiblicher Insekten.

Palpen Gegliederte, fühlerähnliche Gebilde an den Mundwerkzeugen, Träger von Sinnesorganen, S. 5.

Parthenogenese Form der Fortpflanzung, bei der sich die Eier normalerweise ohne Befruchtung entwickeln.

Pedicellus Das zweite Fühlerglied, S. 5.

Platzmine Fleckenartiger Fraßgang einer Insektenlarve im Inneren eines Blattes, meist durchscheinend hell.

Proboscis Zu einem langen Saugrüssel ausgezogene Mundteile.

Pronotum Die Rückfläche des ersten Thoraxsegmentes, S. 6.

Propodeum Das erste Hinterleibssegment von Bienen, Wespen u.ä., S. 220.

Prothorax Das erste Thoraxsegment, S. 6.

proximal der dem Körper am nächsten liegende Abschnitt eines Körperanhanges.

Pseudomedia Große, auffällige, gerade Längsader in der Flügelmitte der Netzflügler.

Pterostigma a. Flügelmal, meist dunkel gefärbtes kleines Feld nahe der Flügelspitze vieler Insekten, S. 23; b. eine auffällige Zelle im Flügel der Flechtlinge, S. 98

Puparium Tönnchenförmiges Gefäß, gebildet aus der letzten Larvenhaut, in dem sich die Puppe bestimmter Fliegenarten befindet, S. 190.

Quadrilateralzelle Zelle nahe der Flügelwurzel bei Schlankjungfern, S. 23.

Radialsektor Der hintere der beiden Hauptäste des Radius; Abkürzung Rs, S. 7.

Radialzelle Große, oft lanzettförmige Zelle an der Spitze der Vorderflügel der Hautflügler, zwischen Spitze und Pterostigma.

Radius Eine der großen Längsadern im vorderen Flügelbereich, Abkürzung R., S. 7.

Rostrum Ein Schnabel oder Rüssel, besonders bei Wanzen, S. 70, und Rüsselkäfern, S. 284—286.

rudimentär Rückgebildet, kaum noch entwickelt.

Scapus Das erste Fühlerglied = Fühlerschaft.

Schildchen Auffälliger, oft großer, dreieckiger Teil der Rückenplatte des Mesothorax; S. 70, 190

Scutellum = Schildchen

Segment Einer der Körperringe, oder der Abschnitt eines Körpergliedes zwischen zwei Gelenken.

Species Die Art: Grundeinheit aller Lebewesen, bestehend aus einer Gruppe von Individuen, die alle mehr oder weniger gleich gebaut sind und die sich untereinander ohne Einschränkung fruchtbar fortpflanzen können. Viele Species werden in Subspecies (Unterarten) aufgeteilt. In diesem Fall tritt im lateinischen Namen zur ersten (Gattungs-) und zweiten (Art-)Bezeichnung als drittes Wort die Bezeichnung der Unterart. Unterarten bewohnen gewöhnlich voneinander getrennte Gebiete und können sich im Aussehen unterscheiden, vermögen sich aber miteinander fortzupflanzen.

Spermatophore Samenpaket der Männchen, das von den Weibchen aktiv oder passiv aufgenommen wird.

Sporn Großer, gewöhnlich beweglicher Dorn.

Sternit Die Platte auf der Unterseite eines Körpersegmentes.

Stigma s. Pterostigma

Stridulation Tonerzeugung durch das Aneinanderreiben von zwei Körperteilen, S. 38.

Submarginallinie Auf den Flügeldecken der Käfer der vorletzte seitliche Längsstreifen, der dem Seitenrand der Flügeldecken parallel läuft.

Subcosta Erste große Längsader des Flügels unterhalb der Costa, die den Vorderrand bildet; Abkürzung Sc; S. 7.

Tarsus Der Fuß der Insekten, S. 6.

Tegmen Die ledrigen Vorderflügel von Heuschrecken, Schaben u.ä. (Mehrzahl: tegmina).

Tegula s. Flügelschüppchen.

Tergit Die Platte, die das Rückenfeld jedes Segments bildet.

Thorax Der mittlere, flügel- und beintragende Hauptabschnitt des Insektenkörpers.

Thorakalschüppchen Innerster Lappen an der Flügelwurzel vieler Fliegen, überdeckt die Schwingkölbchen.

Tibia Schiene, Beinabschnitt zwischen Femur und Tarsus, S. 6.

Triangulum s. Analdreieck

Trochanter Schenkelring; kleines Beinglied zwischen Coxa und Femur, S. 6.

Turbanauge Nach oben über den Kopf emporragender Teil von zweigeteilten Augen, z.B. bei den Eintagsfliegen, S. 20.

Tympanalorgane Die Gehörorgane verschiedener Insekten; S. 48.

Ventraltubus Unpaarer Anhang am ersten Bauchsegment der Springschwänze, Funktion ungeklärt, S. 16.

Vertex Scheitel, oberer Kopfbereich zwischen und hinter den Augen, S. 5.

Wisch Unscharf begrenzter Farbfleck in der Zeichnung eines Insekts.

Register der deutschen Namen

Register der wissenschaftlichen Namen

Register der Futterpflanzen und Wirte

Die englische Originalfassung dieses Buches wurde konzipiert und entwickelt von Domino Books Ltd., Jersey

Denys Ovenden hat entscheidenden Anteil am Entwurf des Buches und seiner Ausarbeitung. Hermann Heinzel steuerte viele wertvolle Ratschläge zu seiner Gestaltung bei.
Die Illustrationen stammen von Denys Ovenden (Odonata, Orthoptera, Hemiptera, die Bienen, viele der kleinen Gruppen und sämtliche Strichzeichnungen); Richard Lewington (Lepidoptera, Coleoptera und etliche Hymenoptera); Stephen Falk (Diptera); Réné Préchac (Trichoptera); Anthony Hopkins (Wespen); John Wilkinson (Steinfliegen, Larven und Tausendfüßer).

CIP Kurztitelaufnahme der Deutschen Bibliothek

Chinery, Michael:
Pareys Buch der Insekten: e. Feldführer d. europäischen Insekten / von Michael Chinery. Übers. u. bearb. von Irmgard Jung und Dieter Jung, Hamburg; Berlin: Parey, 1987.
Einheitssacht.: Guide to the Insects of Western Europe (dt.)
ISBN 3-490-14118-0
NE: Jung, Irmgard [Bearb.]

 Anschriften: Spitalerstr. 12, D-2000 Hamburg 1; Lindenstr. 44-47, D-1000 Berlin 61. Printed in Great Britain by Wm. Collins Sons & Co. Ltd., Glasgow (Farbdruck) and in Germany by Neue Stalling GmbH & Co. KG., Oldenburg (Textdruck). Lithographie: Adroit Photolitho., Birmingham (GB). Satz: Hess Fotosatz GmbH, Hamburg. Umschlag: Jan Buchholz und Reni Hinsch, Hamburg. Umschlagzeichnung: Richard Lewington.

ISBN 3-490-14118-0